岷县黑裘皮羊

郎　侠　王彩莲　主编

中国农业科学技术出版社

图书在版编目(CIP)数据

岷县黑裘皮羊／郎侠，王彩莲主编. --北京：中国农业科学技术出版社，2022.9

ISBN 978-7-5116-5925-5

Ⅰ.①岷… Ⅱ.①郎…②王… Ⅲ.①裘皮羊-介绍-岷县 Ⅳ.①S826.9

中国版本图书馆 CIP 数据核字(2022)第 174318 号

责任编辑 申 艳
责任校对 李向荣
责任印制 姜义伟 王思文

出 版 者 中国农业科学技术出版社
北京市中关村南大街 12 号 邮编:100081
电 话 (010) 82106636 (编辑室) (010) 82109702 (发行部)
(010) 82109709 (读者服务部)
网 址 https://castp.caas.cn
经 销 者 各地新华书店
印 刷 者 北京建宏印刷有限公司
开 本 170 mm×240 mm 1/16
印 张 31.5
字 数 600 千字
版 次 2022 年 9 月第 1 版 2022 年 9 月第 1 次印刷
定 价 80.00 元

《岷县黑裘皮羊》
编委会

主　编　郎　侠　王彩莲

副主编　张　广　任广厚　姚王平　包福民　秦红林

编　者　(按姓氏拼音排序)

包福民　郎　侠　李战伟　秦红林

任广厚　石晓雷　王彩莲　姚王平

张　广　张怀科　张　瑞　张雁淑

前　言

岷县黑裘皮羊属山谷型藏系小尾羊，是在当地群众长期进行人工选择和特殊自然条件的影响下，巩固了黑色被毛这一经济性状而形成的一个被毛黑色地方绵羊品种。该品种在当地经长期纯种繁育，具有基本一致的独特外貌特征和生产性能，主要经济性状遗传稳定。岷县黑裘皮羊的经济类型为肉裘兼用型，因其黑色裘皮吸热、保暖、耐脏、着衣防寒，在高寒地区深受群众喜爱，自发地向裘皮用方向选育和生产，从而形成了独特的裘皮性状。同时，当地群众也喜食羔羊肉，其肉质细嫩、脂肪少、滑而不腻；羊肉具有高原天然食品的特性，更具有“黑色”食品的保健功能，是人类膳食中不可多得的原料。

自20世纪80年代以来，受农业产业结构的调整、绵羊无序杂交、小群体闭锁繁育、退牧封山等因素的影响，该遗传资源基因逐年流失，导致岷县黑裘皮羊群体数量缩小，直至2008年其被列为濒危家养动物遗传资源。中华人民共和国农业部公告第662号（2006年6月2日）《国家级畜禽遗传资源保护名录》将岷县黑裘皮羊列为首批保护品种。2009年甘肃省农牧厅发布的《甘肃省省级畜禽遗传资源保护名录》又将岷县黑裘皮羊等25个优良地方品种列入保护范围。2016年岷县黑裘皮羊被再次列入《全国畜禽遗传资源保护和利用“十三五”规划》濒危品种。

自2008年以来，笔者团队通过对岷县黑裘皮羊进行遗传资源评价、品种资源本底调查，制订科学的保护方案，组建了岷县黑裘皮羊保种群，并采用保种群开放式核心群和本品种继代选育技术，选育提高保种群遗传性能。应用基因组学和转录组学技术挖掘出岷县黑裘皮羊的乌骨性状及其主效基因，利用表型组数据和分子标记辅助选择手段，组建了岷县黑裘皮羊乌骨品系培育核心群。从2016年开始，采用父系系祖建系和混合群近交系数控制技术，使岷县黑裘皮羊保种核心群数量由240只增加到660只，增加了1.75倍，群体近交系数低于12.5%，通过种羊推广，核心产区岷县黑裘皮羊的群体复壮规模达到1.2万余只，为岷县黑裘皮羊的科学研究奠定了良好的资源基础，更为我国羊产业特色种业的恢复和振兴奠定了良好的基因资源基础。

全书包括15章内容：第一章为岷县黑裘皮羊的种质特征及保护措施，第二章为遗传多样性研究的原理和方法，第三章为岷县黑裘皮羊的遗传多样性评价，第四章为岷县黑裘皮羊的保种和利用，第五章为岷县黑裘皮羊的选种和选配，第六章为岷县黑裘皮羊的本品种选育，第七章为岷县黑裘皮羊的繁育管理，第八章为岷县黑裘皮羊的饲养管理，第九章为岷县黑裘皮羊的健康管理，第十章为养羊设施及环境管理，第十一章为放牧地改良及人工牧草种植，第十二章为饲草料加工，第十三章为屠宰加工及质量安全检验，第十四章为羊肉及裘皮加工，第十五章为岷县黑裘皮羊经营管理。本书可供畜牧科技工作者参考，也适用于从事生物多样性保护和绵羊遗传育种相关研究的人士拓宽视野。

在本书的编撰过程中，甘肃省农业科学院郎侠、王彩莲，甘肃农业大学动物科技学院石晓雷（现就职于青海大学）、张瑞、张雁淑，甘肃省畜牧技术推广总站秦红林，岷县畜牧技术推广站的张广、包福民，岷县秦许乡畜牧兽医站的姚王平，岷县十里镇畜牧兽医站的任广厚，岷县黑裘皮羊保种场的张怀科，岷县伟远种植养殖农民专业合作社的李战伟等同志付出了大量的智慧和心血，谨致以衷心的感谢。

本书的出版由“甘肃省牛羊种质及秸秆饲料化重点实验室”“草食畜可持续发展研究甘肃省国际科技合作基地”“牛羊种质及秸秆资源研究利用联合实验室”“甘肃省重点研发计划-农业类：岷县黑裘皮羊遗传资源评价及利用”等项目资助，在此谨致以衷心的感谢。

本书引用了许多专家、学者的研究成果，鉴于文献庞杂，未一一列出，恳请谅解。谨致以诚挚的谢意！

由于编者业务水平有限，书中难免存在不妥之处，敬请广大读者批评指正。

编　者

2022年4月于兰州

目　录

第一章　岷县黑裘皮羊的种质特征及保护措施

1.1　岷县黑裘皮羊的种质特征

岷县黑裘皮羊属山谷型藏系小尾羊，是在当地群众长期进行人工选择和特殊自然条件的影响下，黑色被毛这一经济性状被巩固而形成的一个被毛黑色的地方绵羊品种。岷县黑裘皮羊的经济类型为肉裘兼用型，主要经济性状遗传稳定。岷县黑裘皮羊的黑色裘皮吸热、保暖、耐脏，黑色裘皮着衣防寒，深受高寒地区群众的喜爱。同时，当地群众也喜食羔羊肉，其肉质细嫩、脂肪少、滑而不腻，具有高原天然食品的特性，更具有“黑色”食品的保健功能，是人类膳食中不可多得的原料。

自 20 世纪 80 年代以来，受农业产业结构调整、小群体闭锁繁育、退牧封山等因素的影响，岷县黑裘皮羊的遗传资源基因逐年流失，导致其群体数量缩小，直至 2008 年被列为濒危家养动物遗传资源。2006 年 6 月，《国家级畜禽遗传资源保护名录》将岷县黑裘皮羊列为首批保护品种；2009 年，甘肃省农牧厅发布的《甘肃省省级畜禽遗传资源保护名录》又将岷县黑裘皮羊等 25 个优良地方品种列入保护范围；2016 年，岷县黑裘皮羊被再次列入《全国畜禽遗传资源保护和利用“十三五”规划》濒危品种。

1.1.1　岷县黑裘皮羊产区自然生态条件

岷县黑裘皮羊原产地岷县位于甘肃省南部，洮河中游，地处青藏高原东麓与西秦岭陇南山地接壤区，是定西市、天水市、陇南市、甘南藏族自治州的几何中心，甘南草原向黄土高原、陇南山地的过渡地带，境内海拔 2 040~3 754 m，素有“陇原旱码头”之称，属高原性大陆气候，山多高寒，雨雪较多，蒸发量小，霜冻早，夏季和初秋较暖，无酷暑，冬季漫长寒冷，气候变化幅度较大，农业生产条件恶劣。全县有 19 万 hm^2 天然草地，是重要的水源涵养区和洮河、渭河流域的绿色屏障，使其畜牧业发展具有得天独厚的优势。当地特殊的自然生态条件和地域特征，直接影响着岷县黑裘皮羊的生物学特性及生态适应性。

1.1.2 品种形成

在产区特殊的自然生态条件下，该地区群众喜穿吸热、保暖和经穿、耐脏的黑色裘皮，因此，他们对黑羊进行选留，使这种羊在体型外貌上逐渐趋于一致，其遗传性，特别是被毛的黑色显性逐步稳定，黑羊数量不断增加，使该品种发展起来。特有的自然生态条件和地域特征，对岷县黑裘皮羊的生物学特征及生态适应性有着直接的影响，由此形成了适应高寒阴湿环境、体质强健、耐寒、耐粗饲、善于游走、放牧、性格温顺、易管理、合群性强的品种特性。岷县黑裘皮羊是一个优秀的地方绵羊品种。

1.1.3 数量动态

岷县黑裘皮羊自 20 世纪 80 年代以来，群体数量由 1985 年的 30 000 多只锐减到 1995 年的 15 000 多只，直至 2007 年的 4 000 多只，且继续逐年削减，品种质量继续退化，2012 年纯种数量仅 700~800 只，已经濒危。2006 年岷县黑裘皮羊被列入《国家级畜禽遗传资源保护名录》，2016 年被再次列入《全国畜禽遗传资源保护和利用“十三五”规划》濒危品种。2016 年以来，随着产业政策的调整和保种力度的加强，岷县黑裘皮羊种群数量得到一定程度的恢复。

从 2016 年开始，笔者团队采用父系系祖建系和混合群近交系数控制技术，使岷县黑裘皮羊保种核心群数量由 240 只增加到 660 只，增加了 1.75 倍，群体近交系数低于 12.5%，通过种羊推广，核心产区岷县黑裘皮羊群体复壮规模达到 1.2 万余只，为岷县黑裘皮羊的科学研究和产业发展奠定了良好的资源基础。

1.1.4 中心产区及分布

岷县黑裘皮羊主产区位于甘肃省洮河和岷江上游一带，中心产区为洮河流经岷县的两岸地区和岷江上游宕昌县的部分地区，岷县的西寨、清水、十里、秦许、梅川、西江等乡（镇）为其核心分布区。

1.1.5 体型外貌

岷县黑裘皮羊体质细致，体格健壮，结构紧凑，头清秀，鼻梁隆起。公羊有角，向后外呈螺旋状弯曲；母羊多数无角，少数有小角，颈长适中，背平直，尾小呈锥形，尻微斜，四肢端正，蹄质坚硬，各部位结合良好，体躯、四肢、头、角、尾和蹄全呈黑色。二毛皮毛自然长度不低于 7 cm，毛股明显，尖端呈环形，环形以下有 3~5 个弯曲。羔羊出生后，被毛着生良好，被毛长 2 cm，呈环形弯曲。

1.1.6　生产性能

岷县黑裘皮羊以生产黑色二毛皮闻名。此外，还产二剪皮。二毛皮具有以下特点：毛长不低于 7 cm，毛股明显呈花穗状，尖端为环形或半环形，有 3~5 个弯曲。好的二毛皮的纤维从根到尖全黑，光泽悦目，皮板较薄。皮板面积平均为 1 350 cm^2。二剪皮毛股明显，从尖到根有 3~4 个弯曲，光泽好，皮板面积大，保暖、耐穿；其缺点：绒毛较多，毛股间易黏结，皮板较重。每年剪毛 2 次，4 月中旬剪春毛，同年 9 月剪秋毛，年均剪毛量 0.75 kg。羊毛主要用于制毡。个体小，成年公羊体重 31.1 kg，中等营养，可宰肉 13.8 kg，屠宰率 44.37%。成年母羊体重 27.5 kg。肉的品质以屠宰取皮的羔羊肉最佳，肉质细嫩，脂肪少，滑而不腻。

1.1.6.1　屠宰性能

以岷县黑裘皮羊 9 月龄大羔为试验素材，测定其在自然放牧状态下产肉性能、屠宰性能及内脏器官数据。9 月龄羔羊公羊平均活重为 21.05 kg，母羊平均活重为 20.10 kg。公羊胴体重为 8.95 kg，屠宰率为 42.4%，净肉率为 30.8%，肉骨比为 2.64；母羊胴体重为 8.00 kg，屠宰率为 39.8%，净肉率为 27.6%，肉骨比 2.31。屠宰前岷县黑裘皮羊体重、体尺见表 1-1，屠宰性能见表 1-2，内脏器官测定指标见表 1-3。

表 1-1　岷县黑裘皮羊 9 月龄公母羊体重、体尺

项目	公羊	母羊
体高/cm	62.00	59.60
体长/cm	63.00	60.00
胸围/cm	72.00	69.00
胸宽/cm	17.00	16.00
管围/cm	9.90	8.80
尾宽/cm	8.50	7.90
尾长/cm	17.00	16.00
活重/kg	21.05	20.10

数据来源：白雅琴等（2017）。

表 1-2　岷县黑裘皮羊 9 月龄屠宰性能

项目	公羊	母羊
宰前活重/kg	21. 05	20. 10
胴体重/kg	8. 95	8. 00
屠宰率/%	42. 4	39. 8
净肉重/kg	6. 49	5. 58
净肉率/%	30. 8	27. 6
骨重/kg	2. 46	2. 42
眼肌面积/mm^2	1 293. 6	1 105. 3
肉骨比	2. 64	2. 31
皮重/kg	2. 02	2. 00
板皮面积/cm^2	5 544	4 275
胴体长/cm	54. 00	52. 25
后腿长/cm	45. 50	44. 75
总胸深/cm	64	61

数据来源：白雅琴等（2017）。

表 1-3　9 月龄岷县黑裘皮羊内脏器官测定指标

项目	公羊	母羊
宰前活重/kg	21. 05	20. 10
胴体重/kg	8. 95	8. 00
头蹄重/kg	1. 40	1. 30
血重/kg	0. 91	0. 88
心重/kg	0. 12	0. 10
肝重/kg	0. 48	0. 46
肺重/kg	0. 37	0. 31
脾重/kg	0. 09	0. 06
肾重/kg	0. 11	0. 10
胃重/kg	0. 67	0. 64
大肠净重/kg	0. 35	0. 25
大肠长度/m	2. 04	1. 84
小肠净重/kg	0. 50	0. 35
小肠长度/m	23. 57	22. 23

数据来源：白雅琴等（2017）。

1.1.6.2 羊肉品质

以岷县黑裘皮羊9月龄大羔为试验素材，对屠宰羊背部肌肉、腹部肌肉、腿部肌肉的肉质常规指标和氨基酸进行测定。9月龄岷县黑裘皮羊腿部肌肉中的水分含量为74.18%，比羊背部（74.05%）和腹部（69.86%）含量高。粗蛋白质含量腹部为10.32%、背部为10.09%、腿部为9.17%。肌肉的脂肪含量与肉质的香味有关，脂肪含量相对越多，口感香味就越重。岷县黑裘皮羊粗脂肪含量腹部为17.42%、腿部为14.87%、背部为13.92%；干物质含量腹部为30.14%、背部为25.95%、腿部为25.82%。岷县黑裘皮羊的肉质中粗脂肪含量和干物质含量略高，粗蛋白质含量略低。岷县黑裘皮羊9月龄肌肉中均检测到6种矿物元素，其中常量元素2种、微量元素4种。常量元素中，镁>钙含量。微量元素中，锰的含量最少，在9月龄羊肉中的腹部、背部、腿部含量分别为0.14 mg/kg、0.96 mg/kg和1.04 mg/kg。羊肉中含有18种氨基酸，具有较高的营养价值。天冬氨酸和谷氨酸为鲜味氨基酸，是食物中鲜味重要的来源之一，这两种氨基酸占氨基酸总量的20%左右，含量最高的也是谷氨酸，含量最低的是色氨酸。岷县黑裘皮羊常规营养成分含量见表1-4，岷县黑裘皮羊矿物元素含量见表1-5，岷县黑裘皮羊羊肉氨基酸含量见表1-6。

表1-4 岷县黑裘皮羊常规营养成分含量 单位：%

样品名称	水分	粗脂肪	干物质	粗蛋白质	灰分
羊腹部	69.86±0.02	17.42±0.23	30.14±0.02	10.32±0.13	0.36±0.007
羊背部	74.05±0.01	13.92±0.17	25.95±0.009	10.09±0.05	0.44±0.01
羊腿部	74.18±0.01	14.87±0.37	25.82±0.012	9.17±0.10	0.45±0.01

数据来源：吴霞明（2019）。

表1-5 岷县黑裘皮羊矿物元素含量 单位：mg/kg（干重）

样品名称	镁	钙	铁	锰	锌	铜
羊腹部	208.36	20.50	31.60	0.14	50.37	0.49
羊背部	246.59	16.81	77.35	0.96	42.62	0.78
羊腿部	235.09	15.28	74.08	1.04	39.40	0.74

数据来源：吴霞明（2019）。

表 1-6 岷县黑裘皮羊氨基酸含量 单位：%

种类	羊腹部	羊腿部	羊背部	平均值
天门冬氨酸	6.94	8.27	8.10	7.77±1.80
苏氨酸	3.33	4.15	4.01	3.83±1.09
丝氨酸	2.98	3.35	3.28	3.20±0.49
谷氨酸	12.47	14.84	14.57	13.96±3.22
甘氨酸	9.14	4.65	4.58	6.12±6.49
丙氨酸	6.64	5.46	5.41	5.84±1.73
缬氨酸	5.39	5.54	5.39	5.44±0.22
蛋氨酸	1.56	1.32	1.21	1.36±0.44
异亮氨酸	3.75	4.60	4.52	4.29±1.67
亮氨酸	6.34	7.58	7.41	7.11±1.67
酪氨酸	2.30	2.80	2.73	2.61±0.67
苯丙氨酸	3.24	3.75	3.58	3.52±0.65
赖氨酸	6.09	7.81	7.69	7.20±2.39
组氨酸	1.91	2.58	2.43	2.30±0.87
精氨酸	5.86	5.97	5.86	5.90±0.16
脯氨酸	5.10	3.52	3.44	4.02±2.33
胱氨酸	1.69	1.46	1.39	1.51±0.39
色氨酸	0.79	1.02	0.98	0.93±0.14

注：数值为氨基酸占脱脂样中蛋白质的比例；数据来源于吴霞明（2019）。

1.1.6.3 岷县黑裘皮羊裘皮品质

（1）岷县黑裘皮羊被毛特征

① 成年羊被毛特征。岷县黑裘皮羊全身被毛（包括头、颈、耳、尾、角、四肢及蹄）呈黑色，肤色为白色。被毛为混型毛，毛股明显，略有弯曲，毛长平均为 11.41 cm。在主产区，全身呈黑色的羊只约占 77.08%，褐色占 19.79%，紫色占 2.08%，花色占 1.04%。

② 羔羊期被毛特征。羔羊出生时，全身被毛（包括头、颈、耳、尾、角、四肢及蹄）呈黑色，被毛长 2 cm 以上，毛股呈环状紧贴皮肤。45~60 日龄进入二毛期，毛长在 7 cm 以上，毛股紧实而呈花穗，有 2~5 个弯曲，尖端呈环形或半环形。

③ 产毛性能。岷县黑裘皮羊每年剪毛两次，4 月中旬剪春毛，9 月剪秋毛，年平均剪毛量为 0.75 kg。羊毛用于制毡。其中二毛羔羊被毛由两型毛和绒毛组成，按重量测定，两型毛占 84.45%，绒毛占 13.54%。

(2) 岷县黑裘皮羊裘皮特性

① 裘皮类型。岷县黑裘皮羊是一个古老的肉裘兼用良种，岷县黑裘皮羊以生产黑色二毛皮闻名。此外，还产二剪皮。据调查，在岷县黑裘皮羊的毛皮类型中，二毛皮是生产裘皮的最佳类型，该型毛股清晰，花弯多而明显。

二毛皮：二毛皮是指羔羊 45~60 日龄、毛长达 7 cm 以上宰剥的皮。黑色二毛裘皮为该品种的代表性产品，二毛期羔羊全身被毛毛股明显而呈花穗，从毛穗尖端向基部有 2~5 个弯曲，毛股长达 7 cm 以上。毛股紧实，光泽好，尖端呈环形或半环形。优良二毛皮的毛纤维由根至尖全黑色，光泽悦目，皮板柔薄，皮板面积平均每张为 1 350~1 430 cm^2。用二毛皮缝制的皮衣，轻便美观，其毛色经久不变。

当地皮加工匠人认为阴历 10 月到腊月宰的皮子品质最好。裘皮分为上品皮子和下品皮子。

二剪皮：二剪皮是当年生羔羊，剪过一次春毛，到第一次剪毛期（当年秋季）宰杀后所剥取的毛皮，约为 1 岁龄时宰杀剥的裘皮。其特点是毛股明显，从尖到根有 3~4 个弯曲，光泽好，皮板面积大，保暖、耐穿。其缺点是绒毛较多，毛股间易黏结，皮板较重。

②裘皮色泽和光泽。岷县黑裘皮羊裘皮毛色黑色为主，毛干全黑，表面看来乌黑光滑、光泽柔和发亮，有紫光，绒毛多，皮极轻柔细密。

③毛股结构。由细毛、两型毛和粗毛组成的毛辫称毛股。毛股的结构是决定裘皮品质的重要因素。岷县黑裘皮羊毛股长度在 7 cm 左右是制裘最好的时机。

④花弯及花型。毛股上的花弯数量和花型结构及分布面积，是决定羔皮品质的重要因素。毛股上的花弯数以裘皮型最多，每个毛股上为 4 个左右，岷县黑裘皮羊 2~4 个居多，以 3~4 个为最佳。岷县黑裘皮羊的花型以环形和半环形花为主，岷县当地传统加工匠人将其分为鸡头花、圆形花、核桃花、水波浪、浪头花等花型，其中鸡头花最好。在整个羔皮上花弯分布的面积越大，裘皮的价值越高。

⑤裘皮面积。二毛裘皮的面积按照岷县当地传统加工匠人的标准，0.333~0.444 m^2 的裘皮品质最好，一般不大于 0.555 m^2 为佳。

据测定，二毛皮皮板薄而致密，皮板厚约 0.84 mm，鲜皮重（0.75±0.02）kg，皮板面积（1 397.60±33.08）cm^2；具有花案清晰、毛股根部柔软、轻暖美观不黏结等特点，是制作轻裘的上等原料。

裘皮长大于宽，呈长方形；经熟制后的羊皮，其面积稍变小，但皮重和皮厚均降低，比滩羊羔皮面积要小。

(3) 裘皮品质鉴定和羊分级　为了获得高质量的裘皮，必须在羊的不同生长期，按照裘皮质量要求，对岷县黑裘皮羊进行品质鉴定，一般进行3次品质鉴定，即初生鉴定、二毛期鉴定和成年羊的补充鉴定，鉴定的内容包括体型外貌、体尺、公母羊体重、毛股自然长度、被毛颜色等指标，将岷县黑裘皮羊分成一级、二级、三级和等外。通过鉴定分级可以及时淘汰不合格和等级低下的羊，起到选育、提高种群羊品质的作用。同时，经过鉴定分群的羊，在获取裘皮的时候可以按照不同生产要求，宰杀不等级的羊，提高生产效率和经济效益。

①初生鉴定和分级。初生鉴定按毛色、毛股长度、毛股弯曲数和发育状况等指标将羊分为三级。

一级：体格大，全身纯黑色，发育好，公羔活重2.5 kg以上，母羔活重2.4 kg以上。毛股自然长度4 cm以上，弯曲数4个以上（表1-7)。

二级：体格中等，发育良好，公羔活重2.3 kg以上，母羔活重2.2 kg以上，毛股自然长度3 cm以上，弯曲数3个以上（表1-8)。

三级：体格中等或较小，公羔活重2.0 kg以上，母羔活重1.8 kg以上，毛股自然长度2 cm以上。被毛中允许有少量的紫色，或紫色、黑色相间（褐色）的毛纤维（表1-9)。

等外：体格过小，发育不良，毛股在1.5 cm以下，公羔活重不足2.0 kg，母羔活重不足1.8 kg，被毛中有白色毛纤维。

②二毛期鉴定和分级。凡初生鉴定在三级以上的羔羊，均进行二毛期鉴定。

一级：体格大，发育好，全身纯黑色，光泽正常。活重6~7 kg，毛股紧实，体躯主要部位表现一致，毛股自然长度7 cm以上，弯曲数4个以上为一级。活重达7 kg以上，或者毛股弯曲数5个以上，其他指标均达到一级标准者，可定为特级。

二级：体格中等，发育良好，活重5~6 kg，花穗较明显，弯曲数3个以上，余同一级。

三级：花穗不明显，弯曲数2个，毛较粗，前后不匀，体格较小，活重不足5 kg，被毛中允许有少量的紫色，或紫色、黑色相间（褐色）的毛纤维。

等外：体格小，生长发育不良，60 d左右毛长仍达不到7 cm，被毛中有白色毛纤维。

表 1-7　岷县黑裘皮羊一级羊产毛性能指标

项目	初生羔羊		二毛羔羊		成年	
	公羊	母羊	公羊	母羊	公羊	母羊
毛股弯曲数/个	4	4	4	4	—	—
毛股自然长度/cm	4	4	7	7	13	13
毛色	纯黑	纯黑	纯黑	纯黑	纯黑	纯黑

表 1-8　岷县黑裘皮羊二级羊产毛性能指标

项目	初生羔羊		二毛羔羊		成年	
	公羊	母羊	公羊	母羊	公羊	母羊
毛股弯曲数/个	3	3	3	3	—	—
毛股自然长度/cm	3	3	7	7	11	11
毛色	纯黑	纯黑	纯黑	纯黑	纯黑	纯黑

表 1-9　岷县黑裘皮羊三级羊产毛性能指标

项目	初生羔羊		二毛羔羊		成年	
	公羊	母羊	公羊	母羊	公羊	母羊
毛股弯曲数/个	2	2	2	2	—	—
毛股自然长度/cm	3	3	7	7	9	9
毛色	被毛中含有少量褐色或紫色毛纤维					

③成年期鉴定和分级。分为三级，在 1.5 岁以后进行。

一级：全身纯黑色，体格大，体质结实，骨骼发育良好。皮肤中等厚度，被毛厚密，腹毛覆盖良好，匀度好。鼻梁隆起。公羊有大角，向后、向外呈螺旋状弯曲性伸展，母羊有小角或无角。毛股自然长度 13 cm 以上，光泽正常。体躯结构良好，肌肉丰满，四肢端正。二毛期鉴定为一级。

二级：体格中等，腹毛中等，二毛期鉴定为一级或二级。余同一级。

三级：体躯狭窄，毛粗或稀，体格较小，全身黑色被毛中有少量的紫色，或紫色、黑色相间（褐色）的毛纤维。

1.1.7　繁殖性能

岷县黑裘皮 1 岁时性成熟，母羊初配年龄在 1.5 岁以上。产羔分为冬羔和春羔，以冬羔裘皮质量最好，群众多喜冬羔。1 年 1 胎，大多产单羔，也有极少数产 2 羔或 3 羔的。产羔率为 102. 5%，羔羊成活率为 97. 56%；羔羊平均初生重为 3. 05 kg，1 月龄平均体重为 7. 60 kg，3 月龄平均体重为 15. 28 kg，哺乳期平均日增重为 135. 89 g。

1.1.8 乌骨性状

甘肃省农业科学院“反刍动物育种与草食畜生产体系”创新团队在开展岷县黑裘皮羊遗传资源评价过程中发现，该品种具有乌骨性状，其乌骨羊数量在整个群体中的比例高达 35%以上。岷县黑裘皮羊的黑色素在不同的组织器官普遍存在。岷县黑裘皮羊不同组织器官的黑色素含量高低依次为肝脏、舌头、皮肤、心脏、瘤胃、脾脏、小肠、直肠、肾脏、皱胃、肺脏、肌肉、骨骼和脂肪。岷县黑裘皮羊不同组织或部位黑色素含量见表 1-10。

表 1-10 岷县黑裘皮羊不同组织部位黑色素含量 单位：pg/g

组织或部位	黑色素含量
肝脏	207. 03±14. 05
舌头	202. 03±15. 73
皮肤	192. 09±11. 58
心脏	184. 61±12. 81
瘤胃	166. 27±11. 67
脾脏	161. 48±16. 61
小肠	161. 09±15. 03
直肠	160. 65±16. 73
肾脏	160. 24±11. 27
皱胃	157. 34±14. 84
肺脏	150. 27±15. 69
肌肉	144. 10±7. 46
骨骼	143. 13±13. 49
脂肪	142. 72±5. 48

1.1.9 生理生化指标

以 12 月龄、24 月龄、36 月龄岷县黑裘皮羊为研究对象，开展了生理指标测定，以及23项血液生理指标和26项血液生化指标测定，结果表明，3个月龄段的岷县黑裘皮羊的呼吸频率为37.22~38.90次/min（表1-11）。白细胞计数、中性粒细胞计数、淋巴细胞计数、单核细胞计数、嗜碱性粒细胞计数、中性粒细胞百分比、嗜碱性粒细胞百分比、血红蛋白、红细胞平均体积、血小板、血小板平均体积多项指标以24月龄最高，但与12月龄和36月龄差异不显著（$P>0.05$），白细胞计数及其相关的指标在正常范围内；红细胞计数随着年龄增加有增高的趋势，但差异不显著（$P>0.05$），与之相关的血细胞比容、红细胞平均体积、红细胞平均血红蛋白含量、红细胞平均血红蛋白浓度、红细胞分布宽度在不同月龄差异不显著，都在正常范围内。血小板的主要功能是凝血、止血和修补破损血管等，12月龄和24月龄的血小板分别为（432.0±57.6）$\times10^9$个/L和（464.7±69.0）$\times10^9$个/L，明显高于36月龄［（350.6±47.0）$\times10^9$个/L］（$P<0.05$），与之相关的血小板平均体积、血小板分布宽度、血小板压积3个月龄段之间差异不大（表1-12）。乳酸脱氢酶水平反映了动物受到外界刺激后机体的反应程度，是表明机体抗应激能力的指标。乳酸脱氢酶在12月龄时较低，明显低于24月龄、36月龄，24月龄时较高，24月龄和36月龄之间无差异（表1-13）。α-羟丁酸脱氢酶实际反映的是乳酸脱氢酶的活性，对诊断心肌疾病和肝病有一定意义，在12月龄时低于24月龄、36月龄，差异明显，24月龄和36月龄之间差异不明显；谷草转氨酶各月龄间差异不明显，碱性磷酸酶各月龄间差异不明显。绵羊正常的血清钙浓度为（3.91±0.17）mmol/L，正常的血清磷浓度为（1.16±0.28）mmol/L。岷县黑裘皮羊的钙含量在2.10~2.13 mmol/L范围内，低于正常水平，磷在正常值范围内；肌酐是肌酸和磷酸肌酸代谢的终产物，主要由肾小球滤过排出体外，血清肌酐主要用于判定肾功能，肌酐产生量与肌肉量成正比，24月龄肌酐值最高，明显高于12月龄，与36月龄差异不明显，其余指标磷酸肌酸激酶、肌酸激酶同工酶、谷草转氨酶、谷丙转氨酶、谷草转氨酶/谷丙转氨酶、总蛋白、白蛋白、球蛋白、白球比、总胆红素、直接胆红素、间接胆红素、碱性磷酸酶、谷酰转肽酶、尿素氮、尿素/肌酐、尿酸、甘油三酯、总胆固醇、高密度胆固醇、低密度胆固醇在3个月龄段都无明显差异。大部分指标如乳酸脱氢酶、α-羟丁酸脱氢酶、磷酸肌酸激酶、肌酸激酶同工酶、谷丙转氨酶、总蛋白、球蛋白、谷酰转肽酶、尿素氮、肌酐、总胆固醇、高密度胆固醇都是24月龄值最高，与12月龄、36月龄差异不明显。岷县黑裘皮羊的血液生理生化指标见表1-11、表1-12、表1-13。

表 1-11　不同月龄岷县黑裘皮羊的生理指标

测定项目	12 月龄	24 月龄	36 月龄
呼吸频率/（次/min）	37. 22±0. 12	38. 90±3. 80	37. 70±3. 34
体温/℃	39. 35±0. 16	39. 28±0. 12	39. 37±0. 25
心率/（次/min）	74. 23±3. 22	75. 40±2. 56	76. 80±3. 40

数据来源：白雅琴等（2018）。

表 1-12　不同月龄岷县黑裘皮羊的血液生理指标测定结果

序号	测定项目	12 月龄	24 月龄	36 月龄
1	白细胞计数/（10^9个/L）	8. 92±1. 15	12. 70±2. 08	8. 84±0. 81
2	中性粒细胞计数/（10^9个/L）	4. 04±0. 48	6. 94±1. 31	4. 03±0. 26
3	淋巴细胞计数/（10^9个/L）	3. 72±0. 36	4. 53±0. 77	4. 07±0. 72
4	单核细胞计数/（10^9个/L）	1. 09±0. 46	1. 13±0. 27	0. 33±0. 19
5	嗜酸性粒细胞计数/（10^9个/L）	0. 01±0. 00	0. 01±0. 00	0. 35±0. 34
6	嗜碱性粒细胞计数/（10^9个/L）	0. 04±0. 00	0. 08±0. 02	0. 05±0. 01
7	中性粒细胞百分比/%	45. 70±3. 47	54. 53±5. 06	47. 35±4. 82
8	淋巴细胞百分比/%	42. 00±1. 26	35. 90±3. 93	44. 18±5. 87
9	单核细胞百分比/%	11. 60±4. 05	8. 77±1. 25	4. 63±2. 81
10	嗜酸性粒细胞百分比/%	0. 20±0. 10	0. 06±0. 06	3. 3±3. 14
11	嗜碱性粒细胞百分比/%	0. 46±0. 08	0. 73±0. 27	0. 53±0. 07
12	红细胞计数/（10^{12}个/L）	8. 05±0. 37	9. 25±0. 15	9. 38±1. 58
13	血红蛋白/（g/L）	112. 33±3. 17	116. 00±2. 08	119. 67±3. 75
14	血细胞比容/%	31. 47±2. 06	34. 62±0. 78	34. 28±2. 29
15	红细胞平均体积/fL	25. 37±0. 17	26. 01±0. 38	27. 62±0. 51
16	红细胞平均血红蛋白含量/pg	10. 33±1. 98	12. 72±1. 31	11. 75±3. 65
17	红细胞平均血红蛋白浓度/（g/L）	320. 00±12. 36	338. 00±15. 69	369. 20±15. 20
18	红细胞分布宽度变异系数/%	13. 80±0. 99	17. 46±0. 94	15. 71±0. 83
19	红细胞分布宽度/fL	4. 13±0. 41	5. 63±0. 69	5. 75±0. 99
20	血小板/（10^9/L）	432. 0±57. 6	464. 7±69. 0	350. 6±47. 0
21	血小板平均体积/fL	4. 20±0. 28	4. 60±0. 37	5. 15±0. 68
22	血小板分布宽度/%	12. 50±0. 10	13. 50±0. 15	13. 92±0. 56
23	血小板压积/%	0. 20±0. 01	0. 19±0. 04	0. 23±0. 07

数据来源：白雅琴等（2018）。

表 1-13　不同月龄的岷县黑裘皮羊生化指标测定结果

序号	测定项目	12 月龄	24 月龄	36 月龄
1	乳酸脱氢酶/（IU/L）	282.33±1.45	374.00±12.80	351.10±11.53
2	α-羟丁酸脱氢酶/（IU/L）	257.33±1.45	341.33±12.03	321.60±11.06
3	磷酸肌酸激酶/（IU/L）	187.33±53.87	248.33±29.81	172.70±12.22
4	肌酸激酶同工酶/（IU/L）	163.66±60.73	184.66±1.33	167.10±13.68
5	谷草转氨酶/（IU/L）	69.66±0.33	84.00±8.54	87.00±4.48
6	谷丙转氨酶/（IU/L）	16.67±1.20	17.33±0.33	14.30±0.96
7	谷草转氨酶/谷丙转氨酶	3.85±0.26	4.83±0.39	6.38±0.61
8	总蛋白/（g/L）	70.33±0.67	77.33±3.84	71.30±1.77
9	白蛋白/（g/L）	24.66±0.33	24.66±1.76	24.9±0.45
10	球蛋白/（g/L）	45.33±0.67	52.67±5.20	46.40±1.80
11	白球比	0.53±0.00	0.48±0.07	0.54±0.03
12	总胆红素/（μmol/L）	7.03±0.18	4.83±1.03	5.09±2.77
13	直接胆红素/（μmol/L）	4.13±0.24	3.13±0.61	3.85±0.47
14	间接胆红素/（μmol/L）	2.80±0.06	1.53±0.54	1.42±0.63
15	碱性磷酸酶/（IU/L）	34.33±1.76	39.33±5.17	51.90±16.80
16	谷酰转肽酶/（IU/L）	46.67±3.71	53.30±6.88	47.40±5.00
17	钙/（mmol/L）	2.10±0.06	2.13±0.09	2.13±0.04
18	磷/（mmol/L）	1.60±0.17	1.23±0.16	1.04±0.07
19	尿素氮/（mmol/L）	8.65±0.40	9.95±0.64	8.76±0.38
20	肌酐/（μmol/L）	53.33±3.84	67.00±3.60	62.40±2.77
21	尿素/肌酐	0.16±0.01	0.17±0.03	0.14±0.01
22	尿酸/（mmol/L）	14.67±4.67	12.67±1.33	10.50±0.67
23	甘油三酯/（mmol/L）	0.35±0.05	0.37±0.04	0.40±0.04
24	总胆固醇/（mmol/L）	2.07±0.18	2.14±0.15	1.92±0.16
25	高密度胆固醇/（mmol/L）	1.13±0.13	1.18±0.12	1.01±0.09
26	低密度胆固醇/（mmol/L）	0.64±0.06	0.63±0.03	0.64±0.05

数据来源：白雅琴等（2018）。

1.1.10　血液蛋白多态性

血红蛋白（Hb）：岷县黑裘皮羊红细胞溶血液经 PAGE 检测出 *HbAA*、*HbBB*、*HbAB* 和 *HbBC* 4 种基因型，受 *HbA*、*HbB* 和 *HbC* 3 个复等位基因控制，其中 *HbBB* 和 *HbB* 为优势基因型和优势基因，基因型频率和基因频率分别为 0.452 4 和 0.595 3。Hb 位点的基因型频率和基因频率见表 1-14。

表 1-14　岷县黑裘皮羊 Hb 位点的基因型频率和基因频率（*n*=42）

位点	基因型	基因型频率	等位基因	基因频率
Hb	*HbAA*	0. 261 9	*HbA*	0. 357 1
	HbBB	0. 452 4	*HbB*	0. 595 3
	HbAB	0. 190 5	*HbC*	0. 047 6
	HbBC	0. 095 2		

转铁蛋白（Tf）：在岷县黑裘皮羊血浆转铁蛋白（Tf）基因座共检测出 *TfBB*、*TfCC*、*TfAB*、*TfAC*、*TfAD*、*TfBC* 和 *TfCD* 7 种基因型，它们由 *TfA*、*TfB*、*TfC* 和 *TfD* 4 个共显性等位基因控制，其中 *TfCC* 和 *TfC* 为优势基因型和优势基因，基因型频率和基因频率分别为 0. 404 8 和 0. 535 7，岷县黑裘皮羊 Tf 基因座的基因型频率和基因频率见表 1-15。

表 1-15　岷县黑裘皮羊转铁蛋白（Tf）的基因型频率和基因频率（*n*=42）

位点	基因型	基因型频率	等位基因	基因频率
Tf	*TfBB*	0. 214 3	*TfA*	0. 083 3
	TfCC	0. 404 8	*TfB*	0. 321 4
	TfAB	0. 095 2	*TfC*	0. 535 7
	TfAC	0. 047 6	*TfD*	0. 059 5
	TfAD	0. 023 8		
	TfBC	0. 119 0		
	TfCD	0. 095 2		

1. 1. 11　分子遗传学特征

2009 年，利用 15 对微卫星引物，以岷县黑裘皮羊为研究对象，通过计算基因频率、多态信息含量、有效等位基因数和杂合度来评估其品种内的遗传变异。结果表明：在 15 个座位中，共检测到 160 个等位基因，每个座位平均 10. 67 个等位基因；座位平均杂合度为0. 882 6；有效等位基因数平均为 9. 248 个；多态信息含量平均为 0. 861 5。说明岷县黑裘皮羊群体存在丰富的遗传多样性，所选微卫星标记可用于绵羊的遗传多样性评估。

2019 年，通过对 25 对微卫星引物进行 PCR 扩增，用毛细管电泳技术进行基因分型，计算等位基因数、等位基因大小及频率、有效等位基因数、杂合度及多态信息含量。结果表明：岷县黑裘皮羊 25 个微卫星位点中，1 个位点（OarCP38）未扩增出产物，为无效位点，其余 24 个位点共有 231 个等位基因，每个位点平均有 8.88 个；群体等位基因频率范围为 0.010 4~0.739 2，片段大小为 97~285 bp；有效等位基因数为 1.758 1~8.243 3 个；观测杂合度为 0.250 0~0.812 5，期望杂合度为 0.435 7~0.887 9，多态信息含量为0.407 0~0.867 3；位点 MAF70 等位基因数、杂合度和多态信息含量最高；位点 SRCRSP9 杂合度、多态信息含量最低。除 OarCP38 外，24 个位点可作为微卫星遗传标记应用于岷县黑裘皮羊的多样性评估中。

在分析体重与体尺性状通径关系的基础上，利用微卫星标记技术，选取联合国粮食及农业组织（FAO）推荐的 24 对微卫星引物，以 144 只岷县黑裘皮羊为研究对象，分析了其群体遗传多样性，同时利用 SPSS 21.0 的一般线性模型对微卫星标记与性状的表型数据进行关联分析。结果表明：岷县黑裘皮羊 12 月龄、24 月龄和 36 月龄生产性状变异系数分别为 8.44~19.89、4.24~8.52 和 4.31~10.62。除 12 月龄胸宽与体重无显著相关外（$P>0.05$），其余各体尺性状与体重均呈正相关（$P<0.05$）。12 月龄和 24 月龄时，胸围对体重的直接作用最大，体高和胸宽通过胸围对体重的间接作用大于自身的直接作用；36 月龄时，胸宽对体重的直接作用最大，体高通过胸宽对体重的间接作用最大。同时，这 24 个微卫星位点也可用于岷县黑裘皮羊生产性状的关联分析。对 24 个微卫星标记与生产性状进行关联分析，结果表明：21 个位点分别与 12 月龄、24 月龄和 36 月龄岷县黑裘皮羊体重、体高、体长、胸深、胸宽和胸围存在不同程度的关联性（$P<0.5$）。其中，12 月龄时，与体重相关的位点有 6 个：DYMS1、SRCRSP9、ILSTS11、OarFCB304、OarJMP58、MAF70；与体高相关的位点有 7 个：OarFCB128、OarVH72、ILSTS28、MAF214、MAF33、OarJMP29、MAF70；与体长相关的位点有 4 个：OarFCB193、MAF65、MAF70、MAF209；与胸宽相关的位点有 1 个：ILSTS28；与胸深相关的位点有 4 个：MAF214、OarFCB304、OarJMP29、MAF209；与胸围相关的位点有 5 个：ILSTS11、OarFCB193、OarJMP58、MAF65、MAF70。24 月龄时，与体重相关的位点有 6 个：SRCRSP9、ILSTS11、MAF33、OarFCB193、OarJMP29、OarJMP58；与体高相关的位点有 4 个：MCM140、OarFCB193、OarJMP58、MAF70；与体长相关的位点有 4 个：DYMS1、MAF214、MAF65、MAF209；与胸宽相关的位点有 1 个：ILSTS5；与胸深相关的位点有 4 个：BM8125、ILSTS5、ILSTS11、OarFCB304；与胸围相关的位点有 6 个：BM8125、SRCRSP9、MCM140、OarJMP29、OarJMP58、MAF209。36 月龄时，与体重相关的位点有 5 个：OarHH47、OarVH72、OarCB226、OarFCB193、OarJMP29；与体高相关的位点有 5 个：OarHH47、DYMS1、SRCRSP9、MCM140、OarFCB193；

与体长相关的位点有 4 个：OarAE129、ILSTS5、OarFCB304、MAF65；与胸宽相关的位点有 6 个：OarFCB128、OarVH72、BM8125、OarCB226、OarFCB193、OarFCB304；与胸深相关的位点有 4 个：OarAE129、OarCB226、MAF33、MAF65；与胸围相关的位点有 5 个：ILSTS5、MCM140、OarFCB193、OarJMP29、MAF65。

以 3 头成年雄性岷县黑裘皮羊为研究对象，屠宰后采集心脏、脾脏、肺脏、肾脏、肌肉和睾丸组织，利用实时荧光定量 PCR、免疫组织化学染色和 Western-Blotting 检测不同组织中 *HSP60* 的表达差异及规律。结果表明，岷县黑裘皮羊不同组织中均可见 *HSP60* 基因和蛋白的表达且存在一定的差异，心脏组织中 *HSP60* 基因和蛋白表达最高，脾脏组织中表达最低；心脏、脾脏、肺脏、肾脏、肌肉和睾丸组织切片中均有 *HSP60* 的阳性表达，心脏组织着色最深。因此，*HSP60* 可能对维持心脏或心肌细胞功能具有重要调节作用，上述结果为今后 *HSP60* 基因功能的研究以及绵羊抗逆性研究提供参考依据。

采用 RNA-seq 技术检测了岷县黑裘皮羊皮肤组织 mRNA 和 lncRNA，共获得 103. 18 Gb clean data，单个样本数据量均达到 16 Gb，Q30 碱基百分比均在 92. 62% 以上，样本测序结果与参考基因组的比对率为 87. 40% ~ 90. 24%，唯一比对率为 75. 61%~79. 97%，测序结果和比对效果均为良好。测序分析获得的基因总数为 28 480 个，其中新基因数为 10 015 个，已知基因数为 18 465 个；基因表达定量分析筛选差异表达基因数为 133 个，其中在岷县黑裘皮羊中上调基因 78 个，下调基因 55 个。差异表达基因的功能富集分析结果显示，差异表达基因显著富集在 37 个 GO 功能 terms 中，包括 28 个 BP terms 和 9 个 CC terms，差异表达基因显著富集于 2 个 KEGG 信号通路，即酪氨酸代谢信号通路（tyrosine metabolism signaling pathway）和黑色素合成信号通路（melanogenesis signaling pathway）。通过测序鉴定了 lncRNA 32 693 个，具有靶向基因的 lncRNA 15 961个，预测的靶基因数 46 716 个，筛选差异表达 lncRNA 195 个，其中岷县黑裘皮羊中上调基因 102 个，下调基因 93 个。差异表达 lncRNA 靶基因显著富集的 KEGG 信号通路为 NF-kappa B 信号通路（NF-kappa B signaling pathway）和细胞因子受体间互作信号通路（cytokine-cytokine receptor interaction signaling pathway）。经过分析确定调控岷县黑裘皮羊黑色素沉积的关键基因主要为 *TYR*、*TYPR1*、*TYPR2*（*DCT*）、*PMEL*、*GPR143*、*MC1R*、*OCA2*、*SLC45A2*、*MLANA* 9 个基因。岷县黑裘皮羊皮肤组织中黑色素前体物质酪氨酸浓度较高，3 种关键酶 TYR、TYRP1 和 TYRP2 的浓度较高。在岷县黑裘皮羊皮肤组织中 3 种关键酶浓度和对应基因的表达量高低趋势一致，进一步说明 TYR、TYRP1 和 TYRP2 在岷县黑裘皮羊黑色素沉积过程中发挥关键作用。基本确定了岷县黑裘皮羊的黑色素的含量和分布，也初步确定了岷县黑裘皮羊体内黑色素沉积过程的关键信号通路为“酪氨酸代谢信号通路”和“黑色素合成信号通路”，涉及的关键调控基因为 *TYR*、*TYPR1*、*TYPR2*（*DCT*）、*PMEL*、*GPR143*、*MC1R*、*OCA2*、*SLC45A2*、*MLANA*，其中酪氨酸基因家族是岷县黑裘皮羊黑色素合成调控过程中最直接的调控基因。

1.1.12　现状

岷县黑裘皮羊属山谷型藏系小尾羊，是在当地群众长期进行人工选择和特殊自然条件的影响下，巩固了黑色被毛这一经济性状而形成的一个被毛黑色的地方绵羊品种。长期以来，岷县黑裘皮羊因其黑色裘皮吸热、保暖、耐脏、黑色裘皮着衣防寒，在高寒地区深受群众喜爱，自发地向裘皮用方向选育和生产，从而形成了独特的裘皮性状；同时，当地群众也喜食羔羊肉，其肉质细嫩，脂肪少，滑而不腻，羊肉具有高原天然食品的特性，更具有“黑色”食品的保健功能，这样便促成了岷县黑裘皮羊兼具裘皮和优质羔羊肉的特性，成为我国宝贵而珍稀的地方特有绵羊品种。

当地群众通过本品种选育或自群繁育来生产裘皮及羊肉；在中心产区之外有不同程度的杂交，以产肉为目的。由于其生活环境的独特性和较低的生产性能，长期以来未曾得到世人的关注，从而使该品种羊数量呈缩减之势。岷县黑裘皮羊自 20 世纪 80 年代以来，经过 20 多年的发展，群体数量由 1985 年的 30 000 多只锐减到 1995 年的 15 000 多只，直至 2007 年的 4 000 余只。

2008 年以来笔者团队通过对岷县黑裘皮羊遗传资源评价、品种资源本底调查，采用保种群开放式核心群组建和本品种继代选育，应用基因组学和转录组学技术发掘出岷县黑裘皮羊乌骨性状，制订科学的保护方案。从 2016 年开始，采用父系系祖建系和混合群近交系数控制技术，使岷县黑裘皮羊保种核心群数量由 240 只增加到 660 只，通过种羊推广，核心产区岷县黑裘皮羊群体复壮规模达到 1.2 万余只，为岷县黑裘皮羊的科学研究奠定了良好的资源基础。

岷县黑裘皮羊虽然经历了 1 600 多年的驯化和近 40 年的保种，但其选育程度依然很低，目前生产性能较低，体格及活重小，体型外貌不整齐，生产性能差异较大，毛色出现杂色，繁殖以自然交配为主，育种手段落后，选种选配难度大，基础设施条件差，补饲草料缺乏，饲养处在靠天养畜阶段，饲养管理粗放，近交退化严重，抵御自然灾害的能力弱，致使岷县黑裘皮羊繁育进展缓慢，商品率不高，经济效益欠佳，造成岷县黑裘皮羊的种质下降，种质资源保护刻不容缓。

1.1.13 评价与展望

该品种为当地群众多年来精心选育的裘皮用地方良种。所产二毛皮以其黑色、光泽悦目、花穗美观和轻暖耐穿而受群众欢迎，从而闻名于国内，是毛皮市场的传统商品。

但近年来由于单纯追求数量，忽视质量，收购部门也无该品种的收购规格标准，加之饲养管理粗放，不重视选种选配，致使这一地方良种体格变小，部分羊只的毛色杂化。有的羊毛梢紫而根黑，有的则梢黑而根紫，有的或棕或褐。还有少数个体毛丛中夹有白色纤维，失去了原品种全黑的特点。

1973 年，甘肃省畜牧领导部门建议在非中心产区引用卡拉库尔羊进行导入杂交试验，以探索引用外血提高该品种裘皮质量的途径。为此，曾调入卡拉库尔种公羊，分别在临潭县三岔乡羊沟村和岷县清水乡山峪村设点试验，效果明显：三岔试验点羔羊出生体重，当地羊为 2. 0 kg，杂种一代为 3. 12 kg；当地黑色羊占 52. 99%，而杂种一代黑色羊占 89. 93%、二代中黑色羊占 97. 22%。母羊 1. 5 岁体重，当地羊平均为 20. 13 kg，杂种一代为 24. 07 kg、二代为 30. 05 kg。杂种羊裘皮品质的提高尤为显著，毛色全黑，有光泽，花穗悦目，皮板面积增大，毛纤维较原品种略粗，羊毛类型有所改进，并纠正了原二毛皮易黏结的缺点。至于改到何等程度和改良方法问题，尚需进一步研究。

该品种生产方向明确，群众喜爱，经济价值高，是甘肃省唯一的地方黑裘皮绵羊品种。从习性上看，是一种适应于高寒阴湿草山草坡（坡度 30°~60°）放牧的山区绵羊类型，也是当地的优势畜种之一。建议在中心产区积极开展有计划的本品种选育，提高其产品品质，保留这个优良的基因库。在边缘产区可继续引用卡拉库尔羊进行改良试验，取得经验后再行推广。为了提高岷县黑裘皮羊特色产业的生产效率，可以采取岷县黑裘皮羊公羊与湖羊级进杂交，通过提高杂交后代母羊群体的繁殖率来提质增效。

1.2 岷县黑裘皮羊的保护措施

1.2.1 岷县黑裘皮羊保种的必要性

（1）是提高岷县黑裘皮羊品种质量，有效保护岷县黑裘皮羊品种资源的需要 由于历史原因，过去岷县养羊业采取大集体传统的饲养方式，生产经营上只追求数量，而忽视质量，野交乱配现象普遍存在，缺乏科学严格的选择，导致了品种退化：体形变小，生产性能和产品质量下降，品种外貌特征极不一

致，部分个体出现杂色（花色），主要生产性能由生产二毛裘皮转变为以产肉为主，产品市场竞争力差，作为特色产业的效能没有得到很好的发挥。如再不加以保护和选育提高，将会使这一宝贵的地方绵羊品种资源消失。因此，制订和实施岷县黑裘皮羊品种资源保护中长期方案，对于进一步提高岷县黑裘皮羊品种资源优势和抢救这一濒危品种、提高其品质、促进岷县黑裘皮羊特色产业的发展具有重要的意义。

（2）是提高岷县黑裘皮羊产品品质的需要　岷县黑裘皮羊产于岷县特定的地理区域，适应性强、耐粗饲，可放牧可舍饲，对生态植被破坏性小，成年羊毛色纯黑或黑紫，遗传稳定，母羊多数无角或短角，性格温顺，安全易管理，肉质鲜、细、嫩、香，颇受商家青睐。它生产的二毛裘皮皮板结实，经久耐穿，毛色黑亮，毛股有5~7个环形弯曲，花环美丽，不结块，其羔皮美观、轻、薄、柔软、保暖性强、色泽黑亮，品质优于滩羊和卡拉库尔羊羔皮，为羔皮中上品。因此，对岷县黑裘皮羊进行保种选育，提高其种质标准，促进岷县黑裘皮羊产业发展，保证产品质量，显得十分迫切和必要。

（3）是挖掘特色资源、开发甘肃省“名优特”产品的需要　草食畜牧业是甘肃省经济、社会发展的支柱产业，肉羊生产又是甘肃省优势产业，具有开发甘肃省“名优特”产品的资源禀赋和培育特色养羊业的独特优势。岷县黑裘皮羊在甘肃省南部以洮河中上游地区为核心产区，已具有1 600余年的发展历史，其独特的高寒阴湿地区适应性、天然优质羔羊肉、乌骨特性、裘皮特性等具有巨大而潜在的开发价值。通过现代分子生物学技术挖掘乌骨性状基因，进行标记辅助选择和基因聚合育种，选育乌骨羊新品种（系），是开发岷县黑裘皮羊地方特色资源、打造新的甘肃省“名优特”产品的需要。

（4）是增加农牧民收入的需要　岷县属边远山区，经济落后，是国家贫困县之一。当地政府十分重视特色产业的开发，把岷县黑裘皮羊种质资源保护和开发利用作为农牧民增收的支柱产业之一来抓，在财政十分困难的情况下，拨出有限资金建立岷县黑裘皮羊原种保种繁育场，同时出台优惠政策吸引外资参与岷县黑裘皮羊品种资源保护及开发利用，有力地促进了岷县黑裘皮羊生产的发展。岷县黑裘皮羊已成为当地农牧民的主要经济收入来源之一。因此，做好岷县黑裘皮羊保种选育，提高岷县黑裘皮羊品种资源品质和生产性能，对于创岷县黑裘皮羊品牌、拓宽销路、促进地方特色绵羊产业的发展、繁荣地方经济、增加农牧民收入具有很重要的意义。

1.2.2　保种原则

一是科学控制保种群近交系数增量。二是合理保存品种内遗传多样性，使保种目标性状基因不丢失、性能不下降。

1.2.3 保种方案

1.2.3.1 保种区划

（1）建立岷县黑裘皮羊保护区 岷县黑裘皮羊的保种应以活畜保存为主，同时本着选育提高与开发利用相结合的原则，结合种群分布状况，在岷县黑裘皮羊集中分布、数量较多且从未开展绵羊改良、其种质资源保护完好的清水、西江、西寨等乡镇设立保护区，划定核心保护区、缓冲区。绝对不允许引入外血进入保护区，实行政府管理下的群众保种法。

（2）建立选育提高区 为了固定花穗类型、毛股弯曲数等裘皮（二毛皮）优良性状，同时克服产肉性能低等不足，将十里、秦许、小寨 3 个乡镇划为选育提高区，积极开展本品种选育。

（3）建立商品羊生产区 针对岷县黑裘皮羊毛质差、产量低及生长速度慢、产肉量少等缺点，在本品种选育的基础上，适当引入外血，开展经济杂交，利用杂种优势，建立以蒲麻、闾井等镇为中心的岷县黑裘皮羊商品基地建设区，加大科学养羊综合配套技术的推广普及，围绕标准化生产，扶持年出栏 100 只以上的重点户 50 户。同时，发展专业合作经济组织，扶持龙头企业，打造市场品牌，建立“公司+基地+农户”的经营发展模式，提高岷县黑裘皮羊商品基地经济效益。

（4）异地活体保种 随着城镇化建设的发展，岷县黑裘皮羊核心产区出现分割化、压缩化状态，环境承载力下降，从而限制了潜在的保种和扩群能力，因此通过向岷县周边的渭源、漳县、临潭、卓尼、宕昌等生态条件类似的地区输出岷县黑裘皮羊遗传资源，进行异地活体保种，对扩群、新品系培育都具有积极的现实意义。

1.2.3.2 保种方式

岷县黑裘皮羊以活体保种为主，采取保种场和保种选育基地相结合的形式，建立岷县黑裘皮羊三级保种繁育体系，在岷县汇丰农业发展有限公司黑裘皮羊保种场建立岷县黑裘皮羊保种核心群，相邻的乡镇建立纯种繁育保护区，淘汰体格弱小、生产性能低下的岷县黑裘皮羊，形成闭锁繁育格局。不断完善保种设施，扩大种群数量，提高岷县黑裘皮羊品质。有目的、有计划地发展优质岷县黑裘皮羊，通过保种场基础设施配套建设，主要是以保持岷县黑裘皮羊原有的优良特性为前提，以保护地方特有优良品种为目的，通过本品种选育和纯种繁育，提高品种性能，扩大种群数量，建立保种选育基地，形成规模养殖，走产业化经营之路。

1.2.3.3　技术路线

实行“以岷县黑裘皮羊纯种繁育为主线，以选种选配为手段，以提高个体生产、繁殖性能为目的，以采用活体保种为主”的技术路线。坚持肉裘兼用的选育方向，建立岷县黑裘皮羊三级繁育体系，提高岷县黑裘皮羊生产性能和产品品质。

1.2.3.4　保种选育目标

一是对岷县黑裘皮羊种质资源进行调查和种群遗传多样性评价。

二是建立保种核心群。按照《家畜遗传资源保种场保种技术规范　第 4 部分：绵羊、山羊》（NY/T 3453—2019），建立岷县黑裘皮羊保种核心群，应满足如下要求：核心群 560 只以上（其中种公羊 50 只以上）；家系不少于 6 个；世代间隔 3 年；近交系数<12.5%，种羊年更新率 20%～25%；开展各家系等量留种和群体继代选育。

三是建立岷县黑裘皮羊纯繁群。群体规模 520 只，其中，裘皮主选性状群体 260 只（母羊 247 只，公羊 13 只），产肉主选性状群体 260 只（母羊 247 只，公羊 13 只），开展本品种闭锁繁育。

四是提高裘皮性能。共选育 260 只羊，其中，母羊 247 只，公羊 13 只。初生重公羔 2.5 kg 以上，母羔 2.4 kg 以上，全身纯黑色，毛股自然长度 4 cm 以上，弯曲数 4 个以上；二毛羔羊体重达到 6 kg 以上，发育好，全身纯黑色，毛股自然长度 7 cm 以上，弯曲数 4 个以上；成年公羊体重达 56 kg 以上，母羊 45 kg 以上，毛股自然长度 13 cm 以上，光泽好，被毛厚密，腹毛覆盖良好，匀度一致，一级羔皮比例达 50%以上，等内羔皮 98%以上。

五是提高产肉性能。共选育 260 只羊，其中，母羊 247 只，公羊 13 只。初生重公羔 2.6 kg 以上，母羔 2.4 kg 以上，全身纯黑色；二毛羔羊体重达到 7 kg 以上，发育好，毛股自然长度 7 cm 以上，弯曲数 3 个以上；成年公羊体重达 58 kg 以上，母羊 47 kg 以上，全身纯黑色，体型大而丰满，早期生长速度提高 5%～8%，屠宰率达 55%，提高净肉率 3%～5%。

六是在核心群以外的 6 个乡镇，建立 7 个选育群，共 420 只。建立扩繁群 20 个，共 620 只。

七是培训专业技术人员和牧民 300 人（次）。

1.2.3.5　保种方法

一是以活体保种为主的保种方式。

二是建立保种核心群。在岷县汇丰农业发展有限公司黑裘皮羊保种场建立

1 个核心保种群，群体规模 560 只；在相邻的乡镇，建立 2 个主选性状（裘皮、产肉）共 520 只纯种繁育区。

三是划定保种选育基地。在保种选育基地（岷县清水、十里、秦许、梅川、西寨、西江 6 镇）严禁引进其他品种的种羊，严防群体混杂。这是保种的一项首要措施。

四是防止近亲交配。为了保存基因库中的每个基因都不丢失，应该避免血缘关系很近的公母羊之间的交配。

五是采用纯种繁殖生产种公羊。核心群内公母羊的交配繁殖，按照加性遗传效应进行选种，并在种畜间进行有计划的选配，以求在下一世代中提高加性有利基因的频率，其目的是保持和发展优良特性，增加优良个体的比例，克服种群的个别缺点，以达到岷县黑裘皮羊总体水平的提高。繁育过程中不改变生产方向，不断提高其生产性能和遗传稳定性。

1.2.3.6 保种内容

（1）一级保种繁育体系建立

①保种核心群建设。在岷县汇丰农业发展有限公司黑裘皮羊保种场建立一个岷县黑裘皮羊保种核心群，筛选符合甘肃省地方标准《岷县黑裘皮羊》的特级种公羊 50 头，一级以上母羊 510 头，种公羊连续使用不能超过 3 年。

②纯种繁育群建设。在已经建成的核心群周边建立纯种繁育保护区，淘汰毛色花杂的种公羊和体格弱小、生产性能不高的母羊，统一留选优良的岷县黑裘皮羊，形成闭锁繁育群，建立 2 个主选性状（裘皮、产肉）的繁育体系，开展岷县黑裘皮羊纯种繁育。每个血统筛选 247 只母羊（允许存在 25%的二级母羊）、13 只种公羊，共 520 只。

（2）二级保种繁育体系建立　在岷县黑裘皮羊中心产区岷县清水、十里、秦许、梅川、西寨、西江 6 镇建立岷县黑裘皮羊选育提高区，组建选育群，其中的种公羊从核心群中调配，所产后代的优良母羊再补充到核心群中，建立 7 个血统的繁育群，每群 50 只基础母羊、10 只种公羊，共 420 只。

（3）三级保种繁育体系建立　在岷县清水、十里、秦许、梅川、西寨、西江 6 镇划定繁育推广区，选择养羊积极性高的重点村、专业合作社组建岷县黑裘皮羊扩繁群，扩繁群 20 个，每群组建基础母羊 30 只、公羊 1 只，共 620 头，扩大数量，提高质量；生产出的优秀母牛补充到选育群中，同时从纯种繁育区调给种公羊供种，大力改善岷县黑裘皮羊体格弱小、生产性能下降、毛色杂色的现状。

（4）基础设施维修　包括维修暖棚、院墙、住房。

（5）实验设施购置　包括专用办公用品台式电脑 2 台、打印机 2 台、复印机 1 台、摄像机 1 部、望远镜 2 个、档案柜 4 个。

（6）饲草料基地建设　种植优质饲草 100 亩①，为岷县黑裘皮羊的保种核心群和选育群在冷季提供草料。

（7）培训　开展保种区牧户保种技术培训、专业技术人员外出培训、种质资源情况调查、疫病防治培训等工作。

① 1 亩≈667 m^2。全书同。

第二章　遗传多样性研究的原理和方法

我国是世界上家养动物品种资源较丰富的国家之一，绵羊是人类较早驯化的家养动物，早在新石器时代就有饲养绵山羊的记录。绵羊与人类的关系非常密切，在长期的驯化和养殖过程中，多样化的培育目标、不同的饲养条件、丰富的生态环境和特殊的地域特征，目前已形成了众多的地方绵羊品种（系）。我国现有绵羊品种 50 个，其中地方品种 31 个，培育品种 9 个和引入品种 10 个。其品种类型多样，有毛用、肉用及毛肉兼用型等，是在当地自然条件下经过长期选育而成的具有地方特征的品种，具有适应性好、耐粗饲、易抓膘和抗病抗逆性强等特点，它们既是发展优质、高产高效畜牧业的基础和保障，又是实现我国畜牧业可持续发展、保持生物多样性的重要遗传资源。然而由于人口的增长、人为选育的干扰、生态环境的恶化和外来品种的引入等因素，农业动物资源的种类和数量等在不同程度上面临着严重危机。在目前全球所拥有的 6 400 多种农业动物中，已经有 30%处于濒危状态，并且在以每年 1%～2%的速度消失，我国农业动物资源所面临的形势同样严峻，许多地方的古老、土著品种由于严酷的竞争和排挤，数量急剧减少甚至濒临灭绝，如我国枣北大尾羊已经灭绝，兰州大尾羊属濒临灭绝资源，汉中绵羊属于濒危资源。

遗传多样性是生物多样性的核心，遗传多样性代表了所有生物的结构、功能和过程有关的信息，是自然选择和历史长期进化中的宝贵资源。遗传多样性是一个群体或物种生存适应和发展进化的前提。一个群体或物种遗传多样性越丰富，对环境变化的适应能力就越强，越容易扩展其分布范围和开拓新的环境，家畜高产、抗逆和优质等性能的大幅度提高也正是遗传多样性在动物育种中应用的结果。

对绵羊遗传多样性的研究和认识，不但可以调查绵羊品种遗传背景状况和确定绵羊品种遗传特征，了解绵羊各群体间的亲缘关系及其起源和遗传分化，准确区分绵羊品种类型，为定向培育新品种（系）、合理开发利用绵羊遗传资源，进而生产更多更优质的产品提供重要依据，还能为防止遗传多样性丧失、增加遗传变异奠定基础。同时，对优良地方品种进行正确的划分和全面的认知，可为绵羊的品种选育和寻找具有优良生产性能的基因及充分开发利用这些宝贵的遗传资源提供科学依据，并最终为加速育种和提高生产性能服务。本章将介绍遗传多样性的原理和研究方法，以期在客观评价和监测遗传多样性的基础上，为有效保护和利用我国绵羊种质资源提供理论依据和参考。

2.1　遗传多样性的概念

广义的遗传多样性是指地球上所有生物所携带的遗传信息的总和，包括不同物种间以及物种内的遗传变异。但是，一般所指的遗传多样性是指种内的遗传多样性，即种内个体之间或一个群体内不同个体的遗传变异总和。物种是遗传多样性的载体，种内的多样性是物种以上各水平多样性最重要的部分。遗传多样性就其形式而言，可表现在分子、细胞、个体各层次水平上。在分子水平，可表现为核酸、蛋白质、多糖等生物大分子的多样性；在细胞水平，可表现为染色体结构的多样性及细胞结构与功能的多样性；在个体水平，可表现为生理代谢差异、形态发育差异以及行为习性的差异等。遗传多样性通过对上述各层次的生物性状的影响，导致生物体的不同适应性，进而影响生物的分布和演化。遗传多样性代表了所有与生物的结构、功能和过程有关的信息，是每种生物所固有的特性，它是长期进化和适应的产物。一般而言，遗传多样性越高，其蕴含的育种和遗传改良能力越高，生存能力越强。最大限度地维持种内的遗传多样性水平，能保障和维持物种和种群的自然繁殖能力和进化潜力。

家养动物遗传多样性与人类的生活和生产密切相关。绵羊作为重要的家养动物，其遗传多样性是指所有绵羊品种及其野生近缘种的种间和种内遗传变异的总和，不仅包括了不同种绵羊间的遗传变异，还包括了同种绵羊内不同品种间和品种内共同的和特异的基因及其组合体系。同时，根据人们的不同需求，经过高强度的选择和杂交后，产生了许多前所未有的变异性特征，形成了在体形外貌和经济性状上丰富多彩的地方品种和类型，构成了同一种内的品种多样性。

2.2　遗传多样性产生的分子基础

遗传物质是遗传信息的载体，遗传物质的可塑性保证了生物性状和物种的相对稳定。遗传物质的变异，则导致遗传多样性的产生，使物种具备进化的潜力和适应的可能性。突变和重组是遗传多样性产生的根本原因，其可以发生在核基因和细胞质基因上，核质互作产生更多的遗传变异，进一步丰富其遗传多样性。

2.2.1 遗传突变

遗传突变包括点突变和染色体突变。点突变（point mutation）指在核酸上一个或少数核苷酸的改变。点突变包括碱基替换（base substitution）、插入（insersion）或缺失（deletion）突变。一个嘌呤碱基替代另一个嘌呤碱基或者一个嘧啶碱基替换另一个嘧啶碱基称为转换（transition）；嘌呤替代嘧啶或者嘧啶替换嘌呤称为颠换（transversion）。插入或缺失突变指一个或几个碱基对的增加或丢失，可造成蛋白质的氨基酸序列发生较大的变化。点突变在生物界很普遍，它引起了大量的表型变化。储明星等（2005）对小尾寒羊骨形态发生蛋白 15（bone morphogenetic protein 15，BMP15）基因的研究表明，高繁殖力的小尾寒羊在 BMP15 基因编码序列第 718 位碱基处发生了与 Belclare 绵羊和 Cambridge 绵羊相同的 B2 突变（C→T），结果表明，BMP15 B2 突变对小尾寒羊高繁殖力影响十分明显。

染色体突变（chromosomal mutation）是指染色体结构、数目和大小的改变。染色体结构的变化有 4 种情况：一是缺失，即染色体上一个片段的丢失，其遗传效应主要是破坏了正常的连锁群，影响基因间的交换和重组，影响生物的正常发育和配子生活力；二是重复，即染色体上某些片段的重复性增加，其遗传效应主要是破坏了正常的连锁群，使性状的表现程度加重；三是倒位，即染色体内部结构的顺序发生颠倒，其遗传效应是改变了正常的连锁群，当大段染色体发生倒位时，倒位杂合体表现高度不育；四是易位，即非同源的染色体片段出现了交换，包括相互易位和非相互易位（转位）两种情况，其遗传效应是改变了正常的连锁群，使原来同一染色体上的连锁基因经易位而表现为独立遗传，反之，原来的非连锁基因也可能出现连锁遗传现象。

染色体数目的变化包括非整倍体、单倍体和多倍体现象。

突变在畜禽生产上的应用主要是培育新品种。应用化学或物理因素诱导动物染色体结构发生变异，选择优良性状，提高产量和质量。例如，用秋水仙素处理动物性细胞，诱导染色体数目发生变异，成功地获得了三倍体个体。

突变的产生可能是自发的，也可能是环境因子诱发的。诱发因素很多，有外在的高能辐射等物理因素，有亚硝酸、碱基类似物等化学因素，有病毒和某些细菌等生物因素，也有内在的温度骤变、化学污染，以及生物自身代谢的不稳定性，如异常产物过氧化氢等的产生、DNA 修复时发生错误等。但所有的生物在自然情况下，都有一定的概率发生自发突变，即具有普遍性；自然突变发生的个体、部位、基因、时间等都是随机的，即具有随机性；由于基因组的结构特征、细胞环境或生理代谢上的不稳定而导致可能产生一系列异质的等位基因或非等位基因，即具有不定向性；同时突变率低，即具有稀有性等特征。

2.2.2　重组

重组（recombination）是指由于不同 DNA 链的断裂和连接而产生的 DNA 片段的交换和重新组合，形成新的 DNA 分子的过程，包括分子间或染色体间重组（真核染色体减数分裂时独立分配）。而分子内或染色体内重组是酶依赖的过程，新的遗传物质通过 DNA 的剪切和连接产生，主要有以下几种类型：一是同源重组（homologous recombination），两个 DNA 分子同源序列之间进行的重组；二是位点特异性重组（site-specific recombination），不依赖于 DNA 顺序的同源性，而依赖于能与某些酶相结合的特异的 DNA 序列的存在；三是 DNA 的转座（transposition），转座子（transponson，Tn）又称易位子，是指存在于染色体 DNA 上可以自主复制和位移的一段 DNA 顺序。将转座子改变位置（例如从染色体上的一个位置转移到另一个位置，或者从质粒转移到染色体上）的行为称为转座。转座子可以在不同复制子之间转移，以非正常重组方式从一个位点插入到另外一个位点，对新位点基因的结构与表达产生多种遗传效应。由于转座子既能给基因组带来新的遗传物质，在某些情况下又能像一个开关那样启动或关闭某些基因，并常使基因组发生缺失、重复或倒位等 DNA 重排情况，其与生物演化有密切的关系，并可能与个体发育、细胞分化有关。转座子是一段特定的 DNA 序列，它可以在染色体组内移动，从一个位置切割下来，插入到一个新的位点。这种切割和插入，都能够引起基因的突变或染色体的重组。

生物的性状是多种基因相互作用的结果。通过基因重组和突变，可以在有限数量的基因基础上，产生很多不同的表型性状或性状的组合，从而导致不同的个体在遗传型和表现型上的差异。在有性生殖过程中，染色体重组和染色体的自由组合，将产生不同基因间组合，结合多样的生态环境，在长期的选择和进化中，固定在生物个体以及群体内，产生新的形态或性状，传递给后代，从而大大地丰富了生物的遗传多样性。

2.3　评价遗传多样性的指标

在一个群体中，存在两个和多个有着相当高频率（通常大于 1%）的等位基因时就称为遗传多态性。客观地评价群体的遗传多态性，就必须研究多个座位的等位基因，理想的方案是研究所有的遗传座位，但实际上这是不可能的。

因此，一个群体的遗传变异通常是通过从基因组中随机抽取不同的座位来研究。随着分子生物学和遗传学的发展，以全基因组为目标的相关技术和理论都相继得以开发和应用，其指标的准确性和客观性也日渐提高。目前，评价遗传多样性的指标很多，不同的方法得到不同的指标，旨在从不同的层次和技术角度阐述其遗传多样性，以下是一些基本的参数。

2.3.1 基因频率和基因型频率

基因型是基因的组合形式。在一个群体中，不同基因型个体所占的比例，称为该群体的基因型频率（genotype frequency）。一个群体中所有基因的集合称为基因库（gene pool）。对于二倍体生物，若一个群体中有 n 个个体，那么，在一个特定的基因座位上就有 $2n$ 个等位基因。在一个群体中，在所研究的基因座位上不同的等位基因所占的比例称为群体的基因频率（gene frequency）。

基因型是在受精过程中由雌雄配子所携带的等位基因组合而成的，基因型和配子所携带的基因都是看不到的，但表现型是可以观察到的。如果知道特定的表现型和特定的基因型之间的对应关系，就可以从杂交或测交后代的表现型种类和比例推测亲本所产生的配子携带的等位基因及其比例。人们只能由表现型比例推测基因型频率，再由基因型频率推算基因频率。因此，基因频率和基因型频率都是理论值。

进化的单位是种群，种群基因频率的变化是生物进化的标志，自然选择又定向地决定了基因频率的改变，从而决定了生物进化的方向。因此，通过检测种群或品种的基因型和基因频率，来推测其演化关系，为进一步的培育和利用提供依据。

2.3.2 哈代-温伯格（Hardy-Weinberg）平衡检测

Hardy-Weinberg 定律又称遗传平衡定律（law of genetic equilibrium）或基因平衡定律，指在一个完全随机交配的大群体中，如果没有突变、选择、基因迁移等因素的干扰，则基因频率和基因型频率在世代之间保持不变，即不同基因型个体交配的机会均等，则下一代基因型的频率和亲代完全一样，不会有改变。换言之，遗传本身并不改变基因频率。在这种情况下，基因频率与基因型频率间存在简单关系。如在只有两个等位基因的情况下，设群体内 2 个等位基因 *A1*、*A2* 的频率分别是 p 和 q，那么，其 3 种基因型（*A1A1*、*A1A2* 和 *A2A2*）的频率就相应是 p^2、$2pq$ 和 q^2。Hardy-Weinberg 平衡是一种理想状态，许多群体遗传学的理论模型建立在这个假设之上。

群体已经平衡的标志不是基因频率在上下代之间保持不变，而是基因型频率在上下代之间保持不变。因此，利用基因型频率，采用 x^2 检验，检验群体遗传结构是否符合 Hardy-Weinberg 定律，用于衡量群体遗传的波动情况。

2.3.3　杂合度

杂合度（heterozygosity）又称为基因多样性，是指随机抽取的样本中其两个等位基因不相同的可能性，是度量群体遗传变异的一个最适参数。对不同位点而言，杂合体在种群内所占的比例可能不同，所以常用不同位点上的平均值，表示种群总体上的杂合度。杂合度分为观测杂合度（observed heterozygosity，H_o）和期望杂合度（expected heterozygosity，H_e），期望杂合度计算公式如下：

$$H_e = 1 - \sum_{i=1}^{n} p_i^2 \tag{2-1}$$

式中：p_i为某一位点第 i 个等位基因频率；n 为某一位点的等位基因数；r 为座位数。当有多个座位时，群体平均杂合度就是每个座位杂合度的算术平均数。

观测杂合度是观察得到杂和个体数占样本个体数总数的比例。而期望杂合度主要是根据种群内当前优势等位基因的分布频率来推算的，稀有基因的贡献极其微弱，期望杂合度是度量种群基因多样性程度的优良指标。

2.3.4　核苷酸多态性

核苷酸多态性（nucleotide polymorphism），是指对于种群内两个随机选出的同源 DNA 序列来说，每一个核苷酸位置上出现相异的核苷酸的平均概率，或者说相异的核苷酸位点在所有核苷酸位点中占的比率，记为 π 。

对于一个群体来说，群体内核苷酸多样性指标的计算方法如下：

$$\pi = \sum_{i,\ j} x_i x_j \pi_{ij} \tag{2-2}$$

式中：x_i、x_j分别为第 i、第 j 种 DNA 序列在群体中的频率；π_{ij} 为第 i 种序列和第 j 种序列之间在每个核苷酸位置上相异核苷酸的平均概率。

群体间的核苷酸多样性的定义方法如下：考虑两个群体 X、Y，它们之间的核苷酸多态性记为 π，则：

$$\pi = \sum_{i,\ j} x_i x_j \pi_{ij} \tag{2-3}$$

式中：x_i、x_j分别为 X 中的第 i 种序列和群体 Y 中的第 j 种序列的频率；π_{ij} 为群体 X 中的第 i 种序列和群体 Y 中的第 j 种序列之间在每个核苷酸位点上相异核苷酸的概率。

2.3.5 遗传距离

遗传距离（genetic distance）是衡量不同的种群或种之间基因差异程度的指标，有许多不同的定义方式。遗传距离是指不同的种群或种之间基因差异的程度，并且以某种数值进行度量。遗传差异的任何数值测度，只要是在序列水平或是基因频率水平上，由不同个体、种群或种的数据计算而来的，皆可定义为遗传距离。遗传距离指标主要为 Nei 提出来最小遗传距离、标准遗传距离、最大遗传距离等，但以 Nei's 标准遗传距离最为准确，估测精度最高。下面主要介绍标准遗传距离。

标准遗传距离（D_s）：假如各个密码子的变化彼此间独立，则纯密码子差数的期望值，即标准遗传距离为：

$$D_s = -\ln I \tag{2-4}$$

式中：$I=J_{XY}/\sqrt{J_X J_Y}$，称为群体 X 与 Y 之间的常规基因一致度。J_X、J_Y、J_{XY} 分别为前文中所介绍的群体 X、Y 内以及两种群间的基因一致度。I 与 J_{XY} 类似，只不过，多了一个正态化因子 $\sqrt{J_X J_Y}$。当两个群体所有位点都具有相同的基因频率时，$I=1$；当所有位点上的等位基因都不相同时，$I=0$。为了避免混淆，常用符号 D_s 来表示标准遗传距离。

遗传距离是研究物种遗传多样性的基础，它反映了所研究群体的系统进化，被用以描述群体的遗传结构和品种间的差异。其测定方法有许多种，一般认为群体分化时间越短，遗传距离越小。

2.3.6 固定系数

在驯化和选育过程中，人工选择基本上都是以民众生活涉及的经济性状为主，同一祖先的种群或亚群，在遗传漂变等因素的作用下，彼此间的遗传差异会不断积累，而群体内个体间的遗传关系则趋于接近。这种遗传分化的过程，常常用固定系数这类指标来描述。固定系数是 Wright 最早提出来的，常用 F 表示，其值越大，表示偏离 Hardy-Weinberg 平衡程度越明显，各亚群间遗传分化越大。它可以由结合配子间遗传相关程度，或者方差分析中的方差分量来定义。Wright 还给出了一个著名的公式：

$$1 - F_{IT} = (1 - F_{IS})(1 - F_{ST}) \tag{2-5}$$

式中：F_{IT}表示在群体中，相对于随机配子结合而言，实际产生后代的结合配子之间的相关程度；F_{IS}则表示在亚群体内，相对于随机配子结合而言，实际产生后代的结合配子之间的相关程度；F_{ST}表示相对于群体内随机配子结合而言，每一个亚群内随机的两个配子之间的相关程度。

Nei 通过把群体的基因多样度分成亚群内和亚群间两部分重新定义了固定系数。若一个群体分为 s 个亚群，假设某一位点上有 r 个等位基因 $A_k(k = 1, 2, \cdots, r)$，p_{ik}为第 i 个亚群中第 k 个等位基因的频率，p_{ik}为第 i 个亚群中基因型 A_kA_k的频率，在此情形下，3 种指标的定义方法为：

$$\begin{cases} F_{ST} = \dfrac{H_T - H_S}{H_T} \\ F_{IS} = 1 - \dfrac{H_0}{H_S} \\ F_{IT} = 1 - \dfrac{H_0}{H_T} \end{cases} \tag{2-6}$$

式中：H_T 为群体在 Hardy-Weinberg 平衡假设下的杂合度期望值，H_S 为在 Hardy-Weinberg 平衡的假设下，亚群内平均杂合度的期望值，H_0 为群体杂合度的实际观测值。

固定系数的应用非常广泛。实际中，可以利用 F_{IS}来度量基因型频率对 Hardy-Weinberg 平衡比例的偏差，而 F_{ST}则可作为亚群间遗传分化程度的度量指标。固定系数也被用于分析种群间的基因交流。

2.4　影响遗传多样性的因素

影响种群遗传多样性的主要因素有选择压力、突变、生殖方式、小种群基因频率的随机波动、迁移扩散等。家养动物的种群规模波动较大，很易受到市场经济的冲击，加之人为的选择和环境压力等，都会出现近交衰退、基因流的降低、遗传漂变、有害突变的积累等，限制或缩减其种群规模。这里重点讨论以下几个因素。

2.4.1　选择压力

在群体中，选择压力常常用选择系数来表示，选择系数是在选择作用下适合度降低的程度。而适合度（fitness）是用来描述在某个群体中一个已知基因型的个体，相对于其他基因型个体把它的基因传递到其后代基因库中去的相对能力，即该基因型个体的相对适合值（relative fitness value）。相对适合值是一个统计概念，表示一种基因型的个体在某种环境下相对的繁殖效率或生殖有效性，通常用 w 表示相对适合值，将具有最高生殖效能的基因型的适应值定为 1，选择的作用在于提高或降低个体的适合度，适合度的计算是先计算各种基因型每个个体在下一代产生的子代平均数。随后用每种基因型的平均子代数除以最佳基因型的平均子代数。

选择作用用选择系数（s）来表示；选择系数是在选择作用下适合度降低的程度，f 表示在选择的作用下降低了的适合度。二者的关系为：

$$s=1-f \quad (2-7)$$

当 $w=1$　　则 $s=0$　选择不起作用；

当 $w=0$　　则 $s=1$　为完全选择；

若 $0<w<1$　则为不完全选择。

在选择的作用下，不同基因型的亲本，不等量地把它们的基因传给下一代。这样，选择作用就使基因频率、基因型频率发生变化。选择压力的变化必然要影响群体的遗传结构。选择压力的变化主要有两方面：一是选择压力的增强，选择压力越大，选择系数越高，引起的基因频率变化越快；二是选择压力的降低。这两种情况可影响群体中某一表型的适合度增高或降低，从而使表型相应的等位基因的频率也发生改变。

2.4.2　交配体系

动物不同的交配体系将直接影响基因频率的变化，随机交配的群体与非随机交配的群体的基因频率变化规律是完全不一样的。人为选择下的不同留种方式、公母比例等，都会导致种群遗传结构偏离遗传平衡。近交可使纯合基因频率增加，杂合基因频率降低，导致基因丢失。增加了有害等位基因纯合概率，导致个体适应能力下降。选育群体的变小，必然导致近交的发生。因此，在随机交配的基础上，应避免全同胞、半同胞、亲子等亲缘关系较近的个体间交配。或将群体划分为不同的亚群体（品系），不同亚群体的亲缘关系较远，在亚群体间采用轮回交配，避开有亲缘关系个体间的交配，可有效控制近交系数的过快增长。

2.4.2.1　近亲交配

亲缘关系较近的个体间的交配生殖称为近亲交配，简称近交（inbreeding）。群体或个体的近交程度取决于亲本或双亲的亲缘关系，通常以近交系数（F）表示，即近亲繁殖后代中某一来自共同祖先的基因相遇的概率。近交系数变化为 0 和 1 之间。近交虽有积极的意义，可以促进基因的纯合，使遗传性状稳定，使某些隐性的基因得到表达，但近交会使纯合基因频率增加，杂合基因频率降低，导致基因丢失，增加了有害等位基因纯合概率。

考虑两个等位基因 A、a 的情况，在近交群体中，各基因型频率的期望值：基因型 AA，p^2+fpq；基因型 Aa，$2pq-2fpq$；基因型 aa，q^2+fpq。当 $f=0$（即无近交）时，则基因型的频率为 Hardy-Weinberg 的平衡值。随着 f 的逐渐增加，种群内杂合体将逐渐减少，纯合体的频率将不断增大。如果近交的个体只占一定比例，或者程度不强时，也会在较慢的程度上发生上述效应。

种群近交的程度与有效种群规模（N_e，effective population size）相关。N_e一般指符合以下条件的群体；有性繁殖的二倍体生物，无世代交替，存在着许多相互独立的亚种群；亚种群内完全随机交配，亚群间没有基因交流，且不受突变和选择影响。从近交程度看，一个实际种群的有效种群规模可定义为与其具有同等近交系数（F）的一个理想种群的规模，N_e几乎总是小于实际种群的规模。近交系数 F 与有效种群规模的关系为：$F=1/2N_e$。显然，当群体的有效种群规模变小时，近交的程度将增加，小种群中发生近交的可能性也较大。但对于交配体系不同的群体，N_e的估计方法是不一样的。

2.4.2.2　近交衰退

近亲繁殖往往导致繁殖成功率降低或后代生存适应能力下降。这种伴随着近亲繁殖而出现的适应度下降称为近交衰退（inbreeding depression）。关于近交衰退的机制有两个学说。一是显性学说。该学说认为，生物群体往往具有隐性不利基因，近亲交配使隐性不利基因成为纯合子，表现出不良性状。二是超显性学说（或杂合子优势学说）。该学说认为基因组整体上的杂合性对适应性有利。上述两种机制导致的适应过程是不同的，如果是前者，种群经历了一定时间的近交后，隐性不利基因将被清除掉，这时，种群继续近交将没有不良后果。如果是后者，近交种群总是比杂合性高的种群适应度低。

由上可知种群变小是导致近交衰退的主要原因，但在实际研究中发现近交衰退并非一定明显表现出来，这可能有以下几个主要的原因：遗传负荷的淘汰、在较好的环境下近交衰退会表现不明显、并非能在所有性状中检测到近交衰退、近交衰退只出现在某些发育阶段和不同家系、种群、个体中的近交衰退程度不同。

防止近交衰退的主要技术理论是近交系数在世代间变化要小，通常用近交增量（ΔF）来表示，而决定群体近交系数增量的参数为 N_e，当初始群的近交系数为零时，第 t 代的近交系数 F_t与近交增量的关系为：

$$F_t=1-(1-\Delta F)^t \tag{2-8}$$

这要求把遗传、饲养生态条件等与近交衰退联系起来，减少近交系数在世代间变化，增加有效种群的规模，来防止近交衰退。

2.4.3　种群间基因流

基因流主要指生物的个体或群体之间由于杂交、迁移而导致的基因交流。

突变、遗传漂变和选择压力使得种群间的遗传差异逐渐变大，从而使物种出现遗传上的分化甚至形成新的物种。基因交流的作用则恰恰相反，使种群间保持遗传上的相似性，共享基因库。基因交流可以使具有不同等位基因的种群间产生新的遗传组合，不同亚种间的基因交流可能形成新种，而且这些新的基因组合也可能具有更强的生存力和适应力，从而在进化上起到很大作用。导致群体间基因交流的因素主要有 3 种：个体的迁移、配子的运动、群体的灭绝与重建。基因流与种群间的地理距离之间存在着很大的相关关系，空间距离越短，发生基因流的概率就越大。而空间距离远的种群间则可能只有很小基因流或根本没有基因流，因为生物个体的迁移受其移动能力的限制。其他种群基因的流入可以直接改变种群原有的基因频率，影响遗传结构，并使基因交流频繁的种群间在遗传结构上趋于一致。

推测群体间基因交流的方法通常有两种：直接法和间接法。直接法是通过估计扩散距离以及扩散个体交配成功率来研究群体间的基因交流情况；间接法是通过考察种群遗传结构来分析种群间基因交流情况。但在实际研究工作中，直接法往往有些难以克服的缺陷，如实验观察的偶然性大、实验难度大、缺乏遗传贡献的度量、扩散个体的交配成功率难以估计、不易得到种群迁移扩散或基因流的历史信息。

目前推测种群间基因流采用比较多的方法是用遗传结构来估计基因流，主要有两种方法。一种是利用 F_{ST}（固定系数）及类 F_{ST}来估计群体间的迁移个体的数量 N_em。另一种方法是 Slatkin 提出的利用稀有基因的频率来估计 N_em。如果 $N_em>1$，说明基因流就足以抵消群体由遗传漂变引起的遗传结果，可以维持遗传变异的多样性，防止近交衰退；如果 $N_em<1$，说明群体间差异显著，遗传隔离程度大，遗传漂变就成为影响群体遗传结构的主要因子。还有一些类似的参数也可被用来分析基因流动，如遗传分化系数（G_{ST}）和核苷酸分化系数（N_{ST}）等指标。

2.4.4 小种群的遗传效应

小种群的遗传效应是种群遗传学关注的核心问题之一。一方面小种群容易受随机环境因子影响而灭绝，另一方面小种群对因种群变小而增加的自交（包括近交）和增强的遗传漂变（genetic drift）更敏感。这里主要探讨家养动物的种群，在人为的选育过程中小种群的几个遗传效应。

（1）遗传漂变　小群体内基因频率很难保持平衡。在有性生殖的群体中，每个世代的基因库是对上一个世代基因库的随机抽样和复制。在世代交替过程中，不同的等位基因遗传到下一代的偶然性对种群遗传结构有可能产生显著影响。Wright 把这种由于配子产生及结合过程中的随机性导致的基因频率的波动称为遗传漂变，也称随机漂变、遗传偏离或 Wright 效应。这种波动变化导致某些等位基因的消失，另一些等位基因的固定，从而改变了群体的遗传结构。在大群体中，不同基因型个体所生子代数的波动，对基因频率不会有明显影响；在小群体中，基因频率会随机波动，等位基因在传递过程中会使有的基因固定下来而传给子代，有的基因则丢失，最终使此基因在群体中消失。

在概率抽样过程中，样本数与其方差成反比。因此在足够大的群体中，后代较容易保持原有的基因频率，不发生大的偏离；而群体越小，则越可能发生显著的漂变。对同样规模的种群而言，下降种群比上升种群中发生遗传漂变的效应更明显。Wright 认为，如果群体很小，相对于遗传漂变来讲，自然选择的作用可能会很小，这时有利的基因可能被淘汰，而有害的基因也可能保留或扩散。

（2）奠基者效应　奠基者效应（founder effect），又称建立者效应，是遗传漂变的一种极端情况。指仅由少数个体建立并发展种群时，这些少数个体携带的遗传信息不能完全反映其源种群的遗传信息，而导致由此发展起来的新种群遗传多样性较低的现象，称为奠基者效应。

这种情形一般发生于对外隔绝的海岛，或较为封闭的新开辟村落等。这些群体，尽管它们的个体数可以多到不计其数，但往往是几个或甚至一对亲本奠基者的后裔。如果这几个移居者之间在某些基因座上的基因频率的差别，大于这几个亲本本来所属群体之间的差别，则将对这些亲本后裔的进化产生持久的重大影响。

在岛屿生物区系的形成中，奠基者效应起很重要的作用。孤立岛屿上的许多湖泊、隔离的森林和其他隔离环境中也有这种情况。指由带有亲代群体中部分等位基因的少数个体重新建立新的群体，这个群体后来的数量虽然会增加，但因未与其他群体交配繁殖，彼此之间基因的差异性甚小。

（3）瓶颈效应　自然界中，动物在不同的季节数量差异很大：春季繁殖，夏季数量达到最多，进入冬季以后，由于疾病、寒冷、缺少食物等因素而使大批个体死亡，翌年春季只有一小部分个体生存下来，种群原有的遗传多样性很有可能就发生了严重流失。当条件适宜，种群又恢复了原有的规模后，相当部分的遗传多样性已经消失而无法恢复。这种现象就称作种群遗传瓶颈效应（genetic bottleneck）。遗传瓶颈效应导致后代基因频率会随着残存个体基因频率的变化而变化，一些等位基因尤其是稀有等位基因的消失和总体遗传多样性的下降。研究表明，瓶颈效应对遗传多样性的影响程度，与瓶颈效应后种群的规模、经过的世代数有直接关系。

2.5 研究遗传多样性的基本方法

遗传多样性检测的方法多种多样，不同的技术方法从不同层次揭示种群的遗传多态性。受到技术水平的限制，20 世纪 50 年代中期以前，主要采用观察测量的方法来分析种群的外部形态特征、地理分布等。表形特征易于检测，但数量有限，且受环境的影响较大，不能客观地反映物种的多态性。20 世纪 60 年代以来，随着细胞遗传学实验技术的发展，蛋白质电泳技术的出现，对物种染色体的数目、形态及带型，基因表达产物（酶、蛋白质）、血型、抗原和抗体的多态性进行了研究。但蛋白质的主要变异体种类很少，多态信息含量低，从而限制了蛋白质电泳技术作为物种多样性研究的利用。随着分子生物学的迅速发展，以分子杂交和 PCR 为基础的实验技术，直接在 DNA 分子水平研究种群的遗传变异，具有多态性丰富、遗传稳定和准确性高等优点，来评估其遗传多样性、推测其起源分化、地理分布差异等具有重要的意义。

2.5.1 形态学方法

形态学方法就是对动物形态特征和表型性状的描述来检测遗传变异，形态特征和表型性状是遗传变异最直接的表现，通常所利用的表型性状主要有两类：一是符合孟德尔遗传规律的单基因性状（如质量性状、稀有突变等），另一类是根据多基因决定的数量性状（如大多数形态性状等）。对数量性状的研究多采用群体遗传学的方法，将遗传因素和环境因素区分开来，同时分析遗传和环境的交互作用。该方法简单易行，缺点是表型变化并不能如实反映其遗传变异。

2.5.2 细胞遗传学方法

细胞遗传学方法是在染色体水平检测遗传变异，即进行核型分析，染色体变异主要体现为染色体组型特征的变异，包括染色体数目、形态和结构变异。染色体多样性检测主要对细胞分裂时期染色体的数目和形态特征（如相对长度、臂比值、着丝点位置、臂指数等）加以分析，即核型分析。不同种类的生物或同种生物的核型不同。但某些种类，特别是种以下水平种群间，其组型和染色体特征差异不明显，则必须对染色体进行分带处理，显示深浅不同的染色体带纹，如 C 带、Q 带、G 带、R 带、T 带等。其步骤烦琐，标记的数目有限。

2.5.3　蛋白质检测方法

采用电泳技术按照蛋白质的静电荷和相对分子质量把不同形式的蛋白质分开，测定某一蛋白质位点的遗传变异水平。某一物种 DNA 全基因组中有一个碱基发生变化，导致 mRNA 碱基组分的变化，其中一些变化会引起翻译的蛋白质的改变，通过电泳，不同蛋白质在凝胶中的迁移位置不同，特定位点的蛋白通过专一的酶活性用组织化学染色而检测出来。

蛋白质检测中常见的有血液蛋白多态性分析和同工酶分析 2 种方法。同工酶（isoenzyme）是指来源相同，催化相同反应而结构不同的酶分子类型，具组织、发育和品种间特异性。等位酶（allozyme）是指同一基因位点的不同等位基因所编码的一种酶的不同形式。同源染色体上不同的等位基因实际上是一段不同核苷酸序列的 DNA 链，经过转录和翻译过程，最后将编码具有不同构象和长度的蛋白质亚基，在电场中，不同的蛋白质亚基由于带电量和半径不同其迁移率也不同，表现在酶谱上，将有不同的迁移距离，从而分辨出不同类型的亚基。对同工酶进行分析可以间接揭示生物种群遗传结构，检测种群的遗传多样性，也可鉴别不易从形态学上区别出来的物种或亚种。同工酶电泳具有实验简便、成本低等优点，可以方便地检测许多个体，但由于等位酶标记能检测出的多态性相对较低，在多样性较低的物种中的应用受到一定的限制。虽然蛋白质多态性的分析有其一定的优点，但相对于 DNA 遗传标记方法而言，取材要求严格，酶活性可能受生理和环境状态影响，信息量偏低。

2.5.4　分子生物学方法

从 20 世纪 70 年代末至今，一系列更为敏感的检测 DNA 水平遗传变异的方法逐步发展起来，如 RFLP、DNA 指纹、AFLP、DNA 序列分析等，尤其是 80 年代聚合酶链式反应（PCR）的发明和热稳定性 DNA 聚合酶的发现，极大地促进了 DNA 分析技术在群体遗传学和遗传多样性研究中的应用。这里简要介绍几种从分子水平检测遗传多样性的技术方法，并对各类 DNA 标记的优缺点和选择应用情况作简要概述。

2.5.4.1　以电泳和分子杂交为核心的 DNA 多态性检测技术

（1）DNA 限制性酶切长度多态性　限制性酶切长度多态性（restriction fragment length polymorphism，RFLP）是 Grodzicker 于 1974 年创立的。该技术最早用于 DNA 水平上的品种鉴定分析。其基本原理是首先利用特定的限制性内切酶将生物基因组 DNA 进行酶切，获得长度不等的 DNA 片段，然后通过凝胶电泳分析形成不同的条带，最后经 Southern 杂交和放射自显影，即可揭示出

DNA 的多态性。用 Long-PCR 技术可以扩增较长的目的片段进行分析。常用的探针来自对单拷贝或低拷贝的基因组 DNA 或 dDNA 克隆。但由于 RFLP 的技术要求高，检测时间长，且成本较高，使得大规模应用受到限制。

（2）DNA 指纹分析　DNA 指纹（DNA fingerprinting）分析技术是 1984 年英国莱斯特大学的遗传学家 Jefferys 及其合作者开发的一种遗传标记方法。首次将分离的人源小卫星 DNA 用作基因探针，同人体核 DNA 的酶切片段杂交，获得了由多个位点上的等位基因组成的长度不等的杂交带图纹，这种图纹极少有两个人完全相同，故称为 DNA 指纹。

DNA 指纹图谱开创了检测 DNA 多态性的新手段，其技术关键是寻找适合于研究目的的特异性探针。目前使用的探针有 3 类：小卫星探针（minisatellite probe）、微卫星探针（microsatellite probe）、基因组探针。也有学者利用随机引物和微卫星引物对基因组 DNA 进行 PCR 扩增的片段直接作探针，得到变异性较高的指纹图谱，且图谱能稳定遗传，为制备探针找到一个简便易行的方法。

DNA 指纹谱具有多位点性、高变异性等特点，而且具有高度个体特异性，信息含量高，一个探针可检测多个位点，稳定性、重复性强，条带遵循孟德尔遗传规律，子代的每一条带几乎都可以在双亲中找到。因而，自其诞生以来就迅速被广泛应用，如进行个体识别、亲子鉴定、监测目标基因组的差异、寻找与控制重要数量性状位点相连锁的分子遗传标记等，在群体遗传多样性的监测中，DNA 指纹谱是监测群体内遗传多样性和群体间亲缘关系的有力工具。

2.5.4.2　以电泳和 PCR 为核心的 DNA 多态性检测技术

PCR 反应的基本原理类似于 DNA 的天然复制过程，其特异性依赖于与靶序列两端互补的寡核苷酸引物。PCR 由变性-退火-延伸 3 个基本反应步骤构成。一是模板 DNA 的变性。模板 DNA 经加热至 94 ℃左右一定时间后，使模板 DNA 双链或经 PCR 扩增形成的双链 DNA 解离，使之成为单链，以便它与引物结合，为下轮反应做准备。二是模板 DNA 与引物的退火（复性）。模板 DNA 经加热变性成单链后，温度降至 55 ℃左右，引物与模板 DNA 单链的互补序列配对结合。三是引物的延伸。DNA 模板-引物结合物在 TaqDNA 聚合酶的作用下，以 dNTP 为反应原料，靶序列为模板，按碱基配对与半保留复制原理，合成一条新的与模板 DNA 链互补的半保留复制链，重复循环变性-退火-延伸 3 个过程，就可获得更多的“半保留复制链”，而且这种新链又可成为下次循环的模板。每完成一个循环 2~4 min，2~3 h 就能将待扩目的基因扩增放大几百万倍。自 1988 年 Saiki 等开发出热稳定的 TaqDNA 聚合酶后，PCR 作为一种简便高效的 DNA 片段扩增方法随即得到了广泛应用。随着 PCR 技术的出现，近几年已发展起以PCR为基础的几种分子标记技术。这些技术的优势在于容易操作，灵敏度高，有的技术还可在对研究物种无任何分子生物学研究基础的情况下，对其进行多态性分析。

（1）随机扩增DNA多态性　随机扩增DNA多态性（RAPD，Random amplified polymorphic DNA）是1990年由美国杜邦公司科学家Williams和加利福尼亚生物研究所的Welsh等发明的一种分子标记技术。RAPD是以10 bp左右的随机寡核苷酸单引物，对基因组DNA进行扩增，扩增产物通过电泳分离后检测扩增产物的多态性。RAPD技术已被广泛应用于动植物的遗传图谱的制定、遗传多样性分析以及分类与进化等方面的研究，成为检测DNA多态性的有效遗传标记。它可以在对物种没有任何分子生物学研究的情况下，对其进行基因组指纹图谱的构建。与RFLP技术相比，具有DNA用量少、简单快速、引物无种属特异性和不使用放射性同位素等优点。然而，RAPD技术稳定性差，结果重复性不好；RAPD一般为显性标记，不能鉴定杂合子；在基因组中分布不均匀，每个标记提供的信息量较少。所以，应用RAPD时应采用标准的反应条件，要注意尽量使RAPD反应的各项条件、操作步骤保持一致，确保整个实验反应的各组分来源和浓度保持一致，确保在相同的材料样品、试剂以及性能较好的同一PCR仪上进行扩增，即尽可能地使RAPD反应标准化，提高扩增片段的分辨率，减少假阳性。亦可将RAPD标记转化为SCAR特异性引物后再进行常规的PCR分析，以提高反应的稳定性及可靠性。

（2）直接重复序列拷贝数变异　直接重复序列（tandem repeat）是位于基因组中以首尾相连的方式重复排列的DNA序列，如重复单位较小的小卫星DNA、微卫星DNA（均匀分布于真核生物基因组中的简单重复序列，由2~6个核苷酸的串联重复片段构成，由于重复单位的重复次数在个体间呈高度变异性并且数量丰富）等。许多小卫星和微卫星DNA的两侧的序列是非重复的、单拷贝DNA，因而，可在这些侧翼区域（flanking regions）设计专一性引物，通过PCR而扩增出特定的VNTR位点，然后通过电泳或荧光标记等多种方法进行基因型鉴定。这种技术称为直接重复序列拷贝数变异（VNTRs，Variable number tandem repeats），其具有多态性高、呈共显性遗传易于识别、保守性好、检测容易、省时，重复性好，适于进行自动化分析等优点，已广泛应用于群体遗传变异及遗传多样性监测和评价研究中。但单一位点小卫星和微卫星DNA标记的一个不方便之处表现为PCR引物在不同物种间的保守性差，一般只限应用于近缘种间，其位点开发比较困难。

（3）扩增片段长度多态性　扩增片段长度多态性（amplified fragment length polymorphism，AFLP）是1993年由是荷兰Keygene公司Zabeau Marc和

Vos Pieter 发明的一种由 RFLP 与 PCR 相结合的新技术。基因组 DNA 先用限制性内切酶切割，然后将双链接头连接到 DNA 片段的末端，接头序列和相邻的限制性位点序列，作为引物结合位点。它结合了 RFLP 和 PCR 技术特点，具有 RFLP 技术的可靠性和 PCR 技术的高效性。AFLP 可用于遗传多样性研究，构建遗传图谱，标定基因和辅助育种等。其最适用范围是鉴定品种的指纹谱，检测其质量和纯度。AFLP 反应所需 DNA 量少，得到的条带丰富，灵敏度高，快速高效。它与 RAPD 相比，具有多态性丰富，共显性表达，重复性好，条带稳定，不受环境影响，无复等位效应等优点。被认为是指纹图谱技术中多态性最丰富的一项技术。但部分技术受到专利保护，应用受到限制，试剂盒价格昂贵。加之操作中通常需要使用同位素标记，对样品 DNA 质量要求严格。

（4）单链构象多态性　单链构象多态性（single-strand conformation polymorphism，SSCP）是 Masato Orita 等于 1989 年建立的，应用这一方法必须知道目的 DNA 两端的序列，进而设计双引物，特异性扩增目的序列，扩增产物变性后，将适量的单链 DNA 进行用非变性的聚丙烯酰胺凝胶电泳分离检测。单链 DNA 片段呈复杂的空间折叠构象，这种立体结构主要是由其内部碱基配对等分子内相互作用力来维持的，当有一个碱基发生改变时，会或多或少地影响其空间构象，使构象发生改变，空间构象有差异的单链 DNA 分子在聚丙烯酰胺凝胶中受排阻的程度不同。因此，通过非变性聚丙烯酰胺凝胶电泳（PAGE），可以非常敏锐地将构象上有差异的分子分离开。SSCP 的基本特点：目的片段上所发生的突变，甚至单个碱基的替换、缺失或插入等微小变化，也将导致其单链构象的改变，并在电泳迁移率上表现出来。SSCP 检测的最适范围为 200~400 bp，当 PCR 主要产物为 1~2 kb 时，可用适当的内切酶将其切为 200~300 bp，再进行 SSCP 检测。SSCP 分析能够揭示 DNA 片段不同位置上的多态性或单个碱基的突变，并且是共显性标记，因此常用于构建人类基因连锁图谱以及遗传疾病的诊断。该方法简便、快速、灵敏，不需要特殊的仪器，但 SSCP 是一种突变检测方法，要最后确定突变的位置和类型，还需进一步测序；此外，实验条件因 DNA 片段而异，且受电泳温度、缓冲液和电泳凝胶的配方等影响较大，因而需针对具体情况进行优化。

（5）单核苷酸多态性　单核苷酸多态性（single nucleotide polymorphism，SNP）主要是指近缘种群或同种个体基因组水平上由单个碱基的变异而引起的 DNA 序列多态性，其多态性频率大于 1%。在实际研究中，常把位于 cDNA、频率低于 1%的单核苷酸变异称为 SNPs。一般而言，按照 SNP 在基因组上的位置以及是否改变基因编码的情况，可将 SNP 分为以下几类：大约有 95%的 SNP 位于非编码区，其中有一小部分位于基因调控区的 SNP 位点，这些位于调控区 SNP 位点的被称为调控 SNP（rSNP）；而存在于基因编码区 SNP 位点的则称为编码（cSNP）。在 cSNP 中，如果不改变所编码的氨基酸序列，这样的 SNP 则被称为同义 SNP（sSNP）；如果 SNP 导致了氨基酸序列的改变，则被称为错义 SNP（nsSNP）。

单核苷酸多态性分子标记成为继 RFLP 和 SSR 之后最具潜力的新一代分子标记。其主要差别在于，SNP 不再以 DNA 片段的长度变化作为检测手段，而直接以序列变异作为标记，具有数量多、分布广泛，遗传稳定性高、重复性好、准确性高、易于快速且高通量地进行基因型分型等特点，在动物遗传育种、系统进化和种群遗传学及高密度遗传图谱的构建等方面具有广阔的应用前景。

SNP 检测技术发展很快，已出现了许多种 SNP 检测技术，主要有基因测序、基于构象和 PCR 方法及基因芯片等。但目前仍不够成熟，无法对其表达的遗传信息和数据进行有效分析，缺乏大规模的、有用的、方便的 SNP 数据库信息资源，这使得 SNP 标记技术的应用仍处于探索阶段。

2.5.4.3 序列分析

遗传信息在分子水平的基本表现形式为 DNA 序列（或 RNA 序列）。因此，通过 DNA 序列分析，可以获得有关生物体遗传变异的最确切的、最深层次的信息。随着序列分析技术、手段的进步，以及分子遗传学的发展，序列数据的积累越来越多，为进行不同物种的研究和比较奠定了基础。目前用于测序的技术主要有双脱氧链末端终止法和化学降解法。这两种方法在原理上差异很大，但都是根据核苷酸在某一固定的点开始，随机在某一个特定的碱基处终止，产生 A、T、C、G 4 组不同长度的一系列核苷酸，然后在尿素变性的 PAGE 胶上电泳进行检测，从而获得 DNA 序列。

分析 DNA 序列数据，首先要进行不同 DNA 序列的同源对比，即找出不同序列间的碱基对应关系。然后用不同方法来研究序列间的差异程度，分析突变的类型，插入、缺失、转颠换等。DNA 序列比较的其他优点包括：序列差异程度的衡量标准比较统一，可供研究分析的信息（可供研究的片段）足够多，能够揭示从个体间到物种间不同层次的变异等。但就目前而言，DNA 序列分析的实验成本相对较高，研究位点的大小和数量往往很受限制，随着 DNA 测序技术完善和新技术的开发，如鸟枪法（shotgun method）等的应用，大量的序列信息将提供更加客观的依据。

2.5.4.4 线粒体 DNA 多态性

线粒体 DNA（mtDNA）具有进化速度快、母系遗传和分子结构简单易于分析、在世代传递过程中没有重组等特点，使得 mtDNA 成为研究种间和种内群体间遗传分化关系的有力工具。线粒体 DNA 的不同区域有不同的变异能力，在 mtDNA 的 4 类基因中，rRNA 基因的进化速率最慢，tRNA 基因的进化速率比 rRNA 基因快，但比各种蛋白质基因的进化速率慢，而转录控制区（D-loop）具有最快的进化速率。通常对于亲缘关系较近的种下群体或种间研究，选用进化速度较快的区域，如 D-loop 区，而种上的研究，应选用相对保守的区域。mtDNA 的研究与应用主要是通过对其遗传变异产生多态性的研究，以了解动物的进化历史、分类和相互关系，并应用于遗传资源调查、品种种质鉴定、杂种优势的预测和标记辅助选择等方面，为物种保护和品种改良及利用、提高经济效益提供服务。

对遗传多样性的研究还可以揭示物种或群体的进化历史起源时间、地点、方式，也能为进一步分析其进化潜力和未来命运提供重要的资料。尤其有助于物种稀有或濒危的原因及过程的探讨，这些物种在育种及保护遗传学的实践中无疑都具有重要地位。

2.6 遗传多样性研究概况

绵羊在动物分类学上属偶蹄目（Artiodactyla）牛科（Bovidae）羊亚科（Capriane）绵羊属（*Ovis*）。根据考古学、形态学、生态学、解剖学和细胞学等方面的考证，有几种野绵羊种或亚种对现代家绵羊形成产生过重要的影响，其中包括盘羊（*O. ammon*）、摩佛伦羊（*O. musimon*）、赤盘羊（*O. orientalis*）和大角羊（*O. canadensis*）等。这些野生绵羊经长期驯化后，又经自然和人工选择的影响，分化为许多品种或类型，具有丰富的遗传多样性。关于绵羊遗传多样性的研究经历了形态学水平、细胞学（染色体）水平、生化同工酶水平和 DNA 分子水平这几个阶段。国内外近 20 年来在 DNA 分子水平上对绵羊遗传多样性的研究主要从基因组 DNA，线粒体 DNA 和 Y 染色体 DNA 的多态性上反映了绵羊遗传多样性。基因组 DNA 的研究证明了我国绵羊品种的遗传多样性较贫乏；线粒体 DNA 的分析暗示绵羊可能有多个母系祖先，并阐述了世界绵羊种经历过多个驯化历史时期；Y 染色体虽然被包含在基因组内，但它能够反映父系的遗传多样性，使其在生物进化和群体遗传学研究中具有独特的意义。

2.6.1 形态学水平的遗传多样性

形态标记是指肉眼可见的或仪器测量动物的外部特征（如毛色、体型、外形、皮肤结构等），以这种形态性状、生理性状及生态地理分布等特征为遗传标记，研究物种间的关系、分类和鉴定。形态学标记研究物种是基于个体性状描述，得到的结论往往不够完善，且数量性状很难剔除环境的影响，需生物统计学知识进行严密的分析。但在实际应用中简单、方便。绵羊的形态标记主要包括毛色和体态特征等。早在 1942 年，张松荫就依据藏系绵羊的体型特征、体格、毛质等特点，把藏系绵羊划分为河谷藏羊、山谷藏羊、草地藏羊 3 种。此后对绵羊的毛色研究发现，有受 D、O、G、E 和 S 5 个基因座位遗传控制的黑色、棕色、白色及灰色 4 种毛色类型。绵羊角研究表明，其遗传由一个座位上 H、H'和 h 3 个等位基因控制，其显性等级为 H（雌雄无角）>H'（雌雄有角）>h（雌无角雄有角）。可见，这些表形特征的标记早已被用于其品种类型的划分研究中。

2.6.2　细胞遗传水平的遗传多样性

细胞遗传标记主要包括染色体核型、带型及染色体的缺失、重复、易位、倒位等。早在 20 世纪 30 年代末就有学者对绵羊染色体数目和形态进行了研究。运用 RBA（R-bands by BrdU Staining by acridine orange）对小尾寒羊、同羊、滩羊、蒙古羊、湖羊、内蒙古乌珠穆沁羊、藏系绵羊以及阿勒泰羊和南山型新疆细毛羊的研究结果表明，1～3 号染色体为亚中着丝粒（SM）染色体还是中着丝粒（M）染色体尚存在争议。有学者用 12 只藏绵羊进行了染色体研究，表明藏系绵羊二倍体细胞染色体数与国内外报道的绵羊属染色体数一致，但 G、C 分带有差异。这些研究对藏系绵羊的起源和演化提供了一些细胞学的依据，但因分辨率偏低，信息量有限，其应用受到一定程度的限制。

2.6.3　生化遗传水平的遗传多样性

生化遗传标记是以动物体内的某些生化性状为遗传标记，主要指血型、血清蛋白及同工酶。自 Harris 等在 1955 年测定出绵羊血红蛋白（HB）存在 HBA 和 HBB 两种变异体以来，国内外诸多学者对绵羊 HB 进行了深入的研究。张才骏（1992）对藏绵羊的研究发现，HB 有 HBA、HBB 和 HBC 3 种变异体，构成 HBAA、HBAB、HBB 和 HBAC 4 种基因型，且藏绵羊 HB 基因频率有随海拔高度发生敏锐变化的趋势。张才骏等（1994）对青海藏绵羊血清淀粉酶（AMY）多态性的研究发现，青海藏绵羊 AMY 有 AMYI、AMY2 和 AMY3 3 种同工酶，只有 AMY2 具有多态性。对血液蛋白多态性的研究始于 20 世纪 80 年代，研究的蛋白质（酶）主要包括 Hb、Tf、Alb、po、Am、Es、Akp 和 LDH 等。但蛋白质的主要变异体种类很少，多态信息含量低，从而限制了蛋白质电泳技术作为遗传多样性研究的利用。

2.6.4 DNA 水平的遗传多样性

分子标记是以个体间遗传物质内核苷酸序列变异为基础的遗传标记，是DNA 水平上遗传变异的直接反映，在物种基因组中具有存在普遍、多态性丰富、遗传稳定和准确性高等特点，已被广泛用于遗传多样性评估、遗传作图、基因定位、动物标记辅助选择和物种的起源、演化和分类等研究。从绵羊各种DNA 分子遗传标记的研究现状可以看出，近年来，虽然有多种 DNA 分子遗传标记被用于绵羊遗传多样性的研究，但研究和应用的广度和深度不平衡。研究现状和特点概括为以下几点。一是对我国地方绵羊遗传资源的系统地位仍不明确，对品种资源的遗传特性缺乏系统认识，造成绵羊遗传资源的利用不尽科学、濒危品种资源的认识不足。二是 RFLP、RAPD、SSR、SSCP、SNPs 和 mtDNA 标记的研究和应用较多，而 AFLP、DNA 指纹等分子遗传标记的应用研究较少。且研究主要侧重于绵羊品种内以及与其他绵羊品种间的遗传多样性分析以及其起源、演化和分类研究。三是尽管有联合国粮食及农业组织（FAO）、国际动物遗传学会（ISAG）和国际家畜研究所（ILRI）等所推荐的参考标准，但研究中涉及大多分子标记技术没有统一的标准和遗传多样性研究工作的研究规程。对于研究结果其客观性、准确性有待提高，同时由于没有统一的标准，遗传资源管理困难，制定畜禽种质资源数据标准和数据整理管理规范势在必行。四是研究的范围正在逐步拓宽，各种分子标记不仅被用于线粒体基因组的多态性分析，也渗入到核基因组多态性检测。五是重复性工作较多，缺乏系统性研究和创新有待建立或完善畜禽资源整体的收集、整理、信息、资源数据库。如家畜多样性信息系统（DAD-IS）等，存量资源的整合与增量资源的建设亟待加强。六是部分分子标记（如 PCR-SSCP 标记和 SNPs 标记）已被用于绵羊一些经济性状功能基因的多态性检测研究，在遗传多样性科学评估的基础上，随着对功能基因组学研究的深入，更多的优良地方品种基因资源的将被开发和利用。

2.7 研究展望

绵羊驯养历史悠久，品种资源丰富。各具特色的地方绵羊是经过千百万年的漫长积累和人工选择的结果，是人类宝贵的财富。绵羊种质资源是畜牧业可持续、健康、稳定发展的重要物质基础，是推动整个畜牧业向高产、优质、高效、生态型转变的原动力。一个优良种质，可以带来一个新的产业，形成巨大的经济及社会效益。而种质资源的客观研究和合理利用是保证畜禽养殖业可持续健康发展的前提。因此科学而有规划地对其遗传多样性进行系统的研究，加强对绵羊品种资源的遗传特性系统研究，联合 FAO、ISAG 和 ILRI 等国际组织制定标准和遗传多样性研究工作的研究规程，制定畜禽种质资源数据标准和数据整理管理规范，促进遗传资源有序管理，建立或完善畜禽遗传资源整体的收集、整理、信息、资源数据库，为以后保种及遗传资源的开发和利用等工作提供理论依据。

第三章　岷县黑裘皮羊的遗传多样性评价

3.1　岷县黑裘皮羊遗传资源现状调查

岷县黑裘皮羊，俗称“黑紫羔羊”，是一种山谷型藏羊，原产于甘肃岷县，具有抗寒、耐粗饲、耐缺氧、抗暑、抗病力强、适应性强等特点，以生产黑色二毛皮而闻名，是我国特有的裘皮用品种。该品种羊主产区位于岷县境内洮河中游一带，海拔一般为 2 500～3 200 m，区内山地多平地少，山峰在 3 000 m 以上，属高寒阴湿气候。恶劣的生存条件使得岷县黑裘皮羊形成了一系列适应高原特定生存环境的特点，这是中国地方绵羊的宝贵资源。近年来，受市场经济的影响，黑裘皮羊养殖数量不断减少。在养殖过程中养殖方式落后，缺乏科学的选种、育种知识，导致生产性能也日益下降。为避免该品种消失，必须时刻关注该品种的养殖动态并采取有效的保护措施。

3.1.1　养殖现状

3.1.1.1　产区自然生态条件

岷县黑裘皮羊原产于甘肃省定西市南部地区的岷县。岷县境内地貌上属高原形态，气候具有半湿润大陆性气候特点。由于山多高寒，雨雪较多，且蒸发量较小，霜冻较早，夏季和初秋较暖和而无酷暑，冬季漫长寒冷，境内高程相差悬殊，而又相距在 50 km 以上，气候变化幅度很大，因此形成了不同的小气候区，农业生产条件较为恶劣。全县 285 亩天然草地作为重要的水源涵养区和洮河、渭河流域的绿色屏障，使得畜牧业发展具有得天独厚的优势。当地特殊的自然生态条件和地域特征，直接影响着岷县黑裘皮羊的生物学特性及生态适应性。

3.1.1.2　品种来源及发展趋势

岷县黑裘皮羊是在岷县地区独特的自然生态条件和地域特征的影响下，经过长期自然选择和人工选育形成的裘皮用绵羊品种。加之当地群众偏好吸热保暖且耐脏的黑色衣物，素有穿黑裘皮衣的习惯，因此注重黑色裘皮的选择，使得黑羊数量不断增加，使该品种逐渐发展起来。自 20 世纪末以来，岷县黑裘皮羊群体数量逐年减少，品种质量持续退化。受市场及经济效益影响，岷县黑裘皮羊饲养量呈逐年下降趋势。

3. 1. 1. 3　分布

岷县黑裘皮羊产于甘肃省洮河和岷江上游一带，中心产区为洮河流经岷县的两岸地区和岷江上游宕昌县的部分地区，岷县的西寨、清水、十里、梅川、西江等乡（镇）为其核心分布区。

3. 1. 1. 4　品种特征和生产性能

（1）外貌特征　岷县黑裘皮羊属藏系绵羊，是在特殊地理环境中形成的粗毛羊，为甘肃特有的畜种资源，主要特点是体质强健、体型较小。公羊有角，向左右平伸，母羊大多数无角（无角母羊数在群体中比例达 87. 5%），纯种黑裘皮羊全身呈黑紫色。

（2）体重与体尺　试验期间，随机选择了农村饲养条件下的成年岷县黑裘皮羊进行称重和体尺测量，结果见表 3-1。

表 3-1　岷县黑裘皮羊成年羊的体重与体尺

性别	数量/只	体重/kg	体高/cm	体长/cm	胸宽/cm	胸深/cm	胸围/cm
公	25	36. 80±7. 51	60. 03±4. 12	62. 55±4. 89	18. 25±2. 19	23. 75±2. 90	78. 00±5. 91
母	180	36. 38±6. 82	58. 59±4. 38	58. 33±4. 04	16. 18±1. 94	22. 28±2. 44	77. 78±5. 96

（3）生产性能　岷县黑裘皮羊体型小，体重较轻，产肉量小，羔羊肉肉质最佳，具有鲜、细、嫩、香的特点。成年公羊平均体重 36. 80 kg，屠宰率为 44. 23%，一岁公羊的体重达到 24. 90 kg，相当于成年羊的 67%。成年母羊体重 36. 38 kg。

岷县黑裘皮羊以生产黑色二毛皮闻名。所谓的二毛皮，即出生后一个月以上一岁以内的羔羊，被宰杀后所剥取的毛皮，经鞣制后可作为服装材料使用。岷县黑裘皮羊所产的二毛皮，羊毛纤维的平均自然长度超过 7 cm，呈环状或半环状弯曲，毛纤维从根到尖全黑，光泽悦目，皮板较薄。

岷县黑裘皮羊一年可剪羊毛 2 次，4 月中旬剪春毛，9 月剪秋毛，平均剪毛量重 0. 7 kg，所产羊毛品质一般，可用于擀毡。

岷县黑裘皮羊母羊初配年龄在 1. 5 岁以上，发情配种时间集中在 8—9 月，妊娠期 149～152 d，翌年 1—2 月产羔，多为单羔，平均初生重为 3 kg。

3.1.2 岷县黑裘皮羊养殖存在的问题

3.1.2.1 经济效益不高

岷县黑裘皮羊养殖数量逐渐减少，很大一部分原因是受市场经济影响，养殖经济效益不尽如人意，养殖户的养殖积极性降低。由于目前饲养黑裘皮羊的场、户中没有真正上规模、成气候的龙头企业。缺乏行业领头羊，导致黑裘皮羊在养羊业中影响低，品牌效应差，相关的研究和开发也不足，而且深加工产业欠发展，产业链没有得到充分的延伸，丢掉了黑裘皮羊的潜在价值和潜在需求。不形成产业化生产，先进的科学技术难以推广，产品也难以形成品牌，就很难获得良好的经济效益。

3.1.2.2 饲养管理水平低

几十年以来，岷县黑裘皮羊主要以养殖户放牧散养为主，在实际养殖过程中存在繁殖力低、生长缓慢、营养年度供应不均衡、疾病防控不到位、先进的养殖技术难以推广、劳动效率低等问题，导致黑裘皮羊生产性能退化，养殖数量减少。

3.1.2.3 缺乏有计划的选种选育

养殖户没有种质资源保护意识，在养殖过程中因缺乏科学的选种、育种知识，在放牧过程中管理不当，使得黑裘皮羊与其他外血缘品种进行杂交，降低了黑裘皮羊生产水平和产品质量。

3.1.3 种质资源保护的必要性

自 20 世纪八九十年代以来，随着牧区环境的恶化，岷县黑裘皮羊因营养供给不足和近亲繁殖出现品种退化现象，生产性能在不断下降，存活数量也不断减少，如果不人为干涉，加强选种育种，这一品种可能会在不久的将来从地球消失。

家畜品种的保护，不同于濒危物种的保护，后者一般是以生物多样性理论为基础，而前者的保护则是基于人们的经济需求。家畜品种是人们按照需求经过相对较长的历史阶段，通过自然风土驯化及人为筛选得到的动物种群，它的产生和发展本身就证明了它的存在价值，这样的品种一旦消失，损失是巨大且无以挽回的。

随着产区羊产业的加速发展，国内引进新品种在产区进行杂交繁育。以卡拉库尔羊、贵德羊为父本，进行卡拉库尔羊 ♂×岷县黑裘皮羊♀杂交生产，在岷县黑裘皮羊产区已逐步推开。虽然甘肃省为岷县黑裘皮羊的保护划定了 3 个县（市）的8个乡（镇）为保护区，不允许进行杂交改良，但受经济利益驱使，群众自发杂交育种难以控制，对岷县黑裘皮羊种群的品种安全构成严重威胁。因此，保护岷县黑裘皮羊责任重大、意义深远。

3.1.4　岷县黑裘皮羊产业发展的建议

3.1.4.1　政府扶持促进产业发展

为促进黑裘皮羊产业发展，当地畜牧站可充分利用政府的一系列扶持政策与优惠政策，积极争取资金建设黑裘皮羊保种场，建立核心群，严格按照黑裘皮羊品种标准进行选育，制定科学的育种目标、育种方案和选育方向，规范育种资料的管理和分析工作，完善育种措施。除此之外，还应加强对黑裘皮羊遗传资源的监测与评估，及时掌握遗传资源动态信息，确保资源长期、连续、安全地受到保护。

除经济方面的支持之外，政府部门可充分学习与借鉴现代化生产经营理论，发展合作经济组织，组建养羊技术科技人才平台，提高牧民组织化程度，实施科学、高效、有组织的生产经营模式。推广科学养羊技术，改进落后饲养管理方法，为养殖户提供生产技术保障。

3.1.4.2　畜牧管理部门加强技术指导工作

当地畜牧管理部门应做好传染病的防疫以及寄生虫驱虫工作，提高实验室疾病检测的强度，尤其是在疫情暴发期间。一旦发现有羊只出现疫病就要及时予以有效的控制与治疗，并且还要第一时间将其与健康羊只隔离以避免疫情的扩大和传染，为岷县黑裘皮羊的健康养殖保驾护航。

除此之外，还应保证草畜之间的生态平衡，有效解决过度放牧问题。可通过天然草地再植、施肥、防治毒草、防治鼠害等措施，提高黑裘皮羊场的天然草地生产能力。根据高寒草地生态系统的特点，选择科学的放牧方式和适宜的放牧强度，利用耕地种植牧草进行补饲，降低春冬季节草原的压力，解决过度放牧问题，实现传统畜牧业向生态畜牧业的转变。

3.1.4.3　商业运作提高养殖数量

岷县黑裘皮羊养殖数量逐渐减少，很大一部分原因是受市场经济影响，养殖户的养殖积极性降低。为扩大种群数量，必须提高养殖户的经济收入，从而调动他们的养殖积极性。

岷县黑裘皮羊作为产区重要的生产和生活资料，对产区的经济发展具有极其重要的作用。为了适应现代羊业生产发展的需要，可通过举办赛羊会、黑裘皮羊文化节等活动，调动广大农民的养殖积极性，增强黑裘皮羊品牌的知名度。此外，寻找优秀的个体，提高优质羊的利用率，对改善黑裘皮羊的繁殖具有积极作用。

为提高岷县黑裘皮羊的知名度，畜牧管理部门要加大品种的宣传工作力度，充分利用肉质鲜嫩爽口、毛皮产品柔软光滑等特点，积极打造区域特色品牌，稳步推进无公害、绿色、有机畜产品产地及产品认证。除此之外，还应注重黑裘皮的市场开发和利用研究工作，为种羊和产品销售创造更多的商机，提高保种工作的经济效益，增加牧民收入。通过不断完善产业链的衔接和延伸，依赖市场需求，促进产业发展。

为带动黑裘皮羊产业发展，当地畜牧管理部门可以通过建立黑裘皮羊养殖协会，将养殖户集中在一起，实行畜舍标准化改造，由专业人员对养殖人员进行科技培训，并提供精准技术指导，加强保种育种工作。除此之外，成立养殖协会，可实行统一集中进购饲料、统一黑裘皮羊销售价格、共享养殖技术和信息资源，降低成本，提升养殖技术，稳定销售市场。

随着互联网的发展，网上购物已成为人们生活中不可缺少的一部分，越来越多的人通过网络购买饲料等畜牧产品。在此基础上，为拓宽销售渠道，可以以市场为导向，以促进畜牧业和畜产品的生产为切入点，坚持在线销售与离线体验紧密结合，建立畜牧业生产数据、畜产品购销平台，依托现有邮政“产后农丰”系统和饲料、兽药等销售网点，建立村服务站，帮助农民购买生产资料，通过网络销售畜产品，实行上门送货、上门服务。

3.1.5 小结

本次调研从岷县黑裘皮羊的生存环境、养殖现状，市场经济等方面进行系统分析，为黑裘皮羊养殖产业发展及资源科学利用提出更加合理化建议。综合运用以上措施，可以有效地促进农牧业、生态文化、产销一体化的黑裘皮羊产业体系建设，加快黑裘皮羊产业发展步伐，从而提高黑裘皮羊生产性能及养殖数量。

3.2 岷县黑裘皮羊群体遗传结构的微卫星 DNA 多态性分析(2009 年)

3.2.1 材料与方法

3.2.1.1 实验材料

本实验采样典型群随机抽样法，采集了 60 份岷县黑裘皮羊（公羊 10 头、母羊 50 头）的新鲜血样，EDTA 抗凝。采样羊只均来自其中心产区，采样个体具有该品种的明显特征。

3.2.1.2　方法

（1）基因组 DNA 提取　基因组 DNA 提取参考《分子克隆实验指南》（第三版），采用蛋白酶 K 和苯酚从哺乳动物细胞中分离高分子质量 DNA 的方法，并稍加改进。

（2）微卫星标记的选择　采用 FAO 推荐微卫星引物，共 15 对（表 3-2）。可由 GENEBANK 查得。

表 3-2　15 个微卫星位点引物序列和退火温度

微卫星位点	引物序列	退火温度/℃
BM6506	GCACGTGGTAAAGAGATGGC AGCAACTTGAGCATGGCAC	57
OarFCB48	GAGTTAGTACAAGGATGACAAGAGGCAC GACTCTAGAGGATCGCAAAGAACCAG	62
BM6526	CATGCCAAACAATATCCAGC TGAAGGTAGAGAGCAAGCAGC	58
BM757	TGGAAACAATGTAAACCTGGG TTGAGCCACCAAGGAACC	56
BM8125	CTCTATCTGTGGAAAAGGTGGG GGGGGTTAGACTTCAACATACG	58
CSSM47	TCTCTGTCTCTATCACTATATGGC CTGGGCACCTGAAACTATCATCAT	60
BM827	GGGCTGGTCGTATGCTGAG GTTGGACTTGCTGAAGTGACC	60
OarFCB128	CAGCTGAGCAACTAAGACATACATGCG ATTAAAGCATCTTCTCTTTATTTCCTCGC	53
OarAE129	AATCCAGTGTGTGAAAGACTAATCCAG GTAGATCAAGATATAGAATATTTTTCAACACC	60
OarHH35	AATTGCATTCAGTATCTTTAACATCTGGC ATGAAAATATAAAGAGAATGAACCACACGG	59
OarHH41	TCCACAGGCTTAAATCTATATAGCAACC CCAGCTAAAGATAAAAGATGATGTGGGAG	63
OarJMP29	GTATACACGTGGACACCGCTTTGTAC GAAGTGGCAAGATTCAGAGGGGAAG	62
OarJMP8	CGGGATGATCTTCTGTCCAAATATGC CATTTGCTTTGGCTTCAGAACCAGAG	62
OarVH72	CTCTAGAGGATCTGGAATGCAAAGCTC GGCCTCTCAAGGGGCAAGAGCAGG	62
BM4	GAGCAAAATATCAGCAAACCT CCACCTGGGAAGGCCTTTA	58

（3）PCR 反应条件　PCR 反应体系为 20 μL，PCR 扩增程序：94 ℃预变性 5 min；94 ℃变性 30 s，50～60 ℃退火 30 s，72 ℃延伸 30 s，35 个循环；72 ℃延伸 10 min；4 ℃保存。

用 10%的非变性 PAGE 凝胶进行电泳，然后用银染法进行定影、显色。

3.2.1.3　**统计分析**

使用 Excel Microsatellite Toolkit 计算等位基因频率、等位基因大小范围。多态信息含量（PIC）、杂合度（H）和有效等位基因数（N_e）用 Dispan 计算。

3.2.2　结果与分析

3.2.2.1　**基因组 DNA 检测**

采用常规的酚/氯仿抽提法提取基因组 DNA，用 0.8%琼脂糖凝胶电泳检测，结果如图 3-1 所示。可以看出，基因组 DNA 为一条较为整齐的条带，亮度较好，说明提取的 DNA 的纯度较高，浓度较大，符合分子生物学实验要求。

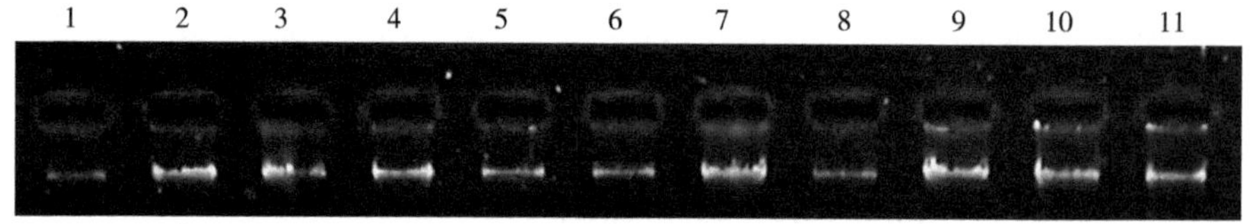

图 3-1　基因组 DNA 提取结果

注：1 至 11 为由酚/氯仿抽提法提取的基因组 DNA。

3.2.2.2　**PCR 产物检测**

（1）PCR 产物琼脂糖凝胶检测　对选取的 15 个微卫星座位进行 PCR 扩增，其产物用 2%琼脂糖凝胶电泳检测。检测结果如图 3-2 所示。从图中几乎看不出等位基因之间的差别，这是因为碱基数相差较小，琼脂糖凝胶电泳无法分辨所致。特异 PCR 产物在琼脂糖检测时只有一条带，根据 DNA Markers 来判断所扩增产物是否在该微卫星位点的特异性条带区域之内。

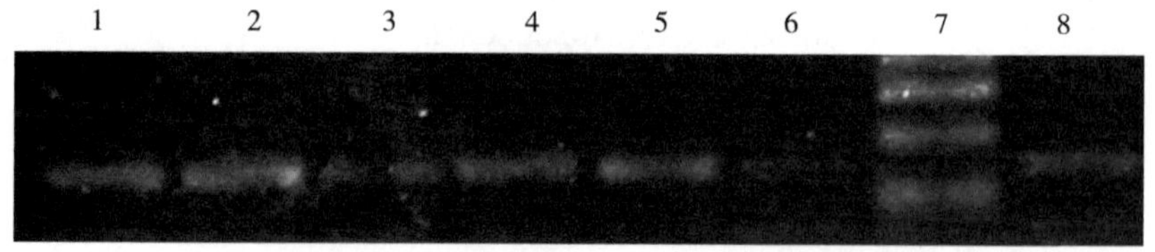

图 3-2　Fcb48　PCR 产物在琼脂糖的检测

注：7 为 DNA Markers；1、2、3、4、5、6 和 8 为 PCR 产物。

(2) PCR 产物的聚丙烯酰胺凝胶电泳检测　根据等位基因扩增片段的大小判断个体的基因型，分离出 1 条带的为纯合子，分离出 2 条带的为杂合子，无条带为无效等位基因。利用 15 对微卫星引物对岷县黑裘皮羊供试个体基因组 DNA 进行扩增。图 3-3、图 3-4 分别为微卫星标记 BM6526 和 BM757 在岷县黑裘皮羊中扩增产物的部分聚丙烯酰胺凝胶电泳检测结果。通过电泳图谱分析表明，所选 15 个微卫星座位的多态性是比较丰富的。

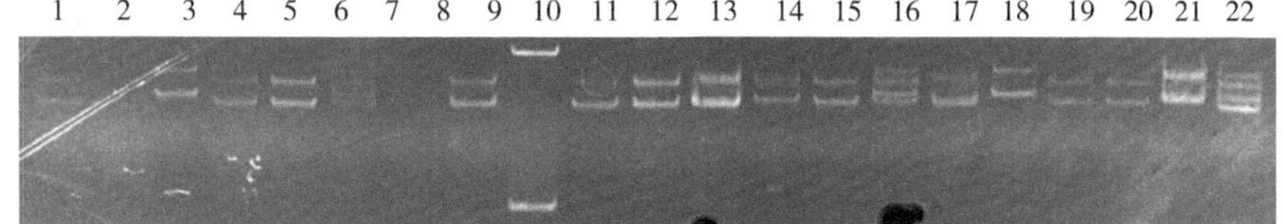

图 3-3　BM6526 在岷县黑裘皮羊中的扩增结果

注：10 为 DNA Markers；1、2、3、4、5、6、7、8、9、11、12、13、14、15、16、17、18、19、20、21 为 BM6526 位点引物的 PCR 产物。

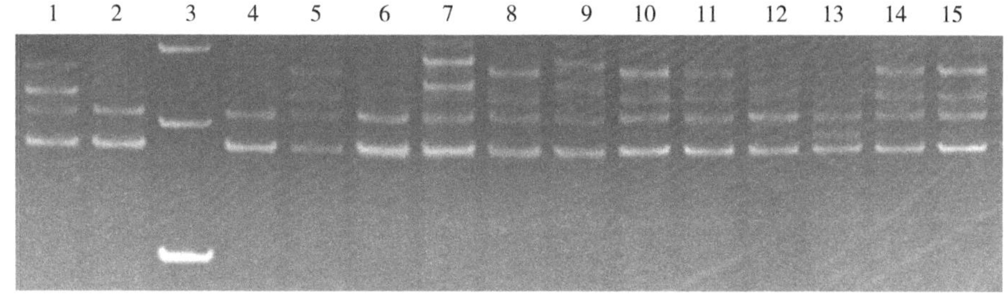

图 3-4　BM757 在岷县黑裘皮羊中的扩增结果

注：3 为 DNA Markers；1、2、4、5、6、7、8、9、11、12、13、14、15 为 BM757 位点引物的 PCR 产物。

3.2.2.3　微卫星位点等位基因频率

15 个微卫星位点的等位基因在岷县黑裘皮羊中的分布及频率见表 3-3。由表 3-3 可知，岷县黑裘皮羊在 15 个微卫星座位上共检测到 160 个等位基因，每个座位平均为 10.67 个等位基因，其中 OarFCB128 和 BM6506 位点的等位基因数较多，分别为 13 个和 14 个，片段大小分别为 101~147 bp、184~234 bp，等位基因频率分别为 0.048 4~0.177 4、0.032 3~0.177 4。OarAE129 位点的等位基因数最少，为 7 个，其片段大小为 145~175 bp，等位基因频率为0.032 3~0.354 8。所检测到 160 个等位基因的基因频率范围为 0.008 3~0.241 7。

表 3-3　岷县黑裘皮羊 15 个微卫星位点等位基因分布及频率

位点	等位基因数/个	等位基因片段大小及频率																				
		项目	1	2	3	4	5	6	7	8	9	10	11	12	13	14	15	16	17	18	19	20
OarAE129	7	大小/bp	143	145	147	149	151	169	171	173	175											
		频率		0.112 9	0.354 8	0.032 3		0.032 3	0.112 9	0.241 9	0.112 9											
BM6506	13	大小/bp	184	186	188	190	192	194	196	198	200	214	216	218	220	222	224	226	228	230	232	234
		频率	0.032 3	0.048 4		0.048 4		0.096 8		0.096 8	0.177 4	0.032 3	0.064 5		0.080 6	0.080 6	0.080 6				0.112 9	0.048 4
OarVH72	11	大小/bp	125	127	129	131	133	135	137	139	145	149	153	155	159	161	165					
		频率	0.112 9	0.096 8		0.032 3	0.032 3	0.161 3	0.064 5		0.112 9	0.080 6	0.048 4	0.193 5		0.064 5						
OarFCB48	11	大小/bp	137	139	143	145	147	149	153	155	157	159	161	163	165	167	169	171	173	175		
		频率		0.064 5	0.032 3	0.258 1	0.048 4	0.032 3		0.080 6		0.064 5	0.048 4		0.096 8		0.209 7			0.064 5		
OarJMP29	11	大小/bp	118	124	128	132	134	138	142	148	152	154	158	162	164							
		频率	0.129 0		0.112 9	0.032 3	0.177 4	0.145 2	0.032 3	0.032 3	0.048 4	0.048 4	0.112 9		0.129 0							
BM6526	13	大小/bp	153	155	157	159	161	163	165	167	169	171	173	175	177	179	181	183	185	187	191	
		频率	0.048 4	0.096 8	0.048 4	0.096 8		0.064 5	0.080 6	0.112 9			0.080 6		0.112 9	0.032 3		0.048 4	0.064 5	0.112 9		
OarHH35	8	大小/bp	121	125	127	131	139	141	143	145	147	149	151									
		频率	0.258 1	0.064 5	0.096 8	0.080 6		0.129 0		0.145 2	0.162 3		0.064 5									
BM757	10	大小/bp	174	178	180	182	184	186	188	204	208	210	212	214	216	222						
		频率	0.032 3	0.064 5	0.161 3	0.193 5		0.048 4			0.032 3	0.161 3	0.032 3	0.145 2	0.129 0							
OarJMP8	10	大小/bp	115	119	123	125	127	129	131	135	137	141	143	145	147	149	151	153				
		频率			0.225 8		0.080 6	0.145 2	0.048 4			0.193 5	0.048 4	0.080 6	0.064 5	0.032 3	0.080 6					

（续表）

位点	等位基因数/个	等位基因片段大小及频率																				
		项目	1	2	3	4	5	6	7	8	9	10	11	12	13	14	15	16	17	18	19	20
BM8125	8	大小/bp	116	118	120	122	124	126	132	134	136	138	140	142								
		频率		0.145 2	0.145 2	0.129 0	0.080 6		0.064 5	0.048 4	0.145 2	0.112 9										
RM4	12	大小/bp	141	143	145	147	149	153	155	159	161	169	171	173	175	177	181					
		频率	0.096 8	0.032 3	0.080 6	0.129 0	0.048 4	0.112 9			0.112 9	0.032 3	0.064 5	0.129 0		0.080 6	0.080 6					
CSSM47	10	大小/bp	128	130	132	134	136	138	140	142	144	146	148	150	152	154	156	158				
		频率				0.129 0	0.129 0	0.080 6	0.048 4	0.112 9			0.032 3	0.177 4	0.080 6		0.177 4	0.032 3				
OarHH41	11	大小/bp	120	124	128	134	136	138	140	142	144	148	152	154	158							
		频率		0.080 6	0.145 2	0.112 9	0.032 3	0.161 3		0.064 5	0.032 3	0.096 8	0.096 8	0.096 8	0.080 6							
BM827	11	大小/bp	214	216	218	220	222	224	226	228	230	246	250	252	254	256	258	260				
		频率			0.064 5	0.048 4		0.096 8	0.145 2	0.112 9	0.032 3	0.032 3		0.129 0	0.145 2		0.096 8	0.096 8				
OarFCB128	14	大小/bp	99	101	103	107	109	113	115	117	121	123	125	127	129	131	133	135	137	139	145	147
		频率		0.080 6		0.161 3	0.048 4		0.080 6	0.048 4	0.177 4		0.064 5	0.048 4	0.080 6			0.048 4		0.048 4	0.048 4	0.064 5

3. 2. 2. 4 微卫星位点的多态信息含量、有效等位基因数及群体杂合度

15 个微卫星位点在岷县黑裘皮羊中的多态信息含量、有效等位基因数及群体杂合度见表 3-4。由表 3-4 可以看出，15 个微卫星位点在岷县黑裘皮羊中的平均多态信息含量、平均有效等位基因数及群体平均杂合度分别为 0. 861 5、9. 25、0. 882 6。FCB128 位点的多态信息含量、有效等位基因数及群体杂合度最高，分别为0. 910 8、13. 31、0. 924 9。BM8125 位点最低，3 个指标分别为0. 778 8、5. 38、0. 814 1。说明 OarFCB128 位点变异最大，BM8125 位点变异最小。

表 3-4 15 个微卫星位点在岷县黑裘皮羊中的多态信息含量（PIC）、有效等位基因数（N_e）和平均杂合度（H）

位点	多态信息含量（PIC）	有效等位基因数（N_e）/个	平均杂合度（H）
OarAE129	0. 795 1	5. 81	0. 827 7
BM6506	0. 910 6	13. 26	0. 924 6
OarVH72	0. 891 2	10. 85	0. 907 8
OarFCB48	0. 868 5	8. 91	0. 887 7
OarJMP29	0. 868 0	8. 89	0. 887 6
BM6526	0. 903 4	12. 26	0. 918 4
OarHH35	0. 817 0	6. 41	0. 843 9
BM757	0. 903 0	12. 19	0. 918 0
OarJMP8	0. 868 2	8. 94	0. 888 2
BM8125	0. 778 8	5. 38	0. 814 1
RM4	0. 868 2	8. 89	0. 887 6
CSSM47	0. 808 6	6. 18	0. 838 1
OarHH41	0. 863 7	8. 61	0. 883 8
BM827	0. 867 2	8. 85	0. 887 0
OarFCB128	0. 910 8	13. 31	0. 924 9
Mean	0. 861 5	9. 25	0. 882 6

3.2.3 讨论

研究中所选择的微卫星位点要求尽可能地分布在各个染色体上，位点的选择还考虑等位基因的数目，这样才有可能提供更多的遗传信息。每个位点的等位基因在 4 个以上才能较好地进行遗传分析，一般选择等位基因数为 5~19 个，等位基因数太少，不能提供足够的信息量，给以后的分析带来不便。而多态信息含量（PIC）大于 0.7 的微卫星为最好的遗传标记，因为这种情况下，双亲在该位点通常是杂合的，在其后代中可以观察到等位基因分离。另外，扩增产物的片段大小应在 100~300 bp，片段太大，不容易获得扩增产物；太小，不利于结果的统计分析。本研究参考联合国粮食及农业组织（FAO）和国际动物遗传学会（ISAG）推荐的引物，选取了其中 15 个微卫星引物，实验结果表明，15 个微卫星位点多态性较好，可以用于岷县黑裘皮羊的遗传多样性评价。

有效等位基因数（N_e）、杂合度（H）和多态信息含量（PIC）等参数是描述群体内遗传变异的重要指标。等位基因频率是衡量动物群体遗传结构的主要指标之一，是估计和比较遗传变异的第一步。根据表 3-3 可知，15 个微卫星位点在岷县黑裘皮羊中共检测到 160 个等位基因，每个座位平均为 10.67 个等位基因，其中 OarFCB128 和 BM6506 位点的等位基因数较多，分别为 13 个和 14 个，片段大小分别为 101~147 bp、184~234 bp，等位基因频率为 0.048 4~0.177 4。OarAE129 位点的等位基因数最少，为 7 个，其片段大小为 145~175 bp，等位基因频率为 0.032 3~0.354 8。所有位点的等位基因频率都较高，所选微卫星位点均可用于岷县黑裘皮羊的遗传标记。

多态信息含量（PIC）是衡量片段多态性的指标。当 PIC>0.5 时，该位点为高度的多态位点；当 0.25<PIC<0.5 时，为中度多态性位点；当 PIC<0.25 时，为低度多态位点。在所检测的 15 个微卫星座位中，OarFCB128 位点的多态信息含量最高，为 0.910 8，BM8125 位点最低，为 0.778 8。所选位点均为高度多态位点，说明所选的 15 个微卫星位点可以很好地用来做绵羊群体的遗传多样性分析。所研究的岷县黑裘皮羊群体 15 个微卫星座位的平均多态信息含量为 0.861 5，表明本研究群体提供的遗传信息较高，具有较大的利用潜力。本群体内微卫星座位之间的差异，如 OarFCB128 位点的多态信息含量为 0.910 8，而 BM8125 位点为 0.778 8，这种差异可能是该品种在长期的自然和人工选择过程中，不同微卫星座位所受的选择压的差异造成的。

基因杂合度（H）又称基因多样度，反映各群体在多个位点上的遗传变异，被认为是度量群体遗传变异的一个最适参数。就相同的分子标记而言，群体平均杂合度反映了群体的遗传一致性程度，群体杂合度越低，表明该群体的遗传一致性越高，而群体的遗传变异越少，群体遗传多样性越低。本研究表明，岷县黑裘皮羊的平均杂合度为 0. 882 6，大于 0. 5，说明岷县黑裘皮羊具有较高的群体杂合度，群体内的遗传变异较大，群体近交程度弱，具有丰富的遗传多样性。

3.3 岷县黑裘皮羊微卫星标记遗传多样性分析（2019 年）

微卫星标记（microsatellite marker）又称简单重复序列（simple sequence repeat，SSR），是以 1~6 个核苷酸为重复单元，串联组成的可长达几十个核苷酸的重复序列，在真核生物基因组中广泛分布。作为第二代分子遗传标记，微卫星标记具有数量大、共显性遗传、多态性丰富且遵循孟德尔遗传定律等特点，已被广泛用于群体遗传多样性评价、血缘关系鉴定、遗传连锁图谱构建、核基因组研究以及 QLT 定位。陈扣扣等（2009）利用 8 个微卫星位点对高山细毛羊进行研究，结果发现 BM3501 位点具有最高的有效等位基因数、杂合度和多态信息含量，对高山细毛羊的选育具有重要意义；赵索南等（2012）研究了 8 个微卫星位点在海北金银滩藏羊中的遗传多样性，结果表明，8 个位点均属高度多态；周明亮等（2018）在布拖黑绵羊群体中发现所选的 30 个微卫星位点均属中高度多态性，为布拖黑绵羊的保种选育提供了理论依据；刘全德等（2008）在柴达木绒山羊群体中发现 LSCV 24 位点基因杂合度、等位基因数和多态信息含量都最高，可作为柴达木绒山羊培育的重要候选基因；郎侠等（2011）利用 8 对微卫星引物比较分析了甘南藏羊群体遗传多样性，发现乔科型、欧拉型和甘加型 3 类藏羊均具有丰富的遗传多样性，为 3 类藏羊的保种、培育以及品质的提高提供了有益资料。微卫星标记在绵山羊遗传多样性研究中已相当成熟。岷县黑裘皮羊作为地方绵羊品种，郎侠等（2010）已利用 15 个微卫星位点研究了其遗传多样性，发现 OarFCB128 具有最高的杂合度和多态信息含量，可作为选育保种的有利基因。邱小宇等（2016）利用 6 对微卫星引物研究其在 6 个绵羊品种中的遗传多样性，结果发现岷县黑裘皮羊遗传变异程度最大。在现有研究基础上，选取分布于不同染色体上的 25 个微卫星位点，进一步丰富和完善岷县黑裘皮羊的遗传多样性资料。

3. 3. 1 材料与方法

3. 3. 1. 1 实验动物

实验采用典型群随机抽样法，在岷县黑裘皮羊中心产区采集 48 只（5 只公羊，43 只母羊）具有该品种明显特征的岷县黑裘皮羊新鲜静脉血样，EDTA 抗凝，-20 ℃保存。

3.3.1.2　试剂与仪器

试剂包括乙二胺四乙酸二钠（EDTA）、盐酸、琼脂糖、氯化钠、氢氧化钠、无水乙醇、Tris 饱和酚、蛋白酶 K、氯仿、异戊醇。

仪器包括 DYY-6C 型电泳仪（北京六一生物科技有限公司）、DL9700 TOUCH 型 PCR 仪（北京东林昌盛科技有限责任公司）、5424R 离心机（德国 Eppendorf 公司）、3730 型基因测序仪（ABI）、JY04S-3C 型凝胶成像分析仪（北京君意东方电泳设备有限公司）。

3.3.1.3　方法

（1）基因组 DNA 的提取　基因组 DNA 的提取参照《分子克隆实验指南》（第三版），采用常规酚、氯仿抽提法提取。用 1%琼脂糖凝胶电泳检测 DNA 提取效果。

（2）微卫星标记的选择及引物合成　采用 FAO 推荐的 25 对微卫星引物，引物信息见表 3-5，引物由武汉金开瑞生物工程有限公司合成。

表 3-5　引物信息

微卫星位点	染色体位置	引物序列（5′~3′）	荧光类型
OarFCB128	1	F：ATTAAAGCATCTTCTCTTTATTTCCTCGC R：CAGCTGAGCAACTAAGACATACATGCG	5′-FAM
OarCP38	3	F：CAACTTTGGTGCATATTCAAGGTTGC R：GCAGTCGCAGCAGGCTGAAGAGG	5′-FAM
OarHH47	4	F：TTTATTGACAAACTCTCTTCCTAACTCCACC R：GTAGTTATTTAAAAAAATATCATACCTCTTAAGG	5′-FAM
OarVH72	5	F：GGCCTCTCAAGGGGCAAGAGCAGG R：CTCTAGAGGATCTGGAATGCAAAGCTC	5′-FAM
OarAE129	6	F：AATCCAGTGTGTGAAAGACTAATCCAG R：GTAGATCAAGATATAGAATATTTTTCAACACC	5′-FAM
BM8125	8	F：CTCTATCTGTGGAAAAGGTGGG R：GGGGGTTAGACTTCAACATACG	5′-FAM
HUJ616	9	F：TTCAAACTACACATTGACAGGG R：GGACCTTTGGCAATGGAAGG	5′-HEX
DYMS1	10	F：AACAACATCAAACAGTAAGAG R：CATAGTAACACATCTTCCTACA	5′-HEX
SRCRSP9	11	F：AGAGGATCTGGAAATGGAATC R：GCACTCTTTTCAGCCCTAATG	5′-HEX
OarCB226	12	F：CTATATGTTGCCTTTCCCTTCCTGC R：GTGAGTCCCATAGAGCATAAGCTC	5′-HEX

（续表）

微卫星位点	染色体位置	引物序列（5′~3′）	荧光类型
ILSTS5	13	F：GGAAGCAATGAAATCTATAGCC R：TGTTCTGTGAGTTTGTAAGC	5′-HEX
ILSTS11	14	F：GCTTGCTACATGGAAAGTGC R：CTAAAATGCAGAGCCCTACC	5′-HEX
ILSTS28	15	F：TCCAGATTTTGTACCAGACC R：GTCATGTCATACCTTTGAGC	5′-ROX
SRCRSP5	16	F：GGACTCTACCAACTGAGCTACAAG R：GTTTCTTTGAAATGAAGCTAAAGCAATGC	5′-ROX
MAF214	17	F：GGGTGATCTTAGGGAGGTTTTGGAGG R：AATGCAGGAGATCTGAGGCAGGGACG	5′-ROX
SRCRSP1	18	F：TGCAAGAAGTTTTTCCAGAGC R：ACCCTGGTTTCACAAAAGG	5′-ROX
MAF33	19	F：GATCTTTGTTTCAATCTATTCCAATTTC R：GATCATCTGAGTGTGAGTATATACAG	5′-ROX
MCM140	20	F：GTTCGTACTTCTGGGTACTGGTCTC R：GTCCATGGATTTGCAGAGTCAG	5′-ROX
OarFCB193	22	F：TTCATCTCAGACTGGGATTCAGAAAGGC R：GCTTGGAAATAACCCTCCTGCATCCC	5′-TAMRA
OarFCB304	23	F：CCCTAGGAGCTTTCAATAAAGAATCGG R：CGCTGCTGTCAACTGGGTCAGGG	5′-TAMRA
OarJMP29	24	F：GTATACACGTGGACACCGCTTTGTAC R：GAAGTGGCAAGATTCAGAGGGGAAG	5′-TAMRA
OarJMP58	25	F：GAAGTCATTGAGGGGTCGCTAACC R：CTTCATGTTCACAGGACTTTCTCTG	5′-TAMRA
MAF65	26	F：AAAGGCCAGAGTATGCAATTAGGAG R：CCACTCCTCCTGAGAATATAACATG	5′-TAMRA
MAF70	27	F：CACGGAGTCACAAAGAGTCAGACC R：GCAGGACTCTACGGGGCCTTTGC	5′-TAMRA
MAF209	28	F：GATCACAAAAAGTTGGATACAACCGTGG R：TCATGCACTTAAGTATGTAGGATGCTG	5′-FAM

（3）PCR 反应体系　PCR 反应总体系为 25 μL：10×KOD Buffer 2.5 μL，2 mmol/L dNTPs 2 μL，25 mmol/L $MgSO_4$ 0.5 μL，10 μmol/L Forward 1 μL，10 μmol/L Reverse 1 μL，Template DNA 1 μL，KOD-Plus 1 U，补水至 25 μL。

PCR 扩增程序为：95 ℃预变性 5 min；95 ℃变性 30 s，55~65 ℃退火 30 s，72 ℃延伸 30 s，10 个循环；95 ℃变性 30 s，55 ℃退火 30 s，72 ℃延伸 30 s，30 个循环；72 ℃修复延伸 7 min，于 4 ℃保存。

（4）荧光引物修饰　对 25 对引物进行上游 5′端荧光修饰后根据 PCR 反应程序进行引物验证，排除荧光标记后带来的影响。

(5) 毛细管电泳检测　荧光引物扩增后的产物利用 ABI3730 测序仪进行毛细管电泳，并对毛细管电泳结果采用 GeneMarker 进行标准化分析。

3.3.1.2　数据统计

利用 Gel-Pro Analyzer 计算等位基因片段大小，将等位基因按照片段大小由小到大依次编号为 A~K；利用 Popgene 32 计算微卫星位点的等位基因频率、有效等位基因数（N_e）、杂合度（H）等，用 PIC 软件计算位点多态信息含量。

3.3.2　结果与分析

3.3.2.1　DNA 提取及电泳检测

提取的 DNA 经 1%琼脂糖凝胶电泳检测后部分样品结果如图 3-5 所示。所提 DNA 条带清晰均匀、亮度较大，说明其纯度较高，可用于 PCR 扩增实验。

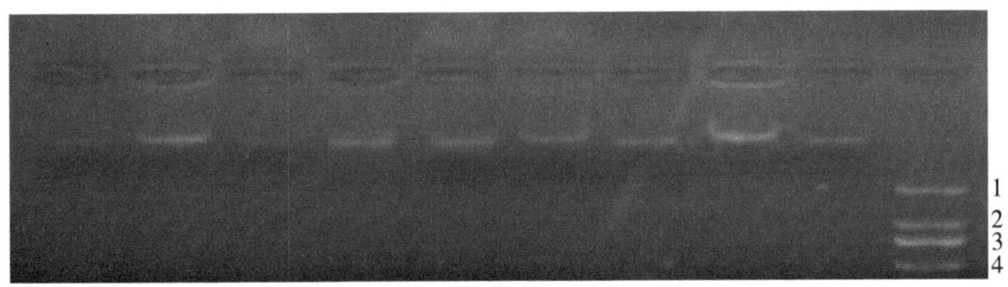

图 3-5　部分 DNA 电泳图

注：DL2000 Markers 条带从下到上依次为 100 bp、250 bp、500 bp、750 bp。

PCR 扩增产物经 2%琼脂糖电泳检测部分样品结果如图 3-6 所示，位点 OarCP38 未扩增出条带，为无效位点，本实验中不再使用。其余微卫星标记的扩增产物特异性较强，可用于后续实验。

图 3-6　PCR 扩增结果

注：DL2000 Markers 条带从下到上依次为 100 bp、250 bp、500 bp、750 bp、1 000 bp、2 000 bp。

ABI3730 测序仪分型结果如图 3-7 所示，各个位点的分型图较完整，且等位基因大小符合已知的范围。

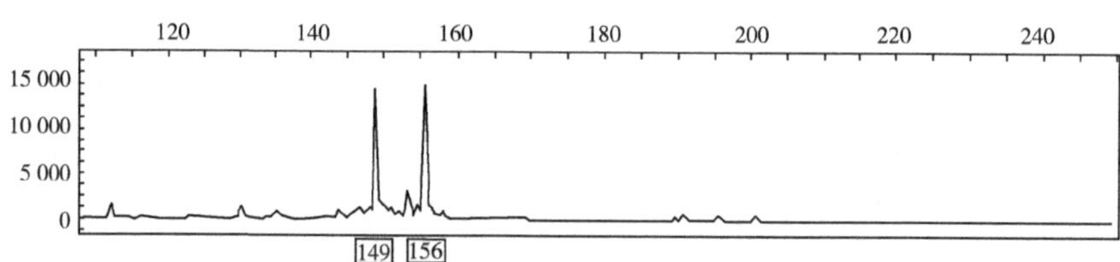

图 3-7　A86104593 个体在位点 SRCRSP5 中的检测结果（基因型为 149/156）

3. 3. 2. 2　微卫星位点的等位基因及基因频率分析

岷县黑裘皮羊 24 个微卫星位点的等位基因数、等位基因片段大小及频率见表 3-6。位点 OarCP38 为无效位点，未列出。24 个位点共检测到 210 个等位基因，其中，位点 MAF70 等位基因数最多，共 15 个，片段大小为 129~165 bp；位点 OarAE129 等位基因数最少，共 4 个，片段大小为 143~150 bp，每个位点平均等位基因数为 8.75 个；在所有检测到的等位基因中，SRCRSP9 位点 111 bp片段基因频率最高，为0.739 6，其次为 OarJMP58 位点 143 bp 片段，为 0.687 6；等位基因频率最低的为0.010 4。每个位点频率较高的等位基因数有 2~5 个，其余等位基因频率都相对较低。

3. 3. 2. 3　多态信息分析

岷县黑裘皮羊 24 个微卫星位点多态信息指标见表 3-7。由表 3-7 可知，所有微卫星位点有效等位基因数范围为 1.758 1~8.243 3，每个位点平均有效等位基因数为 3.654 0；所有位点观测杂合度范围为 0.250 0~0.812 5，OarFCB128 位点观测杂合度最高，OarFCB304 位点最低；群体期望杂合度范围为 0.435 7~0.887 9，位点 MAF70 期望杂合度最高，SRCRSP9 位点最低；群体平均杂合度范围为 0.431 2~0.878 7，MAP70 位点平均杂合度最高，SRCRSP9 位点最低，与期望杂合度结果相符；所有位点多态信息含量范围为 0.407 0~0.867 3，均属中高度多态，其中 MAF70 位点多态信息含量最高，SRCRSP9 位点最低。

3. 3. 3　讨论

根据微卫星选择原则，要求微卫星位点的选择尽可能地均匀分布在不同的染色体上；每个位点应有 4 个及以上的等位基因，一般以 5~19 个为宜。等位

表 3-6　24 个微卫星位点的等位基因片段大小及频率

位点	等位基因数/个	项目	A	B	C	D	E	F	G	H	I	J	K	L	M	N	O
OarFCB128	8	长度/bp	109	111	113	117	119	121	123	125							
		频率	0. 125 1	0. 385 5	0. 072 9	0. 020 8	0. 010 4	0. 333 3	0. 020 8	0. 031 2							
OarHH47	12	长度/bp	116	124	127	129	131	133	135	137	139	141	143	147			
		频率	0. 011 4	0. 045 5	0. 011 4	0. 340 9	0. 079 5	0. 090 9	0. 272 7	0. 056 8	0. 034 1	0. 022 7	0. 011 4	0. 022 7			
OarVH72	9	长度/bp	119	124	126	128	129	130	132	134	136						
		频率	0. 020 8	0. 135 5	0. 395 8	0. 020 8	0. 020 8	0. 114 7	0. 031 2	0. 010 4	0. 250 0						
OarAE129	4	长度/bp	143	146	148	150											
		频率	0. 020 8	0. 395 8	0. 531 2	0. 052 2											
BM8125	7	长度/bp	100	105	109	113	115	117	119								
		频率	0. 010 4	0. 041 7	0. 104 2	0. 739 5	0. 041 7	0. 041 7	0. 020 8								
HUJ616	7	长度/bp	117	120	122	125	127	135	137								
		频率	0. 052 1	0. 031 3	0. 447 9	0. 031 2	0. 322 9	0. 083 4	0. 031 2								
DYMS1	9	长度/bp	159	166	172	178	181	183	190	197	203						
		频率	0. 041 7	0. 145 8	0. 072 9	0. 135 4	0. 031 2	0. 354 2	0. 041 7	0. 166 7	0. 010 4						
SRCRSP9	5	长度/bp	111	115	117	119	121										
		频率	0. 739 6	0. 083 3	0. 104 2	0. 010 4	0. 062 5										

（续表）

位点	等位基因数/个	项目	A	B	C	D	E	F	G	H	I	J	K	L	M	N	O
OarCB226	10	长度/bp	119	131	133	135	137	139	144	151	153	155					
		频率	0.418 4	0.285 8	0.030 6	0.112 2	0.051	0.010 2	0.010 2	0.051	0.010 2	0.020 4					
ILSTS5	6	长度/bp	183	190	194	197	200	202									
		频率	0.093 8	0.041 7	0.635 3	0.104 2	0.041 7	0.083 3									
ILSTS11	8	长度/bp	266	270	276	278	280	282	283	285							
		频率	0.010 4	0.187 5	0.166 7	0.291 7	0.020 8	0.010 4	0.291 7	0.020 8							
ILSTS28	12	长度/bp	129	136	142	150	152	159	161	163	165	167	168	170			
		频率	0.145 7	0.010 4	0.032 1	0.156 2	0.020 8	0.010 4	0.062 4	0.020 8	0.322 9	0.145 8	0.010 4	0.062 1			
SRCRSP5	7	长度/bp	142	149	150	151	156	158	169								
		频率	0.010 4	0.125 0	0.020 8	0.062 5	0.510 5	0.25	0.020 8								
MAF214	6	长度/bp	184	186	188	218	220	222									
		频率	0.052 1	0.375 0	0.166 7	0.156 2	0.239 6	0.010 4									
SRCRSP1	8	长度/bp	123	125	128	130	132	134	136	137							
		频率	0.104 2	0.010 4	0.531 2	0.239 7	0.041 7	0.031 2	0.020 8	0.020 8							
MAF33	7	长度/bp	124	126	132	134	136	138	140								
		频率	0.031 2	0.427 2	0.020 8	0.093 8	0.020 8	0.385 4	0.020 8								

（续表）

位点	等位基因数/个	项目	A	B	C	D	E	F	G	H	I	J	K	L	M	N	O
MCM140	10	长度/bp	165	175	177	181	183	185	187	189	191	193					
		频率	0.041 7	0.020 8	0.020 8	0.020 8	0.406 2	0.229 2	0.156 3	0.052 1	0.041 7	0.010 4					
OarFCB193	12	长度/bp	97	102	110	112	114	118	121	127	129	131	133	135			
		频率	0.010 4	0.010 4	0.270 9	0.020 8	0.010 4	0.510 5	0.010 4	0.031 2	0.031 2	0.020 8	0.062 6	0.010 4			
OarFCB304	13	长度/bp	150	154	159	162	164	167	169	171	173	177	179	184	188		
		频率	0.041 8	0.020 8	0.125	0.020 8	0.270 8	0.395 9	0.010 4	0.020 8	0.020 8	0.010 4	0.010 4	0.031 3	0.020 8		
OarJMP29	10	长度/bp	127	129	131	134	136	138	140	142	146	148					
		频率	0.052 1	0.010 4	0.072 9	0.020 8	0.406 2	0.187 6	0.145 8	0.010 4	0.083 4	0.010 4					
OarJMP58	8	长度/bp	143	151	158	160	162	166	168	170							
		频率	0.687 6	0.020 8	0.031 3	0.072 9	0.020 8	0.010 4	0.145 8	0.010 4							
MAF65	8	长度/bp	108	123	129	131	133	138	140	142							
		频率	0.197 9	0.010 4	0.25	0.291 7	0.166 7	0.020 8	0.052 1	0.010 4							
MAF70	15	长度/bp	129	131	135	136	138	140	142	144	148	150	154	156	161	163	165
		频率	0.020 8	0.031 3	0.031 3	0.177 1	0.072 9	0.208 3	0.062 5	0.020 8	0.093 8	0.072 9	0.135 4	0.010 4	0.041 7	0.010 4	0.010 4
MAF209	9	长度/bp	102	109	112	114	118	120	122	124	126						
		频率	0.062 5	0.010 4	0.125	0.510 5	0.020 8	0.072 9	0.052 1	0.083 3	0.062 5						

注：OarCP38 为无效位点，未列出。

基因数太少，不能提供足够的信息量，等位基因数太多，不便于分析；微卫星扩增产物的长度一般不超过300 bp，片段太大，不容易获得产物。本实验中所选择的微卫星位点分布在25条不同染色体上，每个位点等位基因数为4~15个，符合微卫星位点的选择原则，可以为岷县黑裘皮羊遗传多样性研究提供可靠依据。

表3-7　24个微卫星位点多态信息

位点	样本数/个	有效等位基因数/个	观测杂合度	期望杂合度	平均杂合度	多态信息含量
OarFCB128	48	3.539 2	0.812 5	0.725 0	0.717 4	0.672 2
OarHH47	48	4.693 3	0.545 5	0.796 0	0.786 9	0.760 7
OarVH72	48	3.952 0	0.541 7	0.754 8	0.747 0	0.711 9
OarAE129	48	2.262 2	0.479 2	0.563 8	0.557 9	0.466 8
BM8125	48	1.774 4	0.354 2	0.441 0	0.436 4	0.418 2
HUJ616	48	3.149 7	0.395 8	0.689 7	0.682 5	0.632 9
DYMS1	48	4.933 6	0.416 7	0.805 7	0.797 3	0.773 5
SRCRSP9	48	1.758 1	0.416 7	0.435 7	0.431 2	0.407 0
OarCB226	48	3.621 4	0.714 3	0.731 3	0.723 9	0.685 0
ILSTS5	48	2.305 2	0.291 7	0.572 1	0.566 2	0.541 4
ILSTS11	48	4.270 6	0.750 0	0.773 9	0.765 8	0.727 4
ILSTS28	48	5.518 6	0.479 2	0.827 4	0.818 8	0.798 4
SRCRSP5	48	2.910 9	0.333 3	0.663 4	0.656 5	0.610 4
MAF214	48	3.952 0	0.395 8	0.754 8	0.747 0	0.707 4
SRCRSP1	48	2.823 5	0.291 7	0.652 6	0.645 8	0.603 4
MAF33	48	2.923 9	0.625 0	0.664 9	0.658 0	0.596 3
MCM140	48	4.007 0	0.479 2	0.758 3	0.750 4	0.718 8
OarFCB193	48	2.931 3	0.562 5	0.665 8	0.658 9	0.615 6
OarFCB304	48	3.986 2	0.250 0	0.757 0	0.749 1	0.716 3
OarJMP29	48	4.215 9	0.458 3	0.770 8	0.762 8	0.735 5
OarJMP58	48	1.994 8	0.541 7	0.503 9	0.498 7	0.471 2
MAF65	48	4.589 6	0.291 7	0.790 4	0.782 1	0.748 1

（续表）

位点	样本数/个	有效等位基因数/个	观测杂合度	期望杂合度	平均杂合度	多态信息含量
MAF70	48	8.243 3	0.645 8	0.887 9	0.878 7	0.867 3
MAF209	48	3.339 1	0.541 7	0.707 9	0.700 5	0.679 0
平均		3.654 0	0.483 9	0.695 6	0.688 3	0.652 7

注：OarCP38 为无效位点，未列出。

微卫星标记多样性可以反映群体的遗传变异历史。微卫星位点等位基因频率是目前最佳的可用于测定群体内遗传变异程度和群体间遗传分化的方法。郎侠等（2010）认为等位基因频率是衡量动物群体遗传结构的主要指标之一，是估计和比较遗传变异的第一步。一般来说，群体中频率最高、片段最大的等位基因是该物种中最原始、最保守的基因，而其余等位基因则是在进化过程中由该基因突变产生的。同一个位点，如果最高频率的等位基因数不超过所有等位基因数的 95%，则认为该位点具有多态性。岷县黑裘皮羊 24 个微卫星位点中，每个位点基因频率较大的等位基因数有 2~5 个，所占比例未超过所有等位基因的 95%，属具有多态性的位点。与郎侠等（2010）的实验结果相比，就两次研究的相同位点而言，本实验所有位点等位基因数相对较少，但基因频率均高于郎侠等（2010）实验结果，这可能与样本量有关，前者样本量为 60 只，后者为 48 只，少的样本量可能使一些频率较小的基因未检测出。HEDRICK（1984）认为随机取样 50~100 个，大多数情况下可以满足试验要求，而包文斌等（2007）认为，样本量与期望杂合度无显著相关，但与等位基因数呈正相关，这一理论说明了两次实验结果不同的原因。此外，吕慎金（2003）研究发现位点 MAF70 在岷县黑裘皮羊群体中的基因频率为 0，但本实验结果表明，MAF70 位点在所有位点中等位基因数最多，但是基因频率均很低，这可能与实验方法有关，前者用聚丙烯酰胺凝胶电泳进行基因分型，而后者运用毛细管电泳进行基因分型，毛细管电泳具有高通量、高分辨率的特点，使得一些片段较小的基因也能检测出来。根据已有的实验结果可以得出，在研究微卫星标记多样性时，选择的位点越多越好，适宜的样本量对实验结果更有说服力，运用更加精确的方法可以减少实验过程中的误差。

有效等位基因数（N_e）是反映群体遗传变异程度的指标之一，同时它也反映了等位基因间的相互影响，有效等位基因数值越接近等位基因数的绝对值，表明等位基因在群体中分布越均匀。本研究中的 24 个微卫星位点等位基因数与有效等位基因数相差较多，等位基因片段大小不一，频率分布不均匀，说明所选择的位点均在物种的进化过程中受到了自然和人工的高强度影响，具有丰富的遗传多样性。

杂合度（*H*）又称基因多样性，反映群体在基因位点上的遗传变异，是度量群体遗传变异的最合适的参数之一。群体平均杂合度反映了群体的遗传一致性程度，群体平均杂合度越高，表明该群体的遗传一致性越低，群体的遗传变异越大，群体遗传多样性越丰富。一般认为若一个群体的杂合度大于 0.5，则该群体的遗传多样性很丰富。本实验的 24 个位点中有 3 个位点杂合度低于 0.5（BM8125，0.436 4；SRCRSP9，0.431 2；OarJMP58，0.498 7），其余均大于 0.5，位点 MAF70 杂合度最大，为 0.878 7。

多态信息含量（PIC）表示后代所获得某个等位标记来自其父本（或母本）的同一个等位标记的可能性，是衡量 DNA 片段多态性的指标。BOTSTEIN 等（1980）首次提出用 PIC 判断多态性：当 PIC>0.5 时，为高度多态性；当 0.25<PIC<0.5 时，为中度多态性；当 PIC<0.25 时，为低度多态性。而 PURVIS 等（2005）认为，PIC 大于 0.7 为最好的遗传标记，因为此时双亲在该位点是杂合的，在后代中就可以看到等位基因分离。本研究的 24 个位点中有 3 个属于中度多态性（OarAE129，0.466 8；BM8125，0.418 2；SRCRSP9，0.471 2），其余均属高度多态性，而 PIC 大于 0.7 的有 11 个位点，这 11 个位点能够典型说明岷县黑裘皮羊的遗传多样性。郎侠等（2009）利用 15 个微卫星位点分析了岷县黑裘皮羊的遗传多样性，结果发现，群体平均多态信息含量为 0.861 5，高于本研究的 0.652 7，这可能与所选位点的不同有关。本研究中位点 MAF70 多态信息含量最高，为 0.867 3，比吕慎金（2003）的结果稍高（0.685 4）。

3.3.4 结论

岷县黑裘皮羊 25 个微卫星位点中，只有 1 个位点（OarCP37）未检测到多态性，其余 24 个位点等位基因数为 4~15，等位基因频率范围为 0.010 4~0.739 2，有效等位基因数为 1.758 1~8.243 3，平均杂合度范围为 0.431 2~0.878 7，多态信息含量范围为 0.407 0~0.867 3。位点 MAF70 具有最多的等位基因数，杂合度和多态信息含量均最高，位点 OarFCB28 期望杂合度最高，位点 SRCRSP9 等位基因数最少，杂合度和多态信息含量最低。说明岷县黑裘皮羊杂合度高，遗传多样性丰富，选择的 24 个微卫星位点可用于评估遗传多样性。在下一步的研究中，可以考虑将微卫星位点与部分经济性状相关联，寻找影响经济性状的优势基因，为岷县黑裘皮羊的选育保种提供理论意义。

3.4　岷县黑裘皮羊皮肤组织 mRNA 和 lncRNA 测序及功能分析

3.4.1　试验材料

3.4.1.1　试验动物

本研究所用试验羊取自甘肃省定西市岷县伟远养殖农民专业合作社。选取1周岁岷县黑裘皮羊公羊6只作为试验组，1周岁小尾寒羊公羊6只作为对照组。要求所选的试验羊品种特征明显，健康状况良好。

3.4.1.2　实验仪器设备与试剂

（1）主要仪器设备　主要仪器设备见表3-8。

表3-8　主要仪器设备

仪器名称	生产商
超净工作台	苏州安泰空气技术有限公司
微量移液器	德国 Eppendorf 公司
高速低温离心机	德国 Sigma 公司
电子天平	上海奥豪斯仪器有限公司
高温高压蒸汽灭菌锅	上海沪粤明科学仪器有限公司
超低温冰箱	青岛海尔特种电器有限公司
普通冰箱	青岛海尔特种电器有限公司
电泳仪和电泳槽	北京六一生物科技有限公司
掌上离心机	武汉 Servicebio 公司
涡旋混合器	武汉 Servicebio 公司
核酸蛋白检测仪	美国应用生物系统公司（ABI）
普通 PCR 仪	美国 Bio-Rad 公司
凝胶成像系统	法国 Vilber Lourmat 公司
LightCycler® 480 Ⅱ型荧光定量仪	瑞士 Roche 公司

（2）主要试剂　主要试剂见表 3-9。

表 3-9　主要试剂

试剂名称	生产商
RNAprep Pure Tissue Kit	天根生物科技（北京）有限公司
Ribo-zero™ rRNA Removal Kit	美国 Epicentre 生物技术公司
NEBNext® ultra™ Directional RNA Library Prep Kit	美国 NEB 公司
GoldView I 型核酸染色剂	北京索莱宝科技有限公司
PrimeScript™ reagent Kit with gDNA Eraser	宝生物工程（大连）有限公司
SYBR® Premix Ex Taq™ Ⅱ（Tli RNaseH Plus）	宝生物工程（大连）有限公司
10× loading buffer	宝生物工程（大连）有限公司
RNase-Free 无菌生理盐水	美国 Bioo Scientific 公司
50×TBE 电泳缓冲液	自配

3.4.2　试验方法

3.4.2.1　试验样品采集

试验组和对照组绵羊在屠宰前，采取侧卧保定，活体采集绵羊左侧肩胛后一掌位置的皮肤组织 2 cm×2 cm，用 RNase-Free 无菌生理盐水冲洗后装入无 RNase 的冻存管中，投入液氮速冻，后转入实验室-80 ℃超低温冰箱保存备用。

3.4.2.2　总 RNA 提取与质量检测

本实验样本总 RNA 提取采用 RNAprep Pure Tissue 试剂盒，具体实验方法和步骤参考试剂盒说明书。RNA-seq 建库对总 RNA 的质量有较高要求，因此提取的总 RNA 需要进行质量检测。RNA 质量检测的主要步骤包括 RNA 完整性检测、纯度和浓度检测。完整性检测采用 1% 琼脂糖凝胶电泳检测；RNA 样品的纯度和浓度采用 Nanodrop 2000 核酸蛋白检测仪检测。

3.4.2.3　文库构建及测序

绵羊皮肤组织样品中提取的总 RNA 检测合格后，进行 lncRNA（含 mRNA）文库构建，主要流程如图 3-8 所示。一是样品中的 rRNA 利用 Ribo-zero™试剂盒去除；二是在去除 rRNA 的样品中加入 fragmentation buffer 将其片段化即随机打断；三是以 rRNA-depleted RNA 作为模板序列，用六碱基随机引物（random hexamers）反转录合成首条 cDNA 链；四是后加入缓冲液、dATP、dCTP、dUTP、dGTP、DNA polymerase I 与 RNase H 合成第二条 cDNA 链，利用 AMPure XP beads 纯化 cDNA，对纯化后的双链 cDNA 进行末端修复；五是在 3′

端加 A 并连接测序接头，然后进行片段大小选择，采用 UDG 酶含 U 链降解；六是通过 PCR 富集得到 cDNA 文库；六是构建好的 cDNA 文库进行池化后，基于边合成边测序（sequencing by synthesis，SBS）技术，用 IlluminaHiSeq 平台对 cDNA 文库进行测序。

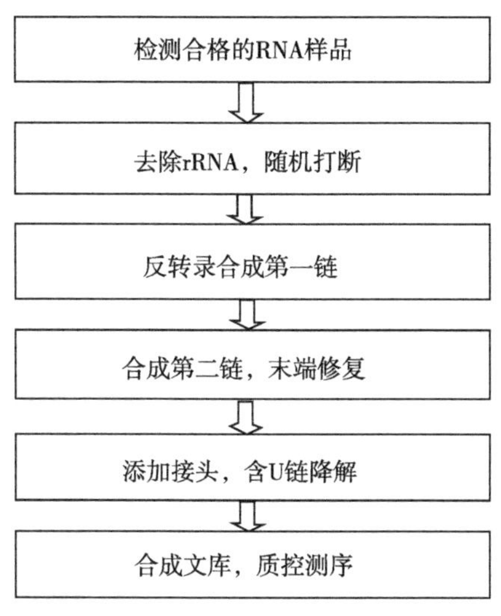

图 3-8 文库构建流程

3.4.2.4 测序数据处理及生物信息学分析

（1）测序结果的基因组比对 测序平台生成的数据为原始数据，原始数据经过过滤，删除带接头（adapter）的序列、未知碱基比例大于 10%的序列和低质量的序列后得到 clean data。利用 HISAT2 将 clean data 与绵羊的参考基因组序列 Oar _ v4.0（https：//www.ncbi.nlm.nih.gov/assembly/GCF _ 000298735.2/）进行比对，利用 StringTie 对比对上的 reads 进行拼接和组装。

对比对结果进行统计，分析比对率。将比对到不同染色体上 reads 进行位置分布统计，绘制 mapped reads 在所选参考基因组上的覆盖深度分布图。统计 mapped reads 在指定的参考基因组不同区域（外显子、内含子和基因间区）的数目。

（2）基因结构分析 从 SNP、可变剪接两个方面对得到的基因进行结构方面的分析。

使用 GATK 软件识别测序样品结果中与参考基因组间的单碱基错配，通过识别获得潜在的 SNP 位点。然后用 SnpEff 对 SNP 位点进行注释，根据 SNP 位点在参考基因的位置和信息确定突变发生的未知区域，并且预测突变产生的潜在影响。然后统计 SNP 突变类型、SNP 密度分布以及 SNP 的注释结果。

用 ASprofile 软件对预测出的 12 类可变剪切（alternative splicing，AS）事件进行分类和数量统计，获得统计结果。

（3）基因表达分析和差异基因的筛选　StringTie 采用 FPKM（fragments per kilobase of transcript per million fragments mapped）来表示基因表达水平，并且分析各个样品基因表达量总体分布，FPKM 计算公式如下：

$$FPKM=\frac{\text{cDNA Fragments}}{\text{Mapped Fragments}\ (\times 10^{6})\ \times \text{Transcript Length}\ (\text{kb})} \quad (3-1)$$

式中：cDNA Fragments 表示比对到某一转录本上的片段数目；Mapped Fragments（$\times 10^{6}$）表示比对到转录本上的片段总数；Transcript Length（kb）表示转录本长度，以 10^{3} 个碱基为单位。经过比对组装定量后获得基因在各个样品中的表达量。

采用 DESeq2 方法鉴定差异表达基因，差异倍数（fold change，FC）表示两样品组间表达量的比值，错误发现率（false discovery rate，FDR）是通过对差异显著性 P 值（P-value）进行校正得到的。本实验将 FC≥2 且 FDR < 0.05 作为差异基因的筛选标准，统计获得的差异表达基因的数量。对筛选出的差异表达基因做层次聚类分析，将具有相同或相似表达模式的基因进行聚类，并且生成差异基因聚类分析图。

（4）差异表达基因的富集分析　通过数据库注释以后，利用 GO（gene ontology）功能数据库和 KEGG（Kyoto encyclopedia of genes and genomes）信号通路数据库对差异表达基因进行 GO 功能和 KEGG 信号通路富集分析。

（5）LncRNA 鉴定和靶基因预测　经过基本筛选得到转录本序列信息，基本筛选的规则：长度 ≥ 200 bp；外显子个数 ≥ 2；FPKM ≥ 0.1。然后通过 CPC 分析、CNCI 分析、CPAT 分析、pfam 蛋白结构域分析 4 种方法预测潜在编码能力，去除具有潜在编码能力的转录本。经过 4 种软件预测得到 lncRNA，并进行分类统计。本研究靶基因预测主要为顺式靶基因，基于位置关系预测 lncRNA 和其邻近基因的表达调控关系，lncRNA 上下游范围在 100 kb 以内的相邻基因为其靶基因。

（6）LncRNA 表达水平分析和差异表达 lncRNA 的筛选　采用 FPKM 作为衡量 lncRNA 表达水平的指标，将 FC ≥ 2 且 FDR < 0.05 作为差异 lncRNA 的筛选标准，获得岷县黑裘皮羊和小尾寒羊皮肤组织差异表达的 lncRNA 数目。

（7）差异 lncRNA 靶基因 GO 功能和 KEGG 信号通路富集分析　对注释到 GO 功能数据库的差异表达 lncRNA 靶基因进行富集分析，然后对差异表达 lncRNA靶基因进行 KEGG 信号通路富集分析。

（8）黑色素沉积相关基因的筛选　岷县黑裘皮羊和小尾寒羊皮肤组织间

差异表达的 mRNA 和 lncRNA 靶基因被视为潜在的对岷县黑裘皮羊黑色素沉积具有调控作用的基因。为了进一步缩小范围，筛选出与岷县黑裘皮羊密切相关的 mRNA 和 lncRNA，进行进一步筛选确定。筛选条件：一是差异表达的 lncRNA 靶基因和 mRNA 属于分析结果中显著富集的 KEGG 信号通路；二是富集的 KEGG 信号通路必须与黑色素合成或者代谢过程相关；三是差异表达的 lncRNA 靶基因和 mRNA 必须与黑色素沉积直接或者间接过程相关。经过上述条件的筛选确定岷县黑裘皮羊黑色素沉积的关键调控基因或 lncRNA。

3.4.2.5　RT-qPCR 验证

为了验证 RNA-seq 得到的表达量数据的准确性，本研究从岷县黑裘皮羊和小尾寒羊皮肤组织测序结果中的差异表达基因中挑选 8 个进行 RT-qPCR（real time-quantitative PCR）验证，mRNA 的内参基因为 *GAPDH*，详细的引物序列信息见表 3-10。

表 3-10　RT-qPCR 实验所用的引物

基因	引物序列（5′→3′）	获取编号	长度/bp
OCA2	F：AGGATTTTGGCTCATGCCTCA R：GCACCATGACCCTTTTTCTTGTG	XM_004004469.4	140
DCT	F：TTCAATCCCCCTGTGGATGC R：TCTGGAGTTTCTTCAACTGGCA	NM_001130024.1	170
TYR	F：CTTCTTCTCCTCTTGGCAGATCAT R：ATTGCGCAGTAATGGTCCCT	NM_001130027.1	100
DDC	F：TTCCTTTCTTCGTGGTGGCTA R：TGCAAACTCCACGCCATTCA	XM_027968422.1	179
TYRP1	F：CGCGGTATTTGATGAATGGCTG R：AAACTCCGACCTGGCCATTG	NM_001130023.1	195
MC1R	F：GCTGCTGGGTTCCCTTAACT R：CCAGCACGTTCTCCACAAGA	NM_001282528.1	149
PMEL	F：AGATGCCAACTGCAAAGGGT R：AGGGAGCCTGCAGTACCTT	XM_012174772.3	187
TMEM231	F：GAACTGCCGAGGGAACAAGA R：TTTTAGCCAAAACCCGTGGC	XM_004014913.4	188
GAPDH	F：ATGGCCTCCAAGGAGTAAGGT R：AGGTCGGGAGATTCTCAGTG	NM_001190390.1	123

总 RNA 通过反转录试剂盒（PrimeScript™ RT reagent with gDNA Eraser）获

得目的 mRNA 的 cDNA。先按照表 3-11 所示试剂和使用量配制 RNA 管反应体系，将配制好的反应体系置于 42 ℃反应 2 min 以去除基因组 DNA；然后按照表 3-12配制 PCR 反应液并加入去除基因组 DNA 的反应液中，置于 37 ℃反应 15 min，85 ℃反应 5 s，取出 cDNA 后存于-20 ℃冰箱保存，用于后续定量实验。

表 3-11　去除基因组 DNA 反应体系

试剂	使用量/μL
5×gRNA Eraser Buffer	2
gRNA Eraser	1
Total RNA	1
RNase Free dH_2O	6

表 3-12　mRNA cDNA 反转录反应体系

试剂	使用量/μL
PrimeScript RT Enzyme Mix I	1
RT Prime Mix	1
5×PrimeScript Buffer	4
RNase Free dH_2O	4

将获得的 cDNA 作为模板，使用 SYBR® Premix Ex Taq™ Ⅱ（Tli RNaseH Plus）试剂盒（表 3-13）检测目的基因的表达量，反应程序：95 ℃ 3 min；95 ℃ 15 s，58 ℃ 15 s，循环 40 次；72 ℃ 20 s；使用 $2^{-\Delta\Delta CT}$法计算目的基因的相对表达量，数据结果用平均值 ± 标准误表示。

表 3-13　mRNA 的定量反应体系

试剂	使用量/μL
SYBR® Premix Ex Taq™ Ⅱ	10
Forward primer	0.8
Reverse primer	0.8
cDNA	2
RNase Free dH_2O	6.4

3.4.3　结果与分析

3.4.3.1　总 RNA 提取及质量检测

利用 RNA 提取试剂盒提取两组绵羊皮肤组织的总 RNA，进行 1%琼脂糖凝胶电泳检测，结果见图3-9。有3条电泳条带较为清晰，说明提取的皮肤组织总RNA完整性较好。

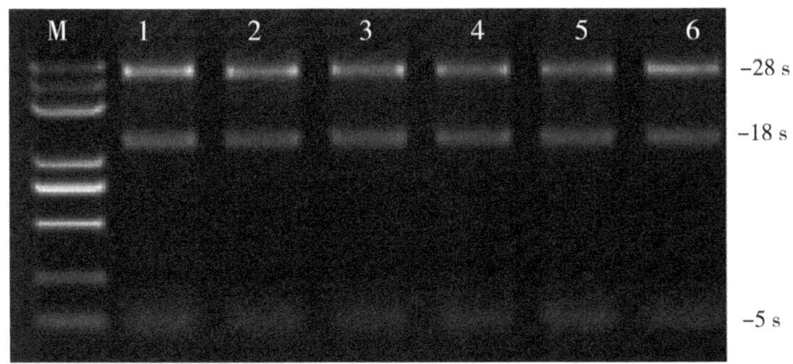

图3-9　6个样本中皮肤组织总RNA凝胶电泳

注：M是采用的Merkers，1、2、3、4、5、6是指标本编号。

用Nanodrop 2000核酸蛋白检测仪检测RNA样品的纯度和浓度，结果见表3-14。理想的纯RNA的OD_{260}/OD_{280}为2.0，一般情况下OD_{260}/OD_{280}在1.8~2.1范围内时，RNA质量较好。结果显示，提取的总RNA质量较好，满足建库要求。

表3-14　总RNA样本质量检测

样品	浓度/(ng/μL)	OD_{260}/OD_{280}	OD_{260}/OD_{230}	OD_{260}	体积/μL	总量/μg
B1	1 677.033	2.061	2.030	41.926	98.000	164.349
B2	1 283.078	2.006	1.937	32.077	98.000	125.742
B3	1 046.293	2.062	2.041	26.157	98.000	102.537
W1	573.315	2.042	1.969	14.333	98.000	56.185
W2	541.014	2.040	2.097	13.525	98.000	53.019
W3	1 966.868	2.084	2.014	49.172	98.000	192.753

注：B1、B2、B3为黑色皮肤样品；W1、W2、W3为白色皮肤样品；OD_{260}代表核酸的吸光度；RNA浓度计算$1OD_{260}=40$ μg/mL。

3.4.3.2　测序与比对结果的概述

（1）测序结果　通过测序平台产出的数据为原始数据（raw data），raw data经数据过滤后，得到clean data，本研究6个样品，共获得103.18 Gb clean data。各样品clean data均达到16.00 Gb，Q30碱基百分比在92.62%以上，而一般测序结果要求Q30达到85%，说明本次测序数据良好。测序数据产出见表3-15。

表 3-15 样品测序数据评估统计

样品	ReadSum	BaseSum	GC/%	Q20/%	Q30/%
B1	57 960 112	17 125 642 736	52. 39	97. 54	93. 06
B2	57 291 732	16 806 772 706	51. 69	97. 32	92. 62
B3	61 806 599	18 294 470 656	51. 48	97. 49	92. 99
W1	58 845 680	17 264 355 444	52. 64	97. 63	93. 32
W2	60 055 037	17 690 230 526	52. 36	97. 49	93. 03
W3	53 839 144	16 001 596 220	51. 45	97. 36	92. 70

注：ReadSum：clean data 中两端 reads 总数；BaseSum：clean data 总碱基数；GC：clean data 的 GC 含量；Q20 为碱基识别错误率低于 1% 的碱基所占的百分比。Q30 为碱基识别错误率低于 0. 1% 的碱基所占的百分比。

（2）测序数据与参考基因组序列比对　将岷县黑裘皮羊和小尾寒羊皮肤组织测序得到的高质量 clean reads 比对到绵羊参考基因组上，结果如表 3-16 所示。87. 40%~90. 24% 的 reads 可以比对到绵羊的参考基因组上。一般来讲，与参考基因组的比对率超过 70%即可以满足后续的分析需求。当比对率小于 60%时，则需考虑更换参考基因组，或者更换分析策略。本研究比对结果接近或者超过 90%，说明本次测序数据良好，比对结果也完全能够胜任后续的数据分析要求。

表 3-16 样品测序数据与所选参考基因组的序列比对结果统计

样品	Total reads	Mapped reads	Uniq reads	Multiple reads	Reads mapto "+"	Reads mapto "–"
B1	115 920 224	103 940 348 (89. 67%)	90 326 219 (77. 92%)	13 614 129 (11. 74%)	46 022 038 (39. 70%)	49 386 295 (42. 60%)
B2	114 583 464	101 769 556 (88. 82%)	90 899 820 (79. 33%)	10 869 736 (9. 49%)	47 521 963 (41. 47%)	49 208 796 (42. 95%)
B3	123 613 198	111 955 043 (90. 57%)	98 850 375 (79. 97%)	13 104 668 (10. 60%)	51 286 908 (41. 49%)	53 769 385 (43. 50%)
W1	117 691 360	102 865 294 (87. 40%)	88 984 926 (75. 61%)	13 880 368 (11. 79%)	46 186 458 (39. 24%)	49 011 949 (41. 64%)
W2	120 110 074	108 151 599 (90. 04%)	95 610 491 (79. 60%)	12 541 108 (10. 44%)	50 122 991 (41. 73%)	52 182 585 (43. 45%)

（续表）

样品	Total reads	Mapped reads	Uniq reads	Multiple reads	Reads mapto “+”	Reads mapto “-”
W3	107 678 288	97 165 291 (90.24%)	85 520 458 (79.42%)	11 644 833 (10.81%)	44 837 939 (41.64%)	46 855 109 (43.51%)

注：Total reads 为 clean reads 统计数量；Mapped reads 为能够比对到参考基因组上的 reads 数；Uniq reads 为在参考基因组有唯一比对位置的 reads 数；Multiple reads 为在参考基因组有多个比对位置的 reads 数；Reads mapto “+” / “-” 为比对到参考基因组正链/负链的 reads 数；括号内为相应数据在 total reads 中所占的百分比。

然后将比对到绵羊基因组上的 mapped reads 进行染色体位置分布统计，结果显示在 mapped reads 在参考基因组上的覆盖深度分布图上（图 3-10）。由结果可知，mapped reads 在各个染色体分布均匀，且在染色体的分布率与染色体的长度基本一致，进一步说明本实验建库、测序和比对效果良好。

图 3-10 Mapped reads 在参考基因组上的位置及覆盖深度分布

对 6 个绵羊皮肤组织样品中 mapped reads 在参考基因组的不同区域（外显子、内含子和基因间区）进行统计，结果如图 3-11 所示。绵羊皮肤组织样品中的 mapped reads 大部分都比对到参考基因组的外显子区域，少部分比对到参考基因组的内含子和基因间区。

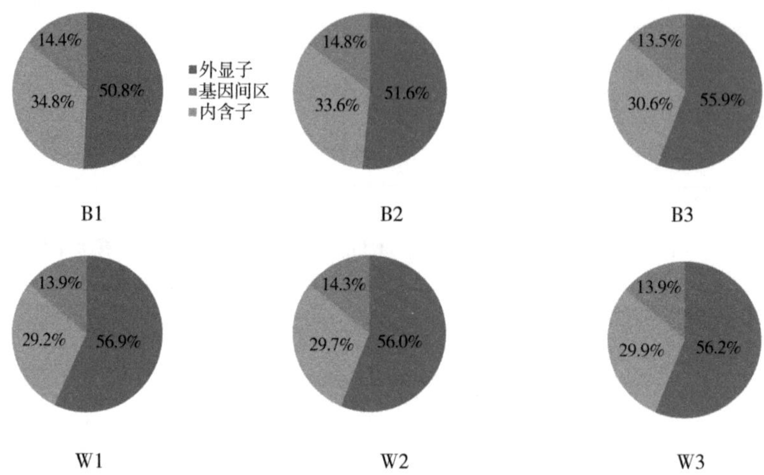

图 3-11　参考基因组位置区域的 mapped reads 分布

3. 4. 3. 3　基因结构分析

（1）SNP 分析　SNP 数量很多，是产生物种多样性的根本原因之一。根据碱基替换的方式，可以将 SNP 位点分为转换（transition）和颠换（transversion）两种类型。根据 SNP 位点的等位基因数目，可以将 SNP 位点分为纯合型位点（只有一个等位基因）和杂合型位点（两个或多个等位基因）。对 6 个绵羊皮肤组织样品中筛选出的 SNP 位点数目、转换类型比例进行统计，结果见表 3-17。

表 3-17　SNP 位点统计

样品	SNP Number	SNP diversity	Transition/%	Transversion/%	Heterozygosity/%
B1	1 103 356	1. 289	72. 66	27. 34	35. 39
B2	1 104 466	1. 314	72. 38	27. 62	34. 94
B3	985 014	1. 077	72. 31	27. 69	32. 24
W1	842 143	0. 976	72. 47	27. 53	31. 65
W2	884 940	1. 000	72. 45	27. 55	32. 70
W3	714 439	0. 893	72. 23	27. 77	26. 43

注：SNP Number 为 SNP 位点总数；Transition 为转换类型的 SNP 位点数目在总 SNP 位点数目中所占的百分比；Transversion 为颠换类型的 SNP 位点数目在总 SNP 位点数目中所占的百分比；Heterozygosity 为杂合型 SNP 位点数目在总 SNP 位点数目中所占的百分比。

4 种碱基类型可以形成 12 种不同类型的突变，进一步分析其具体的碱基突变类型，结果如图 3-12 所示。知嘌呤之间和嘧啶之间的转换型 SNP 远远多于嘌呤与嘧啶之间的颠换型 SNP，但同类型 SNP 数量彼此之间相差不多。

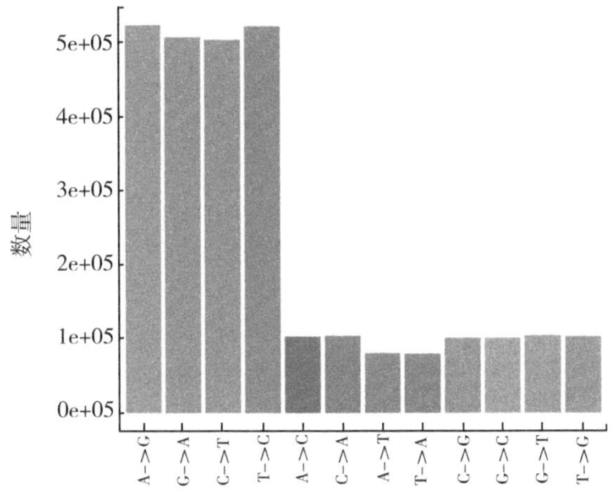

图 3-12　SNP 突变类型分布

将每个基因的 SNP 位点数目除以基因的长度，得到每个基因的 SNP 位点密度，然后进一步统计所有基因的 SNP 位点密度及密度分布（图 3-13）。由图 3-13 可知，6 个样本中 SNP 位点密度趋势基本一致，且从整体来看，大部分基因不含有 SNP 位点，含有 SNP 位点的基因以 1~3 个/1 000 bp 的 SNP 位点密度为主。

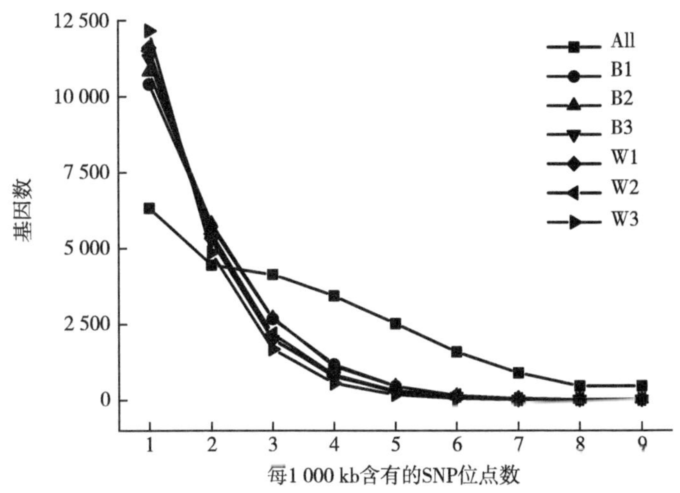

图 3-13　各样品中基因的 SNP 位点密度分布

采用SnpEff对SNP进行注释，SNP位点的区域位置获得12种不同类型SNP的注释结果（图3-14）。发生最多的SNP突变区域为内含子和基因间区，其中内含子占了大多数。通过SNP位点的区域位置可以进一步预测分析其潜在功能，判断其是否属于有义突变。

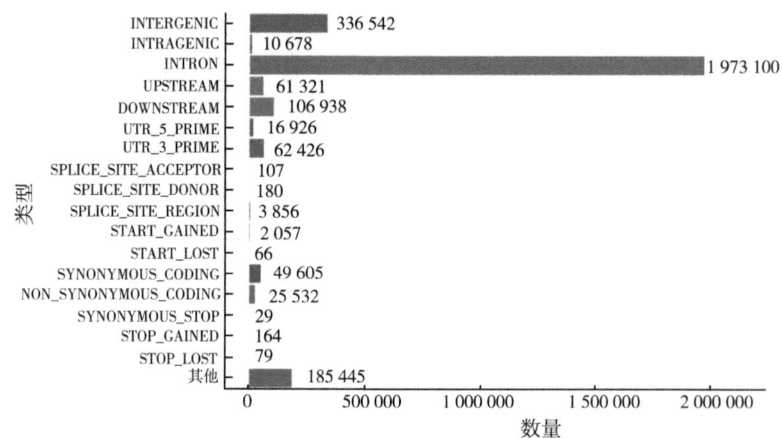

图3-14　SNP注释分类

（2）可变剪切分析　基因转录的前体mRNA（pre-mRNA）剪接位点可以通过差异性选择以形成多种不同的剪接方式，从而产生mRNA和蛋白质异构体。这种转录后的mRNA加工过程称为可变剪接。通过用ASprofile对每个样品的12类AS事件分别进行预测、分类和数量统计，结果见图3-15。6个样本中的AS数量为54 000~58 000，6个样本中AS的类型分布趋势基本一致。TSS（transcription start site）类型和TTS（transcription terminal site）两种类型的AS数量最多，分别为22 000个和17 000个。

3.4.3.4　基因表达量分析和差异表达基因的筛选

（1）样品基因表达量总体分布　根据FPKM定量转录本的表达量获得6个样品中基因的整体表达情况，通过测序共获得的基因总数为28 480个，其中通过过滤筛选后挖掘的新基因数为10 015个，已知基因数为18 465个。所有基因的整体表达情况见图3-16。6个样品基因表达主要集中于两个水平范围，整体表达水平相对集中，异常值较少。

（2）样品间相关性分析　本研究对6个样品的转录本表达量进行相关性分析，分析结果见图3-17。不同样品间表达水平相关性是衡量试验分组可靠性的一个重要指标，根据相关系数可知，本研究两个品种的绵羊组内相关性高于组间相关性，分组较为合理。

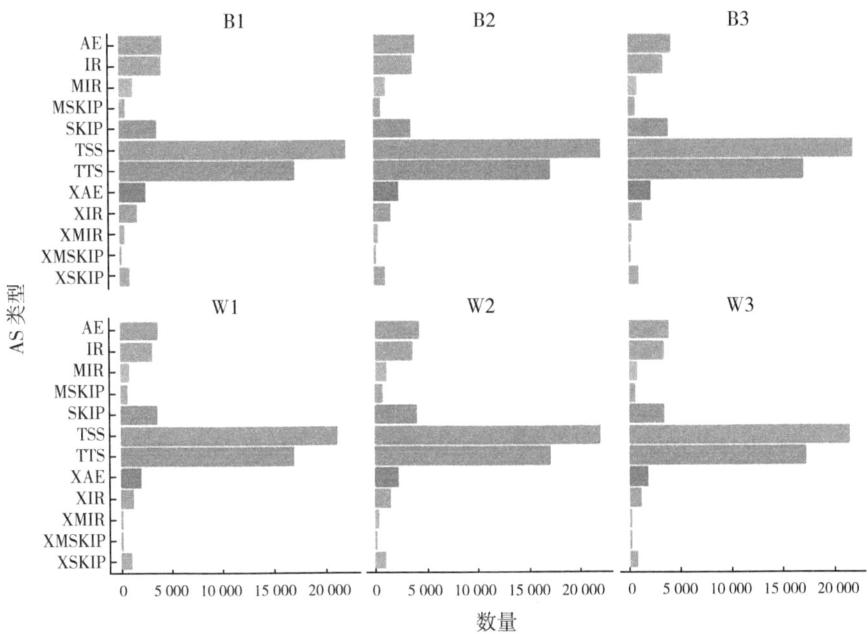

图 3-15　可变剪切类型统计

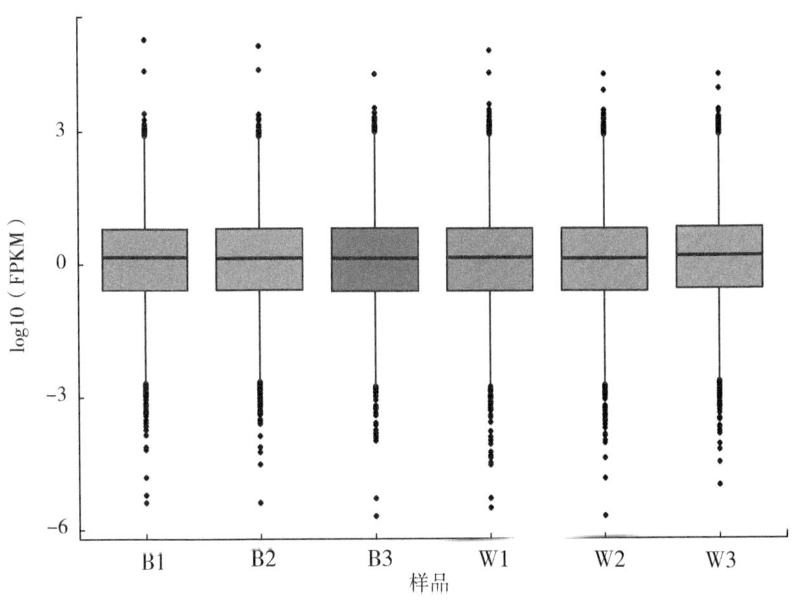

图 3-16　各样品 FPKM 箱式图

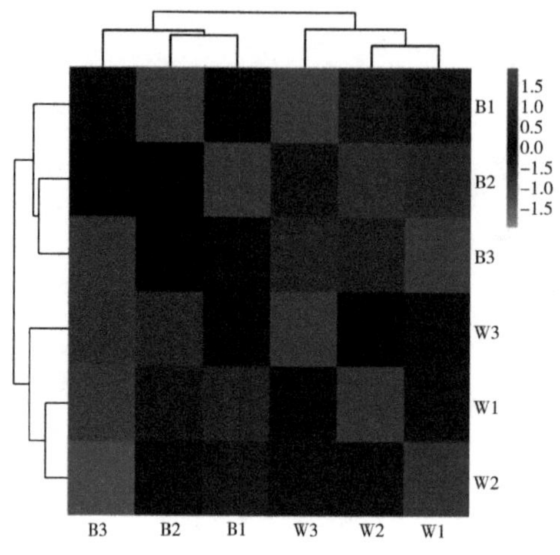

图 3-17　样品间相关性

（3）差异表达基因的筛选　在 FC≥2 且 FDR<0.05 作为差异表达基因的筛选标准下，获得岷县黑裘皮羊和小尾寒羊皮肤组织转录组的差异表达基因，经过筛选统计后共获得差异表达基因 133 个，其中上调基因 78 个，下调基因 55 个（图 3-18）。根据基因的表达水平构建差异表达火山图。在这 133 个差异表达基因中已知基因数为 90 个，新基因为 43 个（图 3-19）。

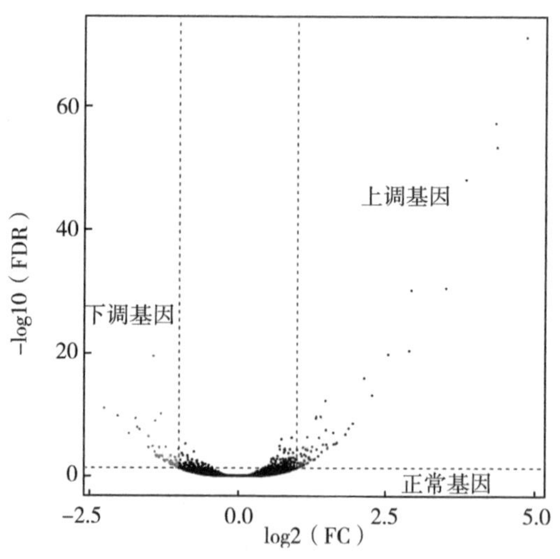

图 3-18　差异表达火山图

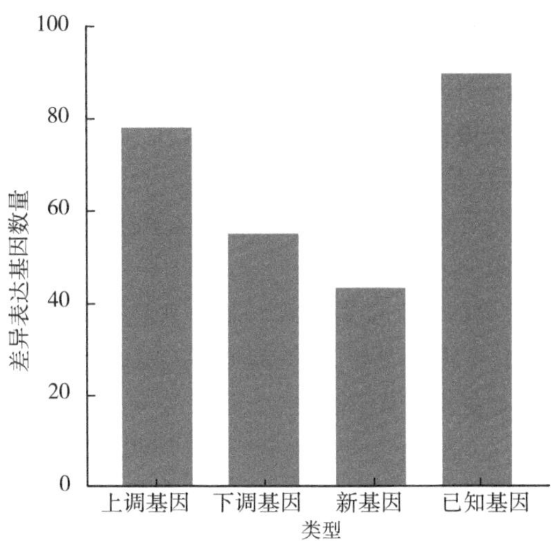

图 3-19　差异表达基因类型和数量

(4) 差异表达基因的层次聚类分析　对筛选出的差异表达基因进行层次聚类分析，本次聚类分析主要针对的是已知的 90 个基因，将具有相同或相似表达模式的基因进行聚类，聚类结果见图 3-20。两个分组的差异表达基因组内聚类明显，说明本研究的分组情况合理。

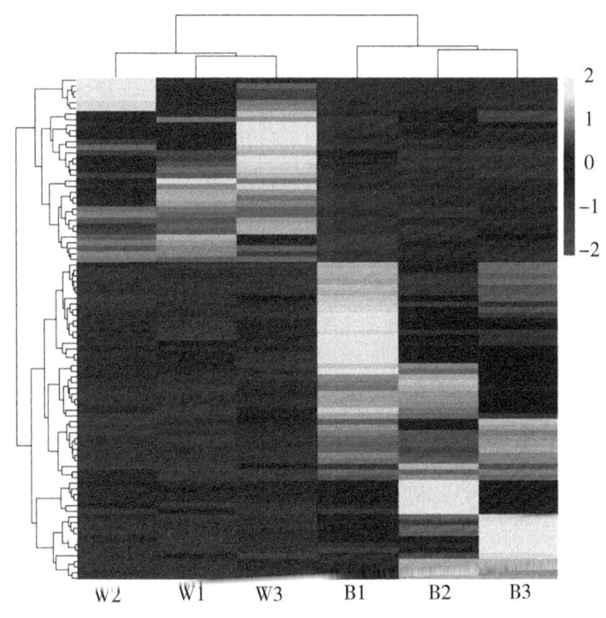

图 3-20　差异表达基因聚类

3. 4. 3. 5 差异表达基因的富集分析

本研究对两个绵羊品种皮肤组织中获取到的显著差异表达的基因进行了GO功能和KEGG信号通路富集分析，以探究所获得的差异表达基因富集的GO功能terms和KEGG信号通路，进一步分析显著富集的GO功能terms和KEGG信号通路中的差异表达基因，从而探索在岷县黑裘皮羊体内黑色素沉积过程中发挥重要调控作用的潜在基因。

（1）差异表达基因的GO富集分析　差异表达基因背景和全部基因背景下GO各二级功能的基因富集情况如图3-21所示。岷县黑裘皮羊和小尾寒羊皮肤组织差异表达基因显著富集在61个GO功能二级terms中，包括MF（molecular function）17个、CC（cellular component）20个和BP（biological process）24个。差异表达基因显著富集的GO功能terms可能与黑色素的形成，转运、作用发挥等有关。如细胞组成（cell part）、转录因子活性（transcription factor activity）、蛋白结合（protein binding）、抗氧化活性（antioxidant activity）、生物调节（biological regulation）、细胞聚集（cell aggregation）等，通过差异表达基因富集的这些生物学功能可能参与黑色素的调控过程。

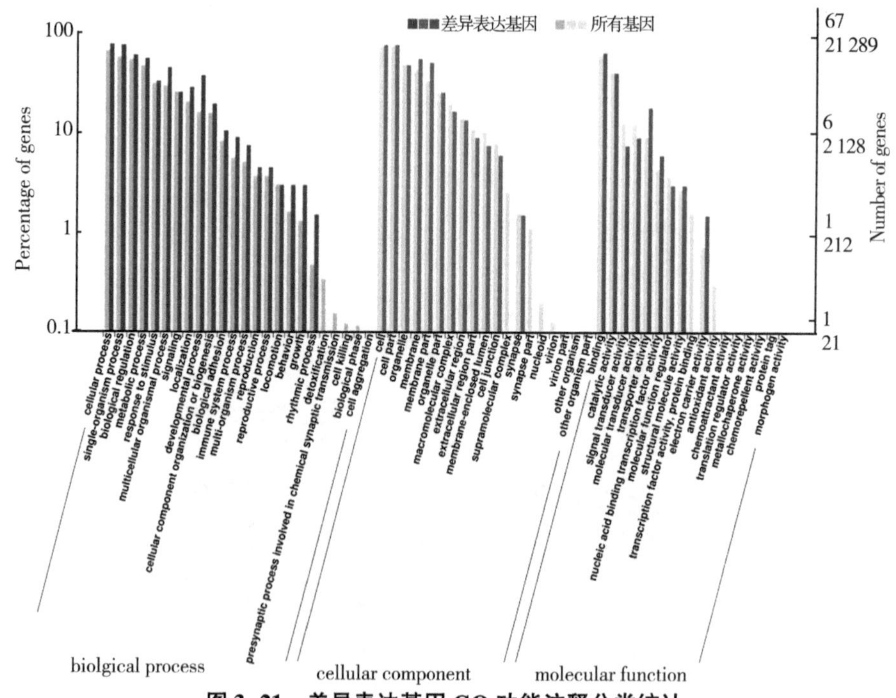

图3-21　差异表达基因GO功能注释分类统计

分析已知的90个差异表达基因，并且调整分析背景基因后，差异基因显著富集在37个GO功能terms中，包括28个BP下的二级terms和9个CC下的二级terms，排名前20个的BP terms和CC terms如图3-22所示。显著富集的terms中有明显和黑色素沉积或者皮肤组织生物过程相关条目，如黑素体（melanosome）、色素颗粒（pigment granule）、组织发育（tissue development）和表皮发育（epithelium development）。

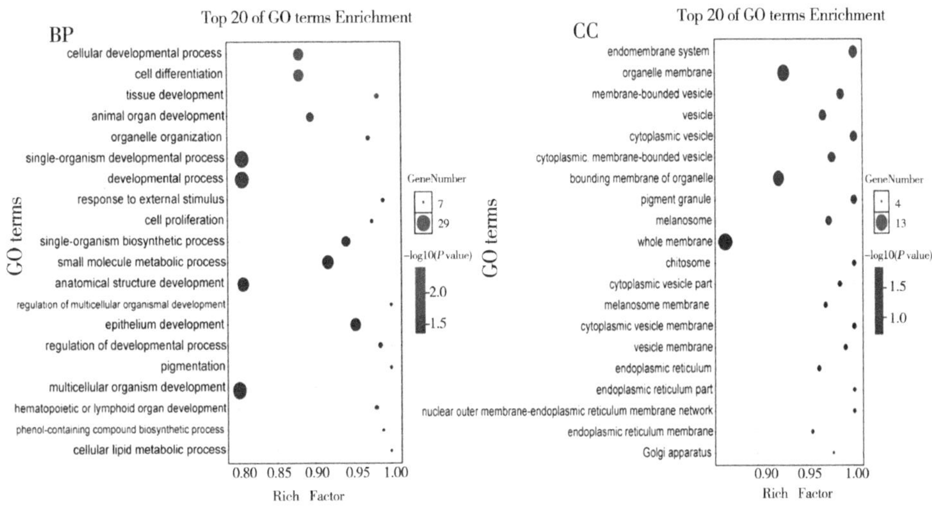

图3-22　差异表达基因GO功能富集分析

（2）差异表达基因的KEGG信号通路富集分析　差异表达基因KEGG信号通路富集分析后显示，差异表达基因富集在114个信号通路当中，富集显著性排名前20的通路见图3-23。其中，差异表达基因显著富集在Tyrosine metabolism信号通路（ko00350）和Melanogenesis信号通路（ko04916）中，两个通路包含的差异表达基因分别是4个和5个。

（3）岷县黑裘皮羊黑色素沉积调控基因的初步确定　从差异基因显著富集的GO功能terms和KEGG信号通路中，筛选获得了这些信号通路和生物过程中的差异表达基因（表3-18），去除这些生物过程或者通路中重叠的基因，初步确定了16个基因在岷县黑裘皮羊的黑色素沉积中具有潜在的调控作用：*DCT*、*SLC45A2*、*TYR*、*GPR143*、*TYRP1*、*OCA2*、*PAX3*、*PMEL*、*FZD2*、*TMEM231*、*UPK1B*、*GPX1*、*LAMA1*、*MLANA*、*DDC*、*MC1R*。

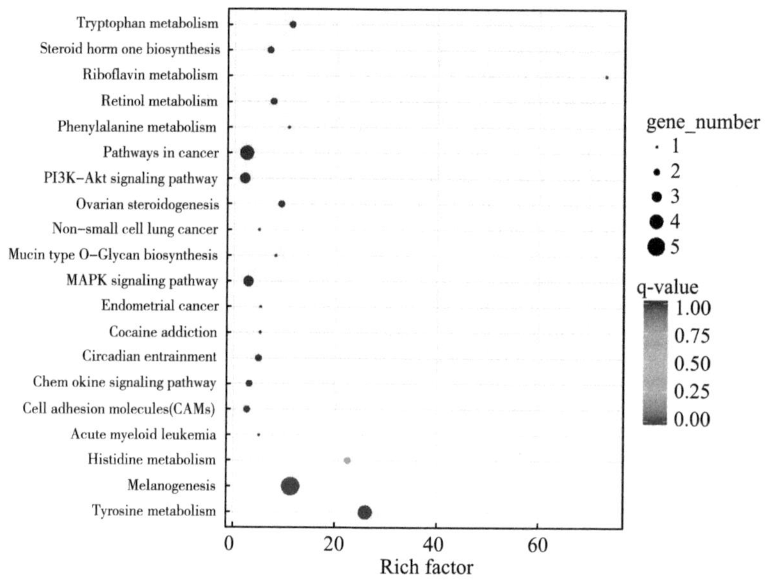

图 3-23　差异表达基因 KEGG 信号通路富集分析

表 3-18　目的 GO 功能 terms 和 KEGG 信号通路中的差异表达基因

GO terms or KEGG pathways	基因名称
GO：0043473（Pigmentation）	*DCT*、*SLC45A2*、*TYR*、*GPR143*、*TYRP1*、*OCA2*、*PAX3*、*PMEL*
GO：0060429（Epithelium development）	*FZD2*、*TMEM231*、*UPK1B*、*GPX1*、*LAMA1*、*TYRP1*、*OCA2*、*PAX3*
GO：0042470（Melanosome）	*DCT*、*SLC45A2*、*TYR*、*GPR143*、*MLANA*、*TYRP1*、*OCA2*、*PMEL*
GO：0048770（Pigment granule）	*DCT*、*SLC45A2*、*TYR*、*GPR143*、*MLANA*、*TYRP1*、*OCA2*、*PMEL*
ko00350（Tyrosine metabolism signaling pathway）	*DCT*、*DDC*、*TYRP1*、*TYR*
ko04916（Melanogenesis signaling pathway）	*DCT*、*FZD2*、*MC1R*、*TYR*、*TYRP1*

3.4.3.6　LncRNA 鉴定以及靶基因预测

通过 CPC、CNCI、CPAT、pfam 4 种分析方法去除具有潜在编码能力的转录本。经过 4 种软件预测得到 lncRNA 32 693个，其中包括 4 种 lncRNA 类型（lincRNA、antisense-lncRNA、intronic-lncRNA、sense-lncRNA），对 4 种不同类型的 lncRNA 进行分类统计（图 3-24），基因间区长链非编码 RNA 和内含子长链非编码 RNA 所占比例最高，两种类型的 lncRNA 合计超过 85%。根据 lncRNA 与基因的位置关系，预测确定了 15 961 个 lncRNA 具有靶向基因，临近 100 kb 范围内的顺式靶基因数为 46 716 个。

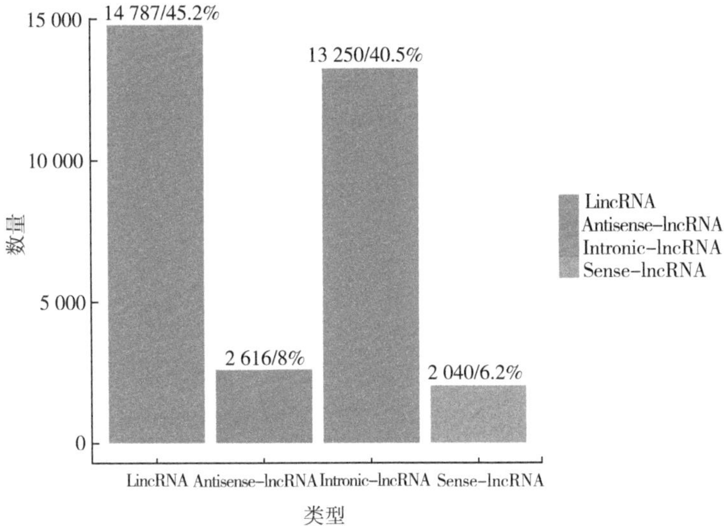

图 3-24 长链非编码 RNA 统计

3.4.3.7 lncRNA 表达水平分析

根据 FPKM 值来定量 lncRNA 的表达水平，结果见图 3-25。与 mRNA 的表达分布趋势不同，lncRNA 的表达只有一个表达峰，表达量相对比较集中，6 个样本的 lncRNA 整体表达趋势基本一致。

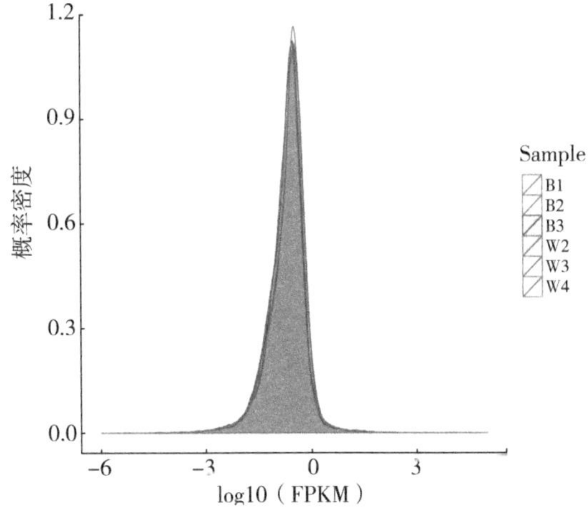

图 3-25 各样品 lncRNA FPKM 值密度分布对比

注：横坐标表示对应样品所有 lncRNA 表达的 FPKM 的对数值。

3.4.3.8 差异表达 lncRNA 筛选

根据 FPKM 值，将 FC≥2 且 FDR<0.05 作为差异 lncRNA 的筛选标准筛选获得差异表达的 lncRNA，统计上调和下调 lncRNA 的数目。筛选出差异表达 lncRNA 195 个，其中上调 102 个，下调 93 个（图 3-26）。

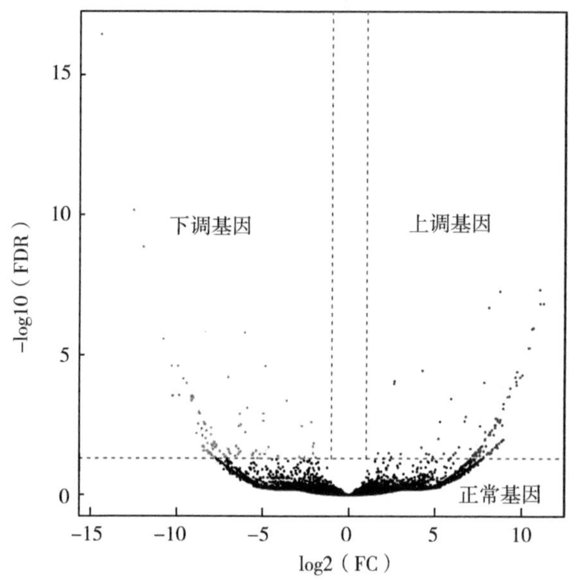

图 3-26 LncRNA 差异表达火山图

3.4.3.9 差异表达 lncRNA 靶基因功能富集分析

本研究对两种绵羊皮肤组织样本中检测到的差异表达的 lncRNA 所对应的靶基因进行了 GO 功能和 KEGG 信号通路富集分析，以探究所获得的差异表达 lncRNA 所靶向的基因富集的 GO 功能 terms 和 KEGG 信号通路，从而研究差异表达的 lncRNA 在两种绵羊皮肤组织黑色素沉积过程中潜在的调控作用。

（1）*差异表达 lncRNA 靶基因 GO 功能富集分析* 差异表达 lncRNA 靶基因为前景，所有 lncRNA 靶基因为背景基因进行 GO 功能富集分析，各二级功能的基因富集情况见图 3-27。差异表达 lncRNA 的靶基因在 GO 二级功能 term 中的分布和富集趋势。两种绵羊皮肤组织差异表达 lncRNA 的靶基因显著富集在 45 个 GO 功能二级 terms 中，包括 MF 14 个、CC 12 个和 BP 19 个。靶基因的 GO 功能 terms 可能与两个品种绵羊皮肤表型即皮肤黑色素的形成、转运、作用发挥等过程和功能有关，如细胞过程（cellular process）、代谢过程（metabolic process）、多重细胞生物过程（multicellular organismal process）、生物调控（biological regulation）、催化活性（catalytic activity）等。

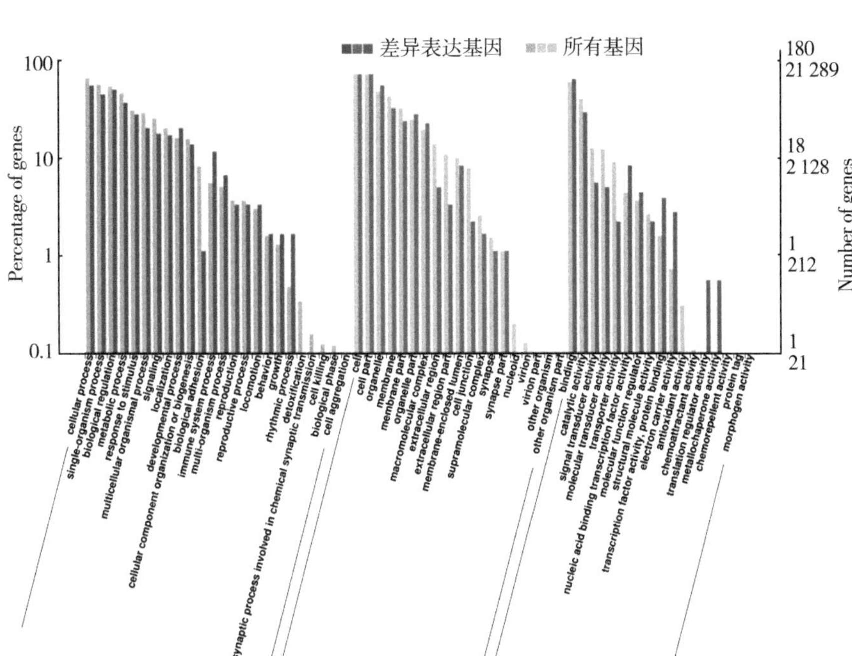

图 3-27 差异表达 lncRNA 靶基因 GO 功能注释分类统计

对 6 个样品中每个 term 整体的表达水平进行 GO 功能的聚类分析，从而发现岷县黑裘皮羊潜在的调控皮肤组织色素形成的 GO term，结果见图 3-28。差异表达 lncRNA 靶基因聚类在 30 个 GO 功能二级 terms 中，图中还包括了每个 term 整体的表达水平和所包含的差异基因数量，结果中未出现明显与黑色素沉积相关的 GO 功能 terms。

（2）差异表达 lncRNA 靶基因的 KEGG 信号通路富集分析　差异表达 lncRNA靶基因 KEGG 信号通路富集分析显示，差异表达 lncRNA 靶基因富集在 170 个信号通路当中，富集显著性排名前 20 的通路见图 3-29。根据富集水平的显著性 q-value 可知差异表达 lncRNA 靶基因显著富集在 NF-kappa B（ko04064）和 cytokine-cytokine receptor interaction（ko04060）两个信号通路中，且两个通路包含的差异表达 lncRNA 的靶基因数分别是 3 个和 13 个，通路中的靶基因见表 3-19。

图 3-28　差异表达 lncRNA 靶基因 GO 功能富集聚类

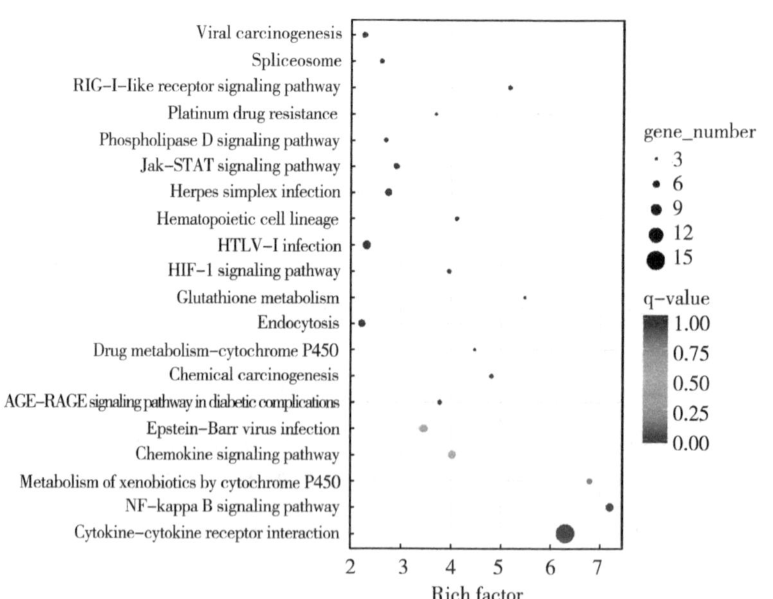

图 3-29　差异表达 lncRNA 靶基因 KEGG 信号通路富集

表 3-19　两个富集通路中的 lncRNA 靶基因

GO terms or KEGG pathways	基因名称
ko04064 (NF-kappa B signaling pathway)	*HLX*、*HMAA*、*VTN*
ko04060 (cytokine-cytokine receptor interaction signaling pathway)	*If2*、*DLGAP1*、*Igk-V8-16*、*PDZRN3Es14*、*D11Moh48*、*PSMD5*、*ACTG1P4*、*DOP1B*、*MKNK2*、*Ifi204*、*Acac*、*SMS*

3.4.3.10　测序结果的 RT-qPCR 验证结果

为了验证测序得到的数据的准确性，本研究挑选了差异表达的 8 个 mRNA 进行 qPCR 验证，结果如图 3-30 所示。从图 3-30 可知，8 个 mRNA 的定量表达结果与高通量表达结果趋势一致，说明本研究的 RNA-seq 定量结果具有较好的可靠性。

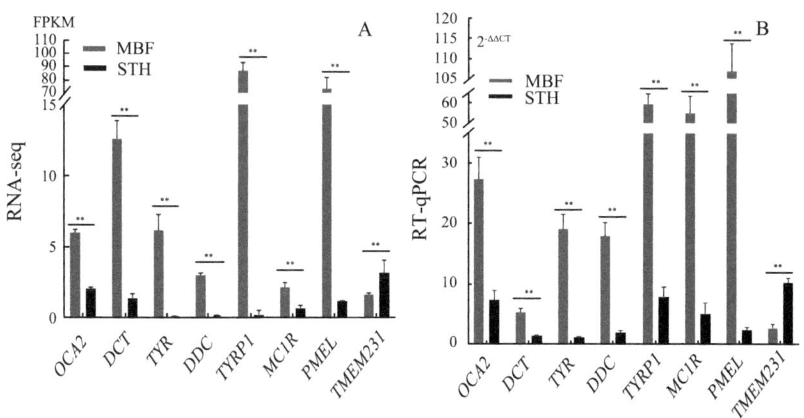

图 3-30　mRNA 高通量测序定量结果的 RT-qPCR 验证

注：** 表示差异达极显著水平（$P<0.01$）。

3.4.4　讨论

3.4.4.1　文库构建和测序结果的探讨

本研究从绵羊活体中取样，提取样本中的总 RNA，然后构建文库、测序、分析以及定量表达验证，过程涉及一系列的实验和分析，其中多个程序是为了保证实验和分析结果的准确性而进行的检验过程。总 RNA 的质量可以直接决定文库构建的质量，从皮肤组织样品中提取总 RNA 的结果需要质量检测（包括浓度、纯度和完整性）以保证实验样本的可用性，虽然有文献报道在皮肤组织中的 RNA 酶较多，但通过检测本研究提取的总 RNA 均属于高质量。在总 RNA 提取时，采样和保存是关键，可选用 RNAlater 保存样本，Trizol 试剂提取总 RNA。本研究采用的是液氮保存，试剂盒提取，RNA 提取效果良好，保证了之后的文库构建和后续实验。文库构建完成后，上机测序并对原始数据进行检测，以验证测序结果的有效性。利用碱基质量值 Q 来表示碱基识别出错的概率，本研究测序结果的 Q30 碱基百分比均不小于 92.62%，说明测序识别准确率较高。测序的比对结果可以初步确定测序质量和参考基因组选择的正确性，测序结果与参考基因组序列的比对有多种方法和平台，本研究采用的是 HISAT2 高效比对系统。石田培等（2020）将测序后获得的数据比对到绵羊参考基因组的比对率为 85%，马森（2019）检测了绒山羊的转录组，其结果与参考基因组的比对率为 66%~81%，本研究测序结果比对到参考基因组上的比对率为 87.4%~90.57%，说明本研究的测序结果和所选择的参考基因组都符合要求。文库构建时需要将 RNA 进行片段化处理，通过 reads 在转录本上的分布均匀度检测片段化的随机性，也可以从侧面反映文库构建质量。

基因表达是一个随机过程，在同一群体的个体之间会发生变化，在不同的个体间存在表达差异性包括 3 个方面：跨群体差异、测量误差和生物变异。本试验中确定的试验组岷县黑裘皮羊和对照组小尾寒羊之间的差异就是跨群体差异，而测序分析的根本目的就是找出这种差异，即本研究中获得的差异表达基因。第二个方面测量误差可以通过增加测量的技术重复和提高检测技术来消除。表达变异性的第三个方面是真正的“生物变异”，其个体表达水平与测量次数和技术水平无关，它只能通过设置生物学重复来降低。因此在进行试验组和对照组分析时，为了更准确地筛选寻找差异表达基因，最常用且最有效地减少这种系统误差的方法是在实验设计中设立生物学重复，减少组内个体所造成的误差。分组条件限制越严格，组内样本数目越多，寻找到的差异表达基因越可靠。生物学重复除了要考虑实验设计合理性，还需要综合考虑成本和样品获取等问题，本实验设计采用的组内生物学重复为 3 个，同样的，在绵羊转录组测序实验设计中很多研究者设置的组内重复多为 3 个或者 6 个。在设置组内重复的实验中，评估重复的相关性对于数据结果的分析非常重要。常用的衡量重复的相关性就是计算每个样本之间的皮尔逊相关系数 r，然后比较组内和组间的系数来确定差异表达基因的可靠性。本试验结果显示，试验组和对照组组内的重复样品的相关性较强，高于组间相关系数，说明组间差异相对明显。本研究测序所用的平台为 IlluminaHiSeq 平台，不过有关对 mRNA 表达水平的研究发现，在抛开实验与设计的情况下 Illumina 公司的测序平台几乎没有明显的技术差异。

3.4.4.2　基因结构分析的探讨

本研究主要从 SNP 位点和 AS 两个方面分析了测序结果的基因结构。SNP 是指在基因组上的单个核苷酸变异形成的遗传标记，其数量很多，是每个物种基因组中丰富的遗传变异形式，体现了基因丰富的多态性，是产生遗传变异和推动进化的原始动力之一。一般 SNP 位点是基于基因组水平的研究或者基于特定基因区域的研究发现的，如果 SNP 位点位于编码区序列，则有可能引起编码蛋白的改变，进而影响基因的表达和蛋白质产物的合成。本研究通过 RNA-seq 方法检测出样本的 SNP 位点，从类型上分析转换型（transitions，Ts）明显高于颠换型（transversions，Tv），也就是嘌呤和嘌呤之间、嘧啶和嘧啶之间的转换型 SNP 远远多于嘌呤与嘧啶之间的颠换型 SNP，但同类型之间 SNP 数量基本上相差不多。有研究表明，基因组组成在一定程度上影响突变模式，也就是说，Ts/Tv 和临近的 A、T 核苷酸数量之间具有一定的相关性。虽然通过测序可以检测出样本的 SNP 位点，但是目前检测群体 SNP 的方法并不成熟，大多由个体 SNP 的基因型整合构成群体 SNP 的基因型，不仅带入了不少假阳 SNP 和位点基因型判断不准，而且很多群体中稀有 SNP 并没有被检测出来，这些都会对后期生物意义的探究造成一定的干扰。之前已经有报道称鉴定出第一套绵羊全基因组 SNP，并且通过绵羊的基因结构反映它们的驯化和不同绵羊种群样本内部和种群之间的遗传变异水平。本研究获得的 SNP 位点数量位于百万级水平，有研究通过全基因组测序获得大角羊的 SNP 位点数为 1 500 万，而基于滩羊皮肤组织转录组获得的 SNP 位点为 22 万左右，不同物种、不同参考序列获得的 SNP 位点差异较大。本研究结果显示，6 个样本中 SNP 密度趋势基本一致，且含有 SNP 位点的基因以 0~1 bp/kb 的 SNP 位点密度为主。早期科学家根据有限的蛋白质和 DNA 序列信息估计，人类基因组的 SNP 位点密度大约是每 1 kb 序列中有 1 个 SNP 位点，或者说核苷酸多样性为 10×10^{-4}个。由本研究数据可知，绵羊的 SNP 位点密度也是在 1 bp/kb 左右。从群体角度来看，SNP 位点密度反映的是物种面临的进化趋势强度。SNP 位点密度还与染色体有关，有研究表明对于所有含 X 和 Y 染色体的物种来说，Y 染色体上的核苷酸多样性低于 X 染色体上的核苷酸多样性，当尝试去解释性染色体（Y/W）上变异程度不同时，也就是雄性变异程度低于雌性时，唯一合理的解释是选择，无论生物采取何种繁殖方式。因此，SNP 位点密度与物种、染色体和基因组位置等都有关系。

AS 是前体 mRNA（Pre-mRNA）中的剪接位点被差异选择以产生多种 mRNA 和蛋白质异构体的过程，可变剪接在扩大蛋白质多样性方面具有极其重要的作用，可能导致基因数量和生物复杂性之间的明显差异。可变剪接可以从单个基因中产生比整个基因组中基因数量更多的转录本，是维持蛋白质多样性的重要机制，蛋白质的多样性正是生物多样性的基础，然而对于绝大多数可变剪接事件，其功能意义尚不清楚。在过去的若干年中，全基因组图谱技术和生物信息学方法的应用加深了人们对 AS 复杂性和调控的理解，这些研究进一步推动了人们对转录组的认识，在理解 AS 的功能集成方面也取得了重大进展。有研究表明可变剪接可以直接驱动某些生理变化，也可以通过提供被其他调节机制使用的 mRNA 变型而发挥间接的影响。早期的生物学家估计，一只哺乳动物大约需要 10 万个基因，然而实际数量还不到这个数字的 1/4，也就是不到 2.5 万个，从基因数来看这仅仅是酵母菌基因数量的 4 倍，这些所谓的“缺失的基因”在很大程度上是通过可变剪接提供的，也就是说单个基因可以编码形成多种蛋白质。而且高通量测序研究表明，95%～100% pre-mRNA，至少有一个外显子的序列会形成可变剪切。根据本研究测序结果，在 6 个绵羊皮肤组织样本中可变剪切的数量是总基因数量的 2 倍左右，是已知基因数量的 3 倍左右，和可变剪切的性质是符合的。

本研究中获得的 AS 在分类上可划分为 12 种，但是相似类型是可以合并的，按照本质上的划分，AS 仅分为 4 种类型：可变的 5′和 3′剪接位点、外显子跳跃和内含子保留（图 3-31）。随后罕见的外显子互斥（mutually exclusive exons）类型被发现，基本的可变剪切类型也可以用这 5 种来概括，但是更具体的划分可以拓展为 7 种甚至为本研究的 12 种。本研究中的可变剪切主要类型为转录起始端位点（transcription start site，TSS）和转录终止端位点（transcription terminal site，TTS）两种类型，本质上 TSS 类型为可变的 5′剪接位点，一般是基因的第一个外显子；TTS 类型为可变的 3′剪接位点，一般为基因的最后一个外显子。

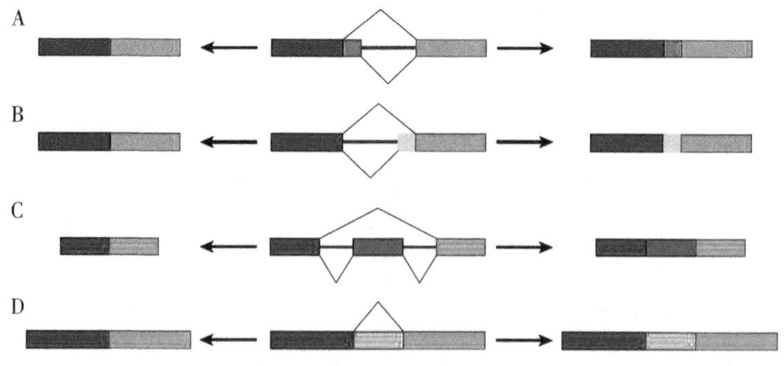

A 可变的 5′剪接位点；B 可变的 3′剪接位点；C 外显子跳跃；D 内含子保留

图 3-31　4 种最基本的可变剪切模型

3.4.4.3　岷县黑裘皮羊皮肤组织转录组与参考基因组比对结果的探讨

测序比对结果可以从获得的数据量来体现，本研究通过转录组测序分析获得了133个差异表达基因，其中包括90个已知基因和43个新基因。在同等的筛选标准下，这与其他关于绵羊上的转录组测序分析获得的差异表达基因数相差很多，如湖羊睾丸的转录组获得的差异表达基因数为7 000个左右，小尾寒羊和杜泊羊的肌肉组织的差异表达基因数为1 300，原因可能与测序准确性、所选的参考基因组和分组设置有关，可以通过皮尔逊相关系数检测分组设置的合理性，用测序结果与参考基因组的比对率来衡量所选的参考基因组是否合适。本研究通过皮尔逊相关分析结果显示试验组和对照组分组情况合理，测序结果与参考基因组的比对率高（87%以上）。经比较，其他研究者的比对率低于本研究，测序结果与参考基因组的比对率只有65.68%～74.72%，偏低的比对率，可能会获得更多的差异表达基因。本研究显然具有更严格的分组条件，因此可以减少差异表达基因的数量，获得的差异基因更具有针对性。RNA-seq技术已成为检测不同生物条件下差异表达基因的主要选择，基于该技术进行的生物过程相关基因调控研究日益成熟。通过测序技术能够检测到的转录本表达水平的跨度也很大，用FPKM来定量计算转录本的表达水平时，转录本的FPKM范围在10^{-2}到10^{4} 6个数量级之间，与本研究测序结果一致。

3.4.4.4　岷县黑裘皮羊皮肤组织黑色素沉积关键基因的调控

本研究进行转录组测序和差异基因的筛选，并对筛选出的差异表达基因进行GO功能富集分析和KEGG信号通路富集分析，最后获得对岷县黑裘皮羊黑色素沉积具有潜在调控作用的信号通路和生物学功能，进一步分析这些信号通路和生物学GO功能二级terms中的差异表达基因，初步确定16个基因在岷县黑裘皮羊的黑色素沉积过程中具有潜在的调控作用，分别为*DCT*、*SLC45A2*、*TYR*、*GPR143*、*TYRP1*、*OCA2*、*PAX3*、*PMEL*、*FZD2*、*TMEM231*、*UPK1B*、*GPX1*、*LAMA1*、*MLANA*、*DDC*、*MC1R*。其中*DCT*、*FZD2*、*MC1R*、*TYR*和*TYRP1*是在黑色素生成信号通路中的差异表达基因，可能直接参与调控了岷县黑裘皮羊黑色素的形成。

有研究表明，从基因家族的水平来看，至少有两个家族的基因调控黑色素的生物合成，首先是酪氨酸酶基因家族，其次就是*PMEL17*基因家族。酪氨酸酶基因家族在黑色素生物合成途径的近端调控黑色素合成，而*PMEL17*基因家族可能在黑色素生物合成途径的远端调控黑色素合成。

酪氨酸酶家族包括3种酶：酪氨酸酶（tyrosinase，TYR）、酪氨酸相关蛋白酶 1（tyrosinase related protein 1，TYRP1）和酪氨酸相关蛋白酶 2（tyrosinase related protein 2，TYRP2），而 TYRP2 又被称为多巴异构酶（dopachrome tautomerase，DCT）。TYR 在黑色素生成过程中起着初始和关键作用，它将酪氨酸转化为 3,4-二羟基苯丙氨酸（DOPA），而 TYRP1 和 DCT 则在随后的步骤中影响黑色素合成的数量和质量。通过数据库查询，绵羊体内的 *TYR* 基因位于第 21 号染色体上，包含 5 个外显子，碱基片段大小约为 11.6 kb；*TYRP1* 基因在第 2 号染色体上，包含 8 个外显子，基因片段大小为 1.86 kb；*DCT* 基因（dopachrome tautomerase gene）在第 10 号染色体上，包含 8 个外显子，基因片段长度为 3.95 kb。有证据表明 *TYR* 基因家族是从一个共同的祖先酪氨酸酶基因进化而来的，这 3 种酪氨酸酶家族蛋白除在氨基酸水平上表现出广泛的相似性外，还具有其他的结构相似性，如包含金属结合域、存在半胱氨酸簇。*TYR*、*TYRP1*、*TYRP2* 和银蛋白的表达，显示总体上黑色素形成与黑色素生成酶的表达呈正相关。*TYR* 基因多态性与兰坪乌骨羊色素表型呈极显著相关（$P< 0.01$），*TYR* 基因调控乌骨鸡的黑色素沉积，进而影响皮肤颜色也已经得到了验证。有证据表明，*TYRP1* 中的一个单核苷酸替换是索爱羊群体中毛色多态性的原因，中国本土绵羊群体 *TYRP1* 基因变异与毛色同样具有关联性，*TYRP2* 在乌骨羊黑色素的生物合成中起着关键作用，还有文献报道了酪氨酸酶基因家族中 *TYR*、*TYRP1* 和 *TYRP2* 3 个基因在羊驼中对毛色的调控作用。还有研究表明小鼠黑色素的产生同样受酪氨酸酶基因家族的调控。本研究结果显示，酪氨酸酶基因家族的 3 个基因都可能参与岷县黑裘皮羊黑色素的调控，而且从参与的 KEGG 信号通路过程来看，酪氨酸酶基因家族在岷县黑裘皮羊黑色素沉积的过程中起到主要的调控作用。

PMEL17 基因家族是第二种从基因家族层面在黑色素沉积过程存在调控作用的基因家族，该基因家族包括了 *PMEL17* 基因和 *MMP115* 基因，但是有其他研究者认为 *MMP115* 基因只是 *PMEL17* 基因的别名，除此之外还有其他名称，多名发现者赋予了它多个基因名，如 *gp100*、*gp95*、*gp85*、*ME20*、*RPE1*、*SILV*，该基因所有功能并未被完全阐述，但在鸟类和哺乳动物黑素体的早期生物发育中，这种基因编码的蛋白质发挥着中心作用，因此现在通常将其称为 *PMEL*，而简单地称其对应的蛋白为黑素原体前蛋白。关于 *PMEL* 基因对黑色素的调控已经有多个报道，其中很多是以 *SILV* 基因或者 *PMEL17* 基因报道的。本研究结果显示，*PMEL* 是岷县黑裘皮羊和小尾寒羊皮肤组织转录组的差异表达基因之一，结合之前的文献报道，初步可以推测该基因在岷县黑裘皮羊的黑色素沉积中具有调控作用。

GPR143 基因又称为 *OA1* 基因或者 *NYS6* 基因，能够编码 G 蛋白偶联受体，

绵羊的 *GPR143* 位于性染色体的 X 染色体上，包含 9 个外显子。关于 *GPR143* 在绵羊皮肤中的表达与定位已经被报道，结果显示，*GPR143* 基因在黑色绵羊皮肤中的相对表达量是白色绵羊皮肤的 7.84 倍，*GPR143* 基因和蛋白水平在黑色绵羊皮肤中表达上调，而在白色绵羊皮肤中表达下调。本研究结果显示，*GPR143* 基因在岷县黑裘皮羊皮肤组织和小尾寒羊皮肤组织中差异表达，且在岷县黑裘皮羊皮肤中高表达，与已有报道结果一致。*GPR143* 或者 *OA1* 基因最早发现于Ⅰ型眼白化病，其属于 X 染色体连锁的疾病，特征是严重的视力损害，视网膜色素减退，致病原因为 5 个基因内缺失和一个 2 bp 的插入导致终止密码子提前。文献报道显示，*GPR143* 对黑色素沉积具有调控作用，因此综合考虑，*GPR143* 基因可能参与了岷县黑裘皮羊的黑色素沉积过程。

MC1R 基因编码黑色素皮质激素 1 受体，在绵羊基因组中位于第 14 号染色体上，整个基因长度很短，只有 954 bp，包含一个外显子。*MC1R* 基因是一个经典的调控色素沉积的基因位点，被称为家畜物种中色素变化的一个“开关”。很早以前就有研究表明，绵羊显性黑色素的合成是由 *MC1R* 编码序列的改变引起的，兰坪乌骨羊黑色素沉积与 *MC1R* 基因多态性结果显示，*MC1R* 基因型对色素沉积有显著影响，*MC1R* 基因的变异还与人类的红头发和白皙皮肤有关。本研究结果显示，*MC1R* 基因在岷县黑裘皮羊皮肤组织中的表达量高于小尾寒羊，因此结合 *MC1R* 基因的功能，可以推测 *MC1R* 基因在岷县黑裘皮羊的黑色素沉积过程中具有调控作用。

OCA2 基因编码黑色素细胞的跨膜运输蛋白，位于第 2 号染色体上，包含 24 个外显子，同样有报道表明，该基因的突变不仅与皮肤的色素沉积有关，还和人类的眼睛颜色有关。此外，还有报道称 *OCA2* 基因可以调控斑马鱼色素细胞的分化和数量。本研究中结果显示，*OCA2* 基因在岷县黑裘皮羊皮肤组织中高表达，因此推测 *OCA2* 基因可能也是岷县黑裘皮羊黑色素沉积过程的关键调控基因之一。

SLC45A2 基因在绵羊基因组中位于第 16 号染色体上，包含 7 个外显子，是载体家族之一，也是一种阳离子交换剂，能够调控黑素体的前体，有研究发现该基因是一种新的恶性黑色素瘤相关基因。有报道称该基因启动子多态性与正常人类肤色变异相关，其同家族的 *SLC24A5* 基因与混合群体中较浅的皮肤色素沉着有关，能够影响斑马鱼和人的色素沉着。*SLC45A2* 基因又称为 *MATP* 基因，有研究显示该基因还与人类的眼睛颜色有关联。结合本研究分析结果，*SLC45A2* 基因可能在岷县黑裘皮羊的黑色素沉积中具有调控作用。

FZD2 基因在绵羊中位于第 11 号编码，片段同样很短，只有 3.6 kb，含 1 个外显子。未见该基因与绵羊颜色调控相关的报道，也未见其在其他动物中调

控色素沉积的相关报道。本研究结果显示，该基因是测序分析得到的差异表达基因，KEGG 信号通路分析显示，该基因位于 Melanogenesis 信号通路（ko04916）中，在信号通路的上游位置，可能会间接参与岷县黑裘皮羊的黑色素调控，其具体调控的机制不明，但是可以作为岷县黑裘皮羊的黑色素沉积调控的潜在基因进行进一步分析研究。

PAX3 基因编码转录调控因子，位于绵羊第 2 号染色体上，包含 9 个外显子。研究表明，*PAX3* 基因是肌肉发生的上游调控因子，同时也是黑色素细胞决定过程中众多步骤的一个关键调节剂，在黑色素细胞发育过程中具有重要的调控作用。但是关于 *PAX3* 基因在绵羊或者其他动物色素调控过程的作用，并没有相关报道。因此，在本研究中 *PAX3* 基因在两种颜色绵羊皮肤中的差异表达可能在一定程度上调控了岷县黑裘皮羊黑色素沉积，但是目前并没有足够的证据，还需要更多的研究去支持这个结论。

TMEM231 基因编码跨膜蛋白，位于绵羊第 14 号染色体上，包含 7 个外显子。研究表明，该基因突变可能导致梅克尔-格鲁伯综合征（Meckel-Gruber syndrome，MKS），这是一种基因异质性的严重纤毛病，特征为早期致死、枕部脑膨出、多指和多囊肾病。该基因突变还可能在法裔加拿大人群中导致 Joubert 综合征（Joubert syndrome，JBTS），这是一种常染色体隐性遗传病，其特征是独特的中后脑畸形、动眼肌失用、呼吸异常和发育迟缓。目前无 *TMEM231* 基因对黑色素沉积过程影响和调控的报道，并且该基因在岷县黑裘皮羊和小尾寒羊皮肤组织中差异表达，是通过 GO 功能分析中的上皮细胞的发育（epithelium deve-lopment）terms 中得到的，因此推测该基因在试验组和对照组羊群中可能并未对黑色素沉积起到调控作用，但是该基因可能是导致岷县黑裘皮羊和小尾寒羊皮肤厚度差异的关键基因之一，基因表达量趋势和皮肤厚度的差异趋势也是一致的。

DDC 基因位于绵羊第 4 号染色体上，包含 17 个外显子。关于 *DDC* 基因的功能，文献多报道为与尼古丁依赖、吸烟行为有关，还有关于 *DDC* 基因与孤独症之间有关系的报道，未见关于 *DDC* 基因调控色素沉积的文献报道。本研究中 *DDC* 基因为岷县黑裘皮羊和小尾寒羊皮肤组织的差异表达基因之一，且位于酪氨酸代谢信号通路（ko00350）中，但是通过对该基因在通路中的位置和作用的分析，发现它并没有在黑色素调控的上游或者下游位点，而是同黑色素合成通路平行，共同作为酪氨酸代谢的一部分，因此其在岷县黑裘皮羊和小尾寒羊皮肤组织中形成表达差异更多是体现在酪氨酸代谢过程的差异上，而非参与调控岷县黑裘皮羊的黑色素沉积，所以 *DDC* 基因可能不是岷县黑裘皮羊黑色素沉积的调控基因之一。

MLANA 基因位于绵羊第 2 号染色体上，包含 5 个外显子。关于 *MLANA* 基因的研究报道主要集中于黑色素瘤转录调控方向，*MITF* 作为转录因子调控 *SILV* 基因和 *MLANA* 基因的启动子或者增强子，进而调控黑色素细胞或者黑色色素瘤细胞。有报道称 *MLANA* 基因和 *CAPN3*、*DCT*、*TYRP1* 基因的表达与白癜风相关，说明该基因对色素沉积的间接调控作用。目前未见该基因对绵羊或者其他家畜色素沉积调控的报道，但是基于本研究和已有报道，初步推断 *MLANA* 基因对岷县黑裘皮羊黑色素沉积具有调控作用。

GPX1 基因属于抗氧化基因，该基因可以影响某些过氧化物酶活性和肝脏的氧化损伤，未见关于该基因对黑色素沉积调控的相关报道。关于 *UPK1B* 基因的功能，有报道表明其与西伯利亚牛的寒冷胁迫下机体的热适应性相关，还可以作为胃癌的标志物，在尿道发育、尿路上皮分化和稳态中同样发挥重要作用，同样未见关于该基因对色素沉积调控作用的报道。*LAMA1* 基因与视网膜的病变和人类的高度近视有关，*LAMA1* 基因的突变还可能导致小脑发育不良等症状，但是未见关于该基因对色素沉积调控的相关报道。因此以上 3 个基因虽然在岷县黑裘皮羊和小尾寒羊皮肤组织中差异表达，但是具体是否对黑色素的沉积产生调控作用，尚待进一步研究，在此不能做出对岷县黑裘皮羊黑色素沉积产生调控作用的推断。

通过对 tyrosine metabolism 信号通路（ko00350）和 melanogenesis 信号通路（ko04916）中的差异表达基因进行探讨，基本确定在岷县黑裘皮羊体内调控黑色素沉积的几个主要基因，但是有部分已经报道过的在动物黑色素沉积过程中的关键调控基因在本研究结果中并未出现。以小鼠作为模型动物，已经发现超过 127 个基因位点会影响头发、皮肤、眼睛的色素沉着。除了本研究中提到的有关基因，还有其他多种基因或者通路会潜在调控黑色素的沉积。例如，*DKK3*（Dickkopf-3）是 *Wnt/β-catenin* 信号通路中的一个重要的抑制因子，可以在羊驼黑色素细胞中通过 *Wnt/β-catenin* 信号通路介导 *MITF* 下调，从而间接调控 *TYR*、*TYRP1* 和 *TYRP2* 的表达，降低羊驼黑色素细胞中黑色素的生成。已经有很多研究报道了 *ASIP* 基因在黑色素形成中的调控作用，如瑞典绵羊群体中黑色表型与 *ASIP* 基因突变有关，马萨斯羊的毛色与 *ASIP* 基因的突变有关，在大尾羊颜色调控基因的概述中也包括了 *ASIP* 基因。通过转录组测序发现，*ASIP* 基因可能是造成两种龟腹部皮肤颜色差异的主要基因之一。*ASIP* 基因编码的刺鼠蛋白抑制小鼠黑色素细胞中酪氨酸酶和酪氨酸酶相关蛋白的表达和活性，*ASIP* 基因还可以拮抗 *α-MSH* 基因的致黑作用，降低白体皮肤色素沉着。虽然 *ASIP* 基因已经被很多研究验证了其在黑色素沉积中的调控作用，但是本研究中它并不是岷县黑裘皮羊和小尾寒羊皮肤组织的差异表达基因，因此可能在岷县黑裘皮羊的色素沉积中并没有起到调控作用。

综上分析，调控岷县黑裘皮羊的关键基因有 *DCT*、*TYR*、*TPR1*、*PMEL*、*GPR143*、*MC1R*、*OCA2*、*SLC45A2* 和 *MLANA* 9 个关键基因。其他基因可能也会存在部分调控作用，但是在岷县黑裘皮羊黑色素沉积过程中的具体调控作用机制需要更多深入分析。分析得到的 9 个黑色素调控基因主要是通过 tyrosine metabolism 和 melanogenesis 两个信号通路和 GO 功能二级 terms（melanosome）实现的。

3.4.4.5 岷县黑裘皮羊皮肤组织中 lncRNA 的调控

已经报道的绵羊体内不同组织和功能的 lncRNA 研究与本研究结果相比，其鉴定得到的 lncRNA 数量和差异表达的 lncRNA 数量有多有少。本研究通过测序鉴定得到的岷县黑裘皮羊和小尾寒羊皮肤组织中 lncRNA 共计 32 693 个，差异表达 lncRNA 共计 195 个，其中上调 102 个，下调 93 个。根据 lncRNA 与基因的位置关系，15 961 个 lncRNA 临近 100 kb 范围内的顺式靶基因数为 46 716个。本研究利用RNA-seq技术进行 lncRNA 的研究，有报道同样利用 RNA-seq 技术研究不同发育阶段的绵羊肌肉，鉴定得到的 lncRNA 数目为 1 566个，差异表达的 lncRNA 为 404 个。另一研究在杜泊羊和小尾寒羊肌肉生长调节 lncRNA 中获得了 39 个差异表达 lncRNA，锁定调控 lncRNA 的范围更小。也有研究报道了 lncRNA 对绵羊皮肤组织的生物调控，通过转录组揭示了绵羊皮肤中毛囊发育的 lncRNA，结果显示，筛选出的差异表达 lncRNA 分别为 62 个和 192 个。关于绵羊繁殖系统的 lncRNA 研究中，3 个分组获得的差异表达 lncRNA 分别为 171 个、491 个、499 个，为了解绵羊繁殖过程中转录组的表达变化提供了新的思路，有助于理解绵羊季节性繁殖的分子机制，但其并未获得具体的基因和相关的 lncRNA。还有在绵羊下丘脑组织中进行的 lncRNA 分析，结果为深入了解没有 *FecB* 突变的绵羊下丘脑的繁殖机制提供了依据，但是该研究并未提出具体的调控机制。综合分析来看，通过转录组测序获得试验组和对照组的差异表达 lncRNA，所得 lncRNA 数量与分组设置的严格性、合理性、差异检测的标准、组间样本数、所研究的生物过程、研究对象包括动物的物种、品种和组织部位等都有关系。关于 lncRNA 的具体的调控机制，大部分的分析研究还停留在生物信息学分析的层面，尤其是在绵羊中的 lncRNA 的研究较少涉及具体的调控作用和机制，本研究的 lncRNA 测序分析也是首次在岷县黑裘皮羊品种中的 lncRNA 测序研究，测序数据结果可以作为岷县黑裘皮羊组学数据库资料的重要组成部分。

本研究通过 lncRNA 测序分析岷县黑裘皮羊皮肤组织 lncRNA 对黑色素沉积的调控，未见关于岷县黑裘皮羊其他生物过程 lncRNA 的相关报道，而关于

lncRNA 对色素沉积的研究主要集中在黑色素瘤、小鼠和其他动物上。有研究报道了牡蛎外壳 lncRNA 的转录谱及其与壳色素的关系，结果显示，*lincRNA*（*TCONS_00951105*）的顺式靶基因为绒毛膜过氧化物酶，可能在其色素合成途径中发挥重要作用，小鼠皮肤组织的 lncRNA 测序分析结果显示，共有 693 个差异表达的 lncRNA，并且 lncRNA（*lnc-NONMMUT064276.2*、*lnc-NONMMUT075728.1*、*lnc-NONMMUT039653.2*）可能通过调控靶基因来调控色素沉积。以西州乌羊和西州本地白山羊为试验对象的研究分析结果显示，*lncRNA XLOC_15448* 可能通过 lncRNA-miRNA-mRNA 网络参与了西州乌羊皮肤黑色素细胞的生长及黑色素的沉积。在鲤鱼的着色上，有研究进行了不同颜色鲤鱼皮肤组织的 lncRNA 和 mRNA 的生物信息学分析，获得 4 252 个已知 lncRNA 和 72 907 个新 lncRNA，其中有 92 个差异表达的 lncRNA，并有 70 个 lncRNA 以顺式作用于 107 个靶 mRNA，通过分析可以推断 *Ccr_lnc142711* 和 *Ccr_lnc17214525* 可能通过调控细胞分化和细胞迁移潜在调控黑色素沉积。

本研究主要是通过基于位置的方式来预测 lncRNA 顺式靶基因，然后通过靶基因功能富集分析来分析靶基因在岷县黑裘皮羊黑色素沉积过程中的调控作用，进而反映差异表达的 lncRNA 在岷县黑裘皮羊黑色素沉积过程中的调控作用。通过分析发现差异表达 lncRNA 靶基因显著富集于 NF-kappa B 信号通路（ko04064）和 cytokine-cytokine receptor interaction 信号通路（ko04060）。NF-kappa B 信号通路包含了一系列的转录因子并且调控许多生理过程，包括先天和适应性免疫反应、细胞死亡和炎症。NF-kappa B 信号通路可以作为肿瘤放射增敏的靶点，还有研究表明该信号通路在TNF-α诱导胃癌细胞凋亡中发挥作用；在应对新冠疫情中，NF-kappa B 信号通路也具有一定治疗潜力；它还在剧毒农药百草枯诱导的急性肺损伤治疗中发挥一定的作用。围绕 NF-kappa B 信号通路的研究主要集中于免疫和炎症方面，未见关于该通路调控色素沉积的报道，在本研究中 lncRNA 的靶基因富集于该通路，或许与两个绵羊品种皮肤组织的抗炎能力或免疫能力有关，可以推测是黑色素的存在形成了这种抗炎能力上的差异，这与之前报道的黑色素的药理性能相符合。本研究中差异表达 lncRNA 富集的另一个信号通路为 cytokine-cytokine receptor interaction 信号通路，细胞受体因子互作通路中主要为细胞因子、趋化因子和生长因子，细胞因子出现于近 60 年前，至今已经有超过 300 种细胞因子、趋化因子和生长因子被描述，它们不仅对免疫系统有不同的功能，而且对身体的每个器官系统都有不同的功能。目前并没有关于该通路调控色素沉积的相关报道，所以很难以此推断差异表达 lncRNA 的靶基因对黑色素的调控作用。同 NF-kappa B 信号通路一样，这更可能是和黑色素参与免疫和实现药理学活性的功能有关。

因此，本研究推断岷县黑裘皮羊皮肤组织的lncRNA对黑色素沉积的调控作用并不明朗，而岷县黑裘皮羊黑色素的含量较高，具有一定的免疫活性和药理学作用，lncRNA可能调控黑色素实现免疫活性的过程，具体的作用机制还有待深入研究。

本研究通过对岷县黑裘皮羊和小尾寒羊皮肤组织的lncRNA分析，既获得了两种绵羊皮肤组织的lncRNA表达数据库，又从lncRNA角度分析了差异表达lncRNA对黑色素沉积潜在的调控作用，数据结果是对绵羊遗传信息库的一个补充和完善，尤其是对岷县黑裘皮羊的lncRNA测序分析是首次，本研究检测的lncRNA差异表达基因未发现其对黑色素沉积的调控机制，因此更多的意义在于完善和扩大了岷县黑裘皮羊遗传信息库的信息资料（测序结果已经上传NCBI SRA数据库，登录号：PRJNA650174），为后续该品种绵羊皮肤或者黑色素沉积甚至是黑色素免疫活性的相关研究奠定基础。

3.4.5 小结

采用RNA-seq技术检测了岷县黑裘皮羊和小尾寒羊6个样本皮肤组织的mRNA和lncRNA，共获得103.18 Gb clean data，单个样本均达到16 Gb，Q30碱基百分比在92.62%及以上，测序质量良好。

样本测序结果与参考基因组的比对率为87.40%~90.24%，唯一比对率为75.61%~79.97%，选择的参考基因组合适，比对效果良好。

基因结构分析显示，SNP突变区域主要为非编码的内含子区和基因间区，且转换型远多于颠换型；可变剪切分析显示，样本中的可变剪切主要为TSS和TTS两种类型。

共获得基因28 480个，其中新基因10 015个，已知基因18 465个。基因表达定量分析筛选差异表达基因数为133个，其中上调基因78个，下调基因55个。

通过差异表达基因的功能富集分析得到差异基因显著富集在37个GO功能terms中，包括28个BP terms和9个CC terms，显著富集于两个KEGG信号通路（tyrosine metabolism信号通路和melanogenesis信号通路）。

通过测序共鉴定lncRNA 32 693个，具有靶向基因的lncRNA 15 961个，预测得到的靶基因46 716个。筛选差异表达的lncRNA195个，其中上调102个，下调93个。

差异表达lncRNA靶基因显著富集的KEGG信号通路为NF-kappa B信号通路和cytokine-cytokine receptor interaction信号通路，可能参与的是黑色素功能的实现而非黑色素沉积的调控。

经过分析确定调控岷县黑裘皮羊黑色素沉积的关键基因主要为 *TYR*、*TYPR1*、*TYPR2*（*DCT*）、*PMEL*、*GPR143*、*MC1R*、*OCA2*、*SLC45A2*、*MLANA* 9 个基因。部分基因定量验证表明，测序结果和定量结果基因表达趋势一致，测序结果可靠性较好。

第四章　岷县黑裘皮羊的保种和利用

自20世纪30年代以来，现代育种理论的发展和应用，使畜禽个体的产量得到了前所未有的提高。少数经过长期闭锁繁育和强度育种的畜禽品种，发展成为高产的专门化品种，并逐渐在世界范围内取代了当地固有的地方品种，在畜牧生产中占据了主导地位。致使畜禽品种数目迅速减少，品种间及品种内的遗传变异下降，畜禽遗传资源趋于枯竭。保种问题在世界范围内和各个畜种中均具有普遍性和重要意义。

4.1　岷县黑裘皮羊保种的概念和意义

4.1.1　岷县黑裘皮羊保种的概念

虽然畜禽保种实践始于20世纪60年代，但关于保种至今仍没有统一的概念。参考吴常信（1991a，b）对保种概念的总结，岷县黑裘皮羊的保种在不同学科中有以下几种提法。

（1）从遗传学的角度　岷县黑裘皮羊的保种就是保存岷县黑裘皮羊的所有基因。无论这些基因目前是否有利，都应保存，使它不丢失。因为岷县黑裘皮羊的任何性状，不管是质量性状还是数量性状都是由基因决定的，有了特定的基因就能在一定的环境条件下发育成某个性状。

（2）从育种学的角度　岷县黑裘皮羊的保种就是保存岷县黑裘皮羊的所有性状。育种主要是通过具体性状的选择来达到遗传改良的目的。保种就是要保存现在或将来有用的岷县黑裘皮羊的性状。

（3）从畜牧学的角度　岷县黑裘皮羊的保种就是保存岷县黑裘皮羊品种。岷县黑裘皮羊品种是在长期人工选择和自然选择条件下形成的，是人类劳动的产物、岷县黑裘皮羊业生产的工具，它已经具有了人们所需要的某些生产力。因此，岷县黑裘皮羊保种就要保存具有这些有特色的品种，使其避免混杂、退化和消失。

(4) 从社会学和生态学的角度　岷县黑裘皮羊的保种就是保存岷县黑裘皮羊遗传资源。岷县黑裘皮羊是人类社会和自然界的遗传资源，是社会发展、生物进化、生态平衡所不可缺少的，都应该保存。

上述 4 种岷县黑裘皮羊保种的概念是有区别的，从不同的概念出发就会有不同的保种方法和措施。例如，从保存岷县黑裘皮羊基因的角度出发，就不需要保品种，因为杂种群体也具有所需要的基因，以后需要时加以组合即可。总的来看，4 种提法其保种意义愈来愈严格，保种难度越来越大。

4.1.2　岷县黑裘皮羊保种的意义

岷县黑裘皮羊是分布于海拔 2 300 m 以上高寒草地的一种特有畜种，用途广泛，对高寒地区的生态环境条件具有极强的适应能力，是育种工作的原始材料，一旦丧失，再现是不可能的。

岷县黑裘皮羊体格高大，毛色纯正，产肉、产毛性能好；羊肉品质优良；特别是能充分利用高山草场，具有极好的耐寒性和采食能力，为其他畜种所不及，并对家畜遗传学和育种学的发展起着特殊的作用。但近年来，闭锁繁育、草地退化，导致岷县黑裘皮羊基因存在丧失的危险性。因此，如何吸取国外的经验和教训，结合我国岷县黑裘皮羊生产的实际情况进行有效的保种工作，对岷县黑裘皮羊新品种的培育和杂种优势利用、保持生态平衡以及西部牧区畜牧业的发展都具有积极的意义，主要体现在以下几方面。

第一，岷县黑裘皮羊遗传资源是与人类社会活动密切相关生物资源的一个重要组成部分。无论在过去，还是在未来，岷县黑裘皮羊遗传资源的保护是保证青藏高原草地畜牧业生产持续稳定发展的重要措施，现代畜牧生产中不少家养动物品种的灭绝或者畜种的消失都将直接危及社会经济的发展和人类生活的质量。就这一点而言，岷县黑裘皮羊遗传资源与人类的关系比与野生动物的遗传资源更密切、更重要。

第二，岷县黑裘皮羊遗传资源是世界各民族历史文化成果的重要组成部分。在人类开始驯养野生动物以来的大约一万年间，从野生盘羊到岷县黑裘皮羊的演变，群体在家养条件下的进化以及从物种中分离出的若干品种，都是以人工选择为中心的育种活动，也是许多世代、许多民族在不同自然条件、社会经济及技术背景下，培育出了具有明显地域特征和历史遗痕的地方品种或类群，反映了不同时代民族文化的印记。

第三，目前在全球范围内分布较广的少数培育畜禽品种，虽然其生产力较高，但其遗传内容相对贫乏，尤其缺乏适应生态环境变迁和社会需求发生改变的遗传潜力。岷县黑裘皮羊虽然生产力相对较低，但却蕴藏着进一步改进现代流行品种所需要的基因资源，用其作为培育新品种或杂交生产的亲本，具有重要的价值。

第四，人类社会对畜产品的消费方式以及不同经济类型畜产品的社会经济价值不是一成不变的。例如，20 世纪 50 年代以前，肉用家畜的贮脂力是普遍公认的有利性状，动物育种学家花费大量的时间对猪的背膘厚进行选择，育出了一大批脂用型猪品种，但进入 20 世纪 60 年代以后，人们饮食习惯发生改变，即由过去喜吃肥肉变为喜吃瘦肉，使脂用型猪的市场萧条，取而代之的是一些瘦肉率较高的欧美品种，如长白猪、大约克夏等。又如，在 20 世纪 80 年代以前，我国有许多绒用山羊品种，由于绒的收购价格仅为每千克 10 元左右，所以饲养量下降，同时也受到“奶山羊热”的冲击被杂交改良，但 20 世纪 80 年代以后，随着市场经济发展的需求，绒的价格一升再升，最高达 300 元/kg 左右，使得绒山羊的饲养量迅速增加。由以上可见，岷县黑裘皮羊遗传资源的价值不能以消费方式的改变或社会经济价值的变化来衡量。同时这也说明保护那些在眼前生产性能较低、经济价值较低但却有一定潜在价值的地方品种是非常有必要的。

第五，固有地方品种群体中蕴藏有许多非特异性免疫性的基因资源。品种起源的单一化，导致许多抗性基因的丧失，加之现代良种的一般纯合化水平较高，更加缩减了免疫的范围，增加了流行病发生的机会，一旦发生，造成的损失往往不可估量，甚至使整个畜牧业生产处于瘫痪状态。因此，对岷县黑裘皮羊加以保护，不仅保存了许多非特异性免疫性的基因资源，而且也给未来新品种培育贮备了育种素材。

4.2 岷县黑裘皮羊保种的原理

岷县黑裘皮羊保种是一项长期的工作，种群是否发生遗传变化很难在几代的时间里表现出来，对保种的效果也很难做出科学的结论。这就要求人们必须以群体遗传学理论为基础，来研究和制订岷县黑裘皮羊保种的方案。

4.2.1 保持岷县黑裘皮羊群体遗传多样性的机制

在绵羊遗传资源保护实践中，避免近交率上升是保持群体遗传多样性的关键。下面就导致近交率上升的因素做如下分析。

4.2.1.1 群体规模

群体规模（size of population）是指群体实际头数。它对群体近交率的影响主要有两个途径。

（1）近交率　群体规模 N 与近交率 ΔF、t 代后的近交系数 F_t 有如下关系：

$$\begin{cases}\Delta F = \dfrac{1}{2N} \\ F_t = 1 - (1 - \Delta F)^t\end{cases} \tag{4-1}$$

式（4-1）是理想群体中的关系，所以 $\Delta F = \dfrac{1}{2N} = \dfrac{1}{2N_e}$，即 $N = N_e$。但家畜不存在雌雄同体，所以 $N \neq N_e$。在其他前提不变的条件下，$N_e = N + \dfrac{1}{2}$，因而在家畜群体中有：

$$\begin{cases}\Delta F = \dfrac{1}{2N_e} = \dfrac{1}{2N + 1} \\ F_t = 1 - (1 - \dfrac{1}{2N + 1})^t\end{cases} \tag{4-2}$$

将（4-2）式做以下改变：

$$\begin{cases}N = \dfrac{1}{2}\left(\dfrac{1}{1 - (1 - F_t)^{\frac{1}{t}}} - 1\right) \\ t = \dfrac{\lg(1 - F_t)}{\lg(1 - \dfrac{1}{2N + 1})}\end{cases} \tag{4-3}$$

（2）遗传漂变的速率　遗传漂变的结果是一个等位基因的消失和另一个等位基因的固定，每个等位基因固定和消失的概率取决于原来的基因频率，遗传漂变的速率可以用一个世代中基因频率的方差（即抽样方差）来表示，其值与群体原来的基因频率 p、q 及各小群体的规模 N 的关系如下：

$$\sigma^2_{\Delta q} = \frac{pq}{2N} \tag{4-4}$$

式中：$\sigma^2_{\Delta q}$ 为遗传漂变的速率。

由式（4-4）可知，群体越小，漂变速率越快，基因达到固定或消失所需世代越小。又由于遗传漂变与近交的作用都是导致纯合子频率增加，减少基因的多样度，所以，两者的计量关系是完全相同的。

$$\because \quad \Delta F = \frac{1}{2N}$$

$$\therefore \quad \sigma^2_{\Delta q} = \frac{pq}{2N} = pq\Delta F$$

$$\therefore \quad \Delta F = \frac{\sigma^2_{\Delta q}}{pq} \tag{4-5}$$

4.2.1.2 **性别比例**

当群体中两性个体数不等时，群体间基因频率的方差就应分别计算。

$$\begin{cases} \sigma^2_{\Delta qf} = \dfrac{pq}{2N_f}（在母畜群）\\ \sigma_{\Delta qm} = \dfrac{pq}{2N_m}（在公畜群）\end{cases} \tag{4-6}$$

式中：N_f 为用于繁殖的母畜头数；N_m 为用于繁殖的公畜头数。

对于下一代而言，由于公母双方提供的基因是相等的，故下一代群体基因频率的方差就是双方基因频率方差之均数。

$$\begin{aligned} \sigma^2_{\Delta q} &= \sigma^2_{\Delta}\left[\frac{1}{2}(q_f + q_m)\right] \\ &= \frac{1}{4}(\sigma^2_{\Delta q_f} + \sigma^2_{\Delta q_m}) \\ &= \frac{pq}{4}(\frac{1}{2N_f} + \frac{1}{2N_m}) \end{aligned} \tag{4-7}$$

又由于：$\Delta F = \dfrac{\sigma^2_{\Delta q}}{pq} = \dfrac{1}{4}(\dfrac{1}{2N_f} + \dfrac{1}{2N_m})$

所以：$\Delta F = \dfrac{1}{8N_f} + \dfrac{1}{8N_m}$ （4-8）

前述已知，群体有效规模 N_e 与 ΔF 之间的关系为 $\Delta F = \dfrac{1}{2N_e}$。

因此，此时的群体有效规模则是：

$$N_e = \frac{1}{2\Delta F} = \frac{1}{2(\dfrac{1}{8N_f} + \dfrac{1}{8N_m})} \tag{4-9}$$

亦即群体有效规模为两性调和均数的 2 倍。

$$\frac{1}{N_e} = \frac{1}{4N_f} + \frac{1}{4N_m} \text{或} N_e = \frac{4N_f \cdot N_m}{N_f + N_m} \tag{4-10}$$

以上说明，群体中两性比例不等有提高近交率、降低群体有效规模的作用，两者比例差异越大作用越明显。

4.2.1.3 **留种方式**

在理想群体中，群体总个数为 N，假设每个个体在群体中留有 K 个配子，这时：

$$\begin{cases}\bar{k}=\dfrac{\sum K}{N}\\ \sigma_k^2=\dfrac{1}{N-1}\left(\sum k^2-N\bar{k}^2\right)\end{cases} \tag{4-11}$$

于是：$\sum k^2=(N-1)\sigma_k^2+N\bar{k}^2$　　(4-12)

这时，可能的配子对数目为 $\dfrac{N\bar{k}(N\bar{k}-1)}{2}$，相同亲本的配子对总数为 $\dfrac{\sum(k(k-1))}{2}=\dfrac{\sum k^2-\sum k}{2}$，则相同亲本配子对的比例为 $\dfrac{\sum k^2-\sum k}{N\bar{k}(N\bar{k}-1)}=\dfrac{(N-1)\sigma_k^2+N\bar{k}(\bar{k}-1)}{N\bar{k}(N\bar{k}-1)}$。

又由于理想群体 Ne 是相同亲本配子对比例的倒数，所以：

$$Ne=\frac{N\bar{k}(N\bar{k}-1)}{(N-1)\sigma_k^2+N\bar{k}(\bar{k}-1)} \tag{4-13}$$

因为群体规模恒定，$\bar{k}=2$，且不占自由度，

所以　$Ne=\dfrac{4N^2-2N}{N\sigma_k^2+2N}=\dfrac{4N-2}{\sigma_k^2+2}$　　(4-14)

因此　$\Delta F=\dfrac{1}{2Ne}=\dfrac{\sigma_k^2+2}{8N-4}$　　(4-15)

若 N 很大时，$Ne\approx\dfrac{4N}{\sigma_k^2+2}$　　(4-16)

由此可见，在 N 一定的条件下，每个个体在群体中留下配子数的方差（亦即从每个交配组合得到的留种子女数之方差）越大，群体有效规模则越小。

就理想群体而言，通常有 3 种可能的留种方式，但在不同的留种方式下，σ_k^2 和 Ne 亦不相同。

(1) 随机合并留种　每个交配组合所留下的子女数完全由机遇决定时，其分布属泊松分布，由于在泊松分布中方差等于均数，即：$\sigma_k^2=\bar{k}=2$。

于是，$N_e=\dfrac{4N}{\sigma_k^2+2}=\dfrac{4N}{2+2}=N$

即：$N_e = N$

（2）有选择的合并留种　当选择一部分有利的交配组合留种时，每个交配组合留种子女之方差则大于2，群体有效规模小于群体实际规模。即：$\sigma_k^2 > 2$；$N_e < N$。

（3）各家系等数留种　这一留种方式下每个家系的留种子女数相等，此时：$\sigma_k^2 = 0$；$N_e = \frac{4N}{\sigma_k^2 + 2} = 2N$。

由此可见，群体中有效规模是实际规模的2倍。这是目前最有利于保持群体遗传多样性的留种方式。

但值得注意的是，在畜禽生产实践中，就大多数畜禽保种场而言，都存在着公少母多这样一种情况。此时群体的有效规模和近交率亦发生变化。当公母数量不等，采用随机留种时，其群体有效规模（N_e）和近交率（ΔF）计算公式为式（4-8）和式（4-11），即：

$$\Delta F = \frac{1}{8N_f} + \frac{1}{8N_m}；N_e = \frac{4N_f \cdot N_m}{N_f + N_m}。$$

但如果采用各家系等数留种时，只要两个性别的留种个数在各家系是等量分布的，则其$\sigma_k^2 \approx 0$。实践上，只需做到每头公畜留下等数的儿子和等数的女儿参加繁殖，每头母畜留下等数女儿繁殖。此时群体有效规模和近交率为：

$$N_e = \frac{16N_f \cdot N_m}{3N_f + N_m} \quad 或 \quad \frac{1}{N_e} = \frac{3}{16N_m} + \frac{1}{16N_f} \tag{4-17}$$

因此

$$\Delta F = \frac{3}{32N_m} + \frac{1}{32N_f} \tag{4-18}$$

由此可以看出，采用各家系等数留种，不论群体性别比例如何，其保持群体遗传多样性的效率始终大于随机合并留种，如果在$N_m = 10$、$N_f = 90$的畜群中，采用随机合并留种时，$\Delta F = 0.013\,9$，$N_e = 36$；采用各家畜等数留种时，$\Delta F = 0.009\,7$，$N_e = 51.43$。

4.2.1.4　交配制度

前已证明，在理想群体中，由于个体间的配子结合是随机的，群体中可能的配子对数是由群体的配子总数 Nk 中取2之组合数，即：$\frac{N\bar{k}(N\bar{k} - 1)}{2}$。但如果交配不是随机的，每个配子可以组合的对象就要减少，群体可能的配子对总数也随之下降，结果有效规模就变为：

$$N_e = \frac{4N-2-\overline{C}}{\sigma_k^2+2} \tag{4-19}$$

式中：$\overline{C}$ 为平均配子对数。

又因为 $\overline{C} \geqslant 0$，所以$\frac{4N-2-\overline{C}}{\sigma_k^2+2} \leqslant \frac{4N-2}{\sigma_k^2+2}$。

以上说明，非随机交配情况下群体有效规模小于理想群体。群体有效规模的缩小则会进一步提高近交率和遗传漂变速率。所以，一般而言，每头公畜随机等量地交配母畜，是保持群体遗传多样性的最有利交配制度。

4.2.1.5 连续世代间群体有效规模的波动

在畜牧业生产中，各世代规模不等是普遍存在的现象。如果有 t 个相邻世代的群体有效规模分别为 N_{e1}，N_{e2}，N_{e3}，…，N_{et}。这时，世代基因频率的抽样方差由 $\sigma_k^2 = \frac{pq}{2N_e}$ 来度量，所以：

t 世代的平均抽样方差为：

$$\sigma_{\Delta q}^2 = \frac{pq}{t}\left(\frac{1}{2N_{e1}} + \frac{1}{2N_{e2}} + \frac{1}{2N_{e3}} + \cdots + \frac{1}{2N_{et}}\right) \tag{4-20}$$

t 世代的平均近交率为：

$$\Delta\bar{F} = \frac{\sigma_{\Delta q}^2}{pq} = \frac{1}{t}\left(\frac{1}{2N_{e1}} + \frac{1}{2N_{e2}} + \frac{1}{2N_{e3}} + \cdots + \frac{1}{2N_{et}}\right) \tag{4-21}$$

t 世代的平均有效规模为：

$$N_e = \frac{1}{2\Delta F} = \frac{t}{\sum_{i=1}^{t}\left(\frac{1}{N_{ei}}\right)} \text{ 或 } \frac{1}{N_e} = \frac{1}{t}\sum_{i=1}^{t}\left(\frac{1}{N_{ei}}\right)\ (i=1,\ 2,\ 3,\ \cdots,\ t) \tag{4-22}$$

这也就是说，平均有效规模是各世代有效规模的调和均数。

在连续 t 个世代中，每个世代的近交系数都由两部分构成：一是以前各代累积起来的近交系数，二是当代近交系数的增量。用公式表示为：

$$F_t = \left(1 - \frac{1}{2N_e}\right)F_{t-1} + \frac{1}{2N_e} \tag{4-23}$$

当代的群体有效规模只决定增量，而不影响既有的近交系数水平。因此，每个世代的近交系数与群体有效规模一样，都受以前各世代有效规模的影响，有效规模最小的世代，其效应最明显。

例：连续 5 个世代的群体有效规模（N_e）分别为 20、60、90、140、180，求其 5 个世代的平均有效规模。

解：

$$N_e = \frac{t}{\sum_{i=1}^{t}(\frac{1}{N_{ei}})} = \frac{5}{\frac{1}{20}+\frac{1}{60}+\frac{1}{90}+\frac{1}{140}+\frac{1}{180}} = 55.35$$

4.2.1.6 世代间隔

世代间隔的长短与群体遗传多样性消失呈高度相关。世代间隔越长，遗传多样性消失越慢，反之世代间隔越短，群体近交系数上升幅度越大，即遗传多样性消失速度越快。

4.2.2 岷县黑裘皮羊群体的遗传平衡

根据 Hardy-Weinberg 定律，在一个大的随机交配岷县黑裘皮羊群体中，若没有其他因素的影响，基因频率一代一代传递下去始终保持不变。在该群体中，一对常染色体基因的基因型频率，也仅需一代随机交配就可以使这种平衡状态始终保持不变（表 4-1）。这时基因型频率和基因频率的关系为：

$$\begin{cases} D=p^2 \\ H=2pq \\ R=q^2 \end{cases} \tag{4-24}$$

式中：p 和 q 分别为显性、隐性基因的频率，D、H、R 分别为显性纯合体、杂合体、隐性纯合体的频率。

表 4-1　岷县黑裘皮羊一对常染色体基因平衡的到达

世代	基因型频率			基因频率	
	AA	*Aa*	*aa*	*A*	*a*
亲代	0.50	0	0.50	0.50	0.50
随机交配 1 代	0.25	0.50	0.25	0.50	0.50
随机交配 2 代	0.25	0.50	0.25	0.50	0.50
⋮	⋮	⋮	⋮	⋮	⋮
随机交配 *n* 代	0.25	0.50	0.25	0.50	0.50

若涉及多对等位基因时，岷县黑裘皮羊群体达到平衡的速度，随着基因座位数的增加而趋于缓慢。同样等位基因间有连锁时，亦可达到平衡状态，只是连锁愈紧密，达到平衡所需代数愈多。

岷县黑裘皮羊性染色体基因平衡的实现是一种摆动式的，基因频率在两性间围绕平衡值上下摆动，振幅越来越小，最后趋于平衡。

综上所述，在一个大的随机交配岷县黑裘皮羊群体中，无论是常染色体基因还是性染色体基因；无论是一对等位基因还是多对等位基因都可以达到遗传平衡。在岷县黑裘皮羊保种中，为了保存群体中的所有基因，就要维持平衡，减少破坏平衡的各种因素。

4.2.3　岷县黑裘皮羊群体中特定基因消失的原因

岷县黑裘皮羊群体的遗传平衡是有条件的、相对的。在实际情况中，各种因素不断地对岷县黑裘皮羊群体起作用，导致群体的遗传组成发生变化，也使某些基因从群体中消失。

4.2.3.1　遗传漂变

遗传漂变是指在一个有限的群体中，特别是在小群体中，由于抽样的随机误差，造成基因频率在群体中的随机增加或减少。从理论上讲，长期的遗传漂变，会使岷县黑裘皮羊群体的一对等位基因中的一个基因固定，另一个基因消失。例如，岷县黑裘皮羊的无角与有角这一相对性状，假定在每代为4头岷县黑裘皮羊（2♂，2♀）的小群体中，无角基因和有角基因的频率为 $p=q=0.5$，则在所形成的下一代雌雄各4个配子中所含无角（或有角）基因的数目包括0到4共5个等级，根据二项式 $(1/2+1/2)^2$ 的展开，其各项见表4-2。

表4-2　无角（有角）基因数与频率

无角（或有角）基因数	频率
0	1/16
1	4/16
2	6/16
3	4/16
4	1/16

在雌雄各4个配子随机结合产生的下一代4头岷县黑裘皮羊中，4头岷县黑裘皮羊具有8个基因，无角（或有角）基因在配子中的数目可包括0到8共9个等级，其各自的概率见表4-3。

表 4-3 $N=4$ 的小群体中无角（或有角）基因频率的变化

数目	基因频率	发生的概率
0	0	1/256
1	0. 125	8/256
2	0. 250	28/256
3	0. 375	56/256
4	0. 500	70/256
5	0. 625	56/256
6	0. 750	28/256
7	0. 875	8/256
8	1. 000	1/256

从表 4-3 可以看出，下一代基因频率与亲代基因频率（$p=0.5$）相同的概率仅为 70/256，约 27. 34%。其余所有的基因频率都发生了变化，且基因频率的增加或减少完全是随机的。极端的情况，如无角基因消失或固定，即 $p=0$、$q=1$ 或 $p=1$、$q=0$，其概率为 1/256，虽然是罕见的，但也不是不可能发生的。

当然，一个岷县黑裘皮羊群体只有 4 头岷县黑裘皮羊，这是极少见的，但它反映的是小群体中存在的共同规律，只不过因群体规模不同导致遗传漂变不同而使基因消失（或纯合）的速度不同而已。

4. 2. 3. 2 选择

选择，不论是人工选择还是自然选择，都会使岷县黑裘皮羊群体的基因频率发生变化。若选择彻底，还可使等位基因中的一个基因纯合固定，另一个基因消失。因此，在岷县黑裘皮羊的保种群体中，一般不应进行人工选择，并尽可能地控制自然选择的作用。否则会使保种群体朝着选择的方向发生定向的改变，而偏离保种的要求。

4. 2. 3. 3 近交

近交，是部分的同型交配，其基本作用是使基因纯合。从近交本身来看，它只改变基因型频率，而不改变群体中的基因频率（表 4-4）。但在近交、选择、遗传漂变的共同作用下，基因消失的速度加快。因此，在保种群体中，应尽量不使近交系数上升太快。

表 4-4　一对基因连续同型交配各代的基因型和基因频率的变化情况

世代	基因型频率			基因频率	
	AA	*Aa*	*aa*	*A*	*a*
0	0	1.000 0	0	0.5	0.5
1	0.250 0	0.500 0	0.250 0	0.5	0.5
2	0.375 0	0.250 0	0.375 0	0.5	0.5
3	0.437 5	0.125 0	0.437 5	0.5	0.5
⋮	⋮	⋮	⋮	⋮	⋮
∞	0.500 0	0	0.500 0	0.5	0.5

4.2.3.4 群体的隔离

由于自然条件的隔离，同一品种的岷县黑裘皮羊群体，可分为不同的地方类群。若各类群不进行基因交流，则隔离后对整个品种来说，一对常染色体基因 A 和 a 的基因型频率为：

$$\begin{cases} AA: \dfrac{\sum p_i^2}{K} = \bar{p}^2 + \sigma_q^2 \\ Aa: \dfrac{2\sum p_i q_i}{K} = 2\bar{p}\bar{q} - 2\sigma_q^2 \\ aa: \dfrac{\sum q_i^2}{K} = \bar{q}^2 + \sigma_q^2 \end{cases} \tag{4-25}$$

式中：p_i 和 q_i 分别为第 i 系的等位基因 A 和 a 的频率；K 为系的数目；$\bar{p}$ 和 $\bar{q}$ 分别为整个品种中 A 和 a 基因的频率；σ_q^2 为系间基因频率的方差。

从式（4-25）可以看出，各系间若不进行基因交流，结果使杂合子频率减少（$-2\sigma_q^2$），而纯合子频率增加（$+2\sigma_q^2$）。若各系群体较大，且随机交配，则各系的基因频率仍处于遗传平衡状态；各系群体较小时，由于遗传漂变的作用，必然有的基因在群体中纯合固定，有的基因从群体中消失。

4.2.3.5 群体的迁移

迁移是将外来品种或品系引入本群体中，从而打破闭锁状态，导致基因频率的改变。可使某一等位基因由于外来品种的引入而增加或减少。而从畜牧学的角度来看，迁移就是引种和杂交。假设在一个大的岷县黑裘皮羊群体中，有角基因的频率为 q，迁入个体中同一基因的频率为 q_m，迁入个体的比率为 m，原有个体的比例为 $1-m$。于是混合群体中有角基因的频率为：

$$q_1 = mq_m + (1-m)\ q \tag{4-26}$$

迁入前后的基因频率之差为：

$$\Delta q = q_1 - q = mq_m + (1-m)\ q - q = m\ (q_m - q) \tag{4-27}$$

可见，迁入引起的基因频率的变化决定于迁入者的比率和基因频率以及原有群体的基因频率。少量的迁移或杂交，由于迁入率（m）低，对保种群体的影响不大，只要在后代中淘汰不符合保种要求的个体即可；但大量的迁移或杂交，会对原有岷县黑裘皮羊品种产生很大的冲击，使有些基因消失灭绝。因此，在对岷县黑裘皮羊进行杂种优势利用时，有必要将杂交控制在一定的范围内或留出岷县黑裘皮羊保种群。

4.2.3.6 基因突变

基因突变对岷县黑裘皮羊群体遗传组成的改变有两个作用：一是突变为选择提供材料，如果突变的方向与选择的方向一致，基因频率改变的速度加快；二是突变本身改变了基因的频率。但在岷县黑裘皮羊群体中自发突变的频率很低，估计为 $10^{-10} \sim 10^{-5}$。因此，对保种结果的影响不大，只要按保种的要求淘汰少量突变个体即可。

4.2.4 岷县黑裘皮羊保种群体的有效含量

保种群体的大小是保种成败的关键问题之一。一方面，保种群体的规模在一定程度上决定着岷县黑裘皮羊群体中特定基因消失的原因；另一方面，它决定了保种的成本。因此，在实际保种中，应在保证实现保种目标的前提下寻求最小的群体规模，即群体有效含量。

4.2.4.1 群体有效含量的概念

保种群体规模是影响近交系数上升速度和遗传漂变的重要因素，但不是唯一因素。为了把各种因素的影响归结为一个统一的标准，采用了群体有效含量的概念。群体有效含量（N_e）是指近交速率和遗传漂变程度相当于理想群体（规模恒定，公母各半，无选择、迁移、突变的影响，世代不重叠的随机交配群体）的成员数，是繁殖群体中两个性别的调和平均数的 2 倍。计算公式见式（4-10），即：

$$N_e = \frac{4\,N_m \cdot N_f}{N_m + N_f}$$

这表明，如果参加繁殖的公羊数和母羊数相差较大，那么，N_e 将主由数目较小的性别所决定。例如，作为一个极端的例子，在岷县黑裘皮羊群中，当母羊数比公羊数大得无法计量时，$N_e = 4N_m$。

4.2.4.2　群体有效含量对近交的影响

在保种过程中，不可避免地要发生近交。但知道了群体有效含量后，就可以预测近交的程度。有学者曾论证了群体有效含量（N_e）、近交增量（ΔF）、t 代后的近交系数 F_t 三者的关系，见式（4-1）。N_e 越小，t 越大时，F_t 就越高。并根据公式，可以计算任何世代的近交系数。

4.2.4.3　群体有效含量对遗传漂变的影响

在有限的保种群体中，由于遗传漂变可使等位基因中的一个基因固定，另一个基因消失。漂变的速度可用一个世代中样本间基因频率的方差（$\sigma_{\Delta q}^2$）来表示，计算公式为：

$$\sigma_{\Delta q}^2 = \frac{pq}{2N_e} \tag{4-28}$$

式中：N_e 为群体有效含量；p 和 q 为该世代显性基因和隐性基因的频率。

群体越小，遗传漂变的速度越快，基因达到消失或固定所需的世代越少。这与近交系数增量的变化是一致的。

$$\sigma_{\Delta q}^2 = \frac{pq}{2N_e} = pq \cdot \Delta F$$

说明群体越小，群体间方差越大，近交系数增量也越大，基因消失越快。

4.2.4.4　影响群体有效含量的因素

群体有效含量受许多因素的影响，在不同的情况下，其大小有所不同。

（1）性别比例　理想群体是公母各半的，但实际畜禽中公母畜数相差较大，一般公畜数少于母畜数。这时群体有效含量计算见式（4-10）。

例如：某岷县黑裘皮羊保种群体的总头数为 100，但两性比例不同时，群体有效含量的变化如表 4-5 所示。

表 4-5　不同性别比例时 N_e 的变化情况

公畜数/头	母畜数/头	ΔF	N_e
50	50	0.005 0	100
40	60	0.005 2	96
30	70	0.006 0	84
20	80	0.007 8	64
10	90	0.012 5	36

从表 4-5 可知，性别比例不等有增加近交增量和降低群体有效规模的作

用。两性比例差异越大，其作用越明显。这时 N_e 主要由头数较少的性别来决定。

(2) 交配方式　在家畜中，由于没有自交，随机交配时的群体有效含量为 $N_e = N + \frac{1}{2}$，当避免全同胞交配时，群体有效规模 N_e 为 $N_e = N+1$。

这说明，避免自交和全同胞交配均可使 Ne 增加。

(3) 留种方式　留种方式不同时，亲代对下一世代的贡献就会有差异，会降低群体有效含量。计算公式见式（4-14）。

当随机留种时，后代数遵循泊松分布，家系含量的方差等于平均数，即 $\sigma_k^2 = 2$，这时，$N_e = N$，群体有效含量即为实际群体的规模。如果选择留种，$\sigma_k^2 > 2$，于是 $N_e < N$，即选择留种会导致群体有效含量的下降。当各家系等数留种时，$\sigma_k^2 = 0$，$N_e = 2N$，即群体有效含量约为实际群体规模的两倍。所以在保种中为了使有限的群体中保持最大可能的有效含量，对各家系作等量留种是一种有效的措施。

(4) 群体规模的波动　在实际中，由于各种原因的影响，每代参加繁殖的家畜数并不相同，N_e 是各世代群体有效含量的调和平均数，其值主要由各世代中最小的有效含量所决定，产生瓶颈效应。表明群体规模变化对保种极为不利。

(5) 世代重叠和世代间隔　家畜群体一般是世代重叠的，即父母、子女同群。这时 N_e 计算公式为：

$$N_e = N_0 t \bar{l} \tag{4-29}$$

式中：N_0 为每年出生的数；t 为世代间隔；$\bar{l} = \int_0^{\infty} l_y^2 b_{ydy}$；$l_y$ 为年龄为 y 时的存活率；b_{ydy} 为年龄在 y 至 $y+dy$ 间的个体期望繁殖数。

由此可见，世代间隔是影响世代重叠群体 N_e 的重要因素；世代间隔越长，N_e 越大，可使近交和遗传漂变的速率降低，从而提高保种的效率。

4.3 岷县黑裘皮羊保种的方法和措施

保存优良品种，可以采取常规保种法和现代生物技术保种法。

4.3.1 常规保种法

常规保种法是在品种的原产地建立保种场或保护区，制定保种目标，然后按照发展的、动态的原则结合选育进行统一保种。根据岷县黑裘皮羊保种的原理，为了保存岷县黑裘皮羊品种的基因库，在常规保种中，为了保存一个品种，使其基因库中的每一优良基因都不丢失，一般应采取以下措施。

(1) 划定保种基地　在保种基地严禁引进其他品种的种畜，严防群体混杂。这是保种的一项首要措施。

(2) 建立保种核心群　在保种基地中，应建立足够数量的保种核心群，其规模视畜种而定。实践证明，在保种核心群内，留种的公畜头数，大家畜应在 10 头以上，小家畜则应在 20 头以上；而留种的母畜头数与保种的关系不太大，如果没有其他生产和繁殖的任务，少一些对保种也无大妨碍，但是不应少于公畜的头数。如果在一个地方良种内，暂找不到上述数量的公畜，则可先由少量开始，在以后世代中逐步增加公畜的头数。

(3) 采用各家系等数留种法　各家系等数留种法，就是在每世代留种时都按照各家系等数留种法进行，即从每一公畜的后代中选留一遗传性确定的公畜，从每一母畜的后代中选留等数母畜；每世代保种规模不变。

(4) 防止近亲交配　为了保存基因库中的每一个基因都不丢失，应该避免血缘关系很近的公母畜之间的交配。为此，下一代的选配可采用公畜不动，只调换另一家系的母畜与之交配。

在保种基地内采用每世代选留 20 头以上的公羊，每头公羊配 5 头母羊，并采用各家系等数留种法留种，经计算，大约经过 100 年，其近交系数才增长 10%，在这种情况下，任何基因丢失的可能性都不大，这样一个品种基本上就算保住了。

(5) 保护岷县黑裘皮羊生存的生态环境条件　岷县黑裘皮羊是在特定的生态条件下形成的，其基因型对环境条件有一定的反应，生态环境受到破坏，它的优良基因就会因为群体的损失而有所流失。因此，在保种时，应注意保护岷县黑裘皮羊赖以生存的环境条件。

(6) 搞好协作　岷县黑裘皮羊资源的保存是“一家赔钱，百家受益”的工作。需要一家为主，多家协作，共同保种。必要时还可以和本品种选育工作结合起来进行，达到保选统一的目的。

4.3.2　现代生物技术保种法

鉴于常规保种法所需的人力多，投资大，收益少，而且地方良种很多，不可能一一建立保种场。因此，现代生物技术保种有更广阔的前景。

用超低温冷冻方法保存精子，这在 20 世纪 50 年代初即已获得成功，目前广泛应用于生产实践。超低温保存牛精子的最长时间已达 30 多年，羊精子已达 10 多年，对受精能力并未见有明显影响。

用超低温冷冻方法保存受精卵（即胚胎），近年亦已成功，冷冻保存胚胎最长时间为 7 年。目前许多国家都建立了“胚胎库”，如美国、德国、加拿大等，且已进入商品化，可向国外销售推广。

克隆技术为保种乃至挽救濒临灭绝的品种提供了更加现代化的技术支持。前两种保种方法均为性细胞保种；而克隆技术可以利用体细胞繁殖后代，必将对保存生物资源的多样性发挥巨大作用。

4.3.3 岷县黑裘皮羊保种的期限

岷县黑裘皮羊保种方案（计划、措施）至少在概念上应有一个时间期限。这个期限可以短到几年或几个世代，也可以长至永恒，因保种目的而异。考虑到岷县黑裘皮羊分布地区社会发展较为缓慢，新技术的引进需要一定的时间，加之岷县黑裘皮羊世代间隔较长，可以将保种期限定为 50~200 年。

4.3.4 岷县黑裘皮羊保种效果的遗传监测

岷县黑裘皮羊保种工作是一项长期的任务，对保种群实行定期的遗传监测，可及时发现保种中的偏差，为不断改进保种措施和提高保种效果提供理论依据。遗传监测的方法主要有以下两种。

4.3.4.1 测定岷县黑裘皮羊保种群体的遗传变异

遗传监测的目的在于反映保种群基因杂合度随时间的变化情况，这既是以前保种效果的检查，又是制定下一步保种措施的依据。根据这一目的，可以通过测定保种群的遗传变异来直接衡量保种的效果。研究证明，血液蛋白多态性的电泳检测、数量性状表型值及有害基因突变等各个系列的遗传变异都同样受群体结构和繁育史的制约。因此，决定不同系列遗传变异的基因位点的相对变异水平应该是相关的，每一种群的任何一类基因都有其特定的变异水平，并可以用足够多的位点来抽样估计。

此检测方法可按下例实施。例如，假定岷县黑裘皮羊保种群在开始时电泳测定的多态位点百分数（P_1）为 30%，杂合度（H_1）为 0.05；5 个世代后重新检测，发现 P_5为 25%，H_5为 0.04，基因杂合度下降了 20%。表明遗传变异迅速下降，有基因消失的危险，应立即查找原因，采取恢复补救措施。

4.3.4.2 比较各个始祖对保种群基因库的贡献

对于有详细系谱记录的岷县黑裘皮羊保种群，可以通过计算、比较基础群或 0 世代个体对保种群基因库的贡献来判断保种的效果。理想的情况是在任一世代或时刻的保种群中，每一始祖的血统有相同程度的体现，最好是不同始祖的血统在每个个体上占有相同的比例，这样就可最大限度地降低基因丢失和近交程度。若发现保种群中某始祖的血统极低，就应查找原因，并有意识地在今后的保种中扩大其影响。

4.4 品种资源保护参数计算

4.4.1 群体有效含量（N_e）和近交系数量（ΔF_t）的计算

公母数相等随机留种时：

$$N_e = N_s + N_d \tag{4-30}$$

公母数相等各家系等量留种时：

$$N_e = 2\ (N_s + N_d) \tag{4-31}$$

公母数不等随机留种时：

$$N_e = 16N_s \cdot N_d /\ (N_s + N_d) \tag{4-32}$$

式中：N_s 为公畜头数；N_d 为母畜头数。

第一代近交系数计算公式为$\triangle F_t = 1/2N_e$，t 代的近交系数为 $F_t = 1-\ (1-\triangle F_t)^t$。

4.4.2 公畜头数的估算

估算公畜头数可利用近交系数增量和母、公比例计算，也可以利用群体有效含量和母系头数计算。

公母数相等随机留种时：

$$N_s = 1/\ [\ (2+2N)\ F_t];\ N_s = N_e - N_d \tag{4-33}$$

公母数相等各家系等量留种时：

$$N_s = 1/\ [\ (4+4N)\ F_t];\ N_s = N_e/2 - N_d \tag{4-34}$$

公母数不相等随机留种时：

$$N_s = \ (N+1)\ /8N \cdot F_t;\ N_s = N_d \cdot N_e /\ (4N_d - N_e) \tag{4-35}$$

公母数不相等各家系等量留种时

$$N_s = \ (8N+1)\ /32N \cdot F_t;\ N_s = 3N_d \cdot N_e /\ (16N_d - N_e) \tag{4-36}$$

4.4.3 公母适宜比的估算

包括随机留种和各家系等量留种两种情况。

一是随机留种。

公母适宜保种的比例：$N=M_s/M_d=\sqrt{1/M}$ (4-37)

母公适宜保种的比例：$N=M_d/M_s=\sqrt{M}$ (4-38)

二是各家系等量留种。

公母适宜保种的比例：$N=M_s/M_d=\sqrt{3/M}$ (4-39)

母公适宜保种的比例：$N=M_d/M_s=\sqrt{M/3}$ (4-40)

式中：M 为公、母保种费用的比例，M_s 为公羊保种的数量；M_d 为母羊保种的数量。

4.5 岷县黑裘皮羊遗传资源的利用

4.5.1 岷县黑裘皮羊遗传资源数据库的建立

4.5.1.1 建立岷县黑裘皮羊遗传资源数据库的意义

岷县黑裘皮羊遗传资源的保存和利用，首先必须具备岷县黑裘皮羊品种（类群）的各项资料，对其进行全面评价。也就是说，必须对通过品种资源调查所取得的基本资料和数据进行整理、取舍、分析，然后建立系统的数据库。岷县黑裘皮羊遗传资源数据库的建立不仅有助于人们随时了解有关岷县黑裘皮羊品种（类群）的特征、特性和群体的数量、分布以及一定时间内数量的消长情况，对优良品种加以发展和利用，对濒危群体设法挽救，也可为岷县黑裘皮羊的选种选配和杂交改良研究提供必要的依据。因此，数据库对岷县黑裘皮羊遗传资源的保存和利用具有重大作用。

4.5.1.2 建立岷县黑裘皮羊遗传资源数据库的基础

包括岷县黑裘皮羊遗传资源普查数据，日常生产资料，选育进度资料，生态、形态、遗传特性研究数据。

4.5.1.3 建立岷县黑裘皮羊遗传资源数据库的方法

传统的数据收集、贮存方法不仅不能保证完整性、规范化，且保存时间有限，不便更新、交流和使用。计算机化的遗传资源信息系统，正好为数据库的建立提供了灵活、高效的手段，从而可实现遗传资源数据库的科学存储、快速检索、社会共享和及时更新。因此，可将岷县黑裘皮羊品种（类群）的资料和数据，进行整理，有所取舍，然后将有价值的资料和数据（或文字）编入标准格式的记录内，存入计算机数据库中，并与国际家畜遗传资源数据库联网，进行交流。

4.5.2　岷县黑裘皮羊保种和利用的关系

保种的目的是更好地利用岷县黑裘皮羊遗传资源，有些是当前的需要，有些是长远的需要。岷县黑裘皮羊遗传资源的保存和利用，既矛盾又统一。保存，主要在保种区或保种群中进行，保种群对整个岷县黑裘皮羊群来说是一小部分。利用，主要是对保种群以外的岷县黑裘皮羊而言，这是大量的。对于这些岷县黑裘皮羊，通过选育、品种间杂交、不同类型间杂交，充分利用杂种优势，提高其生产性能。在保种群中，一般不进行杂交。因此，要用矛盾与统一的观点来处理岷县黑裘皮羊保种和利用的问题。

4.5.3　岷县黑裘皮羊遗传资源的利用

4.5.3.1　作为新品种培育的素材

在动态发展的畜牧业生产中，人们需要不断育成适应现时环境和今后环境的岷县黑裘皮羊新品种。因此，可利用现有岷县黑裘皮羊资源，一方面通过本品种选育提高，育成生产性能较高的岷县黑裘皮羊品种；另一方面随着生物技术和动物育种方法的发展，可通过现代绵羊育种方法，培育出适合高寒草地的新型羊种。

4.5.3.2　直接利用岷县黑裘皮羊来生产畜产品

建立育种群，制订育种计划，确定育种目标，通过选育逐代提高生产性能和产品品质，利用它们直接生产各种羊产品。

4.5.3.3　作为杂种优势利用的材料

岷县黑裘皮羊体型小，体重较轻，产肉量小，羔羊肉肉质最佳，具有鲜、细、嫩、香的特点。成年公羊平均体重 36. 8 kg，屠宰率为 44. 23%，一岁公羊的体重达到 24. 9 kg，相当于成年羊的 67. 7%。成年母羊体重 36. 38 kg。曾调入卡拉库尔种公羊，分别在临潭县三岔乡羊沟村和岷县清水乡山峪村设点试验，效果明显，如三岔乡试验点羔羊出生体重，当地羊为 2. 0 kg，杂种一代为 3. 12 kg；当地黑色羊占 53. 0%，而杂种一代黑色羊占 89. 9%、二代中黑色羊占 97. 2%。母羊 1. 5 岁体重，当地羊平均为 20. 13 kg，杂种一代 24. 07 kg，杂种二代 30. 05 kg。杂种羊裘皮品质的提高尤为显著，毛色全黑，有光泽，花穗悦目，皮板面积增大，毛纤维较原品种略粗，羊毛类型有所改进，并纠正了原二毛皮易黏结的缺点。因此，可以把岷县黑裘皮羊作为经济杂交的亲本，充分利用杂种优势发展特色羊产品（乌骨羊肉、裘皮）生产。

第五章　岷县黑裘皮羊的选种和选配

在岷县黑裘皮羊群体中，选择一部分产肉量高、生长发育快、饲草料转化能力强、不带有遗传疾病的个体供作种羊，繁殖后代；同时淘汰不良个体，借以改良后代羊群的品质，这种以种用为目的的选优去劣方法，实质上是人类在自然选择的干扰下对岷县黑裘皮羊群所做的选择；在动物育种中叫作选种选配。

5.1　岷县黑裘皮羊的选择原理和方法

5.1.1　选择学说

达尔文经过5年的环球考察后，提出了以自然选择学说为核心的生物进化理论。他认为生物进化及新品种形成的要素主要是变异、遗传和选择，即首先要有变异，然后把变异遗传下去，再通过选择不断地使种群隔离和分化，导致新种的形成，可见选择是生物进化和新品种形成的三大要素之一。选择有自然的因素也有人为的因素，达尔文将选择分为自然选择和人工选择两种。

5.1.1.1　自然选择

自然选择是指自然环境条件对生物的选择，即适者有较大的生存和繁殖机会。例如，高山草地天然牧草生长的季节性不平衡，造成岷县黑裘皮羊冷季饲草供给不足，体弱多病者往往在春乏季节死亡；在配种季节，公羊间为了争取配偶而频繁角斗，最后胜者配种，败者淘汰。岷县黑裘皮羊生产由于受高寒草地生态环境条件和生产水平条件的制约，目前仍保持着较原始的终年放牧的饲牧特点。因此，在岷县黑裘皮羊的起源和形成过程中自然选择起着不可忽视的作用。

岷县黑裘皮羊群体中的自然选择是一个非常复杂的过程，在自然条件下，群体内哪些个体能被选留参与再繁殖受遗传、环境等诸多因素的影响。一方面，适者生存法则淘汰畸形或有害基因，使岷县黑裘皮羊个体的形态、结构和机能更趋于完善，更能适应其环境条件；另一方面，自然选择的向心回归作用，使岷县黑裘皮羊个体的生产性能向群体平均水平集中靠拢，这不利于岷县黑裘皮羊生产性能的改进和提高。因此，在岷县黑裘皮羊育种中，必须借助人工选择打破自然选择的向心回归作用，使群体平均水平向极端偏移。

5.1.1.2　人工选择

人工选择是指人对生物的选择。对岷县黑裘皮羊而言，就是把那些具有符合人类要求的经济性状的岷县黑裘皮羊个体选留下来，使其基因型频率逐代增加，从而使基因频率向着一定方向改变。例如，选育使岷县黑裘皮羊成年种公羊特级、一级由选育前的15%提高到45%，母羊特级、一级从35%提高到65%，使岷县黑裘皮羊选育核心群羊只体重、产肉量、繁殖成活率、羔羊成活率、成畜保活率分别提高了4.5 kg、2.7 kg、17%、15%、7%。

人工选择对岷县黑裘皮羊的作用强度是随着人类社会文明的发展而加强的。早期对岷县黑裘皮羊的人工选择都是无意识的、没有具体实施计划和目标的自发行为；而现在人们对岷县黑裘皮羊的选择是有意识的、具有明确选种目标和实施计划的自觉行为。岷县黑裘皮羊选育计划和品种标准的制定，就是现代人们对岷县黑裘皮羊进行人工选择的重要标志。人工选择的作用是在人工控制条件下，保护分化法则，使极端型个体始终存在并不断发展，结果促进和增强自然选择的离心前进作用。所以，岷县黑裘皮羊选种的效果，完全取决于自然选择和人工选择的综合平衡。

5.1.1.3　选择的实质

根据Hardy-Weinberg平衡定律，在一个随机交配的大群体中，若没有其他因素的影响，基因频率和基因型频率可在世代演替过程中始终保持不变，处于平衡状态。而选择无论是自然选择还是人工选择，其实质就是打破这种平衡状态，定向地改变群体的基因频率和基因型频率，从而改变生物类型。选择可使某些个体增加繁殖的机会，另一些个体减少繁殖机会，因而选留个体的基因频率逐代增加，淘汰个体的基因频率逐代减少。由此可以看出，选择在改进羊群生产性能中的巨大作用。

5.1.1.4　自然选择和人工选择的关系

自然选择和人工选择是既统一又对立的一对矛盾。二者都要通过改变基因频率才能发挥作用，且两种选择均具有创造性作用，这是二者的统一性。但自然选择和人工选择又有本质的区别：一是自然选择是带有盲目性的随机选择，而人工选择具有明确的目的，是非随机的选择；二是自然选择是全面的、大范围的选择，人工选择范围集中，只选人类需要的性状；三是自然选择是为生物自身利益服务的，而人工选择是为人类利益服务的；四是自然选择的速度慢，往往需要几百年甚至上万年的选择才能见到效果，而人工选择的速度快，只需要几年或几十年就可以见到效果；五是自然选择主要是根据表型所进行的长期微效选择，人工选择则主要根据基因型进行的短期巨效选择。

从以上自然选择和人工选择的关系中，可以得到如下的启示。

第一，对岷县黑裘皮羊的选择要持之以恒。在岷县黑裘皮羊育种工作中，若放弃选种或缺乏有效的选种工作，岷县黑裘皮羊的生产性能很快就会恢复到选种前的原有状态，并长期保持平衡。

第二，当自然选择和人工选择发生矛盾时，自然选择将会阻碍或抵消人工选择的作用。要使人工选择有效，必须改变环境条件，同时进行基因重组和连续选择才能提高整个岷县黑裘皮羊品种的生产性能水平。

5.1.2　质量性状的选择

岷县黑裘皮羊的性状可分为质量性状和数量性状两大类。质量性状具有显性、隐性之分，是受少数基因控制的不连续变异性状，不易受环境的影响；而数量性状是指那些缺乏显性、隐性之分的微效多基因支配的连续变异性状，极易受环境的影响。

鉴于两类现状的区别，在选种中对不同的性状应有不同的选择方法。在岷县黑裘皮羊育种中，对于质量性状的选择，有时要选择隐性基因，有时又要选择显性基因，甚至有时还要选择杂合子。

5.1.2.1　对隐性基因的选择

在育种工作中，选择隐性基因，淘汰显性基因时，选择是很有效的，因为凡带有显性基因的个体都要受到选择的作用。如能全部淘汰显性个体，没有突变，外显率为100%的情况下，只要经过一个世代的选择，就可以使下一代的隐性基因频率上升为1，显性基因频率下降为0。

如果不能全部淘汰显性个体，即部分选择时，改变基因频率的速度就会减慢。为了便于说明等位基因频率因选择而发生改变的情况，现以频率分别为 p_0 和 q_0 的一对等位基因 A 和 a 为例。设 A 对 a 完全显性，杂合体 Aa 和 AA 在表型上是相同的，选择对它们的影响相同，这一对等位基因有 AA、Aa、aa 3 种基因型，其选择前的频率分别为 p_0^2、$2p_0q_0$、q_0^2。淘汰率（或选择系数）为 S，则留种率为 $1-S$。经一代选择后（表 5-1），a 基因的频率已不是 q_0 而是 q_1。

$$q_1 = \frac{q_0 - S(q_0 - q_0^2)}{1 - S(1 - q_0^2)} \tag{5-1}$$

当淘汰全部显性个体，即 $S=1$ 时，

$$q_1 = \frac{q_0 - (q_0 - q_0^2)}{1 - 1 + q_0^2} = \frac{q_0^2}{q_0^2} = 1$$

当不进行选择，即 $S=0$ 时，

$$q_1 = \frac{q_0}{1} = q_0$$

由于 $q_1 \geqslant q_0$，故一代选择后 a 基因频率的改变量（Δq）为：

$$\Delta q = q_1 - q_0 = \frac{q_0 - S(q_0 - q_0^2)}{1 - S(1 - q_0^2)} - q_0 = \frac{S \cdot q_0^2(1 - q_0)}{1 - S(1 - q_0^2)} \tag{5-2}$$

表 5-1　对隐性基因的选择

项目	AA	Aa	aa
选择前的频率	p_0^2	$2p_0 \cdot q_0$	q_0^2
留种率	$1-S$	$1-S$	1
选择后的频率	p_0^2（$1-S$）	$2p_0 \cdot q_0$（$1-S$）	q_1^2
相对频率	$\frac{p_0^2(1-S)}{1-S \cdot p_0(2-p_0)}$	$\frac{2p_0 \cdot q_0(1-S)}{1-S \cdot p_0(2-p_0)}$	$\frac{q_0^2}{1-S \cdot p_0(2-p_0)}$

当全部淘汰显性个体，即 $S=1$ 时，

$$\Delta q = (1 - q_0) = p_0$$

当 S 很小时，分母几乎等于 1，Δq 为：

$$\Delta q = S \cdot q_0^2(1 - q_0)$$

这时基因频率的改变量与在对显性基因选择中 q_0 很小时的基因频率的改变量相同。

5.1.2.2　对显性基因的选择

对显性基因进行选择时，若按表型选择，选择只对隐性个体 aa 起作用，AA 和 Aa 个体不受选择的影响。经一代选择后（表 5-2），a 基因的频率 q_1为：

$$q_1 = \frac{q_0(1 - S \cdot q_0)}{1 - S \cdot q_0^2} \tag{5-3}$$

由于 $q_1<q_0$，一代选择后 a 基因频率的改变量（Δq）为：

$$\Delta q = q_1 - q_0 = \frac{q_0(1 - S \cdot q_0)}{1 - S \cdot q_0^2} - q_0 = \frac{- S \cdot q_0^2(1 - q_0)}{1 - S \cdot q_0^2}$$

当 q_0 很小时，分母几乎等于 1，这时每代选择的改变量为：

$$\Delta q = - S \cdot q_0^2(1 - q_0)$$

由此表明，当 q_0 很小时，每代基因频率的改变量很小；当 q_0 值较大时，即便 S 很小，基因频率的改变也较大；当 $q_0=2/3$ 时，Δq 达到最大。这时选择最有效。

表 5-2　对显性基因的选择

项目	AA	Aa	aa
选择前的频率	p_0^2	$2p_0 \cdot q_0$	q_0^2
留种率	1	1	$1-S$
选择后的频率	p_0^2	$2p_0 \cdot q_0$	q_0^2（$1-S$）
相对频率	$\frac{p_0^2}{1 - S \cdot q_0^2}$	$\frac{2 p_0 \cdot q_0}{1 - S \cdot q_0^2}$	$\frac{q_0^2(1 - S)}{1 - S \cdot q_0^2}$

若根据表型进行选择，全部淘汰隐性个体，即 $S=1$ 时，一代后 a 基因的频率 q_1 为：

$$q_1 = \frac{q_0}{1 + q_0}$$

第二代全部淘汰隐性个体后，a 基因的频率 q_2 为：

$$q_2 = \frac{q_0}{1 + 2q_0}$$

按照以上方法进行重复选择，经过 n 代后，a 基因的频率 q_n 为：

$$q_n = \frac{q_0}{1 + nq_0} \quad (5-4)$$

由此，还可以进一步推算出要达到某一基因频率时所需要的代数（n）：

$$n = \frac{1}{q_n} - \frac{1}{q_0} \quad (5-5)$$

如岷县黑裘皮羊有角基因（隐性）的初始频率 $q_0=0.4$，经过逐代淘汰有角个体，欲使有角基因的频率下降到 $q_n=0.001$ 时，需要多少代呢？将已知数

值代入式（5-5），则

$$n = \frac{1}{q_n} - \frac{1}{q_0} = \frac{1}{0.001} - \frac{1}{0.4} = 997.5$$

即有角基因频率由 0.4 降到 0.001，尽管淘汰率达到 100%，若按表型选择仍需要 997.5 个世代，假设世代间隔为 2 年，就需要 1 995 年。

由此可见，根据表型选择降低隐性基因的频率，速度是很慢的。要彻底淘汰隐性基因更是不可能的。其原因是大多数隐性基因存在于杂合体中，选择对它们不起作用，而被掩盖起来。因此，这时选择中，还应结合测交淘汰杂合体。

在育种中常用的测交方法主要有以下 3 种。

（1）被测种畜与隐性个体交配　让被测种畜与隐性个体交配时，根据遗传规律，若被测种畜是纯合体，则后代中不可能出现隐性性状；当被测种畜是杂合体时，在后代中出现显性个体的概率为 1/2。如果有 n 个后代，其 n 个后代都是显性个体的概率为（$1/2$）^{n}，即该种畜为杂合体的概率为（$1/2$）^{n}。当 $n=5$ 时，（$1/2$）$^5=3.125\%$，该种畜为杂合体的概率仅为 3.125%，此时有 95%的把握断定该种畜是纯合体而不是杂合体。当 $n=7$ 时，该种畜为杂合体的概率为（$1/2$）$^7=0.78\%$，此时有 99%的把握断定该种畜是纯合体，不带有隐性基因。

当然，不管有多少后代，在测交中只要出现一头是隐性的后代，就能肯定该种畜是杂合体。

（2）被测种畜与已知为杂合体的个体交配　当隐性基因是致死和半致死时，隐性纯合体不可能存活到繁殖年龄，这时就可以采用这种测交方法。

在这种测交中，被测种畜产生显性后代的概率为 3/4。在 5%和 1%的显著水平上，断定该种畜是显性纯合体而不是显性杂合体所需的表现显性性状的后代数分别为 11 头和 16 头。

（3）被测种畜与其后代交配　在畜群中，无法找到隐性纯合体和杂合体时，就可采用此测交方法。

这时，假定该种畜的后代是显性纯合体和杂合体的数量各占一半，则其孙代出现显性性状的概率为 7/8。在 5%和 1%的显著水平上，断定该种畜是显性纯合体而不是杂合体所需的表现显性性状的后代数分别为 23 头和 35 头。

5.1.2.3　对杂合子的选择

由于杂种优势的存在，杂合子一般比任何一种纯合子都好。但它不能真实遗传，后代要发生分离，所以选种时一般都不选留杂合子。然而，当存在纯合子是致死或半致死基因时，纯合个体的存活率和繁殖力极低，两种纯合子在人工选择和自然选择下均有一定的淘汰，杂合子却被选留下来。

设 S_1 和 S_2 分别为 AA 和 aa 个体的淘汰率，S_1 和 S_2 可以相等，也可以不相等。这时群体中基因频率的变化见表 5-3。

表 5-3　对杂合子的选择

项目	AA	Aa	aa
选择前的频率	p_0^2	$2p_0 \cdot q_0$	q_0^2
留种率	$1-S_1$	1	$1-S_2$
选择后的频率	$p_0^2(1-S_1)$	$2p_0 \cdot q_0$	$q_0^2(1-S_2)$
相对频率	$\frac{p_0^2(1-S_1)}{1-S_1 \cdot p_0^2-S_2 \cdot q_0^2}$	$\frac{2p_0 \cdot q_0}{1-S_1 \cdot p_0^2-S_2 \cdot q_0^2}$	$\frac{q_0^2(1-S_2)}{1-S_1 \cdot p_0^2-S_2 \cdot q_0^2}$

经一代选择后，隐性基因的频率（q_1）为：

$$q_1=\frac{q_0(1-S_2 \cdot q_0)}{1-S_1 \cdot p_0^2-S_2 \cdot q_0^2} \tag{5-6}$$

每代基因频率的改变量（Δq）为：

$$\Delta q=q_1-q_0=\frac{p_0 \cdot q_0(S_1 \cdot q_0-S_2 \cdot q_0)}{1-S_1 \cdot p_0^2-S_2 \cdot q_0^2}$$

当达到平衡时，基因频率不再变化，上下代的基因频率相等，即 $\Delta q=0$，这时：

$$S_1 \cdot p-S_2 \cdot q=0$$

$$S_1 \cdot p=S_2 \cdot q$$

即当平衡时，显性纯合子的淘汰率与显性基因频率的乘积等于隐性纯合子的淘汰率与隐性基因频率的乘积。

同时，可从 $S_1 \cdot p-S_2 \cdot q=0$ 解出：

$$\begin{cases} p=\dfrac{S_2}{S_1+S_2} \\ q=\dfrac{S_1}{S_1+S_2} \end{cases} \tag{5-7}$$

由此可见，平衡时的基因频率由两纯合子的淘汰率所决定，而与原来的基因频率无关。

5.1.3　数量性状的选择

岷县黑裘皮羊的大部分经济性状，如产肉量、屠宰率、净肉率、日增重、产毛量等均属于数量性状，其选择方法不同于质量性状。

5.1.3.1　数量性状及其遗传模型

（1）数量性状　数量性状是表现连续变异的性状，个体之间无质的差异，不能简单地按类别分组，其特点是呈正态分布，即属于中间程度的个体多，而趋向两极的个体少。对数量性状的研究必须采用统计学方法计算表型参数，如平均数、标准差、方差等，并在此基础上估计遗传力、遗传相关、重复力等群体遗传参数，发现遗传规律和动态。

数量性状的表现是多基因系统联合效应造成的。这些基因缺乏显性、隐性之分，效应微小，但可以累加或累积。控制数量性状的这些微效多基因与控制质量性状的基因一样都位于染色体上，亦符合孟德尔的遗传法则，即仍具有分离、重组、连锁等性质。

（2）数量性状的遗传模型　在数量遗传学中，数量性状的表型值（P）是指在实际中所观察到的该性状的测定值，即该性状表现型的数值。例如，一只岷县黑裘皮羊从初生至周岁时的日增重为 150 g，那么，这 150 g 就是该岷县黑裘皮羊日增重的表型值。在表型值中由基因型（或遗传）所决定的数值称为基因型（遗传）值，用 G 表示；表型值与基因型值之差就是环境效应，即环境作用的值，用 E 表示。因此，数量性状的一般遗传模型为：

$$P=G+E \tag{5-8}$$

在对数量性状一般遗传模型的深入研究中，基因型值可进一步剖分为加性效应值（A）、显性效应值（D）、上位效应值（I）3 部分。于是数量性状表型值的剖分可记为：

$$P=A+D+I+E \tag{5-9}$$

这就是数量性状的加性-显性-上位遗传模型。

当上位效应不存在时（$I=0$），基因型值仅由加性效应值和显性效应值两部分组成，表型值的剖分记为：

$$P=A+D+E \tag{5-10}$$

这种遗传模型称为加性-显性遗传模型。

5.1.3.2　数量性状的选择反应

选择反应是指选择在下一代所产生的反应。它是指选留个体子女的平均值与同一性状原群体平均值之差，用 R 表示，其计算公式为：

$$R=S\cdot h^2 \tag{5-11}$$

式中：h^2为性状的遗传力；S 为选择差（选留个体的平均值与群体平均值之差）。

5.1.3.3 影响数量性状选择效果的因素

数量性状的选择效果是以选择反应的值来衡量的。因此，从式（5-11）可以看出，影响选择效果的主要因素有以下几方面。

（1）遗传力　性状的遗传力与选择反应成正比，高遗传力的性状，在相同选择差的条件下，比低遗传力的性状选择反应大。例如，要通过选择提高岷县黑裘皮羊的屠宰率、净肉率等性状比较容易，但受胎率、初生重、发情周期等性状要利用选择来提高，就比较困难。

另外，遗传力还可通过影响选择的准确性间接地影响选择反应，即遗传力低的性状，选择的准确度较低，因而选择反应也较小。

（2）选择差　从式（5-11）可见，选择差与选择反应也成正比。在遗传力相同的情况下，选择差越大，选择反应则越大。而选择差又受留种率和性状的标准差的影响。

从理论上讲，一个品种的数量性状一般表现为正态分布（图 5-1）。因此，选择强度与留种率的关系见式（5-12）。

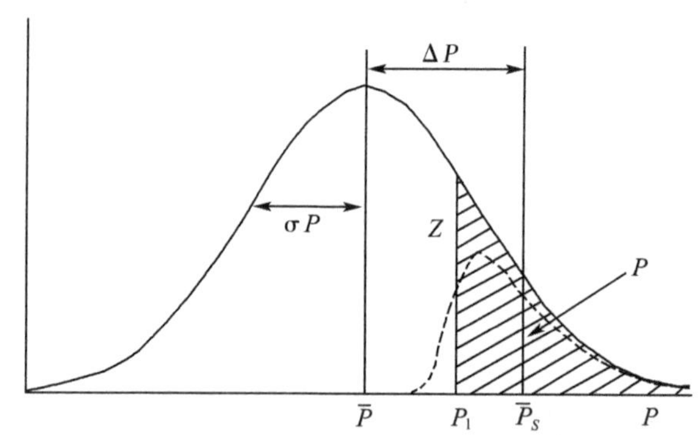

图 5-1　选择强度与留种率

（引自张沅，2001）

注：P 为性状表型值；$\overline{P}_S$为被选中种畜的表型值平均数；$\overline{P}$ 为群体中经性能测定动物表型值平均数；阴影部分为被选中的种畜所占的份额。

$$i=Z/P \tag{5-12}$$

式中：i 为选择强度；Z 为截点处纵高；P 为截点右正态曲线下面积，即留种率。

而选择强度是指标准化了的选择差，即：

$$i = \frac{S}{\sigma} \tag{5-13}$$

式中：σ 为性状的标准差。

因而：

$$\frac{S}{\sigma} = \frac{Z}{P}$$

所以：

$$S = \frac{Z \cdot \sigma}{P} \tag{5-14}$$

由此可见，留种率与选择差成反比，留种率越大，选择差越小。而选择差与标准差成正比，标准差大的性状，选择差也大。

(3) 世代间隔　选择反应是一个世代的选择进展。在育种中，影响逐年选择进展（ΔR）的另一个因素是世代间隔（G），二者的关系为：

$$\Delta R = \frac{R}{G} \tag{5-15}$$

即世代间隔越长，每年的改进量就越小，选择改进羊群生产性能的速度则越慢。

(4) 数量性状的间接选择　当 X 性状和 Y 性状之间存在遗传相关时，就有可能通过选择 Y 性状来间接地改良 X 性状，这就是 X 性状的间接选择。当所要改良的性状遗传力低，或难以精确度量或只有一个性别才表现时，就可以考虑采用间接选择。例如，在岷县黑裘皮羊育种中，屠宰率、胴体品质等种用羊本身难以度量的性状，可以通过选择体重、外形评分、日增重等相关性状来提高选择效果。

①间接选择反应。设 X 性状和 Y 性状之间存在遗传相关，Y 性状的直接选择反应为 R_y，X 性状随 Y 性状的选择而得到改进提高，则 X 性状的间接选择反应为 CR_x，表达式为：

$$CR_x = b_{A(xy)} \cdot R_y \tag{5-16}$$

式中：$b_{A(xy)}$ 为性状 X 对性状 Y 的遗传回归系数。

因为：

$$\begin{cases} b_{A(xy)} = r_{A(xy)} \cdot \dfrac{h_x \cdot \sigma_x}{h_y \cdot \sigma_y} \\ R_y = i_y \cdot \sigma_{A(y)} \cdot h_y^2 \end{cases} \tag{5-17}$$

则：

$$CR_x = r_{A(xy)} \cdot \frac{h_x \sigma_x}{h_y \sigma_y} \cdot i_y \cdot \sigma_{A(y)} \cdot h_y^2 = r_{A(xy)} \cdot i_y \cdot h_x \cdot h_y \cdot \sigma_x \quad (5-18)$$

所以：

$$\frac{CR_x}{R_x} = r_{A(xy)} \cdot \frac{i_y \cdot h_y}{i_x \cdot h_x} \quad (5-19)$$

可见，要使间接选择优于直接选择，必须满足两个基本条件。

第一，在选择强度相等（$i_x = i_y$）时，选择性状须具有较高的遗传力，且两性状间的遗传相关也很高，即 $r \cdot A(xy) \cdot h_y > h_x$。

第二，对选择性状可以施加高得多的选择强度（i_y），而使 $r_{A(xy)} \cdot i_y \cdot h_y > i_x \cdot h_x$。

当满足以上两个基本条件时，$\frac{C \cdot R_x}{R_x} > 1$。否则，间接选择不如直接选择。

②利用遗传标记进行间接选择。遗传标记是指受基因控制并可用于开展间接选择的各个性状，主要包括免疫遗传学、生化遗传学、细胞遗传学和分子遗传学标记等几个方面，根据遗传标记进行选种可望识别具有优良基因的种畜个体，缩短世代间隔，提高选种的准确性，获得最大的遗传进展，为家畜育种学中的新领域。

应用于岷县黑裘皮羊育种中的遗传标记必须具备以下 5 个条件：一是与目标性状有紧密的连锁；二是简单的质量性状遗传或是高遗传力的数量性状；三是容易检测且具有高的重复率；四是能在生命的早期表现出来，并且终身不变；五是具有丰富的遗传多态性。

生化和细胞遗传标记辅助选择：对岷县黑裘皮羊生化、细胞遗传标记的研究较多，并发现了某些标记性状与生产性能的相关性。因此，在岷县黑裘皮羊育种中，若利用这些标记性状开展辅助选择，可望提高选择的效率。

分子标记辅助选择：随着 DNA 分子生物学和 DNA 重组技术的出现和发展，现在人们已确知动物不仅有毛色、体态、血型、染色体等的多态性，而且有 DNA 分子水平的多态性，特别是在 20 世纪 80 年代以后，研究 DNA 多态性的各种分子遗传标记方法发展极为迅速，为分子遗传标记应用于动物育种提供了非常有利的条件。作为遗传标记研究的主要分子遗传标记有：限制性片段长度多态性（RFLP）标记、随机引物扩增多态性 DNA（RAPD）标记、可变串联重复序列（VNTR）标记、聚合酶链式反应（PCR）标记、PCR 产物的单链构象多态性（PCR-SSCP）标记、DNA 指纹（DNAFP）标记、线粒体 DNA（mtDNA）标记、单核苷酸多态性（SNP）标记等。这些分子遗传标记与传统的血型和染色体标记相比，具有多态性丰富、覆盖整个基因组等优点。

岷县黑裘皮羊育种中的分子标记辅助选择是通过分析与目标基因紧密连锁的分子标记的基因型来判断目标基因是否存在。这种间接选择的方法因不受其他基因效应和环境因素的影响，从理论上讲是较可靠的，且可进行早期选择。岷县黑裘皮羊的许多重要经济性状属于数量性状，如果找到这些数量性状位点（QTL）与分子标记之间的连锁关系，就有希望利用分子标记对数量性状进行选择。

（5）数量性状主基因的选择　畜禽数量性状的表型值是由微效多基因和环境因素共同决定的，目前人们陆续发现有些数量性状，如绵羊的产羔率、肉牛的双肌臀等，除受微效基因控制外，还受某个主基因的影响。对于这些性状采用传统的数量遗传学原理和方法进行选择，其遗传进展较慢。若对这些主基因进行鉴别和利用，就能够加快遗传改进的速度，取得常规育种方法所不能获得的效果。

①主基因的概念。主基因（major gene）是指能对数量性状的表型值产生较大影响的单个基因，它是相对于数量性状的微效基因而言的。

用特定的数量遗传学方法，可以对主基因的频率、基因型及频率，以及效应等进行测定和估计。一个基因的效应要多大才被认为是主基因，目前还没有统一的标准。一般认为，一个基因位点的效应对数量性状的影响在一个表型标准差以上时，这个基因可被认为是主基因。家畜中已认定的主基因有绵羊的布罗拉（Booroola）基因、肉牛的双肌臀基因和隐性矮小基因、猪的氟烷基因、家禽中的矮小基因等。

②主基因的效应。包括主基因对遗传参数的影响和主基因对选择反应的影响等。

主基因对遗传参数的影响：主基因的存在及其在群体中的频率会对遗传参数产生显著的影响。数量性状遗传力随着主基因频率的不同而发生变化，当主基因频率低或中等时，遗传力达到最高（图 5-2）。当主基因同时影响两个性状时，这两个性状间的遗传相关也会发生变化。

主基因对选择反应的影响：如果能检测出主基因的存在，并能确定其表现型时，就可以在选择中加以利用，以期提高选择的效果。一般来说，对于遗传力较低的性状和需要进行间接选择的性状，在选择时利用主基因会显著加大选择反应。但是这种额外的遗传进展，会随着主基因位点在选择中的迅速固定而消失。至于主基因对选择反应的影响程度，即主基因效应的估计值，主要取决于由主基因所造成的加性遗传方差与总的加性遗传方差之比，即：

$$R_m = \left(2pq\,\alpha^2 - \frac{\sigma^2}{N}\right) / V_G \tag{5-20}$$

式中：p 为主基因频率；q 为 $1-p$；α 为基因替代的平均效应；$2pq\alpha^2$ 为主基因位点的加性遗传方差；$\frac{\sigma^2}{N}$ 为估计 α 时的抽样误差；V_G 为加性遗传方差。

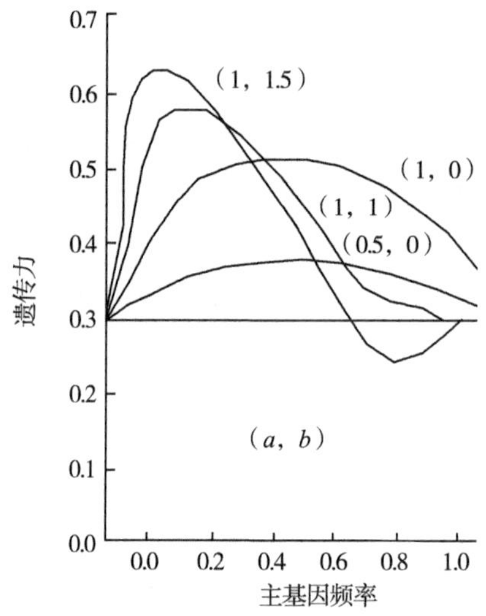

a为主基因位点的加性效应　b为主基因位点的显性效应

图 5-2　主基因及其频率对遗传力影响的示意图

在利用主基因选择时，若没有主基因效应的可靠估计值，就得不到预期的选择反应，甚至可能出现相反的结果。

主基因的测定：要判断某一数量性状是否受主基因的影响并不是一件容易的事。目前所知道的影响数量性状的主基因，多数是偶然发现的。因此，多年来，许多学者一直在探索检测数量性状主基因存在的方法，这些方法可归纳为以下 4 种。

一是偏离正态分布检测法。这种检测方法的依据：如果数量性状只受微效多基因和环境影响时，群体性状的观察值应服从正态分布，如果观察值的分布显著地偏离正态分布，则可能存在主基因。建立在这一依据上的检测方法主要有：观察值分布的偏斜度或峰态检测，如在峰态检测时，若主基因为显性时则出现两峰曲线，中间遗传时出现三峰曲线；亲子回归的非线性检测；家系内方差的异质性检测；方差和生产性能的相关性检测；等等。

二是主基因指数检测法。当有主基因存在时，某一后代与父母平均值的离差大于该后代与父亲的离差和与母亲的离差的几何平均值。而全部家系的所有个体的这种比值之和，即为主基因指数（I_m）。

$$I_m = \sum_{i=1}^{n} \left[(P_0 - P_{SD}) / \sqrt{(P_0 - P_S)(P_0 - P_D)} \right] \quad (5-21)$$

式中：P_0 为子女表型值；P_{SD}为父母表型平均值；P_S 为父亲表型值；P_D 为母亲表型值。

T. R. Famula 进一步发展了主基因指数检测法，他用个体的估计育种值代替表型值，并应用 BLUP 混合模型法计算主基因指数。

三是分离分析法。这种方法的基本原理是先对性状的遗传模式做出假设，如微效多基因模型、微效多基因-主基因混合模型等，并计算在不同模型下的观察数据的似然函数，通过比较在不同模型下的似然函数值来判断群体中是否有主基因存在。

四是连锁分析法。连锁分析法是利用遗传标记与数量性状位点（QTL）的连锁来确定各个 QTL 的效应，然后根据 QTL 的效应判断是否有主基因存在。

主基因在岷县黑裘皮羊育种中的应用：许多研究表明，生物的有些性状是受单基因系统和微效多基因系统共同控制的，即主基因和微效多基因联合控制的复合性状（或称质量-数量性状）。寻找这些性状的主基因，并利用它来加快遗传改良，是目前畜禽育种中的一大趋势。

岷县黑裘皮羊的许多经济性状，如产后乏情期、年产毛量、初生重等都有偏态分布的倾向，如果利用一定的方法去检测由主基因控制的岷县黑裘皮羊的经济性状，然后利用主基因选育的方法进行岷县黑裘皮羊育种，有望取得传统育种方法所不能取得的遗传进展。

5.1.4　阈性状的选择

5.1.4.1　阈性状的概念

阈性状是指在遗传上由多基因决定，但表现为不连续变异的一类性状。岷县黑裘皮羊的经济性状很多都属于这类性状，如抗病力、死亡或存活、外貌等级评分、肉色评分、体格、毛绒弯曲程度、油汗量等。

阈性状有两个分布（图 5-3）。一个是表型的间断分布（P 分布）。当只有 1 个阈的时候，它由连续分布上的门阈值 t 将个体分成两类，t 以下的为一类，如患病；t 以上的为另一类，如正常。因此，个体在表型分布中只有两个值，即 0 或 1；但群体中的个体可以有任何值，作为性状的发生率。另一个是潜在的连续分布（X 分布），它表示造成该性状的某种物质（基因）的浓度或发育过程的速度，一般是正态的或经过变换后是正态的。

阈性状的阈值可能是 1 个，也可能是多个。只有 1 个阈值的阈性状称为二者居一性状，只有两种表型。存在 1 个以上阈值的性状，称为多阈值性状，有多种表型。

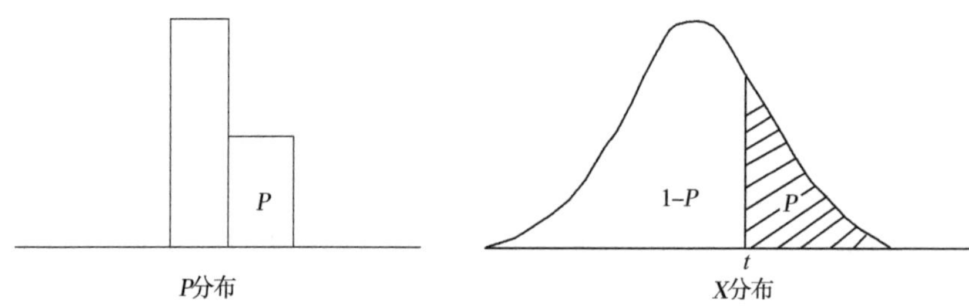

图 5-3 阈性状的两个分布

5.1.4.2 阈性状的选择

选择反应取决于选择差和性状的遗传力。对阈性状而言，同样如此。但阈性状的选择差不完全决定于留种率。原因是选择只能从所需类型中随机抽样，而无法区别所需类型中哪些是低值的，哪些是高值的。这样选中个体的平均值还是所需类型的平均值，不管将所需类型全部留种或部分留种都一样。只有当留种率小于或等于出现率时选择反应才最大；当留种率大于出现率时，迫使选留一部分不需类型的个体，这样选择反应就小。

阈性状的选择，一般是根据遗传力确定具体的选择方法，如个体选择、家系选择、家系内选择、合并选择等。当阈性状与其他质量性状、数量性状或遗传标记有较高的相关时，可以进行间接选择。对于某些阈性状，还可以通过改变环境条件来使阈发生移动，进而加大选择强度，增加遗传改进量。

5.2 种用羊的选种方法

一只好的种用岷县黑裘皮羊，不仅要求其本身生产性能高、体质外貌和繁殖性能好、发育正常、合乎品种标准，而且要求其种用价值高。因为种畜的主要价值，不在于它本身的生产性能，而在于它能生产品质优良的后代，也就是它优良的遗传型。所以，岷县黑裘皮羊的选种，实质上就是对岷县黑裘皮羊遗传型的选择。

在家畜中选种的方法多种多样，过去主要是通过祖先和后裔的质量来鉴定种畜，近几十年来又增加了一些新方法，使鉴定结果更为准确可靠。

5.2.1 岷县黑裘皮羊主要遗传参数估算方法

在近代绵羊的改良与育种工作中，为了能够正确地掌握绵羊数量性状的遗传规律，加快羊群品质改良的遗传进展，常应用以下遗传参数。

5.2.1.1 遗传力

遗传力是指亲代将其经济性状传递给后代的能力。它既反映了子代与亲代的相似程度，又反映了表型值和育种值之间的一致程度。绵羊数量性状表型值受遗传因素与环境因素的共同制约，同时遗传因素中由基因显性效应和互作效应所引起的表型变量值在传给后代时，由于基因的分离和重组很难固定，能够固定的只是基因加性效应所造成的那部分变量，因此，这部分变量叫作育种值变量。在养羊业育种实践中，把育种值变量（V_A）与表型值变量（V_P）的比值（V_A/V_P）定为遗传力。由于育种值变量不是直接变量，所以常用亲属间性状表型值的相似程度来间接估计遗传力。方法有两种，即子亲相关法和半同胞相关法。

子亲相关法是采用公羊内母女相关法，即以女儿对母亲在某一性状上的表型值相关系数或回归系数的两倍来估计该性状的遗传力。其公式为：

$$h^2 = 2r \text{ 或 } h^2 = 2b \tag{5-22}$$

因此，利用此法估计遗传力，必须估算母女对的相关系数或回归系数。其公式为：

$$r = \frac{\sum\sum xy - \sum\sum C_{xy}}{\sqrt{(\sum\sum y^2 - \sum C_y)(\sum\sum x^2 - \sum C_x)}} \tag{5-23}$$

式中：r 为母女对的相关系数；x 为母亲该性状表型值；y 为女儿同一性状表型值；C_y 为（$\sum y)^2/n$；C_x 为（$\sum x)^2/n$；C_{xy} 为 $\sum x\sum y/n$；n 为公羊内母女对数。

在随机交配的羊群中，当母女两代性状表型变量的标准差基本相同时，则 $r=b$。为计算方便，可用母女回归代替母女相关，但还是以母女相关计算结果准确。母女回归计算公式为：

$$\begin{cases} r_{yx} = \dfrac{\sum (x-\bar{x})(y-\bar{y})}{\sum (x-\bar{x})^2} \\ r_{yx} = \dfrac{n\sum xy - \sum x\sum y}{n\sum x^2 - (\sum x)^2} \end{cases} \tag{5-24}$$

子亲相关法计算遗传力，方法比较简单，但母女两代处于不同年代，环境差异大，影响精确性。

半同胞相关法是利用同年度生的同父异母半同胞资料估计遗传力，即以某一性状的半同胞表型值资料计算出相关系数（r_{HS}），再乘以 4，即为该性状的遗传力。公式为：

$$
\begin{cases}
h^2 = 4r_{HS} \\
r_{HS} = \dfrac{MS_B - MS_W}{MS_B + (n-1)MS_W} \\
MS_B = \dfrac{SS_W}{df_W} \\
MS_W = \dfrac{SS_B}{df_B} \\
SS_B = \sum C_y - \dfrac{\sum\sum y^2}{\sum n} \\
SS_W = \sum\sum y^2 - \sum C_y \\
df_B\text{（公羊间自由度）} = \text{组数}-1 \\
n = \dfrac{1}{df_B}\left(\sum n - \dfrac{\sum n^2}{\sum n}\right) \\
df_W\text{（公羊内自由度）} = \sum n-\text{组数}
\end{cases}
\tag{5-25}
$$

式中：MS_B 为公羊间均方；MS_W 为公羊内均方；SS_B 为公羊间平方和；SS_W 为公羊内平方和；df_B 为公羊间自由度；df_W 为公羊内自由度；n 为各公羊加权平均女儿数。

用半同胞资料计算遗传力的过程较为复杂，但因半同胞数量一般较多，而且出生年度相同，环境差异较小，所以求得的遗传力较为准确。

用以上方法估计的遗传力是否可靠，还须经过显著性检验。遗传力的显著性检验采用 t 检验法，其基本原则是被检验的统计量除以它的标准误，然后查 t 表。$P<0.05$ 就是显著，$P<0.01$ 就是极显著。

绵羊性状遗传力有以下 3 个特点。

一是品种内性状遗传力不是固定不变的常数，它受性状本身特性、群体遗传结构及环境因素的影响而变化。但对同一环境条件下的同一群体羊来讲，其性状遗传力则是相对稳定的。

二是遗传力从理论上讲在 0～1 变动。没有与环境无关的性状（$h^2=1$），也没有与遗传无关的性状（$h^2=0$）。当出现负值，则毫无意义，应检查试验设计是否正确，资料是否可靠。

三是绵羊性状遗传力的区分界限：0.4 以上属高遗传力，0.2～0.4 属中等遗传力，0.2 以下属低遗传力。

性状的遗传力是群体特征，不同品种、不同育种工作水平、不同羊群的同一性状的遗传力都有差别，饲养管理条件差异也会造成不同羊群遗传力的差异。

遗传力有以下 3 个用途。

一是决定选种方法。一个性状的遗传力高，表明其表现型和基因型之间的相关性高，可直接按表型值选择；对低遗传力性状，表型选择的效果就差，需采用家系选择，也就是说，要使低遗传力性状在选择中取得进展，必须更多地注意旁系和后代的性能。

二是预测选择效果。计算公式见式（5-11）。根据选择差就可预测选择效果。在同样的条件下，加大选择差，就可提高选择效果。

三是预测每年的遗传进展。计算公式：

$$\Delta G = S \cdot h^2 / t \tag{5-26}$$

式中：ΔG 为每年的遗传进展；t 为世代间隔。

该式表明，ΔG 由 S、t 和 h^2 3 个因素决定，因为 h^2 是个常数，所以根据 S 和 t 的变化就可预测每年羊群的遗传进展。

5.2.1.2　重复力

重复力指同一个体的同一性状在其一生的不同时期所表现的相似程度。重复力高的性状，可用一次度量值进行早期选择。

重复力采用组内相关法进行计算，以组内变量在总变量中所占的比例来反映组内相关。计算公式为：

$$r_e = \frac{MS_B - MS_W}{MS_B + (K_0 - 1)MS_W} \tag{5-27}$$

式中：MS_B为个体间均方（组间变量）；MS_W为个体内均方（组间变量）；K_0为每个个体度量次数，若各个体度量次数不等，则需用加权平均数。

K_0的计算公式为：

$$K_0 = \frac{1}{n - 1}\left(\sum k - \frac{\sum k^2}{\sum k}\right) \tag{5-28}$$

式中：n 为个体数；$\sum k$ 为各个体总度量次数；$\sum k^2$为每只羊度量次数平方和。

绵羊性状重复力的特点：绵羊性状重复力受性状的遗传特性、群体遗传结构及环境等因素的影响，所以测定的重复力只能代表被测羊群在其特定条件下的重复力，绵羊性状重复力的区分界限：0.6 以上为高重复力，0.3~0.6 为中等重复力，0.3 以下为低重复力。

在羊的育种工作中，应用重复力可在早期预测选种效果，推断某个性状今后变异的情况，所以对选种有很重要的指导意义。

5.2.1.3 **遗传相关**

遗传相关是指两个性状间的育种值的相关，也就是亲代某一性状的基因型与子代另一性状基因型的相关。例如，净毛量与原毛重是正遗传相关，按净毛量高选择亲代，就可提高后代的原毛量；皮肤皱褶数量与产羔数量呈负遗传相关，选择皮肤皱褶少的亲代，就可提高后代产羔数。所以，遗传相关用于间接选择，并可以间接估计选择效果。特别是只能在一个性别上度量的经济性状，如母羊的产奶量、产羔数等，在选择公羊时，就要通过公羊亲代与这些性状的遗传相关的计算结果进行判断。

遗传相关是通过亲属间两性状的表型相关计算得来的，在养羊业中多采用同胞关系计算性状间遗传相关。公式为：

$$r_{A(xy)} = \frac{MP_{B(xy)} - MP_{W(xy)}}{\sqrt{[MS_{B(x)} - MS_{W(x)}][MS_{B(y)} - MS_{W(y)}]}} \tag{5-29}$$

式中：$MP_{B(xy)}$为组间 x、y 性状均积；$MP_{W(xy)}$为组内 x、y 性状均积；$MS_{B(x)}$、$MS_{B(y)}$为 x、y 性状组间均方；$MS_{W(x)}$、$MS_{W(y)}$为 x、y 性状组内均方。

遗传相关的区分界限：0.6 以上为高遗传相关；0.4~0.6 为中等遗传相关；0.2~0.4 为低遗传相关；0.2 以下为遗传相关很小。

5.2.1.4 **表型相关**

岷县黑裘皮羊的许多性状之间是有联系的，即具有一定的相关性。如岷县黑裘皮羊品种内，同一个体的两个不同性状之间的相关性表现为羊体高、体长大，则体重大，这种关系称为表型相关。表型相关由遗传相关和环境相关二者组成。当性状遗传力高时，表型相关主要决定于遗传相关，反之，则决定于环境相关。所以要提高群体的某个性状值，遗传力高的性状关键在育种，优饲对遗传力低的性状则很重要。

5.2.2 常规选种方法

5.2.2.1 **性能测定**

性能测定（或称成绩测验）是根据岷县黑裘皮羊个体本身的成绩决定留种与淘汰。对于岷县黑裘皮羊的增重、阶段活重、体格、饲料利用率等遗传力较高且能够活体测定的性状，它是一种十分有效的选择方法。1~1.5 岁岷县黑裘皮羊的二选和定选均采用这种方法。

在实际选种中，当被选个体同一性状只有一次成绩记录时，应先校正到同一标准条件下，然后按表型值顺序选优去劣；当被选个体同一性状有多次成绩记录时，先把多次记录进行平均，然后按平均值进行排序选种。

5.2.2.2 系谱测定

系谱测定就是通过查阅和分析各代祖先的生产性能、发育情况以及其他材料，来估计该种畜的近似种用价值，以便基本确定种畜的去留。在实践中，往往是将多头种畜的系谱直接进行针对性的分析比较。鉴定时应注意以下几点。一是重点应放在父母代的比较上，然后是祖父母代。因为近代亲属影响大，远亲影响小。二是审查和鉴定不能只针对某一性状，要以生产性能为主做全面的比较。三是不同系谱要同代祖先相比，即亲代与亲代、祖代与祖代比较。

系谱测定多用于幼年和青年时期本身尚无生产性能记录时的选种，是早期选种的方法之一。在岷县黑裘皮羊生产中主要用于种用岷县黑裘皮羊的初选。

5.2.2.3 同胞测定

同胞测定是根据其同胞的成绩来评定某一个体的种用价值，可分为全同胞测定、半同胞测定、全同胞-半同胞混合测定 3 种方式。而岷县黑裘皮羊选种中的同胞测定主要是半同胞测定，另两种同胞测定应用较少。

对于岷县黑裘皮羊的产肉量、产后乏情期、排精量等限性性状和屠宰率、净肉率等活体上难以准确度量的性状，用同胞测定是最好的方法之一。

5.2.2.4 后裔测定

后裔测定是根据后代的成绩，来评定种畜种用价值的一种鉴定方法。它是评定种畜种用价值最可靠的方法，因为后代是亲代的产儿，是亲代遗传型的直接继承者。

后裔测定的方法很多，常用的有以下几种。

（1）母女对比法　这种测定方法多用于公羊。它是通过母女间生产性能的直接比较来选择公羊的一种方法。做法是将母女成绩相比较，凡女儿成绩超过母亲的，则认为公羊是改良者，可留作种用，否则就淘汰。此法还可通过计算公羊指数（F），依指数的大小排序选留。公羊指数计算公式为：

$$F=2D-M \tag{5-30}$$

式中：F 为公羊指数；D 为女儿成绩；M 为母亲成绩。

这种方法简单易行，一目了然，适用于小群体的选种；但由于母女所处的年代不同，存在一定的环境差异。同一头公羊与不同的母羊群配种会得到不同的结果。

（2）同期同龄比较法　同期同龄比较法是将被测公羊的后代与其他同期、

同群、同龄母羊的生产性能加以比较，来评定种公羊的遗传性能的一种方法。其优点是可以消除场地、季节等非遗传因素的影响；且方法简单，在资料不全时，可按单一性状进行选择。不足之处是所得结果只是对表型值的一个估计，没有消除预测中的误差。

（3）总性能指数法　该法是将各数量性状的预期遗传力结合起来，编制成一个简单的指数，即总性能指数（*TPI*），然后按指数大小排序选种。其指数的计算公式为：

$$TPI = \sum_{j=1}^{n} W_j \cdot R_{vj} \tag{5-31}$$

式中：*TPI* 为总性能指数；n 为性状数；W_j 为加权值；R_{vj}为相对育种值。

后裔测定固然是一种评定种畜种用价值的最可靠的方法，但也具有所需时间长、改进速度慢等不可克服的缺点。在实际应用中，要获得较精确的效果，还应注意以下事项：一是消除对方遗传因素和生理因素的影响；二是消除环境因素的影响；三是要有一定的数量；四是除测定主要的生产性能外，还应全面分析其体质外貌、生长发育、适应性及有无遗传病等。

5.2.2.5　岷县黑裘皮羊选种标准

（1）品种来源　岷县黑裘皮羊是在当地生态条件下形成的适于在高寒阴湿草山草坡放牧饲养的绵羊地方品种。主产区位于洮河上游两岸地区的岷县西寨、清水、十里、茶埠、梅川、中寨、秦许等乡镇；宕昌县、临潭县、渭源县的部分地区也有少量分布。

（2）品种特征

①体型外貌。岷县黑裘皮羊成年羊体型近似于方形，头清秀，额宽平，鼻梁隆起。公羊有角，向后向外呈螺旋状弯曲，颈较粗而长；母羊无角或有小角，耳大而向左右两侧平伸性下垂，颈部适中无褶皱，颈较细。胸部宽深，腰背平直，肋略窄，尻部微斜，臀部稍丰满。一般后躯高于前躯，四肢粗、长、端正，蹄质坚硬，尾形多为长瘦尾和锥形尾。

②被毛及裘皮特征。全身被毛（包括头、颈、耳、尾、角、四肢及蹄）呈黑色，肤色为白色。被毛为混型毛，毛股明显，略有弯曲，毛长平均为 11.41 cm。在主产区，全身呈黑色的羊约占 77.09%，褐色的占 19.79%，紫色的占 2.08%，花色的占 1.04%。具有裘皮表面乌黑光滑、光泽柔和发亮、有紫光、绒毛多、皮板轻柔细密等特点。

岷县黑裘皮羊毛股弯曲以 2~4 个居多，以 3~4 个为佳，以环形和半环形为主。花纹分为鸡头花、圆形花、核桃花、水波浪等类型，其中鸡头花、核桃花最受欢迎。花案面积越大，裘皮的价值越高。

③羔羊期特征。羔羊出生时，全身被毛（包括头、颈、耳、尾、角、四肢及蹄）呈黑色，被毛长 2 cm 以上，毛股呈环状紧贴皮肤。45 日龄进入二毛期，毛长在 7 cm 以上，毛股紧实而呈花穗，有 2~5 个弯曲，尖端呈环形或半环形。

④体尺体重。成年和一岁岷县黑裘皮羊平均体尺、体重见表 5-4。

表 5-4　岷县黑裘皮羊体尺、体重

年龄	性别	体高/cm	体长/cm	胸围/cm	体重/kg
成年	公	64. 35±2. 75	65. 25±2. 23	85. 65±5. 08	51. 00±6. 14
	母	61. 33±0. 76	64. 50±0. 95	81. 69±1. 26	40. 54±1. 29
一岁	公	58. 76±1. 47	61. 85±2. 05	69. 05±2. 21	26. 59±2. 10
	母	56. 27±2. 08	59. 59±2. 32	68. 23±2. 55	26. 07±3. 01

（3）生产性能

①裘皮用性能。所产二毛皮，裘皮被毛毛股明显而呈花穗，从毛穗尖端向基部有 2~5 个弯曲，毛股长达 7 cm 以上。毛股紧实，光泽好，尖端呈环形或半环形。优良二毛皮的毛纤维由根至尖全黑色，光泽悦目，皮板柔薄，皮板面积平均为 0. 4 m^2。阴历 10 月到 12 月宰的羊板皮质量更好。

②产肉性能。在二毛期体重约 6 kg，屠宰率 52% 以上。周岁体重 26. 33 kg，成年公羊和母羊体重分别为 51. 00 kg 和 40. 54 kg，屠宰率分别为 54. 53%和 53. 91%。二毛期羔羊及周岁龄羊宰杀是主要利用方式。

③产毛性能。习惯于每年春、秋两次剪毛，清明前后剪春毛，9 月剪秋毛。年均产毛量公羊 1. 75 kg、母羊 1. 56 kg。

④繁殖性能。公羊 7~8 月龄有性行为，1 岁性成熟，初配年龄为 1. 5 岁。母羊 7 月龄时性成熟，初配年龄为 1~1. 5 岁。发情周期为 18 d，妊娠期为 149~152 d，一般 1 年 1 胎，1 胎 1 羔，多胎多产者极少。公羊利用年限在 5 年左右，母羊在 6 岁以后繁殖力下降时会被淘汰。夏秋交接之际为配种季节，产羔以冬羔为多，一般 12 月产羔，其裘皮质量好。

（4）分级鉴定

①初生鉴定。初生鉴定按毛色、毛股长度、毛股弯曲数和发育状况分为 3 级，详见表 5-5、表 5-6、表 5-7。

表 5-5　一级羊生产性能指标

项目	初生羔羊		二毛羔羊		成年	
	公羊	母羊	公羊	母羊	公羊	母羊
体重/kg	≥2.5	≥2.4	≥6	≥6	≥57	≥44
毛股弯曲数/个	4	4	4	4	—	—
毛长/cm	4	4	7	7	13	13
毛色	纯黑	纯黑	纯黑	纯黑	纯黑	纯黑

表 5-6　二级羊生产性能指标

项目	初生羔羊		二毛羔羊		成年	
	公羊	母羊	公羊	母羊	公羊	母羊
体重/kg	≥2.3	≥2.2	≥5	≥5	≥47	≥37
毛股弯曲数/个	3	3	3	3	—	—
毛长/cm	3	3	7	7	11	11
毛色	纯黑	纯黑	纯黑	纯黑	纯黑	纯黑

表 5-7　三级羊生产性能指标

项目	初生羔羊		二毛羔羊		成年	
	公羊	母羊	公羊	母羊	公羊	母羊
体重/kg	≥2.0	≥1.8	≥4	≥4	≥37	≥30
毛股弯曲数/个	2	2	2	2	—	—
毛长/cm	3	3	7	7	9	9
毛色	被毛中含有少量褐色或紫色毛纤维					

② 二毛期鉴定。凡初生鉴定在三级以上的羔羊，均进行二毛期鉴定。

③成年期鉴定。分为三级，在 1.5 岁以后进行。

④ 等外。体格过于狭小，颈肩结合不良，被毛短，光泽差，主要部位毛色差异明显或有白色毛纤维，公羊无角。

⑤ 繁殖种羊。只有一级以上公羊、二级以上母羊才能作种羊使用。

5.2.2.6　岷县黑裘皮羊的选种鉴定项目

（1）品种　根据被鉴定个体的品种属性进行记录。

（2）羊号　根据羊只个体耳号记录。如果鉴定时被鉴定个体的耳号已掉落，应力求补戴原个体号，实在无法查询，应按所属牧户的种羊编号制度补戴新耳号，然后按补戴的新耳号记录。

（3）性别　按被鉴定羊只的性别记录。

（4）年龄　被鉴定个体的年龄，应根据羊只所属牧户的育种记录或耳号判定，然后用阿拉伯数字记录。如果没有育种记录或利用耳号无法判明其年龄时，可根据羊只下颌门齿的更换情况及磨损程度进行判定。

（5）体质　岷县黑裘皮羊选育群进行鉴定时，体质分 3 种类型，主要依据其生长发育情况、骨骼发育及皮肤厚度与弹性来判断，即：B 属于结实型体质，表现为发育良好，骨骼发育正常，皮肤厚度中等，有弹性；B-属于偏细致型体质，体重和骨骼发育较差，皮肤宽松；B+属于偏粗糙型体质，发育好，体重大，头部骨骼较粗大，毛稀疏，多有皮肤厚而松弛的特征。

（6）符号　用表 5-8 中的符号在长方形上标记羊只外形突出的优缺点。

表 5-8　羊只外形标记符号

符号	描述	符号	描述
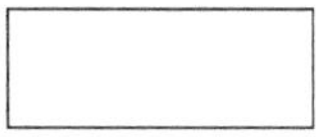	外形正常	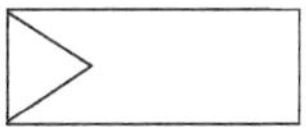	肋骨开张不良
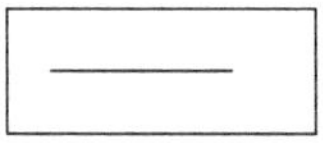	体躯长	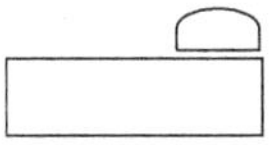	十字部宽
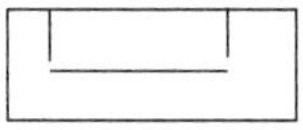	体躯短	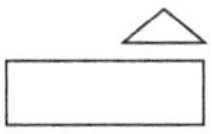	十字部窄
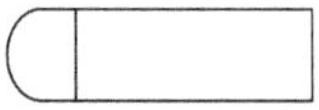	胸宽		后腿丰满
	胸窄	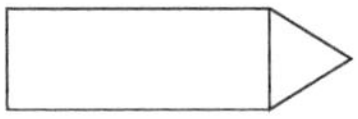	后腿瘦弱
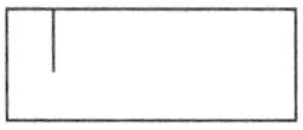	胸深	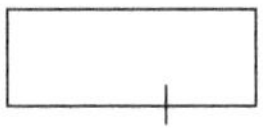	高腿
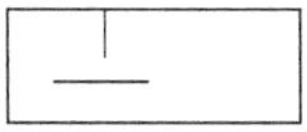	胸浅	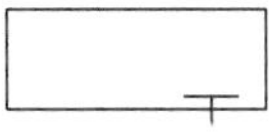	矮腿
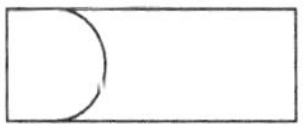	肋骨开张良好		

（7）体重　空腹称重后记录。

（8）体尺　保持羊只姿势端正后测定体高、体长、胸围、胸宽、胸深、十字部高、尻宽、管围。

（9）剪毛量　测定实际剪毛量。

（10）损征失格　用文字描述性记录表现出的严重损征失格内容。

（11）等级　包括特级、一级、二级、三级、等外。

5.2.3　育种值的估计

家畜的选种，从理论上讲，根据它们的育种值进行选择，才可能收到最大的效果。但育种值无法直接度量，只有通过表型值来估计。因此，长期以来，人们对种畜育种值的估计进行了许多研究，并提出了多种估计方法。

在岷县黑裘皮羊育种中，虽然根据育种值选种的工作才刚开始，但应用于其他家畜中的育种值估计方法，同样适用于岷县黑裘皮羊经济性状育种值的估计，所以，将这些方法介绍如下。

5.2.3.1　育种值的概念及估计原理

根据数量性状的加性-显性-上位遗传模型，数量性状的表型值可剖分为基因作用造成的加性效应（A）、显性效应（D）、上位效应（I）和环境影响造成的环境效应（E）4 部分。显性效应和上位效应两项虽然也是由基因造成的，但在遗传给后代时由于基因的分离和重组，一般不能真实遗传，在育种过程中不能被固定。能固定的只是基因加性效应造成的部分，即基因的加性值。所以基因的加性值又称为育种值。

用表型值估计育种值是根据回归原理，利用两个变量间的回归关系，用一个变量估计另一个变量。回归方程式为：

$$\hat{y} = b_{yx}(X - \bar{X}) + \bar{Y} \tag{5-32}$$

式中：X 为自变量；Y 为因变量；b_{yx} 为 y 对 x 的回归系数。

以表型值（P）为自变量，育种值（A）为因变量，参照以上的方法，就可以通过表型值估计育种值：

$$\hat{A} = b_{AP}(P - \bar{P}) + \bar{A} \tag{5-33}$$

在大群体中，由于各种偏差正负抵消，所以 $\bar{A} = \bar{P}$，则上式变为：

$$\hat{A} = b_{AP}(P - \bar{P}) + \bar{P} \tag{5-34}$$

式中：回归系数 b_{AP} 为性状遗传力（h^2），但在不同资料中为不同加权的遗传力。因此，估计育种值的公式也可以写为：

$$\hat{A} = h^2(P - \bar{P}) + \bar{P} \tag{5-35}$$

5.2.3.2 育种值的估计方法

育种值可以根据本身记录、祖先记录、同胞记录、后裔记录中的任何一种表型资料进行估计，也可以根据多种记录资料进行复合估计。

(1) 根据个体本身资料估计育种值　当个体本身只有 1 次记录资料时，估计育种值的公式为：

$$\hat{A}_x = (P_x - \bar{P})\ h^2 + \bar{P} \tag{5-36}$$

式中：$\hat{A}_x$ 为个体 X 性状的估计育种值；P_x为个体 X 性状的表型值；$\bar{P}$ 为该性状的群体平均表型值；h^2为该性状的遗传力。

根据个体本身 1 次记录估计育种值时，不同个体按育种值排序的顺序和按表型值排序是一致的。因此，在这种情况下，估计育种值就没有什么意义。

当个体有 n 次记录时，估计育种值的公式为：

$$\hat{A}_x = [\bar{P}_{(n)} - \bar{P}]\ h^2_{(n)} + \bar{P} \tag{5-37}$$

式中：$\bar{P}_{(n)}$ 为 X 性状 n 次记录的平均表型值；$h^2_{(n)}$ 为 n 次记录平均值的遗传力，计算公式为：

$$h^2_{(n)} = \frac{n \cdot h^2}{1 + (n - 1)re} \tag{5-38}$$

式中：re 为各次记录间的重复率。

(2) 根据祖先资料估计育种值　这种方法通常用于种畜本身没有表型记录时，利用祖先的成绩估计育种值。祖先中最重要的是父母。

当只有 1 个亲本的记录时，估计公式为：

$$\hat{A}_x = [(\bar{P}_{p(n)} - \bar{P})]\ h^2_{p(n)} + \bar{P} \tag{5-39}$$

式中：$\bar{P}_{p(n)}$ 为 1 个亲本 n 次记录的平均值；$h^2_{p(n)}$ 为亲本 n 次记录平均值的遗传力，计算公式为：

$$h^2_{p(n)} = \frac{0.5n \cdot h^2}{1 + (n - 1)\ re} \tag{5-40}$$

当同时具有父本、母本的记录时，估计公式为：

$$\hat{A}_x = \frac{1}{2}\{[\bar{P}_{S(n)} - \bar{P}]h^2_{S(n)} + [\bar{P}_{D(n)} - \bar{P}]h^2_{D(n)}\} + \bar{P} \tag{5-41}$$

式中：$\bar{P}_{S(n)}$、$P_{D(n)}$ 分别为父本和母本 n 次记录的平均表型值；$h^2_{S(n)}$、$h^2_{D(n)}$ 分别为父本和母本 n 次记录平均值的遗传力。

如果双亲记录为1次时，上式简化为：

$$\widehat{A_x} = \left[\frac{1}{2}(P_S + P_D) - \bar{P}\right]h^2 + \bar{P} \tag{5-42}$$

根据祖先资料估计育种值不如根据本身资料可靠，但祖先资料能最早获得，因此可作为选留幼畜的参考。

(3) 根据同胞资料估计育种值　同胞分为全同胞和半同胞两种，根据它们的记录估计育种值的公式为：

$$\begin{cases}\widehat{A_x} = [\bar{P}_{(FS)} - \bar{P}]\,h^2_{(FS)} + \bar{P} \\ \widehat{A_x} = [\bar{P}_{(HS)} - \bar{P}]\,h^2_{(HS)} + \bar{P}\end{cases} \tag{5-43}$$

式中：$\bar{P}_{(FS)}$、$\bar{P}_{(HS)}$ 分别为全同胞和半同胞的平均表型值；$h^2_{(FS)}$、$h^2_{(HS)}$ 分别为全同胞和半同胞遗传力的均值，计算公式为：

$$\begin{cases}h^2_{(FS)} = \dfrac{0.5n \cdot h^2}{1 + (n-1)0.5h^2} \\ h^2_{(HS)} = \dfrac{0.25n \cdot h^2}{1 + 0.25(n-1)h^2}\end{cases} \tag{5-44}$$

从加权遗传力公式可见，同胞数越多，同胞均值的遗传力就越大。所以，当性状的遗传力低同胞数又多时，用同胞资料进行选种的可靠性大。加之同胞资料能较早获得，对于限性性状和活体难以度量的性状，同胞选择具有重要的意义。

(4) 根据后裔资料估计育种值　根据后裔记录估计育种值是育种值估计中最后而最精确的结论，因此是选择种公羊的重要方法。估计公式为：

$$\widehat{A_x} = (\bar{P}_0 - \bar{P})\,h^2_{(0)} + \bar{P} \tag{5-45}$$

式中：$\bar{P}_0$ 为后裔的平均表型值；$h^2_{(0)}$ 为后裔均值的遗传力。

据证明：$h^2_{(0)} = 2h^2_{(HS)}$。因此，根据后裔记录估计育种值，要比应用半同胞记录估计育种值更为可靠，在头数相等时，它的加权值是半同胞时的2倍。

(5) 根据多项资料估计育种值　根据本身、祖先、同胞、后裔等多项纪录资料的复合来估计育种值，因亲属间存在不同的相关，它们的遗传效应不能直接相加，要用偏回归系数给予不同的加权。其通式为：

$$\widehat{A_x} = K_x[\bar{P}_{(n)} - \bar{P}] + K_0[\bar{P}_{0(n)} - \bar{P}] + K_{HS}[\bar{P}_{HS(n)} - \bar{P}] + K_{FS}[\bar{P}_{FS(n)} - \bar{P}] + K_D[\bar{P}_{D(n)} - \bar{P}] + K_S[\bar{P}_{S(n)} - \bar{P}] + \bar{P} \tag{5-46}$$

式中：K_x、K_0、K_{HS}、K_{FS}、K_D、K_S分别为本身、后裔、半同胞、全同胞、母本、父本的偏回归系数；$\bar{P}_{(n)}$、$\bar{P}_{0(n)}$、$\bar{P}_{HS(n)}$、$\bar{P}_{FS(n)}$、$\bar{P}_{D(n)}$、$\bar{P}_{S(n)}$分别为本身、后裔、半同胞、全同胞、母本、父本资料的平均表型值。

由于各种资料的组合不同，所用的偏回归系数也不一样，使复合育种值的估计过程非常复杂。为了便于在生产上的应用，合理地简化计算过程是十分必要的。

由于本身、祖先、同胞、后裔这4项资料在选种上的可靠程度不同，不能给予同等重视。因此，根据不同情况下不同资料的重要性，可以大致定出它们的加权值。为了计算上的方便，可把4个加权值分别定为0.1、0.2、0.3、0.4，4项加权值之和为1。这样复合育种值的简化公式为：

$$\widehat{A_x} = 0.1A_1 + 0.2A_2 + 0.3A_3 + 0.4A_4 \tag{5-47}$$

当$h^2<0.2$时，A_1、A_2、A_3、A_4分别为根据亲代、本身、同胞、后裔单项资料估计的育种值；当$0.2<h^2<0.6$时，A_1、A_2、A_3、A_4分别为根据亲代、同胞、本身、后裔单项资料估计的育种值；当$h^2\geqslant0.6$时，A_1、A_2、A_3、A_4分别为根据亲代、同胞、后裔、本身单项资料估计的育种值。

（6）相对育种值　为了相互比较，可把育种值化为没有单位的相对值，即相对育种值。基本公式为：

$$RBV = \frac{\widehat{A}}{\bar{P}} \times 100 \tag{5-48}$$

式中：RBV为相对育种值；$\widehat{A}$是复合育种值；$\bar{P}$为平均类型值。

根据式（5-48），可将任何一种估计育种值换算成相对育种值。

5.2.4　多个性状的选种

在岷县黑裘皮羊育种中多采用综合评定的选种方法，即根据若干性状指标，综合考虑各个因素来选育个体，如根据繁殖力、生长速度、外貌评分、胴体品质等性状进行综合选择。

对于多性状的选种，过去常用顺序选择法和独立淘汰法，现在多用指数选择法，即根据各自的相对经济重要性、遗传力及性状间的相关，综合成为一个指数，然后根据每个个体指数值的大小排序进行选择。

简化的综合选择指数公式为：

$$I = \sum_{i=1}^{n} W_i \cdot h_i^2 \frac{P_i}{\bar{P}_i} \tag{5-49}$$

式中：I 为综合选择指数；W_i 为 i 性状的经济加权值；h_i^2 为 i 性状的遗传力；P_i 为 i 性状的个体表型值；$\bar{P}_i$ 为 i 性状的群体平均值。

5.2.5 最佳线性无偏预测

5.2.5.1 BLUP 的概念

最佳线性无偏预测（best linear unbiased prediction，BLUP）是估计育种值的一种新方法。它既能估计固定的遗传效应和环境效应，又能预测随机的遗传效应。

近年来，许多学者对 BLUP 又进行了发展。除用于原先的估计育种值外，还用于主基因、遗传标记、基因嵌合体、转基因等的分析中，使它成为一种有广泛适应性的线性模型。

5.2.5.2 BLUP 混合模型的建立

BLUP 可利用不同来源的各种信息资料。对各种种畜进行遗传评定，因此，BLUP 混合模型也相应地具有多种形式。其模型的设计根据实际羊群结构和资料结构而定，如根据后裔测定资料估计种公羊育种值的公畜模型可表示为：

$$y_{ijkl} = u + h_i + g_j + s_{jk} + e_{ijkl} \tag{5-50}$$

式中：y_{ijkl}为后裔成绩的观察值；u 为总体均值；h_i 为场年季效应；g_j 为公羊组效应；s_{jk}为公羊效应；e_{ijkl}为残差效应。

若用矩阵形式来表示这一模型，则为：

$$\boldsymbol{Y}=\boldsymbol{Xh}+\boldsymbol{Bg}+\boldsymbol{Zs}+\boldsymbol{e} \tag{5-51}$$

式中：$\boldsymbol{Y}$ 为观察值的 n 维向量；$\boldsymbol{X}$ 为场年季效应的 $n \times p$ 阶结构矩阵；$\boldsymbol{h}$ 为场年季效应的 $\boldsymbol{p}$ 维向量；$\boldsymbol{B}$ 为公羊组效应的 $n \times q$ 阶结构矩阵；$\boldsymbol{g}$ 为公羊组效应的 q 维向量；$\boldsymbol{Z}$ 为公羊效应的 $n \times t$ 阶结构矩阵；$\boldsymbol{s}$ 为公羊效应的 t 维向量；$\boldsymbol{e}$ 为随机残差的 n 维向量。

一般把群体固定遗传效应和公羊随机遗传效应之和称为传递力。记为 $W_{jk}=g_i+S_{jk}$。种畜的育种值（BV）等于 2 倍的传递力，即：$BV=2W_{jk}=2$（g_i+S_{jk}）。

5.2.6 影响选择性状遗传进展的因素

通过有目的的选择，使羊群选择性状不断获得改良和提高，这种因选择而产生的超越值，称为遗传进展量，选种时应注意下列问题。

5.2.6.1　性状遗传力的高低

遗传力高的性状，通过个体表型选择就可提高，遗传进展就快；而遗传力低的性状，其表型值因受环境因素的影响较大，为提高选择效果，应当通过系谱、旁系和后代等进行家系选择。

5.2.6.2　选择差的大小

选择差是指留种群某一性状的平均表型值与全群同一性状平均表型值之差。选择差直接影响选择效果。选择差又直接受留种比例和所选性状标准（即羊群该性状的整齐程度）的制约。留种比例越大，选择差越小；性状标准差越大，选择差也随之增大。留种比例也直接关系到选择强度，留种比例越大，选择强度则越小（表 5-9）。

表 5-9　不同留种率的选择差与遗传强度

留种率/%	选择差	选择强度
100	0.000	0.000
90	0.195δp	0.195
80	0.350δp	0.350
70	0.497δp	0.497
60	0.497δp	0.644
50	0.798δp	0.798
40	0.966δp	0.966
30	1.158δp	1.158
20	1.400δp	1.400
10	1.755δp	1.755
5	2.063δp	2.063
4	2.154δp	2.154
3	2.268δp	2.268
2	2.421δp	2.421
1	2.665δp	2.665

注：δp 为性状标准差。

选择强度就是标准化的选择差。它们之间的关系如下：

$$\begin{cases} R=S\cdot h^2 \\ S-i\cdot \delta p \\ i=S/\delta p \\ R=i\cdot \delta p\cdot h^2 \end{cases} \tag{5-52}$$

式中：R 为选择效应；S 为选择差；i 为选择强度；δp 为性状标准差；h^2 为遗

传力。

可见，在性状遗传力水平相同的情况下，选择差越大，后代提高的幅度就越大。因此，在养羊业实践中，为了加快选择的遗传进展，尽可能增加淘汰数量，降低留种比例，以加大选择差。

5.2.6.3　**世代间隔的长短**

世代间隔是指羔羊出生时双亲的平均年龄，或者说是从上代到下代所经历的时间。岷县黑裘皮羊的世代间隔一般为 3 年左右。计算公式为：

$$L_0 = P + \frac{(t + 1)}{2} \cdot C \tag{5-53}$$

式中：L_0为世代间隔；P 为初年年龄；t 为产羔次数；C 为产羔间距。

世代间隔是影响选择性状遗传进展的因素之一。在一个世代里，每年的遗传进展量取决于性状选择差、性状遗传力以及世代间隔，计算公式见式（5-26）。

世代间隔越长，遗传进展就越慢。因此，在岷县黑裘皮羊改良和育种工作中，应当尽可能地缩短世代间隔，其主要的办法如下。一是公母羊应尽可能早地用于繁殖，一般不推迟初配年龄。岷县黑裘皮羊的初配年龄通常以 1.5 岁左右为宜，生态经济条件较好地方的某些品种还可适当提早。二是缩短利用年限，淘汰老龄羊。公母羊利用年限越长，到下一代出生时双亲的平均年龄就越大，世代间隔就越长。三是缩短产羔间距。岷县黑裘皮羊通常一年产羔一次。对全年发情的品种，在有条件的地区可实行两年产三胎或一年产两胎的办法，以缩短岷县黑裘皮羊产羔间距。

5.3　岷县黑裘皮羊的选配

5.3.1　选配的概念

岷县黑裘皮羊的选配是指按照一定的原则安排公、母岷县黑裘皮羊的交配组合，以期达到优化后代遗传基础、培育和利用良种的目的。换句话说，就是为了实现一定的育种目标，对岷县黑裘皮羊的交配进行人工干预。

5.3.2　选配的意义

选配的意义在于巩固选种效果。通过正确的选配，使后代能够结合和发展被选择绵羊所固有的优良性状和特征，从而使羊群质量获得预期的遗传进展。具体来说，选配的主要作用：使亲代的固有优良性状稳定地传给下一代；把分散在双亲个体上的不同优良性状结合起来传给下一代；把细微的、不甚明显的优良性状累积起来传给下一代；对不良性状、缺陷性状进行削弱或淘汰。

选配具有创造变异、培育理想类型、稳定遗传基础、把握变异方向的作用。因此，正确的选配，对岷县黑裘皮羊品种（类群）的改良具有重要意义，它和选种是互相衔接、不可缺少的两个育种技术环节。

5.3.3　选配的类型

选配实际上是一种交配制度。按照育种工作的要求，选配可分为表型选配和亲缘选配两种类型。表型选配是以与配公母羊个体本身的表型特征作为选配的依据；亲缘选配则是根据双方的血缘关系进行选配。这两类选配都可以分为同质选配和异质选配，其中亲缘选配的同质选配和异质选配即指近交和远交。

5.3.3.1　表型选配

（1）同质选配　是指具有同样优良性状和特点的公母羊之间的交配，以便使相同特点能够在后代身上得以巩固和继续提高。通常特级羊和一级羊是属于品种理想型羊只，它们之间的交配即具有同质选配的性质；或者当羊群中出现优秀公羊时，为使其优良品质和突出特点能够在后代中得以保存和发展，则可选用同羊群中具有同样品质和优点的母羊与之交配，这也属于同质选配。例如，体大毛长的母羊选用体大毛长的公羊相配，以便使后代的体格和羊毛长度得以继承和发展。这也就是“以优配优”的选配原则。

（2）异质选配　是指选择在主要性状上不同的公母羊进行交配，目的是使公母羊所具备的不同优良性状在后代身上得以结合，创造一个新的类型；或者是用公羊的优点纠正或克服与配母羊的缺点或不足。用特级、一级公羊配二级以下母羊即具有异质选配的性质。例如，选择体大、毛长、毛密的特级、一级公羊与体小、毛短、毛密的二级母羊相配，使其后代体格增大，毛长增加，同时羊毛密度得以继续巩固提高。在异质选配中，必须使母羊最重要的有益品质借助于公羊的优势得以补充和强化，使其缺陷和不足得以纠正和克服。这就是“公优于母”的选配原则。

岷县黑裘皮羊育种实践中同质和异质往往是相对的，并不是绝对的。比如上面列举的特级公羊与二级母羊的选配，按毛长和体大是异质的，但对于羊毛密度则又是同质的。所以，实践中并不能把它们截然分开，而应根据改良育种工作的需要，分清主次，结合应用。一般在培育新品种的初期阶段多采用异质选配，以综合或集中亲本的优良性状；当获得理想型，进入横交固定阶段以后，则多采用亲缘的同质选配，以固定优良性状，纯合基因型，稳定遗传性；在纯种选育中，两种选配方法可交替使用，以求品种质量的不断提高。

表型选配在养羊业中的具体应用也是十分复杂的，其选配方法也可分为个体选配和等级选配。

个体选配：个体选配就是为每只母羊考虑选配合适的公羊。主要用于特级母羊，如果一级母羊为数不多时，也可以用这种选配方式。因为特级、一级母羊是品种的精华、羊群的核心，对品种的进一步提高关系极大；同时，又由于这些母羊达到了较高的生产水平，一般继续提高比较困难，所以必须根据每只母羊的特点为其仔细地选配公羊。个体选配应遵循的基本原则：一是符合品种理想型要求并具有某些突出优点的母羊，如体格特大的母羊，应为其选配具有相同特点的特级公羊，以期获得这些突出优点得到巩固和发展的后代；二是符合理想型要求的一级母羊，应选配体大的特级公羊，以期获得较母羊更优的后代；三是对于具有某些突出优点但同时又有某些性状不甚理想的母羊如体格特大、羊毛很长、但羊毛密度欠佳的母羊，则要选择在羊毛密度上突出，体格、毛长性状上也属优良的特级公羊与之交配，以期获得既能保持其优良性状又能纠正其不足的后代。

等级选配：二级以下的母羊具有各种不同的优缺点，应根据每一个等级的综合特征为其选配适合的公羊，以求等级的共同优点得以巩固，共同缺点得以改进，这就是等级选配。岷县黑裘皮羊在进行等级选配时应根据前述选种标准，分别组成若干类群；然后根据每一个类群的共同点，有针对性地选择能克服和纠正其缺点的种公羊与之交配，或者选择综合品质理想的种公羊与之交配，以达到后代品质的全面提高。

5.3.3.2　**亲缘选配**

亲缘选配是指具有一定血缘关系的公母羊之间的交配。按交配双方的血缘关系可分近交和远交两种。

近交是指亲缘关系较近的个体间的交配。凡所生子代的近交系数大于0.78%者，或交配双方到其共同祖先的代数的总和不超过6代者，为近交，反之则为远交。在养羊业生产中，在采用亲缘选配方法时，主要是要科学地、正确地掌握和应用近交的问题。

选配时采用近交办法，可以加快群体的纯合过程。具体地讲，近交在这一过程中的主要作用如下。一是固定优良性状，保持优良血统。近交可以纯合优良性状基因型，并且比较稳定地遗传给后代，这是近交固定优良性状的基本效应。因此，在培育新品种、建立新品系过程中，当羊群出现符合理想的优良性状以及特别优秀的个体后，必然要采用同质选配加近交的办法，用以纯合和固定这些优良性状，增加纯合个体的比例，这正是优良家系（品系）的形成过程。这里需要指出的是，数量性状受多对基因控制，其近交纯合速度不如受一对或几对基因控制的质量性状快。二是暴露有害隐性基因。近交同样使有害隐性基因纯合配对的机会增加。在一般情况下，有害的隐性基因常被有益的显性等位基因掩盖而很少暴露，多呈杂合体状态，单从个体表型特征上是很难发现的。通过近交就可以分离杂合体基因型中的隐性基因并且形成隐性的基因纯合体，即出现有遗传缺陷的个体，而得以及早淘汰。这样便使群体遗传结构中隐性有害基因频率大大降低。因此，正确地应用近交可以提高羊群的整体遗传素质。三是近交通常伴有羊只本身生活力下降的趋势。不适当的近亲繁殖会产生一系列不良后果，除生活力下降外，繁殖力、生长发育、生产性能都会降低，甚至产生畸形怪胎，进而导致品种或群体的退化。研究证明，近交对绵羊体重和产毛产生不利影响，这些不利影响至少部分是由近交引起大脑垂体活动的减退导致的。

近交系数的计算和应用：近交系数是代表与配公母羊间存在的亲缘关系在其子代中造成相同等位基因的机会，是表示纯合基因来自共同祖先的一个大致百分数。计算近交系数的公式如下：

$$F_x = \sum\left[\left(\frac{1}{2}\right)^{n_1+n_2+1}\cdot(1+F_\alpha)\right]$$

或　　　　(5-54)

$$F_x = \sum\left[\left(\frac{1}{2}\right)^{N}\cdot(1+F_\alpha)\right]$$

式中：F_x 为个体 x 的近交系数；Σ为总和，即把个体 x 到其共同祖先的所有通路（通径链）累加起来；1/2 为常数，表示两世代配子间的通径系数；n_1+n_2 为通过共同祖先把个体 x 的父本和母本连接起来的通径链上所有的个体数；N 为交配双方到共同祖先的代数总和；F_α 为共同祖先的近交系数，计算方法与计算 F_x 相同，如果共同祖先不是近交个体，则计算近交系数的公式变为：

$$F_x = \sum\left(\frac{1}{2}\right)^{N}$$

或　　　　(5-55)

$$F_x = \sum\left(\frac{1}{2}\right)^{n_1+n_2+1}$$

在养羊业生产实践中应用亲缘选配时要注意以下事项：选配双方要进行严格选择，必须是体质结实、健康状况良好、生产性能高、没有缺陷的公母羊才能进行亲缘选配；要为选配双方及其后代提供较好的饲养管理条件，即应给予较其他羊群更丰富的营养条件；对所生后代必须进行仔细地鉴定，选留那些体质结实、体格健壮、符合育种要求的个体继续作为种用，凡体质纤弱、生活力衰退、繁殖力降低、生产性能下降以及发育不良甚至有缺陷的个体要严格淘汰。

不同亲缘关系与近交系数见表 5-10。

表 5-10　不同亲缘关系与近交系数

近交程度	近交类型	罗马字标记法	近交系数/%
嫡亲	亲子	Ⅰ—Ⅱ	25.0
	全同胞	ⅡⅡ—ⅡⅡ	25.0
	半同胞	Ⅱ—Ⅱ	12.5
	祖孙	Ⅰ—Ⅲ	12.5
	叔侄	ⅡⅡ—ⅢⅢ	12.5
近亲	堂兄妹	ⅢⅢ—ⅢⅢ	6.25
	半叔侄	Ⅱ—Ⅲ	6.25
	曾祖孙	Ⅰ-Ⅳ	6.25
	半堂兄妹	Ⅲ—Ⅲ	3.125
	半堂祖孙	Ⅱ—Ⅳ	3.125
中亲	半堂叔侄	Ⅲ—Ⅳ	1.562
	半堂曾祖孙	Ⅲ—Ⅴ	1.562
远亲	远堂兄妹	Ⅳ—Ⅵ	0.781
其他		Ⅲ—Ⅴ	0.781
		Ⅱ—Ⅵ	0.781

5.3.4　选配实施的原则

一是有明确的目的。二是为母羊选配的公羊，在综合品质和等级方面必须优于母羊。三是为具有某些缺点和不足的母羊选配公羊时，必须选择在这方面有突出优点的公羊与之配种，绝不可用具有相反缺点的公羊与之配种。四是采用亲缘选配时应当特别谨慎，切忌滥用。五是及时总结选配效果，如果效果良好，可按原方案再次进行选配。否则，应修正原选配方案，另换公羊进行选配。

5.4　近交在岷县黑裘皮羊育种中的应用

5.4.1　近交衰退

近交衰退是指由于近交而使岷县黑裘皮羊的繁殖力、生活力以及生产性能降低，且随着近交程度的加深，岷县黑裘皮羊的所有性状几乎都发生不同程度的衰退。主要表现在：世代间隔延长，羔羊成活率下降，死胎、畸形羊增多，生活力下降，适应性变差，生长发育慢等。但不同的性状衰退程度不同，一般遗传力低的性状如繁殖性状衰退明显；遗传力较高的性状如胴体品质、产肉率等衰退较小。另外，不同的近交方式，不同群体、个体及不同的环境条件下，近交衰退程度也不相同。

关于产生近交衰退的原因和机制，至今还没有比较完善的解释。一般认为是因为近交使基因纯合。有害的或不利的隐性基因得以暴露，进而发挥其作用，显性效应和上位效应减少，所有这些都对岷县黑裘皮羊的生理机能产生不利的影响，通过内分泌等途径影响新陈代谢，最终导致近交衰退。

5.4.2　近交对岷县黑裘皮羊生产性能的影响

在岷县黑裘皮羊育种中，随着近交系数的急剧上升，岷县黑裘皮羊的生产性能表现出明显的衰退现象。研究表明，当近交系数从0上升到12.5%时，岷县黑裘皮羊羔羊的成活率下降，并开始出现畸形羔羊，同时伴有胎次间隔时间和初产年龄延长等现象。近交系数在12.5%以下时，羔羊的适应性、体尺、体重、胴体品质等不产生衰退表现，也未发现死胎和畸形羊。因此，结合近交的特性和近交对其他家畜生产性能的影响情况，可以推断岷县黑裘皮羊对近交有一定的耐受能力，但高度近交仍然会引起严重衰退，岷县黑裘皮羊育种中的近交，若没有特殊需要，一般应将近交系数控制在12.5%以内。

5.4.3　近交在岷县黑裘皮羊育种中的具体应用

岷县黑裘皮羊育种中的近交衰退和近交作用都是客观存在的，而且是近交的遗传效应——基因纯合的结果，是内在矛盾的统一，需要用辩证的方法来认识和处理。近交的利弊不全在近交本身，关键是如何正确运用。

（1）近交的适用范围　由于近交衰退必然会带来经济损失，因此近交只能作为一种特殊的育种手段，在岷县黑裘皮羊育种工作的一定阶段，为了固定某些性状时才采用近交，不能滥用，更不能长期连续使用。以商品生产为主的畜群，一般不用近交。

（2）灵活运用各种近交方式　近交的方式很多，不同的方式引起的衰退程度不同，应根据具体情况灵活采用。例如，为了固定公、母岷县黑裘皮羊双方的优点时，可考虑采用全同胞、半同胞及堂兄妹关系的同代近交方式；如果只是为了固定某一优秀公岷县黑裘皮羊或母岷县黑裘皮羊的遗传特性时，可采用连续回交的方式。

（3）控制近交程度和速度　近交程度是利用近交的关键指标，在岷县黑裘皮羊育种中，要做到既能够使优良基因得到充分的纯合，又不至于产生严重衰退是相当困难的。岷县黑裘皮羊基因的纯合程度较高，代谢反应迟钝，并偏向原始肉用羊种，因此，岷县黑裘皮羊对近交的耐受程度较高，在品系繁育中近交系数可保持在12.5%以下。

缓慢的近交难以达到加快基因纯合的目的，连续的高度近交又有严重衰退的风险。为了慎重起见，岷县黑裘皮羊育种中的近交可以先行缓慢近交，或用较高的近交进行小规模试验，证实效果后再提高近交的速度。

（4）严格选择　对近交个体和近交后代都必须严格选择，同时在近交过程中进行大量淘汰，才能使近交有所成就。

第六章　岷县黑裘皮羊的本品种选育

6.1　岷县黑裘皮羊本品种选育的意义和作用

6.1.1　本品种选育的概念

本品种选育是指在本品种内部采取选种选配、品系繁育、改善培育条件等措施，以提高品种性能的一种方法。它与纯种繁育是既有区别又有联系的两个不同概念。本品种选育包括纯种繁育，其含义比纯种繁育更为广泛，其选育对象不仅包括育成品种，还包括地方良种和品群。不仅是为了繁殖纯种，还包括为克服某些缺点而采用一定形式的杂交。

本品种选育的任务是保持和发展一个品种的优良特性，增加种群中优良个体的频率，克服某些缺点、保持品种纯度以及提高品种的生产性能。

6.1.2　岷县黑裘皮羊本品种选育的意义

岷县黑裘皮羊是在海拔 3 000 m 以上的特殊生态条件下，经过当地农牧民长期辛勤劳动培育而成的，它能充分利用高山草场牧草资源，对高寒草地的生态环境具有极强的适应性和抗逆性。在空气稀薄、牧草生长期短、气候严寒的情况下能生活自如、繁衍后代，并为当地牧民提供肉、毛、皮等产品，是一种全能家畜，在遗传上是一个极为宝贵的基因库。但由于岷县黑裘皮羊未进行过系统的选育提高，其生产性能还处于较低水平，多数性状还不够一致。随着高原生态畜牧业的发展和市场对岷县黑裘皮羊产品品质要求的提高，培育适应现代生态畜牧业需求和产品优质的新品种是青藏高原养羊业持续发展的必然选择，这就使岷县黑裘皮羊本品种选育成为岷县黑裘皮羊育种中十分必要和迫切的任务。

6.1.3 岷县黑裘皮羊本品种选育的理论依据

岷县黑裘皮羊作为一个种群，受自然选择和人工选择的双重影响。如果忽视人工选择，则会在自然选择的影响下向着适应自然的方向变化，其满足人类需求的生产性能就会逐渐降低，造成遗传性能退化。

通过本品种选育，岷县黑裘皮羊的遗传特性和生产性能会得到保持和提高，其原因在于品种内存在基因型差异，性状变异范围大。通过择优去劣，再加以正确的选配，使符合育种要求的基因频率和基因型频率得以保持并增加，从而使品种特性得以保持并提高；通过彼此有差异的个体间交配，其后代中所出现的多种多样变异，为实现保持品种特性和提高品质的人工定向选育提供了良好的素材。而且，本品种选育并不排斥在必要的时候，在有限的群体内采用杂交的方法，有目的地引进某些基因，以增强克服个别缺点的效果，从而加速品种提高的进程。

6.1.4 岷县黑裘皮羊本品种选育的作用

岷县黑裘皮羊的本品种选育虽然同其他家畜的本品种选育相比，育种进展比较缓慢，但岷县黑裘皮羊的本品种选育并不像有些人认为的那样：岷县黑裘皮羊仅有一些生态类型，无品种结构，尚未测定各经济性状的遗传参数，因而岷县黑裘皮羊本品种选育的作用是极其缓慢和微不足道的。只要目标明确，方法得当，集中力量选育某几个性状，效果还是非常明显的。2008 年以来笔者通过对岷县黑裘皮羊遗传资源评价、品种资源本底调查，制订科学的保护方案，组建了岷县黑裘皮羊保种群，并采用保种群开放式核心群和本品种继代选育技术，选育提高保种群遗传性能。应用基因组学和转录组学技术发掘出岷县黑裘皮羊乌骨性状及其主基因，利用表型组数据和分子标记辅助选择手段，组建了岷县黑裘皮羊乌骨品系培育核心群，为岷县黑裘皮羊的科学研究奠定了良好的资源基础。

6.2 岷县黑裘皮羊本品种选育的原则

虽然产区各地岷县黑裘皮羊群体的特征特性有所不同，选育目标与措施也不一样，但在进行本品种选育时，有一些基本的原则是一致的，必须共同遵守。

6.2.1 明确选育目标

对岷县黑裘皮羊进行本品种选育，必须有明确的选育目标，才能对它进行有计划、有目的的选择和培育，也才能取得预期的良好效果。

在制定选育目标时，一方面要根据国民经济发展的需要，结合岷县黑裘皮羊分布地区的自然环境条件（特别是饲草条件）制定选育目标；另一方面要根据现有岷县黑裘皮羊品种的生物学特性和生产性能、该品种的形成历史和现状、分布地区和适应性、品种结构以及存在的缺点等情况，在调查了解的基础上，综合分析所制定的选育目标，拟定选育方案和选育指标。在拟定选育方案时，要以保持和发展本品种原有的优良特性为原则。

6.2.2　搞清岷县黑裘皮羊资源基本情况，制订科学的育种方案

虽然目前对岷县黑裘皮羊品种的主要特征和特性、生长发育和生产性能等有了一定的研究，但缺乏深度、不全面，远不能满足本品种选育的需要。必须对其生物学特性、畜牧学特性，尤其是遗传特性、遗传参数等进一步研究。弄清岷县黑裘皮羊的基本情况，制定正确的育种目标和合理的选育方案，开展有效的育种工作。评价遗传资源的大致步骤见图 6–1。

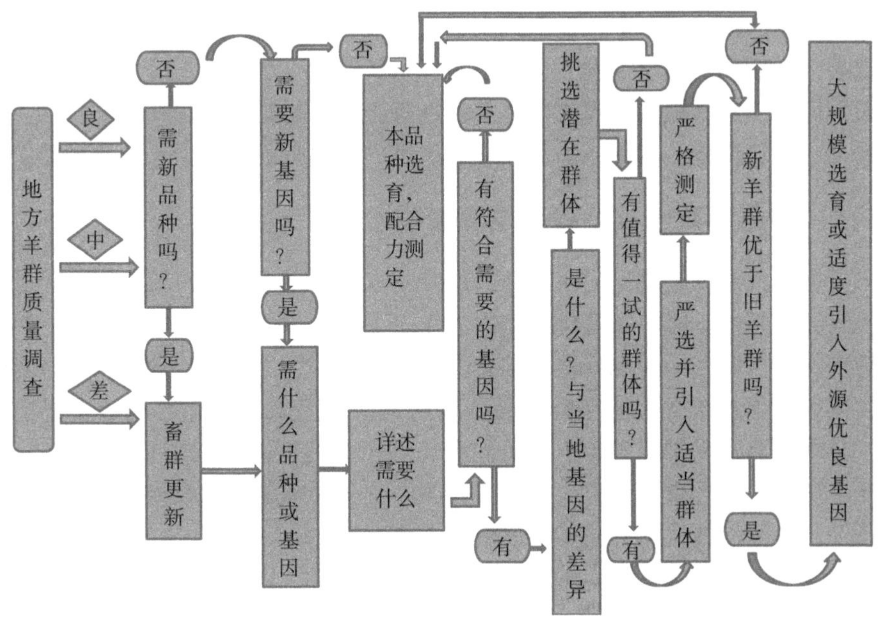

图 6–1　岷县黑裘皮羊遗传资源评价步骤

6.2.3 突出主要性状，以提高生产力水平为主

岷县黑裘皮羊品种均为兼用型，其生产性能全面。岷县黑裘皮羊的生产性能通常是由多个性状组成，在进行本品种选育时，往往需要同时对多个性状进行选择。例如，除选择肉用性能、日增重、早熟性外，还要对皮用、毛用性状进行选择。但在对多个性状进行选择时，要突出主要性状，而且同时选育的性状数目不宜过多，以免分散力量，降低每个性状的遗传改进量。

岷县黑裘皮羊数量多，而生产力水平低，产品品质参差不齐，跟不上社会经济发展的需要，所以岷县黑裘皮羊的本品种选育应以提高生产性能和产品品质为主要任务。另外，要注意提高岷县黑裘皮羊品种的纯度和稳定的遗传性，使岷县黑裘皮羊品种纯繁时其后代趋向整齐一致，不出现分离。当用于杂交时，能获得良好的杂种优势。

6.2.4 选种选配相结合

岷县黑裘皮羊的本品种选育由于个体来源相同、饲养管理条件基本一致、群体较小等原因，有时即使没有近亲繁殖，往往也会得到与近亲繁殖相似的不良结果，如后代的体质变弱、体格变小、生长缓慢、生产性能降低等近交衰退现象。因此，实施岷县黑裘皮羊本品种选育必须严格进行选种与选配，两者密切结合，不可偏废，以保持和提高岷县黑裘皮羊品种的生活力和生产性能。

6.2.5 改善培育条件，提高饲养管理水平

根据现代遗传学理论，生物任何性状的表型都是遗传和环境共同作用的结果。当饲养条件差时，家畜优良基因的作用无法表现。没有良好的培育和饲养管理条件，再好的品种也会逐渐退化，再高的选育水平也起不到应有的作用。岷县黑裘皮羊的产肉性能与肉羊品种相比是极低下的，这除与遗传差异有关外，与岷县黑裘皮羊恶劣的生存条件和长期粗放的饲养管理也有密切的关系。因此，在进行岷县黑裘皮羊本品种选育的同时，必须相应地改善培育和饲养管理条件，以便使其优良的遗传特性得以充分发挥。

6.3 岷县黑裘皮羊本品种选育的基本措施

6.3.1 建立选育领导小组，搞好协作

岷县黑裘皮羊的分布广，数量多。其选育又是一项集技术、组织管理于一

体的复杂工程，具有长期性、综合性和群众性的特点。因此，在开展岷县黑裘皮羊本品种选育时，必须建立由业务主管领导、专家、专业合作社负责人组成的品质选育领导小组，加强统一领导。开展调查研究，了解该品种的优缺点、形成历史以及当地经济发展对品种的要求等，然后确定选育方向、拟定选育目标、制订统一的选育计划。

6.3.2　建立稳定的选育基地和良种繁育体系

在岷县黑裘皮羊产区，划定品种选育基地，办好各种类型的岷县黑裘皮羊养殖场（户），建立和完善良种繁育体系，组建选育群和核心群。

良种繁育体系可由岷县黑裘皮羊场、良种专业户或重点户、一般牧户组成。岷县黑裘皮羊场内集中经品种普查鉴定出的最优秀公、母羊组成选育核心群，按照育种方案进行严格的选种、选配，开展品系繁育，不断提高品种的性能和品质，同时培育出优良种畜更新和扩展核心群，分期分批推广，装备良种专业户。良种专业户的任务是扩繁良种、供应一般牧户繁殖饲养。

岷县黑裘皮羊选育基地要相对集中，不宜过度分散，避免由于交通不便、信息不畅而产生各自为政、难以统一的状况。

6.3.3　健全性能测定制度和严格选种选配

核心群和选育群的岷县黑裘皮羊，都应按选育标准使用统一的技术，及时、准确地做好各项性能测定工作。建立良种等级制度，健全种畜档案，并在此基础上，选择出优秀的种母羊，与经过性能测定的公羊进行选配，从而使羊群质量不断得到提高和改进。

选种选配是本品种选育的关键措施。选种时，应针对岷县黑裘皮羊类群的具体情况突出重点，集中选择几个主要性状，以加大选择强度。选配时，各场（户）可采取不同方式。在育种场的核心群中，为了建立品系可采用不同程度的近交。在良种繁育场（户）和一般饲养场（户）应避免近交。

6.3.4　建立与选育目标相一致的配套培育和饲养管理体系

在进行岷县黑裘皮羊本品种选育时，所选出的优良品种只有在适宜的饲养管理条件下，才能发挥其应有的生产性能。因此，应加强饲草饲料基地建设，改善饲养管理，进行合理培育。建立岷县黑裘皮羊的科学饲养和合理培育体系。

6.3.5 以“性状建系”法为主开展品系繁育

岷县黑裘皮羊的系统选育程度不高，系谱制度不健全，开展品系繁育主要以“性状建系”法为主，采用品系繁育能有效加快选育进程。

6.3.6 有计划、有针对性地适当引入外血

在岷县黑裘皮羊本品种选育过程中，虽然采取一定的选育措施，但某些缺陷仍然无法克服时，可考虑采用引入杂交，有计划、有针对性地引入少量外血（外源基因），改良缺陷性状。不可超越本品种选育的范畴，岷县黑裘皮羊的性质基本不能改变。

6.3.7 定期举办岷县黑裘皮羊评比会

通过评比会评选出优秀公、母羊，交流和推广岷县黑裘皮羊繁育的先进经验，检阅育种成果，表彰先进个人和集体，以达到向广大牧民宣传、普及畜牧兽医科技知识、推动选育工作的目的。

6.3.8 坚持长期选育

岷县黑裘皮羊的本品种选育世代间隔长、涉及面广、社会性强，进展较慢。另外，岷县黑裘皮羊的饲养管理相对粗放，选育程度低，分布地区社会经济文化较落后，先进技术的接受和消化较困难，这很大程度上决定了岷县黑裘皮羊选育工作的长期性。因此，选育计划一经确定，不要轻易变动，特别是育种方向，更不能随意改变。要争取各方面的支持，坚持长期选育。

6.4 岷县黑裘皮羊的品系繁育

6.4.1 品系的概念

品系是指一些具有突出优点，并能将这些优点相对稳定地遗传下去的岷县黑裘皮羊群。在不同的育种阶段和不同的社会经济发展时期，岷县黑裘皮羊品系的内容和目的都具有不同的含义，并不断得到发展和完善。品系一般又可分为广义和狭义两种。

（1）*广义品系*　广义品系是一群具有突出优点并能将其优点稳定地遗传下去的种用羊群。在个体间不一定具有亲缘关系。它包括地方品系、近交系、合成系、群系、专门化品系等。岷县黑裘皮羊品种主要以地方品系为主。岷县

黑裘皮羊品种中的地方品系是在各地生态环境条件和社会经济条件的差异下，经长期选育而形成的。

(2) 狭义品系　狭义品系是指来源于同一头有突出优点的系祖，并与其有类似的体质和生产力的种用岷县黑裘皮羊群。它是建立在系祖的遗传基础上的，范围较窄。

广义和狭义品系在理论和建系方法上有一定的区别，但从选育目的和效果看，二者是一致的，都是为了育成具有一定亲缘关系、有共同优点、遗传性稳定、杂交效果好的岷县黑裘皮羊群。

6.4.2　品系繁育的特点

品系繁育是围绕品系而进行的一系列繁育工作，是品种选育工作的具体化。其内容包括品系的建立、保持和利用。它具有加速品种的形成、改良，以及充分利用杂种优势的作用。而这些作用是基于品系繁育本身所具有的以下特点。

一是速度快，品系由于群体小，可使遗传性很快趋于稳定，群体平均生产性能提高较快。当组成品系的原始群体较好时，3~5 代即可育成。二是群小，工作效率高，转向容易，效果具体、明显，一致性强。三是优良性状突出，有利于促进品种的发展和利用。

6.4.3　品系繁育的方法

6.4.3.1　系祖建系法

(1) 系祖的选择　品系繁育的成效主要取决于系祖的品质。一个优秀的系祖应该符合如下要求：首先，具有遗传性稳定的突出优点，同时在其他方面符合选育群的基本要求；其次，体质优良，无遗传病，测交证明不带有隐性有害基因；最后，有一定数量的优秀后代。

(2) 合理的选配　为了使系祖的突出优点在后代中得到巩固和发展，常采用同质选配，有时甚至采用连续的高度近交。

(3) 加强选择　要巩固系祖优良的特点，需要对系祖的后代进行严格的选择和培育，选择最优秀的后代作为系祖的继承者。继承者的选择以性能为主，严格按选育指标，并采用选择系祖的方法进行选择。继承者一般为公畜，以便迅速扩大系祖的影响。

从以上可见，系祖建系法实质上就是对系祖及继承者的选择和培育，同时进行合理的选配，以巩固系祖的优良性状并使之成为群体特点。该法性状较易固定，方法简单易行。

6.4.3.2 群体继代选育法

群体继代选育法是群体建系的一种方法。岷县黑裘皮羊的本品种选育多数采用该法。它的特点：零世代畜群开始全封闭，故选择组建基础群特别重要；强调选种，品系形成后畜群的生产性能水平可能优于基础群；以生产性能测定为主，适用于中等遗传力性状的选育；加速更新核心群，缩短世代间隔。

(1) 组建基础群　建立基础群后，开始闭锁繁育，不再向群内引入其他任何优良基因。所以新品系的质量高低取决于基础群组建的好坏。组建基础群要根据选育目标，把主要性状的优良基因全部汇集于基础群的基因库里。

建立基础群的方法有两种。一种是多性状选择，但不强调个体的每个性状都优良，即对群体而言是多性状选留，而对个体只针对单个性状；另一种是单性状选择，即选出某一性状表现好的所有个体组成基础群。

基础群要有一定的数量。其最低公畜数可按每代的近交增量估计。公式为：

$$S = \frac{n+1}{8n\Delta F} \tag{6-1}$$

式中：S 为最低公畜数；n 为公母比例中的母畜比数，一般公母比例为 1∶(25~40)；ΔF 为适宜的世代近交增量，一般以不超过 3%为宜。

(2) 闭锁繁育　基础群建立后，对畜群进行闭锁繁育，不再引入任何来源的种畜，后备者都在基础群后代中选择留种。闭锁后，一定会有一定程度的近交，为避免高度近交一般以大群闭锁为好，使近交程度缓慢上升。

(3) 严格选择　对基础群的后代，按照选育目标，严格选种。每一世代的后备岷县黑裘皮羊尽量争取集中于一个时期内出生，在相同条件下培育和生长。以后根据同胞和本身的成绩严格选留。且每世代的选种方法和标准始终保持不变，使基因频率朝着同一方向改变。

群体继代选育法由于从基础群开始采用闭锁群内随机交配，近交系数上升缓慢，遗传基础丰富，对继代种畜的选留较容易，所以建系的成功率高于其他建系法。

6.4.4 品系的利用

品系的建立和保持不是品系繁育的最终目的，而只是一种手段。建立品系后，应有计划地利用品系，使品系繁育工作进入一个新阶段。

(1) 合成新品系　这是品系利用和发展的重要途径。通过不同品系的结合，使品系间的优良特性互相补充，取长补短，以提高整个岷县黑裘皮羊品种的质量。

(2) 作为杂种优势利用的亲本　由于不同品系各有特点，它们的遗传结构存在差异，品系间杂交，其后代可表现出显著的杂种优势。所以用它们作为商品生产的亲本很适合，特别是更适合作为母本。

6.5 岷县黑裘皮羊的合作育种措施

绵羊的有些性状，通过选择并不难提高，像大部分的育肥性状、生长速度、成年体型，通过目测鉴定或公羊测验等方法，在群内或群间进行选择都能取得进展。有些性状，像繁殖效益、母羊总生产力、适应性、胴体品质和饲料转化率，通过选择，进展不大，主要原因不外乎是性状遗传力低、遗传变异小、选择差小和度量测定困难。解决的办法是增加羊群头数，扩大育种记录，以加大选择余地和准确性。问题是种羊场能办到，个体生产者做不到。针对如何提高千家万户家庭羊群的这一问题，绵羊合作育种形式应运而生。绵羊合作育种是独立于种羊场，由个体生产者组织起来的联合体，适合分散的小型家庭羊群或经济羊群的育种需要。

办好绵羊合作育种，首先要强调自愿，能遵章守约、长期合作；其次是各成员的绵羊类型要相同或相似，羊群所处的环境、管理条件相似；最后是明确合作目的是自繁自养、共同提高，而不是相互攀比对外出售种公羊，也不在参观展览上耗用精力。当前，青藏高原地区建立了牧民合作社组织，为藏羊的合作育种创造了良好的条件。合作育种方式是采用开放式核心群育种体系，具体做法如图 6-2 所示。

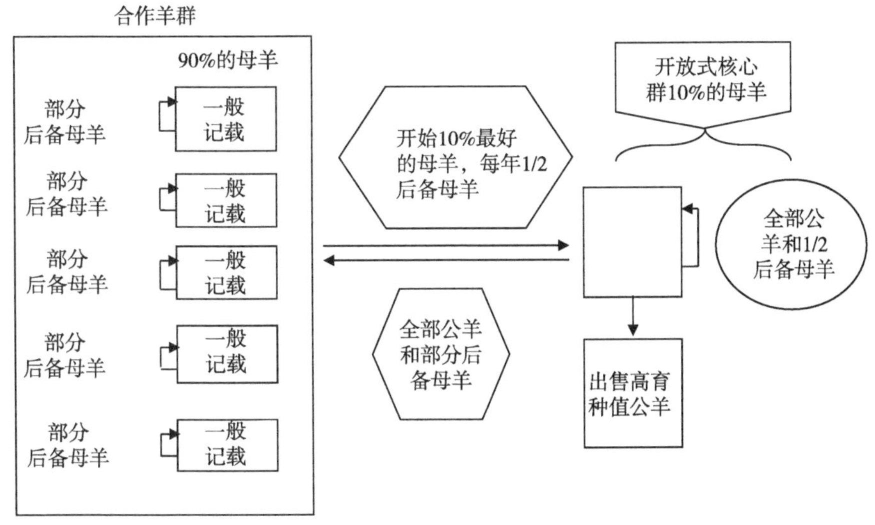

图 6-2　开放式核心群育种体系

开放式核心群育种体系举例如下。

有 5 户个体生产者，每户有 400 头母羊，绵羊品种类型相似，有合作育种、生产自用种公羊的共同想法，并商定羊群共同提高的目标——提高产羔率、增大个体体重等。

按照商定的提高目标，各户从自己羊群中挑选10%最好的母羊，集中组成核心群，指定一户代养。5户同时按前两年内年年繁殖能力高、生长发育良好、健康的要求选出40头母羊，共200头精选母羊组成核心群。

为核心群选出当年母羊配种用的公羊，公羊或引自种羊场，或调自各户原有公羊。所用公羊必须是遗传上杰出的个体，经过认可后才能动用。

计划从外场引进4头公羊，要求条件生长发育良好、健康和120日龄体重大，估测的性状育种值高；产羔数育种值高于一般平均值。4头公羊与200头母羊组成配对群，按计划使用。

为加快核心群的遗传进展，尽可能缩短世代间隔。母羊1.5岁配种，每年补充更新25%母羊。补充核心群的后备母羔，每年从核心群中选留一半，从各户羊群中选留一半，这样，可以连年将分散在各户羊群中的优良个体陆续补充到核心群，这是传统封闭育种所不及的一大遗传优势。

核心群母羊每年因死亡或淘汰等原因补进50头，其中，25头按选择指数值选自核心群母羔，25头由5户羊群中挑5头断奶体重最高的母羔，集中到核心群。核心群中多余的后备母羔补充到各户羊群。

核心群用和各户羊群用的公羊，全部由核心群选出，要求核心群的公羔有详细记载，实行严格淘汰。核心群的公羊只使用1年，目的是缩短世代间隔。

每户羊群1年需用8头公羊，每年更新50%，5户1年总共要补充20头公羊。核心群每年使用4头新公羊。按照上述需要量，核心群公羔120日龄断奶，选出50头繁殖成活羔羊的断奶体重，计算育种值最高的公羔，饲养在相同条件下做90 d增重测验，测验结束时，进行性能测定。比较各项指标，选出4头最优公羊留下供核心群使用，再从中选出20头优秀公羊分到各户羊群使用。翌年再将核心群上一年度使用的4头公羊转到各户羊群中用。

核心群用的公羊全部要求有准确的谱系和生产性能记载。各户羊群一般只要有必要项目记载，能满足筛选送核心群的优秀母羔和补足从核心群转来母羔数不够时，从本群选择后备母羔的比较用即可。

核心群要有完整的产羔记录，注明羔羊的父、母亲。羔羊初生时和断奶时全部称重。初选公羔必须通过断奶后90 d增重测验、性能测定。各户羊群产羔时母羔戴耳标，母女号登记入册，断奶时从羔羊耳标确定各头母羊实有的断奶羔羊数，不需要对羔羊称重和剪毛。

根据理论计算，核心群母羊数应占合作育种总母羊数的10%左右。母羊有50%选自各户羊群中最好的母羔，这样才能取得最大的遗传进展。据估测，开放式核心群育种的遗传进展比封闭式核心群育种（即所有补充的公、母羊全部来自原核心群后代）高 5%～15%。

6.6　岷县黑裘皮羊育种资料的整理与应用

6.6.1　育种资料整理的重要性

岷县黑裘皮羊育种和生产过程中的各种记录资料是羊群的重要档案，尤其对于育种场种羊群，育种资料更是必不可少。要及时全面掌握和了解羊群存在的缺点及主要问题，进行个体鉴定、选种选配和后裔测验及系谱审查，合理安排配种、产羔、剪毛、防疫驱虫、羊群的淘汰更新、补饲等日常管理时，都必须做好育种资料的记录。育种资料记录的种类较多，如种羊卡片、个体鉴定记录、种公羊精液品质检查及利用记录、羊配种记录、羊产羔记录、羔羊生长发育记录、体重及剪毛量（抓绒）记录、羊群补饲饲料消耗记录、羊群月变动记录和疫病防治记录等。不同性质的羊场、企业，不同羊群、不同生产目的的记录资料不尽相同，育种记录应力求准确、全面，并及时整理分析，有许多方面的工作都要依靠完整的记录资料。

6.6.2　育种资料的种类及应用

岷县黑裘皮羊育种资料记录的种类应根据需要而定，不求繁多。记录资料必须在规定的时间内统计整理完毕，否则对育种工作起不到指导作用。不整理或不及时整理的育种资料记录是毫无意义的。岷县黑裘皮羊生产需要的各种记录表格的样式见表 6-1 至表 6-10，仅供参考。

种羊卡片　凡提供种用的优秀公、母羊都必须有种公羊卡片和种母羊卡片。卡片中包括种羊本身生产性能和鉴定成绩、系谱、历年配种产羔记录和后裔品质等内容（表 6-1 至表 6-10）。

表 6-1　种公羊卡片（正面）

品　　种__________ 个体号 _________ 登记号_________

出生日期__________ 性　别 _________ 出生时母亲月龄__

单（多）羔 ______ 初生重 _____ （kg）1 月龄重____（kg）

2 月龄重______（kg）4 月龄重 ____（kg）　6 月龄重 ____（kg）

12 月龄外貌评分_______________　等　　级　_________

指标	1 岁	2 岁	3 岁	4 岁	5 岁	6 岁
体高/cm						

（续表）

指标	1岁	2岁	3岁	4岁	5岁	6岁
体长/cm						
胸围/cm						
尻宽/cm						
体重/kg						
羊毛长度/cm						
剪毛量/kg						
繁殖成绩						

亲、祖代品质及性能（背面）								
亲、祖代	个体号	产子单（多）羔						
父亲								
母亲								
祖父								
祖母								
外祖父								
外祖母								

表 6-2　种公羊精液品质检查及利用记录

品种　　　　　　公羊耳号

公羊月龄/月	射精量/mL	活率	密度	畸形率	稀释比例	授配母羊数量	授配母羊号

表 6-3　岷县黑裘皮羊配种记录

种公羊卡片

个体号　　　　品种　　　　出生日期　　　　出生地点

1. 生产性能及鉴定成绩					
年度	年龄	鉴定结果	活重/kg	产毛（绒）性能/kg	等级

（续表）

<table>
<tr><td colspan="10">2. 系谱</td></tr>
<tr><td colspan="5">母：个体号</td><td colspan="5">父：个体号</td></tr>
<tr><td colspan="5">品种</td><td colspan="5">品种</td></tr>
<tr><td colspan="5">鉴定年龄</td><td colspan="5">鉴定年龄</td></tr>
<tr><td colspan="5">羊毛（绒）长度/cm</td><td colspan="5">羊毛（绒）长度/cm</td></tr>
<tr><td colspan="5">体重/kg</td><td colspan="5">体重/kg</td></tr>
<tr><td colspan="5">剪毛绒量/kg</td><td colspan="5">剪毛绒量/kg</td></tr>
<tr><td colspan="5">等级</td><td colspan="5">等级</td></tr>
<tr><td colspan="2">祖母：</td><td colspan="3">祖父：</td><td colspan="3">祖母：</td><td colspan="2">祖父：</td></tr>
<tr><td colspan="2">个体号</td><td colspan="3">个体号</td><td colspan="3">个体号</td><td colspan="2">个体号</td></tr>
<tr><td colspan="2">体重/kg</td><td colspan="3">体重/kg</td><td colspan="3">体重/kg</td><td colspan="2">体重/kg</td></tr>
<tr><td colspan="2">剪毛量/kg</td><td colspan="3">剪毛量/kg</td><td colspan="3">剪毛量/kg</td><td colspan="2">剪毛量/kg</td></tr>
<tr><td colspan="2">等级</td><td colspan="3">等级</td><td colspan="3">等级</td><td colspan="2">等级</td></tr>
<tr><td colspan="10">3. 历年配种情况及后裔品质</td></tr>
<tr><td rowspan="2">年份</td><td rowspan="2">与配
母羊数</td><td rowspan="2">产羔
母羊数</td><td rowspan="2">产羔数</td><td colspan="6">后裔品质*（等级比例）</td></tr>
<tr><td>特级</td><td>一级</td><td>二级</td><td>三级</td><td>四级</td><td>等外</td></tr>
<tr><td></td><td></td><td></td><td></td><td></td><td></td><td></td><td></td><td></td><td></td></tr>
</table>

注：* 周岁龄鉴定成绩。

种母羊卡片

个体号　　　　品种　　　　出生日期　　　　出生地点

<table>
<tr><td colspan="6">1. 生产性能及鉴定成绩</td></tr>
<tr><td>年度</td><td>年龄</td><td>鉴定结果</td><td>活重/kg</td><td>产毛（绒）性能/kg</td><td>等级</td></tr>
<tr><td></td><td></td><td></td><td></td><td></td><td></td></tr>
<tr><td colspan="6">2. 系谱</td></tr>
<tr><td colspan="3">母：个体号</td><td colspan="3">父：个体号</td></tr>
<tr><td colspan="3">品种</td><td colspan="3">品种</td></tr>
<tr><td colspan="3">鉴定年龄</td><td colspan="3">鉴定年龄</td></tr>
<tr><td colspan="3">羊毛（绒）长度/cm</td><td colspan="3">羊毛（绒）长度/cm</td></tr>
<tr><td colspan="3">体重/kg</td><td colspan="3">体重/kg</td></tr>
</table>

（续表）

剪毛绒量/kg		剪毛绒量/kg	
等级		等级	
祖母：	祖父：	祖母：	祖父：
个体号	个体号	个体号	个体号
体重/kg	体重/kg	体重/kg	体重/kg
剪毛量/kg	剪毛量/kg	剪毛量/kg	剪毛量/kg
等级	等级	等级	等级

表 6-4　历年配种产羔成绩

年份	与配公羊		产羔情况						用途（淘汰或留种）
	个体号	品种	等级	公母	初生重/kg	断奶重/kg	一岁龄鉴定结果	等级	

表 6-5　岷县黑裘皮羊个体鉴定记录

品种　　　　　　　　群别　　　　年龄　　　　　性别　　　　　第　页

个体号	类型	油汗	体格	外貌	总评	体重	毛量	等级	备注

表 6-6　岷县黑裘皮羊的羔羊断奶鉴定记录

品种　　　　　　　　群别　　　　年龄　　　　　性别　　　　　第　页

个体号	父号	母号	活重/kg	等级	备注

表 6-7 岷县黑裘皮羊繁殖记录

品种　　　群别　　　年龄　　　性别　　　第　页

个体号	母羊		与配公羊		配种日期				分娩		生产羔羊		
	耳号	等级	耳号	等级	第一次	第二次	第三次	第四次	预产期	实产期	耳号	单双羔	性别

表 6-8 产羔登记

品种　　　群别　　　年龄　　　性别　　　第　页

序号(临时号)	母羊		羔羊		羔羊初生鉴定							备注
	耳号	等级	耳号	性别	单双羔	出生日期	初生重/kg	毛色	毛质	类型	其他	

表 6-9 繁殖成绩统计

品种　　　群别　　　年龄　　　性别　　　第　页

基础母羊总数	配种		妊娠		流产		分娩		产活羔		断奶成活率		每百只基础母羊断奶成活羔羊数	备注
	只数	百分比/%	只数	百分比/%	只数	百分比/%	只数	百分比/%	只数	百分比/%	只数	百分比/%		

表 6-10 岷县黑裘皮羊选配计划记录

母羊				与配公羊				亲缘关系	选配目的
羊号	品种	等级	特点	羊号	品种	等级	特点		

第七章　岷县黑裘皮羊的繁育管理

7.1　岷县黑裘皮羊繁殖

7.1.1　岷县黑裘皮羊性成熟和初配年龄

性成熟是指性生理功能成熟，以出现性行为及产生成熟的生殖细胞和性激素为标志。公羊进入性成熟的具体表现为性兴奋，求偶交配，常有口唇上翘、舌唇互相拍打行为，发出鸣叫声，前蹄刨踢地面，嗅闻母羊外阴、后躯。公羔出生后2~3个月即有性行为，发育到5~8月龄，睾丸内即能产生成熟的精子。岷县黑裘皮羊公羔到9~11月龄，母羔到8~10月龄时达到性成熟。如果此时将公、母羊相互交配，即能受胎。但公、母羊达到性成熟时并不意味着可以配种，因为羊只刚达到性成熟时，并未达到体成熟，如果这时进行配种，就可能影响它本身和胎儿的生长发育。因此，公、母羔到4月龄断奶时，一定要分群管理，以避免偷配。

岷县黑裘皮羊的初次配种年龄一般在1.5岁左右，但也受饲养管理条件的制约。在草原或饲草料条件良好、羊只生长发育较好的地区，初次配种都在1.5岁，而在草原或饲草料条件较差、羊只生长发育不良的地区，初次配种年龄往往推迟到2岁后进行。在正常情况下，岷县黑裘皮羊比较适宜的繁殖年龄，公羊为2.5~6岁，母羊为1.5~7岁。成年母羊一般每年都在秋季进行配种。繁殖的终止年龄，营养好的可达7~8岁，一般到7岁以后，羊只的繁殖能力就逐渐衰退。

7.1.2　配种

岷县黑裘皮羊的繁殖季节（亦称配种季节）是经长期的自然选择逐渐演化而形成的，主要决定因素是分娩时的环境条件，要有利于初生羔羊的存活。岷县黑裘皮羊的繁殖季节，因纬度、气温、品种遗传性、营养状况等而有差异。岷县黑裘皮羊产区纬度较高，四季分明，夏秋季短，冬春漫长，气候干旱，天然牧草稀疏低矮，草种较单纯，枯草期长，四季供应极不平衡。因此，岷县黑裘皮羊表现为季节性发情。据观察，岷县黑裘皮羊习惯冬季产羔，一般在7—9月配种，12月至翌年2月产羔，占母羊总数的70%~80%。

7.1.2.1　配种方法

岷县黑裘皮羊配种方式主要有两种：一种是自然交配，另一种是人工授精。自然交配又称本交，又分为自由交配和人工辅助交配。自由交配是按一定公、母比例，将公羊和母羊同群放牧饲养或同圈喂养，一般公、母比为1：（30~50），最多1：60。母羊发情时与同群的公羊进行交配。这种方法又叫群体本交。群体本交时，使公、母羊在配种季节内合群放牧或同圈饲养，让公羊自行去找发情母羊，自由交配。为了避免3月青黄不接期间产羔对母羊不利，到9月以后就停止配种，隔1个多月后的11月再继续配种，直到12月底结束。但自然交配有许多缺点，由于公、母羊混群放牧或饲喂，在繁殖季节，公羊在一天中追逐发情母羊，故影响羊群的采食抓膘，而且公羊的体力消耗也很大；无法了解后代的血缘关系；不能进行有效的选种选配；另外，由于不知道母羊配种的确切时间，因而无法推测母羊的产羔时间，同时由于母羊产羔时期延长，所产羔羊年龄大小不一，从而给羔羊鉴定和管理等工作造成困难。

为了克服自然交配的缺点，但又不能开展人工授精时，可采用人工辅助交配法。即在平时将公、母羊分群放牧或饲喂，到配种季节每天对母羊进行试情，把发情母羊挑选出来与指定的公羊进行交配。采用这种方法，公、母羊在繁殖季节互相不干扰，不影响抓膘；同时，可以准确登记公、母羊的耳号及配种日期，这样可以预测产羔日期，减少公羊体力消耗，提高受配母羊数，集中产羔，缩短产羔期配种。还可知道后代血缘关系，以便进行有效的选种选配工作。

人工授精是指通过人为的方法，用器械采集公羊精液，经过精液品质检查和稀释处理后输入到母羊的子宫内，使卵子受精以繁衍后代，它是最先进的配种方式。其主要优点包括如下4个方面。一是可扩大优良种公羊的利用率。在自然交配时，公羊交配1次只能配1只母羊，而采用人工授精的方法，公羊采1次精，经稀释后可供几十只母羊授精使其妊娠。二是可以提高母羊的受胎率。采用人工授精方法，可将精液完全输入到母羊的子宫颈或子宫颈口，加快精子与卵子结合的时间，提高妊娠的概率。三是可有效地防止公、母羊交配时生殖器官直接接触引起的疾病传播。四是提供可靠的配种记录，对羊群的选种选配以及产羔都非常有利。

根据岷县黑裘皮羊产区的饲草料、气候情况，在8—9月及11月配种是适当的，因为经过跑青期，羊吃了足够营养丰富的青草。这时期母羊膘肥体壮，发情整齐，公羊精力充沛，性欲旺盛，这时进行配种，于翌年1—2月及4月期间产羔。9月以前配种所产的羔羊称“冬羔”或“早羔”；11月以后配种所产的羔羊称“春羔”或“热羔”。生产实践证明，一般冬羔越冬期的发育和裘皮品质比春羔好，故应多产冬羔，少产春羔。如果放牧和饲料条件好，则产冬羔数可多些；反之，若遇春季干旱，牧草生长不良，到翌年产春羔的比例就自然增大。羔羊成活率冬羔为90%左右，春羔为80%左右。

岷县黑裘皮羊的发情规律和羊只四季营养状况的变化规律相吻合。在岷县黑裘皮羊产区，牧草一般在4月下旬萌发，5月羊只吃上青草，膘情迅速恢复，7月出现发情，8—9月秋高气爽，气温渐凉，光照由长变短，羊只膘肥体壮，母羊健壮，发情旺盛达到高潮，公羊精力充足，这时进行配种，于翌年1—2月及4月产羔。在岷县黑裘皮羊产区，一般10月以后即进入枯草期，11月中旬后，羊只体重开始下降，从12月至翌年4月，随着天然草场枯草蓄积量的日渐耗尽，羊只体重逐月减少，4月降到最低值，体重减少1/3左右，甚至引起死亡。

7.1.2.2 配种时期的选择

岷县黑裘皮羊的配种时期，主要是根据什么时期产羔最有利于羔羊的成活和母子健壮来决定。产冬羔的主要优点：在母羊妊娠期，营养条件比较好，所以羔羊初生重大，在羔羊断奶以后就能吃上青草，在岷县黑裘皮羊产区羔羊断奶后冬羔有4个月的青草期，因而生长发育快，第一年的越冬度春能力强；由于产羔季节气候比较寒冷，因而肠炎和羔羊痢疾等疾病的发病率比春羔低，故羔羊成活率比较高；岷县黑裘皮羊冬羔的初生毛股自然长度、伸直长度及剪毛量比春羔高。冬羔皮洁白光润，而春羔皮色泽多暗淡、干燥。冬羔皮板致密，富弹性，皮张的伸张力大，毛较密保暖。但在冬季产羔必须贮备足够的饲草饲料和准备保温良好的羊舍；配备的劳力也要比春羔多。如果不具备上述条件，产冬羔也会有很大损失。岷县黑裘皮羊产春羔时，气候已开始转暖，因而对羊舍的要求不严格；同时，牧草萌发，母羊在哺乳前期已能吃上青草，因此能分泌较多的乳汁哺乳羔羊，但产春羔的主要缺点是母羊在整个妊娠期都处在饲草饲料不足、营养水平最差的阶段，母羊易营养不良，造成胎儿的个体发育不好，产后初生重比较小，体质弱，春羔皮伸张力小，缺乏弹性，毛较稀、易松散、光泽差。这样的羔羊，经夏、秋季节的放牧虽能获得一些补偿，但紧接着冬季到来，还是比较难于越冬度春。岷县黑裘皮羊春羔在翌年剪毛时，无论剪毛量，还是体重，都比冬羔低。另外，由于春羔断奶时已是秋季，牧草开始枯黄，营养价值降低，特别是在草场不好的地区，对断奶后母羊的抓膘、母羊的发情配种及当年的越冬度春都有不利的影响。

综上所述，岷县黑裘皮羊以 8—9 月配种、翌年 1—2 月产羔较好，对母羊抓膘、羔羊生长发育和二毛皮品质均有良好影响。

7.1.2.3 岷县黑裘皮羊的配种计划

羊的配种计划安排一般根据各地区、各羊场每年的产羔次数和时间来决定。1 年 1 产的情况下，有冬季产羔和春季产羔两种。产冬羔时间在 1—2 月，需要在 8—9 月配种；产春羔时间在 4—5 月，需要在 11—12 月配种。一般产冬羔的母羊配种时期膘情较好，对提高产羔率有好处，同时由于母羊妊娠期体内供给营养充足，羔羊的初生重大，存活率高。此外，冬羔利用青草期较长，有利于抓膘。但产冬羔需要有足够的保温产房，要有足够的饲草饲料贮备，否则母羊容易缺奶，影响羔羊发育。春季产羔，气候较暖和，不需要保暖产房。母羊产后很快就可吃到青草，奶水充足，羔羊出生不久，也可吃到嫩草，有利于羔羊生长发育。但产春羔的缺点是母羊妊娠后期膘情较差，胎儿生长发育受到限制，羔羊初生重小。同时羔羊断奶后利用青草期较短，不利于抓膘育肥。

随着现代繁殖技术的应用，密集型产羔体系技术越来越多地应用于各大羊场。在 2 年 3 产的情况下，第一年 5 月配种，10 月产羔；翌年 1 月配种，6 月产羔；9 月配种，第三年 2 月产羔。在 1 年 2 产的情况下，第一年 10 月配种，翌年 3 月产羔；4 月配种，9 月产羔。

7.1.2.4 根据母羊群的规模决定与配公羊数

自然交配时，母羊群的规模调整到 100 头以下。

对公羊：体况评分 3 分，进入配种期内体重在上升。时刻注意健康状况和活动情况。偏瘦时增加补饲，要保持公羊在整个配种期体重不减，精力旺盛。夏末秋初配种可以考虑剪毛。

母羊群小，尤其是纯种群，混入 1 头公羊，第一发情周期结束，17 d 后复发情的母羊多，表示公羊有问题，应立即更换公羊。

母羊群大，放入 1 头公羊的失配率高，必须放入几头公羊，按前述公母比例计算。但为避免各头公羊的负担不均，出现个别公羊与配母羊过多，一般可以选用体格、年龄近似的公羊，1 岁公羊不宜与成年公羊混用。另一种办法是轮回配种，给公羊一定间隔休息，提高公羊利用率。间隔时间要固定，如有 100 头母羊需要配备 3 头公羊，配种第一天先放入其中的 1 头，24 h 后换用第二头公羊，24 h 后再换入第三头公羊。这样，每头公羊用 1 d，休息 2 d。公羊一轮时间也可以超过24 h，原则是第一发情期结束，失配母羊不宜与原公羊再相遇。根据经验，安排4 d一轮的配种方案也可行，即1号公羊1~4 d和13~16 d，2号公羊5~8 d和17~20 d，3号公羊9~12 d和21~24 d，这样轮回，在第一发情期用的公羊未配上的母羊，到第二发情期可以错开原配对，而换用另两头公羊。

7.1.3 人工授精的组织

7.1.3.1 人工授精技术的分类

根据精液保存的方法，人工授精可分为两类3种方法。

(1) *液态精液人工授精技术* 液态精液人工授精技术分为两种方法。鲜精或1 :（2~4）低倍稀释精液人工授精技术：一只公羊一年可配母羊500~1 000只，比用公羊本交提高10~20倍以上。适用于母羊季节性发情较明显而且数量较多的地区。精液1 :（20~50）高倍稀释人工授精技术：一只公羊一年可配母羊10 000只以上，比本交提高200倍以上。

(2) *冷冻精液人工授精技术* 可把公羊精液常年冷冻贮存起来，如制作颗粒冷冻精液。一只公羊一年所采出的精液可冷冻10 000~20 000粒颗粒，可配母羊2 500~5 000只。此法不会造成精液浪费，但受胎率较低（30%~40%），成本高。

7.1.3.2 人工授精站的选建

人工授精站一般应选择在母羊群集中、草场充足或饲草饲料资源丰富、有水源、交通便利、无传染病、背风向阳和排水良好的地方。人工授精站需建采精室、精液处理室和输精室以及种公羊圈、试情公羊圈、发情母羊圈和已配母羊圈等。采精室、精液处理室和输精室要求光线充足、地面平坦坚硬（最好是砖地）、通风干燥。并且互相连接，以便于工作。面积：采精室8~12 m^2，精液处理室8~12 m^2，输精室20 m^2。

7.1.3.3 器械药品的准备

人工授精所需的各种器械，如假阴道外壳、内胎、集精杯、输精器、开膣器、温度计、显微镜、载玻片、盖玻片、干燥箱（消毒用）等，以及采精、精液品质检查、原精液稀释和输精器械所用的药品或消毒液等，要根据授精站的配种任务做好充分的准备。岷县黑裘皮羊人工授精站所需器械、药品和用具见表7-1。

表 7-1 岷县黑裘皮羊人工授精站所需器械、药品和用具

序号	名称	规格	单位	数量
1	显微镜	300~600 倍	架	1
2	蒸馏器	小型	套	1
3	天平	0.1~100 g	台	1
4	假阴道外壳		个	4
5	假阴道内胎		条	8~12
6	假阴道塞子（带气嘴）		个	6~8
7	输精器	1 mL	支	8~12
8	输精量调节器		个	4~6
9	集精杯		个	8~12
10	金属开膣器	大、小 2 种	个	各 2~3
11	温度计		支	4~6
12	寒暑表		个	3
13	载玻片		盒	1
14	盖玻片		盒	1~2
15	酒精灯		个	2
16	玻璃量杯	50 mL、100 mL	个	各 1
17	玻璃量筒	500 mL、1 000 mL	个	各 1
18	蒸馏水瓶	5 000 mL、10 000 mL	个	各 1
19	玻璃漏斗	8 cm、12 cm	个	各 1~2
20	漏斗架		个	1~2
21	广口玻塞瓶	125 mL、500 mL	个	4~6
22	细口玻塞瓶	500 mL、1 000 mL	个	各 1~2
23	玻璃三角烧瓶	500 mL	个	2
24	洗瓶	500 mL	个	2
25	烧杯	500 mL	个	2
26	玻璃皿	10~12 cm	套	2
27	带盖搪瓷杯	250 mL、500 mL	个	各 2~3
28	搪瓷盘	20 cm×30 cm、40 cm×50 cm	个	各 2
29	钢精锅	27~29 cm，带蒸笼	个	1

（续表）

序号	名称	规格	单位	数量
30	长柄镊子		把	2
31	剪刀	直头	把	2
32	吸管	1 mL	支	2
33	广口保温瓶	手提式	个	2
34	玻璃棒	0.2 cm、0.5 cm	个	200
35	酒精	95%，500 mL	瓶	6~8
36	氯化钠	化学纯，500 g	瓶	1~2
37	碳酸氢钠或碳酸钠		kg	2~3
38	白凡士林		kg	1
39	药勺	角质	个	2
40	试管刷	大、中、小	个	各 2
41	滤纸		盒	2
42	擦镜纸		张	100
43	煤酚皂	500 mL	瓶	2~3
44	手刷		个	2~3
45	纱布		kg	1
46	药棉		kg	1~2
47	试情布	30 cm×40 cm	条	30~50
48	搪瓷脸盆		个	4
49	手电筒	带电池	个	2
50	煤油灯或汽油灯		个	2
51	水桶		个	2
52	扁担		条	1
53	火炉	带烟筒	套	1
54	桌子		张	3
55	凳子		张	4
56	塑料桌布		m	3~4
57	器械箱		个	2
58	耳号钳		把	1
59	羊耳标	塑料	套	2 000
60	工作服		套	每人 1 套

（续表）

序号	名称	规格	单位	数量
61	肥皂		条	5~10
62	碘酒		mL	200~300
63	煤		t	2
64	配种记录表		本	每群 1 本
65	公羊精液检查记录表		本	4
66	采精架		个	1
67	输精架		个	2
68	临时编号用染料			若干
69	其他			

7.1.3.4　公羊的准备

配种前 1~1.5 个月，必须对参加人工授精所用种公羊的精液品质进行检查。其目的：一是掌握采精量，了解精子密度和活力等情况，发现问题及时采取措施；二是排除公羊生殖器中积存的衰老、死亡和质量低劣的精子，通过采精增强公羊的性欲，促进其性功能活动，产生品质新鲜的精液。配种开始前，每只种公羊至少要采精 15 次。采精最初几天可每天采精 1 次，以后每隔 1 d 采精 1 次。对初次参加配种的公羊，在配种前 1 个月左右进行调教。调教办法：让初配公羊在采精室与发情母羊本交几次；把发情母羊的阴道分泌物涂在公羊鼻尖上以刺激其性欲；注射丙酸睾酮，每只公羊每次 1 mL，隔日注射 1 次；每天用温水清洗阴囊，擦干后用手轻轻按摩睾丸 10 min，早、晚各 1 次；成年公羊采精时，让调教公羊在旁边“观摩”；配种前 1~1.5 个月，在公羊饲料中添加维生素 E，同时舍饲的公羊要加强运动。

由于母羊的发情症状不明显，且发情持续期短，因而不易被发现，在进行人工授精时，必须用试情公羊每天从羊群中找出发情母羊适时进行输精。选作试情公羊的个体必须体质结实，健康无病，性欲旺盛，行动敏捷，年龄在 2~5 岁。试情公羊数一般按参加配种母羊数的 2%~4%选留。

7.1.3.5　母羊的准备

凡进行人工授精的母羊，在配种季节来临前，要根据配种计划把母羊单独组群，指定专人管理，禁止公、母羊混群，防止偷配。在配种前和配种期，要加强放牧管理或加强饲喂，使母羊达到满膘配种，这样母羊才能发情整齐，将来产羔也整齐，便于管理。因此，母羊配种前的膘情对其发情和配种影响很大。在配种前 1 周左右，母羊群应进入人工授精站附近草场，准备配种。

7.1.3.6 **试情**

试情应在每天早、晚各 1 次，也有早晨只试 1 次的。试情前在公羊腹下系上试情布（试情布规格为 40 cm×40 cm），然后将公羊放入母羊群中进行，公羊用鼻去嗅母羊外阴部，或用蹄去挑逗母羊，甚至爬跨母羊，凡愿意接近公羊，并接受公羊爬跨的母羊即认为是发情羊，应及时将其捉出送进发情母羊圈中，并涂上染料。待试情结束后进行输精。有的初次配种的处女羊发情症状表现不明显，虽然有时接近公羊，但又拒绝接受爬跨，遇到这种情况也应将其捉出，然后进行阴道检查来确定。在试情时，要始终保持安静，仔细观察，准确发现发情母羊并及时挑出，禁止惊扰羊群。每次试情时间为 1 h 左右，关键是每天试情要早（06：00），做到抓膘试情两不误。

7.1.4 羊人工授精技术

7.1.4.1 **采精**

（1）消毒　凡采精、输精及与精液接触的所有器械，都必须洗净、干燥，然后按器械的性质、种类分别包装，进行严格的消毒。消毒时，除不易或不能放入高压蒸汽消毒锅（或蒸笼）的金属器械、塑料制品和胶质的假阴道内胎以外，一般都应尽量采用蒸汽消毒。集精瓶、输精器、玻璃棒、存放稀释液和生理盐水的玻璃器皿和凡士林应经过 30 min 的蒸汽消毒（或煮沸），用前再用生理盐水冲洗数次。金属开膣器、镊子、瓷盘等用酒精或酒精火焰消毒，用前再用生理盐水棉球擦洗 3~4 次。有条件的地区多用干燥箱消毒。金属器械用 2%~3%碳酸钠或 0.1%新洁尔灭溶液清洗，再用清水冲洗数次，擦干，用酒精或酒精火焰进行消毒。

（2）假阴道的准备　先检查内胎有无损坏和沙眼，将好的能用的假阴道内胎放入开水中浸泡 3~5 min。新内胎或长期未用的内胎用前先用热肥皂水洗净擦干，然后安装。安装时先把内胎放入外壳内，并将内胎光面朝内，再将内胎两端翻套在外壳上，所套内胎松紧适度，然后在两端套上橡皮圈固定。内胎套好后用 70%~75%酒精棉球从内向外旋转消毒 3~4 次，待酒精挥发完再用 0.9%生理盐水棉球反复擦拭、晾干待用。采精前将消毒好的集精杯安装在假阴道的一端。用左手握住假阴道的中部，右手用量杯或瓷缸将 50~55 ℃热水从灌水口灌入约 180 mL 或为外壳与内胎间容量的 1/2~2/3，实践中常以竖立假阴道时水量达灌水口即可。装上气嘴，关闭活塞。然后用消毒过的玻璃棒（或温度计）取少许消毒过的凡士林，由外向内均匀地涂一薄层，涂抹深度为假阴道长度的1/3～1/2为宜。凡士林涂好后，从气嘴吹气，用已消毒的温度计测假阴道内的温度，将温度调整到40～42 ℃时吹气加压，增加弹性，调整压力，使假阴道口呈三角形裂隙为宜，再把气门钮关上。用已消毒的纱布盖好阴茎插入口，准备采精。

（3）采精　采精时采精人员右手横握假阴道，用食指固定好集精杯，并将气嘴活塞向下，使假阴道和地面成35°～45°角，蹲在母羊或台羊右侧后方，当公羊爬跨母羊伸出阴茎时，用左手轻轻托住阴茎包皮迅速将阴茎导入假阴道内，切忌手或假阴道碰撞摩擦到阴茎上。当假阴道内的温度、压力和润滑度适宜，公羊后躯用力向前一冲，即已射精。在公羊从母羊身上滑下时，采精人员顺着公羊的动作，随后移下假阴道，并迅速将假阴道的集精杯一端向下竖起，然后打开活塞放气，取下集精杯，盖上盖子送精液处理室检查。

采精结束后，先将假阴道内的水倒尽，放在热肥皂水盆中浸泡上，待输精结束后一起清洗。

7.1.4.2　精液品质检查

精液检查用肉眼、嗅觉和显微镜进行。用肉眼和嗅觉主要是检查精液量和精液的颜色及气味；用显微镜主要检查精子的密度和活力。

（1）射精量　精液采取后，如集精杯上有刻度，可直接观察；若集精杯上无刻度，可用1～2 mL的移液管吸量精液量。一般公羊每次排精量约为1 mL，但有些成年公羊达2 mL或更多。

（2）色泽　正常的精液为乳白色，如精液呈浅灰色，表明精子少；深黄色表明精液中混有尿液；粉红色或浅红色表明有血液，可能是生殖道有新的损伤；红褐色表明生殖道有旧损伤；浅绿色表明有脓液混入；如精液中有絮状物表明精液囊有炎症。如有异常颜色，应查找原因，及时采取措施纠正。

（3）气味　正常精液的气味有一种特有的土腥味。如发现精液有臭味，表明睾丸、附睾或其他附属生殖腺有化脓性炎症。这类精液不可用来输精，应对公羊进行治疗。

（4）云雾状　肉眼观察采得的公羊新鲜精液，可看到有似云雾在翻腾滚动的状态。这是由于精子活动所致。精子的密度越大，活力越好，云雾状越明显。因此，实践中常根据云雾状来判断精子的密度和活力。

（5）活力　精子活力的评定，是用显微镜来观察精子运动的情况。检查方法：用消毒过的玻璃棒取1滴精液滴在干净的载玻片上，盖上盖玻片，盖时防止产生气泡。然后放在400～600倍显微镜下观察，观察时室温以18～25 ℃为宜。

（6）评定　精子的活率，是根据直线前进运动的精子数量占所有精子总数的比例来确定其活力等级。在显微镜下观察，可看到精子有3种运动方式。一是前进运动，精子的运动呈直线前进运动。二是旋转运动，精子绕不到1个精子长度的小圈旋转运动。三是摆动式运动，精子不变其位置，在原地只摆动而不前进。除上述3种运动方式外，还有的精子呈静止状态而无任何运动。前进运动的精子有受精能力，其他几种运动方式的精子无受精能力。所以，在评定精子活力时，全部精子都做直线前进运动的评为5分，为一级；大约80%的精子做直线前进运动的评为4分，为二级；60%的精子做直线前进运动的评为3分，为三级；40%的精子做直线前进运动的评为2分，为四级；20%的精子做直线前进运动的评为1分，为五级。二级以上的精液才能用来输精。

（7）*密度* 精子密度是评定精液品质的重要指标之一。检查精子密度的方法与检查精子活力的方法相同。公羊精子密度分“密”“中”“稀”三级。

密：在显微镜视野内看到的精子非常多，精子与精子之间的间隙很小，不足容1个精子的长度，由于精子非常稠密，很难看出单个精子的活动状态。

中：在显微镜视野内看到的精子也很多，但精子与精子有明显的空隙，彼此间的距离相当于1~2个精子的长度。

稀：在显微镜视野内只看到少数精子，精子与精子之间的空隙较大，超过2个精子的长度。

只有精子密度为“中”级以上的精液才能用于输精。

（8）*精液的稀释* 精液稀释的目的是增加精液量和扩大母羊受精数。加之公羊射出的精液精子密度大，因此，将原精液做适当的稀释，既可增加精液量，为更多的发情母羊配种，又可延长精子的存活时间，提高受胎率。这是因为精液经过稀释后，可减弱副性腺分泌物中所含氯化钠和钾导致精子膜的膨胀及中和精子表面电荷的有害作用；还能补充精子代谢所需的养分；缓冲精液中的酸碱度，抑制有害细菌繁殖，减弱其对精子的危害作用。精液稀释后可延长精子的存活时间，故有助于提高受胎率和有利于精液的保存和运输。

①低倍稀释法。稀释液：凡用于高倍稀释精液的稀释液，都可作低倍稀释用。推荐使用奶类稀释液，即用鲜牛、羊奶，水浴92~95 ℃消毒15 min，冷却，用4~5层纱布过滤（去奶皮）后即可使用。

稀释方法：原精液量满足输精需要时，可不必再稀释，可以直接用原精液直接输精。不够时按需要量作1：（2~4）倍稀释，要把稀释液加温到30 ℃，再把它缓慢加到原精液中，摇匀后即可使用。

②高倍稀释法。现介绍两种稀释液。

第一种：葡萄糖3 g、柠檬酸钠1.4 g、EDTA（乙二胺四乙酸二钠）0.4 g，加蒸馏水至100 mL，溶解后水浴煮沸消毒20 min，冷却后加青霉素

10 万IU，链霉素 0.1 g，若再加 10~20 mL 卵黄，可延长精子存活时间。

第二种：葡萄糖 5.2 g、乳糖 2.0 g、柠檬酸钠 0.3 g、EDTA 0.07 g、三基（三羟基甲基甲烷）0.05 g，加蒸馏水至 100 mL，溶解后煮沸消毒 20 min，冷却后加庆大霉素 1 万 IU，卵黄 5 mL。

稀释方法：要以精子数、输精剂量、每一剂量中含有 1 000 万个直线前进运动精子数，结合下午最后输精时间的精子活率，来计算出精液稀释比例，在 30 ℃下稀释（方法同前）。

此外，当发情母羊少，精液又不需长期保存和长途运输时，以 1 mL 原精液加 2 mL 维生素 B_{12}溶液稀释，输精效果也很好。

7.1.4.3　精液的分装、保存和运输

精液低倍稀释，就近输精，把它放在小瓶内，不需降温保存，短时间用毕。

（1）分装保存　可放在小瓶或塑料管中保存。

小瓶中保存：把高倍稀释精液，按需要量（数个输精剂量装入小瓶，盖好盖，用蜡封口，包裹纱布，套上塑料袋，放在装有冰块的保温瓶（或保存箱）中保存，保存温度为 0~5 ℃。

塑料管中保存：把精液以 1∶40 倍稀释，以 0.5 mL 为 1 个输精剂量，注入饮料塑料吸管内（剪成 20 cm 长，紫外线消毒），两端用塑料封口机封口，保存在自制的泡沫塑料的保存箱内（箱底放冻好的冰袋，再放泡沫塑料隔板，把精液管用纱布包好，放在隔板上面，固定好）盖上盖子，保存温度 4~7 ℃，最高到 9 ℃。精液保存 10 h 内使用，这种方法，可不用输精器，经济实用。

（2）运输　不论哪种包装，精液必须固定好，尽可能减轻震动。若用摩托车送精液，要把精液箱（或保温瓶）放在背包中，背在身上。若乘汽车送精液，最好把它抱在身边。

7.1.4.4　输精

（1）输精时间与次数　适时输精，对提高母羊的受胎率十分重要。羊的发情持续时间为 24~48 h。排卵时间一般多在发情后期 30~40 h。因此，比较适宜的输精时间应在发情中期后（即发情后 12~16 h）。如以母羊外部表现来确定母羊发情的，若上午开始发情的母羊，下午与次日上午各输精 1 次；下午和傍晚开始发情的母羊，在次日上下午各输精 1 次。每天早晨 1 次试情的，可在上、下午各输精 1 次。2 次输精间隔 8~10 h 为好，至少不低于 6 h。若每天早晚各 1 次试情的，其输精时间与以母羊外部表现来确定母羊发情相同。如母羊继续发情，可再行输精 1 次。在羊人工授精的实际工作中，由于母羊发情持

续时间短，再者很难准确地掌握发情开始时间，所以当天抓出的发情母羊就在当天配种 1~2 次（若每天配 1 次时，上午配；配 2 次，上、下午各配 1 次），如果第二天继续发情，则可再配。

（2）母羊保定法　保定人将母羊头夹紧在两腿之间，两手抓住母羊后腿，将其提到腹部，保定好不让羊动，母羊成倒立状。用温布把母羊外阴部擦干净，即待输精。此法没有场地限制，任何地方都可输精。

（3）输精量　原精输精每只羊每次输精 0.05~0.1 mL，低倍稀释为 0.1~0.2 mL，高倍稀释为 0.2~0.5 mL，冷冻精液为 0.2 mL 以上。

（4）冷冻精液解冻　采用 40 ℃水温解冻颗粒精液，先把小试管用维生素 B_{12}（每支含 0.5 mg）冲洗一下，留一点维生素 B_{12}，并快速在 40 ℃水中摇动至 2/3 融化，取出试管继续速摇至全部融化，即可使用。

（5）输精方法　将待配母羊牵到输精室内的输精架上固定好，并将其外阴部消毒干净，输精员右手持输精器，左手持开膣器，先将开膣器慢慢插入阴道，再将开膣器轻轻打开，寻找子宫颈。如果在打开开膣器后，发现母羊阴道内黏液过多或有排尿表现，应让母羊先排尿或设法使母羊阴道内的黏液排净，然后将开膣器再插入阴道，细心寻找子宫颈。子宫颈附近黏膜颜色较深，当阴道打开后，向颜色较深的方向寻找子宫颈口可以顺利找到，找到子宫颈后，将输精器前端插入子宫颈口内 0.5~1.0 cm 深处，用拇指轻压活塞，注入原精液 0.05~0.1 mL 或稀释精液 0.1~0.2 mL。如果遇到初配母羊，阴道狭窄，开膣器插不进或打不开，无法寻见子宫颈时，只好进行阴道输精，但每次至少输入原精液 0.2~0.3 mL。

在输精过程中，如果发现母羊阴道有炎症，而又要使用同一输精器的精液进行连续输精时，在对有炎症的母羊输完精之后，用 96%的酒精棉球擦拭输精器进行消毒，以防母羊相互传染疾病。但使用酒精棉球擦拭输精器时，要特别注意棉球上的酒精不宜太多，而且只能从后部向尖端方向擦拭，不能倒擦。酒精棉球擦完后，用 0.9%的生理盐水棉球重新再擦拭一遍，才能对下一只母羊进行输精。

子宫颈口内输精：将经消毒后在 1%氯化钠溶液浸涮过的开膣器装上照明灯（可自制），轻缓地插入阴道，打开阴道，找到子宫颈口，将吸有精液的输精器通过开膣器插入子宫颈口内，深度 1 cm 左右。稍退开膣器，输入精液，先把输精器退出，后退出开膣器。进行下只羊输精时，把开膣器放在清水中，用布洗去粘在上面的阴道黏液和污物，擦干后再在 1%氯化钠溶液中浸涮；用生理盐水棉球或稀释液棉球，将输精器上粘的黏液、污物自口向后擦去。

阴道输精：将装有精液的塑料管从保存箱中取出（需多少支取多少支，

余下精液仍盖好)，放在室温中升温 2~3 min 后，将管子的一端封口剪开，挤 1 小滴镜检活率合格后，将剪开的一端从母羊阴门向阴道深部缓慢插入，到有阻力时停止，再剪去上端封口，精液自然流入阴道底部，拔出管子，把母羊轻轻放下，输精完毕，再进行下只母羊输精。此法不适于冷冻精液。

(6) 输精后用具的洗涤与整理　输精器用后立即用温碱水冲洗，再用温水冲洗，以防精液粘在管内，然后擦干保存。开膣器先用温碱水冲洗，再用温水洗，擦干保存。其他用品，按性质分别洗涤和整理，然后放在柜内或放在桌上的搪瓷盘中，用布盖好，避免尘土污染。

7.1.5　岷县黑裘皮羊 2 年 3 产密集繁殖体系的设计与效果评估

2 年 3 产是 20 世纪 50 年代后期提出的一种方法，沿用至今。为达到 2 年 3 产，繁殖母羊必须每 8 个月产羔 1 次，这样 2 年正好产羔 3 次。这个体系一般有固定的配种和产羔计划，羔羊一般是 2 月龄断奶，母羊在羔羊断奶后 1 个月配种；为了达到全年均衡产羔、科学管理的目的，在生产中，常根据适繁母羊的群体规模确定合理的生产节律，并依据生产节律将适繁母羊群分成 8 个月产羔间隔相互错开的若干个生产小组（或者生产单元），制订配种计划，每个生产节律期间对 1 个生产小组按照设计的配种计划进行配种，如果母羊在组内受孕失败，1 个生产节律后参加下一组配种。这样每隔 1 个生产节律就有一批羔羊屠宰上市。

7.1.5.1　确定合理的生产节律

合理的生产节律不但有利于提高规模化岷县黑裘皮羊生产场适繁母羊群体的繁殖水平，全年均衡供应羊肉上市，而且便于进行集约化科学管理，提高设备利用率和劳动生产率。确定合理的生产节律，其实质是根据适繁母羊的群体规模以及羊场现有羊舍、设备、管理水平等条件，在羊舍及设备的建设规模和利用率、劳动强度和劳动生产率、生产成本和经济效益、生产批次和每批次的生产规模等矛盾中做出最合理的选择。理论上讲，生产节律越小，对羊舍尤其是配种车间、人工授精室及其配套设备等建设规模要求越小，利用率越高；与此相适应的是工人的劳动强度越大，劳动生产率越低；较小的生产节律也缩短了适繁母羊群体的平均无效饲养时间，生产成本降低，经济效益提高；同时导致生产批次增加，而每批次的生产规模变小。随着生产节律的逐渐变大，羊舍及设备的建设规模和利用率、劳动强度和劳动生产率、生产成本和经济效益、生产批次和每批次的生产规模等变化则正好相反。根据目前肉羊业生产中羊舍、设备建设情况及饲养管理水平现状，大型规模化岷县黑裘皮羊生产场较适宜按照月节律生产组织 2 年 3 产密集繁殖体系的具体实施；中、小型规模化肉羊生产场则以 2 个月节律生产较为适宜。

7.1.5.2 确定适宜的生产小组(生产单元)

为了实现全年均衡生产，在 2 年 3 产密集繁殖体系的具体实施过程中，常依据生产节律将适繁母羊群分成若干个生产小组（或者生产单元）组织生产。适宜的生产单元数量可按下式进行估算：

$$生产单元数量=8/生产节律（月） \tag{7-1}$$

为了使生产单元数量为整数，确定生产节律时通常将能够整除 8 作为考虑因素之一；当生产节律不能整除 8 时，可依据四舍五入的原则对上述估算结果进行取整处理。经估算，按照月节律组织生产的大型规模化肉羊生产场，可将适繁母羊群分成 8 个生产单元；按照 2 个月节律组织生产的中、小型规模化肉羊生产场，可将适繁母羊群分成 4 个生产单元。

7.1.5.3 生产单元的组建

（1）传统的组建方案　根据以上论述，每个生产单元的群体规模可依据肉羊生产场适繁母羊群体数量及上述参数，按下式进行估算：

$$生产单元平均群体规模（只/个）=N/M \tag{7-2}$$

式中：N 为适繁母羊总数（只）；M 为生产单元数量（个）。

根据以上估算结果，将羊场全部适繁母羊按照等分的原则即可极为方便地组建 8 个或者 4 个相同规模的生产单元。每个生产单元按照预先设计的配种计划进行配种，如果母羊在组内受孕失败，则 1 个生产节律后参加下一组配种。考虑到配种时母羊受胎率的实际情况（一般以 25 d 不返情率 R 表示），上述 8 个或者 4 个生产单元表面上看规模相同，但事实上其配种时规模和配种后妊娠母羊的饲养规模均不相同，其中 2 年 3 产密集繁殖体系起始实施点第一个生产单元的配种规模为 n，配种后妊娠母羊的饲养规模为 $n\times R$；第二个生产单元的配种规模和妊娠母羊的饲养规模均分别为 $n+n\times(1-R)$、$[n+n\times(1-R)]\times R$；其余以此类推。按照上述方案组建的生产单元在运行过程中不但不能实现全年均衡生产（生产单元群体规模逐渐增大），且与预期结果相比较将导致一定数量的母羊增加了无效饲养时间，故该方案在具体实施过程中应加以改进。

（2）改进的组建方案　为了克服传统组建方案的上述不足，各生产单元群体规模可改进为：第一个生产单元（只）$=n/R$，第二至第七或第二至第三个生产单元（只）$=n$，第八个或第四个生产单元（只）$=n-n\times(1-R)/R$。在此方案下各生产单元的配种规模分别为：第一个生产单元（只）$=n/R$，第二至第七个或第二至第三个生产单元为（只）$=n+n/[R\times(1-R)]=n/R$，第八个或第四个生产单元（只）$=\{n-n\times(1-R)/R+n/[R\times(1-$

R）］｝$=n$；配种后妊娠母羊的饲养规模分别为：第一个生产单元（只）$=n$，第二至第七个或第二至第三个生产单元（只）$=n$，第八个或第四个生产单元（只）$=n\times R$（表7–2）。改进后的组建方案，虽然各生产单元群体规模不同，但除最后一个生产单元外的其他各单元的配种规模、妊娠羊饲养规模完全一致，基本实现了全年均衡生产，同时更为重要的是，新组建方案在实施过程中较传统组建方案减少了K只母羊1个生产节律的无效饲养时间。

$$K(\text{只})=N/M\times[(1-R)\times(M-1)/R]-N/M\times[(1-R)/R]\times[1-(1-R)-(1-R)\times2-A-(1-R)(M-1)] \quad (7\text{-}3)$$

假设规模化肉羊生产场适繁母羊群体数量$N=3\ 000$只，生产单元数量$M=4$，配种母羊25 d不返情率$R=70\%$，则新组建方案较传统组建方案将减少777只母羊1个生产节律（即2个月）的无效饲养时间；生产单元数量$M=8$时，新组建方案较传统组建方案将减少1 033只母羊1个生产节律（即1个月）的无效饲养时间，经济效益十分显著。

表7–2　生产单元组建方案及运行效果　　　　单位：只

项 目	第一个生产单元	第二至第七或第二至第三个生产单元	第八个或第四个生产单元
群体规模	n/R	n	$n-n\times(1-R)/R$
配种规模	n/R	R/n	n
妊娠羊饲养规模	n	n	$n\times R$

7.1.5.4　配种方法

根据高原地区岷县黑裘皮羊生产目前种公羊存栏数量、技术力量等现实情况及今后发展趋势，岷县黑裘皮羊繁育场和项目示范户采用的配种方法是小群体分散配种法。

7.1.5.5　配种和产羔计划

岷县黑裘皮羊繁育场和项目示范户2年3产密集繁殖体系实施方案的核心，是根据适繁母羊在特定地理生态条件所表现出的繁殖性能特点确定方案实施的起始点，并依据业已确定的生产节律、组建的生产单元和适宜的配种方法等制订相对固定的配种和产羔计划。由于岷县黑裘皮羊发情主要集中在每年的6—9月，因此为方便2年3产密集繁殖体系实施，可选择母羊发情最为集中的9月为方案实施的起始点，与2个月节律生产相配套的配种和产羔计划见表7–3。

表 7-3　2 年 3 产密集繁殖体系配种和产羔计划

胎次	项目	时间安排			
		生产单元 1	生产单元 2	生产单元 3	生产单元 4
第一胎	配种	第一年 9 月	第一年 11 月	第二年 1 月	第二年 3 月
	妊娠	第一年 9 月至第二年 2 月	第一年 11 月至第二年 4 月	第二年 1—6 月	第二年 3—8 月
	分娩	第二年 2 月	第二年 4 月	第二年 6 月	第二年 8 月
	哺乳	第二年 2—4 月	第二年 4—6 月	第二年 6—8 月	第二年 8—10 月
	断奶	第二年 4 月	第二年 6 月	第二年 8 月	第二年 10 月
第二胎	配种	第二年 5 月	第二年 7 月	第二年 9 月	第二年 11 月
	妊娠	第二年 5—10 月	第二年 7—12 月	第二年 9 月至第三年 2 月	第二年 11 月至第三年 4 月
	分娩	第二年 10 月	第二年 12 月	第三年 2 月	第三年 4 月
	哺乳	第二年 10—12 月	第二年 12 月至第三年 2 月	第三年 2—4 月	第三年 4—6 月
	断奶	第二年 12 月	第三年 2 月	第三年 4 月	第三年 6 月
第三胎	配种	第三年 1 月	第三年 3 月	第三年 5 月	第三年 7 月
	妊娠	第三年 1—6 月	第三年 3—8 月	第三年 5—10 月	第三年 7—12 月
	分娩	第三年 6 月	第三年 6 月	第三年 10 月	第三年 12 月
	哺乳	第三年 6—8 月	第三年 8—10 月	第三年 10—12 月	第三年 12 月至第四年 2 月
	断奶	第三年 8 月	第三年 10 月	第三年 12 月	第四年 2 月

7.1.5.6　预期效果

按照本设计方案实施岷县黑裘皮羊繁育场和项目示范户 2 年 3 产密集繁殖体系，不但可实现优质肥羔的全年均衡生产，而且能够较大幅度地提高适繁母羊的繁殖生产效率，为商品肉羊生产场获取较高的经济效益提供了基础条件和重要保障。试验结果显示，2 年 3 产密集繁殖体系母羊的繁殖生产效率较1 年1 产的常规繁殖体系增加 40%以上，较目前主推的 10 个月产羔间隔的繁殖体系增加 25%左右，生产效率和经济效益十分显著。

7.1.6 繁殖新技术

7.1.6.1 同期发情

羊的同期发情（或称同步发情）就是利用某些激素制剂，人为地控制并调整一群母羊的发情周期，使它们在特定的时间内集中表现发情，以便于组织配种，扩大对优秀种公羊的利用，同时，也是胚胎移植中的重要一环，使供体和受体发情同期化，有利于胚胎移植的成功。

目前，使用的方法主要包括如下两种。

（1）*孕激素-PMSG 法*　用孕激素制剂处理（阴道栓或埋植）母羊 10~14 d，停药时再注射孕马血清促性腺激素（PMSG），一般经 30 h 左右即开始发情，然后放进公羊或进行人工授精。阴道海绵栓比埋植法实用，即将海绵浸以适量药液，塞入羊只阴道深处，一般在 14~16 d 后取出，当天肌肉注射 PMSG 400~750 IU，2~3 d 后被处理的大多数母羊发情。孕激素种类及用量：甲羟孕酮（MAP）50~70 mg，氟孕酮（FGA）20~40 mg，黄体酮 150~300 mg，18-炔诺孕酮 30~40 mg。在这种情况下，在施药期间内，黄体发生退化，外源孕激素即代替了内源孕激素（黄体分泌的黄体酮）的作用，造成了人为的黄体期，实际上延长了发情周期，推迟发情期的到来，为以后引起同期发情创造一个共同的基准线。

（2）*前列腺素法*　在母羊发情后数日向子宫内灌注或肌肉注射前列腺素（PGF2α）或氯前列腺烯醇或 15-甲基前列腺素，可以使发情高度同期化。但注射 1 次，只能使 60%~70%的母羊发情同期化，相隔 8~9 d 再注射 1 次，可提高同期发情率。这种做法可使黄体溶解，中断黄体期，降低黄体酮的水平，从而促进垂体促性腺激素的释放，引起同期发情。本法处理的母羊，受胎率不如孕激素-PMSG 法，且药物昂贵，不便广泛采用。

7.1.6.2 早期妊娠诊断

早期妊娠诊断，对于保胎、减少空怀和提高繁殖率都具有重要意义。早期妊娠诊断方法的研究，历史悠久，方法也多，但如何达到相当高的准确性，并且在生产实践中应用方便，这是直到现在一直在探索研究和待解决的问题。

（1）*超声波探测法*　用超声波的反射，对羊进行妊娠检查。根据多普勒效应设计的仪器，探听血液在脐带、胎儿血管和心脏等中的流动情况，能成功地测出妊娠 26 d 的母羊。到妊娠 6 周时，其诊断的准确性可提高到 98%~99%；若在直肠内用超声波进行探测，当探杆触到子宫中动脉时，可测出母体心律（90~110 次/min）和胎盘血流声，从而准确地确定妊娠。

（2）激素测定法　羊受孕后，血液中黄体酮的含量较未孕母羊显著增加，利用这个特点对母羊可做出早期妊娠的诊断，如在羊配种后20~25 d，用放射免疫法测定。岷县黑裘皮羊每毫升血浆中，黄体酮含量大于1.5 ng，妊娠准确率为93%。

（3）免疫学诊断法　羊受孕后，胚胎、胎盘及母体组织分别产生一些化学物质，如某些激素或某些酶类等，其含量在妊娠的一定时期显著增高，其中某些物质具有很强的抗原性，能刺激动物机体产生免疫反应。而抗原和抗体的结合，可在两个不同水平上被测定出来：一是用荧光染料或同位素标记，然后在显微镜下定位；二是用抗原抗体结合，产生某些物理性状，如凝集反应、沉淀反应，利用这些反应的有无来判断家畜是否妊娠。早期受孕的岷县黑裘皮羊含有特异性抗原，这种抗原在受精后第二天就能从一些孕羊的血液里检查出来，从第八天起可以从所有试验母羊的胚胎、子宫及黄体中鉴定出来。这种抗原是和红细胞结合在一起的，用它制备的抗受孕血清，于受孕10~15 d母羊的红细胞混合出现红细胞凝集作用，如果没有受孕，则不发生凝集现象。近年来，已有研究者从绵羊绒毛膜促性腺激素（OCG）和绵羊胚胎滋养层蛋白-1（OPT-1）的研究入手，建立OCG和OPT-1的检测和单克隆抗体的技术体系，将早期妊娠诊断技术用于绵羊生产实践，此项研究具有广阔的前景。

7.1.6.3　诱发分娩

诱发分娩是指在妊娠末期的一定时间内，注射某种激素制剂，诱发孕畜在比较确定的时间内提前分娩，它是控制分娩过程和时间的一项繁殖管理措施。使用的激素有皮质激素或其合成制剂、前列腺素F2a及其类似物、雌激素、催产素等。岷县黑裘皮羊在妊娠144 d时，注射地塞米松（或贝塔米松）12~16 mg，多数母羊在40~60 h内产羔；岷县黑裘皮羊在妊娠144 d时，肌肉注射PGF2a 20 mg，多数在32~120 h产羔，而不注射上述药物的孕羊，197 h后才产羔。

7.1.7　提高繁殖力的主要方法

7.1.7.1　提高种公羊和繁殖母羊的饲养水平

营养条件对羊繁殖力的影响极大，完全而充足的营养，可以提高种公羊的性欲，提高精液的品质，促进母羊的发情和排卵数的增加。因此，加强对公母羊的饲养，特别是在当前我国的具体条件下，加强对母羊在配种前期及配种期的饲养，实行满膘配种，是提高藏羊繁殖力的重要措施。祁连实验基地的试验表明，在配种前2.5~3个月，给母羊选择优良牧地，延长放牧时间，加强放牧抓膘；配种前30~40 d，每天每羊补喂0.4 kg精料，使母羊在短期内膘肥体壮，经产母羊平均体重40 kg，初产母羊35 kg以上，结果与没有短期优饲的母羊相比，产羔率提高12.5%。

7.1.7.2　增加适龄繁殖母羊比例，实行频繁产羔

羊群结构是否合理，对羊的增殖有很大的影响，因此，增加适龄母羊（2~5岁）在羊群中的比例，也是提高羊繁殖力的一项重要措施。在育种场，适龄繁殖母羊的比例可提高到60%~70%，在经济羊场则可考虑为40%~50%。

另外，在气候和饲养管理条件较好的地区，可以实行羊的频繁产羔，也就是使羊2年产3次或1年产2次羔。为了保证密集产羔的顺利进行，必须注意以下几点：首先，必须选择健康结实营养良好的母羊，母羊的年龄以2~6岁为宜，这样的母羊还必须是乳房发育良好，泌乳量比较高的；其次，要加强对母羊及其羔羊的饲养管理，母羊在产前和产后必须有较好的补饲条件；最后，要从当地具体条件和有利于母羊的健康及羔羊的发育出发，恰当地安排好母羊的配种时间。

7.1.7.3　当年母羔诱导发情

当年母羊体重达到成年母羊体重的60%~65%，出生8月龄以上时，采用生殖激素处理，可以使母羊成功繁殖。根据幼龄羊生殖器官解剖的特点，诱导发情的处理方案可采用阴道埋置海绵栓和口服黄体酮+PMSG。特别要说明的是，PMSG的剂量应严格控制在400 mg以下，防止产双羔。

7.1.7.4　注射孕马血清

根据国内外的研究，孕马血清可以促进母羊滤泡的发育、成熟和排卵，注射孕马血清以后，能够明显地提高母羊的发情率和产羔率。课题组在祁连基地的试验表明，在改善饲养管理条件的基础上，应用孕马血清也是提高羊繁殖力的一项有效措施。注射孕马血清的时间应在母羊发情开始的前3~4 d，因此，在配种前半月对母羊试情，将发情的母羊每天做不同标记，经过13~14 d在羊后腿内侧皮下进行注射，注射剂量一般根据羊的体重决定：体重在55 kg以上者注射15 mL，45~55 kg者注射10 mL，45 kg以下者注射8 mL。注射后1~2 d内羊开始发情，因此，在注射后第二天开始试情。

7.1.7.5　应用免疫双胎苗技术提高繁殖率

中国农业科学院兰州畜牧与兽药研究所研制成功的双羔苗，其化学结构为睾酮-3-羧甲基肟-牛血清白蛋白，在配种前给母羊在其右侧颈部皮下注射2 mL，相隔21 d再进行第二次相同剂量的注射，能显著地提高母羊的产羔率。

藏羊经睾酮免疫双羔素（TIT）两次免疫后，获得4.29%的免疫双羔率，比自然双羔率高，说明TIT对藏羊有一定的免疫效果。

7.2 岷县黑裘皮羊培育

7.2.1 种公羊培育技术

7.2.1.1 公羊繁殖对应用的需要

要使公羊保持正常的繁殖力，必须供给足够的粗蛋白质、脂肪、矿物质和维生素，因为精液中包含有白蛋白、球蛋白、核蛋白、黏液蛋白和硬蛋白。畜体内蛋白质含量随年龄和营养状况而有所不同，瘦畜体内蛋白质含量为16%，而肥羊则为11%。纯蛋白质是畜体所有细胞、各种器官组织的主要成分，体内的酶、抗体、色素及对其起消化、代谢、保护作用的特殊物质均由蛋白质所构成。公羊只有获得充分的蛋白质时，性功能才旺盛，精子密度大。公羊的射精量平均为1 mL，每毫升精液所消耗的营养物质约相当于50 g可消化蛋白质。

当畜体内缺乏蛋白质时，幼龄畜生长受阻，成年畜消瘦，胎儿发育不良，种公羊精液品质差，繁殖力降低。缺少脂肪，公羊受到损害，如不饱和脂肪酸、亚麻油酸、次亚麻油酸和花生油酸，是合成公羊性激素的必需品，严重不足时，则妨碍繁殖能力。维生素A对公羊的繁殖力影响也很大，不足时公羊性欲不强，精液品质差。维生素E不足，则生殖上皮和精子形成发生病理变化。B族维生素虽然在牛羊的瘤胃内可合成，但它不足时，公羊出现睾丸萎缩，性欲减退。维生素C亦是保持公羊正常性功能的营养物质。饲料中缺磷，公羊精子形成受到影响，缺钙亦降低其繁殖力。

7.2.1.2 种公羊的饲养管理

种公羊应常年保持健壮的体况，营养良好而不过肥，这样才能在配种期性欲旺盛，精液品质优良。

（1）不同生理阶段种公羊的饲养管理　在配种期，即配种开始前45 d左右至配种结束这阶段时间。这个阶段的任务是从营养上把公羊准备好，以适应紧张繁重的配种任务。这时把公羊应安排在最好的草场上放牧，同时给公羊补饲富含粗蛋白质、维生素、矿物质的混合精料和干草。蛋白质对提高公羊性欲、增加精子密度和射精量有决定性作用；维生素缺乏时，可引起公羊的睾丸萎缩、精子受精能力降低、畸形精子增加、射精量减少；钙、磷等矿物质也是保证精子品质和体质不可缺少的重要元素。据研究，一次射精需蛋白质25～37 g。

一只主配公羊每天采精 5~6 次，需消耗大量的营养物质和体力。所以，配种期间应喂给公羊充足的全价日粮。

种公羊的日粮应由种类多、品质好、且为公羊所喜食的饲料组成。豆类、燕麦、青稞、黍、高粱、大麦、麸皮都是公羊喜吃的良好精料；干草以豆科青干草和燕麦青干草为佳。此外，胡萝卜、玉米青贮饲料等多汁饲料也是很好的维生素饲料；玉米籽实是良好的能量饲料，但喂量不宜过多，占精料量的 1/4~1/3 即可。

公羊的补饲定额，应根据公羊体重、膘情和采精次数来决定。目前，我国尚没有统一的种公羊饲养标准。一般在配种季节每头每天补饲混合精料 1.0~1.5 kg，青干草（冬配时）任意采食，骨粉 10 g，食盐 15~20 g，采精次数较多时可加喂鸡蛋 2~3 个（带皮揉碎，均匀拌在精料中），或脱脂乳 1~2 kg。种公羊的日粮体积不能过大，同时配种前准备阶段的日粮水平应逐渐提高，到配种开始时达到标准。

在非配种期，配种季节快结束时，就应逐渐减少精料的补饲量。转入非配种期以后，应以放牧为主，每天早晚补饲混合精料 0.4~0.6 kg、多汁料 1.0~1.5 kg，夜间添给青干草 1.0~1.5 kg。早晚饮水 2 次。

（2）加强公羊的运动　公羊的运动是配种期种公羊管理的重要内容。运动量直接关系到精液质量和种公羊的体质。一般每天应坚持驱赶运动 2 h 左右。公羊运动时，应快步驱赶和自由行走相交替，快步驱赶的速度以使羊体皮肤发热而不致喘气为宜。运动量以 5 km/h 左右为宜。

（3）提前有计划地调教初配种公羊　如果公羊是初配羊，则在配种前 1 个月左右，要有计划地对其进行调教。一般调教方法是让初配公羊在采精室与发情母畜进行自然交配几次；如果公羊性欲低，可把发情母畜的阴道分泌物抹在公羊鼻尖上以刺激其性欲，同时每天用温水把阴囊洗干净、擦干，然后用手由上而下地轻轻按摩睾丸，早、晚各 1 次，每次 10 min，在其他公羊采精时，让初配公羊在旁边"观摩"。

有些公羊到性成熟年龄时，甚至到体成熟之后，性机能的活动仍表现不正常，除进行上述调教外，配以合理的喂养及运动，还可使用外源激素治疗，提高血液中睾酮的浓度。方法：每只羊皮下或肌肉注射丙酸睾酮 100 mg，或皮下埋藏 100~250 mg；每只羊一次皮下注射孕马血清500~1 200 IU，或注射孕马血清 10~15 mL，可用两点或多点注射的方法；每只羊注射绒毛膜促性腺激素 100~500 IU；还可以使用促黄体素（LH）治疗。将公羊与发情母羊同群放牧，或同圈饲养，以直接刺激公羊的性机能活动。

（4）制定合理的操作程序，建立良好的条件反射　为使公羊在配种期养成良好的条件反射，必须制定严格的种公羊饲养管理程序，其日程一般如下。

上午：6：00 舍外运动。

7：00 饮水。

8：00 喂精料 1/3，在草架上添加青干草。放牧员休息。

9：00 按顺序采精。

11：30 喂精料 1/3，鸡蛋，添青干草。

12：30 放牧员吃午饭，休息。

下午：1：30 放牧。

3：00 回圈，添青干草。

3：30 按顺序采精。

5：30 喂精料 1/3。

6：30 饮水，添青干草。放牧员吃晚饭。

9：00 添夜草，查群。放牧员休息。

7.2.1.3 种公羊管理的一般程序

(1) 注意卫生，保持干燥　羊喜吃干净的饲料，饮清凉卫生的水。草料、饮水被污染或有异味时，羊宁可受饿、受渴也不采食、饮用。因此，在舍内补饲时，应少喂勤添。给草过多，一经践踏或被粪尿污染，羊就不吃。即使有草架，如投草过多，羊在采食时呼出的气体使草受潮，羊也不吃而造成浪费。

畜群经常活动的场所，应选高燥、通风、向阳的地方。畜圈潮湿、闷热，牧地低洼潮湿，寄生虫容易滋生，易导致畜群发病，使毛质降低，脱毛加重，腐蹄病增多。

(2) 保持安静，防止兽害　羊群易受惊吓，所以羊群放牧或在牛羊场舍饲，必须注意保持周围环境安静，以避免影响其采食等活动。另外，还要特别注意防止狼等对羊群的侵袭，造成经济损失。

(3) 夏季防暑，冬季防寒　一般认为岷县黑裘皮羊对于热和寒冷都具有较好的耐受能力，这是因为其毛具有绝热作用，既能阻止体热散发，又能阻止太阳辐射迅速传到皮肤，也能防御寒冷空气的侵袭。

(4) 合理分群，便于管理　羊属于沉静型，反应迟钝，行动缓慢。不能攀登高山陡坡，采食时喜欢低着头，采食短小、稀疏的嫩草。

羊群的组织规模（一人一群的管理方式）一般如下。

种公羊群：　20~50 只

母羊群：　300~350 只

青年羊群：　300~350 只

断奶羔羊群：　250~300 只

羯羊群：　　　　　　400～450 只

若采用放牧小组管理法，由 2～3 个放牧员组成放牧小组，同放一群羊，这种羊群的组织规模一般如下。

母羊群：　　　　　　500～700 只

青年羊群：　　　　　500～600 只

断奶羔羊群：　　　　400～450 只

羯羊群：　　　　　　700～800 只

（5）适当运动，增强体质　种畜及舍饲畜必须有适当的运动，种公羊必须每天驱赶运动 2 h 以上，舍饲养畜要有足够的畜舍面积和羊的运动场地，可以供羊自由进出，自由活动。

7.2.2　母羊培育技术

配种准备期，即由羔羊断奶至配种受胎时期。此期是母羊抓膘复壮，为配种妊娠贮备营养的时期，只有将羊膘抓好，才可能达到全配满怀、全生全壮的目的。

妊娠前期，在此期的 3 个月中，胎儿发育较慢，所需营养并无显著增多，但要求母羊能继续保持良好膘情。日粮可根据当地具体情况而定，一般来说可由 50%的苜蓿青干草、25%的氨化麦秸、15%的青贮玉米和 10%的精料组成。管理上要避免吃霜冻饲草和霉变饲料，不使羊只受惊猛跑，不饮冰碴水，以防止早期流产。

妊娠后期，妊娠后期的两个月中，胎儿发育很快，90%的初生重在此期完成。因此，应有充足的营养，如果营养不足，会造成羊初生重小、抵抗力弱的现象。所以，在临产前的 5～6 周内可将精料量提高到日粮的 22%左右。此期的管理措施，要围绕保胎来考虑，进出圈要慢，不要使羊快跑和跨越沟坎等。饮水和喂精料要防止拥挤。治病时不要投服大量的泻药和子宫收缩药，以免因用药不当而引起流产。同时，妊娠后期让其适量运动和给母羊增加适量的维生素 A、维生素 D，同样也是非常重要的。

围生期和哺乳期，产后两个月是哺乳母羊的关键阶段（尤其是前 1 个月），此时羔羊的生长发育主要靠母乳，应给母羊补些优质饲料，如优质苜蓿青干草、胡萝卜、青贮玉米及足量的优质精料等。待羔羊能自己采食较多的草料时，再逐渐降低母羊的精饲料用量。

另外，在产前 10 d 左右可多喂一些多汁料和精料，以促进乳腺分泌。产后 3～5 d 应减少一些精料和多汁料，因为此时羔羊较小，初乳吃不完，假如多汁料和精料过多，易患乳腺炎。产后 10 d 左右就可转入正常饲养。断奶前

7~10 d 应少喂精料和多汁料，以减少乳腺炎的发生。

7.2.3 羔羊培育技术

7.2.3.1 接产

首先剪去临产母羊乳房周围和后肢内侧的羊毛，用温水洗净乳房，并挤出几滴初乳，再将母羊尾根、外阴部、肛门洗净，用 1%来苏儿消毒。母羊生产多数能正常进行，羊膜破水后 10~30 min，羔羊即能顺利产出，两前肢和头部先出，当头也露出后，羔羊就能随母羊努责而顺利产出。产双羔时，先后间隔 5~30 min，个别时间会更长些，母羊产出第一只羔羊后，仍表现不安、卧地不起或起来又卧下、努责等，就有可能是双羔，此时用手在母羊腹部前方用力向上推举，则能触到一个硬而光滑的羔体。经产母羊产羔较初产母羊要快。

羔羊产出后，应迅速将羔羊口、鼻、耳中的黏液抠出，以免引起窒息或异物性肺炎。羔羊身上的黏液必须让母羊舔净，既可促进新生羔羊血液循环，又有助于母羊认羔。冬天接产工作应迅速，避免感冒。

羔羊出生后，一般母羊站起脐带自然断裂，这时用 0.5%碘酒在断端消毒。如果脐带未断，先将脐带内血向羔羊脐部挤压，在离羔羊腹部 3~4 cm 处剪断，涂抹碘酒消毒。胎衣通常在母羊产羔后 0.5~1 h 能自然排出，接产人员一旦发现胎衣排出，应立即取走，防止被母羊吃后养成咬羔、吃羔等恶癖。

7.2.3.2 羔羊的饲养管理

(1) *羔羊的饲养管理* 羔羊生长发育快，可塑性大，合理地进行羔羊的培育，可促使其充分发挥先天的性能，又能加强对外界条件的适应能力，有利于个体发育，提高生产力。研究表明，精心培育的羔羊，体重可提高 29%~87%，经济收入可增加 50%。初生羔羊体质较弱，抵抗力差，易发病，搞好羔羊的护理工作是提高羔羊成活率的关键。

(2) *尽早吃饱初乳* 初乳是指母羊产后 3~5 d 内分泌的乳汁，其乳质黏稠、营养丰富，易被羔羊消化，是任何食物不可代替的食料。同时，由于初乳中富含镁盐，镁离子具有轻泻作用，能促进胎粪排出，防止便秘；初乳中还含有较多的免疫球蛋白和白蛋白，以及其他抗体和溶菌酶，对抵抗疾病、增强体质具有重要作用。

羔羊在初生后半小时内应该保证吃到初乳，对吃不到初乳的羔羊，最好能让其吃到其他母羊的初乳，否则很难成活。对不会吃乳的羔羊要进行人工辅助。

(3) *编群* 羔羊出生后对母、仔羊进行编群。一般可按出生天数来分群，生后 3~7 d 内母仔在一起单独管理，可将 5~10 只母羊合为一小群；7 d 以后，可将产羔母羊 10 只合为一群；20 d 以后，可大群管理。分群原则：羔羊日龄越小，羊群就要越小，日龄越大，组群就越大，同时还要考虑到羊舍面积、羔羊健康状况等因素。在编群时，应将发育相似的羔羊编群在一起。

(4) 羔羊的人工喂养　多羔母羊或泌乳量少的母羊，其乳汁不能满足羔羊的需要，应对其羔羊进行补喂。可用牛奶、羊奶粉或其他流动液体食物进行喂养，当用牛奶、羊奶喂羔羊，要尽量用鲜奶，因新鲜奶其味道及营养成分均好，且病菌及杂质也较小，用奶粉喂羊时应该先用少量冷或温开水，把奶粉溶开，然后再加热水，使总加水量达奶粉总量的 5~7 倍。羔羊越小，胃也越小，奶粉兑水量应该越少。有条件的可加点植物油、鱼肝油、胡萝卜汁及多元维生素，微量元素、蛋白质等。也可喂其他流体食物如豆浆、小米汤、代乳粉或婴幼儿米粉。这些食物在饲喂前应加少量的食盐及骨粉，有条件的再加些鱼油、蛋黄及胡萝卜汁等。

(5) 补喂　补喂关键是做好“四定”，即定人、定时、定温、定量，同时要注意卫生条件。

①定人。自始至终固定专人喂养，使饲养员熟悉羔羊生活习性，掌握吃饱程度、食欲情况及健康与否。

②定温。要掌握好人工乳的温度，一般冬季喂 1 个月龄内的羔羊，应把奶凉到 35~41℃，夏季还可再低些。随着日龄的增长，奶温可以降低。一般可用奶瓶贴到脸上，不烫不凉即可。温度过高，不仅伤害羔羊，而且羔羊容易发生便秘；温度过低，往往容易发生消化不良、下痢、鼓胀等。

③定量。限定每次的喂量掌握在七成饱的程度，切忌过饱。具体给量可按羔羊体重或体格来定。一般以全天给奶量相当于初生重的 1/5 为宜。喂给粥或汤时，应根据浓度进行定量。全天喂量应低于喂奶量标准。最初 2~3 d，先少给，待羔羊适应后再加量。

④定时。每天固定时间对羔羊进行饲喂，轻易不变动。初生羔每天喂 6 次，每隔 3~5 h 喂 1 次，夜间可延长时间或减少次数。10 d 以后每天喂 4~5 次，到羔羊吃料时，可减少到 3~4 次。

(6) 人工奶粉配制　有条件的羊场可自行配制人工奶粉或代乳粉。人工合成奶粉的主要成分：脱脂奶粉、牛奶、乳糖、玉米淀粉、面粉、磷酸钙、食盐和硫酸镁。用法：先将人工奶粉加少量不高于 40℃ 的温开水摇晃至全溶，然后再加热水。温度保持在 38~39℃。一般 4~7 日龄的羔羊需 200 g 人工合成奶粉，加水 1 000 mL。

(7) 代乳粉配制　代乳粉的主要成分有大豆、花生、豆饼类、玉米面、可溶性粮食蒸馏物、磷酸二钙、碳酸钙、碳酸钠、食盐和氧化铁。可按代乳粉30%、玉米面20%、麸皮10%、燕麦10%、大麦30%的比例调成糊状喂给羔羊。代乳品配制可参考下述配方：面粉50%、乳糖24%、油脂20%、磷酸氢钙2%、食盐1%、特制料3%。将上述物品按比例标准在热锅内炒制混匀即可。使用时以1：5的比例加入40 ℃开水调成糊状，然后加入3%的特制料，搅拌均匀即可饲喂。

(8) 提供良好的卫生条件　卫生条件是培育羔羊的重要环节，保持良好的卫生条件有利于羔羊的生长发育。舍内最好垫一些干净的垫草，室温保持在5~10 ℃。

(9) 加强运动　运动可使羔羊增加食欲，增强体质，促进生长和减少疾病，为提高其肉用性能奠定基础。随着羔羊日龄的增长，逐渐加长在运动场的运动时间。

以上各关键环节，任一出现差错，都可导致羔羊生病，影响羔羊的生长发育。

(10) 断奶　采用一次性断奶法，断奶后母羊移走，羔羊继续留在原舍饲养，尽量给羔羊保持原来环境。

7.2.4 育成羊培育技术

育成羊是指由断乳至初配，即5~18月龄的公母羊。羊在生后第一年的生长发育最旺盛，这一时期饲养管理的质量，将影响羊的未来。育成羊在越冬期间，除坚持放牧外，首先要保证有足够的青干草和青贮饲料来补饲，每天补给混合精料0.2~0.5 kg，对后备公、母羊要适当多一些。由冬季转入春季，也是由舍饲转入青草期的过渡，主要抓住跑青环节，在饲草安排上，应尽量留些干草，以便出牧前补饲。

第八章　岷县黑裘皮羊的饲养管理

8.1　岷县黑裘皮羊的营养需要

岷县黑裘皮羊的营养需要按生理活动可分为维持需要和生产需要两大部分。按生产活动又可分为妊娠、泌乳、产肉、产毛。维持需要是指羊为了维持其正常的生命活动所需要的营养，如空怀的母羊，既不妊娠，又不泌乳，只需维持需要。而生产需要则是以维持需要为基数，再加上繁殖、生长、泌乳、肥育和产毛的营养需要。

8.1.1　岷县黑裘皮羊需要的主要营养物质

8.1.1.1　碳水化合物

碳水化合物又称为糖类，是自然界的一大类有机物质，是家畜的主要能源。它含有碳、氢、氧 3 种元素。其中氢和氧的比例大多数为 2∶1。它可分为单糖（葡萄糖）、双糖（麦芽糖）和多糖（淀粉、纤维素）。在植物性饲料中，碳水化合物含量很高。籽实饲料中的淀粉，青草、青干草和蒿秆中的纤维素，以及甘蔗与甜菜中的蔗糖，都属于碳水化合物。碳水化合物是岷县黑裘皮羊的主要能量来源。

8.1.1.2　蛋白质

蛋白质又叫“真蛋白质”“纯蛋白质”。由多种氨基酸合成的一类高分子化合物，是动植物体各种细胞与组织的主要组成物质之一。蛋白质是家畜生命活动的基础物质。畜产品，如肉、奶、毛、角等均由蛋白质形成。完成消化作用的淀粉酶、蛋白酶和脂肪酶，完成呼吸作用的血红素与碳酸酐酶，促进家畜代谢的磷酸酶、核酸酶、酰胺酶、脱氢酶及辅酶等都是蛋白质。畜体内产生的免疫抗体也是蛋白质。因此，岷县黑裘皮羊日粮中必须供给足够的蛋白质，如果长期缺乏蛋白质就会使羊体消瘦、衰弱，发生贫血，同时也会降低其抗病力、生长发育强度、繁殖功能及生产水平（包括产肉、产毛、泌乳等）。种公羊缺乏蛋白质会造成精液品质下降。母羊缺乏蛋白质会造成胎儿发育不良，产死胎、畸形胎，泌乳减少。幼龄羊缺乏蛋白质会生长发育受阻，严重者发生贫血、水肿，抗病力弱，甚至引起死亡。豆科籽实、各种油饼（如亚麻仁油饼、菜籽饼、花生饼、棉籽饼和葵花籽饼）及其他蛋白质补充饲料（如肉粉、血粉、鱼粉、蚕蛹和虾粉）等均含有丰富的蛋白质，是岷县黑裘皮羊的良好蛋白质饲料。

8.1.1.3 脂肪

粗脂肪又称"乙醚提出物"，由甘油和各种脂肪酸构成。脂肪酸又分为饱和脂肪酸和不饱和脂肪酸。在不饱和脂肪酸中，亚油酸（又称亚麻油酸）、亚麻酸（十八碳三烯酸，又称次亚麻油酸）和花生油酸（二十碳四烯酸）是动物营养中必不可少的脂肪酸，称为必需脂肪酸，羊的各种器官、组织，如神经、肌肉、皮肤、血液等都含有脂肪。脂肪不仅是构成羊体的重要成分，也是热能的重要来源。另外，脂肪也是脂溶性维生素的溶剂，饲料中的脂溶性维生素包括维生素 A、维生素 D、维生素 E、维生素 K 和胡萝卜素，只有被脂肪溶解后，它们才能被羊体吸收利用。羊体内主要由饲料中的碳水化合物转化为脂肪酸后再合成体脂肪，但羊体不能直接合成亚油酸、次麻酸和花生油酸 3 种不饱和脂肪酸，必须从饲料中获得。若日粮中缺乏这些脂肪酸，羔羊生长发育缓慢，皮肤干燥，被毛粗直；成年羊消瘦，有时易患维生素 A、维生素 D、维生素 E 缺乏症。必需脂肪酸缺乏时，会出现皮肤鳞片化、尾部坏死、生长停止、繁殖性能降低、水肿和皮下出血等症状，羔羊尤为明显。豆科作物籽实、玉米糠及稻糠等均富含脂肪，是羊脂肪的重要来源，一般羊日粮中不必添加脂肪，羊日粮中脂肪含量超过 10%，会影响羊的瘤胃微生物发酵，阻碍羊体对其他营养物质的吸收和利用。

8.1.1.4 粗纤维

粗纤维是植物饲料细胞壁的主要组成部分，其中含有纤维素、半纤维素、多缩戊糖和镶嵌物质（木质素、角质等），是饲料中最难消化的部分。各类饲料的粗纤维含量不等。饲料中以秸秆含粗纤维最多，高达 30%~45%；秕壳次之，有 15%~30%；糠麸类在 10%左右；禾本科籽实类较少，除燕麦外，一般在 5%以内。粗纤维是羊不可缺少的饲料，有填充胃肠的作用，使羊有饱腹感，能刺激胃肠，有利于粪便排出。

8.1.1.5 矿物质

矿物质是羊体组织、细胞、骨骼和体液的重要成分，有些是酶和维生素的重要组成部分，如钴是维生素 B_{12} 的重要成分；硒是谷胱甘肽过氧化物酶、过氧化物歧化酶、过氧化氢酶的主要成分；锌是碳酸酐酶、羧肽酶和胰岛素的必需成分。羊体缺乏矿物质，会引起神经系统、肌肉运动、消化系统、营养输送、血液凝固和酸碱平衡等功能紊乱，直接影响羊体的健康、生长发育、繁殖和生产性能及其产品质量，严重时可导致死亡。羊体内的矿物质以钙最多，磷次之，还有钾、钠、氯、硫、镁，这 7 种元素称为常量元素；铁、锌、铜、锰、碘、鲒、钼、硒、铬、镍等称为微量元素。羊最易缺乏的矿物质是钙和磷。成年羊体内钙的 90%、磷的 87%存在于骨组织中，钙、磷比例为2∶1，但其比例随幼年羊年龄的增加而减少，成年后钙、磷比例应调整为（1～1.2）∶1。钙、磷不足会引起胚胎发育不良、佝偻病和骨软化等。植物性饲料中所含的钠和氯不能满足羊的需要，必须给羊补充氯化钠。

8.1.1.6　维生素

维生素是羊体所必需的少量营养物质，但不是供应机体能量或构成机体组织的原料。在食入饲料中含量虽少，但参与羊体内营养物质的代谢作用，是机体代谢过程中的催化剂和加速剂，是羊正常生长、繁殖、生产和维持健康所必需的微量有机化合物，生命活动的各个方面均与它们有关。例如，维生素 B_1 参与碳水化合物的代谢，维生素 B_2 参与蛋白质的代谢，维生素 B_3 参与蛋白质、碳水化合物与脂肪的代谢，维生素 D 参与钙、磷的代谢。体内维生素供给不足，可引起体内营养物质代谢作用紊乱，严重时则发生维生素缺乏症。缺乏维生素 A，能促使羊上皮角质化。消化器官上皮角质化后，可使大、小肠发生炎症，导致溃疡，妨碍消化和产生腹泻，羔羊因缺乏维生素 A，经常引起腹泻；呼吸器官上皮角质化后，羊只易患气管炎及肺炎；泌尿系统上皮组织角质化后，羊容易发生肾结石及膀胱结石；皮肤上皮组织角质化后，羊体脂肪腺与汗腺萎缩，皮肤干燥，失去光泽；眼结膜上皮角质化后，羊只发生干眼症。胡萝卜素在一般青绿饲料中含量较高，如胡萝卜、黄玉米中含胡萝卜素丰富。羊主要通过小肠将胡萝卜素转化为维生素 A。多用这类饲料喂羊，可防止维生素 A 缺乏症。维生素 E 是一种抗氧化物质，能保护和促进维生素 A 的吸收、贮存，同时在调节碳水化合物、肌酸、糖原的代谢中起重要作用。维生素 E 和硒缺乏都易引起羔羊白肌病的发生，严重时，则病羊死亡。青鲜牧草、青干草及谷实饲料，特别是胚油，都含丰富的维生素 E。B 族维生素和维生素 K 可由羊消化道中的微生物合成，其他维生素一般都从植物性饲料中获得。尽管反刍动物瘤胃微生物可以合成 B 族维生素，但在羔羊阶段仍要在日粮中添加 B 族维生素。

8.1.1.7 水

水是组成羊体液的主要成分，对羊体的正常物质代谢有特殊的作用。羊体的水摄入量与羊体的消耗量相等。羊体摄入的水包括饲料中的水、饮水与营养物质代谢产生的水；羊体消耗的水包括粪中、尿中、泌乳、呼吸系统、皮肤表面排汗与蒸发的水。如果羊体摄入的水不能满足羊体消耗的水量，则羊体存积水减少，严重时造成脱水现象，影响羊体的生理功能与健康。如果水的摄入量多于水的消耗量，则羊体中水的存积量增加。水是羊体内的一种重要溶剂，各种营养物质的吸收和运输，代谢产物的排出需溶解在水中后才能进行；水是羊体化学反应的介质，水参与氧化-还原反应、有机物质合成以及细胞呼吸过程；水对体温调节起重要作用，天热时羊通过喘息和排汗使水分蒸发散热，以保持体温恒定；水还是一种润滑剂，如关节腔内的润滑液能使关节转动时减少摩擦，唾液能使饲料容易吞咽等。缺水可使羊的食欲减低、健康受损，生长羊生长发育受阻，成年羊生产力下降。轻度缺水往往不易发现，但常不知不觉地造成很大经济损失。羊如脱水 5%则食欲减退，脱水 10%则生理失常，脱水 20%即可死亡。构成机体的成分中以水分含量最多，是羊体内各种器官、组织的重要成分，羊体内含水量可达体重的 50%以上。初生羔羊身体含水 80%左右，成年羊含水 50%。血液含水量达 80%以上，肌肉中含水量为 72%~78%，骨骼中为 45%。羊体内水分的含量随年龄的增长而下降，随营养状况的增加而减少。一般来讲，瘦羊体内的含水量为 61%，肥羊体内的含水量为 46%。羊体需水量受机体代谢水平、环境温度、生理阶段、体重、采食量和饲料组成等多种因素影响。每采食 1 kg 饲料干物质，需水 1~2 kg。成年羊一般每天需饮水 3~4 kg。春末、夏季、秋初饮水量较大，冬季、春初和秋末饮水量较少。舍饲养殖必须供给足够的饮水，并保持清洁。

8.1.2 维持需要

岷县黑裘皮羊在维持阶段，仍要进行生理活动，需要从饲草、饲料中摄入的营养物质，包括碳水化合物、粗蛋白质、粗脂肪、粗纤维、矿物质、维生素和水等。岷县黑裘皮羊从饲草、饲料中摄取的营养物质，大部分用作维持需要，其余部分才用于长肉、泌乳和产毛。羊的维持需要得不到满足，就会动用体内贮存的养分来弥补亏损，导致体重下降和体质衰弱等不良后果。只有当日粮中的能量和蛋白质等营养物质超出羊的维持需要时，羊才具有一定的生产能力。空怀母羊和非配种季节的成年公羊，大都处于维持状态，对营养水平要求不高。

8.1.3 生产需要

8.1.3.1 公、母羊繁殖对营养的需要

要使公、母羊保持正常的繁殖力，必须供给足够的粗蛋白质、脂肪、矿物质和维生素，因为精液中包含有白蛋白、球蛋白、核蛋白、黏液蛋白和硬蛋白。羊体内蛋白质含量随年龄和营养状况的不同而有所不同，瘦羊体内蛋白质含量为16%，而肥羊则为11%。纯蛋白质是羊体所有细胞、各种器官组织的主要成分，羊体内的酶、抗体、色素及起消化、代谢、保护作用的特殊物质均由蛋白质构成。公、母羊只有获得充分的蛋白质时，性功能才旺盛，精子密度大、母羊受胎率高。公羊的射精量平均为1 mL，每毫升精液所消耗的营养物质约相当于50 g可消化蛋白质。繁殖母羊在较高的营养水平下，可以促进排卵、发情整齐、产羔期集中、多羔顺产。

当羊体内缺乏蛋白质时，羔羊和幼龄羊生长受阻，成年羊消瘦，胎儿发育不良，母羊泌乳量下降，种公羊精液品质差，繁殖力降低。缺少脂肪，公、母羊均受到损害，如不饱和脂肪酸、亚麻油酸、次亚麻油酸和花生油酸，是合成公、母羊性激素的必需品，它们严重不足则妨碍繁殖能力。维生素A对公、母羊的繁殖力影响也很大，不足时公羊性欲不强，精液品质差；母羊则阴道、子宫和胎盘的黏膜角质化，妨碍受胎，或早期流产。维生素D不足，可引起母羊和胚胎钙、磷代谢障碍。维生素E不足，则生殖上皮和精子形成发生病理变化，母羊早期流产。B族维生素虽然在羊的瘤胃内可合成，但当它不足时，公羊出现睾丸萎缩，性欲减退，母羊则繁殖停止。维生素C亦是保持公羊正常性功能的营养物质。饲料中缺磷，母羊不孕或流产，公羊精子形成受到影响，缺钙亦降低其繁殖力。

8.1.3.2 胎儿发育对营养物质的需要

母羊在妊娠前期（前3个月）对日粮的营养水平要求不高，但必须提供一定数量的优质蛋白质、矿物质和维生素，以满足胎儿生长发育的营养需要。在放牧条件较差的地区，母羊要补喂一定量的混合精料或干草。妊娠后期（后2个月），胎儿和母羊自身的增重加快，对蛋白质、矿物质和维生素的需要明显增加，50 kg重的成年母羊，日需可消化蛋白质90～120 g、钙8.8 g、磷4.0 g，钙、磷比例为2∶1左右。更重要的是，丰富而均匀的营养，羔裘皮品质较好，其毛卷、花纹和花穗发育完全，被毛有足够的油性和良好的光泽，优等羔裘皮的比例高。如果母羊妊娠期营养不良，膘情状况差，则使胎儿的毛卷和花穗发育不足，丝性和光泽度差，小花增多，弯曲减少，羔裘皮面积变

小，同时羔羊体质虚弱，生活力降低，抗病力差，影响羔羊生长发育和羔裘皮品质。但母羊在妊娠后期若营养过于丰富，则使胚胎毛卷发育过度，造成卷曲松散、皮板特性和毛卷紧实性降低，大花增多，皮板增厚，也会大大降低羔裘皮品质。因此，后期通常日粮的营养水平比维持营养高 10%~20%，已能满足需要。

8. 1. 3. 3　生长时期的营养需要

营养水平与羊的生长发育关系密切，羊从出生、哺乳到 1. 5~2 岁开始配种，肌肉、骨骼和各器官组织的生长发育较快，需要供给大量的蛋白质、矿物质和维生素，尤其在出生至 5 月龄这一阶段，是羔羊生长发育最快的阶段，对营养需求量较高。羔羊在哺乳前期（8 周）主要以母乳供给营养，采食饲料较少，哺乳后期（8 周）靠母乳和补饲（以吃料为主、哺乳为辅），整个哺乳期羔羊生长迅速，日增重可达 200~300 g。要求蛋白质的质量高，以使羔羊加快生长发育。断奶后到育成阶段则单纯靠饲料供给营养，羔羊在育成阶段的营养水平，直接影响其体重与体型，营养水平先好后差，则四肢高，体躯窄而浅；营养水平先差后好，则影响长度的生长，体型表现不匀称。因此，只有均衡的营养水平，才能把羊培育成体大、背宽、胸深、各部位匀称的个体。

8. 1. 3. 4　肥育的营养需要

肥育的目的就是增加羊肉和脂肪，以改善羊肉的品质。羔羊的肥育以增加肌肉为主，而成年羊肥育主要是增加脂肪，改善肉质。因此，羔羊肥育蛋白质水平要求较高；成年羊的肥育，对日粮蛋白质水平要求不高，只要能提供充足的能量饲料，就能取得较好的肥育效果。

8. 1. 3. 5　泌乳的营养需要

哺乳期的羔羊，每增重 100 g，就需母羊奶 500 g，即羔羊在哺乳期增重量同所食母乳量之比为 1∶5。而母羊生产 500 g 的奶，需要 0. 3 kg 的饲料、33 g 的可消化蛋白质、1. 2 g 的磷、1. 8 g 的钙。羊奶中含有乳酪素、乳白蛋白、乳糖和乳脂、矿物质及维生素，这些营养成分都是饲料中没有的，是由乳腺分泌的。当饲料中蛋白质、碳水化合物、矿物质和维生素供给不足时，都会影响羊乳的产量和质量，且导致泌乳期缩短。因此，在羊的哺乳期，给羊提供充足的青绿多汁饲料，有促进产奶的作用。

8. 1. 3. 6　产毛的营养需要

羊毛是一种复杂的蛋白质化合物，其中胱氨酸的含量占角蛋白总量的 9%~14%。产毛对营养物质的需要较低。但是，当日粮的粗蛋白质水平低于 5. 8%时，就不能满足产毛的最低需要。矿物质对羊毛品质也有明显影响，其中硫和铜比较重要。毛纤维在毛囊中发生角质化过程，有机硫是一种重要的刺激素，既可增加羊毛产量，也可改善羊毛的弹性和手感。饲料中硫和氮的比例以1：10为宜。缺铜时，毛囊内代谢受阻，毛的弯曲减少，毛色素的形成也受影响。严重缺铜时，还能引起铁的代谢紊乱，造成贫血，产毛量也下降。维生素A对羊毛生长和羊皮肤健康十分重要。放牧羊在冬春季节因牧草枯黄后，维生素A已基本上被破坏，不能满足羊的需要。对以舍饲饲养为主的羊，应提供一定的青绿多汁饲料或青贮料，以弥补维生素的不足。

放牧羊的营养状况则显示营养成分不均衡。牧草丰盛期，蛋白质远远高于营养需要，成年母羊的粗蛋白质采食量甚至比营养需要高出127.07%，羔羊也高出营养需要81.25%。而在枯草季节，各种养分均处于贫乏状态。

8.2　不同生理阶段羊的饲养管理

8.2.1　种公羊的饲养管理

一般情况下岷县黑裘皮羊种公羊在配种前与母羊分群饲养，放牧在不同的牧场。通过放牧满足种公羊的采食量，为了增加营养、提高体质、提高受精率，还要进行适当的补饲。配种前2个月开始进行补饲，补饲复合饲料，以满足放牧不能满足的微量元素，每只公羊每天保证补饲0.1 kg饲料，分两次进行，早上放牧之前和晚上归牧之后进行饲喂。

8.2.2　繁殖母羊的饲养管理

在羊群中，种母羊的比例占70%~80%。种母羊从配种前2~3周加强饲养，同样进行适当的补饲，每天给每只母羊补饲0.1 kg的精饲料，分两次投喂，时间与投喂种公羊的时间相同。由于岷县黑裘皮羊母羊大多数能够常年发情，为了能够达到集体发情，统一管理，当地牧民采用集中自然交配的方式，在配种时将公羊按1：30的比例投放到母羊群，跟群放牧，自然交配，交配完以后，再将公羊隔离开单独放牧。繁殖母羊是羊群的基础。合理的饲养繁殖母羊可以保证其正常发情、配种、提高受胎率及产羔率，且羔羊比较健壮，生长发育迅速。繁殖母羊的饲养管理，可分为空怀期、妊娠期和泌乳期3个阶段。

8.2.2.1　空怀期的饲养管理

母羊空怀期饲养的主要任务是恢复体况。其间应加强母羊的饲养管理，使其尽快复壮，为配种打好满膘基础。为保持母羊有良好的配种体况，要尽可能做到全年均衡饲养，尤其要加强配种前母羊的补饲，母羊须在牧草生长茂盛、草质优良的牧地上放牧，在枯草期要对其进行补饲。一般在生产实践中，配种前1个月要进行短期优饲，提高日粮的营养水平，以促使母羊发情整齐，增加排卵数，提高受胎率和产羔率。

8. 2. 2. 2　妊娠期的饲养管理

配种后的母羊尽量少做剧烈运动，少驱赶，以免磕磕碰碰。每天喂精饲料0. 1~0. 2 kg，分两次饲喂。岷县黑裘皮羊妊娠期一般为149~156 d。一般将母羊的妊娠期分为妊娠前期（3个月）和妊娠后期（2个月）。

（1）妊娠前期的饲养管理　母羊受胎后的前3个月，因为胎儿生长发育缓慢，需要的营养水平不太高，加上该阶段天然草场牧草大部分已结籽，营养丰富，一般母羊不补饲，通过加强放牧即可满足母羊和胎儿发育的营养需要。

（2）妊娠后期的饲养管理　母羊妊娠的最后2个月为妊娠后期，这一阶段胎儿生长发育很快，母羊本身也需要蓄积大量的养分，以备泌乳期内泌乳的需要。妊娠后期母羊的腹腔容积因胎儿发育而变小，对饲料干物质的采食量相对减少。因此，必须注意饲喂妊娠母羊的饲料种类，适当增加精料的比例。临产前1周不要放牧太远。妊娠母羊的管理要细心、周到，出牧、归牧、饮水、补饲时都要慢、稳，防止拥挤和滑倒，严禁跳沟、跳崖，最好在较平坦的牧地上放牧。禁止追捉、惊扰羊群和饲喂发霉、腐败、变质、冰冻的饲料以及饮冰水或过冷的水，以防造成流产。

8. 2. 2. 3　哺乳期的饲养管理

分娩结束后，母羊进入哺乳期，一般母羊的哺乳期是3个月左右。在这个时期，羔羊随母羊一起放牧。此时应选择离家较近的草场进行放牧，以免羔羊过分疲惫，影响健康。哺乳期的前1~2个月称为哺乳前期，母羊每天需要精饲料0. 5 kg，提高母羊的泌乳能力，以满足羔羊的营养需要。羔羊出生后的2~3个月是哺乳后期，这时应减少母羊精饲料的投喂量，转入常规饲喂标准，以免断奶后乳房乳汁积累，引发乳腺炎。

8. 2. 3　羔羊的饲养管理

从出生到断奶是羔羊的哺乳期。新生羔羊的营养主要来源于母乳。羔羊出生后2周内能吃到足量的初乳，15~30日龄羔羊以母乳为主、牧草为辅；30~70日龄羔羊仍以母乳为主，但已开始采食牧草；71~90 d进入羔羊的断奶期。岷县黑裘皮羊一般自行断奶，不进行人为干预，此时羔羊已经体格较大，能够抵御一般的风险，跟随成年羊一同放牧就能满足其营养需要。

8.2.4　育成羊的饲养管理

育成羊是指羔羊断奶后到第一次配种的幼龄羊，多在4~18月龄。羔羊断奶后的5~8个月生长发育快，增重强度大，对营养水平要求较高。一般公羔的生长速度较母羔快，因此育成羊应按性别、体重分别组群和饲养。10月龄后羊的生长发育强度逐渐下降，到1.5岁生长基本结束，在生产实践中一般将羊的育成期分为2个阶段，即育成前期（5~8月龄）和育成后期（8~18月龄）。育成前期羊的生长发育快，瘤胃容积有限且功能还不完善，对粗饲料的消化利用能力较弱。该阶段的放牧羊除放牧外要适当补喂精料。舍饲羊最好饲喂优质青干草和青绿多汁饲料。因此，在育成前期一定要加强营养，使羊的体格发育好，这样有利于配种和今后生产潜力的发挥。育成后期羊的瘤胃发育成熟，消化功能完善，大量采食牧草和农作物秸秆可以充分消化利用。这一阶段，育成羊应以放牧为主，适当补喂少量混合精料或优质青干草。对舍饲的育成羊，要注意合理搭配精、粗饲料，一般精粗比为4：6，饲喂的饲料要多样化，以青干草、青贮饲料、块根块茎及多汁饲料等为主，尤其要注意矿物质如钙、磷、食盐和微量元素的补充。同时，还要注意加强运动，调整体况，适时配种。一般育成母羊在12~18月龄时，或体重达到成年羊体重的70%以上时即可参加配种。但值得注意的是，育成母羊发情不明显，因此要加强发情鉴定或观察，以免漏配。

8.3　岷县黑裘皮羊的放牧管理

放牧是岷县黑裘皮羊的主要饲养方式。岷县黑裘皮羊终年放牧，依靠天然草场维持生活与生产，亦唯有放牧，才能节约饲料开支，降低畜产品成本，获得最好的经济效益。放牧可以使羊只抓好膘，母羊发情整齐，胎儿发育好，产羔适时，母羊泌乳力好，羔羊成活率高，母壮仔肥，毛皮质量高，增强抗春乏能力，抵御自然灾害的影响。

在自由放牧状态下，岷县黑裘皮羊放牧行程远，采食时间长，休息时间短。采食量大、采食速度快、择食性广。在一个放牧日中，采食速度表现为“中间低，两头高”，在生产上应充分利用“两头高”的特点，夏季早出牧，晚归牧。

8.3.1　岷县黑裘皮羊的放牧技术

膘是基础。“有膘身强体壮，无膘百病缠身”。羊只的放牧，首要的任务是抓膘，在抓膘期千方百计地抓好膘。

岷县黑裘皮羊的抓膘期，一年中有两个高峰：一是6月羊只吃跑青的时候；二是9—10月抓秋膘的时候。因此，根据岷县黑裘皮羊抓膘的规律，采取“抓两头，促中间”的放牧方法，即抓好青，促使羊只迅速恢复底膘，在9—10月抓好秋膘，沉积较多的脂肪，保证羊只安全过冬。如果春季抢青不稳，羊只不能及时恢复体力，入夏之后，天气酷热，蚊蝇又多，抓不好夏膘，到了秋季，即使抓了膘由于没有底膘，到了寒冬，几场风雪和寒流，膘情就会很快掉下去。根据岷县黑裘皮羊产区长期的实践，总结出“春抓底膘，夏抓肉膘，秋抓油膘，冬保原膘”的抓膘经验。所以，牧羊要时时刻刻注意“膘”字，使羊只达到膘满肉肥。

岷县黑裘皮羊放牧的队形基本有两种：一条鞭和满天星。这是按照牧草的密度、优劣、草地的陡缓、季节及羊的采食情况而定的。一条鞭亦称一条线，适用于在植被均匀的中等牧场上放牧羊群，羊群排成一列横队，领群的牧工在前面，离羊群8~10 m远，左右移动并缓缓后退，引导羊群前进，羊群在横队里以3~4层为宜，不能过密，否则后面的羊，就采不到好草。满天星队形，是将羊群散布在一个轮牧小区或一片草地范围内，让羊自由采食，牧工站在羊群中间监视羊群不使羊越界或过度分散，直到牧草采食完后，再转移到新的草地上去。这种队形适合于牧草特别优良、产草量很高的草场或牧草特别稀疏且生长不均匀的草场，如荒漠、半荒漠草场。

不论放牧用什么队形，要让羊群一日吃三饱。群众总结的经验是：“一天能吃三个饱，一年能产两茬羔；羊吃两个饱，一年一个羔；羊吃一个饱，性命也难保。”这是放牧抓膘的标志，是牧工长期的经验总结。要在放牧时，达到“三个饱”的要求，尤其在草原草稀薄的年景，就需要牧工多辛苦，只有早出牧，天一亮就放羊，晚归牧，满天星星才回圈，尽量延长放牧时间，才能保证羊只吃饱。只有长年累月吃饱，才能多长膘。羊只有了膘，体内积累了大量的脂肪、蛋白质，才能有较强的抗灾能力。

早出晚归，让羊群多吃少跑，适当延长放牧时间，对于冬、春羊只放牧尤为重要。在春季放牧时，要注意“躲青”；在夏季放牧时，要选高山草地放牧，注意防蚊、防蝇；在秋季放牧时，要将放坡地和跑茬相结合抓好秋膘；冬季放牧时，要做到晚出牧、早归牧，严禁让羊群吃冰、霜冻草，以免造成羊只流产。

岷县黑裘皮羊放牧技术上强调一个“稳”字，放牧要稳，饮水要稳，出入圈要稳。牧工中流传着“抢青稳当，一年稳当”“三勤四稳”“勤挡稳顶”，由此可见，放羊总离不开“稳”字。“稳”字当先有深刻的科学道理。如果放不稳，体力消耗大，热能消耗多，膘分就差。放得稳，少走路，多吃草，能量消耗少，膘情就好。为了做到“稳”字当先，必须熟练地“领羊”“挡羊”“喊羊”“折羊”，控制羊群。“领羊”是在羊群前慢走，羊群跟着人走，主要用于饮水及归牧；“挡羊”是人来回走在羊哨前，使羊群齐齐地向前推进；“喊羊”是放牧时，呼以口令，使落伍的羊只跟上哨，使抢先的羊回到哨位上。这3种控制羊群的方法好掌握。“折羊”是改变羊群前进的方向，将羊群拨到既定的草路、水路上，这是控制羊群十分重要的方法，如果不会“折羊”，羊群极不稳定，时而围绕成团；时而前前后后，走的走，跑的跑，吃的吃；时而分成两股，向两端分离，这些现象，牧工叫“扯哨”“漏哨”，这样，羊群走不展，羊哨推不齐，放不到草场上，而羊群却成天处于追赶之中，体力严重耗竭。正确的“折羊”方法是从羊哨中间穿过，走到羊群后面，如果羊群向东前进，一哨头在北，一哨头在南，欲改为向南前进，那就“抗”北哨，使之与南哨成一直角，然后从哨中回到哨前，压住南哨，使羊群成“一条鞭”状。“折羊”时，如果不是从哨中上下，而是从哨边上下，必然出现“扯哨”现象。同时，折哨时，脚步要轻，不能性急，须站一站，走一走，不断喊令羊只注意，让羊只边走边吃，逐渐改变方向，切忌赶羊。控制羊群，不可太紧，牧工说“三分由羊，七分由人”，如控制太紧，羊群走不开，去路不展，影响羊只抓膘。在四季放牧中，春天抢青，适当控制，利用抢青训练放牧队形。使之走慎、走稳，吃饱吃好。夏季则稍加控制，避免羊只“躁”。秋、冬应控制紧些，有利于抓膘、保胎和保膘。

在岷县黑裘皮羊终年放牧中，要掌握四季放牧特点。自由放牧时，四季牧场的选择，可用“春洼、夏岗、秋平、冬暖”8个字来概括。春天，选择向阳温暖的地方，由于洼地有枯草，同时洼地的牧草返青早，可以连青带枯一起吃，防止跑青。夏天，天气炎热，选择高山草原，凉爽，蚊蝇又少，把羊放牧在高梁，通风凉爽，防止受热，利于抓膘。秋天，天高气爽，牧草结籽，庄稼收获后，很多牧草新鲜幼嫩，放牧茬地，利于增膘。冬天，气候寒冷，容易掉膘，所以要选择在平坦、温暖背风，或山间小盆地，水源充足、多草的草场放牧。牧工的经验是“冬放暖窝春放崖，夏放梁头秋放茬”。

立春至清明，这时羊群的体况是“九尽羊干”，十分乏弱，每日游走5 km就感到困难。草场上牧草稀薄，青黄不接，加之时常出现春寒，容易造成死亡。这时，对于乏弱的羊只，除注意放好外，还要给予一定的补饲，使其体重保持在最高体重的60%，以便到抢青时，能维持抢青体况，不致因跑青乏死羊。此阶段羊只主要采食的牧草是梭草、苗蒿芽、马莲、冷蒿以及白草的残枝叶。

清明至立夏，“羊盼清明，驴盼夏”，到了清明，羊只进入了抢青阶段。

这时，羊只采食到的牧草，主要是梭草、麦秧子、黄蒿芽、冰草。

立夏，羊群渡过了抢青关，吃饱了青，有了体力。气候不冷不热，很适宜羊只的生理要求，所以，立夏到夏至是羊只第一个抓膘高峰期，应早出晚归，延长放牧时间，促进第一高峰的形成。这时，羊只采食的主要牧草是白草、枝儿条和猫头刺花。

从小暑以后，天气闷热，岷县黑裘皮羊是怕热的家畜，不利于抓膘，夏天放羊，要防止羊“生躁”，即三五成群，低头互找身影庇荫，不动不食。防止羊躁，应从春天抢青时就要注意，以开散的放牧队形，并训练羊只顶太阳，逐日训练，锻炼不怕太阳的耐热性。同时，夏天放羊，不宜“折羊”。剪毛后，对羊只进行清水浴，洗掉身上的沙子，就可防止羊只“生躁”，让羊只多吃草，以利抓膘。

立秋，羊只出现第二个抓膘高峰。这时，羊只要多抢茬；多采食草籽。其中，以枝儿条最好，因为结籽数量多，营养丰富，羊群吃了肯上膘。

白露，此时大部分牧草开始枯老，但有些牧草还在生长，开始抢倒青，“抢好倒青奶胖羔”，对促进胎儿发育、母羊泌乳都有很大好处。

立冬至立春，主要吃各种蒿属。

从以上可以看出岷县黑裘皮羊所采食的牧草。春季，以禾本科植物牧草为主，多是嫩草；夏季以豆科植物——枝儿条为主；秋季主要采食草籽；冬季以蒿属为主。牧工们掌握这一规律，选择草场，使羊群一年四季都吃到营养丰富的牧草，促进抓膘和保膘。但值得注意的是，在放牧条件下，岷县黑裘皮羊的营养供给上存在着不平衡，主要表现为能量、钙和磷不足，蛋白质过量。因此，放牧的岷县黑裘皮羊应考虑给予适当补饲。

8.3.2 放牧地选择

自由放牧时，四季牧场的选择，可用“春洼、夏岗、秋平、冬暖”8个字来概括。冬牧场则选择平坦避风，或山间小盆地，水源足多草，或草多缺水的地区。春牧场，接近冬牧场，选择向阳温暖的地方，融雪早，牧草返青早，羊群由冬牧场出来即可进入春牧场。夏牧场则选择高山草原，凉爽，蚊蝇又少。秋牧场则选在高山草原的山腰或山麓，或河流两岸。春、秋牧场为冬牧场转向夏牧场的过渡地带，利用期较短，而且往往合在一起称为春秋牧场。青藏高原草原上的主要特点是夏牧场有余、冬牧场不足。夏牧场在高山上，能利用的时间不长，下雪早，不得不下山。冬季时间漫长，长达半年以上，因此常感冬牧场不够用。

8.3.3　草场的放牧利用方式

放牧方式是指对放牧场地的利用方式。放牧技术则是放好羊和合理利用草原的重要环节。目前，我国的放牧方式可分为固定放牧、围栏放牧、季节轮牧和小区轮牧。固定放牧是指将羊群常年在一个特定区域内自由放牧采食。这种放牧方式对草场的合理利用与保护不利，且载畜量低，单位草场面积提供的产品数量少，草畜难保持平衡，容易出现过牧现象，是现代养羊业应摒弃的一种放牧方式。围栏放牧是在一个围栏内，根据牧草生长情况安排一定数量的羊只放牧，以草定畜，这种放牧方式可合理利用和保护草场。季节轮牧是根据四季特点划分四季牧场按季节轮流放牧，这是我国牧区多采用的原始放牧方式。这种方式能比较合理地利用草地，提高草地生产水平。小区轮牧是在划定季节牧场的基础上，依据牧草的生长、草地生产力、羊群采食量和寄生虫的侵袭动态等，将草地划分为若干个小区，让羊群按指定的顺序在小区内进行轮回放牧。这是一种先进的放牧方式，可合理利用和保护草场，提高草场载畜量。羊在小区内能减少游走所消耗的体力，增重快，且能控制体内寄生虫感染。

8.3.4　不同季节牧场选择和放牧要点

8.3.4.1　春季放牧管理

羊经过一个漫长的冬季，体质普遍较弱，易发生“春乏”。为防止羊“跑青”消耗体力，宜采用“一条鞭”的放牧法，使羊群在草场成横排向前采食，牧工站在羊群的前面压阵，控制羊群的前进速度，使其少走路，多吃草，连同草场的枯草一并吃完，并适当延长放牧时间，尽可能让羊只吃饱。

谷雨以后，牧草进入盛草期，牧草水分含量高，易引起羊腹胀腹泻，应在出牧前先给羊喂些干草，盛草期间，要实行分段放牧，以利牧草再生。

8.3.4.2　夏季放牧管理

虽然夏季牧草旺盛，但雨水多，蚊蝇也多，放牧要“抓晴天，赶阴天，麻风细雨当好天”。做到晴天整天放，阴天保证羊吃草的足够时间，小雨不停牧，中雨、阵雨、大雨抓紧雨停空隙时间放。雨天牧羊要慢赶慢走，防止羊滑跌损伤；雨后严禁放牧以豆科牧草为主的草场，以防止臌胀病发生。

炎热天气，放牧应早出晚归，采取早晚放羊，中午歇羊；上午放西坡，顺风出牧顶风归；下午放东坡，顶风出牧顺风归，中午将羊赶到树林歇息反刍，待太阳西斜后再放牧。

8.3.4.3 秋季放牧管理

秋季牧草结籽，营养极为丰富，是放牧饲养抓膘和配种季节，应全力抓好秋季放牧，为羊群安全越冬和母羊产羔打下基础。

入秋以后，日短夜长，气候凉爽，牧草结籽，粮食作物收割，放牧羊方便，而且羊的食欲旺盛，要采取早出牧，晚归牧，中午不休牧。

晚秋气温日趋下降，有些地方早晚有霜冻，这时，应根据牧草枯萎变化的规律，因地制宜放牧，在利用草场时可由远到近，先由山顶到山腰，再到山下，最后转入平滩及山间盆地放牧，留下附近草场供羊越冬放牧和放牧羔羊及产羔母羊使用。

8.3.4.4 冬季羊的饲养管理

冬季牧草稀疏枯老，天寒地冻，母羊处于受孕后期，当年育成羊进入第一个越冬期，需要充足的营养供应，保膘、保胎、保安全越冬是整个冬季养羊的中心，必须加强以下几方面的工作。

（1）正确放牧　初冬雨水稀少，气温尚不很低，仍有部分青绿牧草可供采食，要紧紧抓住这个有利时机，继续按秋季放牧要求加强放牧管理，尽量让羊多吃到一些青草。

（2）精心舍饲　进入深冬，羊群以舍饲为主，饲料可根据条件，喂给青干草、各类秸秆、青贮饲料、微贮饲料和氨化饲料，实行自由采食，并补饲适量的豆类、玉米、稻谷、糠麸等混合饲料，晴天进行放牧或户外运动。

（3）保胎护羔　受孕母羊和产羔母羊，除做好保暖工作外，适当增喂精饲料和温淡盐水，以满足受孕母羊和产羔母羊的营养需要。

8.3.4.5 合理安排放牧作息时间

放牧、补饲相结合的情况下，放牧时间为 6 h 或 8 h。根据岷县黑裘皮羊不同生理阶段的需要，规定适当的饮水次数。全天放牧时间应分为 2~3 段，岷县黑裘皮羊羊群分为 3 段，每段 3~6 h，段与段之间间隔为休息时间，休息时可饮水或补饲。应避开酷暑、严霜来临时间。应该重视夜间放牧，特别在牧草稀疏不易吃饱或白天酷热时，应进行夜间放牧。

8.3.4.6 放牧管理技术要点

（1）分群放牧管理方法　即按照羊不同品种、性别、年龄、生产性能和草场条件分别组群放牧，这样既能表现出放牧的整齐度，使牧草被整齐地采食，又便于管理；防止相互顶伤、踢伤、咬伤、压伤，便于归牧。但这种方法需要的人力较多。

（2）跟群控制放牧管理方法　当控制大的羊群在草地上放牧时，通常采用两种形式。一是一条鞭式，使家畜排成“一”字形横队，牧工在畜群前8~10 m远，用“领牧”或“赶牧”的方式控制家畜，缓慢前进，使整个羊群的每只羊都能均匀地得到牧草。此法适用于植被均匀的中等草地。应特别注意不使羊群前进过快，以免过分践踏牧草，消耗体力。二是满天星式，让羊群均匀地散布在一定范围内，控制羊群很慢地移动，令其自由采食，这样可以在较大空间内同时得到较多的草料。此法适用于植被良好的丰产草地或特别稀疏、生长不均匀的草地（如荒漠、半荒漠草场及某些干旱草原）。

(3) 按营养状况分群放牧管理方法 同一品种放牧羊按营养状况分良、弱、极弱三群放牧，这样做可便于管理，减少死亡率，也便于及时淘汰老、弱、残羊，提高整齐度和出栏率，提前出栏，减轻草场压力。

(4) 公母分群放牧管理方法 即按性别分群，母羊又按受孕、未孕、带羔母羊分群，即分为公羊群、孕羊群、未孕羊群、带羔母羊群，并按羊种分开。这样可防止滥交配，防止顶撞引起母羊流产，使孕羊充分采食，减少因营养不良造成的死胎、难产、流产，提高生产效益。

(5) 按草原（草场）分级分群放牧管理方法 按草场的分级组织羊群放牧。按资源价值（即对草原资源的质量和对畜牧业的贡献）将草原（草场）分为3级：Ⅰ级，草原资源以生产力高、质量优良的类型为主，是当地畜牧业主要基地；Ⅱ级，草原资源以生产力中等、质量中等的类型为主，载畜量与能力中等；Ⅲ级，草原资源以生产力低下、质量偏低的类型为主，载畜量与能力低。原则：按草场的分级确定载畜量、畜种和放牧强度。

8.4 羊群补饲

8.4.1 补饲时间

补饲开始的时间，要根据具体羊群和草料贮备情况而定。原则是从体重出现下降时开始，最迟不能晚于春节前后。补饲过早，会显著降低羊本身对过冬的努力，对降低经营成本也不利。此时要使冬季母羊体重超过其维持体重是很不经济的，补饲所获得的增益，仅为补充草料成本的1/6。但如补饲过晚，等到羊群十分乏瘦、体重已降到临界值时才开始，那就等于病危求医，难免会落个羊草两空，“早喂在腿上，晚喂在嘴上”，就深刻说明了这个道理。

补饲一旦开始，就应连续进行，直至能接上吃青。如果补3 d停2 d，反而会弄得羊群惶惶不安，直接影响放牧吃草。

8.4.2 补饲方法

补饲是安排在出牧前好，还是归牧后好，各有利弊，都可实行。大体来讲，如果仅补草，最好安排在归牧后。如果草、料俱补，对种公羊和核心群母羊的补饲量应多些。而对其他等级的成年羊和育成羊，则可按优羊优饲、先幼后壮的原则来进行。

在草、料利用上，要先喂次草次料，再喂好草好料，以免吃惯好草好料后，不愿再吃次草次料。在开始补饲和结束补饲上，也应遵循逐渐过渡的原则来进行。

日补饲量，一般可按一羊 0.5~1 kg 干草和 0.1~0.3 kg 混合精料来安排。

补草最好安排在草架上进行，一则可避免干草的践踏浪费，二则可避免草渣、草屑混入毛被。对妊娠母羊补饲青贮料时，切忌酸度过高，以免引起流产。

8.4.3 岷县黑裘皮羊夏秋季节补饲

草地的牧草含有较全面的营养物质和较高的粗蛋白质，是岷县黑裘皮羊生长发育和繁殖的最佳营养源。然而，夏秋季岷县黑裘皮羊放牧在高山峻岭，此期牧草生长季节短，生长速度慢，产草量低，是否能满足其生长、繁殖的需要，发挥出潜在的生产能力至关重要。谢敖云等（1996）进行了夏秋草地放牧岷县黑裘皮羊补饲试验，岷县黑裘皮羊在夏秋草地放牧并补饲少量精料，以当年羔羊的增重效果较好，增重率提高 11.83 个百分点，比同龄对照岷县黑裘皮羊的体重提高 16.72%。显而易见，将这类岷县黑裘皮羊放在优良牧地放牧并进行少量补饲可以达到育肥的目的，这不仅可加快畜群周转，也对减轻草原承载力具有重要的现实意义。从其他年龄组岷县黑裘皮羊的增重率可见，随年龄的增加，增重率逐渐减少，这更说明了抓紧幼羊肥育、提早出栏的重要价值。另外，藏系成年母羊在夏季牧地进行补饲，改善了营养，流产羊数明显减少，产羔率提高 6.78 个百分点。

8.4.4 岷县黑裘皮羊冷季补饲技术

岷县黑裘皮羊一年四季均可放牧，但冬季牧草干枯，营养价值显著降低，依靠放牧饲养的岷县黑裘皮羊，食入的饲草，无论从数量上还是质量上都难以满足其对营养的需要。同时，天气寒冷，羊体热能散失增加，致使大部分羊营养不足，羔羊生长迟缓，体质瘦弱，成活率低，青年羊发育不良，成年羊生产力低下。为了改变这种状况，做好保膘、保胎工作，最有效的办法，就是冬季对岷县黑裘皮羊进行补饲。

补饲的先决条件是在冬季到来之前，应当贮备一定数量的饲草、饲料，一般要求每只羊贮备干草 300~500 kg，精料 100~150 kg。补饲的时间从 11 月开始，一直到翌年 5 月初。

补饲，多在放牧回来后进行。将补饲的精料和切碎的块根均匀地拌在一起，食盐和矿物质可同时加进去，预先撒在食槽内，再放羊进去采食。若喂青贮饲料，采食完精料后即可接着喂。干草一般放在草架里饲喂。精料最后补充，让羊慢慢采食。微量元素和维生素采用舔块的形式补饲。

8.4.5　岷县黑裘皮羊冷季抗灾补饲技术

牧业灾害主要是冬季的风雪流和草原干旱。一般把岷县黑裘皮羊死亡率 6%以下的损失列为正常死亡，超过 6%的为灾害损失。

（1）雪灾　岷县黑裘皮羊在冬牧场放牧期间，当积雪掩埋草地超过一定深度，或积雪不深，但密度大，或雪面覆冰，形成冰壳，岷县黑裘皮羊采食行走困难时，饥饿加低温，即会引起死亡。雪灾危害程度取决于冬春季降雪量、积雪掩埋草地和牧道的程度和积雪持续的时间。在青藏高原主要牧区，冬牧场和春秋牧场多属草甸草场和谷地，牧草高度一般为 20~30 cm，当积雪深度达到 10 cm，覆盖深度达牧草株高的 30%~50%时，羊还能采食。当积雪层厚 20~30 cm，牧草株高 50%以上被掩埋时，岷县黑裘皮羊难以采食和行走，产生中等雪灾灾情。对岷县黑裘皮羊膘情进行判断，以当时的个体行走表现为依据分为 4 个等级。一等羊为强壮个体，走在羊群前列，起开路作用；二等羊开路困难，但能跟在一等羊的后面行走，不掉队；三等羊膘情比较差，走在羊群最后面，有个别掉队；四等羊多属淘汰羊，行走困难。

一般情况下，有较强冷空气入侵和有稳定积雪时常为雪灾多发期。对本地区的积雪持续时间和深度有个基本了解之后，可以及早采取措施防灾保畜，变被动为主动。

（2）干旱灾害　草原干旱灾害是指牧区四季天然草地、人工割草地、灌溉草地和饲草饲料基地因发生严重灾害性干旱气候，造成牧草产量大面积严重减产或绝收的灾害。一般多见于降水量偏少或持续干旱天数偏长时。例如，当年降水量较历年均值减少 15%~30%时，春牧场或秋牧场有可能出现旱情。4—6 月持续干旱天数超过 40 d，割草地会受旱减产，7—10 月干旱持续 50~60 d，夏、秋牧场出现旱情，延续至 61 d 以上，可能出现重旱。

上述两种气象灾害，频次高，对牧区畜牧业危害很大。针对灾害的危害面，牧区应水利先行，加强草地建设，增加草料贮备，实行牧民定居，发展农区畜牧业，可以明显地提高综合抗灾保畜能力。

（3）抗灾与补饲　抗灾保畜是发展草原畜牧业的主要任务，这是因为牧区的地理位置多处于远离海洋的大陆中心，境内高山环抱，形成典型的内陆干旱气候，夏季干旱炎热，冬季严寒多风雪，而对牧业危害的主要季节正是在冬春季，这时，牧区羊群已全部转入冬春草场放牧，天寒地冻，膘情明显下降。冷空气在这一期间活动频繁，寒流强度大，时间长，会给羊群造成灾难性危害，“夏饱、秋肥、冬瘦、春乏”便是草原养羊业受大自然约束所显示的季节变化。羊群从 6 月下旬剪毛到 8 月下旬，母羊体重和羊毛生长量达到全年最高峰，然后开始下降，一直延续到翌年 3—4 月，降到最低点，5 月以后开始回升。母羊 11 月配种后开始进入冬牧场，这时，牧草供给量与母羊营养需要量之间的不平衡加剧，牧草粗蛋白质含量已由夏牧场的 22.7%、秋牧场的 10.4%降至 8%以下，最低点达到 4%，而这一期间正是母羊临产前要求营养水平最高的时期，天气突变，寒流侵袭，母羊无力抗灾。

加强管理，精心放牧，抓好膘情是羊群安全过冬度春、增强抗御自然灾害能力的前提。另外，多修多建棚圈，抓紧做好牧道、桥梁、灌排水渠等项目建设，加快牧民定居、半定居步伐，把部分牧区羊群有计划地安排到农区过冬，缓和草畜矛盾，同时抓紧多贮草、早备料工作，入冬前调运到冬春牧场，及早安排好羊群补饲工作。

①补饲时间。一般在绵羊体重下降到最低限之前要进行补饲，低于此限后，即使增加饲喂量，也只是“早补腿，晚补嘴”，仍免不了羊群中死亡现象的发生。根据绵羊 5—6 月剪毛后体重，视体型分为 30 kg、35 kg 和 40 kg 档，开始补饲的最低体重不宜小于 35 kg、40 kg 和 45 kg。冬季天寒雪大时，上述最低体重应酌情上浮 5 kg，在有一定膘情时开始补饲。这里应注意，上述多项体重是指羊群的真实体重，不含有毛量和肠胃内容物重。

②补饲方法。岷县黑裘皮羊冬季抗灾保畜的饲养，与春夏季干旱灾情严重时饲养相似，目的是保全羊群，减少损失，而不是提高生产性能，增大效益。绵羊的维持饲养是按空腹时活重计算的，其能量需要是以维持基础代谢和正常生命健康为基础，而抗灾保畜时的饲养，只是为了保命，能量需要量可以低一些，体重不下降到上述活重的最低限即可。比如，对妊娠、哺乳等不同生理阶段的各类母羊应适当调整补饲量，以满足自身的生理需要。

冬季抗灾保畜补饲的饲料种类不宜与一般正常补饲等同看待，前者是以减慢体重下降速度为主要目的，能量的提供量是首要考虑因素。干草释放能量慢，有利于绵羊抗寒，岷县黑裘皮羊也乐于采食，不会出现精料饲喂过多引起的酸中毒等病例，缺点是效果不显著，品质差异大。当岷县黑裘皮羊因饥饿采食过多低质干草或秸秆时，由于消化道负担过大，常会发生瘤胃梗死，食欲减退。预防措施是添加一定量的精料或改换优质干草，例如在秸秆或低质干草中增加油渣、精料（80~90 g/d）或苜蓿干草（1 份苜蓿干草+2 份秸秆），将秸秆粗蛋白质含量从 2.7%提高到 5.0%~7.5%，基本上达到维持饲养水平。

精料，特别是谷粒饲料，是抗灾保畜时主要的能量饲料。但精料的饲喂量应有一个适应过程，开始时量宜少，与干草混喂，在开始后的 1~2 d 给 50 g，3~4 d 给 100 g，5~6 d 给 200 g，逐步加大给量，在这一适应过程结束时，个体活重不能低于上述体重的最低限要求。天冷雪大，个体对摄入的能量需要量相应增加，补饲量也应酌情增加。首先，谷粒（如玉米）不需粉碎处理，粉碎后反而容易造成消化不良，严重时引起酸中毒症状，即一次采食过量玉米，当天（6~12 h 内）见羊群中有精神不振、低头垂耳、腹部不适的羊只，可以怀疑已得病，立即停喂精料，并灌服小苏打水（15 g 碳酸氢钠溶于 1 L 水内）。其次，对已经习惯于采食一种谷物的绵羊，不要轻易更换其他谷物。突然改变谷物种类，常会引起体重下降。要换，也要有个适应过程，一周后才能饲喂全量。

抗灾保畜时，还需要补充一些蛋白质饲料。特别是干草品质不好时，岷县黑裘皮羊体重仍会下降。对空胎母羊和羯羊来说，日粮中最低限蛋白质含量不宜少于 5%，妊娠母羊不少于 7%，当年羔羊不少于 10%。蛋白质不足，影响岷县黑裘皮羊食欲，能量得不到保证。补充精料，可以弥补粗饲料的能量不足问题，但会造成羊群恋料，影响放牧采食。日粮中增加一些蛋白质饲料，如油渣、苜蓿干草，可以提高粗饲料的消化率，增加能量。

在补饲方法上，应尽可能适应抗灾保畜的现实条件，如羊群瘦乏、放牧草场有限、草料贮备不足、气象条件严峻、人手缺乏等。建议：照顾好重点羊群，如妊娠母羊、哺乳母羊、后备留种羔羊和育种群；根据放牧草场情况，大群化小，择优分配草场；对现有羊群按规模、健康状况、体重重新分组，青年羊单独组群；挑出病、伤、弱羊和优秀高产个体，以及一部分不争食的“掉队”羊，单独饲喂，提前补饲，开始时先喂优质干草，逐日添加谷粒，待体况好转，达到大群饲喂水平后允许部分合群，从大群中再挑出新出现的“掉队”羊，偏草偏料；大群羊可以按日给饲料量的总量，一周 2~3 次，一次性喂给，不采用每天投喂的补饲做法，但妊娠后期母羊、哺乳母羊和天气变化恶劣时要增加饲喂次数。

③不同类别的岷县黑裘皮羊补饲。对于妊娠母羊，补饲时间应早于其他羊。妊娠母羊的活重不代表其实际体重，尤其在妊娠后期，胎儿、胎衣和胎水等重量不低于 10 kg。不了解母羊的配种日期，不好计算母羊的妊娠时间，可通过同群中同龄空胎母羊的体重，间接估计妊娠母羊的体重变化以确定补

饲时间。配种后头 3 个月，妊娠母羊的补饲量与空胎母羊一样，第四个月酌情增加精料，第五个月继续增加，按能量计算应比空胎母羊高 30%。妊娠后期胎儿发育快，能量不足常易出现妊娠毒血症，严重时母羊流产或死亡。即便是顺产，羔羊初生重达不到 3 kg，羊群中因饥饿、寒冷而死亡的羔羊时有发生。

对于哺乳母羊，母羊产后必须供给足够的能量，使日产奶 750 mL 以上，方能保证大多数羔羊成活。同样能量的补饲日粮，如果精、粗饲料比例不一样，取得的效果也会不同。喂精料型日粮的母羊，体重不减，但其泌奶量和羔羊成活率受到影响。喂精料和优质干草各一半时，母羊体重有所下降，但泌乳量增加，大多数羔羊成活，生长速度较快。全部喂优质干草，补饲效果介于二者之间。因此，母羊产后的补饲日粮中，优质干草比例不宜低于 30%。羔羊能同母羊一起放牧采食时，减少精料喂量，一周喂 2～3 次，并增加干草投喂量。

8.5 岷县黑裘皮羊冷季暖棚饲养技术

8.5.1 暖棚养羊的原理和技术要点

8.5.1.1 原理

将羊舍的一部分用塑料膜覆盖，利用塑料膜的透光性和密闭性，将太阳能的辐射热和羊体自身散发的热量保存下来，提高了棚内温度，创造适于羊只生长发育的环境，减少为御寒而维持体温的热能消耗，提高营养物质的有效利用，进而获得较好的经济效益。

8.5.1.2 技术要点

（1）屋顶保温　由于热空气上浮，塑料棚顶部散热多，因此羊舍塑料膜覆盖部分占棚顶面积的 1/2。遇到极冷天气（-25 ℃以下），塑料棚顶上最好加盖草帘子或毡片等，以减少棚内热的散失。

（2）墙壁保温　畜舍四周墙壁散发的热量占整个畜舍散发的 35%～40%。关于墙的厚度，砖墙不小于 24 cm，土墙或石墙的厚度分别不小于 30 cm 和 40 cm。

（3）门窗保温　门窗以无缝隙、不透风为佳，在门窗上加盖帘子，也可以减少热量散失。

（4）棚内温度和有害气体　羊舍内湿度应低于 75%。为保持棚内温度又不使湿度和有害气体增多，每只产羔母羊使用的面积和空间分别为 1~1.2 m^2 和 2.1~2.4 m^3。另外，还要经常通风换气，确保棚内空气新鲜。

（5）光照　为了充分利用太阳能，使棚内有更多的光照面积。建棚时要使脊梁高与太阳的高度角一致，增加阳光射入暖棚内的深度，以每年冬至正午，阳光能射到暖棚后墙角为最低要求，使房脊至棚内后墙脚的仰角大于此时的太阳高度角。暖棚前墙高度影响棚内日照面积，应将前墙降低到 1.4 m 为宜。

8.5.2　暖棚环境控制

暖棚是大自然气候环境中一个独特的小气候环境。搞好小气候环境，才能使畜禽正常发育，从而提高生产性能。

8.5.2.1　温度

暖棚内热源有两个：一是畜体自身散发的热量；二是太阳光辐射热。其中，太阳辐射是最重要的热源，暖棚应尽可能接受太阳光辐射，加强棚舍热交换管理，还可采取挖防寒沟、覆盖草帘、地温加热等保温措施。防寒沟是为防止雨雪对棚壁的侵袭而在棚舍四周挖的环形沟，一般宽 30 cm、深 50 cm，沟内填上炉灰渣夯实，顶部用草泥封死。覆盖草帘可控制夜间棚内热能不通过或少通过塑料膜传向外界，以保持棚内温度。

8.5.2.2　湿度

棚内湿度主要来源有大气带入、畜体排除、水汽蒸发等。湿度控制除平时清理畜粪尿、加强通风外，还应采取加强棚膜管理和增设干燥带等措施控制。

8.5.2.3　尘埃、微生物和有害气体

主要源于畜体呼吸、粪尿发酵、垫草腐败分解等。有效的控制方法是及时清理粪尿，加强通风换气。通风换气时间一般应在中午，时间不宜太长，一般每次 30 min。

8.5.3　饲养管理技术要点

8.5.3.1　备足草料

草料的准备和调制是暖棚养羊的关键。饲草选择青干草和生物发酵饲草，生物发酵利用秸秆青贮和微生物发酵技术贮备。饲料贮备要充足，按饲养羊只数量做好计划。配合饲料是根据舍饲羊生长阶段和生产水平对各种营养成分的需要量和消化生理特点做好计划贮备，避免饲料浪费、贮存，提高饲料转化率。常用的配合饲料有浓缩饲料、精料混合料、全价配合饲料。

8.5.3.2 饲喂方式

设计好食槽、水槽，控制羊践踏草料和弄脏饮水，提高草料利用率；同时大小羊、公母羊分开饲养。饲喂时将饲料放入饲槽中让羊自由采食，喂食应少量多次，每天 4 次。水槽中不能断水，注意每天换水。同时按照羊只不同生长阶段配制精料补充，一般育肥羊秸秆饲草与精料比例为 4：1，妊娠羊 5：1，种公羊 4：1。

8.5.3.3 饲养密度

保持适当的饲养密度，充分利用羊只产生的体热能，可显著提高棚内和舍内温度，舍内要保持干燥、通风，尽量做到冬暖夏凉。

8.5.4 暖棚的维护与管理要点

8.5.4.1 保温防潮

选择保温性能好的聚氯乙烯薄膜或聚乙烯薄膜，双层覆盖，夹层间形成空气隔绝层，防止对流。密封好边缘和缝隙，门口应挂门帘。由于塑料暖棚密封好，羊只粪尿或饮水产生水分蒸发，导致棚内湿度较大，如不注意，会导致疾病发生。所以，每天中午气温较高时要进行通风换气，及时清除剩料、废水和粪尿。铺设垫草或草木灰，可起到防潮作用。

8.5.4.2 通风换气

以进入棚后感觉无太浓的异常臭味、刺鼻、流泪为好。一般应在羊出牧或外面运动时进行彻底换气。

8.5.4.3 防风防雪

建筑上要注意结实耐用，为防止大雪融化压垮大棚，一般棚面以 50°~60°为好，应及时扫除积雪。

8.5.4.4 早搭暖棚

到秋末冬初，室外气温一般都在 10 ℃以下，加之牧草枯竭，羊只从牧地获得的营养已无法满足其需要，只能消耗体内的贮备营养，造成掉膘现象。因此，要防止羊只掉膘，就要早搭塑料暖棚。试验证明，每年 10 月搭棚，可防止 80%以上的羊掉膘，保持中等膘情。

实践证明，利用暖棚养羊比敞圈和放牧养羊产肉多，增重快，产毛率高，节省饲料，羔羊成活率高，抗病效果非常显著。羊只越冬度春死亡率由原来的 10%下降到 2%左右，产羔成活率由 75%提高到 96%以上。

8.6　岷县黑裘皮羊的育肥

8.6.1　岷县黑裘皮羊的育肥方式

（1）放牧育肥　利用天然草场、人工草场或秋茬地放牧，是岷县黑裘皮羊抓膘的一种育肥方式。

大羊包括淘汰的公、母种羊，两年未孕不能繁殖的空怀母羊和有乳腺炎的母羊。因其活重的增加主要决定于脂肪组织，故适于放牧禾本科牧草较多的草场。羔羊主要指断奶后的非后备公羔羊。因其增重主要靠蛋白质的增加，故适宜在以豆科牧草为主的草场放牧。成年羊放牧育肥时，日采食量可达 7~8 kg，平均日增重 150~280 g。育肥期羯羊群可在夏场结束；淘汰母羊群在秋场结束；中下等膘情羊群和当年羔在放牧后，适当抓膘补饲达到上市标准后结束。

（2）舍饲育肥　按饲养标准配制日粮，是育肥期较短的一种育肥方式，舍饲育肥效果好、育肥期短，能提前上市，适于饲草料资源丰富的农区或半农半牧区。

羔羊，包括各个时期的羔羊，是舍饲育肥羊的主体。大羊主要来源于放牧育肥的羊群，一般是认定能尽快达到上市体重的羊。

舍饲育肥的精料可以占到日粮的 45%~60%，随着精料比例的增高，羊只育肥强度加大，故要注意预防过食精料引起的肠毒血症和钙磷比例失调引起的尿结石症等。料型以颗粒料的饲喂效果较好，圈舍要保持干燥、通风、安静和卫生，育肥期不宜过长，达到上市要求即可出售。

（3）混合育肥　放牧与舍饲相结合的育肥方式。它既能充分利用生长季节的牧草，又可取得一定的强度育肥效果。

放牧羊只是否转入舍饲育肥主要视其膘情和屠宰重而定。根据牧草生长状况和羊采食情况，采取分批舍饲与上市的方法，效果较好。

8.6.2　岷县黑裘皮羊育肥前的准备工作

根据岷县黑裘皮羊来源、大小和品种类型，制订育肥方案。岷县黑裘皮羊来源不同，体况、大小相差大时，应采取不同方案，区别对待。岷县黑裘皮羊增重速度有别，育肥指标不强求一致。羔羊育肥，一般 10 月龄结束。采用强度育肥，结合舍饲育肥和精料型日粮，可提高增重指标。如采取放牧育肥，则成本较低，但需加强放牧管理，适当补饲，并延长育肥期。

根据育肥方案，选择合适的饲养标准和育肥日粮。能量饲料是决定日粮成本的主要消耗，应以就地生产、就地取材为原则，一般先从粗饲料计算能满足日粮的能量程度，不足部分再适当调整各种饲料比例，达到既能满足能量需要，又能降低饲料开支的最优配合。日粮中蛋白质不足，首先考虑豆、粕类植物性高蛋白质饲料。

结合当地经验和资源并参考成熟技术，确定育肥饲料总用量。应保证育肥期不断料，不轻易变更饲料。同时，对各种饲料的营养成分含量进行全面了解，委托有关单位取样分析或查阅有关资料，为日粮配制提供依据。

做好育肥圈舍消毒和岷县黑裘皮羊进圈前的驱虫工作，特别注意肠毒血症和尿结石症的预防。防止肠毒血症，主要靠注射四联苗。为防止尿结石症，在以谷类饲料和棉籽饼为主的日粮中，可将钙含量提高到 0.5% 的水平或加 0.25%的氯化铵，避免日粮中钙、磷比例失调。

自繁自养的羔羊，最好在出生后半月龄提前隔栏补饲，这对提高日后育肥效果、缩短育肥期限、提前出栏等有明显作用。

提高有关岷县黑裘皮羊生产人员的业务素质，逐步改变传统育肥观念。

8.6.3　岷县黑裘皮羊育肥开始后的注意事项

育肥开始后，一切工作围绕着高增重、高效益进行安排。进圈育肥羊如果来源杂，体况、大小、壮弱不齐，首先要打乱重新整群，分出瘦弱羔，按大小、体重分组，针对各组体况、健康状况和育肥要求，变通日粮和饲养方法。育肥开始头两三周，勤检查，勤观察，一天巡视 2~3 次，挑出伤、病羊，检查有无肺炎和消化道疾病，改进环境卫生。

收购来的岷县黑裘皮羊到达当天，不宜喂饲，只饮水和给予少量干草，在遮阴处休息，避免惊扰。休息过后，分组称重，注射四联苗和灌药驱虫。

羊进圈后，应保持有一定的活动、歇卧面积，羔羊每头按 0.75~0.95 m^2、大羊按 1.1~1.5 m^2计算。

保持圈舍地面干燥，通风良好。这对岷县黑裘皮羊增重有利。据估计，一只大羊一天排粪尿 2.7 kg、一只羔羊排粪尿 1.8 kg。如果圈养 100 只羊，粪尿加上垫草和土杂等，一天可以堆成 0.28 m^3（大羊）和 0.18 m^3（羔羊）。

保证饲料品质，不喂湿、霉、变质饲料。喂饲时避免拥挤、争食，因此，饲槽长度要与羊数相称，一只大羊应有饲槽长度按 40~50 cm、羔羊按 23~30 cm 计算。给饲后应注意岷县黑裘皮羊采食情况，投给量不宜有较多剩余，以吃完不剩为最理想，说明日粮中营养物质和饲料干物质计算量与实际进食量相符。必要时，可以重新计算日粮配制用量，核查有无计算错误及少给日粮投给量。

注意饮水卫生，夏防晒，冬防冻。被粪尿污染的饮水，常是内寄生虫扩散的途径。羔羊育肥圈内必须保证有足够的清洁饮水，多饮水，有助于减少消化道疾病、肠毒血症和尿结石症的出现率，同时也有较高的增重速度。冬季不宜饮用雪水或冰水。

育肥期间应避免过快地变换饲料种类和日粮类型，绝不可在 1~2 d 内改喂新换饲料。精饲料间的变换，应以新旧搭配，逐渐加大新饲料比例，3~5 d 内全部换完。粗饲料换精饲料，换替的速度还要慢一些，14 d 换完。如果用普通饲槽人工投料，一天喂 2 次，早饲时仍给原饲料，午饲时将新饲料加在原饲料上面，混合喂，逐步加多新饲料，3~5 d 替换完。

天气条件允许时，可以育肥开始前剪毛，对育肥增重有利，同时也可减少蚊蝇骚扰和羔羊在天热时扎堆不动的现象。

8.6.4　羔羊早期育肥

1.5 月龄断奶的羔羊，可以采用任何一种谷物类饲料进行全精料育肥，而玉米等高能量饲料效果最好。饲料配制比例：整粒玉米 83%、豆饼 15%、石灰石粉 1.4%、食盐 0.5%、维生素和微量元素 0.1%。其中，维生素和微量元素的添加量按每千克饲料计算为维生素 A 5 000 IU、维生素 D 1 000 IU、维生素 E 20 IU、硫酸锌 150 mg、硫酸锰 80 mg、氧化镁 200 mg、硫酸钴 5 mg、碘酸钾 1 mg。若没有豆饼，可用 10%的鱼粉替代，同时把整粒玉米比例调整为 88%。

羔羊自由采食、自由饮水，饲料的投给最好采用自制的简易自动饲槽，以防止羔羊四肢踩入槽内，造成饲料污染，降低饲料摄入量，扩大球虫病与其他病菌的传播；饲槽离地高度应随羔羊日龄的增长而提高，以饲槽内饲料不堆积或不溢出为宜。如发现某些羔羊啃食圈墙时，应在运动场内添设盐槽，槽内放入食盐或食盐加等量的石灰石粉，让羔羊自由采食。饮水器或水槽内应始终有清洁的饮水。

羔羊断奶前半月龄实行隔栏补饲；或让羔羊早、晚一定时间与母羊分开，独处一圈活动，活动区内设料槽和饮水器，其余时期母子仍同处。羔羊育肥期常见的传染病是肠毒血症和出血性败血症。肠毒血症疫苗可在产羔前给母羊注射或断奶前给羔羊注射。一般情况下，也可以在育肥开始前注射快疫、猝疽和肠毒血症三联苗。

断奶前补饲的饲料应与断奶后育肥饲料相同。玉米粒不要加工成粉状，可以在刚开始时稍加破碎，待习惯后则以整粒饲喂为宜。羔羊在采食整粒玉米初期，有吐出玉米粒的现象，反刍次数增加，此为正常现象，不影响育肥效果。

育肥期一般为 50~60 d，此间不断水、不断料。育肥期主要取决于育肥的最后体重，而体重又与品种类型和育肥初重有关，故适时屠宰体重应视具体情况而定。

哺乳羔羊育肥时，羔羊不提前断奶，保留原有的母子对，提高隔栏补饲水平，3 月龄后挑选体重达到 25～27 kg 的羔羊出栏上市，活重达不到此标准者则留群继续饲养。其目的是利用母羊的繁殖特性，安排秋季和冬季产羔，供节日应时特需的羔羊肉。

8.6.5 断奶后羔羊育肥技术

断奶后羔羊育肥需经过预饲期和正式育肥期两个阶段，方可出栏。

预饲期大约为 15 d，可分为 3 个阶段。每天喂料 2 次，每次投料量以 30～45 min 吃净为佳，不够再添，量多则要清扫；料槽位置要充足；加大喂量和变换饲料配方都应在 3 d 内完成。断奶后羔羊运出之前应先集中，空腹 1 夜后翌日早晨称重运出；入舍羊只应保持安静，供足饮水，前 1～2 d 只喂一般易消化的干草；全面驱虫和预防注射。要根据羔羊的体格及采食行为差异调整日粮类型。

第一阶段 1～3 d，只喂干草，让羔羊适应新的环境。第二阶段 7～10 d，从第三天起逐步用第二阶段日粮更换干草日粮至第七天换完，喂到第 10 天。日粮配方：玉米粒 25%、干草 64%、糖蜜 5%、油饼 5%、食盐 1%、抗生素 50 mg。此配方含蛋白质 12.9%、钙 0.78%、磷 0.24%，精粗比为 36：64。第三阶段 10～14 d，日粮配方为：玉米粒 39%、干草 50%、糖蜜 5%、油饼 5%、食盐 1%、抗生素 35 mg。此配方含蛋白质 12.2%、钙 0.62%，精粗比为 50：50。预饲期于第 15 天结束后，转入正式育肥期。

精料型日粮仅适于体重较大的健壮羔羊育肥用，如初重 35 kg 左右，经 40～55 d 的强度育肥，出栏体重达到 48～50 kg。日粮配方：玉米粒 96%、蛋白质平衡剂 4%，矿物质自由采食。其中，蛋白质平衡剂的组分为上等苜蓿 62%、尿素 31%、黏固剂 4%、磷酸氢钙 3%，经粉碎均匀后制成直径为 0.6 cm 的颗粒；矿物质成分为石灰石 50%、氯化钾 15%、硫酸钾 5%；微量元素成分是在日常喂盐、钙、磷之外，再加入双倍食盐量的骨粉，具体比例为食盐 32%、骨粉 65%、多种微量元素 3%。本日粮配方中，每千克风干饲料含蛋白质 12.5%，总消化养分 85%。

管理上要保证羔羊每只每天食入粗饲料 45～90 g，可以单独喂给少量秸秆，也可用秸秆当垫草来满足。进圈羊只活重较大，岷县黑裘皮羊为 35 kg 左右。进圈羊只休息 3～5 d，注射三联疫苗，预防肠毒血症，隔 14～15 d 再注射 1 次。保证饮水，从外地购来羊只要在水中加抗生素，连服 5 d。在用自动饲槽时，要保持槽内饲料不出现间断，每只羔羊应占有 7~8 cm 的槽位。羔羊对饲料的适应期一般不低于 10 d。

粗饲料型日粮可按投料方式分为两种。一种为普通饲槽用，把精料和粗料分开喂给；另一种为自动饲槽用，把精粗料合在一起喂给。为减少饲料浪费，对有一定规模化的肉羊饲养场，采用自动饲槽用粗饲料型日粮。自动饲槽日粮中的干草应以豆科牧草为主，其蛋白质含量不低于 14%。按照渐加慢换原则逐步转到育肥日粮的全喂量。每只羔羊每天喂量按 1.5 kg 计算，自动饲槽内装足1 d的用量，每天投料 1 次。要注意不能让槽内饲料流空。配制出来的日粮在质量上要一致。带穗玉米要碾碎，以羔羊难以从中挑出玉米粒为宜。

8.6.6 成年羊育肥技术

成年羊育肥，由于品种类型、活重、年龄、膘情、健康状况等差异较大，首先要按品种、活重和计划日增重指标，确定育肥日粮的标准。做好分群、称重、驱虫和环境卫生等准备工作。

夏季，成年羊以放牧育肥为主，适当补饲精料，每天采食 5~6 kg 青绿饲料和 0.4~0.5 kg 精料，折合干物质 1.6~1.9 kg 和 150~170 g 可消化蛋白质。日增重水平为 160~180 g。

秋季，育肥成年羊来源主要为淘汰老母羊和瘦弱羊，除体躯较大、健康无病、牙齿良好、无畸形损征者外，一般育肥期较长，可达 80~100 d，投料量大，日增重偏低，饲料转化率不高。有一种传统做法是使淘汰母羊配上种，母羊怀胎后行动稳重，食欲增强，采食量增大，膘上得快，在怀胎 60 d 前可结束育肥。也有将淘汰母羊转入秋草场放牧和进农田秋茬地放牧，膘情好转后再进圈舍饲育肥，以减少育肥开支。淘汰母羊育肥的日粮中应有一定数量的多汁饲料。

8.6.7 当年羔羊的放牧育肥

当年羔羊的放牧育肥，指羔羊断奶前主要依靠母乳，随着日龄的增长、牧草比例的增加，断奶到出栏一直在草地上放牧，最后达到一定活重即可屠宰上市。

育肥条件：当年羔羊的放牧育肥与成年羊放牧育肥不同，必须具备一定条件方可实行。其一，参加育肥的品种具有生长发育快、成熟早、育肥能力强、产肉力高的特点。岷县黑裘皮羊是我国著名的黑裘皮羊地方类型，是放牧育肥的极好品种。其二，必须要有好的草场条件，如岷县黑裘皮羊的原产地，甘肃省玛曲县及其毗邻的地区，这里是黄河第一弯，降水量多，牧草生长繁茂，适合于当年羔羊的育肥。

育肥方法：主要依靠放牧进行育肥。方法与成年羊放牧相似，但需注意，羔羊不能跟群太早，年龄太小随母羊群放牧往往跟不上群，出现丢失现象，在这个时候如果因草场干旱，奶水不足，羔羊放牧体力消耗太大，影响本身的生长发育，使繁殖成活率降低。另外，在产冬羔的地区，3—4 月羔羊随群放牧，遇到地下水位高的返潮地带，羔羊易踏入泥坑，造成死亡损失。

影响育肥效果的因素：产羔时间对育肥效果有一定影响，早春羔的胴体重高于晚春羔，在同样营养水平的情况下，早春羔屠宰时年龄为 7～8 月龄，平均产肉 18 kg，晚春羔羊为 6 月龄，平均产肉 15 kg，前者比后者多产 3 kg，从而可以看出，将晚春羔提前为早春羔，是增加产肉量的一个措施，但需要贮备饲草和改变圈舍条件，另外与母羊的泌乳量有关系，岷县黑裘皮羊羔羊生长发育快，与母羊产奶量存在着正相关关系。整个泌乳期平均产奶量 105 kg，产后 17 d 左右每昼夜平均产奶 1.68 kg，羔羊到 4 月龄断奶时出栏体重已达 35 kg，再经过青草期的放牧育肥，可取得非常好的育肥效果。

8.6.8 岷县黑裘皮羊老母羊的育肥

对年龄过大或失去繁殖能力的岷县黑裘皮羊老母羊进行补饲育肥，其目的是增加体重和产肉量，提高羊肉品质，降低成本，提高经济效益。

通过对老母羊进行放牧加补饲育肥结果看，经育肥的老母羊平均每只活重可达到 55～65 kg，比育肥前增重 8～12 kg，育肥能增加体脂沉积，改善肉质，提高屠宰率；而仅采取放牧不加补饲的母羊活重只能达到 42 kg；经育肥后的母羊皮板面积也有所增大，毛长增长，经济效益增加。同时，可以节省草场，节约的草场可供其他羊利用。岷县黑裘皮羊老母羊的育肥期为 60～90 d，超过 90 d后饲养成本加大，经济效益降低。

近些年来，甘南藏族自治州一些地方养羊户对老龄淘汰母羊进行育肥，这样可大大增加养羊的经济效益。

岷县黑裘皮羊老母羊育肥精料参考配方：玉米 50%、料饼 20%、黑面 10%、麸皮 5%、料精 4%、食盐 1%。饲喂量：果渣 1.0 kg/(只・d)、青贮饲料 0.5 kg/(只・d)、草粉 0.5 kg/(只・d)、精料 1.0 kg/(只・d)。

8.7 羊的常规管理技术

8.7.1 捉羊方法

捕捉羊是管理上常见的工作，有的捉毛扯皮，往往造成皮肉分离，甚至坏死生蛆，造成不应有的损失。正确的捕捉方法：右手捉住羊后腱部，然后左手握住另一腱部，因为腱部的皮肤松弛，不会使羊受伤，人也省力，容易捕捉。

导羊前进时，如拉住颈部和耳朵时，羊感到疼痛，用力挣扎，不易前进。正确的方法是一手在额下轻托，以便左右其方向，另一手在坐骨部位向前推动，羊即前进。

放倒羊的时候，人应站在羊的一侧，一手绕过羊颈下方，紧贴羊另一侧的前肢上部，另一只手绕过后肢紧握住对侧后肢飞节上部，轻拉后肢，使羊卧倒。

8.7.2　分群管理

种羊场羊群一般分为繁殖母羊群、育成母羊群、育成公羊群、羔羊群及成年公羊群。一般不留羯羊群。商品羊场羊群一般分为繁殖母羊群、育成母羊群、羔羊群、公羊群及羯羊群，一般不专门组织育成公羊群。肉羊场羊群一般分为繁殖母羊群、后备羊群及商品育肥羊群。羊群规模一般母羊 400~500 只，羯羊 800~1 000 只，育成母羊 200~300 只，育成公羊 200 只。

8.7.3　羊年龄鉴定

羊年龄的鉴定可根据门齿状况、耳标号和烙角号来确定。

(1) 根据门齿状况鉴定年龄　绵羊的门齿依其发育阶段分作乳齿和永久齿两种。

幼年羊乳齿计 20 枚，随着绵羊的生长发育，逐渐更为永久龄，成年时达 32 枚。乳齿小而白，永久齿大而微带黄色。上下颚各有臼齿 12 枚（每边各 6 枚），下颚有门齿 8 枚，上颚没有门齿。

羔羊初生时下颚即有门齿（乳齿）一对，生后不久长出第二对门齿，生后 2~3 周长出第三对门齿，第四对门齿于生后 3~4 周时出现。第一对乳齿脱落更换成永久齿时年龄为 1~1.5 岁，更换第二对时年龄为 1.5~2 岁，更换第三对时年龄为 2~3 岁，更换第四对时年龄为 3~4 岁。4 对乳齿完全更换为永久齿时，一般称为齐口或满口。

4 岁以上绵羊根据门齿磨损程度鉴定年龄。一般绵羊到 5 岁以上牙齿即出现磨损，称“老满口”。6~7 岁时门齿已有松动或脱落，这时称为破口。门齿出现齿缝、牙床上只剩点状齿时，年龄已达 8 岁以上，称为老口。

绵羊牙齿的更换时间及磨损程度受很多因素的影响。一般早熟品种羊换牙比其他品种早 6~9 个月完成；个体不同对换牙时间也有影响。此外，与绵羊采食的饲料亦有关系，如采食粗硬的秸秆，可使牙齿磨损加快。

(2) 根据耳标号、烙角号鉴定年龄　现在生产中最常用的年龄鉴定还是根据耳标号、烙角号（公羊）进行。一般编号的头一个数是出生年度，这个方法准确、方便。

8.7.4　编号

为了科学地管理羊群，需对羊只进行编号。常用的方法有戴耳标法、剪耳法。

(1) 耳标法　耳标材料有金属和塑料两种，形状有圆形和长形。耳标用以记载羊的个体号、品种及出生年月等。以金属耳标为例，用钢字钉把羊的号数打在耳标上，第一个号数中打羊的出生年份的后一个字，接着打羊的个体号，为区别性别，一般公羊尾数为单，母羊尾数为双。耳标一般戴在左耳上。用打耳钳打耳时，应在靠耳根软骨部，避开血管，用碘酒在打耳处消毒，然后再打孔，如打孔后出血，可用碘酒消毒，以防感染。

(2) 剪耳法　用特制的剪缺口剪，在羊的两耳上剪缺刻，作为羊的个体号。其规定是：左耳作个位数，右耳作十位数，耳的上缘剪一缺刻代表 3，下缘代表 1，耳尖代表 100，耳中间圆孔为 400；右耳上缘一个缺刻为 30，下缘为 10，耳尖为 200，耳中间的圆孔为 800。

8.6.5　记录

羊只编号以后，就可对其进行登记做好记录，要记清楚其父母编号，出生日期、编号、初生重、断奶体重等，最好绘制登记表格。

8.7.6　断尾

尾部长的羊为避免粪便污染羊毛及防止夏季苍蝇在母羊外阴部下蛆而感染疾病和便于母羊配种，必须断尾。断尾应在羔羊出生后 10 d 内进行，此时尾巴较细不易出血，断尾可选在无风的晴天实施。常用方法为结扎法，即用弹性较好的橡皮筋套在尾巴的第三、第四尾椎之间，紧紧勒住，断绝血液流通。大约过 10 d 尾即自行脱落。

8.7.7　去势

对不作种用的公羊都应去势，以防止乱交乱配。去势后的公羊性情温顺，管理方便，节省饲料，容易育肥。所产羊肉无膻味且较细嫩。去势一般与断尾同时进行，时间一般为 10 d 左右，选择无风、晴暖的早晨。去势时间过早或过晚均不好，过早睾丸小，去势困难；过晚流血过多，或可发生早配现象，去势方法主要有以下几种。

（1）结扎法　当公羊 1 周龄时，将睾丸挤在阴囊里，用橡皮筋或细线紧紧地结扎于阴囊的上部，断绝血液流通。经过 15 d 左右，阴囊和睾丸干枯，便会自然脱落。去势后最初几天，对伤口要常检查，如遇红肿发炎现象，要及时处理。同时要注意去势羔羊环境卫生，垫草要勤换，保持清洁干燥，防止伤口感染。

（2）去势钳法　用特制的去势钳，在阴囊上部用力紧夹，将精索夹断，睾丸则会逐渐萎缩。此法无创口、无失血、无感染的危险。但经验不足者，往往不能把精索夹断，达不到去势的目的，经验不足者忌用。

（3）手术法　手术时常需两人配合，一人保定羊，使羊半蹲半仰，置于凳上或站立；一人用 3%石炭酸或碘酒消毒，然后手术者一只手捏住阴囊上方，以防止睾丸缩回腹腔中，另一只手用消毒过的手术刀在阴囊侧面下方切开一个小口，约为阴囊长度的 1/3，以能挤出睾丸为度，切开后，把睾丸连同精索拉出撕断。一侧的睾丸摘除后，再用同样的方法摘除另一侧睾丸。也可把阴囊的纵隔切开，把另一侧的睾丸挤过来摘除。这样少开一个口，利于康复。睾丸摘除后，把阴囊的切口对齐，用消毒药水涂抹伤口并撒上消炎粉。过 1~2 d 进行检查，如阴囊收缩，则为正常；如阴囊肿胀发炎，可挤出其中的血水，再涂抹消毒药水和消炎粉。

8.7.8　剪毛

羊一般年剪毛 1 次，剪毛开始的时间，主要决定于当地气候和羊群膘度，宜在气候稳定和羊只体力恢复之后进行。各种羊剪毛的先后，可按羯羊、公羊、育成羊和带羔母羊的顺序来安排。患疹癣和痘疹的羊最后剪，以免传染。

剪毛应注意的事项包括如下 10 项。

一是应选在干净平整的地面进行，否则应下铺苫布或苇席。因为大量混有草刺、草棍和粪末的羊毛，在交售时是要降低等级的。

二是毛在雨雪淋湿状态下绝对不能开剪，因湿毛在保存运输中易发热变黄，还易滋生衣蛾幼虫而蛀蚀羊毛。

三是羊体上的任何临时编号和记号，都只能用专门的涂料来进行。绝不能用油漆或沥青，因这两种物质在羊毛加工时不易洗掉，影响毛产品质量。

四是剪毛前 12 h 不应饮水和放牧，以保持空腹为宜。

五是剪毛留茬高度，以保持 0.3~0.5 cm 为宜。过高会影响剪毛量和降低毛长度。过低又易剪伤羊体皮肤。有时留茬即使偏高，也不要再剪第二刀，因二刀毛根本不能利用。

六是对皱褶多的羊，可用左手在后面拉紧皮肤，剪子要对着皱褶横向开剪，否则易剪伤皮肤。

七是剪时应力求保持完整套毛（这样有利于工厂化选毛），绝不能随意撕成碎片。

八是对黑花毛、粪块毛、毡片毛、头腿毛、过肷毛及带有较多草刺、草棍的混杂毛，要单独剪下和分别包装出售，千万不能与套毛掺混在一起。

九是剪毛时注意不要剪破皮肤。

十是对种公羊和核心群母羊，应做好剪毛量和剪毛后体重的测定和记录工作。

总之，适时剪毛，正确剪毛，并做好包装贮存，一般可提高剪毛量 7%~10%，交售等级也较高。

8.7.9 药浴

绵羊易感染疥癣病，疥癣病主要由螨虫寄生皮肤所引起，绵羊所寄生的主要是痒螨。

疥癣病对养羊业的为害很大，不仅造成脱毛损失，更主要在于羊只感染后瘙痒不安，采食减少，很快消瘦，严重者受冻致死。

药浴是治疗疥癣最彻底有效的方法。常用药剂有敌百虫等，但缺点是其残效期短，药效不够持久。双甲脒是一种能消灭疥癣、控制螨病扩大和蔓延的新药，特点是疗效高、残效期长、安全低毒，其废液在泥土中易降解，不污染环境。药浴浓度为 1 kg 药液（20%含量乳油）500~600 倍稀释。局部可用 2 mL 的安培药液加水 0.5 kg 涂擦或喷雾。

剪毛后的 10~15 d 内，应及时组织药浴。为保证药浴的安全有效，应在大批入浴前，先用少量进行药效观察试验。不论是淋浴还是池浴，都应让羊多站停一会，使药物在身上停留时间长一些。力求全部羊只都能参加，无一漏洗。应注意有无中毒及其他事故发生。

平时应加强羊群检查，对冬季局部患有疥癣的羊，应及时用 0.1%辛硫磷软膏涂患处，并短期隔离。羊舍应经常保持干燥通风。

8.7.10 驱虫

在冬春季节，羊只抵抗力明显降低。经越冬后的各种线虫幼虫，在每年的 3—5 月将有一个感染高峰，头年蛰伏在羊体胃肠黏膜下的受阻型幼虫，此时也会乘机发作，重新发育成熟。

当大量虫体寄生时，就会分离出一种抗蛋白酶素，导致羊体胃腺分泌蛋白酶原障碍，对蛋白质不能充分吸收，阻碍蛋白质代谢机能，同时还影响钙、磷代谢。寄生虫的代谢产物，也会破坏造血器官的功能和改变血管壁的渗透作用，从而引起贫血和消化机能障碍——拉稀或便秘。因此，对寄生虫感染较重的羊群，可在2—3月提前做一次治疗性驱虫。剪毛药浴后，再做一次普遍性驱虫。在寄生虫感染较重的地区，还有必要在入冬前再做一次驱虫。驱虫后要立即转入新的草场放牧，以防重新感染。

常用的驱虫药物有四咪唑、多菌灵等。特别是丙硫多菌灵，它是一种广谱、低毒、高效的新药，每千克体重的剂量为15 mg，对线虫、吸虫和绦虫都有较好的治疗效果。

8.8　岷县黑裘皮羊的饲养模式

8.8.1　不同饲养方式的养殖模式

羊的饲养方式归纳起来有3种，即放牧饲养、舍饲饲养和半放牧半舍饲饲养。饲养方式的选择要根据当地草场资源、人工草地建设、农作物副产品数量、圈舍建设和技术水平来确定，原则是高效、合理利用饲草料和圈舍资源，保证羊正常的生长发育和生产需要，充分发挥生产性能，降低饲养成本，提高经济效益。

（1）放牧饲养　放牧饲养方式是除极端天气外，如暴风雪和高降雨，羊群一年四季都在天然草场上放牧，是我国北方牧区、青藏高原牧区、云贵高原牧区和半农半牧区羊的主要生产方式。这些地区天然草地资源广阔，牧草资源充足，生态环境条件适宜放牧生产。羊的放牧一般选择地势平坦、高燥，灌丛较少，以禾本科为主的低矮型草场。

放牧饲养投资小、成本低，饲养效果取决于草畜平衡，关键在于控制羊群的数量，提高单产，合理保护和利用天然草场。应注意的是，在春季牧草返青前后、冬季冻土之前的一段时间，要适当降低放牧强度，组织好放牧管理，兼顾羊群和草原双重生产性能。

（2）舍饲饲养　舍饲饲养是把羊全年关在羊舍内饲喂，集约化和规模化程度较高，技术含量要求高，要有充足的饲草料来源、宽敞的羊舍和一定面积的运动场，以及足够的养羊配套设备，如饲槽、草架、水槽等。开展舍饲饲养的条件是必须种植大面积人工草地、饲料作物，收集和贮备大量的青绿饲料、干草、秸秆、青贮饲料、精饲料，才能保证全年饲草料的均衡供应。

舍饲饲养所需的人力、物力、投资大，饲养成本高，饲养效果取决于羊舍等设施状况和饲草料贮备情况，以及羊品种的选择、营养平衡、疫病防控和环境条件的综合控制。

(3) 半放牧半舍饲饲养　半放牧半舍饲饲养结合了放牧与舍饲的优点，既可充分利用天然草地资源，又可利用人工草地、农作物副产品和圈舍设施，规模适度，技术水平较高，产生良好的经济和生态效益，适合于羊生产。在生产实践中，要根据不同季节牧草生产的数量和质量、羊群自身的生理状况，规划不同季节的放牧和舍饲强度，确定每天放牧时间的长短和在羊舍内饲喂的次数和数量，实行灵活而不均衡的半放牧半舍饲饲养方式。一般夏秋季节各种牧草生长茂盛，通过放牧能满足羊的营养需要，可不补饲或少补饲。冬春季节，牧草枯萎，量少质差，只靠放牧难以满足羊的营养需要，必须加强补饲。

8.8.2　不同经营方式的养殖模式

(1) 农牧户分散饲养　农牧户分散饲养是目前我国羊饲养的主要形式，随着牧区草原承包经营责任制的深入推行，千家万户的分散饲养已成为羊生产的基本形式，饲养规模从数十只到成百上千只不等，主要由各家庭的劳动力和所承包的草原面积决定。这种饲养模式的特点是经营灵活，但经济效益不高，抗风险能力差，新技术的应用范围有限，对草原生态环境的破坏作用较大。

(2) “公司+农牧户”饲养　“公司+农牧户”饲养是由龙头企业牵头，根据市场需求设计产品生产方向，联合许多农牧户按照相对统一的生产标准进行羊的生产，由公司经营，农牧户仅仅发挥基地生产的作用。这种生产方式的标准化程度较高，产品的市场竞争能力较强，有一定的抵御风险能力，新技术的推广应用范围大，经济效益较高。

(3) 专业合作社饲养　专业合作社饲养是由农牧区的细毛羊或半细毛羊生产经验“能人”以村或乡镇的管理机制组织养羊生产，成立专业合作社，有领导、有组织，对生产职能分工负责，相互协调，统一规划草原、羊群、饲草料管理和贸易流通，是新兴的养羊生产模式，组织体系相对紧密，生产规模较大，新技术的转化能力较强。

(4) 协会饲养　协会饲养主要是由当地牲畜经营大户组织农牧户开展细毛羊或半细毛羊的生产经营，组织体系较松散，主要目的是组织羊毛的市场交易，对羊的规范化生产有一定的促进作用。

(5) 农牧户联户饲养　随着农牧区劳动力的转移和新牧区、养殖小区的建设，许多家庭联合生产，以节约劳动力和合理利用草场及饲草料资源为目的，进行农牧户联户饲养，组织有经验的家庭或成员统一组织羊群饲养，开展经营管理。这种饲养模式的优点是扩大了养殖规模，优化了草场和饲草料资源的利用，组织体系紧密，有利于进一步形成集约化、规模化的养殖模式。

8.8.3　不同饲养规模的养殖模式

为了进一步做强做大羊产业，有关畜牧业管理部门、科研机构及企业和农牧民极研究探索羊生产规模化养殖模式，鉴于目前我国羊分布区域广、生态环境多样、养殖户相对分散、规模较小的实际情况，以下几种模式可以借鉴参考，以促进羊业的规模化发展。

(1) 组建“托羊所”　“托羊所”免费提供草原、羊舍等养羊设施，农牧户出资购买羊进驻，托养或自养，吸引农牧户把手中的闲散资金集中投向羊产业，使有限资金得到整合，实现了有效利用和良性循环；把相对分散的养殖户联结成为相对集中和稳固的养殖联合体，实现靠规模增效益、稳产稳收的目标；通过规模化养殖，集中剪毛和羊毛的标准化生产，统一销售，实现组织经营管理者和农牧户的双赢。

(2) 多种渠道建设羊养殖小区　通过政策扶持，采取招商引资、项目投资、群众集资、合作社社员入股等多种方式，建设羊养殖小区。养殖小区模式可以实现羊的规模养殖，降低饲养成本，提升羊养殖效益；节约劳动力资源，使更多的农牧区劳动力从羊产业中剥离出来，从事其他产业增收。同时，也可实现羊饲养的品种、饲料、技术、管理、防疫、剪毛和销售 7 个方面的统一，达到科学化、标准化、规范化；还可以通过统一管理，机械化剪毛，羊毛分级打包，有效地保障羊毛优质优价。

(3) 建设羊养殖示范园区　要利用项目资金或政府扶持资金，组建高标准的羊养殖示范园区，引进优质羊新品种，运用先进技术和科学的管理理念，内设参观走廊，定期组织广大羊养殖户前去参观学习，集教学、科技应用、典型示范于一体。可以有效提高广大羊养殖户学科技、用科技的思想意识，提升羊产业科技含量，进而加快羊产业标准化、科学化、现代化、集约化和规模化养殖进程。

(4) 建设大型现代化羊生产牧场　对现有的羊规模养殖大户进行资金、政策、占地等多方面的倾斜，加大扶持力度，促使其上规模、上档次、上水平，进而建成大型的现代化家庭牧场，应用高、新、精、尖技术，靠规模增加效益，靠科技提升效益。同时，还可就地转移农牧区剩余劳动力，加快羊产品转化增值，实现资源优势向经济优势的转变。

第九章　岷县黑裘皮羊的健康管理

9.1　避免疫病发生的预防措施

为了大力发展养羊业，尽量减少患病机会，必须建立行之有效的卫生防疫制度，贯彻执行防重于治的方针。

（1）加强饲养管理　加强日常饲养管理工作，配制全价日粮，提高饲料的营养价值和适口性，禁喂霉变腐烂的草料，注意饮水卫生，将羊养壮养好，增强抗病能力是防疫灭病的重要措施。

（2）引种实行检疫　引种前要了解该地区流行的疫病，并对羊进行检疫，无病时方能引入。引进的羊要隔离观察 15～20 d，确无疫病后方能与其他羊群接触或混群。

（3）定期预防制度　对健康羊要建立有组织、有计划的预防注射制度。接种前要弄清楚当地常患病及发病季节，有的放矢地用药。

（4）多在干燥牧地放牧　细菌、病毒在潮湿温暖的条件下生命力强，繁殖快，所以在夏秋多雨季节，要多在光照充足、通风、比较干燥的牧地放牧。羊在休息时，也应选择干燥、通风、能裸露出地表的地方。

（5）坚持消毒制度　每天定时打扫卫生，彻底清除羊舍内外的粪便污物，勤换垫草，保持羊舍、饮槽、饮水器、运动场所的清洁卫生。羊舍要定期消毒。春、夏、秋 3 季圈舍每月消毒 1 次，常用的消毒药包括如下几种。

①草木灰水。新鲜草木灰 5 kg 加水 25 kg，煮沸 30 min 去渣后用于喷洒圈舍、地面。

②甲醛溶液（福尔马林）。配成 4%的水溶液喷洒圈舍的墙壁、地面、用具、饲槽。也可用甲醛蒸汽消毒密闭房屋。每立方米的羊舍用甲醛 25 mL、高锰酸钾 12.5 g 混合消毒，消毒时间一般不少于 10 h。

③来苏儿（煤酚皂溶液）。配成 3%～5%水溶液，用于羊舍、器械，也可用于排泄物的消毒。

④氢氧化钠（烧碱）。配成1%～2%热水溶液消毒羊舍。氢氧化钠溶液腐蚀性强，消毒后要打开门窗通风半天，再用水冲洗饲槽后，方可进入，该消毒液多用于被病毒性传染病污染的羊舍地面和用具的消毒。

⑤新洁尔灭、氯己定、消毒净、度米芬等。杀菌力强，对皮肤和黏膜刺激性小，通常配成0.1%水溶液用于浸泡器械、衣物、敷料和手的消毒。

⑥对羊群定期驱虫、药浴。为防止体内外寄生虫病的发生，每年春、秋两季对羊群要服药驱虫，剪毛后药浴。

9.2　羊的打针、喂药和常用止血方法

9.2.1　羊的打针和喂药技术

9.2.1.1　直接给药

（1）*口服法*　包括自行采食法和灌服法。自行采食法是将药物按一定的比例拌入饲料或饮水中，让羊自由采食或饮用；另一种方法是根据羊个体的重量计算好用药量，放入碗内或盆内再拌入一些盐水，只要将羊嘴按入碗内或盆内，羊即会自由舔食直至舔食完毕。灌服法：将药液或药片加入装有少量水的灌药筒内（可以用PVC管或竹筒自制），抬高羊的嘴巴，给药者一手拿灌药筒，一手的食指和拇指从羊的口角伸入口中轻轻压迫舌头，羊口即张开，然后将灌药筒伸入羊口并压住气管口同时将药、水倒入。

（2）*灌肠法*　即将药物配成液体，用灌肠器直接灌入直肠内。若治疗便秘须温水灌肠，若治疗泻痢则冷水灌肠。

（3）*胃管法*　有经鼻孔插入法和经口腔插入法，该法适用于灌服大量液体和刺激性药物。

9.2.1.2　注射给药

注射给药可分为皮下注射、肌肉注射、皮内注射和静脉注射。

皮下注射：在颈部或股内侧皮肤松软处，用碘酒消毒后，用左手中、食、拇指形成三角形捻起注射部位皮肤，针头从食指前方刺入皮下，针头能自由运动即可迅速注入药液，皮内鼓起小包，注射完毕拔出针头再消毒1次。

肌肉注射：在臀部正中或上外1/4处或颈侧肩胛前缘部，用碘酒消毒后以左手拇指、食指成“八”字形压住注射部位的肌肉，右手持注射器针头向肌肉垂直刺入即可注药，完毕后用碘酒棉球消毒，肌肉注射后注射部位不会起包。

皮内注射：将羊的尾巴往羊背侧翻，在羊尾内侧无毛区，用细小针头轻轻穿刺其皮下即可注药，注药后注射部位鼓起圆圆的小包。

静脉注射：将羊站立保定或横卧保定（羔羊），用一手的拇指压迫颈静脉沟处的颈静脉血管使其血管怒张，用碘酒消毒后，另一只手的拇、食指持针头以 30°~40°的角度刺入静脉内，如有血液回流再将针头沿血管方向轻轻在血管内上移以使针头进入血管深一些，检查针头仍在血管内即可缓慢注药，完毕用酒精棉球压住刺人孔、拔针。如药液量大，用几支 50 mL 注射器轮换给药或静脉滴注。

9.2.1.3 气管内注射

注射时侧卧保定羊，使其头高臀低，在气管下 1/3 处两环骨间垂直刺入，有空荡感并有气泡时缓慢注入药液。若需两侧肺部注入药物，需注射 2 次，第一次注射后将羊翻转取另一侧卧姿势，采用相同方法进针注入药液。该注射方法适用于治疗气管、支气管和肺部疾病，也常用于肺部驱虫。

9.2.1.4 皮肤及黏膜给药

通过皮肤和黏膜吸收药物使药物在全身和局部发挥治疗作用，常用的给药方法有滴眼、冲洗眼睛、滴鼻、皮肤局部涂搽、浇泼、埋藏等。

9.2.2 常用的止血方法

9.2.2.1 压迫止血法

是用纱布压迫出血的血管，达到止血的目的。在手术过程中，经常使用纱布施行止血。在对创伤急救时，可用压迫绷带止血，即将灭菌纱布紧密填充于创伤部，盖上棉花，勒紧绷带。鼻出血可用纱布填塞患侧，压迫止血，但不超过 48 h。

9.2.2.2 止血带止血法

适用于四肢大血管出血，常用橡胶管，也可用绷带等来代替。扎止血带处先垫以纱布等物，避免止血带直接接触皮肤。止血带要扎得松紧适当，以能止血为宜。过紧会损伤神经或其他组织，过松不能止血。使用止血带的时间一般不得超过 2 h，因为长时间压迫，可引起组织坏死。

9.2.2.3 止血钳止血法

用止血钳夹住出血血管的断端，加以压迫捻转，适用于小血管出血。

9.2.2.4 结扎血管止血法

是最常用的止血方法。一般在手术、伤口上的出血点，先用止血钳夹住，再用丝线结扎。结扎时注意不要使结扎线滑脱，剪线时要在打结处留下适当长的线端，线端过短则线结容易松开。

9.2.2.5　烧烙止血法

烧烙的作用在于使血管断端收缩封闭，停止出血。烧烙是可靠止血方法之一，适用于弥漫性的小血管和静脉丛较多的黏膜出血。但烙铁要烧得红热为宜，如果烧得不够热，不能使血管断端充分收缩，达不到止血的目的；烧得过热，亦不适宜。烧烙止血法的缺点是损伤组织较多。

9.2.2.6　化学止血法

可分局部和全身两种。局部止血剂常用的有 0.1%肾上腺素溶液和仙鹤草素注射液。对急性大出血，必须制止出血和缓解循环衰竭，可静脉注射 10%柠檬酸钠 20~30 mL 或 10%氯化钙溶液 30~50 mL。为解除循环衰竭，应立即静脉注射 5%葡萄糖盐水 500~1 000 mL 或输血 300~500 mL，同时内服利尿素 1~2 g。

9.3　不同季节羊群的卫生保健

9.3.1　春季

常用卫生保健方法包括：用抗蠕虫药给全部羊只驱内寄生虫和用灭虱剂等驱外寄生虫。在球虫病多发地区，应给 2 月龄以上羔羊驱虫；保持羊舍干净卫生、通风、干燥。母羊产后应挤去前几把奶后才让羔羊吮食。每次挤奶后应将乳头在浸液中浸泡，防止发生乳腺炎；去角、修蹄；应逐渐改变饲料种类(如以喂干草为主转变为喂青草为主)，防止发生腹泻；检查、修理圈舍和运动场围栏，保证母羊和羔羊有充足的运动。

9.3.2　夏季

常用卫生保健方法包括：用抗蠕虫药驱内寄生虫，去角、修蹄，预防中暑。

9.3.3　秋季

常用卫生保健方法包括用抗蠕虫药驱内寄生虫（秋初），及时清理和淘汰老、弱、病、残羊只；对圈舍进行彻底清洁和消毒；加强饲养管理，使羊只保持适度膘情，以利配种和受胎。

9.3.4 冬季

常用卫生保健方法包括检查圈舍和通风设备，用秸秆或竹笆围圈保暖，保持垫床（圈底）干燥，无贼风侵袭；寒冷天气应坚持喂温热水；检查和修蹄；妊娠母羊应加强运动，适当的日光浴有利于健康，减少难产，提高羔羊成活率。

9.4 免疫接种

免疫接种是激发羊体产生特异性抵抗力，使其对某种传染病从易感转化为不易感的一种手段。有组织有计划地进行免疫接种，是预防和控制羊传染病的重要措施之一。目前，我国用于预防羊主要传染病的疫苗有以下几种。

9.4.1 无毒炭疽芽孢苗

预防羊炭疽。绵羊皮下注射 0.5 mL，注射后 14 d 产生坚强免疫力，免疫期 1 年。

9.4.2 第Ⅱ号炭疽芽孢苗

预防羊炭疽。绵羊皮下注射 1 mL，注射后 14 d 产生免疫力，免疫期 1 年。

9.4.3 炭疽芽孢氢氧化铝佐剂苗

预防羊炭疽。此苗一般称浓芽孢苗，系无毒炭疽芽孢苗或第Ⅱ号炭疽芽孢苗的浓缩制品。使用时，以 1 份浓芽孢苗加 9 份 20%氢氧化铝胶稀释剂，充分混匀后即可注射。其用途、用法与各自芽孢苗相似。使用该疫苗一般可减轻注射反应。

9.4.4 布氏杆菌猪型 2 号疫苗

预防羊布氏杆菌病。绵羊臀部肌肉注射 0.5 mL（含菌 50 亿）；阳性羊、3 月龄以下羔羊和受孕羊均不能注射。

饮水免疫时，用量按每只羊服 200 亿菌体计算，两天内分 2 次饮服；在饮服疫苗前，一般应停止饮水半天，以保证每只都能饮用一定量的水。应当用冷的清水稀释疫苗，并应迅速饮喂，疫苗从混合在水内到进入羊体内的时间越短，效果越好。免疫期暂定 2 年。

9.4.5　布氏杆菌羊型 5 号疫苗

预防羊布氏杆菌病。此苗可对羊群进行气雾免疫。如在室内进行气雾免疫，疫苗用量按室内空间计算，即每立方米用 50 亿菌，喷雾后羊群需在室内停留 30 min；如在室外进行气雾免疫，疫苗用量按羊的只数计算，每只羊用 50 亿菌，喷雾后羊群需在原地停留 20 min。在使用此苗进行羊气雾免疫时，操作人员需注意个人防护，应穿工作衣裤和胶靴，戴大而厚的口罩，如不慎被感染出现症状，应及时就医。

本苗也可供注射或口服用。注射时，将疫苗稀释成每毫升含 50 亿菌，每只羊皮下注射 10 亿菌；口服时，每只羊的用量为 250 亿菌。本苗免疫期暂定为 1 年半。

9.4.6　破伤风明矾沉降类毒素

预防破伤风。绵羊颈部皮下注射 0.5 mL。平时均为 1 年注射 1 次；遇有羊受伤时，再用相同剂量注射 1 次，若羊受伤严重，应同时在另一侧颈部皮下注射破伤风抗毒素，可预防破伤风。该类毒素注射后 1 月产生免疫力，免疫期 1 年，翌年再注射 1 次，免疫力可持续 4 年。

9.4.7　破伤风抗毒素

供羊紧急预防或防治破伤风之用。皮下或静脉注射，治疗时可重复注射 1 至数次。预防剂量为 1 200~3 000 抗毒单位；治疗剂量为 5 000~20 000 抗毒单位。免疫期 2~3 周。

9.4.8　羊快疫、猝狙、肠毒血症三联灭活疫苗

预防羊快疫、猝狙、肠毒血症。成年羊和羔羊一律皮下或肌肉注射 5 mL，注射后 14 d 产生免疫力，免疫期 6 个月。

9.4.9　羔羊痢疾灭活疫苗

预防羔羊痢疾。受孕母羊分娩前 20~30 d 第一次皮下注射 2 mL，第二次于分娩前 10~20 d 皮下注射 3 mL。第二次注射后 10 d 产生免疫力。免疫期：母羊 5 月，经乳汁可使羔羊获得母源抗体。

9.4.10　羊黑疫、快疫混合灭活疫苗

预防羊黑疫和快疫。氢氧化铝灭活疫苗，羊不论年龄大小，均皮下或肌肉

注射 3 mL，注射后 14 d 产生免疫力，免疫期 1 年。

9.4.11 羔羊大肠杆菌病灭活疫苗

预防羔羊大肠杆菌病。3 月龄至 1 岁龄的羊，皮下注射 2 mL；3 月龄以下的羔羊，皮下注射 0.5~1.0 mL，注射后 14 d 产生免疫力，免疫期 5 个月。

9.4.12 羊厌气菌氢氧化铝甲醛五联灭活疫苗

预防羊快疫、羔羊痢疾、猝狙、肠毒血症和黑疫。羊不论年龄大小均皮下或肌肉注射 5 mL，注射后 14 d 产生可靠免疫力，免疫期 6 个月。

9.4.13 肉毒梭菌（C 型）灭活疫苗

预防羊肉毒梭菌中毒症。绵羊皮下注射 4 mL，免疫期 1 年。

9.4.14 羊肺炎支原体氢氧化铝灭活疫苗

预防由绵羊肺炎支原体引起的传染性胸膜肺炎。颈侧皮下注射，成年羊 3 mL，6 月龄以下幼羊 2 mL，免疫期可达 1 年半以上。

9.4.15 羊痘鸡胚化弱毒疫苗

预防绵羊痘，也可用于预防山羊痘。冻干苗按瓶签上标注的疫苗量，用生理盐水 25 倍稀释，振荡均匀，羊不论年龄大小，一律皮下注射 0.5 mL，注射后 6 d 产生免疫力，免疫期 1 年。

9.4.16 山羊痘弱毒疫苗

预防山羊痘和绵羊痘。皮下注射 0.5~10 mL，免疫期 1 年。

9.4.17 兽用狂犬病 ERA 株弱毒细胞苗

预防犬类和其他家畜（羊、猪、牛、马）的狂犬病。用灭菌蒸馏水或生理盐水稀释，2 月龄以上羊注射 2 mL。免疫期半年至 1 年。

9.4.18 伪狂犬病弱毒细胞苗

预防羊伪狂犬病。冻干苗先加 3.5 mL 中性磷酸盐缓冲液稀释，再稀释 20 倍。4 月龄以上至成年绵羊肌肉注射 1 mL，注苗后 6 d 产生免疫力，免疫期 1 年。

9.4.19　羊链球菌病活疫苗

预防绵羊、山羊败血性链球菌病。注射用苗以生理盐水稀释，气雾用苗以蒸馏水稀释。每只羊尾部皮下注射 1 mL（含 50 万活菌），2 岁以下羊，用量减半。露天气雾免疫每头剂量 3 亿活菌，室内气雾免疫每头剂量 3 000 万活菌。免疫期 1 年。

免疫接种的效果，与羊的健康状况、年龄、是否受孕或哺乳，以及饲养管理条件有密切关系。成年的、体质健壮或饲养管理条件好的羊群，接种后会产生较强的免疫力；反之，幼年的、体质瘦弱的、有慢性疾病或饲养管理条件不好的羊群，接种后产生的免疫力就要差些，甚至可能引起较明显的接种反应。受孕母羊，特别是临产前的母羊，在接种时由于驱赶、捕捉等影响，或者由于疫苗所引起的反应，有时会发生流产或早产，或者可能影响胎儿的发育；哺乳期的母羊免疫接种后，有时会暂时减少泌乳量。免疫过的受孕母羊所产羔羊通过吮吸初乳后，在一定时间内其体内有母源抗体存在，因而对幼龄羔羊免疫接种往往不能获得满意结果。所以，对那些幼羊、弱羊、有慢性病的羊和受孕后期母羊，除非已经受到传染的威胁，最好暂时不予接种。对那些饲养管理条件不好的羊群，在进行免疫接种的同时，必须创造条件改善饲养管理。

免疫接种须按合理的免疫程序进行，各地区、各羊场可能发生的传染病不止一种，而可用来预防这些传染病的疫苗的性质又不尽相同，免疫期长短不一。因此，羊场往往需用多种疫苗来预防不同的病，也需要根据各种疫苗的免疫特性来合理地安排免疫接种的次数和间隔时间，这就是所谓的免疫程序。目前国际上还没有一个统一的羊免疫程序，只能在实践中总结经验，制订出合乎本地区、本羊场具体情况的免疫程序。

9.5　定期驱虫

为了预防羊的寄生虫病，应在发病季节到来之前，用药物给羊群进行预防性驱虫。预防性驱虫的时机，根据寄生虫病季节动态调查确定。例如，某地的肺线虫病主要发生于 11—12 月及翌年的 4—5 月，那就应该在秋末冬初草枯以前（10 月底或 11 月初）和春末夏初羊抢青以前（3—4 月）各进行 1 次药物驱虫；也可将驱虫药小剂量地混在饲料内，在整个冬季补饲期间让羊食用。

预防性驱虫所用的药物有多种，应视病的流行情况选择应用。丙硫多菌灵（丙硫苯咪唑）具有高效、低毒、广谱的优点，对羊常见的胃肠道线虫、肺线虫、肝片吸虫和绦虫均有效，可同时驱除混合感染的多种寄生虫，是较理想的驱虫药物。使用驱虫药时，要求剂量准确，并且要先做小群驱虫试验，取得经验后再进行全群驱虫。驱虫过程中发现病羊，应进行对症治疗，及时解救出现毒副作用的羊。

药浴是防治羊的外寄生虫病，特别是羊螨病的有效措施，可在剪毛后10 d左右进行。药浴液可用1%敌百虫水溶液或速灭菊酯（80～200 mg/L）、溴氰菊酯（50～80 mg/L）。也可用石硫合剂，其配法为生石灰7.5 kg、硫黄粉末12.5 kg，用水拌成糊状，加水150 L，边煮边拌，直至煮沸呈浓茶色为止，弃去下面的沉渣，上清液便是母液。在母液内加500 L温水，即成药浴液。药浴可在特建的药浴池内进行，或在特设的淋浴场淋浴，也可用人工方法抓羊在大盆（缸）中逐只洗浴。

9.6 羊传染病及寄生虫病的预防措施

9.6.1 传染病预防措施

9.6.1.1 建立健全兽医卫生防疫制度

搞好环境卫生及羊舍、运动场、饲料、饮水和饲养管理用具的卫生管理，做好日常消毒灭源、灭鼠工作，粪便进行无害化处理。对不明死因的羊只严禁随意剥皮吃肉或任意丢弃，要在兽医人员的监督下，采用焚烧、深埋或高温消毒等方式处理。

9.6.1.2 加强饲养管理工作

经常检查羊只的营养状况，防止营养物质的缺乏，尤其对妊娠母羊和育成羊更显重要。严禁饲喂霉变的饲料、毒草和喷过农药不久的牧草。禁止羊只饮用死水和污水，以减少寄生虫和病原微生物的侵袭。羊舍需要保持清洁、干燥、通风。

9.6.1.3 严格执行检疫制度

有条件的地方应坚持“自繁自养”，以减少疫病的传入。必须引入羊只时，无论从国内还是国外引入，及时了解疫情并做好检疫工作，只能从非疫区购买，新购入的羊只需进行隔离饲养，观察1个月后，确认健康后方可混群饲养。

9.6.1.4 认真落实免疫计划

定期进行预防注射，根据本地区常见传染病的种类和疫病流行情况，制定切实可行的免疫程序，按免疫程序进行预防接种，使羊只从出生到淘汰都可获得特异性抵抗力，降低对疫病的易感性，同时应注意科学地保存、运送和使用疫（菌）苗。

9.6.1.5　定期做好驱虫工作

每年根据当地寄生虫病的流行情春、秋两季选用广谱驱虫药各驱虫 1 次。各地区可视情况适当增加驱虫次数，驱虫后 10 d 内的粪便应统一收集，进行无害化处理，以杀死虫卵和幼虫。对于大多数蠕虫来说，秋、冬季驱虫是最为重要，因为秋、冬季是羊只体质较弱的时节，及时驱虫有利于保护羊只的健康。另外，秋、冬季不适于虫卵和幼虫的发育，可以大大降低虫卵对牧场的污染。

9.6.1.6　做好春、秋两季的药浴工作

每年的春、秋两季将羊集中统一进行药浴，可起到治疗体外寄生虫的作用。

9.6.1.7　羊传染病发生疫情要及时采取措施

发现国家规定的一类、二类、三类传染疾病，要在规定时间内向有关上级部门报告疫情，包括发病时间、地点、发病及死亡羊只数量，临床症状、诊断方法、控制措施、防治方法等。必要时通知临近地区和单位，共同做好预防工作。

迅速隔离患病羊只，对受过污染的环境、饲料、用具、粪尿等进行严格的紧急消毒。若发生为害性大的疫病如口蹄疫、炭疽等烈性染病，在正确诊断后，按国家有关规定坚决处理，同时采取封锁等综合措施。

用疫（菌）苗、抗血清实行紧急接种，对病羊进行及时合理的治疗。

死亡和淘汰的羊只严格按国家有关规定处理。

9.6.2　寄生虫病综合防治措施

9.6.2.1　控制和消灭传染源

对病羊、带虫动物及保虫宿主进行控制，积极治疗病羊，对带虫羊进行隔离或限制大范围流动，控制和消灭保虫宿主，根据流行病学资料，对羊进行有计划的驱虫。

9.6.2.2　切断传播途径

对生物源性寄生虫，应尽量避免中间宿主与易感动物的接触，控制和消灭中间宿主的活动。对非生物源性寄生虫，则应加强环境卫生管理，对病羊的粪便、排泄物、尸体等所能传播病原的物质进行严格处理。

9.6.2.3 保护易感动物

加强饲养管理，提高病羊的抗病能力；对羊群进行药物预防和免疫预防，以抵抗寄生虫的侵袭。在对病羊进行驱虫时应选择高效、低毒、经济、使用方便的药物。同时还应注意做到选择好驱虫场所。

9.7 病羊的一般症状

羊对疾病的抵抗能力比较强，发病初期症状表现不明显，不易及时发现，容易丧失治疗时机，一旦发现病羊，病情已经比较严重。因此，学习掌握一些羊的生理病理表现，对及时发现病羊、及时预防和治疗是非常重要的。具体观察的项目和方法如下。

9.7.1 精神沉郁，离群掉队

健康羊眼睛明亮有神，望得远看得清，听觉灵活敏感，很会听放牧工召唤。吃草时争先恐后，抢着吃头排草，不愿落后，更不愿离群。患病羊则精神萎靡，不愿抬头，听力、视力减弱，流鼻涕，淌眼泪，行走缓慢，重者离群掉队，直到停止采食和反刍。

9.7.2 反刍减弱或停止

一般羊在采食 30~50 min 后，经过休息便可反刍，反刍是健康羊的重要标志。每次反刍要咀嚼 50~60 次，每次要继续 30~60 min，24 h 内要反刍 4~8 次。在反刍后要将胃内气体从口腔排出体外，叫嗳气。健康羊每小时要嗳气 10~12 次。发病羊反刍与嗳气次数减少，无力，直至停止。病羊经治疗，开始恢复反刍和嗳气是恢复健康的重要标志。

9.7.3 鼻镜干燥

鼻子尖端不长毛的地方叫鼻镜。鼻镜像一面镜子，反映羊只健康状况。健康羊的鼻镜湿润、光滑，常有微细的水珠。若鼻镜干燥，不光滑，无光泽，表面粗糙，是羊患病的征兆。

9.7.4 可视黏膜变色

9.7.4.1 结膜

健康羊的眼结膜呈鲜艳的淡红色。若结膜苍白，是贫血、营养不良或患寄生虫等慢性病的症候；而结膜潮红是发炎和患某些传染性急性热病的症候；结膜发绀呈暗紫色者，多为病症危急或严重的表现。

9.7.4.2 口腔黏膜

健康羊的口腔，舌黏膜呈淡红色，舌体表现湿润，有一层很薄的舌苔。如舌苔变白、增厚并有流涎者，为口腔内有炎症或有黏膜溃疡等。

9.7.4.3 皮肤

羊的皮肤，从毛底层或腋下、鼠蹊等部位通常呈粉红色。若颜色苍白或潮红，都是发病的征兆。

9.7.4.4 体温

体温是羊健康与否的晴雨表。绵羊的正常体温是 38.5~39.5 ℃，羔羊比成年羊要高 1 ℃。如发现羊精神失常，用手触摸角的基部或皮肤有热感，可用体温计从肛门测量体温，体温高是发病的征兆。

9.7.4.5 心跳

心脏听诊部位在胸部左侧肘关节稍上方，第 3~6 肋骨间；后肢内股动脉为切脉部位。健康羊脉搏成年羊每分钟为 70~80 次，羔羊为 100~130 次。健康羊心音清晰，跳动均匀，搏动有力，间隔相等。患病羊的心音混杂，强弱不匀，快慢不等，搏动无力，心律不齐。

9.7.4.6 呼吸

将耳朵贴在羊胸部肺区，可清晰地听到肺脏的呼吸音。健康羊每分钟呼吸 10~20 次，能听到间隔匀称、带“嘶嘶”声的肺呼吸音。病羊则出现“呼噜、呼噜”节奏不齐的拉风箱似的肺泡音。

9.7.4.7 瘤胃触摸

站在羊体后侧，用左手按左肷部（俗称“肷窝”），能感到瘤胃一起一伏的蠕动感。健康绵羊每分钟为 3~6 次。可感到瘤胃松软而有弹力，用耳听肷部可听到瘤胃有“咕噜噜”或“沙沙沙”的拨水音响。患病羊则瘤胃蠕动减慢，很长时间才能听到 1 次缓慢而无力的蠕动声。若遇到瘤胃臌胀，则瘤胃无声，以手指扣打肷部则发出好似击鼓的闷声。若瘤胃无声而坚硬，是瘤胃实质性胃扩张的症状。都须及时处置或请兽医诊治。

9.7.4.8 被毛与营养

健康羊体格强壮，膘满肉肥，被毛发亮；病羊则体弱，消瘦，被毛粗刚、蓬乱易折、暗淡无光泽。

9.7.4.9 粪与尿

健康羊的粪呈椭圆形粒状，成堆或呈链条状排出，俗称“粪蛋”。粪蛋表面光滑，比较硬。羔羊吃饲料并反刍后同样是排出粪蛋。夏季吃青草多的时候，健康羊也有排软便的。病羊如患寄生虫病多出现软便，颜色不正，呈褐色或浅褐色，有异臭，重者带有黏液排出，或排粪带血并有虫卵和虫的体节同时排出。因粪便黏稠，多糊在肛门及尾根两侧，长期不掉。

健康羊的尿一般透明，稍带草黄色；病羊尿多浓稠有异味，重者混浊直至尿中带血。

9.8 岷县黑裘皮羊常见疾病

9.8.1 内科疾病

9.8.1.1 消化系统疾病

（1）咽炎　是指扁桃体、软腭、咽部淋巴结和咽部黏膜及肌层的炎症。临床特点：流涎、吞咽障碍，咽部触诊肿胀、疼痛。

咽炎的分类如下。

①据渗出物性质。可分为卡他性咽炎、格鲁布性咽炎（纤维素性咽炎）、蜂窝织性咽炎。

②据病程。可分为急性咽炎和慢性咽炎。

③据病因。可分为原发性咽炎、继发性咽炎。

病因：咽炎多由咽部黏膜损伤所致，故凡能引起咽部黏膜损伤的一切因素都能引起咽炎发生，包括：机械因子；化学因子；抵抗力下降，受寒、感冒或过劳；诱因，如气候突变、长途运输、过劳、饲料中维生素缺乏等；继发因素，如FMD、绵羊痘病、巴氏杆菌等。

临床症状：主要表现为疼痛，头颈伸直，不安；流涎，炎症刺激促进分泌物增多；厌食，吞咽障碍，水及液体饲料能咽，干饲料吞咽后表现疼痛、痛苦，严重时饲料从口鼻反流；咽部检查肿胀、增温，触诊时咽部敏感，有时出现咳嗽，如咽炎蔓延到喉部，则出现频频咳嗽；全身症状，如发生蜂窝织炎，则有呼吸困难、体温升高、白细胞增多、核左移等现象。而慢性咽炎主要是病程长，出现吞咽困难、咳嗽。

病程及预后：对于原发性急性咽炎，3～4 d达到极期（高峰），一般1～2周内可愈。对于格鲁布性或蜂窝织性咽炎，病程长，往往继发肺炎及败血症。

诊断：根据主要临床症状不难做出诊断。而与其他疾病的鉴别诊断如下。

①咽梗阻。由异物引起，咽部有异物阻塞，出现吞咽障碍。特点是：突然发生，咽部触诊发现有异物阻塞。

②食道阻塞。能在食道部触摸到阻塞物或有食入物。

③喉炎。以咳嗽为主，而咽炎以吞咽障碍为主。

治疗：一是加强护理，给予柔软易消化饲料，避免给予有刺激性的饲料；对有吞咽障碍的，应及时输液，维持其营养。二是消肿、消炎。中成药主要有以下两种。

①青黛散。青黛、儿茶、黄檗各 50 g，磨碎过筛；冰片 5 g，吸入或含服；明矾 25 g。

②冰硼散。冰片、朱砂、炉甘石（为天然产的菱锌矿，一种含碳酸锌的矿石）、硼砂等。

可选用青霉素类、头孢菌素类等抗生素全身治疗。清洁口腔用 0.01 mg/kg 水（或 $KMnO_4$）、3%明矾液、1%硼酸。收敛用碘甘油。呼吸困难需将气管切开。对于严重性咽炎，当发生呼吸困难、发生窒息现象时，用 0.25% 普鲁卡因溶液 20 mL，结合应用青霉素进行咽喉封闭，具有一定效果。

（2）食道阻塞　是异物或食块阻塞于食道的某一段，引起以急性吞咽障碍为特征的一种急症。临床特点：突然发生吞咽障碍、流涎，发生急性瘤胃臌气。

分类：据阻塞的部位可分为颈部食道阻塞和胸部食道阻塞；据阻塞的程度分为完全食道阻塞和不完全食道阻塞。

病因：多由于唾液分泌障碍，或食块太大。

①原发性病因。包括饲喂不规则，特别是长期饥饿，引起采食、唾液分泌、食管壁蠕动机能紊乱；加工调制不当，块根、块茎类饲料太大。羊吃食时不细嚼，用舌头卷送，易引起阻塞；饲喂过程中家畜受惊、争抢；过劳导致肌肉、神经紧张性降低。

②继发性病因。矿物质代谢障碍，异食癖；手术麻醉后饲喂。

症状：采食突然停止，骚动不安，摇头缩颈，头颈伸直，背腰弓起，空口咀嚼；泡沫性流涎，口腔流出大量泡沫，转为安静；料水反流，再次采食时咽不下去，饲料和饮水从鼻腔逆流而出。

诊断：包括如下方法。

①触诊。颈部阻塞可摸到坚硬阻塞物，有时咳嗽；胸部阻塞可摸到阻塞物上部食道有波动性（积存食物、液体），向上方摸压，可见液体、饲料从口腔、鼻腔流出。

②视诊。可见胸部食道肌肉发生自上而下的逆蠕动。

③胃管探诊。可发现阻塞物。

④X 光检查。可判定阻塞部位、程度、性质。

⑤鉴别诊断。咽炎相同之处：吞咽障碍、流涎；不同：食道阻塞是在采食过程中突然发生。与瘤胃臌气不同之处在于食道阻塞是嗳气障碍；而瘤胃臌气则与采食易发酵饲料有关，无饮水、饲料反流现象，有显著的循环、呼吸障碍，发病急、死亡快。

治疗：治疗方法取决于阻塞部位、阻塞程度及阻塞性质。

①金属物阻塞。尤其是尖锐、有角的金属，只能用外科手术法

②非金属物颈部阻塞。把阻塞物推到咽部，打开口腔，用抓出器把食团拿出。

③胸部阻塞。可包括如下方法。一是推入法，家畜保定好，瘤胃臌气时要先穿刺放气，插上胃导管，将食道中液体吸出，灌进少许液体石脂或油，或灌水反复冲洗，也可预先肌肉注射 6%毛果芸香碱（拟胆碱药）10 mg（促进食道壁肌肉蠕动，促分泌），过半小时后用胃管将阻塞物推入瘤胃即可。二是急骤通噎法，缰绳短系于左前肢前部，快步驱赶，异物急咽。三是打水通噎法，胃导管触到异物，用水冲击异物。四是打气通噎法，在胃管上连接打气管并适量打气将异物推入胃内。

④锤叩法。颈部食道阻塞，一边锤，一边叩击，将异物击碎。

⑤外科法。使用食管切开术取出异物。

（3）前胃弛缓　又称单纯性消化不良（simple indigestion），是支配前胃的运动神经兴奋性降低，导致瘤胃收缩力减弱，进而影响了正常消化吸收的一种前胃机能紊乱性疾病。临床特点：瘤胃收缩力减弱，反刍不全，无力，有明显的瘤胃内环境变化。可继发瘤胃壁坏死、中毒性瘤胃炎等。

病因：包括如下几种。

①饲养管理不当。一是长期应用单一饲料饲喂，长期饲喂粗纤维多、营养成分少的稻草、麦秸、豆秸等饲草，消化机能过于单调和贫乏，一旦变换饲料，即引起消化不良。二是过多应用了精料。三是应用了粗硬不易消化吸收的饲料，如野生杂草、作物秸秆、小杂树枝，由于纤维粗硬，刺激性强，难于消化，常导致前胃弛缓。四是饲喂了霉烂变质饲料。

②管理上的失误。包括饲料突变、饲养方式突变、气候突变、长途运输、过劳、劳役后立即饲喂或饲喂后立即劳役。

③继发病因。许多传染病、寄生虫病及营养代谢性疾病过程中都可继发前胃弛缓。

症状：包括一般症状和临床症状。

①一般症状。皮温不均，末梢（鼻尖、尾尖）冰凉，耳根发热；鼻镜发凉，甚至干燥；产乳量减少；严重时出现明显的全身反应；体温下降，呼吸心跳加快，鼻镜皲裂。

②临床症状。前胃弛缓的基本症状是消化不良，即显著的消化机能紊乱。一是食欲反常拒食酸性料（发酵产酸的青饲料，如青饲玉米等），或仅食几口青料，严重时食欲废绝。二是反刍不全，无力。三是排便迟滞，干固后发生下痢，出现水样便。四是出现轻度瘤胃臌气。五是听诊瘤胃蠕动次数减少至1~2次/min，正常为5次/min左右。六是瘤胃内瘤胃液pH值降低至5.5左右甚至更低（正常6.5~7）。

诊断：据发病原因、临床症状、检测瘤胃内容物的变化可以做出初步诊断。但要与瘤胃臌气、创伤性网胃炎、瘤胃积食和瓣胃阻塞等鉴别诊断。

治疗：排除胃肠道积聚物（用泻剂），维持瘤胃内环境，恢复纤毛虫活性，促进胃肠蠕动，帮助消化，加强护理，注意营养，对症治疗。

不论急性或慢性的前胃弛缓，均主张首先给予盐类泻剂或油类泻剂。然后在饮水或补液的条件下给予小苏打（$NaHCO_3$），以纠正瘤胃内环境变化，恢复纤毛虫活性；再用高渗盐水（促反也可）或拟胆碱药促进胃肠蠕动。当疾病恢复时，适当应用助消化药，在整个治疗过程中辅助全身疗法（补液、输糖等）。

促进反刍动物胃肠道蠕动的方法与措施：一是使用瘤胃兴奋剂。可用促反刍液（10%~20%浓盐水50~80 mL，安钠咖2~5 mL，5%氯化钙40~60 mL，静脉注射）；也可用马钱子（酊）、姜酊、陈皮酊等口服健胃。二是使用拟胆碱药，兴奋副交感神经，恢复体液调节机能，促进瘤胃蠕动。卡巴胆碱、毛果芸香碱、新斯的明、加兰他敏等皮下或肌肉注射，但注意受孕后期禁用；瘤胃臌气、心力衰竭禁用；瘤胃蠕动时用，如瘤胃不蠕动，效果不好。如以上药物中毒，用阿托品抢救。三是使用临床应用方法——碱醋疗法。适用于慢性前胃弛缓，20%石灰水上清液50 mL（或小苏打45 g），食醋60 mL。用20%石灰水上清液灌服后0.5 h再用食醋60 mL，每天1次，连用4~5次。可调节瘤胃内容物pH值，恢复瘤胃内微生物群系及其共生系，增进前胃消化机能。

（4）瘤胃积食　也叫“瘤胃扩张”“瘤胃食滞”，是由于采食了大量易臌胀、不易消化吸收的饲料而引起的瘤胃容积急剧扩张，最后引起麻痹的一种前胃机能紊乱性疾病。临床特点：腹围急剧膨大，听诊蠕动音减弱甚至废绝，叩诊呈浊音；触诊内容物坚硬，有捻粉样感觉（手压留痕）。

病因：包括原发性病因和继发性病因。

①原发性病因。一是贪食精料过多。二是采食了大量不易消化吸收的饲料（如青草、苜蓿等），或易于膨胀的饲料（如玉米、大麦等）。

②继发性病因。由前胃弛缓、创伤性心包炎、瓣胃阻塞等继发引起。

临床症状：主要包括以下几种。

①亚急性临床症状。磨牙、弓背、努责、举尾、呻吟、踢腹。

②显著的消化紊乱。嗳气废绝，呕吐、便秘、腹泻等。

③神经症状。血氨浓度增高导致（血管壁）交感神经兴奋，使病畜出现兴奋不安、狂暴、昏睡等神经症状，同时视觉障碍、盲目徘徊。

④脱水和酸中毒。具有豆谷类饲料中毒特征。

⑤临床检查。一是视诊，腹围急剧膨大，下方突出，后视呈梨状（臌气为上方突）。二是听诊，瘤胃蠕动音废绝，但可听到水泡上升音。三是叩诊，左肷部呈浊音。四是触诊，由于瘤胃内充满内容物，有捻粉样感觉，手压留痕，如豆谷类饲料，可摸到颗粒样感觉，疼痛表现。五是瘤胃左肷部穿刺，有少量气体放出，酸臭。

诊断：根据采食了大量不易消化吸收的饲料，腹围膨大、听诊有水泡上升、叩诊呈浊音、触诊有捻粉样感觉等可以做出诊断。

治疗：排除胃肠道积聚物，促进胃肠蠕动，纠正脱水，维持水、盐代谢，纠正酸碱平衡，防止酸中毒发生，帮助消化。

首先，绝食1~2 d，给予清洁饮水，对轻度积食进行瘤胃按摩，每天4次，每次20~30 min，结合灌服活性酵母粉60~100 g或适量温水，并进行牵遛，效果良好。对较重的病例，除进行内服泻剂外，并配合使用止酵剂，如硫酸钠60~100 g、液体石蜡或植物油100~200 mL、鱼石脂5 g、酒精10 mL、温水1~2 L，一次内服。对病程较长的病例，除以上治疗外，需强心补液，解除酸中毒，如5%葡萄糖生理盐水500 mL、10%安钠咖5 mL、5%碳酸氢钠100 mL，静脉注射，1~2次/d。对危重病例，要紧急进行瘤胃切开术取出异物，并用温食盐水冲洗，接种健康瘤胃液。也可用加味大承气汤：大黄10 g，枳实10 g，厚朴25g，槟榔10 g，芒硝40 g，麦芽10 g，藜芦3 g，共末，开水冲服，1天1剂，连用1~3剂。

（5）*瘤胃臌气*　中医又称“气胀”，是由于采食了大量易发酵的饲料，在瘤胃内微生物的作用下迅速发酵，产生大量气体，引起瘤胃、网胃急性臌胀，膈与胸腔器官受到压迫，影响呼吸与循环，并发生窒息现象的一种疾病。临床特点：发病急剧，左侧腹围显著膨大，瘤胃听诊可听到金属音，叩诊有鼓音，触诊紧张，弹性消失，嗳气抑制，有显著的呼吸循环障碍。

病因：包括原发性病因和继发性病因。

①原发性病因。主要包括以下 6 种原因。

一是大量饲喂了易发酵、产气饲料，主要是豆科牧草，如苜蓿、紫云英、三叶草、野豌豆等。特别是在生长发育旺盛期，或幼嫩的含水量高的，或开花前期大量使用氮肥，其中含有植物细胞浆蛋白，可引起泡沫性瘤胃臌气的发生。

二是过多饲喂了幼嫩青草，沼泽地生长的水草等，不含有植物细胞浆蛋白，不引起泡沫性瘤胃臌气的发生，但含有嗳气、反刍抑制因子，可引起非泡沫性瘤胃臌气的发生。

三是饲喂了冰霜冻结的饲料、淀粉渣、啤酒糟等。

四是过多饲喂了精料或配合不当的饲料。

五是饲喂了霉烂变质饲料（少→臌气，多→中毒）。

六是遗传因素和个体差异。

②继发性瘤胃鼓气。常继发于前胃迟缓、创伤性网胃炎、瓣胃阻塞、食道阻塞等疾病。

临床症状：主要包括以下 8 种症状。

①发病急剧。急性瘤胃臌气，通常在采食大量饲料后迅速发病。采食后 0.5~2 h 急性发作，病程急剧，0.5~2 h 死亡。

②出现疼痛症状。如背腰弓起、呻吟等。

③反刍、嗳气变化。开始嗳气加强，频频嗳气，后来嗳气消失，反刍抑制。

④显著的呼吸循环机能变化。呼吸显著困难，气喘。

⑤视诊。腹围臌大，特别是左侧；后视呈苹果状，突出背线。

⑥听诊。初期蠕动亢进，后期逐渐抑制，可出现“矿性音”“金属音”。

⑦叩诊。呈鼓音。

⑧触诊。瘤胃高度紧张，手压不留痕。

诊断：从以下 2 个方面诊断。

①症状诊断。根据采食大量的易发酵的饲料后很快发病不难确诊。

②胃管检查和瘤胃穿刺。能大量排出气体，膨胀明显减轻为非泡沫性臌气，若只能断断续续地排出气体，并有大量泡沫则为泡沫性臌气。

治疗：防止窒息，排气，消气，阻止胃肠道内容物继续腐败发酵，对症治疗。

一是排气。对于轻症，采用机械性压迫排气，按摩瘤胃或牵遛运动，上下坡驱赶。口腔内横一木棒，上涂松木油，促进排气，做拉舌运动。对于重症，在瘤胃最高点穿刺放气，注意放气应缓慢，过快易引起脑贫血休克死亡；放气后注入止酵药；为避免感染，应注射抗生素。胃导管放气对泡沫性瘤胃臌气效果差。

二是消气。用消泡剂消气，主要的消泡剂为植物油（食用油）（100~200 mL灌服，6 h灌1次，用2~3次）、松节油、酒精、鱼石脂、止酵膏、二甲硅油（消气灵）、土霉素等。防止内容物继续腐败发酵，可用2%~3% $NaHCO_3$溶液，进行瘤胃洗涤，调节瘤胃 pH。

预防：预防泡沫性臌气是一个世界性难题。

①限制饲喂易发酵牧草。因原发性瘤胃臌气多发于牧草丰盛的夏季。每年于清明前后到夏至之前最为常见，所以在这个时候要特别注意。在放牧前，先喂给青干草、稻草，以免放牧时过食青料，特别是大量易发酵的青绿饲料。

②加油。在新西兰和澳大利亚，用自动投药器口服抗泡沫剂，每天给予2次、每次20~30 mL的油，以预防瘤胃臌气，但只能维持几小时。可将油做成乳化剂，喷洒在将要饲喂的草料上。

③加非离子性的表面活性剂即聚氧乙烯、聚氧丙烯。方法：羊在放牧前1~2周内，先给予聚氧乙烯或聚氧丙烯5~7 g，加豆油少量，然后再放牧，可以预防本病。

（6）瓣胃阻塞　又称瓣胃秘结，中兽医也称为百叶干。是由于前胃运动神经机能障碍及兴奋性降低，而导致瓣胃收缩力量减弱，使瓣胃内容物不能运送到真胃，水分被吸干而引起的一种阻塞性疾病。临床特点：排便显著困难，频频做排便姿势，但不见粪便排出；尿液开始色浓、少，而后无尿。听诊蠕动音废绝；穿刺感觉内容物坚硬，液体回抽困难，纤维长。羊发病较少，在秋冬季饲料枯萎季节多发。

病因：本病的病因，通常见于前胃弛缓，可分为原发性和继发性两种。

①原发性。饲喂粗硬的、不易消化的尖锐植物，如枯萎的茅草、蔓藤、竹梢、树梢等；长期饲喂粉料。

②继发性。继发于前胃弛缓、瘤胃积食、皱胃溃疡等。

临床症状：一是开始出现前胃弛缓症状，当小叶发生压迫性坏死，则出现瓣胃阻塞症状。二是鼻镜干燥、龟裂；体温不均。三是出现进行性消化紊乱，病程1~2周，食欲、反刍、嗳气减弱至废绝。四是有渴欲，大量饮水，使腹围膨大。五是有显著的排便障碍，病羊出现频繁的排粪动作，如弓背、努责、举尾，后肢拼命往后伸展、呻吟，或头向右侧观腹，左侧横卧。六是排便停止，粪便干硬、色黑，呈算盘珠状，内含不消化纤维，纤维长6~7 cm；粪表面有带血的黏液，后期仅见排粪动作而无粪便排出，或仅见胶冻样物。七是尿液开始色浓、量少，后来发展为无尿。八是瓣胃检查。听诊要听3~5 min，正常是捻发音、吹风音或踏雪音，发病时蠕动音消失。叩诊可出现疼痛变化。右侧第 7~9 肋间，可摸到坚硬而肿大的瓣胃。穿刺正常时为穿破牛皮时的感觉，如发病，注射液体时感觉阻力很大，打进去后回抽很困难，回收的液体中纤维长；实验室检查嗜中性粒细胞增多，有核左移现象。

治疗：加强护理，排除瓣胃内异物，促胃肠道蠕动，对症治疗。

治疗措施如下。

处方 1：10% NaCl 100 mL、5% $CaCl_2$ 20 mL×3 支、10%安钠咖 10 mL×1/2 支，混合，一次静脉注射。毛果芸香碱 10 mg 皮下注射；新斯的明 50 mg 或卡巴甲酰胆碱 0.4 mg 皮下注射。

处方 2：$MgSO_4$ 100 g、液体石蜡 100 mL、普鲁卡因 0.5 g、土霉素 2.0 g、常水（自来水）100 mL，进行第三胃注射。如采用保守治疗病情无明显好转，考虑其经济价值进行瘤胃切开术，用胃管冲洗瓣胃效果良好。

9.8.1.2　常见呼吸系统疾病

（1）感冒　是由于寒冷作用引起的、以上呼吸道炎症为主的急性热性全身性疾病。临床上以咳嗽、流鼻液、畏光流泪、体温突然升高为特征。本病无传染性，一年四季均发，多以早春和晚秋、气候多变季节多发。

病因：最常见的原因是寒冷因素的作用，包括：圈舍条件差，贼风侵袭；羊在寒冷的条件下露宿；出汗后被雨淋、风吹；营养不良、过劳等使抵抗力降低，致使呼吸道常在菌大量繁殖而引起本病。

主要症状：发病较急，精神沉郁，食欲减退，体温升高，皮温不均，鼻端发凉；眼结膜潮红或轻度肿胀，畏光流泪，有分泌物，咳嗽，鼻塞，病初流浆液性鼻液，后转化为黏液或黏脓性鼻液；呼吸加快，肺泡呼吸音变粗，并伴发支气管炎时出现干性或湿性啰音、心跳加快和前胃弛缓症状。

诊断：根据受寒病史、体温升、皮温不均、流鼻液、流泪、咳嗽等症状可以诊断。但要注意与流行性感冒的鉴别诊断，流行性感冒时体温升高到 40~41 ℃，全身症状较重，传播较快，有明显的流行性，往往大批发病。

治疗：以解热镇痛为主，为防止继发感染，适当抗菌消炎。

须充分休息，多给饮水，适当增加精料。解热镇痛可用阿尼利定、安乃近、氨基比林等，防止继发感染可用抗生素或磺胺类药物。

处方 1：30%安乃近注射液 5~10 mL，肌肉注射，每天 1~2 次；青霉素按每千克体重 2 万~3 万 IU，用适量注射用水溶解后肌肉注射，一天 2~3 次，连用 2~3 d。

处方 2：荆防败毒散（荆芥 8 g、防风 8 g、羌活 7 g、柴胡 9 g、前胡 8 g、枳实 8 g、桔梗 8 g、茯苓 10 g、川芎 4 g、甘草 4 g、共为细末），开水冲调，凉温后一次性灌服，可配合抗生素肌肉注射。

（2）支气管炎　指支气管黏膜表层或深层炎症。临床特点：咳嗽，流鼻液，肺部听诊有肺泡呼吸音增强，有捻发性啰音；叩诊无变化；X 光检查，支气管纹理增厚；不定型发热。

分类：根据炎症部位可分为大支气管炎、细支气管炎、弥漫性支气管炎；根据病程可分为急性和慢性支气管炎。

发病情况：本病多发于年老体弱家畜，有气候变化剧烈时，秋冬早春多发。

临床症状：第一，病初，咳嗽为短、干，并有疼痛表现；3~4 d 后，咳嗽变为湿润、延长，疼痛也减轻，有时咳出痰液，多为连续、强咳（与肺炎区别：肺炎为湿音、半声），早上、傍晚、饲喂、饮水后严重，多由冷风刺激引起。第二，鼻液多为浆液性，如继发腐败性感染，则为脓性。第三，低热，不定型发热，一般升高 0.5 ℃左右。第四，呼吸困难。大支气管炎，不出现；细支气管炎，可出现呼吸困难，一般为呼气性困难，但也有混合性。第五，听诊时肺泡呼吸音增强，捻发性啰音，吸气时肺泡呼吸音，呼气时支气管音，听到支气管呼吸音，则至少为肺炎，空气为声音的不良导体，支气管音正常时听不到，只有炎性渗出物充满肺与胸膜，才能听到吸气时的支气管音，即支气管呼吸音。第六，触诊喉头或气管，其敏感性增高，常诱发持续性咳嗽。第七，痰液初期多量脓细胞、少量白细胞、红细胞；后期脓细胞减少，红细胞、白细胞增多。第八，X 光检查时支气管纹理增厚。

治疗：

①平喘。如 0.1%麻黄素（喷雾或片剂）、复方异丙基肾上腺素液等，阿托品效果好，但易复发。

②祛痰剂。炎症渗出物黏稠，不易咳出时可使用，如 NH_4Cl，用 3~5 g。

③抗菌消炎。有病原微生物感染时用抗生素或磺胺药治疗。

（3）支气管肺炎　指个别的肺小叶或几个肺小叶的炎症，故又称小叶性肺炎（lobular pneumonia）。通常由于肺泡内充满由上皮细胞、血浆与白细胞组成的卡他性炎症渗出物，故也称为卡他性肺炎。临床特点：咳嗽、流涕，弛张热，肺部听诊有捻发性啰音；叩诊有散在性浊音。

发病情况：本病为常见病、多发病，多发于年老体弱羊、幼年羊，约占呼吸道病的 70%。

①原发性病因。支气管肺炎的发生有两个条件：一是机体屏障机能破坏；二是病原微生物毒力增强，导致局部地区散发性发病。因此，仅从体内分离出细菌，就认为是支气管肺炎，这种方法是错误的。发现本病，一定要做传染病

处理，进行隔离、消毒，以防病原扩散。

②继发性病因。支气管肺炎多是一种继发性疾病，通常是由支气管炎症蔓延，然后波及所属肺小叶，引起肺泡炎症和渗出现象，导致小叶性肺炎。继发于传染病、败血症等。

临床症状：一是咳嗽，多为弱咳，单声（1～2 声），初为干、短，后为湿、长，疼痛性逐渐减轻。二是有鼻液，初期为浆液性，后期为脓性、恶臭。三是有明显的全身反应，精神沉郁、食欲废绝；体温升高，中度发热，高 1～2 ℃，弛张热型。由于各小叶的炎症不同时进行，首次升起的体温，可很快下降。每当炎症蔓延到新的小叶时，则体温升高；而当任何小叶的炎症消退时，则体温下降，但不会降到常温。四是呼吸困难，其程度随炎症的范围而有差异，发炎的小叶越多，则呼吸越浅越困难，呼吸频率增加。五是肺部症状，在病灶部分，病初肺泡呼吸音减弱，随病情发展，由于炎性渗出物阻塞了肺泡和细支气管，空气不能进入，从而肺泡呼吸音消失，可能听到支气管呼吸音；而在其他健康部位，则肺泡呼吸音亢盛。六是小叶群发炎面积达到 6～12 cm^2 时，则可听到散在性浊音，浊音区周围，可听到过清音。七是 X 光检查有散在性阴影病灶。八是血液白细胞总数和嗜中性粒细胞增多，并伴有核左移现象。

诊断：根据发生支气管肺炎的病史和弛张热、听诊有捻发音，肺泡呼吸音减弱或消失、X 光检查出现散在的局灶性阴影不难做出诊断。

治疗：加强护理，注意营养，保持安静。

一是病畜要注意休息，吸收期或适当运动，给予维生素 A 或 B 族维生素。

二是抗菌消炎，镇咳祛痰。痰液较黏稠、不易咳出时用 NH_4Cl 10～20 g。

三是减少渗出，促进炎性渗出物吸收，可使用钙制剂或激素。

①钙制剂。静脉注射，不能皮下注射，如流入皮下或肌肉，可引起坏死。可用 10% $MgSO_4$ 中和，用 5% $CaCl_2$ 50 mL、10%葡萄糖酸钙 50～60 mL，静脉注射，每天 1 次，连用 2～3 d。

②激素。氢化可的松 100 mg，肌肉注射；或地塞米松 20 mg，肌肉注射。

四是防止酸中毒发生，用 5%碳酸氢钠 40 mL，静脉注射。

（4）大叶性肺炎　指整个肺叶发生的急性炎症过程。因为炎性渗出物为纤维素性物质，故又称为纤维素性肺炎（fibrious pneumonia）或格鲁布性肺炎（croupous pneumonia）。临床特点：高热稽留，铁锈色鼻液，肺部有广泛性浊音区。

病因：包括传染性和非传染性两种。

①传染性病因。大叶性肺炎是一种局限于肺脏中的特殊传染病，如羊的巴

氏杆菌感染，此外，绿脓杆菌、大肠杆菌、坏死杆菌、链球菌等都可引起大叶性肺炎的发生。

②非传染性病因。大叶性肺炎是一种变态反应性疾病。侵入肺脏的微生物，通常开始于深部组织，一般在肺的前下部尖叶和心叶。侵入该部的微生物迅速繁殖并沿着淋巴、支气管周围及肺泡间隙的结缔组织扩散，引起肺间质发炎；并由此进入肺泡并扩散进入胸膜。细菌毒素和炎症组织的分解产物被吸收后，影响延脑的体温中枢调节机能，可引起动物机体的全身性反应，如高热、心脏血管系统紊乱以及特异性免疫体的产生。

病理变化：典型的炎症过程，可分为 4 个时期，即充血水肿期、红色肝变期、灰色肝变期、吸收消散期（溶解期）。

症状：咳嗽、流鼻液，可见干咳、气喘，呼吸困难；铁锈色鼻液，这是由于红细胞中的血红蛋白在酸性的肺炎环境中分解为含铁血红素所致。如果这种渗出物在后期继续流出，说明疾病处于进行性发展阶段；结膜黄染；高热稽留，病初，体温迅速升高，可达 40~41 ℃，甚至更高，并维持至溶解为止，一般为 6~9 d；脉搏的增加与体温的升高不完全一致，体温升高 2~3 ℃时，脉搏增加 10~15 次（一般体温每升高 1 ℃，脉搏增加 8~10 次）。血液学检查时白细胞总数增多，淋巴细胞比例下降，单核细胞消失，中性粒细胞增多。

诊断：主要根据高热稽留、铁锈色鼻液、不同时期听诊和叩诊的变化做出诊断，血液学检查和 X 射线检查有助于诊断。但要注意与胸膜炎和胸疫的鉴别诊断。

治疗：加强护理，消除炎症，控制继发感染，防止渗出和促进炎性产物的吸收。

治疗措施如下。

处方 1：硫酸卡那霉素，按每千克体重 5~7.5 mg，肌肉注射，每天 2 次；阿莫西林，按每千克体重 4~7 mg，注射用水 10~15 mL，溶解后肌肉注射，每天 2 次；地塞米松 4~12 mg，分为两次肌肉注射或静脉注射，连用 2~3 d。

处方 2：10%磺胺嘧啶钠 50 mL、40%乌洛托品 20 mL、10%氯化钙 20 mL、10 安钠咖 5 mL、10 葡萄糖 500 mL，一次静脉注射，连用 5~7 d；碘化钾 1~3 g 或碘酊 3~5 mL，拌在流质性饲料中灌服，每天 2 次。

预后：如无并发症（如肺脓肿、坏疽、胸膜炎等），一般可治愈，若有溶解期或其后仍保持高温，或愈后反复升温，均为预后不良之兆。

9.8.1.3 常见心血管系统疾病

（1）心肌炎　是以伴发心肌兴奋性增强和心肌收缩机能减弱为特征的心

脏肌肉炎症。很少单独发病，常继发于各种传染病、脓毒败血症或中毒病。

分类如下。

①按病理过程分。包括以心肌纤维发生变性坏死为特征的心肌变性和以心肌营养不良、兴奋性增高、收缩力量减弱为特征的心肌炎症。

②按病程来分。包括急性心肌炎和慢性心肌炎。

③按病因来分。包括原发性心肌炎、继发性心肌炎，但本病单独发生较少，大多继发或并发于其他疾病中。

病因：可继发于白肌病（硒缺乏症）；风湿症，心内膜花菜样增生；药物过敏，如青霉素、磺胺类药物、头孢霉素过敏等；败血症和中毒病。

临床症状：心肌兴奋性增高，心跳加快，心音亢进，脉搏充盈、快，后期代偿失调而出现心力衰竭时呼吸困难，可视黏膜发绀。心性喘息，对称性水肿（多见于下垂部分，如胸前、颌下、垂肉等）。

鉴别诊断：创伤性心包炎伴有心包摩擦音或心包拍水音，都出现垂肉水肿。

治疗：在查清病因后对因治疗，并休息，补充葡萄糖、钙制剂后水肿可减轻。

（2）心包炎　心包的炎性反应及渗出过程。

根据病原分为传染性心包炎（由细菌或病毒引起）和非传染性心包炎（又分为创伤性心包炎和非创伤性心包炎）。

根据炎性渗出物的性质分为浆液性心包炎、浆液性－纤维素性心包炎、纤维素性心包炎、腐败性心包炎。

病因：包括以下2种情况。

①传染性心包炎。由传染性胸膜肺炎、猪出血性败血症、猪丹毒、猪瘟等继发引起。

②非传染性心包炎。又分为创伤性心包炎和非创伤性心包炎，见于某些内科疾病，如感冒、上呼吸道感染、肺炎、化脓性胸膜炎、心肌炎、维生素缺乏症等。

临床症状：发病2～3 d内，体温升高1～2 ℃，热型为弛张热或稽留热，以后体温下降，恢复正常。但体温下降后脉搏仍旧加快，这种体温与脉搏不相一致的现象为创伤性心包炎的示病症状，具诊断价值。具特异的异常姿势，左侧肘头外展，不愿行走，忌左转弯，上坡容易下坡难，多立少卧，呈马的卧地起立姿势，保持前高后低姿势，正常颈静脉波动。水肿多发部位为垂肉、颌下、胸前，水肿液为淡黄色。

诊断：根据静脉怒张、摩擦音、拍水音等可初步诊断。

治疗：用钙剂，易好转。

（3）贫血　指单位容积血液中红细胞数、血红蛋白量及红细胞比容（压积）值低于正常水平的一种综合征。贫血不是一个独立的疾病，而是多疾病共同出现的临床综合征。

分类如下。

①按病因来分。包括溶血性贫血、出血性贫血、营养性贫血、再生障碍性贫血。

②按血色指数来分。包括高色素性贫血和低色素性贫血。

病因：包括以下 4 种。

①溶血性贫血。梨形虫病、钩端螺旋体病、马传贫病等；某些细菌感染，如链球菌、葡萄球菌、产气荚膜杆菌引起的败血症，都可引起溶血性贫血。某些中毒病，如汞、砷、铅、二氧化硫及氨中毒等，都可引起溶血；新生幼畜溶血性贫血。

②出血性贫血。见于血管受到损伤，如外伤、手术、内脏出血、肝脾破裂。

③营养性贫血。蛋白质是血红蛋白的主要成分，蛋白质缺乏时，可使骨髓造血机能降低，引起低色素性贫血；铁缺乏是最常见的一种贫血。铁在体内有反复被利用的特点，一般不会引起机体缺铁。只有在以下情况下才会引起：一是铁需要量增高，如幼畜生长期、母畜妊娠或哺乳期，而饲料中缺铁；二是铁吸收障碍，如消化不良、胃酸缺乏、胆汁分泌和排泄障碍；铜缺乏，铜是红细胞形成过程中所必需的辅助因子。在血红蛋白合成及红细胞成熟过程中，铜起促进作用；钴缺乏，钴是维生素 B_{12}（钴胺素）组分，参与蛋白质和核酸合成，缺乏时细胞不能分裂，引起巨幼红细胞性贫血。

④再生障碍性贫血。是由于骨髓造血机能障碍引起的贫血，在血液中红细胞、白细胞和血小板同时减少。某些化学物质对骨髓造血机能有毒性抑制作用，如砷、苯、汞；某些药物，如磺胺类，不仅抑制红细胞生成，也可抑制白细胞及血小板的生成，使骨髓多能干细胞受到损害；物理损伤常为放射性损害，如 X 射线、同位素，可干扰骨髓干细胞 DNA、RNA 及蛋白质的合成，使红细胞的分裂受阻；骨髓肿瘤，如白血病、多发性骨髓瘤等，都可使骨髓造血机能降低或丧失，引起贫血。

临床综合征：生长发育受阻或停滞，皮肤颜色苍白，红细胞减少，血红蛋白减少，红细胞比容值降低、血液稀薄、凝固不良，有间歇性下痢或便秘；严重贫血时，在胸腹部、下颌间隙及四肢末端水肿，体腔内积液，胃肠吸收和分泌机能降低，经常下痢；溶血性贫血可出现黄疸、衰弱，易出汗、疲劳或昏厥；生活力和抵抗力下降，易继发感染。

诊断：病史调查，查明病因或原发疾病。

治疗：去除病因，治疗原发病；压迫性止血或血管结扎。

①毛细血管出血。可用1%肾上腺素涂布。

②内出血。可用止血药，如卡巴克洛、凝血酶等。

③输血。反复小剂量输血，可刺激骨髓造血机能。输血前最好做血凝实验，因血型不同时可发生抗原抗体反应，出现溶血。

④补充造血原料。如铁（血红蛋白）、铜（铜蓝蛋白）、钴、维生素 B_{12}、叶酸等。提高血容量，用血浆代用品，如人造血浆或全血。

9.8.1.4　泌尿系统疾病

（1）肾炎　是肾小球、肾小管和肾间质炎症的总称。临床上以泌尿机能障碍、肾区疼痛、水肿及尿内出现蛋白、血液、管型、肾上皮细胞等为特征。按病程分为急性肾炎和慢性肾炎。

病因：分急性肾炎和慢性肾炎2种情况。

①急性肾炎。原发性急性肾炎很少见，继发性最常见的病因是感染、中毒和某些传染病，如传染性胸膜肺炎、口蹄疫等是由于病毒或细菌及其毒素作用于肾脏引起，或是由于变态反应而引起；中毒性因素包括内源性中毒（如胃肠道炎症、大面积烧伤或烫伤）和外源性中毒（如采食了有毒植物或霉变饲料，或化学物质中毒，如汞、砷、磷等，有毒物质经肾排出时产生强烈刺激作用而发病）；继发于邻近器官的炎症，如膀胱炎、子宫内膜炎、阴道炎等；其他诱因，如受寒感冒。

②慢性肾炎。慢性肾炎由于病程长，常伴发间质结缔组织增生，致实质（肾小球、肾小管）变性萎缩。其病因与急性肾炎相同，只是刺激作用轻微，持续时间长，引起肾的慢性炎症过程。急性炎症由于治疗不当或不及时，可转化为慢性肾炎或由变态反应引起。

临床症状：肾区敏感、疼痛，表现腰背僵硬，步伐强拘，小步前进，少尿，后期无尿；频频做排尿姿势，但每次排出尿量较少；个别病例会有无尿现象，同时尿色变浓，密致增高，出现蛋白尿、血尿及各种管型，尿检发现，尿中蛋白质含量增高，尿沉渣中见有透明管型、颗粒管型或细胞管型；肾性高血压，动脉血压增高，动脉第二心音增强，脉搏强硬，病程延长时，出现血液循环障碍和全身静脉淤血现象；水肿不一定经常出现，在病的后期有时会出现，可见有眼睑、胸腹下或四肢末端发生水肿，严重时伴发喉水肿、肺水肿或体腔积水；重症病畜的血液中非蛋白氮含量增高，呈现尿毒症症状。

诊断：根据是否患有某些传染病、中毒病，是否有受寒感冒的病史，结合临床症状，如肾区敏感疼痛、少尿或无尿、血尿、血压升高、水肿、尿毒症等初诊，确诊需做尿液检查。

治疗：加强护理，注意营养，适当限制饮水和食盐饲喂量。抗菌消炎用青霉素、链霉素，磺胺类药物对肾毒性最大，饲喂时用小苏打，促使其排出。应用免疫抑制剂促肾上腺皮质激素（ACTH），可促进肾上腺皮质分泌糖皮质激素而间接发挥作用，可抑制免疫早期反应，同时有抗菌消炎作用，如醋酸泼尼松、氢化可的松、醋酸可的松等静脉注射或肌肉注射。当有明显水肿时，以利尿消肿为目的，应用利尿剂，如氯噻酮、氢氯噻嗪等，若严重水肿，用利尿药效果不好，可用脱水剂，如甘露醇或山梨醇静脉注射；尿路消毒可根据病情选用尿路消毒药，如乌洛托品，本身无抗菌作用，内服后以原形从尿中排出，遇酸性尿分解为甲醛而起到尿路消毒作用。对症疗法，心力衰竭时用强心药，如安钠咖、樟脑、洋地黄；酸中毒时用碳酸氢钠静脉注射，血尿时用止血剂，如酚磺乙胺等。

（2）*尿石症*　尿液中析出过饱和盐类结晶，刺激泌尿道黏膜，引起局部发生充血、出血、坏死和阻塞的一种泌尿器官疾病。临床特征为排尿障碍，严重时尿闭，有亚急性疼痛症状，膀胱破裂。

分类：根据尿石形成和移行部位来分类，可分为4类。一是肾结石。尿石形成的原始部位主要是肾脏（肾小管、肾盂、肾盏），肾小管内的尿石多固定不动，但肾盂尿石可移动到输尿管。二是输尿管结石。三是膀胱结石。四是尿道结石。尿石在公畜、母畜都可形成，但尿道结石仅见于公畜。

病因：主要包括以下几个方面。

①饲料。饲喂高能量饲料，大量给予精料，而粗饲料不足，可使尿液中黏蛋白、黏多糖含量增高，这些物质有展着剂的作用，可与盐类结晶凝集而发生沉淀；饲喂高磷饲料，富含磷的饲料有玉米、米糠、麸皮、棉壳、棉饼等，易使尿液中形成磷酸盐结晶（如磷酸镁、磷酸钙）；过多饲喂了含有草酸的植物，如大黄、土大黄、如蓼科、水浮莲等，易形成草酸盐结晶；有些地区习惯于以甜菜根、萝卜、马铃薯、青草或三叶草为主要饲料，易形成硅酸盐结石；饲料中维生素A或胡萝卜素含量不足时，可引起肾及尿路上皮角化及脱落，导致尿石核心物质增多而发病。

②尿液pH。碱性尿液易使草食动物发生慢性膀胱炎、尿液潴留，发酵产氨可使尿液pH升高。磷酸盐和碳酸盐在碱性尿液中呈不溶状态，促进尿石形成；与饮水的数量、质量有关，饮水少，促进结石形成，多喝水，可预防尿石，硬水中矿物质多，易导致结石。

③甲状旁腺机能亢进。甲状旁腺素大量分泌，使骨中的钙、磷溶解，进入

血液。

④感染因素。在肾和尿路感染的疾病过程中，由于细菌、脱落的上皮细胞及炎性产物的积聚，可成为尿中盐类晶体沉淀的核心。特别是肾炎，可破坏尿液中晶体与胶体的正常溶解与平衡状态，导致盐类晶体易于沉淀而形成结石。

⑤其他因素。尿道损伤、应用磺胺类药物等。

临床症状：分肾结石、输尿管结石、膀胱结石、尿道结石等情况。

①肾结石。有肾炎样症状：肾区敏感疼痛、腰背僵硬、步态强拘、血尿等。

②输尿管结石。家畜表现强烈疼痛，单侧输尿管结石不表现尿闭，直检可摸到阻塞上方一侧输尿管扩张、波动。

③膀胱结石。有时不表现任何症状，但多数表现频尿或血尿，如阻塞到颈部，则尿闭或尿淋漓。

④尿道结石。占 70%～80%，不完全阻塞时排尿痛苦、排尿时间延长，尿液呈线状、断续状或滴状流出，常常在发病开始时出现；完全阻塞时发生尿闭，病畜后肢叉开，弓背，举尾，频频排尿但无尿液排出，尿道探诊时，可触及尿石所在部位，直检时膀胱膨满，体积膨大，富有弹性，按压无小便排出；严重者膀胱破裂，疼痛现象突然消失，表现很安静，似乎好转，腹围膨大，由于尿液大量流入腹腔，直检时腹腔内有波动感，腹腔穿刺液有尿味，含蛋白。

诊断：可根据临床症状、尿液检查、尿道探诊、外部触诊（指尿道结石）等的结果做出诊断。

治疗：尿道口阻塞较多，对大的结石可施行尿道切开术取出结石，同时注意饲喂含矿物质少和富含维生素的饲料和饮水；对小的结石可给予利尿剂和尿道消毒剂，如氢氯噻嗪、乌洛托品等，使其随尿排出；为防止膀胱破裂，应及时进行膀胱穿刺排出尿液；中药治疗应以清热利尿、排石通淋为原则，可参照处方：金钱草 30 g、木通 10 g、瞿麦 15 g、萹蓄 15 g、海金沙 15 g、车前子 15 g、生滑石 15 g、栀子 10 g，水煎去渣，候温灌服。

预防：避免长期单调饲喂富含某种矿物质的饲料或饮水。钙磷比例应为(1.5～2)∶1；饲料中应补充足够的维生素 A，防止上皮形成不全或脱落；对泌尿系统疾病（如肾炎、膀胱炎）应及时治疗，以免尿液潴留；平时应适当地给予多汁饲料或增加饮水，以稀释尿液，减轻泌尿器官的刺激，并保持尿中胶体与晶体的平衡；对舍饲的家畜，应适当地喂给食盐或添加适量的氯化铵，以延缓镁、磷盐类在尿石外周的沉积。

9.8.2 绵羊营养代谢病的防治

动物营养代谢疾病学是研究动物营养物质（糖、脂肪、蛋白质）、矿物元素（常量元素及微量元素）、维生素等缺乏、不足或过量而引起代谢障碍，从而出现的临床综合征。动物的营养代谢病很多，这里仅对几个常见的疾病加以叙述。

9.8.2.1 硒、维生素E缺乏症

硒的发现和研究过程：1917年，发现硒元素；1937年，认为硒有剧毒，必须从饲料中除去；1950年，认识硒是动物必需的营养元素；1963年，确定硒缺乏是白肌病的病因，但机理尚不清楚；1973年，认识硒是谷胱甘肽过氧化物酶的中心元素，缺乏后可引起该酶活性降低。

硒、维生素E缺乏症的发病原因主要有以下几种情况。

（1）土壤中硒缺乏　土壤中硒含量应大于5 mg/kg，如小于5 mg/kg，则为缺硒地区。缺硒的原因包括：一是酸性土壤，酸性土壤中含丰富的铁，铁与硒结合形成硒酸铁，影响硒的吸收；二是火山形成岩，硒被挥发；三是密集灌溉，造成硒流失；四是煤燃烧放出硫，散落于土壤中，造成土壤中硒与硫不平衡，影响硒的吸收。

（2）饲料中硒缺乏　饲料中含硒量应达到0.1~0.15 mg/kg（国标），实际要加到0.3~0.4 mg/kg，一般认为0.06 mg/kg为临界水平，低于0.06 mg/kg，则硒缺乏，禾本科植物中缺硒，如玉米只含硒0.01~0.02 mg/kg；豆科植物富硒，如苜蓿、黄芪（黄芪补气是因为富硒）、小花棘豆（其中毒初以为是硒中毒，后查明为生物碱中毒）。

（3）饲料中维生素E缺乏　饲料中维生素E含量要达到25 mg/kg，此时生长发育最快，如维生素E含量小于5 mg/kg，则认为是维生素E缺乏。

维生素E缺乏的原因包括：一是青饲料缺乏，青饲料，尤其是胚芽中维生素E含量丰富；二是饲料中含过多的不饱和脂肪酸，可使维生素E破坏；三是饲料贮存不当，贮存时间过长，维生素E易氧化而失效，玉米放半年以上则有50%被破坏，贮存、堆积、发酵使维生素E破坏；四是生长发育快，或妊娠、泌乳，使维生素E需要量增高。

发病机理：包括以下3个方面。

①硒的生理作用。硒和维生素E为生理性抗氧化剂，可使组织免受体内过氧化物的损害而对细胞起保护作用，正常机体中的不饱和脂肪酸，会发生过氧化作用而产生过氧化物，过氧化物对细胞、亚细胞（线粒体、溶酶体等）的脂质膜产生破坏作用。轻者变性，重者坏死，体内有一种酶可以促进

过氧化物分解，阻止它对脂质膜的毒性作用，这种酶就是谷胱甘肽过氧化物酶（GSH-Px），GSH-Px 由 4 个亚单位组成，每个亚单位含有一个硒原子，所以硒是 GSH-Px 的活性元素。硒缺乏后该酶活性下降，补硒后该酶活性增高。

②维生素 E 的生理作用。维生素 E 为生理性的抗氧化剂，可保护脂质膜中的不饱和脂肪酸不被氧化。

③硒与维生素 E 两者有协同作用。但硒的抗氧化作用要比维生素 E 大 7 000~10 000 倍，当硒与维生素 E 缺乏后，不饱和脂肪酸发生过氧化作用所产生的过氧化物对细胞和亚细胞脂质膜产生毒作用，脂质膜最丰富的器官如脑、心肌、肝、肌肉、肾等，最易受到损害，从而出现一系列的症状。

病型：目前发现有 40 多种动物可发生此病，病型及病变有 20 多种，幼畜病变以白肌病为主，又称为肌肉营养不良，成畜以繁殖性障碍为主，表现为流产、死胎。

治疗与预防：本病在缺硒地区尤其要以预防为主，按照不同的制剂在饲料或饮水中补充，主要用亚硒酸钠。一旦发生硒缺乏症，可采用亚硒酸钠口服或肌肉注射治疗，也可用亚硒酸钠和维生素 E 肌肉注射治疗，有良好效果。

9. 8. 2. 2　钙磷缺乏症

（1）骨质软化症　是成年动物由于钙、磷代谢障碍引起的骨营养不良，包括骨软症和纤维性营养不良，羊多见于骨软症。

病因：钙、磷不足或比例失调；维生素 D 不足；饲料中其他成分影响；继发因素。

症状：顽固性消化不良；运动障碍；骨变形。

诊断要点：日粮配合不合理或其他继承发因素；运动障碍，骨变形；饲料化验发现钙、磷不足。

治疗：骨软症以补磷为主，纤维性营养不良以补钙为主；对症治疗以调整胃肠机能促进消化吸收，用安乃近、阿尼利定等药物止痛；卧地不起时要垫 8~10 cm 的垫草以防止生疮。

预防：加强饲养管理，注意日粮配合，给予充足的钙、磷及合理的比例。

（2）佝偻病　是幼龄动物由于维生素 D 不足或钙、磷代谢紊乱引起。临床特征是消化紊乱，异嗜癖，跛行及骨骼变形，常见于羖羊、羔羊等。

病因 ：是动体内钙、磷不足或比例失调，维生素缺乏所致。

症状：消化障碍；运动障碍；长骨变形，呈“X”形腿或“O”形腿。

诊断要点：年龄和饲养管理情况，运动障碍，骨变形。

治疗：补充维生素 D 1 500~3 000 IU/kg 体重，肌肉注射，补钙，骨粉 5~10 g 内服。

9.8.2.3 绵羊异食癖

(1) 概念 是由于代谢机能紊乱、摄取正常食物以外物质的多种疾病的综合征。临床上以舔食、啃咬异物为特征。多发生于冬季和早春舍饲的羊只。

(2) 病因 一般认为是绵羊机体内矿物质和维生素不足，引起盐类物质代谢紊乱所致。例如，绵羊食毛症可能与含硫氨基酸和矿物质缺乏有关。

(3) 症状 病初食欲不振、消化不良，继而出现异食现象。病羊常舔食墙壁、饲槽、粪尿、垫草、石块、煤渣、破布等异物。皮肤干燥、弹力减弱、被毛松乱、磨牙、弓腰、畏寒发抖、贫血、消瘦，食欲逐渐恶化，尤其是互相啃咬身上的被毛而使粪毛球阻塞幽门或肠道引起阻塞性疾病，或在寒冷的季节引起大批死亡。

(4) 诊断 根据临床症状可初步诊断，确诊需要采集当地土壤进行矿物质化验，确定缺乏的元素方可确诊。

(5) 治疗 注意防寒，尤其在寒冷季节；改善日粮，每只羊日粮中添加乳酸钙 1 g，复合 B 族维生素 0.2 g，葡萄糖粉 1 g，铬、镍、钴适量。能化验出缺乏的元素更好，可根据实际情况将缺乏物质加入植物秸秆，配合其他矿物质制作颗粒饲料，定时饲喂有良好的治疗和预防效果。

9.8.2.4 其他矿物质缺乏

(1) 缺锌

①病因。饲料中缺锌；饲料中其他成分影响；其他因素。

②症状。生长发育迟滞，皮肤角化不全；骨骼发育异常；繁殖机能障碍；被毛质量差。

③治疗。硫酸锌 1~2 mg/kg 体重，肌肉注射或内服，1 次/d，连用 10 d。

④预防。保证日粮中含有足够的锌，并适当限制钙的水平。

(2) 反刍动物低血镁搐搦

①病因。牧草含镁量不足；镁吸收减少；天气因素。

②症状。急性型：惊恐不安，停止采食，盲目疾走或狂乱奔跑，行走时前肢高提，四肢僵硬，步态踉跄，常跌地，倒地后口吐白沫，全身肌肉强直。亚急性型：频频排粪、排尿，头颈回缩，有攻击行为。慢性型：病初症状不明显，数周后出现步态强拘，后躯踉跄，上唇、腹部、四肢肌肉震颤，感觉过敏，后期感觉失，陷于瘫痪状态。

③治疗。10%氯化钙成年羊只 100~150 mL，犊羊 10~20 mL，10%葡萄糖 500~1 000 mL，静脉注射。

9.8.2.5 维生素缺乏症

(1) B族维生素缺乏 主要包括以下3个方面。

①维生素B_1缺乏。表现为厌食，多发性神经炎症，呈“观星姿势”。

②维生素B_2缺乏。表现为足趾内弯，飞节着地，行走困难。

③维生素B_{12}和叶酸缺乏。主要表现为恶性贫血。

防治以补充B族维生素和改善营养为主。

(2) 维生素E缺乏症 维生素E缺乏以脑软化症、渗出性素质和肌营养不良为特征，治疗见硒缺乏症。

(3) 维生素A缺乏症

①病因。饲料中维生素A和维生素A源不足，饲料中其他成分的影响，继发因素。

②症状。夜盲症、眼干燥症、神经症状。

③治疗。补充维生素A，改善饲养，对症治疗。

9.8.3 绵羊中毒病的防治

9.8.3.1 亚硝酸盐中毒

(1) 概念 动物因食用含多量硝酸盐或亚硝酸盐的饲料而引起的中毒。临床上以可视黏膜发绀、呼吸困难并迅速窒息死亡为特征。因为本病是通过消化道途径发生，引起皮肤、口腔黏膜呈青紫色，所以也称为肠源性青紫症。临床特征：采食后突然发病死亡，口吐白沫，呕吐，呼吸困难，可视黏膜发紫，血液呈暗红色（或咖啡色）。各种动物都能发生，但不同动物对亚硝酸盐的敏感性不一样，猪>牛>羊>马，家禽和兔也可发生。本病一年四季皆可发生，但以春末、秋冬发病最多。

(2) 病因

①加工调制不当。烧得半生不熟，焖煮过夜（灶下有余火），再来喂动物，很容易引起亚硝酸盐中毒。

②湿度不合适。有一定的湿度，通过硝化细菌的作用（如大肠杆菌、梭状芽孢杆菌），可使硝酸盐还原为亚硝酸盐，如堆积发酵或霉烂。

③反刍动物。其瘤胃内的理化和生物条件都适合，硝酸盐在瘤胃内纤毛虫作用下还原为亚硝酸盐

④其他原因。饮用硝酸盐含量过高的水，如过量施用氮肥地区的井水或附近的水源，水中的NO_3^-含量超过200 mg/L，即可引起羊中毒。

(3) 临床症状 中毒病羊采食后1~5 h发病，发病延迟可能系瘤胃中硝

酸盐转化为亚硝酸盐之故。表现显著不安，呈严重的呼吸困难，脉搏急速细弱，全身发绀，体温正常或偏低，躯体末梢部位冰凉，耳尖、尾端的血管中血液量少而凝滞，在刺破时仅渗出少量黑褐色血液，尚可能出现流涎、疝痛、腹泻，甚至呕吐等症状。

（4）诊断　根据有饲喂大量腐烂变质或加工不当的青饲料病史和呕吐、腹泻、抽筋、黏膜发紫做出初步诊断。确诊需做血液中变性血红蛋白的测定，振荡实验：抽取静脉血 5 mL 观察，如为亚硝酸盐中毒，血液中有大量高铁血红蛋白（MHb），故颜色呈酱油色，在空气中用力振荡 15 min，血液颜色仍不变。正常者在振荡中遇氧即变为鲜红色。但如加有抗凝剂，在 5～6 h 后才变为鲜红色，一般有 10%左右的红细胞血红蛋白变为 MHb，如变为 40%，则中毒；如变为 60%，则死亡。

（5）治疗　使 MHb 还原为氧合血红蛋白（HbO_2）。

①美兰。用于反刍动物的剂量约为 20 mg/kg，如静脉注射有困难，也可改为皮下注射，但剂量要大一倍。

②甲苯胺蓝。疗效较高，用量 5 mg/kg，配成 5%溶液，静脉注射或肌肉注射。

③其他治疗方法。吃下饲料不久，刚出现症状，还可立即服用 0.05%～0.1%的高锰酸钾溶液 500～600 mL，可使瘤胃中残存的亚硝酸盐变为硝酸盐。

9.8.3.2　有机磷农药中毒

（1）概念　有机磷农药中毒是由于接触、吸入或采食了某种有机磷制剂所引致的病理过程，以体内的胆碱酯酶活性受抑制，从而导致神经生理机能的紊乱为特征。临床特征为瞳孔缩小，分泌物增多，肺水肿，呼吸困难，肌肉发生纤维性震颤（痉挛）。

（2）病因　有机磷农药是一类毒性很强的接触性神经毒，经消化道和皮肤可引起中毒。中毒的主要原因：采食了被有机磷农药污染的饲料，用盛装过农药的容器存放饲料或饮水，农药与饲料混杂装运，饲料库内或附近存放、配制或搅拌农药；应用有机磷农药不当，呼吸道途径吸入引起中毒，如喷雾消毒时发生。

（3）临床症状

①毒蕈碱样作用。当机体受毒蕈碱的作用时，表现为肺水肿，出现呼吸困难而窒息死亡，流口涎、眼泪、鼻液等，瞳孔缩小，甚至失明；开始尿频，膀胱括约肌发生痉挛性收缩；后来出现尿闭、膀胱括约肌麻痹、腹泻、腹痛和呕吐，羊发生急性瘤胃臌气。

②烟碱样作用。表现为肌纤维震颤、呼吸困难、血压上升，肌紧张度减

退，兴奋不安、狂暴，全身痉挛，心跳加快、变弱。

（4）诊断　根据病史调查、临床特征和病理剖检（真胃内有大蒜味）不难诊断。

（5）治疗　必须注意“早”治、“快”治，稍有延误，即使非常有效的治疗，也无法挽救，应立即用特效解毒剂，解磷定、氯解磷定、双解磷、双复磷等隔 2~3 h 注射 1 次，最好静脉注射，也可肌肉注射，直至解除毒性为止。急性中毒，一定要配合应用阿托品，以拮抗胆碱酯酶作用。

9.8.3.3　其他中毒病

（1）食盐中毒　主要是由于食物中加入过量的食盐导致中毒，以胃肠炎、脑水肿及神经症状为特征。治疗时饮用淡水，通常采用对症治疗，给予钙剂、利尿剂、镇静剂，同时缓解脑水肿和降低颅内压，可用甘露醇、高渗糖等静脉注射。

（2）龙葵素中毒　由于采食含有龙葵素的马铃薯引起，以出现神经症状、胃肠炎和皮肤湿疹为特征。治疗时采用洗胃、镇静、灌肠（0.1%高锰酸钾）、灌服吸附性止泻剂（如鞣酸蛋白、药用炭等），同时静脉注射 5%糖盐水或 5%~10%葡萄糖注射液以增强肝脏的解毒功能。

（3）氢氰酸中毒　是由于绵羊采食富含大量氰苷的青贮饲料引起，主要表现呼吸困难、震颤、惊厥等的组织中毒性缺氧症。富含氰苷的食物有小麦、青稞等的青苗，杏、枇杷、桃等的叶片和种子。治疗时用特效解毒剂亚硝酸钠 0.1~0.2 g，配成 5%的溶液静脉注射，随后静脉注射 10%硫代硫酸钠 10~30 mL。

（4）青杠叶中毒　以绵羊采食大量的青杠叶，发生少尿或无尿、腹下水肿及便秘等特征的疾病。该病有一定的季节性，多在每年清明前后饲料缺乏时，而青杠又很早发芽，羊在饥饿情况下大量采食引起中毒。治疗时要促进胃内毒物的排除，可用 3%食盐水 800~1 000 mL 瘤胃注射，或用萝卜籽油 150~250 mL，加鸡蛋清 3~5 个灌服。解毒选用硫代硫酸钠 5~8 g，配为 5%~10%溶液静脉注射，1 天 1 次，连用 2~3 d。同时强心、利尿、消肿，可用 10%葡萄糖 300~500 mL，10%安钠咖 5 mL，静脉注射，1 天 1 次，连用 3~5 d。

9.8.4　绵羊寄生虫病的防治

绵羊的主要寄生虫病包括球虫病、片形吸虫病、线虫病、羊螨病、羊狂蝇蛆病、莫尼茨绦虫病、外寄生虫病、焦虫病等。

9.8.4.1　球虫病

由孢子虫纲真球虫目艾美尔科的各种球虫引起的一种流行性畜禽寄生虫

病。特征是消瘦、贫血、血痢和发育不良。牛、羊易感，对羔羊的为害性大。该病呈地方性流行，有一定季节性，多发生在多雨潮湿的5—8月。

（1）症状　成年羊感染症状不明显，2~6月龄小羊易发病。病羊精神不振，食欲减退或消失，渴欲增加，被毛粗乱，可视黏膜苍白，腹泻，粪便中常混有血液、剥脱的黏膜和上皮，有恶臭，含有大量卵囊。

（2）治疗　可选用以下药物。

①氨丙啉。25 mg/kg 体重，一次性口服，连用14~19 d。

②磺胺二甲基嘧啶。80 mg/kg 体重，一次性口服，连用3~5 d。

③磺胺喹噁啉。60 mg/kg 体重，一次内服，连用3~5 d。

④球痢灵。50~70 mg/kg 体重，混入饲料中喂给，连用5~7 d。

⑤硫化二苯胺。0.4~0.6 g/kg 体重，每天口服1次，连用3 d后停药1 d，再服用3 d。在使用以上一种药物治疗的基础上，临床上配合止泻、强心和补液等对症治疗。

（3）预防　加强饲养管理，搞好羊圈及环境、用具的消毒。成年羊和羔羊最好分群饲养。定期进行药物全群预防。

9.8.4.2　片形吸虫病

本病是由片形科片形属的肝片吸虫寄生在牛羊的胆管和肝脏内所引起的，表现为急性或慢性肝炎、胆管炎等症，以精神萎靡、食欲减退、腹泻、贫血、消瘦及水肿为特征的一种病。夏秋季常流行，为害较大。

（1）症状　感染虫数少、饲养条件好、羊抵抗力强时，一般不表现症状，但感染虫数多、羊抵抗力弱时，则可引起急性或慢性肝炎等症。急性型表现为急性肝炎。病畜体温升高，疲倦，食欲废绝，腹泻，贫血，黏膜苍白，眼睑、颌下、腹胸下发生水肿，周期性腹胀，便秘与下痢交替发生。严重病例，肝脏受到严重创伤，出血流入腹腔，形成腹血症死亡。

（2）治疗　可选用以下药物有效。

①丙硫多菌灵。按每千克体重15 mg，一次性灌服，对成虫有良效，幼虫效果较差。

②硝氯酚。按每千克体重4~5 mg，一次性灌服，或针剂按0.75~1.0 mg，深部肌肉注射，对成虫有效、对幼虫无效。

③三氯苯哒唑。按每千克体重12 mg，配为5%悬液或含250 mg的丸剂口服，对成虫、幼虫均有效。

④四氯化碳。与液体石蜡等量混合，摇匀后，成年羊每次肌肉注射34 mL，小羊每次12 mL。

⑤碘硝酚腈。按每千克体重15 mg，皮下注射或按每千克体重30 mg一次

性口服。

(3) 预防　避免到潮湿和沼泽地放牧，不让羊饮沟里或坑里的死水；每年春秋各进行1次预防性驱虫；用硫酸铜或生石灰灭螺；处理粪便，堆肥发酵以杀灭虫卵。

9.8.4.3　梨形虫病

本病是梨形虫寄生于绵羊血细胞中所致的寄生虫病。各种年龄的羊均可感染。主要感染绵羊的病原有发现于四川甘孜藏族自治州的莫氏巴贝斯虫和流行于四川、甘肃和青海等地的山羊泰勒虫。本病的发生季节性较强，并呈地方流行性，经蜱吸血传播，其流行季节与蜱的活动有明显的一致性。

(1) 症状　突发稽留高热，40~42 ℃，精神差，反刍停止，食欲减退或消失，便秘或下痢，出现血红蛋白尿，呈贫血、黄疸，随着贫血现象加剧，心脏机能逐渐衰弱，伴发胸前、腹下及肺水肿，呼吸极度困难，鼻孔流出大量黄白色泡沫状液体，精神高度沉郁，最后卧地不起，陷入昏迷而死。

(2) 治疗　可选用以下药物有效。

①贝尼尔（血虫净、三氮脒）。每千克体重7 mg，配成7%的溶液，每天1次，深部肌肉注射，连用3 d，若血液中感染虫数不降，还可再用2 d。

②黄色素（吖啶黄、锥黄素）和阿卡普林（盐酸喹啉脲）合用。第一、第二天用黄色素，按每千克体重3~4 mg，配成0.5%~1%的溶液，静脉注射，1天1次，第三天用阿卡普林，按每千克体重0.6~1 mg，配为5%的溶液，皮下注射，每天用药1次。

③咪唑苯脲，按每千克体重1~3 mg，配为10%的溶液，肌肉注射，对各种梨形虫均有良好效果。

④辅助治疗，输血或静脉注射5%葡萄糖生理盐水、维生素、安钠咖等。

(3) 预防　关键在于灭蜱。消灭牛、羊体表上的蜱，用5%液体敌百虫液喷洒羊体表，每月3次；消灭圈舍内的蜱，可用敌百虫等杀虫药物对圈舍墙壁缝隙等进行喷洒；在发病季节对羔羊注射贝尼尔、咪唑苯脲等预防。

9.8.4.4　羊仰口线虫病（钩虫病）

本病分布普遍，成虫吸血对羊为害甚大，引起以贫血为特征的寄生虫病。由于虫体前端稍向背侧弯曲，如一小钩，故称钩虫，由它引起的疾病称为钩虫病。

(1) 症状　钩虫主要以吸食血液、血液流失和毒素作用及移行引起损伤，表现为渐进性贫血、严重消瘦、下颌水肿、顽固性下痢，排黑色稀粪、带血，体重下降，羔羊发育受阻，有时出现神经症状，最后因恶病质而死亡。

（2）治疗　左旋咪唑，皮下或肌肉注射，羊为 5 mg/kg 体重；伊维菌素（害获灭），羊为 0.2 mg/kg 体重，一次性口服或皮下注射；敌百虫、噻苯达唑、硫化二苯胺等药物都有较好驱虫作用。

（3）预防　预防性驱虫，一般春秋各进行 1 次；在严重流行地区，要将硫化二苯胺混于精料或食盐内自行舔服，持续 2～3 个月，有较好预防效果；加强管理，尽可能避开潮湿草地和幼虫活跃的时间放牧。建立清洁的饮水点，合理地补充精料和无机盐，全面规划牧场，有计划地进行分区轮放，适时转移牧场。

9.8.4.5　羊螨病

羊螨病是由疥螨和痒螨寄生在体表而引起的慢性寄生性皮肤病，以接触感染、剧痒和各种皮炎为特征，螨病又叫作疥癣、疥疮、骚、癞等。

（1）虫体特点和生活史

①疥螨。疥螨寄生于皮下角化层下，并不断在皮内挖凿隧道，虫体即在隧道内不断发育和繁殖。疥螨的成虫形态特征：虫体小，长 0.2～0.5 mm，肉眼不易见到；体近圆形，浅黄色，体表生有大量小刺，前端口器呈蹄铁形；虫体腹面前部和后部各有两对粗短的足，后两对足不突出于体后缘之外，每对足上均有角化的支条。

②痒螨。寄生于皮肤表面。虫体呈长圆形，较大，长 0.5～0.9 mm，肉眼可见。口器长，呈圆锥形。4 对足细长，尤其是前两对更为发达。雌虫第一、第二、第四对足有细长的柄和吸盘，柄分 3 节，雌虫第三对足上有两根长刚毛，尾端有两个尾突，在尾突前方腹面上有两个性吸盘。疥螨与痒螨的全部发育都是在宿主体上度过的，包括虫卵、幼虫、若虫和成虫 4 个阶段，其中雄螨有 1 个若虫期，雌螨有 2 个若虫期。疥螨的发育是在羊的表皮内不断挖掘隧道，并在隧道中不断繁殖和发育，完成一个发育周期需 8～22 d。痒螨在皮肤表面进行繁殖和发育，完成一个发育周期需 10～12 d。本病的传播是由于健畜与患畜直接接触，或通过被螨及其卵所污染的厩舍、用具的间接接触引起的。

（2）诊断要点　该病主要发生于冬季和秋末、春初。此季节光照不足，被毛密而厚，皮肤湿度大，圈舍阴暗拥挤，有利于螨的繁殖和传播。发病（由疥螨引起）时，山羊一般始发于皮肤柔软且毛稀短的部位，如嘴唇、口角、鼻面、眼圈及耳根部，在皮肤角层下挖掘隧道，食皮肤，吸吮淋巴液，以后皮肤炎症逐渐向周围蔓延；痒螨（绵羊多发）病则始于被毛稠密和温度、湿度比较恒定的皮肤部位，在皮肤表面移行和采食，吸吮淋巴液，引起皮肤剧痒。绵羊多发生于背部、臀部及尾根部，以后才向体侧蔓延。夏季光照充足，毛短、稀小，皮肤干燥，不利于螨的生长繁殖。

(3) 临床症状　该病初发时，因虫体小刺、刚毛和分泌的毒素刺激神经末梢，引起剧痒，可见病羊不断在圈墙、栏柱等处摩擦；阴雨天气、夜间、通风不好的圈舍以及随病情的加重，痒觉表现更为剧烈；由于患羊的摩擦和啃咬，患病皮肤出现丘疹、结节、水疱，甚至脓痂，以后形成痂皮和龟裂。绵羊患疥螨病时，因病变主要局限在头部，病变部皮肤如干涸的石灰，故有“石灰头”之称。发病后患羊因终日啃咬和摩擦患部，烦躁不安，影响正常的采食和休息，日渐消瘦，最终不免极度衰竭而死亡。实验室检查可根据羊的症状表现及流行情况，刮取皮肤组织查找病原，以便确诊。

(4) 防治　治疗方法及注意事项如下。

①注射或口服药物疗法。可选用伊维菌素或阿维菌素，剂量按每千克体重 0.2 mg，口服或皮下注射。涂药疗法适合于病羊数量少、患部面积小的情况，可在任何季节应用，但每次涂药面积不得超过体表的 1/3。可用药物：一是克辽林擦剂，将克辽林 1 份、软肥皂 1 份、酒精 8 份调和而成；二是 3%敌百虫溶液，将来苏儿 5 份，溶于 100 份温水中，再加入 3 份敌百虫即成。此外，亦可用溴氰菊酯、巴胺磷等药物，按说明书涂擦使用。

②药浴疗法。适用于病羊多且气候温暖和季节，也是预防本病的主要方法。药浴时，药液可选 0.5%~1.0%敌百虫水溶液、0.05%辛硫磷水溶液等。

③治疗时的注意事项。为使药液有效杀灭虫体，涂擦药物时应剪除患部周围的被毛，彻底清洗并除去痂皮及污物。大规模药浴最好选择绵羊剪毛后数天进行。药浴温度按药物种类所要求的温度予以保持，药浴时间应维持 1 min 左右，药浴时应注意羊头的浸浴。

大规模治疗时，应对选用的药物做小群安全试验。药浴前让羊饮足水，以免误饮药液。工作人员亦应注意自身的安全保护。

因大部分药物对螨的虫卵无杀灭作用，治疗时可根据使用药物情况重复用药 2~3 次，每次间隔 5 d，方能杀灭新孵出的螨虫，达到彻底治愈的目的。预防每年定期对羊群进行药浴，可取得预防双重效果；加强检疫工作，对新购进的羊应隔离检查后再混群；经常保持圈舍的卫生、干燥和通风良好，定期对圈舍和用具清洁和消毒，用 0.5%敌百虫喷墙，用 80 ℃以上 20%的热石灰水消毒；对患畜应及时隔离、治疗，可疑患畜应隔离饲养；治疗期间，应注意对饲养人员、圈舍、用具同时进行消毒，以免病原散布，不断出现重感染。

将新灭癞灵释成 1%~2%的水溶液刷洗患部；用 0.05%的辛硫磷治疗。药浴在剪毛后部 5~7 d 进行。秋季再浴 1 次。

④药浴注意事项。准备好中毒抢救药品（镇静剂、阿托品、强心剂、氢化可的松等）及药浴药品；选择平坦、背风、温暖处进行；小群试验；浴前

充分饮水；不加入肥皂水、苏打水等碱性物质，以防增加毒性；及时补加药量；浴 1 min；注意人畜安全；发现中毒症状，立即抢救。药浴水不能乱排，防止鱼类中毒。

9. 8. 4. 6 硬蜱

硬蜱是寄生于绵羊体表的一种寄生虫，分布广泛，种类繁多，宿主范围广，对人畜健康为害很大。硬蜱呈卵圆形，褐色，芝麻大到米粒大，雌蜱饱血后膨胀到蓖麻籽大。

（1）流行特点　硬蜱有明显季节性，多数在温暖季节活动，由于寻找宿主吸血，绝大多数种类生活在野外，也有少数寄居在畜舍或畜圈周围。多寄生于宿主皮肤柔薄而毛少的部位，吸血时间较长，一般不离开宿主。有越冬和耐饥的能力。

（2）为害　吸血时咬伤皮肤引起发炎，绵羊出现消瘦、贫血或造成蜱性瘫痪（毒素的作用），多量寄生可致使病畜衰竭，又可传播很多为害严重的动物血液原虫病、细菌病、病毒病和立克次氏体等传染性疾病，是一种重要的自然疫源性疾病和人畜共患病。

（3）防治　因地制宜采取综合性防治措施，人工捕捉或使用杀虫剂可有效灭蜱，每千克体重 20～50 mg 溴氰菊酯（倍特）、250 mg 二嗪农（螨净）、50～250 mg 巴胺磷（赛福丁）喷涂、药浴或洗刷，杀灭畜体上的蜱，也可用伊维菌素皮下注射；日常加强对畜舍和外界环境的灭蜱，尽量做到避蜱放牧或使用驱蜱剂；现在也采用人工培养无生殖能力的雄蜱进行生物学灭蜱。

9. 8. 4. 7 肺丝虫病

本病是肺丝虫寄生于绵羊肺脏、支气管中所引起的以阵发性咳嗽、流黏性鼻液及呼吸困难为特征的一种寄生虫病。主要病原有网尾科的胎生网尾线虫和丝状网尾线虫（寄生于气管和细支气管，属于大型肺线虫）和原圆科的柯氏原圆线虫和毛样缪勒线虫（寄生于肺泡、毛细支气管和肺实质等处，属于小型肺线虫）。

（1）症状　轻者咳嗽，特别在被驱赶和夜间休息最为明显，重者呼吸迫促，咳嗽频繁而剧烈，流黏液性鼻涕。食欲减退，被毛粗乱，精神沉郁，逐渐消瘦，一般体温没有变化，当并发感染肺炎时，体温升高，头和四肢水肿，最后因肺炎或严重消瘦死亡。

（2）治疗　丙硫多菌灵，10～15 mg/kg 体重，一次性灌服；左旋咪唑，8～10 mg/kg 体重，一次内服；伊维菌素或阿维菌素，0. 2 mg/kg 体重，口服或皮下注射。

（3）预防　每年定期驱虫2次，药物以左旋咪唑、丙硫多菌灵最佳；加强羊饲养管理，饮水清洁，不饮池塘死水；有条件的对粪便堆肥发酵以消灭病原和进行轮牧；尽量将羔羊和成年羊分群放牧，以保护羔羊少感染病原。

9.8.4.8　双腔吸虫病

双腔吸虫病是由双腔科双腔属的矛形双腔吸虫和中华双腔吸虫寄生于绵羊的胆管和胆囊所引起的一种寄生虫病，常和片形吸虫混合感染。主要发生于牛、羊、骆驼等反刍动物，其病理特征是慢性卡他性胆管炎、胆囊炎、肝硬化、代谢障碍与营养不良。

（1）病原　矛形双腔吸虫比片形吸虫小，棕红色，扁平而透明；前端尖细，后端较钝，因呈矛形而得名。虫体长5~15 mm，宽1.5~2.5 mm。矛形双腔吸虫在发育过程中需要两个中间宿主，第一中间宿主为多种陆地螺（包括条纹蜗牛和枝小丽螺），第二中间宿主为蚂蚁。当易感反刍动物吃草时，食入含有囊蚴的蚂蚁而感染，幼虫在肠道脱囊，由十二指肠经胆总管到达胆管和胆囊，在此发育为成虫。

（2）症状　双腔吸虫病常流行于潮湿的放牧场所，无特异性临床表现。疾病后期可出现可视黏膜黄染，消化功能紊乱，从而出现腹泻或便秘，病羊逐渐消瘦、贫血、皮下水肿，最后因体质衰竭而死亡。

（3）诊断　生前取粪便做虫卵检查，死后从胆管和胆囊中发现大量虫体即可确诊。

（4）防治　预防矛形双腔吸虫的原则是对患羊在每年的秋末、冬季进行驱虫，消灭中间宿主，可用人工捕捉或草地放养鸡，并避免羊吞食含有蚂蚁的饲料。

治疗该病常选用的药物包括如下几种：一是吡喹酮，按60~70 mg/kg体重，一次性口服；二是海涛林（三氯苯丙酰嗪），按40~50 mg/kg体重，一次性口服；三是六氯对二甲苯（血防846），按200~300 mg/kg体重，一次性口服；四是丙硫多菌灵，按30~40 mg/kg体重，一次性口服。

9.8.4.9　棘球蚴病

棘球蚴病也称包虫病，是由寄生于狗、狼、狐狸等肉食动物小肠的细粒棘球绦虫等的幼虫寄生于牛、羊、人等多种哺乳动物的肝脏、肺脏等内而引起的一种为害极大的人畜共患寄生虫病。主要见于草地放牧的牛、羊等。

（1）病原　在犬等小肠内的棘球绦虫很细小，长26 mm，由1个头节和34个节片构成，最后一个体节较大，内含大量虫卵。含有孕节或虫卵的粪便排出体外，污染饲料、饮水或草场，牛、羊、猪、人食入这种体节或虫卵即可被感染。虫卵在动物或人这些中间宿主的胃肠内脱去外膜，游离出来的六钩蚴钻入肠壁，随血流散布全身，并在肝、肺、肾、心等器官内停留下来慢慢发育，形成棘球蚴囊泡。肉食动物如吞食了含有棘球蚴寄生的器官，每一个头节便在小肠内发育成为一条成虫。

棘球蚴囊泡有 3 种，即单房囊、无头囊和多房囊。单房囊多见于绵羊和猪，囊泡呈球形或不规则形，大小不等，由豌豆大到人头大，与周围组织有明显界限，触摸有波动感，囊壁紧张，有一定弹性，囊内充满无色透明液体；多房囊棘球蚴多发生于牛，几乎全位于肝脏，有时也见于羊；这种棘球蚴特征是囊泡小，成群密集，呈葡萄串状，囊内仅含黄色蜂蜜样胶状物而无头节。从囊泡壁上向囊内或囊外可以生出带有头节的小囊泡（子囊泡），在小囊泡壁内又生出小囊泡（孙囊泡）。因而一个棘球蚴能生出许多子囊泡和孙囊泡。

（2）症状　临床症状随寄生部位和感染数量的不同差异明显，轻度感染或初期症状均不明显，主要为害为机械性压迫、毒素作用及过敏反应等。绵羊肝部大量寄生棘球蚴时，主要表现为病羊营养失调，反刍无力，身体消瘦；当棘球蚴体积过大时可见腹部右侧臌大，有时可见病羊出现黄疸、眼结膜黄染。当羊肺部有大量寄生时，则表现为长期的呼吸困难和微弱的咳嗽；听诊时在不同部位有局限性的半浊音灶，在病灶处肺泡呼吸音减弱或消失；若棘球蚴破裂，则全身症状迅速恶化，体力极为虚弱，通常会窒息死亡。

（3）诊断　生前诊断困难，仅临床症状一般不能确诊此病。在疫区内怀疑为本病时，可利用 X 光或超声波、ELISA 等方法检查；也可用皮内变态反应诊断，即用新鲜棘球蚴囊液，无菌过滤使其绝不含原头蚴，在绵羊颈部皮内注射 0.2 mL，注射后 5~10 min 观察，若皮肤出现红斑且直径在 0.5~2 cm，并有肿胀或水肿者即为阳性，此法准确率 70%。

（4）防治　禁止犬、狼、豺、狐狸等终末宿主吞食含有棘球蚴的内脏是最有效的预防措施。另外，疫区护养犬经常定期驱虫以消灭病原也是非常重要的，如吡喹酮，按 5 mg/kg 体重，或甲苯达唑，按 8 mg/kg 体重，一次性口服，犬驱虫时一定要把犬拴住，以便收集排出的虫体与粪便，彻底销毁，以防散布病原。该病目前尚无有效治疗药物，只有早诊断。采用丙硫多菌灵，按 90 mg/kg 体重，一次性口服，1 天 1 次，连用 2 次。确诊后采取手术摘除，手术摘除时切记不可弄破囊壁，以免造成病羊过敏或引发新的囊体形成。

9.8.4.10　脑多头蚴病

脑多头蚴病是由寄生于犬、狼等肉食动物小肠的多头绦虫的幼虫（脑多头蚴）寄生于牛、羊的脑部所引起的一种绦虫病，俗称“脑包虫病”。因能引起患畜明显的转圈症状，又称为转圈病或旋回病。

（1）病原　脑多头蚴呈囊泡状，囊内充满透明的液体，外层为一层角质膜；囊的内膜上有100~250个头节；囊泡的大小从豌豆大到鸡蛋大。多头绦虫成虫呈扁平带状，虫体长为40~80 cm，有200~250个节片；头节上有4个吸盘，顶突上有两圈角质小钩（22~32个小钩）；成熟节片呈方形；孕卵节片内含有充满虫卵的子宫，子宫两侧各有18~26个侧支。寄生在狗等肉食动物小肠内的多头绦虫的孕卵节片，随粪便排出，当羊等反刍动物吞食了虫卵以后，卵内的六钩蚴随血液循环到达宿主的脑部，经7~8个月发育成为多头蚴；当犬等肉食动物吃到牛、羊等动物脑中的多头蚴后，幼虫的头节吸附在小肠黏膜上，发育为成虫。

（2）症状　在感染初期，当六钩蚴钻入血管移行到达脑部时，可损伤脑组织，引起脑炎的症状。可表现为体温升高，呼吸、脉搏加速，强烈的兴奋或沉郁，有前冲、后退或躺卧等神经症状，于数日内死亡。若耐过之后则转入慢性，病羊表现为精神沉郁，逐渐消瘦，食欲不振，反刍减弱。数月后，若虫体发育并压迫一侧的大脑半球，则会影响全身，可出现向有虫体的一侧做转圈运动，对侧或双侧眼睛失明；若虫体寄生在脑前部，则有头低垂于胸前、前冲或前肢蹬空等表现；若虫体寄生在小脑，则病羊会出现四肢痉挛、敏感等症状；若虫体寄生在脑组织表面，则局部的颅骨可能萎缩并变薄，手触时局部有隆起或凹陷。多头蚴有时也可寄生于脊髓，寄生于脊髓时，因由其体积的逐渐增大使脊髓内压力增加，可出现后躯麻痹，有时可见膀胱括约肌麻痹，小便失禁。

（3）诊断　根据临床症状和病史可初步诊断，也可用X光和超声波诊断，近年来采用变态反应（眼内滴入包囊液）和ELISA法诊断本病，死后诊断明显，但无多大意义。由于多头蚴病的症状相对特殊，因此在临床上容易和其他疾病区别，但仍须与莫尼茨绦虫病、脑部肿瘤或脑炎等相鉴别。莫尼茨绦虫病与脑多头蚴的区别：前者在粪便中可以查到虫卵，患羊应用驱虫药后症状立即消失。脑部肿瘤或炎症与脑多头蚴的区别：脑部肿瘤或炎症一般不会出现头骨变薄、变软和皮肤隆起的现象，叩诊时头部无半浊音区，转圈运动不明显。

（4）防治　本病预防从理论上讲并非难事，只要不让犬等肉食动物吃到带有多头蚴的牛、羊等动物的脑和脊髓，则可得到控制。患病动物的头颅脊柱应予以烧毁；患多头绦虫的犬必须驱虫；对野犬、豺、狼、狐狸等终末宿主应予以捕杀。羊患本病的初期尚无有效疗法，但近年来采用丙硫多菌灵和吡喹酮治疗，结合对症治疗取得了良好的效果。在后期多头蚴发育增大神经症状明显能被发现时，可借助X光或超声波诊断确定寄生部位，然后用外科手术将头骨开一圆口，先用注射器吸去囊中液体使囊体缩小，然后摘除之。手术摘除脑表面的多头蚴效果尚好；若多头蚴过多或在深部不能取出时，可在囊腔内注射酒精等杀死多头蚴。

9.8.5 绵羊产科及外科疾病的防治

本节重点阐述了难产、子宫脱出、胎衣不下、子宫内膜炎等，而外科疾病主要分析了损伤、外科感染、风湿病和四肢疾病等。

9.8.5.1 难产

（1）概念　指母羊分娩过程异常、胎儿不能顺利产出的疾病，同时子宫及产道可能受到损伤。分娩过程能否正常，取决于产力、产道和胎儿这 3 个因素，其中之一有异常就可能发生难产。

（2）病因　发生难产的原因很多，母羊个体小加上产道狭窄，配种过早，产道损伤；瘦弱无力，不能产出胎儿；胎儿过大、畸形、死胎、胎位异常、胎势不正也会发生难产。对受孕母羊要加强饲养管理，严禁喂给霉变和不易消化的饲料；圈舍不得过于拥挤，经常保持清洁、干燥，并给予适当运动和阳光照射；母羊初配不宜太小。

（3）症状　受孕母羊产期已到，表现阵缩、努责、流出羊水等产前征兆，但不能顺利地将胎儿产出。病羊烦躁不安，频繁起卧，常发呻吟。

（4）防治　处理难产母羊叫作助产，助产以手术为主。常用方法包括：娩出力弱，手术取出胎儿；产道狭窄，手术扩张产道，拉出胎儿；骨盆狭窄，灌入润滑剂，配合母畜阵缩及努责拉出胎儿；胎位、胎向及胎势不正，应先将胎儿手术正位，再配合母畜努责拉出胎儿；难产母畜在经以上处理仍难以产出胎儿时，应对母畜实施剖宫产。

9.8.5.2 胎衣不下

（1）概念　胎衣不下是产后超期未排出胎衣的疾病。羊 4 h 后胎衣仍滞留在子宫内时可视为胎衣不下。

（2）病因　主要原因有两个方面。一是产后子宫收缩无力，主要因为受孕期间饲料单一，缺乏无机盐、微量元素和某些维生素；或是产双胎，胎儿过大及胎水过多，使子宫过度扩张。二是胎盘炎症，受孕期间子宫受到感染发生隐性子宫内膜炎及胎盘炎，母子胎盘粘连。此外，流产和早产等原因也能导致胎衣不下。

（3）症状　病羊表现弓背、举尾及努责，腐败产物被吸收后，可出现体温升高、厌食、前胃弛缓、泌乳减少或停止等症状。

（4）治疗　一是选用促进子宫收缩的药物使滞留的胎衣排出，如垂体后叶素或催产素注射液、10% 氯化钠溶液、马来酸麦角新碱、中药（生化汤）等。二是施行胎衣剥离术。手术完毕后，向子宫内送入抗菌药物，避免术后感染。

9.8.5.3　子宫脱出

（1）概念　子宫角的一部分或全部翻转于阴道之内（称子宫内翻），或者子宫翻转并脱垂于阴门之外（称子宫完全脱出）。

（2）症状　子宫内翻时，病畜表现不安、努责、弓背，做排尿动作。阴道检查可摸到翻入阴道的子宫角尖端。子宫完全脱出时，可见翻转脱出的子宫角呈长筒形悬垂于阴门外。

（3）治疗　以手术为主，将脱出子宫推入复位。术前，手术者手臂洗净、消毒，术后，为防止病畜感染，可向子宫内注入抗生素药物，还需采用全身抗菌治疗。

9.8.5.4　子宫内膜炎

子宫内膜炎症，常导致母畜不育。主要是在配种、人工授精及阴道检查时消毒不严、难产、胎衣不下、子宫脱出、流产等情况下，细菌侵入而引起的。

（1）病因　产房卫生差或在粪、尿污染的厩床上分娩；临产母羊外阴、尾根部污染粪便而未彻底清洗消毒；助产或剥离胎衣时，术者的手臂、器械消毒不严；胎衣不下，腐败分解，恶露停滞等，均可引起产后子宫内膜感染。

（2）症状　急性子宫内膜炎：病畜体温升高，食欲减退，泌尿减少，常努责和做排尿姿势，阴道流出黏液性或黏液脓性分泌物。慢性子宫内膜炎：主要表现为屡配不孕，间断地从阴道流出不透明黏液或脓液（子宫积脓）。

（3）治疗　急性子宫内膜炎尤其在产后感染时，应以全身抗感染治疗为主，配合局部处理。在急性期过后（全身症状消失时）和慢性子宫内膜炎时，则应以局部处理为主，即子宫冲洗（0.1%高锰酸钾液、0.02%新洁尔灭液等）和灌注抗菌药（青霉素、氨苄西林、头孢菌素等）。对屡配不孕而无症状及检查异常的隐性子宫内膜炎病羊，冲洗子宫的药液可用糖碳酸氢钠盐溶液（葡萄糖 90 g、碳酸氢钠 3 g、氯化钠 1 g、蒸馏水 1 000 mL）。

9.8.5.5　卵巢囊肿

卵巢囊肿可分为卵泡囊肿和黄体囊肿。

（1）病因　确切原因尚不完全清楚。目前认为，卵巢囊肿可能与内分泌机能失调、促黄体素分泌不足、排卵机能受到破坏有关。

（2）症状　卵泡囊肿时，病羊一向发情不正常，发情周期变短，而发情期延长，或者出现持续而强烈的发情现象，成为慕雄狂。母羊极度不安，大声咩叫，食欲减退，频繁排粪、排尿，经常追逐或爬跨其他母羊。

（3）治疗　近年来多采用激素疗法治疗囊肿，效果良好。

①促性腺激素，释放激素类似物。病羊每次肌肉注射 80~100 μg，每天 1 次，可连续 14 次，但总量不得超过 500 μg。一般在用药后 15~20 d 囊肿逐渐消失而恢复正常发情排卵。

②促黄体素（LH）。无论卵泡囊肿还是黄体囊肿，羊一次肌肉注射 200~400 IU，一般 3~6 d 后囊肿症状消失，形成黄体，15~20 d 恢复正常发情。如用药 1 周后未见好转，可第二次用药，剂量比第一次稍增大。

③人绒毛膜促性腺激素（HCG）。具有促使黄体形成的作用。病羊静脉注射400~500 000 IU 或肌肉注射 1 000~5 000 IU，溶于 5 mL 蒸馏水中。

9.8.5.6　损伤

（1）概念　是由各种不同的外界因素作用于动物机体，引起组织器官产生解剖上的破坏和生理上的紊乱，并伴有不同程度的局部或全身反应的病理现象。在损伤中以创伤最为常见。

（2）分类　包括以下两种分类方法。

①按组织器官的性质分。包括软组织损伤和硬组织损伤。

②按损伤的病因分。包括机械性损伤、物理性损伤、化学性损伤和生物性损伤。

（3）创伤的概念和组成　是有锐性外力或强烈的钝性外力的作用，使受伤部位的皮肤或黏膜出现伤口及深在组织与外界相通的机械性损伤。一般由创缘、创口、创壁、创底、创腔、创围等组成。

（4）症状和分类　特征症状表现为出血、创口裂开、疼痛及机能障碍等。

按创伤的时间分，包括陈旧创和新鲜创；按有无感染分，包括无菌创、污染创和感染创；按致伤物的形状分，包括刺创、切创、砍创、挫创、裂创、压创等。

（5）创伤的愈合　包括第一期愈合、第二期愈合和痂皮下愈合 3 个方面。

（6）治疗　治疗的一般原则为抗休克、防治感染、纠正水与电解质失衡、消除影响创伤的因素、加强饲养管理等。

治疗的基本方法主要包括以下几种。

①创围清洁法。可先用清洁纱布覆盖，再剪毛，并用 3%过氧化氢溶液清洗，再用 70%酒精反复擦洗皮肤，最后用 5%碘伏擦洗消毒。

②创面清洁法。揭去纱布后用生理盐水冲洗创面后，除去异物、血凝块或脓痂，再用生理盐水清洗，并用灭菌纱布清除创腔内液体和污物即可。

③清创手术。修整创缘、扩创、疏通创液通道、切除过多组织等。

④创伤用药。为防止创伤感染，促进愈合速度，必要时在创伤部涂撒或滴

入抗菌消炎或促进肉芽组织生长的药物，如消炎粉等。

⑤创伤的缝合。针对不同的愈合可采用初期缝合、延期缝合及肉芽创缝合等。

⑥床上的引流、包扎和全身治疗。一般用引流纱布条引流，包扎多用创伤绷带，为防止感染可用抗生素等抗菌药进行输液、肌肉注射等全身治疗。

9.8.5.7　外科感染

（1）概念　是由动物有机体与侵入体内的病原微生物的相互作用所产生的局部和全身反应。表现为红、肿、热、痛和机能障碍及不同程度的全身症状。主要包括疖、痈、脓肿、蜂窝织炎等。

（2）病原及症状　引起外科感染的病原主要有葡萄球菌、链球菌、大肠杆菌、绿脓杆菌、坏死杆菌等，感染后表现为单一感染、混合感染、继发感染、再感染等，临床中主要表现为混合感染。

局部症状表现为红、肿、热、痛和机能障碍，但这些症状并不一定全部出现，而随着病程迟早、病变范围及位置深浅而异；全身症状轻重不一，轻微感染的几乎无症状表现，而较重的感染则表现发热、心跳和呼吸加快、精神沉郁、食欲减退等；更为严重的可继发感染性休克、器官衰竭，甚至出现败血症。

（3）治疗措施　主要包括以下 3 种。

①局部治疗。一是休息和患部制动，使病畜安静，减少运动以减轻疼痛和恢复病畜体力，必要时对患部进行细致的外科处理后包扎。二是急性感染早期冷敷以减少渗出，慢性感染应热敷促进渗出物吸收，发病 2 d 内，局部可用 10%鱼石脂酒精、90%酒精或复方醋酸铅溶液冷敷，并用 0.25%~0.5%普鲁卡因、青霉素 20~30 mL 在病灶周围分数点封闭，发病 4~5 d 后用温热疗法，如热水局部清洗、电烤等。

②手术疗法。根据不同的外科感染，如脓肿、蜂窝织炎等，可用手术刀或穿黄针进行扩创或引流，并用 3%过氧化氢、0.1%新洁尔灭、0.1%高锰酸钾溶液冲洗，必要时用浸有 50%硫酸镁的引流纱布引流。

③全身治疗。早期应用大量抗生素或磺胺类等抗菌药物，同时配合强心，纠正酸中毒，大量给予饮水，补充维生素等，如 5%葡萄糖生理盐水 500~1 000 mL、40%乌洛托品 10~15 mL、5%碳酸氢钠 100~150 mL，静脉注射；10%樟脑磺酸钠或 10%安钠咖 5 mL，肌肉注射。

9.8.5.8　疝

（1）概念　是腹腔脏器从自然孔道或病理性破裂孔脱到皮下或邻近的解

剖腔内，又称为赫尔尼亚。

（2）分类　按疝向体表突出与否分为内疝和外疝；按解剖部位分为腹股沟阴囊疝、脐疝、腹壁疝等；按疝内容物活动性的不同可分为可复性疝和不可复性疝（嵌闭性疝）。

（3）疝的组成　由疝孔（疝轮）、疝囊、疝内容物组成。

（4）腹壁疝　由于钝性外力作用于腹壁，使腹肌、腱膜及腹膜破裂，但皮肤完整性仍保持，腹腔脏器经破裂孔脱至皮下形成的疝。

主要症状：皮肤受伤后突然出现一个局限性扁平、柔软的肿胀（形状、大小不同），触诊有疼痛，多为可复性的，并能摸到疝轮，听诊局部有肠蠕动音。

诊断：根据病史、临床症状等做出诊断，注意与淋巴外渗、腹壁脓肿、蜂窝织炎等的鉴别诊断。

治疗：

①治疗原则。还纳内容物，密闭疝轮，消炎镇痛，严防腹膜炎和疝轮再次裂开。

②绷带压迫法。适于刚发生的、较小的、疝孔位于腹壁1/2以上的可复性的病例。将内容物还纳到腹腔后，可用橡胶轮胎或绷带卷进行固定，随时检查绷带的位置在疝轮部位，15 d后镜检查，已愈合可解除绷带。

③手术疗法。是本病的根治方法，术前应保定麻醉，局部剪毛消毒，再皱襞切开疝轮，还纳内容物，如果有粘连，应细心剥离，用生理盐水冲洗并撒上青霉素粉，再将内容物还纳腹腔。若为嵌闭性疝，扩大疝轮，若肠管能恢复正常颜色，出现蠕动，可及时还纳肠管，若肠管颜色变黑坏死，先切除坏死部分并进行肠吻合后再将肠管还纳。然后按具体情况先缝合腹膜，然后缝合腹肌，或腹膜和腹肌一起缝合。如果疝轮较大，常采用纽扣状缝合。

（5）脐疝　是腹腔脏器经扩大的脐孔脱至脐部皮下，多见于羔羊，分为先天性的和后天性的两种。

病因：先天性的主要由于脐孔发育闭锁不全或未闭锁引起，后天性的为脐孔闭锁不全，加上接产时过度牵拉脐带、脐带化脓、腹压增加（便秘、努责、用力过猛的跳跃等）引起。

症状：脐部局部出现局限性球形肿胀，质地柔软，少数紧张，缺乏红、肿、热等炎性反应，听诊局部有肠蠕动音。

诊断：参照腹壁疝的诊断。

治疗：主要包括以下两种方法。

①保守治疗。较小的脐疝可用绷带压迫疗法使疝轮缩小、组织增生而痊

愈。也可用95%酒精碘溶液或10%～15%氯化钠溶液在疝轮周围分点注射，每点3～4 mL，对促进疝轮愈合有一定效果。

②手术疗法。术前禁食，按常规方法进行无菌手术，全身麻醉或局部浸润麻醉，对可复性疝可仰卧或后躯仰卧保定。在疝轮基部切开皮肤，稍加分离，还纳内容物，在脐孔处结扎腹膜，剪除多余部分。疝轮进行纽扣状缝合或袋口缝合，切除多余皮肤，并结节缝合，局部消毒。对嵌闭性疝，先在患部皮肤上切一小口，手指探查有无粘连，其余参照腹壁疝。

9.8.5.9　直肠和肛门脱垂

（1）概念　是直肠末端的黏膜层脱出肛门（脱肛）或直肠一部分甚至大部分向外翻转脱出肛门（直肠脱）。

（2）病因　主要为直肠韧带松弛，直肠黏膜下组织、肛门括约肌松弛和机能不全；也可由长时间拉稀、便秘、病后瘦弱、病理性分娩等诱发，或用刺激性泻药引起强烈努责。

（3）症状　轻者在病羊卧地或排粪后部分脱出，站立或稍息片刻后自行缩回。严重者在以上症状出现后的一定时间内不能自行复位，脱出的黏膜发炎，很快水肿，呈圆球状，颜色淡红色或暗红色；如果直肠壁全层脱出则呈圆筒状，表面粘有脏物，黏膜出血、糜烂、坏死。

（4）治疗　消除病因，治疗方法包括整复、固定、手术治疗。

①整复。是治疗直肠脱出的首要任务，发病初期用0.25%的高锰酸钾溶液或1%明矾溶液清洗患部，然后谨慎地将直肠还纳原位，再在肛门处温敷以防止再次脱出；脱出时间较长、水肿严重、黏膜干裂或坏死的病例，按“洗、剪、擦、送、温敷”5个步骤进行。先用温水洗净患部，再用温防风汤冲洗，再用剪刀或手指剪除或剥离干裂坏死的黏膜，再用撒上适量明矾粉揉搓，挤出水肿液，用温生理盐水冲洗后，涂1%～2%碘石蜡油润滑或抗生素软膏，然后从肠腔口开始谨慎地将肠管送入肛门内，再在肛门处温敷。

②固定。为防止复后继续努责的现象，需要进行固定。主要采用肛门周围缝合（一般采用荷包缝合法）和药物注射（常用70%酒精3～5 mL或10%明矾溶液5～10 mL，配合2%普鲁卡因3～5 mL，在肛门上、左、右3个部位注射）。

③手术切除。脱出过多、整复有困难、脱出的直肠坏死、穿孔或有套叠不能整复时可采用手术。具体可参照动物外科学相关的手术操作。

9.8.5.10　风湿病

风湿病是一种反复发作的急性或慢性非化脓性炎症，以胶原纤维发生纤维素样变为特征。病变主要累及全身结缔组织，其中骨骼肌、心肌、关节囊和蹄是最常见的发病部位。而且骨骼肌和关节囊发病后常呈游走性和对称性，疼痛和机能障碍随运动而减轻。

（1）病因　发病原因迄今尚不明确。近年来研究认为是一种变态反应性疾病，与溶血性链球菌感染有关。此外，风、寒、潮湿、雨淋、过劳等在本病的发生上起重要作用。

（2）症状　主要症状是病羊的肌群、关节和蹄疼痛以及机能障碍等。

①肌肉风湿。主要发生于活动性较大的肌群，如肩臂肌群、背腰肌群、臀肌群及颈肌群等。表现为因肌肉疼痛而运动不协调，步态强拘不灵活，常发生跛行，且跛行随运动量的增加和时间的延长而减轻，触诊患部肌肉有痉挛性收缩，肌肉表面凹凸不平、肿胀，并有全身症状。

②关节风湿。多发生于活动性较大的关节，表现对称性和游走性，关节外形粗大，触诊温热、疼痛、肿胀，运动时跛行。

③心脏风湿。主要表现心内膜炎的症状，听诊时第一、第二心音均增强，有时出现期外收缩性杂音。

（3）诊断　主要根据病史和临床症状加以诊断，近年来辅助用水杨酸皮内试验、纸上电泳法等实验室诊断方法。

（4）治疗　治疗原则为消除病因，加强护理，祛风除湿，解热镇痛，消除炎症，加强饲养管理。

①解热、镇痛及抗风湿疗法。应用解热、镇痛及抗风湿的药物，包括水杨酸、水杨酸钠及阿司匹林等，大剂量使用以上药物对急性肌肉风湿有较高的疗效，对慢性较差。如 2~5 g/次，口服或注射，1 次/d，连用 5~7 d；也可配合乌洛托品、樟脑磺酸钠、葡萄糖酸钙；又可用保泰松片剂（0.1 g/片）33 mg/kg，口服，2 次/d，3 d 后减半。

②皮质激素疗法。常用的皮质激素主要有氢化可的松、地塞米松、泼尼松等。

③抗生素疗法。风湿病发作时要抗菌消炎，首选青霉素，不主张用磺胺类药物，80 万~160 万 IU/次，2~3 次/d，连用 1~2 周。

④中兽医疗法。多采用针灸和中药（通经活络散和独活寄生散）。

⑤物理疗法。对慢性风湿病效果较好，主要有局部温热疗法、电疗法、冷疗法、激光疗法等。

9.8.6　绵羊传染病的防治

本节主要介绍绵羊主要传染病发生发展的基本规律、扑灭措施，以及羊的主要传染病如气肿疽、羊肠毒血症、羊快疫、羔羊痢疾等的病原、流行病学、症状、病理剖检、诊断、防治等基本技术。

9.8.6.1　**总论**

传染病是为害绵羊最严重的一类疾病，它不但可引起绵羊的大批死亡，造成巨大的经济损失，同时某些传染病如炭疽、布氏杆菌病等，不仅引起绵羊大批死亡，造成巨大的经济损失，还能危及人类的生命安全。

为了预防和消灭传染病，保护畜牧业生产和人们身体健康。《中华人民共和国动物防疫法》于1998年1月1日起施行。这是我国开展畜禽防疫工作的法律武器。畜禽防疫必须贯彻执行"预防为主"的方针。平时要采取以"养、防、检、治"为基本环节的综合性措施。加强饲养管理，自繁自养，执行动物防疫制度；定期接种疫苗；定期消毒、驱虫、粪便无害化处理，灭鼠杀虫；认真检疫，及早发现和消灭传染源。在发生疫情时要坚决贯彻"早、快、严、小"的原则，及时确诊和报告疫情；迅速隔离病畜，对有规定的传染病实施疫区封锁；进行紧急免疫接种，及时治疗和淘汰病畜，开展紧急消毒，处理好病畜尸体、排泄物和污染物等。

9.8.6.2　**口蹄疫**

（1）概念　口蹄疫俗称"口疮""蹄癀"，是由口蹄疫病毒引起的偶蹄兽的一种急性、发热性、高度接触性传染病。其临床特征是口腔黏膜、蹄部和乳房皮肤发生水疱和溃烂。

（2）流行特点　本病以呼吸道感染为主，消化道也是感染的"门户"，也可经损伤的皮肤黏膜感染。牲畜流动，畜产品的运输及被病畜的分泌物、排泄物和畜产品污染的车辆、水源、牧地、用具、饲料、饲草等媒介亦能进行传播。

（3）临床症状　羊发生口蹄疫，潜伏期24 d，体温升高至40 ℃以上，精神委顿，食欲不振，流口水，口腔呈弥漫性黏膜炎，蹄部、蹄冠、蹄叉、趾间易破溃产生溃疡，并引起深部组织的坏死，甚至造成蹄壳脱落。乳房、乳头、皮肤有时可出现水泡，很快破裂形成烂斑，如波及乳腺则引起乳腺炎。羔羊有时有出血性胃肠炎，常因心肌炎而死亡。

（4）防治　对本病应采取综合性防治措施。每年定期预防接种口蹄疫疫苗。发生疫情时，上报疫情，鉴定毒型，划定疫区，实行封锁；就地扑捕杀病畜及同群畜，然后焚烧深埋；疫区进行严格的消毒，可用烧碱、生石灰、菌毒敌、消毒威等药物消毒；紧急预防接种，对疫区和受威胁区的家畜免疫注射口蹄疫疫苗。

9.8.6.3 炭疽

炭疽是由炭疽杆菌所引起的人和动物共患的一种急性、热性、败血性传染病，常呈散发或地方性流行。其特征是脾大，皮下和浆膜下出血性胶样浸润，血液凝固不良，死后尸僵不全。

（1）病原　炭疽杆菌是一种不运动的革兰氏阳性大杆菌，长 3~8 μm，宽 11.5 μm。在血液中单个或成对存在，少数呈 3~5 个菌体组成的短链，菌体两端平截，有明显的荚膜；在培养物中菌体呈竹节状的长链，但不易形成荚膜；体内之菌体无芽孢，但在体外接触空气后很快形成芽孢。本菌菌体抵抗力不强，在夏季腐败情况下 24~96 h 死亡；煮沸 2~5 min 立即死亡；对青霉素敏感。但该菌的芽孢抵抗力特别强，在直射阳光下可生存 4 d，在干燥环境中可存活 10 年，在土壤中可存活 30 年；煮沸 1 h 尚能检出少数芽孢，加热至 100 ℃，2 h 才能全部杀死。消毒药杀芽孢的效果为：乙醇对芽孢无害；3%~5%石炭酸 13 d；3%~5%来苏儿 12~24 h；4%碘酊 2 h；2%福尔马林为 20 min。据报道，20%漂白粉或 10%氢氧化钠消毒作用显著。

（2）流行特点　各种家畜均可感染，其中牛、马、绵羊感受性最强；山羊、水牛、骆驼和鹿次之；猪感受性较低。试验动物与人亦具感受性。本病具有发病急、病程短、可视黏膜发绀、天然孔出血等流行特点。病畜的分泌物、排泄物和尸体等都可作为传染来源。该病入侵途径主要是消化道，也有经皮肤及呼吸道感染者。该菌入侵门户主要是咽、扁桃体、肺和皮肤。该病多为散发，常发生于夏季。

（3）症状　自然感染者潜伏期 1~5 d，也有长至 14 d 的。根据病程可分为最急性型、急性型和亚急性型 3 种。病羊多呈最急性型经过，外表健康的羊只突然倒地，全身战栗，摇摆，昏迷，磨牙，呼吸困难，可视黏膜发绀，天然孔流出带泡沫的暗色血液，常于数分钟内死亡。急性型表现败血型，也可表现为痈型。病羊尸僵不全或缺如，尸体极易腐败而致腹部膨大；从鼻孔和肛门等天然孔流出不凝固的暗红色血液；可视黏膜发绀，并有散在出血点；因机体缺氧、脱水和溶血，故血液黑红色、浓稠、凝固，呈煤焦油样；剥开皮肤可见皮下、肌肉及浆膜下有出血性胶样浸润；脾脏显著肿大，较正常大 23 倍，脾体暗红色，软如泥状；全身淋巴结肿大、出血，切面黑红色。

（4）诊断　因炭疽病经过急、死亡快，加之疑似炭疽病例严禁剖检，故诊断较为困难。其诊断要点为：血液、病变组织和淋巴结涂片细菌检查时发现炭疽杆菌；天然孔出血，血液黑色、凝固不良，如煤焦油样；黏膜、浆膜多发生出血，浆膜腔积液；败血脾及出血性淋巴结炎；为进一步确诊，可采用动物接种试验、血清学诊断及鉴别诊断等。

（5）防治　炭疽病要抓好预防注射和尸体处理两个主要环节。每年定期注射无毒炭疽芽孢苗预防注射。疑似炭疽尸体应严禁剖检，焚烧或深埋。一旦发病，应及时报告疫情，立即封锁隔离，加强消毒并紧急预防接种。封锁区内羊舍用20%漂白粉或10%氢氧化钠消毒，病羊粪便及垫草应焚烧。疫区封锁必须在最后一头病畜死亡或痊愈后14 d，经全面大消毒方能解除，特别要告诫广大牧民严禁使用本病病羊的肉品。

炭疽病早期应用抗炭疽血清可获得良好效果，成年羊静脉或皮下或腹腔注射30~60 mL；若注射后体温仍不下降，则可于12~24 h后再重复注射1次。按4 000~8 000 IU/kg肌肉注射青霉素，每天2~3次，治疗效果良好；若将青霉素与抗炭疽血清或链霉素合并应用，则效果更好。土霉素之疗效亦较理想。磺胺类药物对炭疽有效，以磺胺嘧啶为最好。首次剂量0.2 g/kg，以后减半，每天1~2次。

9.8.6.4　布氏杆菌病

布氏杆菌病是由布氏杆菌引起人畜共患的一种传染病，呈慢性经过，临诊主要表现为流产、睾丸炎、腱鞘炎和关节炎，病理特征为全身弥漫性网状内皮细胞增生和肉芽肿结节形成。

（1）病原　布氏杆菌共分为牛、羊、猪、沙林鼠、绵羊和犬布氏杆菌6种。在我国发现的主要为前3种。布氏杆菌为细小的短杆状或球杆状，不产生芽孢，革兰氏染色阴性的杆菌。布氏杆菌对热敏感，70 ℃下10 min即可死亡；阳光直射1 h死亡；在腐败病料中迅速失去活力；一般常用消毒药都能很快将其杀死。

（2）流行特点　自然病例主要见于牛、山羊、绵羊和猪。母羊较公羊易感，成年羊较羔羊易感。病羊是本病的主要传染来源，该菌存在于流产胎儿、胎衣、羊水、流产母羊的阴道分泌物及公畜的精液内，多经接触流产时的排出物及乳汁或交配而传播。本病呈地方性流行。新疫区常使大批妊娠母羊流产；老疫区流产减少，但关节炎、子宫内膜炎、胎衣不下、屡配不孕、睾丸炎等逐渐增多。

（3）症状　潜伏期短者两周，长者可达半年。羊流产发生在妊娠的3~4个月，流产前阴道流出黄色黏液，公羊发生睾丸炎和附睾炎。

（4）病理变化　母羊的病变主要在子宫内部。在子宫绒毛膜间隙有污灰色或黄色无气味的胶样渗出物；绒毛膜有坏死病灶，表面覆以黄色坏死物或污灰色脓液；胎膜因水肿而肥厚，呈胶样浸润，表面覆以纤维素和脓汁。流产的胎儿主要为败血症变化，脾与淋巴结肿大，肝脏中有坏死灶，肺常见支气管肺炎。

（5）诊断　本病之流行特点、临床症状和病理变化均无明显特征。流产是最重要的症状之一，流产后的子宫、胎儿和胎膜均有明显病变，因此确诊本病只能通过细菌学、血清学、变态反应等实验室手段。

（6）防治　防治本病主要是保护健康羊群、消灭疫场的布氏杆菌病和培育健康羔羊3个方面，措施如下。

一是加强检疫，引种时检疫，引入后隔离观察1个月，确认健康后方能合群。

二是定期预防注射，如布氏杆菌19号弱毒菌苗或冻干布氏杆菌羊5号弱毒菌苗可于成年母羊，每年配种前12个月注射，免疫期1年。

三是严格消毒，对病羊污染的圈舍、运动场、饲槽等用5%克辽林、5%来苏儿、10%~20%石灰乳或2%氢氧化钠等消毒。

四是培育健康羔羊，约占50%的隐性病羊，在隔离饲养条件下可经24年而自然痊愈；6个月后作间隔为5~6周的2次检疫，阴性者送入健康羊群；阳性者送入病羊群，从而达到逐步更新、净化羊场的目的。和对流产后继续子宫内膜炎的病羊可用0.1%高锰酸钾冲洗子宫和阴道，每天1~2次，经2~3 d后隔日1次。严重病例可用抗生素或磺胺类药物治疗。中药益母散对母羊效果良好，益母草5 g、黄芩3 g、川芎3 g、当归3 g、热地3 g、白术3 g、二花3 g、连翘3 g、白芍3 g，共研细末，开水冲，候温服。

9.8.6.5　羊痘

羊痘是痘病毒引起的急性、发热性传染病，其特征是皮肤和黏膜上发生特殊的丘疹和疱疹（痘疹）。本病多发生在春、秋两季，主要通过呼吸道，也可通过损伤的皮肤或黏膜侵入机体引起发病。

（1）症状　病初鼻孔闭塞，呼吸迫促，有的羊只流浆液或黏液性鼻涕，眼睑肿胀，结膜充血，有浆液性分泌物，体温升高到41~42 ℃，鼻孔周围、面部、耳部、背部、胸腹部、四肢无毛区发生硬币大小的块状疹，疹块破溃后，有淡黄色液体流出，时间长了结痂。病程4周左右，若并发其他感染，可引起脓毒败血症而死亡。

（2）治疗　羊痘用青、链霉素无效，主要采用如下方法。

①免疫血清。大羊10~20 mL，小羊5~10 mL，皮下注射。

②对症疗法。10% NaCl溶液40~60 mL或$NaHCO_3$溶液250 mL，静脉滴注。局部用0.1%高锰酸钾液洗涤患部，再涂擦碘甘油。

③支持疗法。10%葡萄糖液500 mL，5%葡萄糖酸钙40 mL，青霉素380万单位，链霉素2 g，一次性静脉滴注。

（3）预防　注意环境卫生，加强饲养管理；加强检疫工作，引进种羊要隔离观察 4 周左右，确定无疫后才能混群饲养；羊痘鸡化弱毒苗预防接种，0.5 mL/只，尾根部皮下注射，免疫期 1 年；发病羊立即进行隔离治疗，对环境彻底消毒，病死羊尸体深埋，防止病源扩散。

9.8.6.6　羊传染性胸膜肺炎

本病是由丝状霉形体引起的高度接触性传染病，通过空气飞沫经呼吸道传染，主要见于冬季和早春枯草季节，发病率可达 87%，死亡率达 34.5%。以高热、咳嗽、肺和胸膜发生浆液性或纤维素性炎症为特点。

（1）症状　临床上可分为最急性型、急性型和慢性型 3 种，以急性型最为常见。病羊高热，病初体温升高达 41~42 ℃，呈现稽留热或间歇热，病羊精神沉郁，反应迟钝，食欲减退，但饮欲随病程的发展而增强，呼吸困难，有时呻吟、气喘、湿咳，初期流浆液性鼻涕，1 周后变为脓性，铁锈色。按压羊只胸壁表现为敏感、疼痛。

（2）治疗　健康羊和病羊隔离饲养，羊舍、食槽及周围环境用 20%石灰乳消毒；用磺胺嘧啶肌肉注射，或病初使用足够剂量的土霉素有治疗效果。

（3）预防　严格检疫检验，防止本病传入；加强饲养管理，注意防寒防冻；免疫接种，每年 5 月注射山羊传染性胸膜肺炎菌苗，大羊每只肌肉注射 5 mL，小羊每只肌肉注射 3 mL，免疫期为 1 年。

9.8.6.7　羊传染性角膜结膜炎

又称红眼病，其特征为眼结膜和角膜发生明显的炎症变化，伴有大量流泪，其后发生角膜混浊或呈乳白色，严重者导致失明。

（1）症状　潜伏期 3~7 d，多数病初一侧眼患病，后期为双眼感染。病初患眼流泪，怕光，畏光，眼睑肿胀疼痛，其后结膜潮红有分泌物。角膜周围血管充血，中央有灰白色小点，严重的角膜增厚，发生溃疡，甚至角膜破裂晶体脱出。有的病羊发生眼房积脓，有的发生关节炎、跛行。病羊全身症状不明显，体温、呼吸、脉搏均无明显变化，但眼球化脓的羊体温升高，食欲减退，精神沉郁，离群呆立。

（2）治疗　3%~5%硼酸水溶液冲洗患眼，拭干；涂红霉素或四环素、金霉素软膏，每天 3 次；角膜混浊时，涂 1%~2%黄降汞软膏，每天 3 次；严重者，眼底（太阳穴）注射氢化可的松，每天 1 次。

（3）预防　病畜立即隔离，早期治疗，彻底消毒羊舍；夏季注意灭蝇，避免强烈阳光刺激。

9.8.6.8　羊传染性脓疱

俗称“羊口疮”，是由病毒引起的一种传染病，其特征为口唇等处皮肤和黏膜形成丘疹、脓疱、溃疡和结成疣状厚痂。

(1) 症状　临床上可分为唇型、蹄型和外阴型，以唇型最为常见。病羊先于口角上唇或鼻镜处出现散在小红斑，以后逐渐变为丘疹和小结节，继而成为水疱、脓疱、脓肿互相融合，波及整个口唇周围，形成大面积痂垢，痂垢不断增厚，整个嘴唇肿大、外翻，呈桑葚状隆起，严重影响采食。病羊表现为流涎、精神萎靡、被毛粗乱、日渐消瘦。

(2) 治疗　采用综合性防治措施，可明显缩短病程，疗效显著。首先对感染羊只隔离饲养，圈舍彻底消毒。给予病羊柔软的饲料、饲草（麸皮粉、青草、软干草），保证清洁饮水。剥净痂垢，用淡盐水或0.1%高锰酸钾水溶液清洗疮面，再用2%龙胆紫或碘甘油涂擦疮面，间隔3~5 d再用1次。同时，肌肉注射维生素E 0.5~1.5 g及B族维生素20~30 g，每天2次，连续3~4 d。

(3) 预防　保护羊只皮肤黏膜不受损伤，搞好环境消毒。特异性预防，采用疫苗预防，未发疫地区，羊口疮弱毒细胞冻干苗，每只0.2 mL，口唇黏膜注射。发病地区，紧急接种，仅限内侧划痕；也可采用把患羊口唇部痂皮取下，剪碎，研制成粉末状，然后用5%甘油灭菌生理盐水稀释成1%浓度，涂于内侧、皮肤划痕或刺种于耳，预防本病效果不错。

9.8.6.9 羊梭菌性疾病

由梭状芽孢杆菌属微生物引起的一类传染病的总称，包括羊快疫、羊肠毒血症、羊猝狙、羊黑疫、羔羊痢疾等病。这些疾病发病急，传播快，病死率高，对养羊业为害很大。

(1) 羊快疫　由腐败梭菌引起的一种急性传染病，发病突然，病程极短。其特征为真胃出血性炎性损伤。羊只发病多为6~18个月，绵羊较山羊更为常见。

①症状。病羊突然发病死亡，有的腹部膨胀，有腹痛症状，口内流出带血色的泡沫，排粪困难，粪便杂有黏液或黏膜间带血丝，病羊最后极度衰竭昏迷，数分钟或几小时死亡。

②防治。由于病程极短，往往来不及治疗，必须加强平时的预防及隔离消毒工作，每年定期注射羊四防氢氧化铝菌苗。

(2) 羊肠毒血症　由D型魏氏梭菌引起的一种急性毒血症，以肾肿大充血变软为主要特征，又称软肾病。

①症状。羊只突然不安，四肢步态不稳，四处奔走，眼神失灵，严重的高高跳起坠地死亡。体温一般不高，食欲废绝，腹痛、腹胀，全身颤抖，头颈向后弯曲，转圈，口鼻流沫，排出黄褐色或血水样粪便，病程极短的气喘，常发

出呻吟，数分钟至几小时内死亡。

②防治。病羊发现较早可注射羊肠毒血症高免血清 30 mL，或肌肉注射氟苯尼考，每次 1 g，2 次/d，连用 3~5 d。每年春秋定期注射羊四防氢氧化铝菌苗是预防该病的有效办法。

（3）羊猝狙　由 C 型魏氏梭菌引起的一种毒血症，以腹膜炎、溃疡性肠炎和急性死亡为特征。

①症状。病程极短，往往在未见到症状即死亡，有的仅见掉群，不安，卧地，抽搐，迅速死亡。

②防治。发病早期病羊可注射高免血清或使用土霉素、四环素有疗效。每年春秋定期注射羊四防氢氧化铝菌苗，可控制本病发生。

（4）羔羊痢疾　由 B 型魏氏梭菌引起的初生羔羊的急性毒血症。以剧烈腹泻和小肠发生溃疡为特征。

①症状。潜伏期 12 d，病初精神萎靡，不想吃奶，有的表现神经症状，呼吸快，体温降至常温以下，不久发生腹泻，粪便稀薄如水，恶臭，到了后期，带有血液，直至血便，羔羊逐渐消瘦，卧地不起，如不及时治疗，常在 12 d 死亡。

②治疗。土霉素 0.2~0.3 g，或加胃蛋白酶 0.2~0.3 g，加水灌服，每天 2 次；0.1%高锰酸钾水 10~20 mL 灌服，每天 2 次；针对其他症状对症治疗。

③预防。每年秋季给母羊注射羊四防氢氧化铝菌苗，产前 2~3 周再免疫 1 次。羔羊出生后 12 h 内，灌服土霉素 0.15~0.2 g，每天 1 次，连服 3 d，有一定预防效果。

（5）羊黑疫　又称传染性坏死性肝炎，是由 B 型诺维氏梭菌引起的一种以肝脏坏死，高度致死性毒血症为特征的急性传染病。本病的流行与肝片吸虫感染羊只有很大关系，以 2~4 岁羊发病最多。

①症状。病程急促，绝大多数未见症状，即突然死亡，少数病例可拖延 12 d，病羊掉群，呼吸困难，体温在 41.5 ℃左右，睡姿呈俯卧状。

②治疗。肌肉注射血清 50 mL。

③预防。控制肝吸虫的感染；每年春秋定期免疫羊五联或羊黑疫苗。

第十章　养羊设施及环境管理

10.1　羊舍建造的基本要求

10.1.1　羊舍地址选择原则

羊舍是羊的重要外界环境条件之一。羊舍建筑是否合理，能否保证羊的生理要求，对羊生产力发挥良好与否有一定的关系。

羊舍地址应具备如下条件。

一是羊舍地址要求地势高燥、地下水位低（2 m 以下）、有微坡（1%～3%）。在寒冷地区要求羊舍背风向阳。切忌在低洼涝地、山洪水道、冬季风口等地修建羊舍。

二是保证防疫安全。羊舍地址必须在历史上从未发生过羊的任何传染病，距主要的交通线（铁路和主要公路）300 m 以上。并且，要在污染源的上坡上风方向。羊场内兽医室、病畜隔离室、贮粪池、尸坑等应位于羊舍的下坡下风方向，以避免场内疾病传播。

三是水量充足，水质良好。水量能保证场内职工用水、羊饮水和消毒用水。舍饲羊只的需水量通常大于放牧羊只；夏季大于冬季。舍饲成年母羊和羔羊需水量分别为 10 L/（只·d）和 5 L/（只·d），放牧时相应为 5 L/（只·d）和 3 L/（只·d）。水质必须符合畜禽饮用水的水质卫生标准。同时，应注意保护水源不受污染。

四是交通、通信比较便利。便于饲草料、羊只的运输以及对外联系。

10.1.2　羊舍建筑的基本要求

10.1.2.1　羊舍建筑参数

一般跨度 6.0～9.0 m，净高（地面到天棚）2.0～2.4 m。单坡式羊舍，一般前高 2.2～2.5 m，后高 1.7～2.0 m，屋顶斜面为 45°。

10.1.2.2　面积参数

各类羊合理占用畜舍面积数据见表 10-1。

表 10-1　各类羊占用畜舍面积

类别	面积/（m^2/只）	类别	面积/（m^2/只）
种公羊	4~6	春季产羔母羊	1.1~1.6
一般公羊	1.8~2.25	冬季产羔母羊	1.4~2.0
去势公羊和小公羊	0.7~0.9	1 岁母羊	0.7~0.8
小去势羊	0.6~0.8	3~4 月龄羔羊	占母羊面积的 20%

产羔室面积可按 20%~25%基础母羊所占面积计算，运动场面积一般为羊舍面积的 2~2.5 倍。

10.1.2.3　温度参数

冬季一般羊舍温度应在 0 ℃以上，产羔室温度应在 8 ℃以上；夏季羊舍温度不应超过 30 ℃。

10.1.2.4　湿度参数

一般羊舍空气相对湿度应在 50%~70%，冬季应尽量保持干燥。

10.1.2.5 通风换气参数

封闭羊舍排气管横断面积可按 0.005~0.006 m^2/只计算，进气管面积占排气管面积的 70%。

10.1.2.6 采光参数

成年羊采光系数 1：（15~25），高产羊 1：（10~12），羔羊 1：（15~20）。

10.1.2.7　羊舍门窗

一般 200 只羊设一个大门，门宽 2.5~3.0 m，高 1.8~2.0 m，一般窗宽 1.0~1.2 m、高 0.7~0.9 m，窗台距地面高 1.3~1.5 m。

10.1.3　羊舍建筑的基本构造要求

10.1.3.1　地基

简易羊舍和小型羊舍，负荷小，可直接建在天然地基上，对大型和现代化羊舍，要求地基必须具有足够的承重能力，必须用砖、石、水泥、钢筋混凝土等建筑材料作地基。

10.1.3.2 **墙壁**

羊舍墙壁要坚固耐久、厚度适宜、无裂缝、保温防潮、耐水、抗冻、抗震、防火、易清扫消毒。在材料选择上宜选用砖混结构。空心砖、多孔砖保温性好、容重低。为了防止吸潮，可用 1∶1 或 1∶2 的水泥勾缝和抹灰。墙壁厚度可根据气候特点及承重情况采用 12 墙（半砖厚）、18 墙（3/4 砖厚）、24 墙（一砖厚）或 37 墙（一砖半厚）等。

10.1.3.3 **屋顶**

羊舍屋顶要求保温不漏雨，可采用多层建筑材料建造。羊舍多采用双坡式屋顶，小型羊舍也可用单坡式。

10.1.3.4 **地面**

舍内地面是羊躺卧休息、排泄和活动的地方，也叫羊床，其保暖与卫生很重要。所以，要求羊床具有较高的保温性能，多采用导热性小的、不渗水的材料建造。羊床以 1.0%～1.5%的坡度倾斜，便于排流污水，有助于卫生和清扫。目前，羊舍多采用砖地和土质夯实地面，有条件的可选择沥青地面或有机合成材料地面。

10.1.3.5 **天棚**

天棚要用导热性小、结构严密、不透水、不透气、表面光滑的材料制作。

10.1.3.6 **门窗**

一般每栋羊舍开设 2 个门，1 端 1 个，正对通道，不设门槛和台阶，门要向外开启。在寒冷地区为保温，常设门斗以防冷空气侵入，并缓和舍内热量外流。门斗深度应不小于 2 m，宽度应比门大 1～1.2 m。

窗户的数量视采光需要和通风情况而定，一般朝南窗户大些，朝北窗户小些，且南北窗户不对开，避免穿堂风。窗户的底边调试要高于羊背 20～30 cm。屋顶设窗户，更有利于采光和通风，但散热多，羊舍保温困难，必须统筹兼顾。

10.2 常见羊舍基本类型

10.2.1 塑料暖棚羊舍

10.2.1.1 基本原理

在寒冷季节，给开放、半开放畜禽舍扣上密闭式塑料暖棚，充分利用太阳和畜禽自身散发的热量，提高棚内温度，人工创造适宜畜禽正常生态平衡的小气候环境，减少热能损耗，降低维持需要，并通过优良品种、配合饲料、饲养管理、疫病防治等配套措施，加速畜禽周转，提高经济效益。

10. 2. 1. 2 暖棚建设技术

选择地势开阔干燥，周围无高大建筑物及遮阴物，采光系数大，太阳入射角以45°为宜。根据各自畜禽舍及日照情况以太阳能辐射到暖棚内畜床基为标准进行建造。

地形背风向阳，地面平坦，周围无污染源，靠近村庄，交通方便，便于作业和管理。棚舍走向以东西走向，坐北向南，适当偏东10°为好，在工矿区早晨烟雾多，应适当偏西5°~10°为好。棚舍长宽比，要求长度相对大一些，跨度相对小一些，一般有柱暖棚（双列式）跨度为8~10 m，无柱暖棚（单列式）跨度为5 m左右。

暖棚规格按类型分为单列式（半斜面、弓形）和双列式（双斜面、拱圆形），各类畜禽按其不同要求确定其种类。一般按使用面积计算，每只羊占地1.1 m^2。暖棚面弧度与高跨比、棚面张度合理，可明显减轻棚膜摔打现象，其合理设计：弧线点高 $=\frac{4\times\text{中高}}{\text{跨度}}\times$水平距离（跨度-水平距离）。

暖棚保温：暖棚后墙凡土木结构要用草泥垛成，厚度60~80 cm，凡砖筑结构砌成空心墙，中间填炉渣，暖棚前沿墙外10 cm处，挖70~80 cm深、30 cm宽的防寒沟，沟内填炉渣、麦衣等物，棚膜上面在夜间根据需要加盖草帘，以利保温。

10. 2. 1. 3 暖棚羊舍建造设计

采用单列式半弓形塑料暖棚，方向坐北向南。圈舍中梁高2.1 m，后墙高1.6 m，前沿墙高1.1 m，后墙与中梁之间用木椽搭棚，中梁与前檐之间用竹片搭成弓形支架，上扣塑料薄膜，棚舍前后深7 m，左右宽13 m（按羊只数量确定），中梁离地面与前沿墙距离2 m，棚舍山墙留一高1.8 m、宽1.5 m的门，供羊只和饲养人员出入，前沿墙基留几处通风孔，棚顶留一换气百叶窗，棚内沿墙设补饲槽、产仔栏（图10-1）。

10. 2. 1. 4 暖棚建造

暖棚框架材料选择牢固结实，经济实用的木材、竹材、钢材、铝材和塑料板材。暖棚地基以石墙、混凝土砖墙为好。暖棚前沿墙、山墙用砖混结构，后墙可用土坯砌成，有条件的可砌成空心墙，以便保温。暖棚后坡用框架材料搭成单斜面棚架，用竹席和麦秸等盖上后用草泥封顶，上盖油毛毡，使其能隔热、保温、防漏。暖棚用膜必须选用无滴膜。根据建造条件，暖棚可设计为单

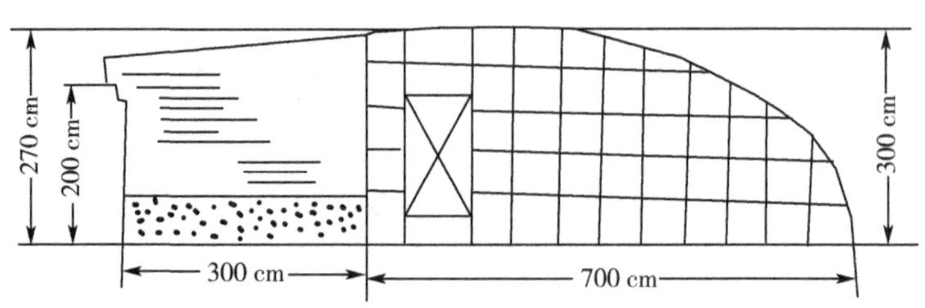

图 10-1　暖棚羊舍示意图

层或双层（有一定间距），单层暖棚可附带活动式保温草帘，以便在夜间阴冷天气时使用。暖棚扣棚时间一般在 10 月下旬开始。

10.2.2　开放、半开放结合单坡式羊舍

这种羊舍由开放舍和半开放舍两部分组成，羊舍排列成“厂”字形，羊可以在两种羊舍中自由活动。在半开放羊舍中，可用活动围栏临时隔出或分隔出固定的母羊分娩栏。这种羊舍，适合于炎热地区或当前经济较落后的牧区。

10.2.3　半开放双坡式羊舍

这种羊舍，既可排列成“厂”字形，也可排列成“一”字形，但长度增长。这种羊舍适合于比较温暖的地区，或半农半牧区。

10.2.4　封闭双坡式羊舍

这种类型羊舍，四周墙壁封闭严密，屋顶为双坡，跨度大，排列成“一”字形，保温性能好。适合寒冷地区，可作冬季产羔舍。其长度可根据羊的数量适当加以延长或缩短，见图 10-2。

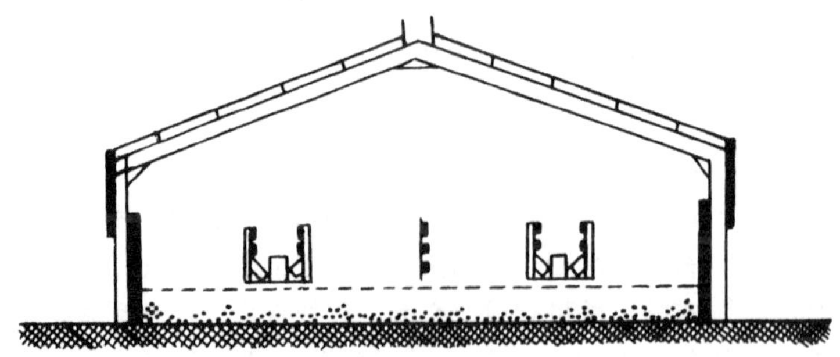

图 10-2　封闭双坡式羊舍

10.2.5 漏缝地面羊舍

国外典型漏缝地面羊舍，为封闭双坡式，跨度为6.0 m，地面漏缝木条宽50 mm，厚25 mm，缝隙22 mm。双列食槽通道宽50 cm，对产羔母羊可提供相当适宜的环境条件。

10.3 养羊主要设备

10.3.1 饲料设备

（1）饲槽 饲槽用于舍饲或补饲，专门给羊饲喂精饲料、颗粒料或短草。常用的饲槽有固定式水泥槽和移动式木槽两种。

① 固定式水泥槽。由砖、土坯及混凝土砌成。槽体一般高23 cm，槽内径宽23 cm，深14 cm，槽壁应用水泥砂浆抹光。槽长依羊的数量而定，一般按大羊30 cm、羔羊20 cm计算。

② 移动式木槽。用厚木板钉成，一般饲槽长200~300 cm，顶高67.5 cm，顶宽4 cm，槽底宽30 cm，槽体高12.5 cm，槽开口斜面高25 cm，槽内隔板高37.5 cm，稳定横木长100 cm。

（2）饲草架 饲草架形式多种多样，有长方形草架、三角形草架、联合式草架等。草架设置长度，按每只成年羊30~50 cm，每只羔羊20~30 cm。草架隔栅间距以羊头能伸入栅内采食为宜，一般15~20 cm。

（3）饮水设备 羊舍内或放牧场内必须设置固定的足够数量的饮水槽，饮水槽可用砖、石砌或用木板制作。

（4）母子栏 在母羊产羔后，为了将母羊与羔羊从大群中分开隔离，使母羊采食与子女羊吮乳不受其他羊干扰，而专门设计制作的栅栏叫母子栏，每块栏高100 cm，长120~150 cm。常用的有重叠围栏、折叠栏和三脚架围栏。

10.3.2 剪毛和梳绒设备

（1）剪毛设备 剪毛机的类型较多，按其动力可分为手动式、机动式和电动式。常用的为四头机动剪毛机和六头电动剪毛机。

① 四头机动剪毛机。由单缸四冲程03型内燃机带动。这种剪毛机组的特点是构造简单，使用方便，效果比较好，适用于广大牧区流动性的剪毛作业。

②六头电动剪毛机。主要由三相交流机动发电机1台、移动式电力和照明电线1套、小型电动机6个、柔性轴和剪毛机6套、双圆盘磨刀装置1套所组

成。这种剪毛机比较重，固定不动为宜，一般安置在专用剪毛房里。

10.3.3 药浴设备

（1）小型药浴池　小型药浴池一般长 150～250 cm，宽 100 cm，高 120 cm，可盛1 500 L左右的药液，一次同时浴3～4 只小羊或2～4 只成年羊。

（2）大型药浴池　大型药浴池可用水泥、砖、石头等材料砌成长方形，一般池长10～12 m，池上部宽60～80 cm，池底宽40～60 cm，以羊能通过而不能转身为宜，深1.0～1.2 m。入口处设喇叭形围栏，使羊单排依顺序进入浴池。浴池入口呈陡坡，羊走入时可迅速滑入池中；出口有一定倾斜度，斜坡上有小台阶或横木条，主要用途：一是使羊不滑倒；二是羊在斜坡上停留一些时间，使身上余存的药液流回浴池。

（3）淋浴式药浴装置　淋浴式药浴装置由机械喷淋部分和地面建筑组成，机械喷淋部分包括上喷管道、下淋管道、喷头、过滤筛、搅拌器、螺旋阀门、水泵、电机等；地面建筑包括淋场、待淋场、滴液栏、药液池和过滤系统等。

10.4 羊场环境污染及监控

10.4.1 空气污染的调控

（1）大气中的污染物　大气中的污染物主要分为自然来源和人为来源两大类。自然界的各种微粒、硫氧化物、各种盐类和异常气体等，有时可造成局部的或短期的大气污染。人为的来源有工农业生产过程和人类生活排放的有毒、有害气体和烟尘，如氟化物、二氧化硫、氮氧化物、一氧化碳、氧化铁微粒、氧化钙微粒、砷、汞、氯化物、各种农药产生的气体等。石化燃料的燃烧，特别是化工生产和生活垃圾的焚烧，是造成大气污染最主要的来源。燃烧完全产物主要有二氧化碳、二氧化硫、二氧化氮、水蒸气、灰分（含有杂质的氧化物或卤化物，如氧化铁、氟化钙）等。燃烧不完全产物有一氧化碳、硫氧化物、醛类、碳粒、多环芳烃等。工业生产过程中向环境中排放大量的污染物。

（2）畜舍中的有害气体　集约化肉羊场以舍饲为主，肉羊起居和排泄粪尿都在畜舍内，产生有害气体和恶臭，往往造成舍内外空气污染。主要表现在空气中二氧化碳、水汽等增多，氮气、氧气减少；并出现许多有毒、有害成分：如氨气、硫化氢、一氧化碳、甲烷、酞胺、硫醇、甲胺、乙胺、乙醇、丙酮、2-丁酮、丁二酮、粪臭素和吲哚等。

舍内有害气体的气味可刺激人的嗅觉，产生厌恶感，故又称为恶臭或恶臭物质，但恶臭物质除了家畜粪尿、垫料和饲料等分解产生的有害气体外，还包括皮脂腺和汗腺的分泌物、畜体的外激素以及黏附在体表的污物等，家畜呼出二氧化碳也会散发出不同的难闻气味。肉羊采食的饲料消化吸收后进入后段肠道（结肠和直肠），未被消化的部分被微生物发酵，分解产生多种臭气成分，具有一定的臭味。粪便排出体外后，粪便中原有的和外来的微生物和酶继续分解其中的有机物，生成的某些中间产物或终产物形成有害气体和恶臭，一般来说臭气浓度与粪便氮、磷酸盐含量成正比。有害气体的成主要成分是硫化氢、有机酸、酚、醛、醇、酮、酯、盐基性物质、杂环化合物、碳氢化合物等。

（3）空气污染　合理确定羊场位置是防止工业有害气体污染和解决畜牧场有害气体对人类环境污染的关键。场址应选择城市郊区、郊县，远离工业区、人口密集区，尤其是医院、动物产品加工厂、垃圾场等污染源。如宁夏大武口区潮湖村的羊场正好处于发电厂煤烟走向的山沟里，结果造成2 000多只山羊因空气污染而生长停滞，发生空气氟中毒现象。

设法使粪尿迅速分离和干燥，可以降低臭气的产生。放牧情况下羊圈每半年或一年清理一次粪便。集约化羊场因饲养密度大，必须每天清理。

研究表明，当 $pH>9.5$ 时，硫化氢溶解度提高，释放量减少；氨在 pH 7.0~10.0 时大量释放；$pH<7.0$ 时释放量大大减少；$pH<4.5$ 时，几乎不释放氨。另外，保持粪床或沟内有良好的排水与通风，使排出的粪便及时干燥，则可大大减少舍内氨和硫化氢等的产生。

应用添加剂可减少臭气、污染物数量。目前常用的添加剂有微生态制剂沸石、膨润土、海泡石、蛭石和硅藻土等。

10.4.2　水污染的调控

（1）水中微生物的污染　水中微生物的数量，在很大程度上取决于水中有机物含量，水源被病原微生物污染后，可引起某些传染病的传播与流行。由于天然水的自净作用，天然水源偶然受到一次污染，通常不会引起水的持久性污染。但如果是长期的、不间断的污染，就有可能造成流行病。据报道，能够引起人类发病的传染病共有148种，其中有15种是经水传播的。主要的肠道传染病有伤寒、副伤寒、副霍乱、阿米巴痢疾、细菌性痢疾、钩端螺旋传染病等。由病毒经水传播的传染病，到目前为止已发现140种以上，主要有肠病毒（脊髓灰质炎、柯萨奇病毒，人肠道外细胞病毒）、腺病毒等。养羊场被水污染后，可引起炭疽、结核病、口蹄疫等疫病的传染。

（2）水中有机物质的污染　畜粪、饲料、生活污水等都含有大量的碳氢化合物、蛋白质、脂肪等腐败性有机物。这些物质在水中首先使水变混浊，如果水中氧气不足，则好氧细菌可将有机氮分解为氨、亚硝酸盐，最终为稳定的硝酸盐无机物。如果水中溶解氧耗尽，则有机物进行厌氧分解，产生甲烷、硫化氢、硫醇之类的恶臭，使水质恶化，不适于饮用。又由于有机物分解的产物是优质营养素，使水生生物大量繁殖，更加大了水的浊度，消耗水中氧，产生恶臭，威胁贝类、藻类的生存。因此，在有机物排放到水中时，要求水中应有充足的氧以对其进行分解，所以亦可按水中的溶解氧量，决定所容许的污染物排放量。

（3）水的沉淀、过滤与消毒　肉羊场大都处于农村和远郊，一般无自来水供应，大部分采用自备井。其深度差别较大，污染程度也有所区别，通常需进行消毒。地面水一般比较混浊，细菌含量较多，必须采用普通净化法（混凝沉淀及沙滤）和消毒法来改善水质。地下水较为清洁，一般只需消毒处理。有的水源较特殊，则应采用特殊处理法（如除铁、除氟、除臭、软化等）。

①混凝沉淀。水中较细的悬浮物及胶质微粒，不易凝集沉降，故必须加入明矾、硫酸铝和铁盐（如硫酸亚铁、三氯化铁等）混凝剂，使水中极小的悬浮物及胶质微粒凝聚成絮状物而加快沉降。

②沙滤。沙滤是把混浊的水通过沙层，使水中悬浮物、微生物等阻留在沙层上部，水即得到净化。

集中式给水的过滤，一般可分为慢沙滤池和快沙滤池两种。目前大部分自来水厂采用快沙滤池，而简易自来水厂多采用慢沙滤池。

分散式给水的过滤，可在河或湖边挖渗水井，使水经过地层自然滤过。如能在水源和渗水井之间挖一沙滤沟，或建筑水边沙滤井，则能更好地改善水质。

③ 消毒。饮水消毒的方法很多，如氯化法、煮沸法、紫外线照射法、臭氧法、超声波法、高锰酸钾法等。目前应用最广的是氯化法，因为此法杀菌力强、设备简单、使用方便、费用低。

消毒剂的用量，除满足在接触时间内与水中各种物质作用所需要的有效氯量外，还应该使水在消毒后有适量的剩余，以保证持续的杀菌能力。

氯化法消毒用的药剂为液态氯和漂白粉，集中式给水的加氯消毒，主要用液态氯；小型水厂和分散式给水多用漂白粉。漂白粉易受空气中二氧化碳、水分、光线和高温等影响而发生分解，使有效氯含量不断减少。因此，须将漂白粉装在密闭的棕色瓶内，放在低温、干燥、阴暗处。

10.4.3　土壤中的矿物质与微生物

土壤原是肉羊生存的重要环境，但随着现代养羊业向舍饲化方向的发展，其直接影响愈来愈小，主要通过饮水和饲料等间接影响肉羊健康和生产性能。

畜体中的化学元素主要从饲料中获得，土壤中某些元素的缺乏或过多，往往通过饲料和水引起家畜地方性营养代谢疾病。例如，土壤中钙和磷的缺乏可引起家畜的佝偻病和软骨症；缺镁则导致畜体物质代谢紊乱、异嗜，甚至出现痉挛症。

土壤的细菌大多是非病原性杂菌，如丝状菌、酵母菌、球菌以及硝化菌、固氮菌等。土壤深层多为厌氧性细菌。土壤的温度、湿度、pH、营养物质等不利于病原菌生存。但在富含有机质或被污染的土壤中，或逆性较强的病原菌，都可能长期生存下来，如破伤风杆菌和炭疽杆菌在土壤中可存活 16~17 年甚至更多年以上，霍乱杆菌可生存 9 个月，布鲁氏杆菌可生存 2 个月，沙门氏杆菌可生存 12 个月。土壤中非固有的病原菌如伤寒菌等，在干燥地方可生存 2 周，在湿润地方可生存 2~5 个月。各种致病寄生虫的幼虫和卵，原生动物如蛔虫、钩虫、阿米巴原虫等，在低洼地、沼泽地生存时间较长，常成为肉羊寄生虫病的传染源。

10.5　羊场环境的监控和净化

羊场环境主要指场区和舍区的环境。这些地方的环境直接影响羊生产力的发挥，对肉羊场环境的监控主要依靠较好的消毒工作来实现。

10.5.1　消毒的概念及分类

（1）概念　消毒是指运用各种方法消除或杀灭饲养环境中的各类病原体，减少病原体对环境的污染，切断疾病的传染途径，达到防止疾病发生、蔓延，进而达到控制和消灭传染病的目的。消毒主要是针对病原微生物和其他有害微生物，并不是消除或杀灭所有的微生物，只是要求把有害微生物的数量减少到无害化程度。

（2）分类　包括疫源地消毒和预防性消毒。

① 疫源地消毒。指对存在或曾经存在过传染病的场所进行的消毒。主要指被病原微生物感染的羊群及其生存的环境如羊群、畜舍、用具等。一般可分为随时消毒和终末消毒两种。

② 预防性消毒。对健康或隐性感染的羊群，在没有被发现有传染病或其

他疾病时，对可能受到某种病原微生物感染羊群的场所环境、用具等进行的消毒，谓之预防性消毒。对养羊场附属部门如门卫室、兽医室等的消毒也属于此类型。

10.5.2 消毒方法

（1）物理消毒　包括过滤消毒、热力消毒（其中干热消毒和灭菌有焚烧、烧灼、红外线照射灭菌、干烤灭菌等；湿热消毒有煮沸消毒、流通蒸汽消毒、巴氏消毒、低温蒸汽消毒、高压蒸汽灭菌等）、辐射消毒（包括紫外线照射消毒、电离辐射灭菌等）。常用的是热力消毒，其中煮沸消毒最常用，优点是简便、可靠、安全、经济。其中，常压蒸汽消毒是在101 325 Pa（1个大气压下），用100 ℃的水蒸气进行的消毒；高压蒸汽消毒具有灭菌速度快、效果可靠、穿透力强等特点；巴氏消毒主要用于不耐高温的物品，一般温度控制在60~800 ℃，如牛奶类温度控制在62.8~65.6 ℃、血清56 ℃、疫苗56~60 ℃。

（2）化学消毒　指用化学药品杀灭或消除外界环境中病原微生物或其他有害微生物。所使用的消毒剂按消毒程度可分为高效、中效、低效消毒剂3种。若按消毒剂的化学结构可分为醛类、酚类、醇类、季铵盐类、氧化剂类、烷基化气体类、含碘化合物类、酸类、含氯化合物类、重金属盐类以及其他消毒剂等。常用的消毒剂有氢氧化钠、福尔马林、克辽林（臭药水）、来苏儿（煤酚皂溶液）、漂白粉、新洁尔灭等。复合消毒剂有美国生产的农福（复合酚），国产的有菌毒杀、复合酚、菌毒净、菌毒灭、杀特灵等。

（3）生物消毒　生物消毒是利用某种生物杀灭或消除病原微生物的方法。发酵是消毒粪便和垃圾最常用的消毒方法。发酵消毒可分为地面泥封堆肥发酵法和坑式堆肥发酵法两种。

（4）常用的消毒方法　喷雾消毒，即用规定浓度的次氯酸盐、有机碘化合物、过氧乙酸、新洁尔灭、煤酚等，进行羊舍消毒、带羊环境消毒、羊场道路和周围以及进入场区的车辆消毒。浸液消毒，即用规定浓度的新洁尔灭、有机碘混合物或煤酚皂的水溶液，洗手、洗工作服或对胶靴进行消毒。熏蒸消毒，是指用甲醛等对饲喂用具和器械，在密闭的室内或容器内进行熏蒸。喷洒消毒，是指在羊舍周围、入口、产房和羊床下面撒生石灰或氢氧化钠进行的消毒。紫外线消毒，系指在人员入口处设立消毒室，在天花板上，离地面2.5 m左右安装紫外灯，通常6~15 m^3 用1支15 W紫外线灯。用紫外线灯对污染物表面消毒时，灯管距污染物表面不宜超过1.0 m，时间30 min左右，消毒有效区为灯管周围1.5~2.0 m。

10.5.3 羊场的消毒

（1）常规消毒管理

①清扫与洗刷。为了避免尘土及微生物飞扬，清扫时先用水或消毒液喷洒，然后再清扫。主要清除粪便、垫料、剩余饲料、灰尘及墙壁和顶棚上的蜘蛛网、尘土等。

②消毒药喷洒或熏蒸。喷洒消毒液的用量为 1 L/m^2，泥土地面、运动场为 1.5 L/m 左右。消毒顺序一般从离门远处开始，以墙壁、顶棚、地面的顺序喷洒一遍，再从内向外将地面重复喷洒 1 次，关闭门窗 2~3 h，然后打开门窗通风换气，再用清水清洗饲槽、水槽及饲养用具等。

③饮水消毒。肉羊的饮水应符合畜禽饮用水水质标准，对饮水槽的水应隔 3~4 h 更换 1 次，饮水槽和饮水器要定期消毒，为了杜绝疾病发生，有条件者可用含氯消毒剂进行饮水消毒。

④空气消毒。一般畜舍被污染的空气中微生物数量为 10 个/m^3 以上，当清扫、更换垫草、出栏时更多。空气消毒最简单的方法是通风，其次是利用紫外线杀菌或甲醛气体熏蒸。

⑤ 消毒池的管理。在肉羊场大门口应设置消毒池、长度不小于汽车轮胎的周长，2m 以上，宽度应与门的宽度相同，水深 10~15 cm，内放 20%~30% 氢氧化钠溶液或 5%来苏儿溶液和草包。消毒液 1 周更换 1 次，北方在冬季可使用生石灰代替氢氧化钠。

⑥粪便消毒。通常有掩埋法、焚烧法及化学消毒法几种。掩埋法是将粪便与漂白粉或新鲜生石灰混合，然后深埋于地下 2 m 左右处。对患有烈性传染病家畜的粪便进行焚烧、方法是挖 1 个深 75 cm、宽 75~100 cm 的坑，在距坑底 40~50 cm 处加一层铁炉底，对湿粪可加一些干草，用汽油或酒精点燃。常用的粪便消毒是发酵消毒法。

⑦污水消毒。一般污水量小，可拌洒在粪中堆集发酵，必要时可用漂白粉按每立方米 8~10 g 搅拌均匀消毒。

（2）人员及其他消毒

①人员消毒。饲养管理人员应经常保持个人卫生，定期进行人畜共患病检疫，并进行免疫接种，如卡介苗、狂犬病疫苗等。如发现患有为害肉羊及人的传染病者，应及时调离，以防传染。

饲养人员进入畜舍时，应穿专用的工作服、胶靴等，并对其定期消毒。工作服采取煮沸消毒，胶靴用 3%~5%来苏儿浸泡。工作人员在工作结束后，尤其在场内发生疫病时，工作完毕，必须经过消毒后方可离开现场。具体消毒方法：将穿戴的工作服、帽及器械物品浸泡于有效化学消毒液中，工作人员的手及皮肤裸露部位用消毒液擦洗、浸泡一定时间后，再用清水清洗掉消毒药液。对于接触过烈性传染病的工作人员可采用有效抗生素预防治疗。平时的消毒可采用消毒药液喷洒法，不需浸泡。直接将消毒液喷洒于工作服、帽上；工作人员的手及皮肤裸露处以及器械物品，可用蘸有消毒液的纱布擦拭，而后再用水清洗。

饲养人员除工作需要外，一律不准在不同区域或栋舍之间相互走动，工具不得互相借用。任何人不准带饭，更不能将生肉及含肉制品的食物带入场内。场内职工和食堂均不得从市场购肉，所有进入生产区的人员，必须坚持在场区门前踏30%氢氧化钠溶液池、更衣室更衣、消毒液洗手，条件具备时，要先沐浴、更衣，再消毒才能进入羊舍内。

场区禁止参观，严格控制非生产人员进入生产区，若生产或业务必需，经兽医同意、场领导批准后更换工作服、鞋、帽，经消毒室消毒后方可进入。严禁外来车辆入内，若生产或业务必需，车身经过全面消毒后方可入内。在生产区使用的车辆、用具，一律不得外出，更不得私用。

生产区不准养猫、养狗，职工不得将宠物带入场内，不准在兽医诊疗室以外的地方解剖尸体。建立严格的兽医卫生防疫制度，肉羊场生产区和生活区分开，入口处设消毒池，设置专门的隔离室和兽医室，做好发病时隔离、检疫和治疗工作，控制疫病范围，做好病后的消毒净群等工作。当某种疫病在本地区或本场流行时，要及时采取相应的防治措施，并要按规定上报主管部门，采取隔离、封锁等措施。

长年定期灭鼠，及时消灭蚊蝇，以防疾病传播。对于死亡羊的检查，包括剖检等工作，必须在兽医诊疗室内进行，或在距离水源较远的地方检查。剖检后的尸体以及死亡的畜禽尸体应深埋或焚烧。本场外出的人员和车辆，必须经过全面消毒后方可回场。运送饲料的包装袋，回收后必须经过消毒，方可再利用，以防止污染饲料。

②饲料消毒。对粗饲料要通风干燥，经常翻晒和日光照射消毒，对青饲料防止霉烂，最好当日割当日用。精饲料要防止发霉，应经常晾晒，必要时进行紫外线消毒。

③土壤消毒。消灭土壤中病原微生物时，主要利用生物学和物理学方法。疏松土壤可增强微生物间的拮抗作用；使受到紫外线充分照射。必要时可用漂白粉或5%～10%漂白粉澄清液、4%甲醛溶液、10%硫酸苯酚合剂溶液、2%～4%氢氧化钠热溶液等进行土壤消毒。

④羊体表消毒。主要方法有药浴、涂擦、洗眼、点眼、阴道子宫冲洗等。

⑤医疗器械消毒。各种诊疗器械及用具按要求消毒。

⑥疫源地消毒。疫源地消毒包括病羊的畜舍、隔离场地、排泄物、分泌物及被病原微生物污染和可能污染的一切场所、用具和物品等。

⑦ 发生疫病羊场的防疫措施。及时发现，快速诊断，立即上报疫情。确诊病羊，迅速隔离。如发现一类和二类传染病暴发或流行（如口蹄疫、痒病、蓝舌病、羊痘、炭疽等）应立即采取封锁等综合防疫措施。对易感羊群进行紧急免疫接种，及时注射相关疫苗和抗血清，并加强药物治疗、饲养管理及消毒管理。提高易感羊群抗病能力。对已发病的羊只，在严格隔离的条件下，及时采取合理的治疗，争取早日康复，减少经济损失。对污染的圈舍、运动场及病羊接触的物品和用具都要进行彻底的消毒和焚烧处理。对传染病的病死羊和淘汰羊严格按照传染病羊尸体的卫生消毒方法，进行焚烧后深埋。

10.6　粪便及病尸的无害化处理

10.6.1　粪便的无害化处理

（1）羊粪的处理

①发酵处理。即利用各种微生物的活动来分解粪中有机成分，有效地提高有机物质的利用率。根据发酵微生物的种类可分为有氧发酵和厌氧发酵两类。

充氧动态发酵：在适宜的温度、湿度以及供氧充足的条件下，好氧细菌迅速繁殖，将粪中的有机物质分解成易被消化吸收的物质，同时释放出硫化氢、氨等气体。在45~55 ℃下处理12 h左右，可生产出优质有机肥料和再生饲料。

堆肥发酵处理：堆肥是指富含氮有机物的畜粪与富含碳有机物的秸秆等，在好氧、嗜热性微生物的作用下转化为腐殖质、有机残渣等的过程。堆肥过程产生的高温（50~70 ℃），可使病原微生物和寄生虫卵死亡。炭疽杆菌致死温度为50~55 ℃，所需时间1 h，布氏杆菌分别为65 ℃、2 h。口蹄疫病毒在50~60 ℃迅速死亡，寄生蠕虫卵和幼虫在50~60 ℃，1~3 min即可杀灭。经过高温处理的粪便呈棕黑色、松软、无特殊臭味、不招苍蝇、卫生、无害。

气发酵处理：沼气处理是厌氧发酵过程，可直接对水粪进行处理。其优点是产出的沼气是一种高热值可燃气体，沼渣是很好的肥料。经过处理的干沼渣还可作饲料。

② 干燥处理。包括以下3种方式。

脱水干燥处理：通过脱水干燥，使其中的含水量降低到15%以下，便于包装运输，又可抑制畜粪中微生物活动，减少养分（如蛋白质）损失。

高温快速干燥：采用以回转圆筒烘干炉为代表的高温快速干燥设备，可在短时间（10 min 左右）内将含水量为 70%的湿粪，迅速干燥至含水量为 10%~15%的干粪。

太阳能自然干燥处理：采用专用的塑料大棚，长度可达 60~90 m，内有混凝土槽，两侧为导轨，在导轨上安装有搅拌装置。湿粪装入混凝土槽，搅拌装置沿着导轨在大棚内反复行走，通过搅拌板的正反向转动来捣碎、翻动和推送畜粪，并通过强制通风排除大棚内的水汽，达到干燥畜粪的目的。夏季只需要约 1 周的时间即可把畜粪的含水量降到 10%左右。

（2）羊粪的利用

①直接用作肥料。首先根据饲料的营养成分和吸收率，估测粪便中的营养成分。另外，施肥前要了解土壤类型、成分及作物种类，确定合理的作物养分需要量，并在此基础上计算出羊粪施用量。

②生产有机无机复合肥。羊粪最好先经发酵后再烘干，然后与无机肥配制成复合肥。复合肥不但松软、易拌、无臭味，而且施肥后也不再发酵，特别适合于盆栽花卉、无土栽培及庭院种植。

③制作生物腐殖质。将羊粪与垫草一起堆成 40~50 cm 高的堆后浇水，堆藏 3~4 个月，直至 pH 达 6.5~8.2、粪内温度 28 ℃时，引入蚯蚓进行繁殖。蚯蚓在 6~7 周龄性成熟，每个个体可年产 200 个后代。在混合群体中有各种龄群。每个个体平均体重 0.2~0.3 g，繁殖阶段为每平方米 5 000 个，每平方米产蚯蚓 3 万~5 万个。生产的蚯蚓可加工成肉粉，用于生产强化谷物配合饲料和全价饲料，或直接用于鸡、鸭和猪的饲料中。

（3）粪便无害化卫生标准 《粪便无害化卫生要求》（GB 7959—2012）适用于城乡户厕、粪便处理厂（场）和小型粪便无害化处理设施处理效果的监督检测和卫生学评价。国家目前尚未制定对于家畜粪便的无害化卫生标准，在此借鉴人的粪便无害化卫生标准，来阐述对家畜粪便无害化处理的卫生要求。

标准中的粪便是指人体排泄物；堆肥是指以垃圾、粪便为原料的好氧性高温堆肥（包括不加粪便的纯垃圾堆肥和农村的粪便、秸秆堆肥）；沼气发酵是以粪便为原料，在密闭、厌氧条件下的厌氧性消化（包括常温、中温和高温消化）。经无害化处理后的堆肥和粪便，应符合国家的有关规定，堆肥最高温度达 50~55 ℃甚至更高，应持续 5~7 d，粪便中蛔虫卵死亡率为 95%~100%，粪便大肠菌值 10^{-2}~10^{-1}，有效地控制苍蝇滋生，堆肥周围没有活动的蛆、蛹或新羽化的成蝇。沼气发酵的卫生标准：密封贮存期应在 30 d 以上，(53±2)℃的高温沼气发酵温度应持续 2 d，寄生虫卵沉降率在 95%以上，粪液中不得检出活的血吸虫卵和钩虫卵，常温沼气发酵的粪大肠菌值应为 10^{-1}，高温沼气发酵应为 10^{-2}～10^{-1}，有效地控制蚊蝇滋生，粪液中孑孓，池的周围无活的蛆、蛹或新羽化的成蝇。

10.6.2 病羊尸体的无害化处理

（1）销毁 患传染病家畜的尸体内含有大量病原体，并可污染环境，若不及时做无害化处理，常可引起人畜患病。对确认是炭疽、羊快疫、羊肠毒血症、羊猝狙、肉氏梭菌中毒症、蓝舌病、口蹄疫、李氏杆菌病、布鲁氏菌病毒等传染病和恶性肿瘤或两个器官发现肿瘤的病畜的整个尸体，以及从其他患病畜割除下来的病变部分和内脏都应进行无害化销毁，其方法是利用湿法化制和焚毁。前者是利用湿化机将整个尸体送入密闭容器中进行化制，即熬制成工业油，后者是整个尸体或割除的病变部分和内脏投入焚化炉中烧毁炭化。

（2）化制 除上述传染病外，凡病变严重、肌肉发生退行性变化的其他传染病、中毒性疾病、囊虫病、旋毛虫病以及自行死亡或不明原因死亡的家畜的整个尸体或胴体和内脏，利用湿化机将原料分类分别投入密闭容器中进行化制，熬制成工业油。

（3）掩埋 掩埋是一种暂时看作有效，其实极不彻底的尸体处理方法，但比较简单易行，目前还在广泛地使用。掩埋尸体时应选择干燥，地势较高，距离住宅、道路、水井、河流及牧场较远的偏僻地区。尸坑的长和宽以容纳尸体侧卧为度，深度应在 2 m 以上。

（4）腐败 将尸体投入专用的尸体坑内，尸坑一般为直径 3 m、深 10～13 m 的圆形井，坑壁与坑底用不透水的材料制成。

（5）加热煮沸 对某些为害不是特别严重，而经过煮沸消毒后又无害的患传染病的病畜肉尸和内脏，切成重量不超过 2 kg、厚度不超过 8 cm 的肉块，进行高压蒸煮或一般煮沸消毒处理，但必须在指定的场所处理。洗涤生肉的泔水等必须经过无害化处理；熟肉绝不可再与洗过生肉的水以及菜板等接触。

10.6.3 病羊产品的无害化处理

（1）血液

① 漂白粉消毒法。对患羊痘、山羊关节脑炎、绵羊梅迪/维斯那病、弓形虫病、链虫病等的传染病以及血液寄生虫病的病羊血液的处理，是将 1 份漂白粉加入 4 份血液中充分搅匀，放入沸水中烧煮，至血块深部呈黑红色并成蜂窝状时为止。

② 高温处理。凡属上述传染病者均可高温处理。方法是将已凝固的血液

切划成豆腐方块，放入沸水中烧煮，至血块深部呈黑红色并成蜂窝状时为止。

（2）蹄、骨和角　将肉尸做高温处理时剔出的病羊骨、蹄、角，放入高压锅内蒸煮至骨脱胶或脱脂时止。

（3）皮毛

①盐酸食盐溶液消毒法。此法用于被上述疫病污染的和一般病畜的皮毛消毒。方法是用2.5%盐酸溶液与15%食盐水溶液等量混合，将皮张浸泡在此溶液中，并使液温保持在30 ℃左右，浸泡40 h，皮张与消毒液之比为1：10，浸泡后捞出沥干，放入2%氢氧化钠溶液中，以中和皮张上的酸，再用水冲洗后晾干。也可按100 mL 25%食盐水溶液中加入盐酸1 mL配制消毒液，在室温15 ℃条件下浸泡48 h，皮张与消毒液之比为1：4，浸泡后捞出沥干，再放入1%氢氧化钠溶液中浸泡，以中和皮张上的酸，再用水冲洗后晾干。

②过氧乙酸消毒法。此法用于任何病畜的皮毛消毒。方法是将皮毛放入新鲜配制的2%过氧乙酸溶液中浸泡30 min捞出，用水冲洗后晾干。

③碱盐液浸泡消毒法。此法用于上述疫病污染的皮毛消毒。具体方法是将病皮浸入5%碱盐液（饱和盐水内加5%氢氧化钠）中室温（17~20 ℃）浸泡24 h，并随时加以搅拌，然后取出挂起，待碱盐液流净，放入5%盐酸溶液内浸泡，使皮上的碱被中和，捞出，用水冲洗后晾干。

④石灰乳浸泡消毒法。此法用于口蹄疫和螨病病皮的消毒。方法是将1份生石灰加1份水制成熟石灰，再用水配成10%或5%混悬液（石灰乳）。将口蹄疫病皮浸入10%石灰乳中浸泡2 h；而将螨病病皮浸入10%石灰乳中浸泡12 h，然后取出晾干。

⑤盐腌消毒法。主要用于布鲁氏菌病病皮的消毒。按皮重量的15%加入食盐，均匀撒于皮的表面。一般毛皮腌制2个月，胎儿毛皮腌制3个月。

10.7　羊场污染物排放及其监测

集约化养羊场（区）排放的废渣，是指养羊场向外排出的粪便、畜舍垫料、废饲料及散落的羊毛等固体物质。恶臭污染物是指一切刺激嗅觉器官，引起人们不愉快及损害生活环境的气体物质。臭气浓度是指恶臭气体（包括异味）用无臭空气稀释，稀释到刚刚无臭时所需的稀释倍数。最高允许排水量是指在养羊过程中直接用于生产的水的最高允许排放量。

10.7.1　水污染物排放标准

集约化养羊场（区）的废水不得排入敏感水域和有特殊功能的水域。排放去向应符合国家和地方的有关规定。

(1) 水污染物的排放标准 采用水冲工艺的肉羊场，最高允许排水量：每天每100只羊排放水污染物冬季为1.1~1.3 m^3，夏季为1.4~2.0 m^3。采用干清粪工艺的肉羊场，最高允许排水量：每天每百只羊冬季为1.1 m^3，夏季为1.3 m^3。集约化养羊场水污染物最高允许日均排放浓度：5 d生化需氧量150 mg/mL，化学需氧量400 mg/mL，悬浮物200 mg/mL，氨氮80 mg/mL，总磷（以磷计）8.0 mg/mL，粪大肠杆菌数1 000个/mL，蛔虫卵2个/L。

(2) 集约化养羊场废渣的固定贮存设施和场所 贮存场所要有防止粪液渗漏、溢流的措施。用于直接还田的畜粪须进行无害化处理。禁止直接将废渣倾倒入地表水或其他环境中。粪便还田时，不得超过当地的最大农田负荷量，避免造成面源污染的地下水污染。

10.7.2 废渣及臭气的排放

集约化养羊场经无害化处理后的废渣，蛔虫死亡率要大于95%，粪大肠杆菌数小于10个/kg，恶臭污染物排放的臭气浓度应为70 mg/m^3，并通过粪便还田或其他措施对所排放废渣进行综合利用。

10.7.3 污染物的监测

污染物项目监测的采样点和采样频率应符合国家监测技术规范要求。监测污染物时生化需氧量采用稀释与接种法，化学需氧量用重铬酸钾法；悬浮物用重量法；氨氮用钠氏试剂比色法、水杨酸分光光度法；总磷用钼蓝比色法；粪大肠菌群数用多管发酵法；蛔虫卵用吐温-80柠檬酸缓冲液离心沉淀集卵法；蛔虫卵死亡率用堆肥蛔虫卵检查法；寄生虫卵沉降率用粪稀蛔虫卵检查法，臭气浓度用三点式比较臭袋法。

第十一章　放牧地改良及人工牧草种植

11.1　放牧地改良

11.1.1　围封改良

草原生态系统具有自我调节功能。它从太阳那里得到能量后就可自己制造有机物供自身生长、发育，根或根茎繁殖后代，保持生态系统的稳定。在强度放牧干扰下大量同化器官被采食，繁殖器官不能形成，植物根系得不到营养而枯死。遗留下的空间形成裸地，易被雨水冲刷、强风吹蚀，或被一、二年生杂类草或毒草侵占，而使由优良多年生饲用植物组成的、与整个生态环境保持长期稳定的植物群落变成由一、二年生杂类草，毒害草或灌丛等植物组成的，生产力很低的不稳定的植物群落。所以，草地围封后，通过生态系统自我调节，数年甚至当年就可见到效果。

11.1.2　浅耕翻改良

浅耕翻就是用普通三铧犁或五铧犁由拖拉机牵引在退化草地上进行耕翻，沿等高线作业，一般深度为 15~20 cm，翻后耙平，禁止放牧，令其自然恢复。

浅耕翻草场技术关键如下。

（1）草场类型　一定要选择在以根茎型禾草为主的草场上进行，如羊草、无芒雀麦等，要求每平方米至少 8 株。

（2）耕翻深度　15~20 cm，耕翻深度绝不能大于 20 cm。因为牧草根茎大部分分布在表土 20 cm 以内。如果耕翻过深会把草根埋在 20 cm 以下土层内，使草根窒息而死。耕后耙平，令其自然恢复。

（3）耕翻时间　最好在 7 月上旬雨季进行，这时一年生植物已出苗，一些丛生禾草和轴根型杂类草却被翻在地下窒息而死，只有羊草又从根茎上长出新的枝条。

(4) 作业工具　用拖拉机牵引三铧犁或五铧犁在草场上沿等高线作业，宽 30 m，间隔 5 m，留下部分未耕翻草地作为种源基地，帮助耕翻草场植被恢复，也防止因作业失败而引发土壤风蚀沙化。沿等高线作业目的是截住地表径流，提高土壤含水量，以满足残留于土壤中的根茎及种子生长发芽之需要，在美国叫 Counter following，也是草原改良措施之一。

(5) 耕翻草场管理　耕翻后的第一、第二年要禁止放牧割草。防止家畜采食幼苗和践踏土壤，以免造成水土流失。降雨条件好时第三年植被基本恢复并成为优等草场。根茎禾草、杂类草及某些豆科牧草就能繁茂生长。虽然种群数量少，但个体发育好，叶绿素含量高，家畜非常喜食。

11.1.3　松土改良草原

退化严重、土质疏松、部分裸露无地被物、有旱化趋势的禾草草原、小半灌木冷蒿草原、百里香及冷蒿草原均可采用松土办法改良。

用胶轮拖拉机悬挂 9SSB-1.75 型松土补播机沿等高线在草原上作业，深度 5~10 cm，一般在 7—8 月雨季前后进行。

11.1.4　草原补播改良

天然草场补播是在不破坏或少破坏草地原有植被的情况下，利用特制的改良牧草播种机，把一些有价值的、能适应当地自然条件的优良牧草种子直接播种在植被覆盖度低（一般小于 30%），或撂荒多年、肥力耗竭的草场上，借以改变草群组成，增加植被覆盖度，提高草场生产力。

为了使补播牧草在原有植被下生存下来，必须要正确选择补播牧草的种类，并且要对草种品质进行检验，可使用稀土、保水剂、根瘤菌等来提高保苗率，为补播牧草创造一个萌发定居和生长发育的良好条件。

补播时间分为春播（5 月 20 日）、夏播（6 月 20 日）和冬播（11 月 24 日，土壤冻结之前）。从测得的当年出苗率和翌年牧草越冬率可以看出，一般情况是夏播比春播效果好。

补播改良退化草地关键技术如下。

第一，通过对 15 种牧草的试验，筛选出适宜于半干旱区撂荒地和沙化草场补播的 6 种牧草，其顺序为沙打旺、柠条锦鸡儿、蒙古冰草、紫花苜蓿、胡枝子、羊柴。它们萌发出苗的最低土壤含水量为 5%。

第二，使用 9SSB-1.75 型松土补播机补播时，种子覆土深度宜浅不宜深。一般豆科小粒种子覆土深度为 1.5 cm，不能超过 2.5 cm；大粒种子覆土深度 3.0 cm，不能超过 5 cm；禾本科草种覆土深度 2.0 cm，不能超过 4 cm。

第三，补播时间应在6月雨季进行，各地应根据气象预报安排具体日期。大于5 mm的降雨次数越多，保苗越好。

第四，小剂量的种肥对补播豆科牧草当年的保苗数及翌年的产量均有影响，提高了当年的保苗数，使牧草个体发育加速，增加翌年的产量。

第五，保水剂、稀土、根瘤菌对补播牧草当年有一定影响，每千克牧草种子采用3%的保水剂、600 mg/kg的稀土和150 g的根瘤菌混合后制成种子丸衣对豆科牧草作用较好。

11.1.5 草原施肥改良

许多资料表明，草地施肥（N、P、K）可有效提高草场产量、改良饲料品质，提高粗蛋白质含量、降低粗纤维含量，并使载畜量增加。但草原施肥的有效性主要是由土壤水、大气降水以及草场植被状况决定的。

在有条件的地区，施肥后马上灌溉，草原增产效果会更明显。

干旱及半干旱天然草场施商用化肥时，尽管产草量可以提高50%~150%，也仍是不经济的。通过施肥可增加草地产量并见到效益的草地类型及生态条件：年降水量381~635 mm，专门用于产羔和羔羊肥育的天然的或人工播种的人工草地；有河水灌溉或地下水灌溉的放牧场或割草场；湿地草场。

草地施肥时间一般选在夏天雨季到来之前，雨期或冬季大雪封冻之前进行。这样可以使肥料随水流进入土壤，很快被正在生长的植物所吸收。施肥方式有基肥和追肥。基肥可在播种时利用草地施肥播种机随种子一次完成。追肥又用肥料撒播机在牧草返青之前进行，尽量避免车辆对幼苗或分蘖的碾压。

施肥的种类和数量要根据土壤营养状况分析结果和牧草种类及营养期而定，肥料用多了，牧草用不完全，会随土壤水下渗。氮肥使用量见表11-1。

表11-1　氮肥使用量采用以产定氮法决定

粮食估计值/（kg/hm^2）	施肥推荐量/（kg/hm^2）
3 000~4 500	105~135
4 500~6 000	135~180
6 000~7 500	180~225

土壤有效磷只占土壤全磷的1%，0~20 cm耕作层中含有效磷12~67.5 kg/hm^2。由于磷肥在土壤中不移动，不宜表施，最好深施在7 cm以下。磷肥使用量见表11-2。

表 11-2　土壤磷状况及推荐施磷量

土壤含磷等级	土壤有效磷/（mg/kg）	推荐施磷量/（kg/hm^2）
严重缺磷	<5	90~135
缺磷	5~10	60~105
磷偏高	10~15	<60
磷丰富	>15	暂不施

钾与氮相同，占作物体干重的1%~3%，根尖、幼苗中含量高。它在植物体内参与淀粉、糖的合成。干旱时它使气孔关闭，防止水分蒸发，并在根系中积累，增加渗透压梯度，增强根系吸水能力。钾肥使用量见表 11-3。

表 11-3　土壤速效钾（K_2O）含量及推荐量

级别	土壤速效钾/（mg/kg）	推荐施肥量（K_2O）/（kg/hm^2）
严重缺钾	<40	75~120
缺钾	40~80	75 左右
钾中等	80~130	<75
钾偏高	130~180	不施或少施
钾丰富	>180	不施

11.1.6　草原毒害草防除技术

植物本身含有或产生有毒物质，家畜误食后会发病、死亡或偏离家畜健康态，这种植物称为有毒植物。

有害植物是指对家畜健康产生损害，但一般不会造成死亡的植物，如针茅属植物，它的外稃具芒，芒长 15~28 cm，牧草结实期会刺伤反刍动物的口腔或刺穿皮毛扎入体内，对家畜造成损害。光稃茅香俗称“赖皮草”，以根茎繁殖，侵占性极强，土壤稍有松动，它就会以种子或根茎快速繁殖扩展，挤掉优良牧草占领地上、地下空间。草高 30 cm，地上生物量很低，毫无利用价值。有毒有害植物威胁着放牧家畜的健康和安全，严重影响牧区的经济效益。

草地有毒有害植物的防除技术通常有 3 种，即化学防除、机械防除和生物防除。

11.2 人工牧草种植

11.2.1 岷县黑裘皮羊分布区牧草种植区划概况

岷县黑裘皮羊分布区为青藏高原区，该区地处青藏高原东缘，属寒冷湿润类型。地形高峻复杂，地貌多样壮观。气候寒湿，光热水同季匹配，分布不均，降温频繁。小气候环境差异明显。该区海拔一般较高，除河流两岸谷地在1 800~2 500 m外，大多2 000~4 000 m，气候寒冷，云雾弥漫，雨量充沛。年平均温度小于6 ℃，年平均降水量500~800 mm。冬春雨雪稀少。日照时数在2 200~2 500 h，蒸发量小于1 400 mm，生长季短，一般不超过150 d，夏秋多云多雾多暴雨，雹灾也较多，对作物生长发育影响极大。土地辽阔，宜耕地少，宜林地多。土类多，土壤肥沃，垂直地带谱完整。水源充足，水资源良好，水质良好。草场宽阔，资源丰富，质地良好。植被茂盛，牧草种类繁多，优良牧草占主导地位。气象灾害频繁而严重。

土壤类型有淋溶灰褐土、灰褐土、暗棕壤、红黏土、黑钙土、石灰性黑钙土、高山草甸土、沼泽土、高山寒漠土、棕壤、淋溶褐土、高山灌丛草甸土、褐土性土、亚高山草甸土、低位泥炭土等。

草地类型有寒温潮湿类、冷温潮湿类、微温微干类、微温湿润类、微温微润类、暖温微干类、暖温微润类等。

青藏高原区内适宜栽培的饲料作物是燕麦、大麦（青稞）、蚕豆、豌豆、马铃薯和芜菁，在河谷川坝区还有玉米、甜菜等。由于气温低、生长季短，一年只能种收一茬，适宜种植的牧草有黄花苜蓿、花苜蓿、草木樨、杂种苜蓿、老芒麦、垂穗披碱草、星星草、草地早熟禾、中华羊茅、沙生冰草、中间偃麦草、纤毛鹅冠草、弯穗鹅冠草、无芒雀麦、羊草、俄罗斯野麦草、野黑麦草、小糠草、紫羊茅、糙毛鹅冠草等。黄花苜蓿抗旱抗寒性较好，在年降水量300~450 mm，年均温2~5 ℃的地区均能生长。羊草适于在降水量350~500 mm的碱性土壤上生长，具有发达的地下根茎，由地下根茎发出新枝条，株高50~90 cm，每亩可收干草250 kg左右，营养丰富，是优质的饲草。但结实率低，种子发芽率不高。花苜蓿是一种多年生牧草，抗寒性强，种子硬实率高，播前进行处理。小糠草适应性强，喜生于湿润的土壤，耐寒性强，在高寒牧区可安全越冬，并能抗热、耐旱，对土壤要求不严，以砂壤土和壤土为好，侵占性强，一经长成即能自行繁殖。紫羊茅耐寒抗旱，对土壤的适应性强，无论在多岩石的土壤，斜坡上或遮阴下都能生长。由于根深，匍匐茎能团结土粒，是良好的水土保持及草坪用草。野黑麦草比较抗旱耐寒，适宜微碱性土壤，耐瘠薄，分蘖力强，一般分蘖 40~70 个。生长翌年亩产干草 250~300 kg，草质中上等，家畜喜食。星星草耐寒耐旱，耐盐碱，土壤 pH 8.8 仍生长良好，是改良盐碱土的好草种。亩产干草 200~250 kg，种子成熟整齐不易落粒。俄罗斯野麦草在降水量 300~400 mm，冬季气温-30~-20 ℃下生长良好，适宜盐碱性土壤，刈割，放牧后再生迅速，秋季枯黄晚，蛋白质含量高，秋季适口性好，叶丛状难于刈割，主要用作放牧。

11.2.2　牧草种植技术

种植牧草的目的就是为绵羊生产提供优质饲料，以解决绵羊饲草供应不足的问题，并获得单位面积上最大草产量。而播种又是栽培好牧草和建植好草地的关键，为了保证苗全苗壮和草地的高产，抓好牧草的播种就非常重要。

11.2.2.1　牧草种子的选择与购买

（1）根据绵羊饲养需要选择牧草种子　绵羊为反刍动物，消化粗纤维能力强，且采食量大。应种高产优质的粮饲兼用作物和多年生牧草。为解决牛羊冬春青贮饲料问题，最好要种植饲料玉米、籽粒苋。养 5~10 只羊最少要种 1 亩地草。

（2）根据利用方式选择牧草种子

①青饲。青饲是绵羊夏秋饲草饲料的主要来源和最经济有效的利用方式。应种植青绿多汁、再生快、耐刈割的一年生禾本科牧草和叶菜类牧草，如御谷、籽粒苋、墨西哥玉米、高丹草、菊苣、串叶松香草，还可种植苦荬菜、苜蓿、鲁梅克斯等。

②青贮。青贮主要解决绵羊冬春饲料问题。主要应种植青贮玉米、甜高粱、御谷、籽粒苋、串叶松香草、沙打旺、苜蓿、饲用胡萝卜等。最好的种植方式是饲用玉米与籽粒苋 4∶2 或 2∶2 种植，饲用玉米与籽粒苋混合青贮其营养成分全面又不易变质。

③调制干草。加工干草、草粉、草砖可主要解决绵羊冬春季饲草饲料问题，种植紫花苜蓿、沙打旺、草木樨、籽粒苋等是首选。

（3）按用途选择牧草种子

①改良盐碱地，恢复生态平衡。种草是改良盐碱地的最好方式，并能发展绵羊产业。沙打旺、苜蓿、草木樨、甜高粱、籽粒苋等牧草可在中度或轻度盐碱地上种植。

②培肥地力。最好种植豆科牧草，如草木樨、沙打旺、苜蓿等。为防风固沙应首选沙打旺，其次是种植胡枝子、香花槐等。

③围栏生物屏障。最好种植柠条锦鸡儿、沙棘子等。

11.2.2.2 牧草种子的购买

不要只看广告，应着重实效。草种销售目前还很不规范，要广泛收集资料，去伪存真，三思而后行。相对而言，一些如实交代每年亩产量、亩用种量、每千克多少成本的公司可信度高；正规杂志上的广告比个体散发小报宣传的可信度高；要虚心向有关专家请教和耐心询问，必要时可到群众中搞用户调查，看专家怎么说，用户怎么讲，做到心中有数再购种。

对销售部门的选择更为重要。一般来讲科研院所可信度最高，科研人员认真、人员素质高、技术力量较雄厚，有充分科学依据，种子质量好。其次为大专院校和国有农业部门，那里有实践经验又有高级技术人才，有自己特色品种。对于广告过于夸大、不交代亩播量和种子价格的个体经销户应注意。收到种子后，要做发芽试验，发芽率不好应马上退换。

购种汇款前应弄清几个问题：问清亩播量、每千克售价、量大批发价、供货方法、邮资。供货人单位、地址、邮编、联系人及账号、卡号、电话，最好先在电话上讲好，量大可先去人看货自提。邮局汇款时，一定写自己的邮编、地址、收货人姓名、购买草种名称和数量，并附联系电话等。账号汇款办完后马上通知对方查对办理。购种前最好与其他用户联系，共同购买会有价格上的优惠。

11.2.2.3 牧草种子品质鉴定

牧草种子是饲料生产的重要生产资料，其品质优劣直接影响到播种质量和产量。因此，为了保证使用优良的种子，生产上特别重视种子品质鉴定。所谓品质鉴定，是指按一定标准，使用各种仪器和感官，对种子进行检验和测定，以评定种子的品质。种子品质鉴定的内容包括如下 3 个方面。

（1）*净度的测定*　净度指种子的清洁程度，是衡量种子品质的一项重要指标。净度测定的目的是检验种子有无杂质，为种材的利用价值提供依据。其测定步骤如下。

分取试样：从供试样品中大粒种子称取 200 g，中粒种子 25~100 g，小粒种子 3~5 g。

剔除杂质、废种：凡是夹杂在种子中的杂质（土块、砂石、昆虫、秸秆、杂草种子等）和废种子（无胚种子、压碎薄扁种子、腐烂种子、发芽种子等）全部除去。

称重计算：将上述试样重量记录下来，再称其杂质、废种子重量，按下式计算：

种子净度（%）=（试样重量-杂质和废种子重量）/试样重量×100　（11-1）

为减少误差，测定应重复2次，取其平均数作为净度。

（2）发芽势、发芽率的测定　种子的发芽能力通常用发芽率和发芽势表示。发芽率高表示有生命的种子多，而发芽势高则表示种子生命力强。测定方法如下。

在发芽皿内铺一层滤纸（小粒种子）或砂粒（大粒种子）后加入适量的水，将种子均匀地放在发芽床上，后在发芽血上贴上标签、注明日期、样品号码，重复次数和发芽日期，然后放入恒温箱内进行发芽。在发芽期间每天早、中、晚各检查温度和湿度一次，通风1~2 min。种子发芽开始后，每天定时检查，记载发芽种子数，把已发芽的种子取出。每种草种发芽势、发芽率的计算天数不一，一般发芽势3~5 d，发芽率7~10 d。计算公式如下：

发芽势（%）=规定时间内发芽种子粒数/供试种子粒数×100　（11-2）

发芽率（%）=全部发芽种子粒数/供试种子粒数×100　（11-3）

据实际测定，一般牧草种子用价（净度×发芽率）不足100%，故实际播种量要根据该批种子用价予以调整，其公式是：

实际播种量（kg/亩）=（种子用价为100%时播种量×100）/种子用价　（11-4）

（3）千粒重测定　千粒重指1 000粒干种子的重量，大粒种子也可用百粒重来表示。测定方法是：先将测过净度的种子充分混合，随意地连续取出两份试样，然后人工或用数粒机数种子，每份1 000粒，最后称重，精确度为0.01 g。

测知千粒重后，可将千粒重换算成每千克种子粒数，公式为：

每千克种子粒数=1 000/千粒重（g）×1 000　（11-5）

11.2.2.4　牧草种子的播种前处理

牧草因品种的差异，播种前有的需要进行处理，以便提高种子的萌发能力，保证播种质量。

（1）禾本科牧草种子的后熟处理　很多禾草种子在刚收获后，即使在适宜的萌发条件下也不能立即萌发，需要贮藏一段时间，继续完成生理上的后熟过程，称为种子的后熟。种子后熟的原因是缺乏萌发时所需要的可溶性营养物质。这时营养物质的积累已停止，但仍继续将简单的物质转变为复杂的物质。而种子萌发必须有能被胚所同化利用的水解产物，这种水解产物的形成还需要一定时间才能完成。为加速草种迅速通过后热，必须进行种子处理，方法如下。

①晒种及加热处理。晒种是将草种堆成5~7 cm的厚度，晴天在阳光下暴晒4~6 d，并每天翻动3~4次，阴天及夜间收回室内。这种方法是利用太阳的热能促进种子后熟，而使种子提早萌发。加热处理适用于寒冷地区，温度以30~40 ℃为宜。具体方法有很多，如室内生火炉以提高气温、利用火炕及大型电热干燥箱等。

②变温处理。在一昼夜内交替地先用8~10 ℃低温处理16~17 h，后用30~32 ℃高温处理7~8 h。

（2）豆科种子的硬实处理　多数豆科牧草种子即使在适宜的水、热条件下，由于种皮的通透性差，水和空气也难以进入，长期处于干燥、坚硬状态。这些种子叫硬实，俗称“铁籽”，如紫花苜蓿硬粒种子有10%~20%，草木樨有40%~60%，紫云英有80%~90%。用未加处理的豆科种子播种时，硬实往往造成出苗不齐或不出苗。为提高牧草出苗率，保证播种质量，在播前应予处理，方法如下。

①擦破种皮。把种子放到碾米机上压碾至种皮已发毛、但尚未碾破的程度，使种皮产生裂纹，水分、空气可沿裂纹进入种子。

②温水浸种。将种子放入不烫手的温水中浸泡一昼夜后捞出，白天放阳光下暴晒，夜间移至阴凉处，并经常洒水使种子保持湿润，经2~3 d后，种皮开裂，当大部分种子吸水后略有膨胀，即可乘墒播种。

（3）豆科牧草种子接种根瘤菌　豆科牧草能与根瘤共同固氮，但是豆科牧草根瘤的形成与土壤中的根瘤菌数密切相关，特别是在新垦土地上首次种植豆科牧草，或在同一地块上再次种植同一种豆科牧草，或者在过分干旱而酸度又高的地块上种植豆科牧草，都要通过接种根瘤菌来增加根瘤数量，以提高豆科牧草的产量和品质。豆科牧草接种根瘤菌时，首先要根据牧草的品种确定根瘤菌的种类，其次要掌握科学的接种方法。接种方法目前在实践中应用较多的有3种：干瘤法、鲜瘤法和根瘤菌剂拌种法。

①干瘤法。就是选取盛花期豆科牧草根部，用水冲洗，放在避风、阴暗、凉爽、阳光不易照射的地方使其慢慢阴干，在牧草播种前将其磨碎拌种。

②鲜瘤法。就是将根瘤菌或磨碎的干根用少量水稀释后与蒸煮过的泥土混拌，在20~25 ℃的条件下培养3~5 d，将这种菌剂与待播种子拌种。

③根瘤菌剂拌种。就是将根瘤菌制成品按照说明配成菌液喷洒到种子上，用根瘤菌剂拌种的标准比例是1 kg种子拌5 g菌剂。在接种根瘤菌时，要做到不与农药一起拌种，不在太阳直射下接种，已拌种根瘤菌的种子不与生石灰或大量肥料接触，以免杀伤根瘤菌。接种同族根瘤菌有效而不同族相互接种无效。

(4) 禾草种子的去芒　一些禾草种子，常具芒、髯毛或颖片等，为了增加种子的流动性，保证播种质量以及烘干、清选工作的顺利进行，必须预先进行去芒处理。在生产上，常采用去芒机去芒，当缺乏去芒专用机具时，也可将种子铺于晒场上，厚度为5~7 cm，用环形镇压器压切，后用筛筛除。

(5) 其他科牧草的催芽　无论是蓼科还是菊科牧草，在播种前一般都要浸种催芽。方法是将种子浸泡在温水中一段时间，水的温度和浸泡时间可根据种子的特点来确定。如串叶松香种子在播前应用30 ℃的水浸泡12 h，然后再进行播种；鲁梅克斯在播前要将种子用布包好放入40 ℃的水中浸泡6~8 h，捞出后晾在25~28 ℃的环境中催芽15~20 h，有70%~80%的种子胚胎破壳时再进行播种。在墒情好的条件下，可进行直播。

(6) 种子消毒　许多牧草的病虫害是由种子传播的，如禾本科的毒霉病，各种黑粉病，豆科牧草的轮纹病、褐斑病、炭疽病，以及某些细菌性的叶斑病等。因此，为防止和杜绝病虫害的发生和传播，在牧草播种前，应进行消毒处理。方法可视情况采用盐水清选、药物拌种、药粉拌种和温汤浸种等。目前实践中应用较多的是用石灰水浸种来防止禾本科牧草的黑粉病和豆科牧草的叶斑病。用50倍稀释的福尔马林浸泡苜蓿种子预防苜蓿轮纹病的发生。

11.2.2.5　牧草播前的土地准备

牧草种子细小，苗期生长缓慢，同杂草竞争能力弱，因此必须进行科学合理的耕作，为牧草的播种、出苗、发育和生长创造良好的土壤条件。

(1) 土地的选择　各种牧草对土壤的要求有相同之处，又有各自不同的选择。沙打旺在砂质土壤中生长最好，苜蓿最适宜在砂质土壤中生长，红三叶适宜在酸性土壤中生长，串叶松香草和鲁梅克斯在肥沃的黏性土壤中栽培效果较好等，所以要根据不同的草种的生物学特性选择适宜的种植地块。土地越肥沃牧草的产草量就越高，土地越瘠薄产草量就越低。

(2) 土地的整理　由于牧草种子大都较小，顶土力较差，苗期生长缓慢，极易被杂草覆盖和欺掉，因此要对地块进行科学的整理。具体环节包括耕、耙、耱、压。耕地：耕地亦称犁地，耕地可以用壁犁或者用复式犁进行耕翻，耕地时应遵循的原则是“熟土在上，生土在下，不乱土层”。耕地还要不误农时，尽量深耕以扩大土壤容水量，提高土壤的底墒。耙地：在刚耕过的土地上，用钉耙耙平地面，耙碎土块，耙出杂草根茎，以便保墒。对来不及耕翻的，可以用圆盘耙耙地，进行保墒抢种。耱地：耱地就是用一些工具将地面平整，耱实土壤，耱碎土块，为播种提供良好条件。压地：压地就是通过镇压使表土变紧、压碎大土块、土壤平整。镇压可以减少土壤中的大孔隙，减少气态水的扩散，起到保墒的作用。常用的镇压工具有石碾、镇压器等。整地的季节可以放在春、夏、秋，但耕、耙、耱、压应连续作业，以利保墒。

(3) 免耕与少耕　免耕又称零耕，是指作物播前不用犁、耙整地，直接在茬地上播种，播种后牧草生育期间亦不用耕作的方法。通常包括3个环节：一是覆盖，利用前作物秸秆或生长牧草以及其他物质进行覆盖，用来减少风蚀、水蚀和土壤蒸发；二是利用联合免耕播种机开出5~8 cm宽、8~1 5 cm深的沟，然后喷药、施肥、播种、覆土、镇压一次完成作业；三是使用广谱性除草剂于播种前后或播种时进行处理，杀灭杂草。少耕是指在常规耕作的基础上尽量减少耕作次数或者在全田进行间隔耕种，以减少耕作面积的一种方法。

11.2.2.6　牧草的播种

(1) 播种时期　不违农时，适时播种，对于牧草的生长具有决定性作用．播种时期的确定主要取决于温度、水分、杂草为害和利用目的等。温度是确定播种期的主要因素。一般来说，当土壤温度上升到种子发芽所需要的最低温度时开始播种比较合适。土壤墒情是播种的必要条件，墒情不好不能播种。在杂草和病虫害为害严重的地区应在其为害轻的时期播种，这对于播种多年生牧草尤为重要。

牧草的播种期通常根据地区和牧草种类分为春播、夏播和夏秋播、秋播。

①春播。一些一年生牧草或者多年生牧草中的春性牧草应春季播种，春播牧草可以充分利用夏秋丰富的雨水、热能等自然资源，但春播牧草时，常常会受到杂草的为害，需要做好田间管理和中耕除草。

②夏播和夏秋播。在我国的北温带地区，由于春季气温低而不稳，降水量少，蒸发量大，进行春播常常并不能成功，为提高种植成功率，可以将播种的季节放在雨热都较稳定的夏季或夏秋季节，除多年生牧草外有一些季节性牧草可以在这一季节进行播种。

③秋播。对一些越年生牧草或者多年生的冬性牧草应秋播，因为这些牧草在其他季节播种当年不能形成很好的产量，秋播经过越冬后翌年时可获得高产。并且秋播牧草可以预防杂草的侵害，但应注意防止牧草的冻害。

(2) 播种的方法　牧草播种的方法主要是条播、撒播、点播和育苗移栽。

①条播。就是利用播种机或者人力耧播种，有时是用人工开沟播种的方法。条播时的行距一般在15~30 cm，具体宽度可以根据土壤的水分、肥料等情况来确定，肥沃又灌溉良好的地方行距可以适当窄一些，相对贫瘠又比较干旱的地方行距可以适当宽一些，如苜蓿、三叶草、黑麦草、籽粒苋等。

②撒播。就是用撒播机或人工把种子撒在地表后再用覆土盖好，此法会造成出苗不一致，但适于大规模牧草播种，如苜蓿、黑麦草、沙打旺、草木樨等。

③点播。亦称穴播，就是间隔一定距离开穴播种，此法一般用于种子较大而且生长繁茂的牧草播种，点播不仅可以节省种子而且容易出苗，墨西哥玉米、苏丹草、苦荬菜、串叶松香草、鲁梅克斯等。

④育苗移栽。有些直接种植出苗困难的牧草可以采取先育苗，在苗生长到一定高度或一定阶段挖苗移栽到大田，如串叶松香草、鲁梅克斯、菊苣等。

11.2.2.7 牧草的播种方式

为了提高土地的利用率，充分利用阳光、二氧化碳和土壤中的水分、养分，在单位面积的土地上利用牧草种植获得更多的有机物质，种植牧草时常常利用各种牧草不同的特性和特点而进行复种轮作、混播和保护播种等种植措施。

（1）牧草的复种轮作　牧草的复种轮作主要包括间作、套种、轮作等。

①间作。是指在同一地块上，两种或两种以上牧草相间种植。种植的两种牧草的播种期基本相同或稍有先后，种植时按照一定的宽度或行数划为条带相间种植，如苏丹草与紫云英间作，籽粒苋与牧草王间作。

②套种。不同季节生长的两种牧草，利用后作苗期生长缓慢、占地少、所需空间小的特点，在前作的生长期内，把后作播种于前作的行间，套种牧草可以在空间上争取时间，又在时间上争取空间。如墨西哥玉米与冬牧-70 黑麦套种、苜蓿与墨西哥玉米套种。

③轮作。在同一地块上当一种牧草生长结束时，再种植另一种牧草的方法。如在种植苜蓿 5 年后，将其耕翻，春季可以种植苦荬菜、墨西哥玉米等一年生牧草，也可以种植鲁梅克斯、串叶松香草等多年生牧草，秋季可以种植黑麦草、鸡脚草等。

（2）混播　栽培牧草除种子田外多数采取混播，这是牧草栽培中一项重要技术措施，对于长期草地的建立尤具有重要的意义。

混播就是将两种或两种以上的牧草混合播种。混播牧草和单播相比产草量高而稳定，饲草品质提高，适口性较好；易于收获和调制；同时能增加土壤肥力，提高后作的产量和品质。

在进行牧草混播时要掌握好以下几方面的技术措施。首先，选择好牧草的组合，根据当地的气候和土壤等生态条件选择适应性良好的混播牧草品种，同时还要考虑到混播牧草的用途、牧草的利用年限和牧草品种的相容性，特别应做到豆科牧草和禾本科牧草的混播。其次，应掌握好混播牧草的组合比例，有人认为既然是混播，牧草的种类越多越好，但近几年的实践证明只要正确选择，无须很多品种也可以获得优质高产的效果，通常利用 2~3 年的草地混播草种 2~3 种为宜，利用 4~6 年的草地，3~5 种为宜，长期利用的则不超过

6 种。最后，把握好混播的播种量、播种时机和播种方法，混播牧草的播种量比单播要大一些，如两种牧草混播则每种草的种子用量应占到其单播量的 70%~80%，3 种牧草混播则同科的两种应分别占 35%~40%，另外一种要用其单播量的 70%~80%，利用年限长的混播草地，豆科牧草的比例应少一些，以保证有效的地面覆盖；混播牧草的播种期可以根据混播草种中每一种草的播种期来加以确定，如同为春性牧草或冬性牧草则可以同时春播或秋播，如果混播草种的播期不同则可以分期播种；混播牧草的播种方法，可以将牧草种子混合一起播种，亦可以间行条播，条播的行距可以是窄行 15 cm 的行间距，也可以是 30 cm 的宽间距，当然也可以是宽窄行相间播种。

（3）保护播种　在种植多年、生牧草时，人们往往把牧草种在一年生作物之下，这样的播种形式叫作保护播种。保护播种的优点是能减少杂草为害和防止水土流失，同时播后当年单位面积产量高，缺点是保护作物在生长中、后期与牧草争光、争水、争肥，因而对牧草有一定影响。所以保护作物应选用早熟、矮秆和叶片少的种或品种，如可以选择苏丹草、苦荬菜、墨西哥玉米、籽粒苋等。保护播种时，多年生牧草播种量不变，而一年生牧草的播种量应为正常播种量的 50%~75%，保护作物的播种可以与多年生牧草同时播种，也可以提前播种，提前的时间一般为 10~15 d。保护作物与多年生牧草以条播为好。

11.2.2.8　播种深度

播种深度指土壤开沟的深浅和覆土的厚薄。开沟的目的在使种子接近湿土，根系深扎；覆土的目的在使沟内水分不致蒸发，使种子吸水并使种子不至于因暴露地面不发芽而损失。播种过深子叶不能冲破土壤而闷死；播种过浅，水分不足不能发芽。故播种深度应适当，一般以 2~6 cm 为宜。决定播种深度的原则是：大粒种子宜深，小粒种子宜浅；疏松土质稍深，黏重土质稍浅；土壤干燥者应深，潮湿者应浅；禾本科牧草具尖形叶鞘可帮助顶土，播种要较深，豆科牧草子叶肥大，尤其是子叶出土型的苜蓿属、三叶草属和草木樨牧草播种更要浅。但无论何种情况都要避免种得过深或覆土太厚影响种子的出苗，也要避免种得太浅导致种子因干燥而不萌发的问题。

11.2.2.9　播种量

播种量随牧草种类、种子大小、种子品质、整地质量、种植用途、气候条件等而有变化。种子粒大者应多播，粒小者应少播。收草用的比收籽用的播量要多。种子品质好的播量少些，品质差的应加大播量。条播比撒播节省种子 20%~30%，而穴播又比条播更节省种子。整地质量好，土壤细碎，水分充足，利于保苗，可少播些。反之，土块大，墒情差，不易出苗时应加大播量。在自然条件确定的情况下，应特别注意种子的发芽率和纯净度，发芽率、纯净度两个指标越高，播种量就低一些，反之，则应加大播种量。

11.2.2.10　牧草地的田间管理

牧草地的田间管理对牧草的高产、稳产极其重要，只有认识牧草的特殊性，掌握科学的管理技术，才能确保牧草高产优质。

(1) 草地建植的早期管理　草种播种后苗期管理的好坏直接决定着草地建植成功与否，为了苗全苗壮，在牧草种植初期就必须保持土壤一定的水分，若土壤太干要及时灌浇水，避免干旱导致草苗死亡。苗期还应注意杂草的防除，及时消灭杂草，杂草的灭除方法可以人工铲除或用除草剂，切实减少杂草的为害。

(2) 施肥　包括底肥和追肥。

①底肥。不仅能在整个生育期间源源不断地供应牧草的各种养分，还可全面提高土壤肥力。底肥以有机肥为主，腐熟度不大好的有机肥必须在秋季施入。底肥应深施、分层施、多种混合施，最好在秋耕时施入，以促进土壤微生物活动和繁殖，减少肥料中碳素、氮素的损失。施底肥量，因牧草种类、肥料性质、施肥方法不同而异，一般亩施1 000~2 000 kg。

②追肥。以速效化肥为主。追肥时间，豆科牧草在分枝后期至现蕾期，以及每次刈割后，禾本科牧草在拔节后至抽穗期，以及每次刈割后。豆科牧草的追肥，一般以磷、钾为主，亩施2.5~6 kg（有效成分）；多年生豆科牧草，在播种当年的苗期，还要配合一定量的氮肥。禾本科牧草，以氮肥为主，亩施2.5~6 kg（有效成分），混合牧草地的追肥以磷、钾为主，这是为了防止禾本科牧草对豆科牧草的抑制。追肥可以分期追，也可以一次追，结合灌水进行追肥效果更好。

(3) 灌溉　牧草叶茂茎繁，蒸腾面积大，需水量比一般植物多。禾本科牧草的灌水量，一般为土壤田间持水量的75%，豆科牧草为50%~60%，如紫花苜蓿与禾本科牧草混播的草地，一般每亩灌水量为40~45 m^3。牧草灌水的适宜时期，依牧草种类、生育期和利用目的而异。放牧或刈割用的多年生牧草，在全部返青之后，要浇1次返青水。从拔节开始到开花甚至乳熟，是牧草地上部分生长最快的时期，需水量最多，可浇水1~2次。每次刈割后，也要灌溉1次，以提高再生草的产量。

牧草灌溉，一般分为浇灌和喷灌两种。浇灌是通过引水渠道，把水引入牧草地，使水逐渐渗入土壤。采用这种灌水方法，要求土地平坦，渠系配套，才能达到灌水均匀。喷灌是利用专门设备把水喷射到空中，散成水滴，洒落在牧草地上的一种先进的灌水技术。

（4）杂草防除　杂草的防除主要有3个方面。

①预防措施。杜绝杂草种子的来源，这是预防杂草生长积极而有效的方法。包括建立杂草种子检验制度，清选播种的种子，施用腐熟的厩肥，铲除非耕地上的杂草等。

②铲除杂草。实行正确的轮作，进行合理的耕作，可以消灭大量的草地杂草。采用宽行条播、机械中耕除草以及保护作物的播种，都是抑制杂草丛生的有效方法。

③化学除草。就是把除草剂施在牧草播种前或播种后的土壤上，施用药物可深可浅，也可以施在表土。但一般多采用毒土的方法，就是把药物与细土拌匀，施入土中；或用喷雾的方法喷施在土表。但要注意处理好两个问题。第一，残效期。就是除草剂的杀杂草能力在土壤中保持的时间。残效期短的药剂，要做到施药期与杂草萌发高峰期相吻合，才能收到高效，而残效期长的药剂，要注意防止苗期药害，一般不宜用作土壤处理。第二，移动期。就是指药剂在土壤中随着水分垂直移动的能力。用于土壤消毒处理的药剂，应选择水溶性较低的种类，在砂性较强的土壤、有机质较少、降水量较多的情况下，不至于使大量药剂淋溶到深层，引起牧草受害。

（5）病虫害防治　栽培的牧草种类繁多，其病虫害也是多种多样。有的一种害虫能为害多种牧草，有的一种害虫只为害牧草的个别品种。禾本科牧草的病虫害通常较少为害豆科牧草，豆科牧草还有其独有的病虫害。只有认真查明病虫害的发生、发展规律和为害对象，才能做到“对症”防治。对蝗虫、草原毛虫、草地毛虫、草地螟等害虫，可使用辛硫磷等农药喷雾或超低浓度喷雾，对蛾姑、蛴螬等地下害虫，可撒施毒饵，就是用90%敌百虫晶体50 g，加热水1 kg，溶解后均匀地喷洒在2.5 kg粉碎熟炒的棉籽饼或其他油饼上，拌成毒饵，埋入浅沟，傍晚撒在牧草行间，毒死害虫。

牧草病害种类繁多，例如紫花苜蓿常见的病害就有锈病、轮纹病、褐斑病、黄斑病、菌核病、霜霉病、根腐病以及细菌性叶斑病等10多种。对牧草种子进行严格检验，是防治病害的得力措施。检验种子内部和表面是否染有病菌及其严重程度，才能决定能否作播种用种，或应采取哪种消毒措施。常用的方法有以下几种。

肉眼检查：查明种子中是否混有线虫的虫瘿、菟丝子、腥黑穗病的孢子，以及有无病斑、子实体等。其方法是随便抽取种子100粒，放在白纸或玻璃板上，找出病粒并计算出有病种子的百分率。

离心洗涤：用于检查种子附着的黑粉菌孢子及其他真菌的孢子。方法是随便取样 100 粒种子，放入 100 mL 的三角瓶中，注入 10 mL 温水，或加入少量的 15%乙醇和 0.5%盐酸，降低表面张力，使孢子洗脱，用力振荡 5 min，把种子表面的孢子洗下来，把液体倒入离心管后以 1 000 r/min 的速度离心沉淀 5 min，倾去上部清液，只留下部 1 mL 液体，振荡后，取悬液，以血细胞计数器在显微镜下计数，计算出每粒种子的孢子负荷量。

萌发试验：用在检查种子内部带菌的情况下，就是把表面消过毒的种子，放在无菌培养皿内的滤纸上或无菌的石英砂内，加入适量的无菌水，进行催芽，出芽前后定期观察，有无病变，并鉴定其病原菌。

（6）松耙、补种和翻耕　牧草的生长发育，受土壤、气候、田间管理、牧草特性等因素的影响，如果某一条件不具备，就会造成牧草不同程度的衰老，使牧草的草皮坚硬、板结、株丛稀疏、产量下降，特别是根茎类的禾本科牧草更为突出。因此，要及时进行松耙和补种。松耙最好用重型缺口耙，反复耙几遍，然后补种，补种的种类最好与原来的老牧草相同，补种结合浇水、追肥，效果更好。补种要特别注意苗期的田间管理，及时清除杂草。

如果松耙、补种效果不大，就应全部翻耕，重新种植其他牧草。多年生牧草地的翻耕，主要决定于两个因素，就是产草量和改良土壤的效果。在大田轮作中，多年生牧草多数是在利用的第二年、第三年翻耕，在饲料轮作中，多年生牧草的翻耕是在产量显著下降时进行，一般在利用 6 年以后翻耕。翻耕时间，最好在温度高、雨量多的夏秋季节，有利于牧草根系及残余物的分解。

一般牧草地可用通常的犁进行翻耕。但对于根茎类禾本科牧草的羊草、无芒雀麦草以及根系粗大的多年生豆科牧草，要在耕翻前或耕翻后，用重型缺口耙交叉耙地，切断草根，促进腐烂，为来年播种创造良好条件。

11.3　主要牧草栽培技术

牧草是发展生态养羊业的物质基础。饲草料的生产是绵羊生态养殖的第一性生产，其产出率与绵羊养殖的经济效益是密切相关的，因此，高产优质牧草的栽培对甘肃省绵羊产业的发展具有决定性作用。在牧区，除了进行天然草地改良和建植人工草场外，有良好种植条件的地区也要进行高产优质牧草的种植，充分提高第一性生产的产出率。在牧区，高产优质牧草的种植显得尤为重要，是绵羊养殖的主要饲草料来源，利用水肥条件良好的土地种植高产优质牧草，第一性生产的产出率就高，更能为绵羊的生态养殖奠定坚实的物质基础。

11.3.1 燕麦栽培技术

(1) 生物学特性 燕麦是高寒牧区人工草地一年生禾本科饲草料作物。它耐寒，喜冷凉湿润的气候条件，但不耐高温和干旱，对土壤要求不严，适宜pH 5.5~7.5。能够栽培燕麦的地区，海拔3 000~4 000 m；且具有易收获、调制、贮存，产草量高，叶片比例大，适口性好、消化率高，营养丰富，为各类牲畜喜食的优良特性。

(2) 栽培技术 包括如下内容。

①整地。在有灌溉条件的地区，燕麦茬地放牧后要进行秋季深耕，促进土壤腐熟化，减轻杂草为害，减少病菌。翌年春季灌水，灌溉数日后耙耱土壤，减少水分蒸发，以备播种。在无灌溉条件的地区，燕麦茬地应于翌年播前耕翻耙耱后立即播种，以利于保墒出苗。

②种子处理。由于很多为害燕麦的病虫害是通过种子传播的，如散黑穗病、黑粉病等。因此，应在播前实施种子消毒措施。一般在播种前晒种 1~2 d，然后用药物拌种，拌后随即播种。防止散黑穗病可用种子重量 0.3%~0.4%的福美双拌种；秆黑粉病可用种子重量 0.3%的菲醌拌种。

晒种，将种子堆成 5~7 cm 厚，晴天在阳光下晒 4~6 d，每天翻动 3~4 次，阴天及夜晚收回室内，以利用太阳的热能促使种子后熟，提前萌发。

③播种期。由于高寒地区气温低，生长季短，通常在 4 月下旬播种为宜，最晚不得迟于 6 月初。寒冷地区具体播种时间可视当地环境条件和生产目的而定。一般作为青刈调制干草可在 5 月 20 日至 6 月 4 日播种，以获得较高的产量和营养物质。作为收种，播期应在 5 月 20 日之前，过迟影响种子产量和成熟度。

④播种量。燕麦播种量与种子大小和种子纯净度有关。播种量过稀和过密，都会影响产量和质量；牧区传统的高密度播种（300~375 kg/hm^2）不仅浪费 1/3 以上的种子，并不能达到高产目的。传统播量比适宜播量浪费种子37.5%~40%。因此，应当合理密植。试验表明，播种量为 187.5~225 kg/hm^2 比 150 kg/hm^2 在抽穗期刈割产量提高 8.1%~12.8%，随着生育期推进，产草量还会大大提高。

⑤播种技术和播种方法。燕麦播种方法有撒播、条播；方式有单播和混播之分，因土壤和气候条件而有所不同。

撒播：种子在地表分配很不均匀，常出现过稀或过密现象；覆土深浅不一，影响出苗和幼苗生长；甚至 1/3 的种子在地表外露，造成很大浪费。

条播：随耕随种随覆土，播种成行，出苗整齐，生长发育健壮；每公顷可较当地传统播量节省种子 112.5%~150.0%；青干草产量和种子产量比撒播分别提高 64.0%和 39.2%，防除杂草效果好，牧区应逐步实施条播以替代传统的撒播方法。

播后耙耱，可减少土壤水分蒸发，尤其在旱作地区，播后镇压更为重要，镇压可使种子与土壤紧实接触，有利种子吸收水分，提高萌发速度。土壤过于潮湿时不宜镇压，以防土壤板结，影响出苗。

播种的深度与种子大小、土壤含水量及土壤类型有关。一般来讲，有灌溉条件的地方，播深可在 5 cm 左右，旱作为 7~10 cm，行距 12~15 cm。

单播和混播，混播产量比单播增产 24.82%~35.44%，且营养丰富，互补互济，可以防止豆科牧草倒伏，改善土壤肥力和合理利用土壤养分，对家畜具有更高的生物学价值。

燕麦覆盖地膜种植，覆盖后出苗整齐，生长发育快，分蘖早，分蘖数比不覆膜提高 60%，干草产量提高 55%。覆盖地膜可显著地增加地温和保持土壤水分，使得地温积温在整个生长期内增加 100~250 ℃，土壤表层含水量增加 1%~2%。

（3）田间管理　燕麦苗期生长缓慢，易受杂草为害，田间管理应注重杂草防除。消灭杂草，采用人工除杂及化学除莠方法。播前可用化学药物灭杀杂草效果最好，用 2，4-滴丁酯和 2，4-滴钠盐进行灭杀，用药量在 1.125~1.875 kg/hm^2，加水 750 kg；可进行喷雾，在燕麦分蘖期和拔节期进行较为适宜。出苗前若遇雨雪，要及时轻耱，破除板结。在整个生育期除草 2~3 次，三叶期中耕松土除草，要早除、浅除，提高地温，减少水分蒸发，促进早扎根，快扎根，保全苗。拔节前进行 2 次除草，中后期要及时拔除杂草。种子田面积不大，可选用人工除草。种植面积较大时可采用化学除草剂，在三叶期用 72%的 2，4-滴丁酯乳油 900 mL/hm^2，选晴天、无风、无露水时均匀喷施。为了提高粒重和改善品质，抽穗期和扬花前用磷酸二氢钾 2.25 kg/hm^{2}加尿素 5 kg/hm^{2}加 50%多・福可湿性粉剂 2 kg/hm^2，兑水喷施。有灌水条件的地方，如遇春旱，于燕麦三叶期至分蘖期灌水 1 次，灌浆期灌水 1 次。苗期灌水时，从总肥量中取出尿素 7.5 kg/hm^{2}随水灌施。

（4）合理施肥　在高寒牧区耕作层土壤养分属低氮、贫磷、富钾，燕麦草地施有机肥料底肥，施量 37 500 kg/hm^2。可采用氮、磷按比例施肥，用每公顷 60 kg：60 kg 的施肥量，可大幅度提高产草量。

追施氮肥，第一次可在燕麦分蘖期进行，有利于促进有效分蘖的发育，第二次可在孕穗期进行，达到增产的目的。

（5）病虫害防治　选择优良品种的优质种子，实行轮作，合理间作，加强土、肥、水管理。清除前茬宿根和枝叶，实行冬季深翻，减轻病虫基数。掌握适时用药，对症下药。燕麦坚黑穗病可用多菌灵或甲基硫菌灵以种子重量0.2%~0.3%的用药量进行拌种；燕麦红叶病可用80%敌敌畏乳油或40%辛硫磷乳油2 000~3 000倍液等喷雾灭蚜。黏虫用80%敌敌畏乳油800~1 000倍液，或80%敌百虫可溶粉剂500~800倍液等喷雾防治。对地下害虫可用40%辛硫磷乳油3.75 kg/hm^{2}配成毒土，均匀撒在地面，耕翻于土壤中防治。

（6）收获　高寒牧区应在9月初一次性收获较为适宜，此时燕麦正处于乳熟期；若刈割过迟，燕麦茎秆变黄，导致营养物质损失大。

燕麦籽粒收获，它的籽粒成熟期基本一致，穗子顶部小穗先成熟，下部后成熟，而在每一个小穗中，基部的小穗先成熟，顶部的小穗后成熟。在穗子上部籽粒进入蜡熟期收获较为适宜。如果降霜前种子仍未成熟，则应刈割青贮或调制干草。

11.3.2　紫花苜蓿栽培技术

紫花苜蓿也称苜蓿，原产于伊朗，为世界上栽培最广泛的一种牧草，素有“牧草之王”的誉称，甘肃省大部分平川和山地丘陵都有栽培，尤其集中于河西走廊灌溉区和陇东黄土高原区。

（1）生物学特性　紫花苜蓿为豆科苜蓿属多年生草本植物。直根系，主根粗壮，入土深达10 m以上，侧根不发达，有很多根瘤着生，茎直立，高60~120 cm，标准上繁牧草。三出羽状复叶，总状花序，蝶形花冠紫色或淡紫色，荚果螺旋形，内含黄褐色肾形种子2~8粒，千粒重1.5~2.5 g。

紫花苜蓿是虫媒异花授粉植物，为北方重要优质蜜源。苜蓿的叶量丰富，无特殊的旱生结构，是需水较多的中生性草类，但因它的根深，能利用土壤深层蓄水，从而形成耐旱的特性。幼苗能耐-6~-5 ℃，成株能耐-20 ℃左右的低温。在甘肃省大多数地区均能安全越冬。它对土壤要求不严，最适于中性或微碱性、排水良好的钙质砂壤土。而强酸、强碱土壤和地下水位过高均不利生长。

（2）栽培技术　紫花苜蓿种子细小，所以整地宜细宜平，保持土壤适当的含水量。播种期要求不严格，以秋播墒好、杂草为害也较轻时为宜。另外也可进行冬季或早春的“冻播寄籽”，这样当年就可收一茬草。一般采用30 cm行距条播，每亩用种量0.75~1 kg，覆土深度2~3 cm。目前紫花苜蓿的种植多采用单播，而紫花苜蓿和多年生禾本科牧草如无芒雀麦、披碱草、老芒麦等用30 cm同行混播的效果也很好，地上、地下生物量均提高15%以上，而且饲用和生态效益均优于单播。播种紫花苜蓿时还可以采用和一年生作物（如谷子、小麦、油菜等）混种，帮助紫花苜蓿芽苗顶土、遮阴，所以有农谚“苜蓿搅菜子，赵云保太子”，但在种子用量上应适当减少，以保证作物的下种量，而且还应适当提早收刈，使紫花苜蓿更早从荫蔽下解脱出来。在黄土高原干旱地区夏播时则不一定采用保护播种。紫花苜蓿的苗很重要，幼苗生长缓慢，要适时除草 2~3 次。翌年早春返青和每次刈割后也应进行一次中耕除草。有灌溉条件地区，干旱季节灌水 1~2 次则能大幅度增加产草量。紫花苜蓿的蚜虫、盲椿象、浮尘子等常有为害，可用敌百虫等防治。对锈病、白粉病可用多菌灵、硫菌灵等防治。

11.3.3　红豆草栽培技术

红豆草又名驴食豆、驴喜豆，主要分布于欧洲和亚洲西南部。中华人民共和国成立初期从苏联引入，后来又从加拿大引入一些，甘肃省绝大部分地区都适宜生长，各地已大量引种，是很有前途的草种之一。

（1）生物学特性　红豆草为多年生豆科草类。主根系发达，入土深达 3~4 m。侧根也很多，根瘤大而多，每株两年生植株平均有 121 粒。茎直立，上繁，高 60~100 cm。分枝一般达 10~20 个。由 13~19 小叶组成奇数羽状复叶，长总状花序，含小花 40~75 朵，红色、粉红色。荚果扁平，每荚种子 1 粒，千粒重 16 g。

红豆草性喜暖温干燥环境，不耐下湿，抗旱力较强，在夏季高温高湿条件下生长不良，耐寒力比紫花苜蓿稍弱。红豆草在甘肃省内除甘南高原地区一般年份里都能安全越冬，生长良好，是该地区很有希望的草种之一。红豆草适于砂性钙质或微碱性土壤。由于它的种子较大，播种后其出苗和保苗及对杂草的竞争力都较强，干旱地区早春播种，当年就能开花结实，但产籽量不多。湿润地区当年大都不能开花结实，翌年一般比紫花苜蓿返青早，生长亦快，能大量结实。

（2）栽培技术　红豆草为种子繁殖，甘肃省各地都能开花结实，而以干燥暖温地区产量较高。在河西走廊和陇东黄土高原地区宜春播或初夏播种，甘肃南部以夏播为宜。秋播的幼苗不易过冬。一般均采用带荚果实播种，条播每亩 4~5 kg，行距 30 cm 左右，覆土深度 3~4 cm。专门生产种子者行距可适当加宽而播量减少。一般采用 10~15 cm 的深沟播种，覆土仍为 3~4 cm，留一浅沟，冬前适当蕴土，可增强越冬力，尤其在坡地的等高条沟播种，在水土保持上还有它更重要的意义。此外，越冬前追施磷肥和提早刈割对抗旱保苗都有积极的作用。红豆草为标准上繁牧草，为了充分利用土地和空间光能资源，能够和下繁或半下繁草类，如无芒雀麦、老芒麦、牛筋子等混播，收益将更大。

（3）利用价值　红豆草生长年限一般为6~7年，特殊情况下可生长10~20年。产草量最高为第二年至第四年常用作刈割用人工草地或草粮轮作，收刈为青饲或调制干草，再生草可用作放牧，为绵羊所喜食。红豆草的消化率高于紫花苜蓿、沙打旺等牧草。初花期干草的化学成分：粗蛋白质16.8%、粗脂肪4.9%、粗纤维20.9%、无氮浸出物49.6%、灰分7.8%。一般在现蕾后即可刈割，过迟则木质化，质量降低，刈割留茬以5~6 cm为宜，最后一茬要稍提早刈割，并稍高留茬，以保证安全越冬。甘肃省大部分地区，尤其是中、南部地区每年可以刈割2~3茬。亩产干草200~300 kg，高产地可达千斤以上。种子亩产30~40 kg，专门采种栽培者可达100 kg以上。红豆草也是优质蜜源植物和保土增氮绿肥植物。

11.3.4　白三叶栽培技术

（1）生物学特性　白三叶喜温暖湿润气候，生长适温为19~24 ℃，耐热性和抗寒性比红三叶强。耐酸性土壤，适宜的土壤pH为5.6~7.0，但pH低至4.5亦能生长，不耐盐碱。较耐湿润，不耐干旱。再生性很强，在频繁刈割或放牧时，可保持草层不衰败。是一种放牧型牧草。在年降水量为640~760 mm或夏季干旱不超过3周的地区均适宜种植。

（2）栽培技术　白三叶种子细小，播种前需精细整地，清除杂草，施用有机肥和磷肥作底肥，在酸性土壤上应施石灰。白三叶可春播和秋播，在甘肃省以春播为宜，但不应迟于6月中旬，过晚，越冬易受冻害。播种量每亩0.25~0.5 kg，最好与多年生黑麦草、鸡脚草、猫尾草等混播，白三叶与禾本科混播比例为1∶2，以提高产草量，也有利于放牧利用。混播时每亩用白三叶种子0.1~0.25 kg。条播或撒播，条播行距30 cm，播深1~1.5 cm，播种前应用根瘤菌拌种和硬实处理。白三叶苗期生长缓慢，应注意中耕除草。白三叶宜在初花期刈割，一般每隔25~30 d利用1次，每年可刈割3~4次，亩产2 500~4 000 kg，高者年可产5 000 kg以上。

（3）利用价值　白三叶茎叶柔嫩，适口性好，营养价值高，为绵羊所喜食。干物质含粗蛋白质24.7%，粗纤维12.5%，干物质消化率75%~80%。绵羊在良好的白三叶牧地不需补饲精料。白三叶草地除放牧绵羊外，也可刈割饲喂绵羊。白三叶还可作为水土保持和绿化植物。

11.3.5　红三叶栽培技术

（1）生物学特性　红三叶喜温暖湿润气候。夏季温度超过35 ℃生长受抑制，持续高温，易造成死亡。红三叶耐湿性好，在年降水量1 000~2 000 mm

地区生长良好，耐旱性差。要求中性或微酸性土壤，适宜的土壤 pH 为 6~7，以排水良好、土质肥沃的黏壤土生长最佳。

（2）栽培技术　红三叶种子小，要求精细整地，可春播和秋播，甘肃省以春播为宜，播期 4 月，播种量 0.5~0.75 kg。适条播，行距 20~30 cm，播深 1~2 cm。用红三叶根瘤菌剂拌种，可增加产草量。施用磷肥、钾肥、有机肥，有较大增产效果。红三叶苗期生长缓慢，要注意中耕除草。红三叶产量高，再生性强，一年可刈割 2~3 次，管理得好，亩产可达 4 000~5 000 kg。

（3）利用价值　红三叶草质柔嫩，适口性好，为各种家畜喜食，干物质消化率为 61%~70%。营养丰富，干草粗蛋白质 17.1%，粗纤维 21.6%。红三叶可刈割，也可放牧绵羊，打浆可喂羊，饲养效果很好。红三叶与多年生黑麦草、鸭茅、牛尾草等组成的混播草地可提供绵羊近乎全价营养的饲草，与禾本科牧草混播的红三叶也可青贮。

11.3.6　箭筈豌豆栽培技术

（1）生物学特性　箭筈豌豆喜温暖湿润气候，抗寒性中等，比毛苕子差，在 0 ℃时易受冻害。不耐热，生长发育对温度要求最低为 5~10 ℃，适宜温度为 14~18 ℃；成熟要求温度为 16~22 ℃。对土壤要求不严，除盐碱地外，一般土壤均可栽培，耐瘠薄，但在排水良好、肥沃的砂质土上生长最好，也能在微酸性土壤上生长。在强酸或盐渍土上生长不良。对水分比较敏感，喜潮湿土壤，多雨年份产量可高 0.5~1 倍。在甘肃省河西走廊、中东部地区秋播，4 月中旬始花，中下旬盛花，5 月下旬结实成熟死亡，生育期 230 d 左右。

（2）栽培技术

①选地与整地。箭筈豌豆虽对土壤要求不严，但为了获得高产量，以选择砂壤土及排水较好的土壤上种植为宜。播前整地应精细。

②施底肥。亩施有机肥 1 500 kg 和过磷酸钙 10~15 kg 作底肥。

③播种期。甘肃省河西走廊、中东部地区宜秋播，即白露（9 月上中旬）前后。

④播种量。作饲料或绿肥用，每亩播种量为 4~5 kg；种子田亩用种量为 3~4 kg。与谷类作物混播，其比例为 2∶1 或 3∶1，箭筈豌豆每亩用种量按单播的 70%计算。

⑤播种方式。可采用单播和混播，一般以混播为主。其单播又可条播、点播。条播，行距 30~40 cm；点播，行距 25 cm 为宜，播深 3~4 cm，覆土 2 cm。混播。可与谷类作物或禾本科牧草混播。

⑥追肥。在苗期可亩施尿素 2.5~4 kg 或精粪水。箭筈豌豆，一般再生性

较好。刈割后为了促进再生草的生长，可追施氮肥或清粪水。

⑦灌溉。根据灌溉条件，结合土壤湿度和干旱情况，在生长发育时期，可灌溉3~4次。

⑧中耕除草。箭筈豌豆幼苗出土能力差，生长缓慢，应及时中耕除草1~2次，防止杂草压苗，以利生长。

（3）营养价值及利用方式　箭筈豌豆茎枝柔嫩，叶量多，适口性好，营养价值高，为各种家畜所喜食。据分析，干草含粗蛋白质16.14%、粗脂肪3.32%、粗纤维25.17%、无氮浸出物42.29%、钙2.0%、磷0.25%，其籽实含粗蛋白质高达30.35%。同时，它也是一种优质的绿肥作物。压青半个月即可腐熟，能增加土壤中氮素，经测定，在0~20 cm土层中速效氮含量比未种箭筈豌豆的土壤增加66.7%~133.4%。

箭筈豌豆可晒制青干草或青贮，还可在幼嫩时期放牧。种子含有苷，粉碎作精料应将种子用温水浸泡24 h再煮熟以除去有毒物质，饲喂要适量，更不能长期单一使用。绵羊日喂不超过1 kg。一般亩产鲜草1 500~2 000 kg，高者可达3 100 kg。

11.3.7　多花黑麦草栽培技术

（1）生物学特性　多花黑麦草的别名为意大利黑麦草、一年生黑麦草、多次刈割黑麦草。多花黑麦草喜温暖湿润气候，在昼/夜温度为12℃/27 ℃时，生长最快，超过35 ℃生长不良。土壤温度比气温对生长的影响更大，土温20 ℃时，地上部分生长最盛。分蘖最适温度为15 ℃左右。光照强、日照短、温度不高，对分蘖有利。耐严寒和干热，在低海拔区越夏差。在海拔800~2 500 m、年降水量800~1 500 mm的温带湿润地区种植，可生长2年，当田间管理精细、利用合理，可利用3年。适宜在肥沃、湿润而深厚的壤上或砂壤土上种植。最适合的土壤pH为6~7，也可适应土壤pH为5~8。不耐长期积水。再生性强，拔节前刈割，很容易恢复生长。刈割后再生枝条有两类：一类是从没有损伤的残茬内长出，约占总再生数的65%；另一类则从分蘖节长出，约占总再生数的35%。

（2）栽培技术

①选地与整地。多花黑麦草的栽培技术与多年生黑麦草基本相同。多花黑麦草生长快，产量高，再生力强。对土壤养分的消耗量大，它适于在土层深度、肥沃、湿润的壤土或砂壤土上种植，一般黏性土上也能生长。播前，为了出苗整齐，同多年生黑麦草一样，应精细整地。

②施底肥。在播种前，应施足底肥，其肥料的种类、田间管理同多年生黑

麦草一样。

③播种期。海拔为400~800 m左右的低山区可秋播（即9月中旬至10月上旬），海拔1 000 m以上者可春播（3月上、中旬）。

④播种量。一般亩播种量为1.0~1.5 kg。

⑤播种方式。以条播为宜，行距30 cm，播幅（开沟宽）15 cm左右，开沟深度2~3 cm。种子田行距40 cm为宜，覆土深度1.5~2 cm。多花黑麦草可与生长期短的苕子、紫云英等牧草混播，可提高当年产量，其多花黑麦草的播量为单播量的75%，豆科牧草为单播量的80%。同时，它与多年生黑麦草一样，可与农作物进行套作或间作。

⑥追肥。多花黑麦草对氮肥敏感。每亩施尿素7.5~12.5 kg，每千克尿素增产鲜草23.75 kg，多花黑麦草主要需肥是三叶期、分蘖期和拔节期，各生育期的施肥量分别占总施肥量的40%、45%、15%。每次刈割应亩施尿素4~5 kg。

⑦灌溉。多花黑麦草是需水较多的牧草，在分蘖、拔节、抽穗3个时期及每次刈割以后适时适量进行灌溉，可显著提高产量。尤其冬春干旱的地区，更应该重视灌溉，才能获得更高的产量。

⑧中耕除草。为了疏松土壤，消灭杂草，减少病虫害，分蘖期和每次刈割后应进行中耕，能加快多花黑麦草的再生速度。中耕深度，分蘖前期宜浅，后期可稍深。除杂草应在开花前进行，宁早勿晚。

（3）利用价值　多花黑麦草在草层高度为50~60 cm时刈割作青饲，叶多茎少，草质柔嫩，各种牲畜均喜食，适口性好，采食率高。青饲喂羊的采食率在95%以上。初穗期刈割，茎叶比例为1：（0.50~0.66），延迟收割期则为1：0.35。同时，由于刈割时期不同，则营养成分的含量和鲜草产量各异。如叶丛期刈割，干草含粗蛋白质18.6%、粗脂肪3.8%、粗纤维21.2%，每亩产鲜草9 481.9~ 10 275.0 kg，花期前刈割，含粗蛋白质15.3%，粗脂肪3.1%，粗纤维24.8%，每亩产鲜草7 222.2~7 911.1 kg。开花期刈割，含粗蛋白质13.8%、粗脂肪3.0%、粗纤维25.8%。因此，多花黑麦草应适时刈割，有利于产量高，牲畜易消化。

多花黑麦草可青饲，也可青贮，还可调制干草作冬春饲草。

11.3.8　扁穗冰草栽培技术

扁穗冰草又名冰草、扁穗鹅冠草、羽状小麦草。

（1）生物学特性　冰草是温带干旱和半干旱草原的主要牧草，是美国、加拿大等干旱区的栽培禾草之王。我国东北、华北、西北、西南地区野生较普遍。

冰草为多年生疏丛型禾草，也有短根茬-疏丛型分布。须根发达，具沙套。株高 30~60 cm。野生者分蘖和叶片很少，叶常内卷。栽培种可达 20~40 个分蘖。穗状花序顶生直立，小穗紧密排列两侧，呈羽毛状。每小穗 4~7 朵花，顶生小花不孕。种子千粒重 2 g 左右，每千克约 50 万粒。

冰草抗旱耐寒很强，最适宜干旱、寒冷的北温带栽培。对土壤要求不严，轻盐渍土，甚至半荒漠地带也生长良好。在河西走廊及陇东黄土高原，不论是从国外引种还是当地野生种，都是最有栽培价值的禾草。冰草春季返青早，生长快。夏季干热时暂时停止生长，秋季再生长。其寿命很长，一次栽培可以利用 15 年以上，有的长达 40 年。

（2）栽培技术　冰草种子细小，播前整地要细。冰草虽然耐旱，但种子萌发和幼苗期仍需一定水分，所以甘肃省播种冰草最好采用顶凌或夏雨季播种，与紫花苜蓿、红豆草和胡枝子采用禾、豆 2：1 或 3：1 的比例、30 cm 行距同行混播最佳，也可隔行间播。混播或间播时，播量以每亩 0.5~0.75 kg 为宜。覆土不能过厚，一般 2 cm 左右。种子播在湿土上，播后镇压提墒。幼苗期生长缓慢，应加强中耕除草。甘肃省单播者当年亩产青草 350~400 kg，翌年可达 1 250~1 750 kg。其再生性较强，河西走廊及陇东黄土高原可利用二茬。

（3）利用价值　冰草春季返青较早，性耐践踏，以放牧利用率较高，为北方干旱地区放牧型人工草地最佳牧草之一。栽培型引种冰草在某些地区（如河西走廊及陇东黄土高原）可以第一茬刈割，第二、第三茬再生草用作放牧。茎叶柔细，适口性好，绵羊最喜采食，山羊、牛、马等也很喜食。营养价值较高，与豆科牧草相比，除蛋白质和钙稍低外，脂肪、无氮浸出物（特别是非结构性碳水化合物）和消化热能均高，为北方干旱草原区重要能量饲料之一，又是黄土高原保持水土较理想的草种。

11.3.9　无芒雀麦草栽培技术

无芒雀麦草又名无芒草、禾营草、无芒雀麦等。

（1）生物学特性　原产于欧洲北部、西伯利亚及我国北方，主要生长于暗栗钙土上。我国东北、华北、西北分布较广。许多国家早已引种，成为重要栽培牧草，美国和加拿大面积较大。适应性强、产量高。目前北方各省都有较大面积的引种栽培。

无芒雀麦是根茎-疏丛型的多年生禾草，寿命 10 年以上，地下茎发达，根系多，20 cm 土层中须根占总根量的 1/2 还多。茎直立，高 80~220 cm，无毛。叶4~8片，细长披针形。圆锥花序开展，一般长26 cm左右。小穗含花6~10朵，千粒重4 g左右，每千克25万粒。

无芒雀麦耐寒力强，在内蒙古锡林郭勒盟、山西五台山高山部分，-40 ℃也能安全越冬。抗旱性仅次于冰草。在土壤水肥充足、通透良好、饱和持水量达80%左右时，分蘖数可达数十个。无芒雀麦最适宜生长于年降水量400~600 mm地区，对土壤要求不严，最适于钙质中性土壤，较耐盐碱，返青较早，晚秋仍保持青绿茎叶，青饲期较长。

(2) 栽培技术　无芒雀麦除种子繁殖外，无性繁殖力也很强，地下茎分株繁殖成活率很高，比种子繁殖快，管理简便，与杂草的竞争力强。河西走廊及陇东黄土高原当年可利用三茬。与紫花苜蓿、红豆草、百脉根或草木樨等豆科牧草同行混播产量最高。

(3) 利用价值　无芒雀麦的营养分蘖多，叶量大，如从美国引种的叶量一般达34.2%~47.0%，营养分蘖枝占72%~87%。高于其他禾草。适口性良好，绵羊喜采食。营养价值也高，蛋白质含量丰富，总消化营养物质比披碱草、老芒麦等都高，是北方最主要的能量饲草之一。无芒雀麦是我国北方黄土高原、草原、荒漠风沙区保土保水、固土固沙的优良牧草。

11.3.10　老芒麦栽培技术

老芒麦又名垂穗大麦草、西伯利亚野麦草等。

(1) 生物学特性　老芒麦为我国北方广泛野生草种。近年来，青海、甘肃、新疆和华北等地开始驯化栽培，效果良好。本草为多年生疏丛型草，株高50~120 cm，直立生长，叶片柔软、长而扁平，无叶耳。穗状花序疏松下垂，长15~20 cm。每节两个小穗并列生长，颖披针形而具短芒，外稃具长芒。内外等长。千粒重4.5~5.5 g，每千克约20万粒。

野生老芒麦的寿命10年左右，一般2~4年产草量最高。性喜湿润，分布于沟谷、灌丛及林下。抗寒力特强，在甘肃省高寒草原能安全越冬。自然形成大片群落，分蘖力和再生力均强。

(2) 栽培技术　播种方法与田间管理大体同冰草等禾草。在甘肃省中东部及南部宜夏播。无芒麦与紫花苜蓿、红豆草、无芒雀麦以及胡枝子等混播最佳。近年来青海等地培育出一种多叶老芒麦，也适宜甘肃省栽培。其叶量及养分很多，显著优于普通老芒麦，是北方地区最有前途的禾草品种。

(3) 利用价值　老芒麦产草量甚高，叶量比率大于披碱草属中任何一种，青饲、干草、青贮均宜，适口性居披碱草属各草种的首位，牛、马、羊均喜采食。一般在抽穗前利用，穗后粗老较快，利用率下降。孕穗期的营养成分：粗蛋白质 11.9%、粗脂肪 2.76%、粗纤维 25.81%、无氮浸出物 45.86%、粗灰分 7.86%、钙 0.26%、磷 0.25%。

11.3.11 冬牧 70 黑麦栽培技术

冬牧 70 黑麦属一年生禾本科植物，株高 150 cm 以上，亩产鲜草 5 000~12 000 kg，茎叶柔软、细嫩，鲜物中粗蛋白质含量在 3%左右，赖氨酸含量高，还含有大量的胡萝卜素和多种维生素。适口性好，牛、羊、猪、兔、鹅等畜禽所喜食。该牧草早期生长快，分蘖多，耐寒性强，再生性好，是解决冬春青饲料缺乏问题的优良牧草。8—10 月均可播种，播种时每亩施氮肥 15 kg，土杂肥 1 000 kg 作基肥。9 月中旬至 10 月上旬为最佳播种期，每亩播种量以 7.5 kg 为宜，行距 15~20 cm，播种深度同小麦一样。因墒情不足、地下害虫等原因造成缺苗断垄者应及时补苗，有条件的入冬前灌 1 次水。翌年每亩施氮肥 15 kg，进行中耕保墒。做好防蚜虫、锈病、干热风的防治工作。

第一次收获，在入冬前株高 20 cm 刈割青喂或青贮。第二次在翌年 4 月中旬，收获后每亩施尿素 10 kg。第三次在 5 月下旬刈割。

11.3.12 饲料玉米栽培技术

（1）栽培技术模式　对现有玉米种植模式进行技术改造。积极推进规模连片种植，建设千亩以上核心示范区 3 处，示范推广先进栽培技术。科学合理施肥，重点推广测土配方平衡施肥、有机肥资源综合利用和改土培肥 3 项技术。增加有机肥的施用量，亩施有机肥达到 2 m^3。开展最佳栽培密度的研究、最佳的肥料营养成分配比及施肥量试验示范，总结出在密度上，以株距 20 cm 为最佳密度，在施肥上以亩施氮磷钾纯量 12 kg，氮：磷：钾配比为3：3：2；在栽培模式上以 65 cm 小垄直播最好。项目区良种统供率、种子包衣率、测土配方施肥率、病虫草害综合防治率都达到了 100%。

（2）栽培技术流程　具体如下。

①种子处理。在玉米播种前可通过晒种、浸种和药剂拌种等方法，增加种子的生活力，提高种子的发芽率，减轻病虫为害，以达到苗早和苗齐、苗壮的目的。晒种播前选择晴天，连续暴晒 2~3 d，并使种子晒匀，可提高出苗率；药剂拌种用硫酸铜等拌种能减轻玉米黑粉病等的发生，用辛硫磷等拌种能防治地下害虫；种子包衣能防病治虫和促进生长发育。

②增施有机肥、平衡施肥。根据平衡施肥原理，实施测土配方施肥，在确定目标产量的基础上，通过测土化验，掌握土壤有效养分含量。做到氮、磷、钾及微量元素合理搭配，优质农肥 2~3 t/亩，测土配方专用肥 40 kg/亩，尿素

20 kg/亩。

③适时播种。饲料玉米播种必须适时抢前抓早，一般在4月20—30日为最佳播期，采取催芽坐水种的方法，达到一次播种出全苗。也可以采用覆膜、育苗移栽等保护地栽培方法，可以抢早上市10~15 d。种植密度以亩保苗3 300~3500株为宜，即70 cm垄，株距26~29 cm。播后镇压1次。

（3）田间管理　具体包括以下6个方面。

①及时间苗、定苗、补苗。在玉米三叶期做到一次间苗定苗，定向等距留苗。间苗、定苗时间要因地、因苗、因具体条件确定，可适期早进行，宜3叶间苗，5叶定苗；干旱条件下应适当早间苗、定苗；病虫害严重时应适当推迟间、定苗。定苗时应做到去弱苗，留壮苗；去过大苗和弱小苗，留大小一致的苗；去病残苗，留健苗；去杂苗，留纯苗；缺株时适当保留双株，缺株过多时要补苗。为确保收获密度和提高群体整齐度及补充田间伤苗，定苗时要多留计划密度的5%左右，其后在田间管理中拔除病弱株。

②及时中耕、除草、蹲苗促壮。中耕是玉米田间管理的一项重要工作，其作用在于破除板结，疏松土壤，保墒散湿，提高地温，消灭杂草，减少水分、养分的消耗以及病虫害的中间寄主，促进土壤微生物活动，促进根系生长，满足玉米生长发育的要求。玉米苗期中耕一般可进行2~3次，中耕深度以3~5 cm为宜。玉米苗期根系生长较快，为了促进根系向纵深发展，形成强大的根系，为玉米后期生长奠定良好的基础，苗期可在底墒充足的情况下，控制灌水进行蹲苗。

③虫害防治。主要采取农业防治，封秸秆垛、烧根茬，减少虫源；物理防治，用黑光灯、高压汞灯诱杀成虫；生物防治，施用苏云金杆菌乳剂或放赤眼蜂来杀死幼虫和虫卵，使产品提高品质，达到绿色食品标准。

④追肥。玉米6~8叶期每公顷追施尿素130~150 kg，11~13叶期追施尿素70~100 kg。追肥部位距玉米株7 cm，深度10 cm。施用玉米长效复混专用肥的不用追肥。

⑤化学除草。采取封闭灭草，用2，4-滴丁酯等进行土壤处理。

⑥收获和利用。要适时收割，一般在霜前割完、贮完。乳熟期的青贮玉米要混贮及乳熟以后收割的玉米都不应掰下果穗单贮，果穗青贮可以顶精料用，能提高青贮饲料质量。

11.3.13　猫尾草栽培技术

猫尾草属于豆科多年生亚灌木植物，喜冷凉湿润气候，抗寒性极强，较耐水淹，对土壤要求不严，适应各种类型的土壤，耐微酸性及微碱性土壤。猫尾草由于适口性好，因此可用于刈割青饲、青贮或调制干草，适用于骡、马、牛、羊等食用。岷县具有猫尾草栽培极佳的生态环境，种植猫尾草对发展岷县黑裘皮羊产业具有极大的作用。

（1）生物学特性　猫尾草是多年生直立型小灌木状类木质宿根草木，高60~160 cm，茎单株或多株丛生，单茎被剪切后，立即发芽长出多茎，呈丛生状，全枝被短茸毛。叶互生，单数羽状复叶，具长柄，小叶3~7片，有时9片，对生，叶片长卵形，钝头，有时呈卵状披针形或略长椭圆形，长5~11 cm，最长可达15 cm，宽3~6 cm，曾发现8 cm者，末端具短尖，基部略小，圆形，全缘，质厚，粗糙，表面光滑，背面被毛，对生叶柄极短，末端叶柄1~5 cm。4—11月开花，顶生，开花季节5—9月，长穗形总状花序，序长15~60 cm，呈淡紫色至红紫色。其花（穗）密生如红星，蝶形花，花瓣红紫色，具细爪，呈圆形，两侧稍似耳垂状，末端忽尖，翼瓣略刀形，龙椎瓣呈线形；萼管甚短，呈浅杯形，5裂，上侧裂片较短，2齿，下侧裂片稍长，3齿，皆具长毛；苞片披针形略三角状，末端渐尖，早落性；雄蕊2体共10枚，花柱略呈线形，子房上位。荚果重叠扭曲，被有短毛，3~6室；种子具光泽，黑褐色，未熟呈绿色，肾形，直径0.2~0.5 cm，种子千粒重约2.72 g。猫尾草主根肥大，粗且长。

（2）播种

①播前准备。由于猫尾草的种子很细小，萌发后幼苗细嫩，顶土力弱，因此应在结构良好、土质疏松、中性土壤或弱酸性的土壤种植。整地时，应精细整地，一般在秋季深翻地，翻耕深度大于20 cm，结合整地，施足底肥，一般施腐熟的有机肥30 000~45 000 kg/hm^2，尿素150 kg/hm^2。翻耕后应耙地和镇压，以保证地平整、无坷垃。

②播种。播前应清选种子，使种子纯度达到90%以上。清选好的种子，在播种前应拌入种肥，一般拌种肥料为粒状复合肥，用量75 kg/hm^2。若用生物菌肥或稀土微肥拌种最好。

猫尾草播种可用条播和撒播方法，条播时，行距为20 cm左右，播深2~5 cm；如果撒播，应将种子均匀撒于地表，然后轻耙或轻耱覆土，覆土深度为1~2 cm。种子用量为11.25~15 kg/hm^2。猫尾草在每年的春、夏、秋3个季节均可播种，但以春播为好。有条件时施用生物菌肥、稀土微肥拌种播种更好。此外，为了提高单位面积的产量和猫尾草的品质，还可将其与紫花苜蓿、红三叶等草种混合播种。

（3）田间管理　猫尾草幼苗细弱，出苗比较缓慢。出苗前如果有土壤板结，须及时耙耱地表，以破除板结，从而使出苗整齐。同时，在出苗后应及时进行第一次中耕除草。除草可人工方法，也可用化学方法。化学除草必须在全苗后进行，用 2，4-滴丁酯，每亩用量为 900～1 050 mL/hm^2，兑水 225～300 kg 进行喷洒。猫尾草在分蘖至拔节期需肥多，尤其在抽穗后至开花期需肥量最大。生长前期应以施氮肥为主，生长后期则以磷、钾肥为主，施肥应坚持少而勤的原则，以充分发挥肥效。此外，当植株生长减慢，并且叶色变淡时，需要进行追肥和浇水，一般每公顷追施氮肥 150 kg、磷肥 112.5 kg、钾肥 75 kg。

(4) 采种与刈割　猫尾草可用作青饲料或者调制干草。一般在抽穗期至始花期进行刈割，产量最高，营养最好，留茬高度 8～10 cm。

11.4　牧草收割的注意事项

为了保障绵羊生产的全年均衡营养，保证在枯草季节如冬春季有足够的补饲牧草，从天然草原和人工草地上刈割牧草，制作干草、青贮和半干贮饲草，是减少羊只冬、春死亡，实现生态养羊业稳定发展的先决条件。牧草刈割时应注意以下问题。

(1) 牧草适宜的收割时间　牧草在生长过程中，各个时期营养物质含量是不同的。牧草幼嫩时期，生长旺盛，体内水分含量较多，叶量丰富，粗蛋白质、胡萝卜素等含量较多。相反，随着牧草的生长和生物量的增加，上述营养物质的含量明显减少，而粗纤维的含量则逐渐增加，牧草品质下降。确定最佳收割时期，首先是要求在单位面积内可消化营养物质最高期，其次是有利于牧草的再生和安全越冬。根据上述两条原则，禾本科牧草和豆科牧草有不同的收割适宜期。

禾本科牧草的刈割：多年生禾本科牧草地上部分在孕穗-抽穗期，叶多茎少，粗纤维含量较低，质地柔软，粗蛋白质、胡萝卜素含量高，而进入开花期后则显著减少，粗纤维含量增多。牧草品质在很大程度上取决于它的消化率，而牧草的消化率同样随着生育期的延续而下降。如果禾本科牧草分蘖期的可消化蛋白质含量为 100%，那么，孕穗期为 97%，抽穗期为 60%，而到开花期仅为 42.5%。

从牧草产量动态来看，一年内地上部分生物量的增长速度是不均衡的。孕穗-抽穗期生物量增长最快，营养物质产量也达到高峰，此后则缓慢下降。一般认为，禾本科牧草单位面积的干物质和可消化营养物质总收获量以抽穗-初花期最高，在孕穗-抽穗期刈割，有利于牧草再生。刈割期早晚对下一年的产量有较大影响，同时，刈割次数和最后一次刈割时期也会对牧草再生和产量产生影响。综上所述，多年生禾本科牧草一般多在抽穗-初花期刈割，霜冻前45 d禁止刈割。而一年生禾本科牧草则依当年的营养状况和产量来决定，一般在抽穗后刈割。

豆科牧草的刈割：与禾本科牧草一样，豆科牧草也随着生育期的延续，粗蛋白质、胡萝卜素和必需氨基酸含量逐渐减少，粗纤维显著增加。而且，豆科牧草不同生育期的营养成分变化比禾本科牧草更为明显。豆科牧草进入开花期后，下部叶片枯黄脱落，刈割越晚，叶片脱落也越多。进入成熟期后，茎变得坚硬，木质化程度提高，而且胶质含量高，不易干燥，但叶片薄而易干，易造成严重落叶现象。豆科牧草叶片的营养物质含量高，尤其是蛋白质含量比茎秆高1.0~2.5倍。所以，豆科牧草不应过晚刈割。多年生豆科牧草，如苜蓿、沙打旺、草木樨等，根据生长情况、营养物质以现蕾-初花期为刈割适宜时期，此时的总产量最高，对下茬生长影响不大。但个别牧草由于品种、气候条件影响，收割后牧草品质不同。在生产实践中，因生产目的不同也有差异，如以收获维生素为主的牧草可适当早收。所以，豆科牧草收获适宜时期须要灵活掌握。

栽培的紫花苜蓿和白花草木樨在开花初期刈割，以后的再生草也在这一生长阶段刈割。红豆草可在开花盛期或末期刈割，因为它的纤维素含量较低。栽培的燕麦草地应在抽穗期刈割，或最晚在完全抽穗时刈割。菊科的串叶松香草、菊芋等以初花期为宜，而藜科的伏地肤、驼绒藜等则以开花-结实期为宜。蒿属植物草地在晚秋降霜后，有苦味的挥发油减少，糖分含量增加，适口性变好后刈割。

（2）牧草刈割次数　我国各地的割草地除了人工草地外，天然草地都是一年刈割1次，再生草用以冷季放牧。在热量条件好，牧草再生力强，人力、物力容许的条件下，也应在合适的时期刈割再生草。在进行2次刈割时，需注意使第二次再生草在寒冷来临前30 d左右的生长时期刈割。从牧草的生长考虑，不应每年都刈割2次，而应把2次刈割与晚期刈割相轮换。在能刈割2次以上的地区，从总产量考虑，以刈割2次为宜。

（3）牧草刈割的留茬高度　牧草刈割后的留茬高度不仅影响产量、质量，而且也影响再生草的生长。留茬越高，干草的收获量越低，草地产量的损失也越大，同时还要影响干草营养物质含量，尤其是粗蛋白质含量。但留茬过低则能引起次年牧草产量的降低。这是因为刈去了有可塑性营养物质的茎基部和叶片，妨碍下年新枝条的再生。下年最稳定而高额的产量，往往是在刈后留茬高度为4~5 cm情况下获得的。所以，适宜的刈割高度应当以留茬高度5 cm为最好。在上年未进行刈割的草地上进行刈割时，留茬高度应为6~7 cm。留茬过低，则势必收获许多上年的枯枝，使干草品质降低。在进行 2 次刈割的草地进行第二次刈割时，留茬高度也应为 6~7 cm。留茬过低，翌年草地产量降低，因为留茬过低，牧草在入冬前来不及再生，导致冬季有部分植株死亡。

因此，应按草地类型和刈割次数采用不同的留茬高度。高度较低的干旱草原禾本科草地留茬 3~4 cm，高度中等的湿润草原禾本科杂类草草地留茬 5~6 cm，以芦苇为主的河蔓滩高大草地留茬 8~12 cm，蒿属草地留茬 2~3 cm，羊草草地留茬 5~6 cm，苜蓿草地留茬 7~10 cm，一年生草地留茬 1~3 cm。第二次刈割的留茬高度比第一次高 1~2 cm。

（4）其他注意事项　在割草地的管理上，除尽可能做到每次刈割后及时施肥和灌溉外，还应注意不要在春季放牧。在牧草生长的早期放牧，必然造成刈割期延迟，促使不良的杂草发育，影响优良牧草生长，造成产草量降低。正常刈割后的再生草可以放牧，时间应在草丛高度达到 15~20 cm 时，并且放牧强度应轻一些，不要超过产草量的 70%。在牧草生长停止前 1 个月停牧，使牧草能生长到一定的高度，充分积累越冬和早春生长用的营养物质，入冬牧草枯黄后可再次放牧。

11.5　人工草地放牧的注意事项

（1）放牧时期　放牧利用的适宜时间应根据季节、牧草特点和家畜采食特性妥善安排。一般下繁草应长到 7~8 cm 时开始放牧，半上繁草应在孕蕾和抽穗时开始放牧，而上繁草放牧开始时间在 50~60 cm 时最好，在这个范围内，羊群的放牧地开始放牧时，牧草高度可以较低。在第一次放牧后应使草地休息，直到再生草长到适宜放牧的高度时再来放牧，切忌在一块草地上连续放牧多日，使牧草的生长受到严重摧残。草地在生长季结束前一个月应停止放牧，在此期间牧草要把养料贮存在地下部分，以备来年再生。

（2）放牧高度　中草地区 4~5 cm 较好，对于播种的多年生牧草地来说以 5~6 cm 为宜，而在最后耕翻的 1~2 年以前，可以充分利用，留茬可低到 2~3 cm；对于一年生牧草每年利用 1 次时，可以尽量利用，但若要利用几次时，前几次的留茬高度不应低于 5 cm。这里需要说明的是，放牧不同于割草，绵羊采食后的剩余高度，无法准确控制，因此，上面所说的应有留茬高度仅是一个参考范围。

第十二章　饲草料加工

12.1　饲草加工与贮藏

饲草加工是饲草生产的重要环节，是实现养殖业所需饲草年度均衡供应、改善和提高牧草饲用价值和利用率的重要手段，牧草加工也是实现草业专业化、商品化、产业化经营的不可缺少的措施。

我国大部分地区为温带，牧草生产季节性很强，冬、春枯草期长，如果草料贮备不足，将严重影响家畜的生长发育，因而引起掉膘、疾病，甚至死亡。有些地区对牧草加工贮藏不科学，有粗喂、整喂的习惯，使牧草的利用率低，浪费严重。例如，北方习惯秋季牧草枯黄时打草，使牧草的粗蛋白质由13%~15%降低到5%~7%，胡萝卜素损失90%。田间晒干不能及时运回，牧草叶片脱落，营养成分大大降低，加之在饲喂过程中的浪费，很多牧草是丰产不丰收，不能达到转化为畜产品的目的。在世界发达国家，非常重视青绿饲料的生产，特别在收获、加工、贮藏方面有许多成功经验。在牧草和青饲料利用方面，采用适期刈割，加速青绿饲料的脱水过程，大搞青贮、积极生产叶蛋白饲料等减少青饲料的营养损失。饲草加工后，便于运输，适口性提高，增加了畜产品，提高了饲料转化率。因此，畜牧生产的发展，生产水平不断提高，对饲草的加工利用技术也愈加迫切。

牧草的贮藏是世界上大多数国家在草地畜牧业中解决草畜平衡的有效途径，通过贮藏保存，可以把牧草从生长旺季贮存到淡季，满足家畜一年当中对营养的需求。为了使保存的牧草保持较高的营养价值，必须抑制酶和微生物对收获后牧草的分解作用，这可以通过牧草的干燥来实现。因此，干草的合理贮藏在解决冬季饲草供应中就显得更为重要。

12.1.1　青贮

青贮饲料是指在厌氧条件下经过乳酸菌发酵调制保存的青绿多汁饲料。青贮是我国及世界上广泛应用的一种牧草加工方法，它在平衡牧草年度均衡供应方面发挥重要作用。我国西部地区，畜牧业常因漫长的冬春季节缺草造成巨大损失，推广青贮技术尤显重要。

12.1.1.1　什么是青贮饲料

青贮饲料是指经过在青贮窖中发酵处理的饲料产品，一般是指收获的青绿饲料铡短，装入青贮窖，压实排除空气，在酵母菌的作用下产生酸性条件使青绿牧草得以长期的安全贮存。

12.1.1.2　青贮饲料的优点

在短时间内对大量优质高产的青绿鲜草进行集中收获、贮存，是解决家畜全年饲料均衡供应的主要手段；减少牧草在收获和贮存过程中的损失；便于机械化作业，既适用于大型养殖企业，也适用于不同规模的养殖专业户；正常制作的青贮饲料营养丰富，改进了适口性，可以作为奶牛、肉牛及羊等主要饲料供应，饲喂效果良好，便于机械化饲喂；青贮饲料可以随用随取，可长时间地贮存，制造好的青贮饲料可贮存 1~2 年，甚至几年以上。

12.1.1.3　青贮类型及产量

按照收割牧草和饲料作物含水量分 3 种类型：高水分青贮饲料，原料含水量在 70%以上；凋萎青贮饲料，原料含水量在 60%~70%；低水分青贮饲料，原料含水量在 40%~60%。

（1）高水分青贮饲料　通常禾本科牧草和饲料作物的青贮饲料多属此类型，如青饲型玉米、饲用高粱、苏丹草等，还有燕麦、黑麦等，多年生牧草包括无芒雀麦、老芒麦、冰草等。上述牧草和饲料作物含糖量较高，含水量在 70%~80%时青贮容易成功。高水分青贮主要优点是直接在田间收获后立即运往青贮窖压制，特别适宜大型收割机械联合作业。为了得到好的青贮效果，应控制收割时作物含水量不超过 80%，含水量过高，青贮过程中可能有汁液渗出来，一者造成营养损失，二者容易造成青贮饲料腐烂。

遇到青贮原料含水量过高的情况，可采取加入适当干燥饲料，如秸秆粉、麦麸、玉米面等，除了降低青贮饲料的水分，还可增加和调节青贮饲料的养分。

（2）凋萎青贮饲料　在有的地区特别是在我国南部潮湿多雨地区，牧草收割后如含水量过高可经过短期晾晒，使牧草含水量降至 60%~70%，然后再铡碎青贮，这样可以避免因含水量过高造成汁液渗出，保证青贮饲料质量。

（3）低水分青贮饲料　在我国气候湿润、半湿润地区生产的豆科牧草，主要是紫花苜蓿，实行低水分青贮是解决雨季收获牧草问题的一项关键措施，如华北地区的二、三茬紫花苜蓿，达到收割期，根据中期天气预告，确定收割日期，在刈割后晒 1~2 d，使含水量迅速下降至 40%~60%，然后铡碎青贮。豆科牧草粗蛋白质含量高，乳酸菌发酵比禾本科牧草难度大，所以豆科牧草低水分青贮更要注意压实，排尽空气。北京市长阳农场奶牛四队早在 1976 年就已成功地进行了大批量紫花苜蓿半干青贮试验，美国中北部地区也早已普遍应用此项技术。

豆科牧草低水分青贮，目前较为先进实用的技术是拉伸膜半干青贮，此项技术由英国发明，现已推广到世界各国，近些年来该项技术由上海凯玛新型材料有限公司引进我国。这套设备采用一种特殊的高强度塑料拉伸膜将打成高密度的青贮草捆裹包起来，缠绕 3~4 层，形成厌氧发酵条件，其原理与普通青贮是一样的。拉伸膜青贮的优点是便于运输、贮存和利用，不用建设青贮窖或青贮塔，青贮质量好，适宜各种规模的机械化作业。

12. 1. 1. 4 **青贮方式**

（1）青贮窖　多为长方形，宽 3~6 m，长度不限，深 2~3 m。永久性的青贮窖多为砖混结构，青贮窖的优点是造价低、作业方便，要选择地势高燥、排水方便的地方建窖。注意青贮窖的底部必须高于地下水位。青贮窖在我国普遍利用，最适合规模经营的养殖场，也适宜小型养殖专业户。

（2）青贮壕　选择地势高燥的地方建成长条形的壕沟，两侧和沟底用砖混结构成或混凝土砌抹，壕沟两端呈斜坡状。青贮壕便于大规模的机械作业，进料车可以从一端驶入，边前进边卸料，从另一端驶出。一边卸料，一边用链轨拖拉机反复碾压，提高作业效率和质量。

（3）青贮堆　选择干燥平坦的地面，铺上塑料布，堆上青贮饲料，将青贮饲料压实，再用塑料布封盖，四周用沙土压严实，顶部压上沙袋即可。青贮堆方法造价低，简便易行。

（4）袋装青贮　我国在 20 世纪 80 年代曾推广塑料袋青贮，用 9DT-10 型袋装青贮装填机将青贮料切碎并压入塑料袋（长×直径×厚度为1 300 mm×650 mm×0. 1 mm）内，每袋装料 50 kg。这种小型袋装青贮适合小型养殖专业户使用。

近年来我国开始引入大型塑料袋青贮，使用特制的装填机，每袋可装入 100~150 t 青贮饲料。

12. 1. 1. 5 **青贮注意事项**

不管采取哪种方式青贮，其成败的关键是将物料铡碎（2~3 cm）、压紧，排除空气，以防止杂菌生长，保证乳酸菌的尽快繁殖。作业时间要集中，装填的时间越短越好。原料装填完毕，随时检查青贮窖或青贮袋，发现塌陷或破损，及时采取密封措施。

合理使用添加剂。添加乳酸菌制剂，加快青贮饲料乳酸发酵。添加甲酸柠檬酸等抑制杂菌生长，如用85%的甲酸，1 000 kg禾本科牧草加3 kg，1 000 kg豆科牧草加5 kg。禾本科牧草青贮添加尿素，如含水量60%~70%的玉米青贮，按1 000 kg青贮饲料加入5 kg尿素，可增加青贮饲料粗蛋白质含量。添加甲醛，按1 000 kg青贮饲料加入3~15 kg甲醛，甲醛有助于防止青贮料腐烂。

12.1.1.6　青贮质量检测

（1）现场评定

① 色泽。优质青贮饲料应接近原料的原色，如绿色原料青贮应为绿色或黄绿色。如有汁液渗出，颜色较浅，说明青贮成功，如呈现深黄色、棕色或黑色，说明青贮过程中曾发热，产生高温。

② 气味。优质青贮饲料通常有令人愉悦的轻微酸味，略带酒洒香味。如有臭味说明青贮饲料可能已变质。

③ 结构。优质青贮饲料，茎秆、叶形清晰可辨，如果变成黏滑物质说明产品已腐败。

（2）化验室评定　现场评定适用于有经验的青贮饲料制作者，有条件的地方通过化验室检测，可更为准确可靠地鉴定青贮饲料品质。通常测定pH、有机酸含量和氨态氮与总氮的比值（%）。

①pH评估。最简便实用，青贮玉米的质量与pH密切相关，具体见表12-1。

表12-1　pH与青贮质量的关系

指标	pH				
	3.5~4.1	4.2~4.5	4.5~5.0	5.1~5.6	5.6以上
青贮质量	很好	好	可用	差	极差

②有机酸含量评估。优良的青贮饲料中游离酸约占2%，游离酸中乳酸占50%~70%，乙酸占0%~20%，不含丁酸。质量差的青贮饲料含丁酸，有恶臭味。评定标准：乳酸占65%~70%为满分（25分），乙酸占0%~20%为满分（25分），丁酸占0%~0.1%为满分（50分），3项之和为总分，具体见表12-2。

表12-2　用有机酸评定青贮质量标准

指标	总分				
	0~20	21~40	41~60	61~80	81~100
青贮质量	失败	不合格	合格	好	很好

③ 氨态氮与总氮的比值（%）评估。氨态氮与总氮的比值越高说明蛋白质分解越多，青贮质量越差（表 12-3）。

表 12-3　用氨态氮与总氮的比值（%）评定青贮质量标准

指标	比值					
	0~5	5~10	10~15	15~20	20~30	>30
青贮质量	很好	好	可用	差	坏	损坏

12.1.2　干草加工

干草是将牧草在适宜时期刈割，经自然晾晒或人工干燥调制而成的能长期贮存的青绿料草。

优良青干草叶量丰富、颜色青绿、气味芳香，是草家畜冬春季的主要补充饲草，优质干草也是在我国兴起的新型草产业的主要商品。

12.1.2.1　干草加工产品及类型

目前干草加工产品主要有 4 种类型，即干草捆、草粉、草块和草颗粒。干草捆是主要的饲草产品，通常占干草加工量的 70%以上，草粉是我国养猪养禽行业较喜欢的草产品，草块、草颗粒是便于远距离运输的商品草类型。

（1）干草捆　我国西部地区多因气候干燥降雨较少，在有灌溉条件的地方，适宜自然晒制干草，刈割后 2~4 d 晒干就地打捆。现在生产上通常用的是小方形草捆机，用 50 马力（1 马力≈735 W）拖拉机牵引下完成捡拾压捆，草捆国际通用的尺寸为 36 cm×46 cm×70 cm，草捆重 15~20 kg。

田间打成的草捆含水量较高，为 16%~22%，运回加工场再行自然风干，水分含量降至 14%以下可以出售。

如果需要远距离运输（如出口销售），还需要将草捆二次压缩，有国产加工设备可供选择，二次加压后草捆重量达到 380~500 kg/m³。出口到日本的苜蓿草主要是高密度的草捆。

如果就近养殖场饲用，更适宜生产大型的方草捆，尺寸 1.22 m×1.22 m×（2~2.8）m，每捆重 900 kg 左右，密度多为 240 kg/m³。

我国一些牧区还采用大圆形打捆机。草捆尺寸：直径 1.0~1.8 m、长 1.0~1.7 m，草捆重 600~850 kg，密度 110~250 kg/m³。

（2）干草粉　晒制的干草或经烘干后的干草用锤式或筒式粉碎机将干草粉碎成不同细度的草粉饲喂猪或家禽。

（3）干草块　将晒制的干草捆切碎或经烘干的牧草切成草段，压制成

3.2 cm×3.2 cm×（3.7~5.0）cm 的方草块。我国第一家大型牧草压块工厂建在新疆的阿尔泰地区，引用美国压块成套设备。干草块适合饲喂奶牛和肉牛，堪称奶牛和肉牛的巧克力。

（4）草颗粒　将粉碎的干草通过不同孔径的压模设备压制成直径为 0.4~1.6 cm 的颗粒料，密度 500~1 000 kg/m^3，颗粒长度 2~4 cm，适宜饲喂家禽、猪、羊、牛等，还可饲喂鱼类。

12.1.2.2　干草加工方式

目前我国西部地区干草加工方式主要是自然晾晒，也称为风干，在降水量较多的地区有的采用烘干方法，主要是用紫花苜蓿的脱水干燥。

田间自然晾晒的生产过程包括刈割、翻晒、打捆、运输、贮存。关键环节是尽量缩短田间晾晒时间，为此，刈割时采用切割压扁机，割下的紫花苜蓿经过压扁装置将茎叶压扁可加速干燥 1~2 d。田间打捆尽量减少叶子的损失，特别是豆科牧草，如紫花苜蓿 70%的营养在叶子中，收获时叶片损失应控制在 5%以内，掌握在牧草晒到八成干时就打捆。

牧草烘干加工，以煤、石油、天然气或电为能源，使牧草在 300~1 000 ℃的高温下 10 min 内烘干。牧草烘干加工快捷，营养损失少，但需要建设牧草烘干加工厂，成本较高。

12.1.2.3　牧草深加工

随着科学技术的进步，牧草深加工有广阔的前景，目前美国、法国用特殊工艺已从豆科牧草中提取出可供动物和人食用的叶蛋白（LPC）。LPC 产品含粗蛋白质 50%~70%，提取的绿色叶蛋白用于饲喂动物，提取的白色叶蛋白已用于人类食品添加剂。研究表明，叶蛋白富含蛋白质、天然色素、维生素和矿物质，对老人、儿童、妇女的健康非常有利。此外，一些供人类食用的紫花苜蓿深加工保健品，如浓缩维生素胶囊、叶粉片剂等已摆到美国、加拿大超市的货架上。我国牧草的深加工正在研制过程中。

12.1.2.4　干草产品质量检测

干草的产品质量决定着家畜的采食量及其生产性能。干草质量也直接影响到商品草的价格，以紫花苜蓿干草为例，通常干草粗蛋白质每提高 1 个百分点，每吨价格增加 100 元。干草质量检测主要有两种方法：其一，以外观特征评定；其二，实验室检测。

（1）外观特征评定

①植物组成。天然草地生产的干草质量基础在于其植物组成，将随机抽取的植物样本分为 5 类，即禾本科草、豆科草、可食性杂草、饲用价值低的杂

草、有毒有害植物。计算各类草所占的比例，禾本科、豆科牧草占比高于60%，表示植物组成优良，某些杂草如地榆、防风、茴香等使干草有芳香气味，可增加家畜食欲。有毒有害杂草含量应不超过1%。

②收割时期。收割时期是影响各类干草质量最重要的因素。兼顾干草的产量和质量，各类牧草都有最佳收获时期，如豆科牧草在现蕾至初花期（1%开花期），禾本科牧草在孕穗末期至抽穗始期。延期收割会使牧草的质量迅速下降，牧草适宜收割期容易根据牧草的现蕾或抽穗的程度来进行判定。目前我国各地生产的干草普遍收割过晚，造成粗蛋白质含量低、粗纤维含量过高，对家畜的采食量和消化率影响极大。

③颜色。优质干草呈绿色，绿色越深，所含的可溶性营养物质如胡萝卜素和维生素越多。

④叶量。牧草的主要营养成分存在于叶片。豆科牧草，叶片占比应在40%~50%，干草的茎叶比例与干草质量密切相关。

⑤气味。通常优良干草里有浓郁的清香味，这种香味可促进家畜的食欲。再生草的芳香味较差。

⑥含水量。干草含水量应在14%以下，手触摸，不应有潮润感。

⑦病虫害感情况。受病虫侵害过的干草不但品质下降，而且有损家畜的健康。察看样本的叶、穗上是否有黄色、粉色或黑色病斑或黑色粉末等，如有上述特征则不宜饲喂家畜。

⑧干草杂质含量。干草不得含有过多的泥沙等杂质，特别注意防止铁丝或有毒异物的混入。

（2）实验室检测　一般认为干草的质量应根据消化率及营养成分含量来评定。消化率是指干草被家畜采食后已消化的干物质占总采食量的百分比，可用体内、体外两种方法测定消化率。

干草的营养成分通常包括粗蛋白质、粗纤维、粗脂肪、灰分和水分5个指标。其中粗蛋白质和粗纤维最为重要。现在营养学家和牧草商更重视干草中性洗涤纤维（NDF）和酸性洗涤纤维（ADF）的含量。研究表明，牧草的消化率和家畜的采食量与NDF和ADF密切相关。

近红外分析技术（NIRS）是利用有机化学物质在其近红外波段内的光学特性快速评估某一有机物中的1项或多项化学成分含量的技术，在3~5 min内即可显示测定结果，我国已经引入该项技术并用于牧草质量分析。

（3）干草质量评定标准　《苜蓿干草粉质量分级》（NY/T 140—2002），对苜蓿干草粉的质量分级见表12-4。

表 12-4　苜蓿干草粉的质量分级

质量指标	等级				备注
	特级	一级	二级	三级	
粗蛋白质/%	≥19.0	≥18.0	≥16.0	≥14.0	NY/T 40—2002
粗纤维/%	<22.0	<23.0	<28.0	<32.0	
粗灰分/%	<10.0	<10.0	<10.0	<11.0	
胡萝卜素/（mg/kg）	≥130	≥130	≥100.0	≥60.0	

禾本科牧草干草质量分级标准，具体见表 12-5。

表 12-5　禾本科牧草干草质量分级标准　　单位：%

质量指标	特级	一级	二级	三级
粗蛋白质	≥11	≥9	≥7	≥5
水分	≤14	≤14	≤14	≤14

注：蛋白质含量以干物质为基础计算，数据来源于《禾本科牧草干草质量分级》（NY/T 728—2003）。

按感官性状可以分为 4 级，即特级、一级、二级和三级，具体的标准如下。

①特级。抽穗前，茎细、叶量丰富，色泽呈绿色或深绿色，有浓郁的干草香味，无沙土、霉变和病虫感染，不可食草不超过 1%。

②一级。抽穗前，茎细、叶片完整，色泽呈绿色，有草香味，无沙土、霉变和病虫感染，不可食草不超过 2%。

③二级。抽穗初期或抽穗期，茎粗、叶少，色泽正常，呈绿色或浅绿色，有草香味，草种类较杂，无沙土、霉变和病虫感染，不可食草不超过 5%。

④三级。结实期，茎粗、叶少，叶色淡绿色或浅黄色，无霉变和不良气味，不可食草不超过 7%。

12.1.3　青干草的贮藏

干燥适度的青干草，应该及时进行合理地贮藏，才能减少营养物质的损失和其他浪费。能否安全合理地贮藏，是影响青干草质量的又一重要环节。已经干燥而未及时贮藏或贮藏方法不当，会造成发霉变质，使营养成分消耗殆尽，降低干草的饲用价值，完全失去干草调制的目的和意义。甚至引起火灾等严重事故。

青干草贮藏过程中，由于贮藏方法、设备条件不同，营养物质的损失有明显的差异。例如，散干草露天堆藏，营养损失常达 20%~40%，胡萝卜素损失高达 50%以上，特别是雨淋后损失更大，垛顶垛底霉烂达 1 m 左右。即使正确堆垛，由于受自然降水等外界条件的影响，经 9 个月的贮藏后，垛顶、垛周围及垛底的变质或霉烂的草层厚度常达 0.4~0.9 m。而草棚或草库保存，营养物质损失一般不超过 5%，胡萝卜素损失 20%~30%。高密度的草块贮藏，营养物质损失一般在 1%左右，胡萝卜素损失 10%~20%。

12.1.3.1 干草贮藏过程中的变化

干燥适度的干草，即可进行贮藏。当干草贮藏后 10 h 左右，草堆发酵开始，温度逐渐上升。草堆内温度升高的原因，主要是微生物活动造成的。干草贮藏后温度升高是普遍现象，即使调制良好的干草，贮藏后温度也会上升，常常可达 44~55 ℃，适当的发酵，能使草堆自行紧实，增加干草香味，提高干草的饲用价值。

不够干燥的干草贮藏后温度逐渐上升，如果温度超过适当界限，干草中的营养物质就会大量消耗，使消化率降低。干草中最有益的干草发酵菌 40 ℃时最活跃，温度上升到 75 ℃时被杀死。干草贮藏后的发酵作用，将有机物分解为二氧化碳和水。草垛中这样积存的水分会由细菌再次引起发酵作用，水分愈多，发酵作用愈盛。初次发酵作用使温度上升到 56 ℃，再次发酵作用使温度上升到 90 ℃，这时一切细菌都会被消灭或停止活动。细菌停止活动后，氧化作用继续进行，温度升高更快，温度上升到 130 ℃时干草焦化，颜色发褐。温度上升到 150 ℃时，如干草与空气接触，会自燃而起火，如草堆中空气被耗尽，干草会发生炭化，丧失饲用价值。

草垛中温度过高的现象往往出现在干草贮藏初期，在贮藏 1 周后，如发现草垛温度过高，则应拆开草垛散热，使干草重新干燥。

草垛中温度升高会引起营养物质损失，首先是糖类分解为二氧化碳和水，其次是蛋白质被分解为氨化物。温度越高，蛋白质的损失越大，可消化蛋白质也越少，随着草垛温度的升高，干草的颜色变得越深，牧草的消化率越低。干草贮藏时含水量为 15%，其堆藏后干物质的损失为 3%；贮藏时含水量为 25%，堆贮后干物质损失为 5%。

12.1.3.2 散干草的贮藏

当调制的干草水分含量达 15%~18%时即可贮藏。干草体积大，多采用露天堆垛或草棚堆垛的贮藏方式。但若采用常温鼓风干燥，牧草含水量达到 50%以下，可堆藏于草棚或草库内，进行吹风干燥。

（1）露天堆藏　露天堆藏散干草是我国传统的干草存放形式，这种堆草方式延续久远，适用于农区、牧区需贮干草很多的畜牧场，是一种既经济又省事而被普遍采用的方法。草垛的形式有长方形、圆形。长方形草垛一般宽4.5~5 m、高6~6.5 m、长不少于8 m；圆形草垛一般直径4~5 m、高6~6.5 m。但干草易遭受雨雪和日晒，造成养分损失或霉烂变质。因此，为了减少养分损失，防止干草与地面接触而变质，垛址应注意选择地势平坦高燥、排水良好、背风和取用方便的地方；然后筑高台，台上铺上枯枝或卵石子约25 cm；台的周围挖好排水沟，即可堆放干草。沟深20~30 cm，沟底宽20 cm，沟上宽40 cm。堆草垛时应遵守下列原则。

①压紧。垛草时要一层一层地堆草，长方形垛先从两端开始，垛草时要始终保持中部隆起，高于周边，便于排水。堆垛时中间必须尽力踏实，四周边缘要整齐，中央比四周高。堆垛过程中要压紧各层干草，特别是草垛的中部和顶部。

②堆垛。为了减少风雨损害，长垛的窄端必须对准主风方向。含水量较高的干草，应当堆在草垛的上部或四周靠边处，以便于干燥和散热，过湿的干草或结块成团的干草不能堆垛，应挑出。

③收顶。气候潮湿的地区，垛顶应较尖，应从草垛高度的1/2处开始收顶；干旱地区，垛顶坡度较小，应从2/3处开始收顶。从垛底到收顶应逐渐放宽1 m左右（每侧加宽0.5 m），以利于排水和减轻雨水对草垛的漏湿。顶部不能有凹陷或裂缝，以免漏进雨雪水，使干草发霉。垛顶可用劣草或麦秸铺盖压紧，最后用树干或绳索以重物压住，也有的顶部用一层泥封住，以预防风害。

④连续作业。一个草垛不能拖延或中断几天，最好当天完成。

散干草露天堆藏可由人工操作完成，也可由悬挂式干草堆垛机或干草液压堆垛机完成。

散干草露天堆藏虽经济简便，但易遭雨淋、日晒、风吹等不良条件的影响，使干草褪色，不仅损失营养成分，还可能使干草霉烂变质。因此，堆垛时应尽量压紧，加大密度，缩小与外界环境的接触面，垛顶用塑料薄膜覆盖，以减少损失。试验结果表明，干草露天堆藏，营养物质的损失重者可达20%~30%，胡萝卜素损失最多可达50%以上。长方形草垛贮藏1年后，周围变质损失的干草，在草垛侧面损失厚度为10 cm，垛顶损失厚度为25 cm，基部损失厚度为50 cm，其中以两侧所受损失为最小。适当增加草垛高度可减少散干草露天堆藏中的损失。

（2）*草棚贮存*　此方法适合气候潮湿、干草需要量不大的专业户或畜牧场，可大大减少干草的营养损失。例如，苜蓿干草分别在露天堆藏和草棚内贮存，8个月后干物质损失分别为25%和10%。只要建一个有顶棚和底垫的简易棚，防雨雪和防潮湿即可，能减少风吹、日晒、霜打和雨淋所造成的损失。在堆草时草棚顶与干草应保持一定的距离，以便通风散热。也可利用能避雨的屋檐前后和空房贮存。

12.1.3.3 干草捆的贮藏

散干草堆成垛，体积大，贮运也不方便，还极易造成营养损失。为使损失减至最低限度并保持干草的优良品质，现在多采用草捆的方法，即把青干草压缩成长方形或圆形草捆进行贮藏。草捆生产是近几十年以来发展的新技术，也是最先进、最好的干草贮藏方式。目前，发达国家的干草生产几乎全部采用草捆技术贮藏干草，而且干草捆的生产已经成为美国、加拿大等国家的一项重要产业。一般禾本科牧草含水量在25%以下、豆科牧草在20%以下即可打捆贮藏。这种方法有利于机械化作业，便于运输，减少贮藏空间，经压缩打捆的干草一般可节省劳力1/2，而且在干草装卸过程中，叶片、嫩枝及细碎部分也不会损失。高密度草捆可缩小与日光、空气、风、雨等外界条件的接触面积，从而减少营养物质特别是胡萝卜素的损失，且不易发生火灾。压捆干草也便于家畜自由采食，并能提高采食量，减少饲喂的损失。

干草捆体积小、密度大，便于运输，特别是远距离运输，也便于贮藏。一般露天垛成干草捆草垛，顶部加防护层或贮藏于干草棚中。小方草捆应在挡风遮雨的条件下贮存，否则，由于其暴露的表面积较大，将受天气影响而发生较大损失。通常最好的方法是室内贮存方草捆。方草捆垛也可以露天贮存，并用塑料布或防水油布覆盖，但其效果并不理想。贮存期间，风力可能会掀起干草垛的部分或全部覆盖物。另外，覆盖物下面的干草垛顶部还经常聚集水分，从而引起腐烂。用塑料膜覆盖的草垛这种情况尤其严重。

一般，大型圆草捆和草垛的贮存方式最为普遍。大型草捆的优点之一是可以露天贮存，但有时这种做法也有风险。用茎秆粗大的禾草如高粱-苏丹草杂交种以及作物秸秆打成的草捆不够紧实，易透水。另外，与大多数禾草相比，露天贮存的豆科干草损失较大。对于这类干草，要使其损失降低至最低，最好室内贮存。如果不能室内贮存，就要尽早饲喂以使其损失降至最低。

草垛一般宽5~6 m、长20 m、高18~20层。干草捆堆垛时，下面第一层（底层）草捆应将干草捆的宽面相互挤紧，窄面向上，整齐铺平，不留通风道或任何空隙。其余各层堆平（窄面在侧，宽面在上下）。为了使草捆位置稳固，上层草捆之间的接缝应和下层草捆之间接缝错开。从第二层草捆开始，可在每层中设置25~30 cm宽的通风道，在双数层开纵通风道，在单数层开横通风道，通风道的数目可根据草捆的水分含量确定。干草捆的垛壁一直堆到8层草捆高，第九层为“遮檐层”，此层的边缘突出于8层之外，作为遮檐，第十、第十一、第十二……呈阶梯状堆置，每一层的干草纵面比下一层缩进2/3

捆或 1/3 捆长，这样可堆成带檐的双斜面垛顶，每垛顶共需堆置 9~10 层草捆。垛顶用草帘、篷布或塑料布覆盖，以防雨水侵入。纵横通风道应设在同一层，以便可以相互穿通通风。

调制完成的干草，除露天堆垛贮藏外，还可以贮藏在专用的仓库或干草棚内。简单的干草棚只设支柱和顶棚，四周无墙，成本低。不论何种类型的干草捆，均以室内贮存为最好。一旦使干草避开风雨侵蚀，即使贮存数年其营养价值也不会有大的损失。干草棚贮藏可减少营养物质的损失，营养物质损失在 1%~2%，胡萝卜素损失为 18%~19%。然而，其色泽会发生变化。有时在室内贮存大型草捆不可行的情况下，可用圆形草捆机制作能防水的高密度草捆（禾草或禾草/豆草）。

大型圆草捆或草垛在露天贮存时，其贮存地点的选择至关重要。干草堆放场地一般应选择在畜舍附件，这样取运方便。规模较大的贮草场应设在交通方便、地势开阔、平坦干燥、排水良好、光线充足、离居民区较远的地方。贮草场周围应设置围栏或围墙。大型圆草捆不宜贮存在金属丝围栏或其他可遭雷击的物体附近。除非对草垛加以覆盖，否则将圆草捆摞在一起的堆放方式是不可取的。比较理想的办法是将草捆多处贮存，品质相近的草捆可贮存一处，以便于饲喂。草捆贮存区之间的道路也可起到防火道的作用。

露天贮存的大型干草捆，大部分腐烂是由于其从地面吸潮，而并非顶部透水所致。因此，应尽可能避免或减少干草与地面的接触。可将草捆置于废旧轮胎、铁路枕木、碎石或水泥地面上。如将草捆置于山坡上，应从上到下排成纵行，这样就不会像水坝一样对地表水起到拦截作用。将草捆平整的一面南北向存放较好，这能使草捆干燥的时间加长。

制成的大型草捆或草垛应立即转移到贮存地点，以防止因草捆遮盖而导致干草田间出现死草斑块。草捆之间最好留 45 cm 左右的间距，以便降雨过后尽快干燥。可将草捆首尾相接（平整的一面相接）贮存，而将圆的一面相接贮存的方式不可取，因为这样会产生积水点。

推荐的干草贮存量一般大于计划饲喂量，否则，一旦遭遇漫长的严冬或伏旱就会使毫无准备的生产者陷入困境。冬季饲喂期的最短期限取决于地点、草地上现有的牧草种类以及天气状况。

12.1.3.4　半干草的贮藏

为了调制优质干草，或在雨水较多的地区，可在牧草含水量达到 35%~40%时即打捆，打捆用机械，要压紧，使草捆内部形成厌氧条件，不会发生霉变。在湿润地区、雨季或调制叶片易脱落的豆科牧草时，为了适时刈割牧草加工优质干草，可在牧草半干时加入氨或防腐剂后进行贮藏。这样既可缩短牧草的干燥期，减少低水分含量打捆时叶片的损失，又因防腐剂可以抑制微生物的繁殖，预防牧草发霉变质。贮藏半干草选用的防腐剂应对家畜无毒，价格低，并具有轻微的挥发性，以便在干草中均匀散布。

（1）氨水处理　氨和胺类化合物能减少高水分干草贮藏过程中的微生物活动。氨已被成功地用于高水分干草的贮藏过程。牧草适时刈割后，在田间短期晾晒，当含水量为35%~40%时，即可打捆，并逐捆注入浓度为25%的氨水，然后堆垛用塑料膜覆盖密封。氨水用量是干草重的1%~3%，处理时间根据温度不同而异，一般在25 ℃左右时，至少处理21 d。氨具有较强的杀菌作用和挥发性，对半干草的防腐效果较好。用氨水处理半干豆科牧草后，可减少其营养物质损失，与通风干燥相比，粗蛋白质含量提高8%~10%，胡萝卜素提高30%，干草的消化率提高10%。用3%的无水氨处理含水量40%的多年生黑麦草，贮藏20周后其体外消化率为65.1%，而未处理者为56.1%。

（2）尿素处理　尿素通过脲酶作用在半干草贮藏过程中提供氨，其操作要比氨容易得多。高水分干草上存在足够的脲酶使尿素迅速分解为氨。与对照相比，添加尿素减少了草捆中50%的真菌，降低了草捆的温度，提高了牧草的适口性和消化率。禾本科牧草中添加尿素，贮藏8周后，与对照相比，消化率从49.5%上升到58.3%，贮藏16周后干物质损失率减少6.6%。

（3）有机酸处理　有机酸能有效防止高水分（25%~30%）干草的发霉和变质，并减少贮藏过程中营养物质的损失。丙酸、醋酸等具有阻止高水分干草上霉菌的活动和降低草捆温度的作用，在生产实践中常用于打捆干草。对于含水量为20%~25%的小方捆，有机酸的用量为0.5%~1.0%；对于含水量为25%~30%的小方捆，有机酸使用量不低于1.5%。含水量20%~25%时用0.5%的丙酸、25%~30%的青干草用1%的丙酸喷洒，效果较好。打捆前每100 kg紫花苜蓿喷0.5 kg丙酸处理含水量为30%的半干草，与含水量为25%的半干草（未进行任何处理）相比，粗蛋白质的含量高出20%~25%，并且获得了最佳色泽、气味（芳香）和适口性。

此外，用丙酸铵、二丙酸铵、异丁酸铵等也能有效地防止热变和维持高水分干草的品质。这些化合物中所含的非蛋白氮，不仅有杀菌作用，而且可以提高青干草粗蛋白质的含量。

（4）微生物防腐剂处理　微生物防腐剂可用于紫花苜蓿半干草的防腐。微生物防腐剂在含水量为25%的小方捆和含水量为20%的大圆草捆中使用，效果明显。

12.1.3.5　青草粉、草颗粒及草块的贮藏

青草粉是将适时刈割的牧草经快速干燥后粉碎而成的青绿色草粉。目前许

多国家已把青草粉作为重要的蛋白质、维生素饲料资源。青草粉加工业已逐渐形成一种产业，叫作青饲料脱水工业，即把优质牧草进行人工快速干燥，然后粉碎成草粉或再加工成草颗粒，或者切成碎段后压制成草块、草饼等。这种产品是比较经济的蛋白质、维生素补充饲料，如美国每年生产苜蓿草粉 190 万 t，绝大部分用于配合饲料，配比一般为 12%~13%。

我国青草粉生产尚处于起步阶段，在配合饲料中草粉占的比例很小，有的饲料加工厂需要优质草粉，但受生产条件限制，特别是烘干设备、原料的运输，还不能很好地衔接。但我国饲草资源丰富，富含蛋白质的牧草很多，很适宜加工成草粉、草颗粒、草块。目前，北京、内蒙古、新疆、河北、山东等地已建立了饲草生产基地，并建立了草粉生产工厂。随着我国饲料工业的发展，草产品生产必将快速发展起来。

（1）青草粉的贮藏　加工优质青草粉的原料主要是高产优质的豆科牧草，如苜蓿、三叶草、沙打旺、红豆草、野豌豆以及豆科和禾本科混播的牧草等。青草粉的质量与原料刈割时期有很大关系，务必在营养价值最高的时期进行刈割。一般豆科牧草的第一次刈割应在孕蕾初期，以后每次刈割应在孕蕾末期；禾本科牧草不迟于抽穗期。刈割后，最好用人工干燥。快速人工干燥是将切碎的牧草放入烘干机中，通过高温空气使牧草迅速脱水，时间依机械型号而异，从几十分钟到几小时，使牧草的含水量由 80%迅速降到 15%以下。牧草干燥后，一般用锤式粉碎机粉碎。草屑长度应根据畜禽种类与年龄而定，一般为 1~3 mm。草屑长度家禽类和仔猪 1~2 mm、成年猪 2~3 mm、其他大家畜可长一些。

青草粉属粉碎性饲草，颗粒较小，比面积（表面积与体积之比）大，与外界接触面积大。在贮藏和运输过程中，一方面营养物质易于氧化，造成营养物质损失；另一方面青草粉的吸湿性较强，容易吸潮结块，微生物及害虫也乘机侵染和繁殖，严重时导致发热霉变、变色、变味，丧失饲用价值。

因此，贮藏优质青草粉时，必须采取适当的措施，尽量减少蛋白质及维生素等营养物质的损失。

①干燥低温贮藏。将青草粉装入袋内或散装于大容器内，含水量为 12%时，于 15 ℃以下贮藏；含水量在 13%以上时，贮藏温度应为 10 ℃以下。

②密闭低温贮藏。青草粉营养价值的重要指标是胡萝卜素含量，在密闭低温条件下贮藏青草粉，可大大减少胡萝卜素、蛋白质等营养物质的损失。将青草粉密封在牢固的牛皮纸袋内，置于仓库内，使温度降低到 3~9 ℃，180 d 后胡萝卜素的损失可减少 67%左右，粗蛋白质、维生素 B_1、维生素 B_2 及胆碱含量变化不大；而在常温下贮藏，胡萝卜素损失 80%~85%，蛋白质损失 14%，

维生素 B_2 损失 80%以上，维生素 B_1 损失 41%~53%。在我国北方寒冷地区，可利用自然条件进行低温密闭贮藏。

③在密闭容器内调节气体环境。将青草粉置于密闭容器内，借助气体发生器和供气管道系统，把容器内的空气改变为下列成分：氮气 85%~89%、二氧化碳 10%~12%、氧气 1%~3%。在这种条件下贮藏青草粉，可大大减少营养物质的损失。

④ 添加抗氧化剂和防腐剂贮藏。青草粉中所含有的脂肪、维生素等物质均会在贮藏过程中因氧化而变质，不仅影响青草粉的适口性，降低采食量，甚至引起家畜拒食，食入后也因影响消化而降低饲用价值。添加抗氧化剂和防腐剂可防止青草粉变质。常用的抗氧化剂有乙氧喹、丁羟甲苯、丁羟甲基苯，防腐剂有丙酸钙、丙酸铜、丙酸等。

（2）草颗粒、草块的贮藏　为了减少草粉在贮存过程中的营养损失和便于贮运，生产中常把草粉压制成草颗粒。一般草颗粒的容重为散草粉的 2~2.5 倍，可减少与空气的接触面积，从而减轻氧化作用。并且在压粒的过程中，还可加入抗氧化剂，以防止胡萝卜素的损失。刚生产出的青草粉能保留 95%左右的胡萝卜素，但置于纸袋中贮藏 9 个月后，胡萝卜素损失 65%，蛋白质损失 1.6%~15.7%；而草颗粒相应指标分别损失 6.6%和 0.35%。在需要远销长途运输的情况下，可显著地减少运输和贮藏的费用。而且，装卸方便，无飞扬损失。

草块是由牧草高密度压制成的。草块密度一般为 500~900 kg/m^3，便于贮运，并有保鲜（减少牧草在贮运过程中的营养损失）、防潮、防火及促进牧草商品流通等优点。缺点是功耗较大，价格高于压捆。

草颗粒、草块安全贮藏的含水量一般应在 12%以下。贮藏期间要注意防潮。南方较潮湿地区，安全贮存含水量一般为 10%~12%，北方较干燥地区为 13%~15%。草颗粒、草块最好用塑料袋或其他容器密封包装，以防止在贮藏和运输过程中吸潮发霉变质。

在高温、高湿地区，草颗粒、草块贮藏时应加入防腐剂，常用的防腐剂有甲醛、丙酸、丙酸钙、丙酸醇、乙氧喹等。丙酸钙作为草颗粒的防腐剂效果较好，安全可靠。丙酸钙能抑制菌体细胞内酶的活性，使菌体蛋白变性，从而达到防霉的目的，其效果稳定、无毒性。用 1%左右的丙酸钙，用作含水量 19.92%~21.36%的兔颗粒饲料的防霉剂，在平均温度 25.73~31.84 ℃、平均相当湿度为 68%~72%的条件下，贮存 90 d，没有发霉现象。而且，开口与封口保存，差异不明显。生产实践中，还应注重筛选来源广、价格低廉、效果好的防霉剂，如利用氧化钙作为防霉剂，不仅来源广、成本低，还可作为畜禽的钙源。在利用新鲜豆科牧草加工颗粒时，加入1%~1.2%（占干物重）的氧化钙，此时原料的pH为7.23~7.46，然后将颗粒料干燥（晒干或晾干）到含水量为15%~21.5%，在平均温度为22.6 ℃、平均相对湿度为34%~54%的条件下，贮存30 d。结果显示，在晒干、阴干及贮藏过程中，均无发霉现象，而对照组在阴干过程中，72 h即开始出现霉点。

12.1.4 贮藏应注意的事项

12.1.4.1 干草贮藏应注意的事项

(1) 防止垛顶塌陷漏雨 干草堆垛后2~3周，多易发生塌顶现象。因此，应经常检查，及时修整。

(2) 防止垛基受潮 草垛应选择地势高燥的场所，垛底应尽量避免与泥土接触，要用木头、树枝、秸秆、石砾等垫起铺平，高出地面40~50 cm，垛底四周挖一排水沟，深20~30 cm，底宽20 cm，沟口宽40 cm。

(3) 防止干草过度发酵与自燃 干草堆垛后，养分继续发生变化，影响养分变化的主要因素是含水量。凡含水量在18%以上的干草，由于植物体内酶及外部微生物活动而引起发酵，使温度上升到40~50 ℃。适度的发酵可使草垛紧实，并使干草产生特有的芳香味；但若发酵过度，可导致干草品质下降。实践证明，当干草水分含量下降到20%以下时，一般不至于发生发酵过度的危险；如果堆垛使干草水分在20%以上，则应设通风道。

如果堆贮的干草含水量超过25%时，则有自燃的危险。因此，新鲜的青干草决不能与干燥的旧干草靠得太紧。一般可以用一根一端用尖塞封闭，直径为5 cm、长度为3 m的探管来检测干草的温度。先将管子插入草垛或大型草捆中，再向管内放入一支温度计。要从草捆的不同位置和深度测定温度。温度计在每个测温点要放置10~15 min方可读数。如果干草温度低于50 ℃视为安全；如温度为50~60 ℃则视为危险，应密切监视干草情况；如温度高于70 ℃，则干草有可能自燃。当发现垛温上升到65 ℃以上时，应立即穿垛降温或倒垛，将其转移到防火区域。一般2~3周内自燃的危险性就会消除。

(4) 减少胡萝卜素的损失 草堆外层的干草因阳光漂白作用，胡萝卜素含量最低，草垛中间及底层的干草，因挤压紧实，氧化作用较弱，因而胡萝卜素的损失较少。因此，贮藏干草时，应注意尽量压实，集中堆大垛，并加强垛顶的覆盖等。

12.1.4.2 草粉、碎干草贮藏时应注意的事项

(1) 仓库要求 贮藏草粉、碎干草的库房，可因地制宜，就地取材。但

应保持干燥、凉爽、避光、通风，注意防火、防潮、灭鼠及其他酸、碱、农药等造成污染。

(2) 包装堆放　草粉袋以坚固的牛皮纸袋、塑料袋为好，通透性良好的植物纤维袋也可。要特别注意贮存环境的通风，以防吸潮。包装重量以 50 kg 为宜，以便于人力搬运及饲喂。一般库房内堆放草粉袋时，按两袋一行的排放形式，堆码成高 2 m 的长方形垛。

12.2　精饲料的加工方法

12.2.1　能量饲料的加工

能量饲料加工的目的主要是提高饲料中淀粉的利用效率和便于进行饲料配合，促进饲料消化率和饲料利用率的提高。能量饲料的加工方法比较简单，常用的方法有以下几种。

(1) 粉碎和压扁　粉碎可使饲料中被外皮或壳所包围的营养物质暴露出来，利于接受消化过程的作用，提高这些营养物质的利用效果。饲料粉碎的粒度不应太小，否则影响反刍，容易造成消化不良。一般要求将饲料粉碎成两半或 1/4 颗粒即可。谷类饲料也可以在湿、软状态下压扁后直接喂羊或者晒干后饲喂，同样可以起到粉碎的饲喂效果。

(2) 水浸　将坚硬的饲料和具有粉尘性质的饲料在饲喂前用少量水将饲料拌湿放置一段时间，待饲料和水分完全渗透，在饲料表面上没有游离水时即可饲喂。这一方面可使坚硬饲料得到软化、膨化，便于采食，另一方面可减少粉尘饲料对呼吸道的影响和改善适口性。

(3) 液体培养—发芽　液体培养的作用是将谷物整粒饲料在水的浸泡作用下发芽，以增加饲料中某些营养物质的含量，提高饲喂效果。谷粒饲料发芽后，可使一部分蛋白质分解成氨基酸，糖分、维生素与各种酶增加，纤维素也增加。发芽饲料对饲喂种公羊、母羊和羔羊有明显的效果。一般将发芽的谷物饲料加到营养贫乏的日粮中会有所助益，日粮营养越贫乏，收益越大。

12.2.2　蛋白质饲料的加工

蛋白质饲料分为动物性蛋白质饲料和植物性蛋白质饲料，植物性蛋白质饲料又可分为豆类饲料和饼类饲料。不同种类饲料的加工方法不一样。

(1) 豆类饲料的加工　常用蒸煮和焙炒的方法来破坏大豆中对细毛羊消化有影响的抗胰蛋白酶，不仅可提高大豆的消化率和营养价值，而且增加了大豆蛋白质中有效的蛋氨酸和胱氨酸，提高了蛋白质的生物学价值。但有资料表明，对于反刍家畜，由于瘤胃微生物的作用，不用加热处理。

（2）饼类饲料的加工

①豆饼饲料的加工。豆饼根据生产工艺不同可分为熟豆饼和生豆饼，熟豆饼经粉碎后可按日粮的比例直接加入饲料中饲喂，不必进行其他处理。生豆饼由于含有抗胰蛋白酶，在粉碎后需经蒸煮或焙炒后饲喂。豆饼粉碎的细度应比玉米要细，便于配合饲料和防止羊挑食。

②棉籽饼饲料的加工。棉籽饼中含有有毒物质棉酚，这是一种复杂的多元酚类化合物，饲喂过量容易引起中毒，所以在饲喂前一定要进行脱毒处理，常用的处理方法有水煮法和硫酸亚铁水溶液浸泡法。

水煮法：将粉碎的棉籽饼加适量的水煮沸，并不时搅动，煮沸半小时冷却后饲喂。水煮法的另一种办法是将棉籽饼放于水中煮沸，待水开后搅拌棉籽饼，封火过夜后捞出，打碎拌入饲料或饲草中饲喂。煮棉籽饼的水也可以拌入饲料中饲喂。如果没有水煮的条件，可以先将棉籽饼打成碎块，用水浸泡24 h，然后将浸透的棉籽饼再打碎饲喂，将水倒掉。

硫酸亚铁水溶液浸泡法：其原理是游离棉酚与某些金属离子能结合成不被肠胃消化吸收的物质，丧失其毒性作用。用1.25 kg工业用硫酸亚铁，溶于125 kg水中配制成1%的硫酸亚铁溶液，浸泡50 kg棉籽饼，中间搅拌几次，经一昼夜浸泡后即可饲用。

③菜籽饼的加工。菜籽饼含有苦味，适口性较差，而且还含有含硫葡萄糖苷抗营养因子，这种物质可致使家畜甲状腺肿大。因此对菜籽饼的脱毒处理显得十分重要。菜籽饼的脱毒处理常用的方法有两种。

土埋法：挖一土坑（土的含水量为8%左右），铺上草席，把粉碎成末的菜籽饼加水（饼水的比例为1∶1）浸泡后装入坑内，两个月后即可饲用。土埋后的菜籽饼蛋白质含量平均损失7.93%，异硫氰酸盐含量由埋前的0.538%降到0.059%，脱毒率为89.35%（国家允许的残毒量为0.05%）。

氨、碱处理法：氨处理法是用100份菜籽饼（含水6%~7%），加含7%氨的氨水22份，均匀地喷洒在菜籽中，闷盖3~5 h，再放进蒸笼中蒸40~50 min，再炒干或晒干。碱处理法是100份菜籽饼加入24份14.5%~15.5%的纯碱溶液，其他的处理同上。

12.2.3　薯类及块根茎类饲料的加工利用

这类饲料的营养较为丰富，适口性也较好，是羊冬季不可多得的饲料之一。加工较为简单，应注意3个方面：一是霉烂的饲料不能饲喂；二是要将饲料上的泥土洗干净，用机械或手工的方法切成片状、丝状或小块状，块大时容易造成食道堵塞；三是不喂冰冻的饲料。饲喂时最好和其他饲料混合饲喂，并现切现喂。

12.3 秸秆饲料的加工方法

秸秆加工的目的就是要提高秸秆的采食利用率、增加羊的采食量、改善秸秆的营养品质。秸秆饲料常用的加工方法有 3 种：物理方法、化学方法和生物方法。

12.3.1 物理方法

（1）切碎　切碎是秸秆饲料加工最常用和最简单的加工方法，是用铡刀或切草机将秸秆饲料和其他粗饲料切成 1.5~2.5 cm 的碎料。

（2）粉碎　用粉碎机将粗饲料粉碎成 0.5~1 cm 的草粉，使粗硬的作物秸秆、牧草的茎秆破碎。由于草粉较细，不仅可以和饲料混合饲喂，还利于饲料的发酵处理和加工成颗粒饲料。粉碎可以最大限度地利用粗饲料，使浪费减少到最低限度，并且投资少，不受场地限制。但应注意粉碎的粒度不能太小。

（3）青、干饲料的混合碾青法　碾青法是指将青绿饲料或牧草切碎后和切碎的作物秸秆或干秸秆一起用石轨碾压，使青草的水分挤出渗入干秸秆饲料中，然后一起晾制干备用。其特点是碾压时青草的水分和营养随着液体渗出到秸秆饲料中，使营养损失降低，同时也利于青草的迅速制干。

12.3.2 化学方法

（1）氨化处理法　氨化处理法是用尿素、氨水、无水氨及其他含氮化合物溶液，按一定比例喷洒或灌注于粗饲料上，在常温、密闭条件下，经过一段时间后使粗饲料发生化学变化。氨化处理法可分为尿素氨化法和氨水氨化法。

尿素氨化法：在避风向阳干燥处，依氨化粗饲料的量，挖深 1.5~2 m、宽 2~4 m、长度不定的长方形土坑，在坑底及四周铺上塑料薄膜，或用水泥抹面形成长久的使用坑，然后将新鲜秸秆切碎分层压入坑内，每层厚度为 30 mm，并用 10%的尿素溶液喷洒，其用量为 100 kg 秸秆需 10%的尿素溶液 40 kg。逐层压入、喷洒、踩实、装满，并高出地面 1 m，上面及四周仍用塑料薄膜封严，再用土压实，防止漏气，土层的厚度约为 50 cm。在外界温度为 10~20 ℃时，经 2~4 周后即可开坑饲喂，冬季则需 45 d 左右。使用时应从坑的一侧分层取料，然后将氨化的饲料晾晒，放净氨气味，待呈煳香味时便可饲喂。饲喂时应由少到多逐渐过渡，以防急剧改变饲料引起羊的消化道疾病。

氨水氨化法：用氨水和无水氨氨化粗饲料，比尿素氨化的时间短，需要有氨源和容器及注氨管。氨化的方式同尿素法相同。向坑内填压、踩实秸秆时，应分点添加注氨塑料管，管直通坑外。填好料后，通过注氨塑料管按原料重的12%注入20%的氨水，或按原料重的3%注入无水氨，温度不低于20 ℃。然后用薄膜封闭压土，防止漏气。经1周后即可饲喂。饲喂前也要通风晾晒12~24 h，放氨，待氨味消失后才能饲喂。此法能除去秸秆中的木质素，既可提高粗纤维的利用率，还可提高秸秆中的氨，改善其饲料营养价值。用氨水处理的秸秆，其营养价值接近于中等品质的干草。用氨化秸秆饲喂羊，可促进增重，并可降低饲料成本。

(2) 氢氧化钠及生石灰处理法（碱化处理法）　碱化处理最常用而简便的方法是氢氧化钠和生石灰混合处理。方法：每100 kg切碎的秸秆饲料分层喷洒160~240 kg 1.5%~2%的氢氧化钠和1.5%~2%的生石灰混合液，然后封闭压实。堆放1周后，堆内的温度达50~55 ℃，即可饲喂。经处理后的秸秆可提高其饲料的消化利用率。

12.4　微干贮饲料的加工方法

微干贮就是用秸秆生物发酵饲料菌种秸秆饲料（包括青贮原料和干秸秆饲料）进行发酵处理，以提高秸秆饲料利用率和营养价值的饲料加工方法。此方法是耗氧发酵和厌氧保存，和青贮饲料的制作原理不同。其菌种的主要成分为：发酵菌种、无机盐、磷酸盐等。每500 g菌剂可制作干秸秆1 t或青贮3 t。每吨干秸秆加水1 t、食盐2 kg、麸皮3 kg。秸秆发酵活干菌3 g可处理稻麦秸秆、黄玉米秸秆1 000 kg，或青玉米秸秆2 000 kg。稻麦秸秆食盐和水的用量分别为12 kg和1 500 kg，黄玉米秸秆食盐和水的用量分别为8 kg和1 000 kg，青玉米鲜秸秆可加食盐和水适量。

12.4.1　菌液的配制

将菌种倒入适量的水中，加入食盐和麸皮，搅拌均匀备用。活干菌的配制方法是将菌种倒入200 mL的自来水中，充分溶解后在常温下静置1~2 h，使用前将菌液倒入充分溶解的1%食盐溶液中拌匀。菌液应当天用完，防止隔夜失效。

12.4.2 微干贮饲料加工

微干贮时先按青贮饲料的加工方法挖好坑、铺好塑料薄膜，饲料切碎和装窖的方式与注意事项和青贮饲料相同，只是在装窖的同时将菌液均匀地洒在窖内切碎的饲料上，边洒边踩边装。装满后在饲料上面盖上塑料布，但不密封，过 3~5 d，当窖内的温度达 45 ℃以上时，均匀地覆土 15~20 cm，封窖时窖口周围应厚一些，踩实，防止进气漏水。

12.4.3 微干贮饲料的取用

窖内饲料经 3~4 周后变得柔软呈醇酸香味时就可以饲喂，成年羊的饲喂量为 2~3 kg/d，同时应加入 20%的干秸秆和 10%精饲料混合饲喂。取用时的注意事项和青贮相同。

第十三章　屠宰加工及质量安全检验

食品安全问题已经成为食品生产加工企业的重中之重，任何忽略食品安全的行为都将给政府、企业和个人带来不可挽回的损失，这种“走钢丝”的行为已经成为制约食品企业发展的瓶颈。肉类食品生产加工企业的卫生安全问题早在20世纪就已经提了出来，政府提出了“放心肉”工程，同时通过肉类食品企业的整合，部分解决了肉类食品安全的问题。然而，传统肉类生产加工企业的特点和市场营销模式，导致肉类食品在生产加工、物流、市场营销等环节存在巨大的卫生安全隐患，一旦出现问题，不但会导致消费者受到侵害，而且极易引起大范围的恐慌情绪，使整个行业的发展受到威胁。工厂化屠宰则是肉类食品安全的可靠保证，这是因为工厂化屠宰，是以规模化、机械化生产，现代化管理和科学化检疫、检验为基础，以现代科技为支撑，通过屠宰加工全过程质量控制，来保证肉品安全、卫生和质量的。只有实行工厂化屠宰才能将“放心肉食品”送到消费者的餐桌上。因此，岷县黑裘皮羊的屠宰加工必须走出小作坊和个体模式，现代化、规模化的集中屠宰已势在必行。

13.1　宰前检验

宰前检验是对待宰绵羊进行临床健康检查，评价其产品是否适合人类消费的过程，是保证肉品卫生质量的重要环节之一。它在贯彻执行病、健隔离，病、健分宰，防止肉品污染，提高肉品卫生质量方面起着重要的把关作用。绵羊通过宰前临床检验以初步确定其健康状况，尤其是能够发现许多在宰后难以发现的传染病，如破伤风、口蹄疫以及某些中毒性疾病，从而做到及早发现，及时处理，减少损失，可以防止绵羊疫病的传播。合理的宰前处理不仅能保障绵羊健康，降低发病率，而且也是获得优质绵羊肉品的重要措施。

13.1.1 宰前检验的程序

宰前检验包括验收检验、待宰检验和送宰检验。

(1) 验收检验　验讫证件，了解疫情。当商品绵羊运到屠宰加工企业后，在未卸下车之前，兽医检疫人员应先了解产地有无疫情，索取产地动物防疫监督机构开具的检疫合格证明，并临车观察，未见异常，证货相符时准予卸车。

视检绵羊群，病健分群。检疫人员仔细察看绵羊群，核对只数。如发现数目不符或见到死绵羊和症状明显的绵羊时，必须认真查明原因。如果发现有疫情或有疫情可疑时，不得卸载，立即将该批绵羊转入隔离圈（栏）内，进行仔细的检查和必要的实验室诊断，确诊后根据疾病的性质按有关规定处理。经上述查验认可的商品绵羊，准予卸载。卸车后应观察绵羊的健康状况，按检查结果进行分圈管理：合格的绵羊送待宰圈；可疑病畜送隔离圈观察，通过饮水、休息后，恢复正常的，并入待宰圈；病羊和伤残的绵羊送急宰间处理。

抽样检温，剔除病羊。供给进入预检圈（栏）的羊群充足的饮水，待安静休息 4 h 后抽检体温。将体温异常的绵羊移入隔离圈（栏）。经检查确认健康的绵羊则赶入饲养圈。

个别诊断，按章处理。隔离出来的病绵羊或可疑病绵羊，经适当休息后，进行仔细的临床检查，必要时辅以实验室诊断，确诊后按章处理。

(2) 待宰检验　入场验收合格的绵羊在宰前饲养管理期间，兽医人员应经常深入饲养圈（栏），对绵羊群进行静态、动态和饮食状态等的观察，以便及时发现漏检的或新发病的绵羊，做出相应的处理，发现病羊送急宰间处理。

待宰绵羊送宰前应停食静养 12~24 h，宰前 3 h 停止饮水。

(3) 送宰检查　进入宰前饲养管理场的健康绵羊，经过 2 d 左右的休息管理后，即可送去屠宰。为了最大限度地控制病绵羊，在送宰之前需再进行详细的外貌检查，未发现病绵羊或可疑病绵羊时，可开具送宰证明。

绵羊送宰前，应进行一次群检；对绵羊进行抽测体温（正常体温是 38.5~40.0 ℃）。经检验合格的绵羊，由宰前检验人员签发《宰前检验合格证》，注明送宰只数和产地，屠宰车间凭证屠宰；体温高、无病态的，可最后送宰；病羊由检验人员签发急宰证明，送急宰间处理。

13.1.2 宰前检疫的方法

宰前检疫多采用群体检查和个体检查相结合的办法，宜采用看、听、摸、检等方法。

(1) 群体检查　群体检查是将来自同一地区或同批的绵羊作为1组，或以圈、笼、箱划群进行检查。检查时可按静态、动态、饮食状态3个环节进行，对发现的异常个体标上记号。

①静态检查。检疫人员深入到圈舍，在不惊扰绵羊使其保持自然安静的情况下，观察其精神状态、睡卧姿势、呼吸和反刍状态，注意有无咳嗽、气喘、战栗、呻吟、流涎、嗜睡和孤立一隅等反常现象。

②动态检查。静态检查后，可将绵羊轰起，观察其活动姿势，注意有无跛行、后腿麻痹、打晃踉跄、屈背弓腰和离群掉队等现象。

③饮食状态检查。在绵羊进食时，观察其采食和饮水状态，注意有无停食、不饮、少食、不反刍和想食又不能吞咽等异常状态。

(2) 个体检查　个体检查是对在群体检查中被剔除的病畜禽和可疑病畜禽集中进行较详细的临床检查。个体检查的方法可归纳为看、听、摸、检四大要领。

①看。主要是观察畜禽的精神、被毛和皮肤、运步姿态、呼吸动作、可视黏膜、排泄物等是否正常。

②听。主要是听畜禽的叫声、呼吸音、心音、胃肠音等是否正常。

③摸。主要是触摸耳根和角根，大概判定其体温；摸体表皮肤，注意胸前、颌下、腹下、四肢、阴鞘及会阴部等处有无肿胀、疹块或结节；摸体表淋巴结，主要是检查淋巴结的大小、形状、硬度、温度、敏感性及活动性；摸胸廓和腹部，触摸时注意有无敏感或压痛。

④检。重点是检测体温。对可疑有人畜共患病的绵羊还需要根据病畜临床症状，有针对性地进行血、尿常规检查，以及必要的病理组织学和病原学等实验室检查。

13.1.3　宰前检验后的处理

经过宰前检验的绵羊，根据其健康状况及疾病的性质和程度，进行以下处理。

(1) 准宰　凡是健康、符合卫生质量和商品规格的绵羊，准予屠宰。

(2) 急宰　确诊为有无碍肉食卫生的普通病患绵羊，以及患一般性传染病但有死亡危险的畜禽，可随即签发急宰证明书，送往急宰。

凡疑似或确诊为口蹄疫的绵羊应立即急宰，其同群绵羊也应全部宰完；患布氏杆菌病、结核病、肠道传染病和其他传染病，均须在指定的地点或急宰间屠宰，急宰间凭宰前检验人员签发的急宰证明，及时屠宰检验。在检验过程中发现难以确诊的病变时，应请检验负责人会诊和处理；死畜不得屠宰，应送非食用处理间处理。

（3）缓宰　确认为一般性传染病和普通病，且有治愈希望者，或患有疑似传染病而未确诊的绵羊应予以缓宰。但应考虑有无隔离条件和消毒设备、病羊短期内有无治愈的希望、经济费用是否有利于成本核算等问题。否则，只能送去急宰。

此外，宰前检查发现口蹄疫及其他当地已基本扑灭或原来没有流行过的某些传染病，应立即报告当地和产地兽医防疫机构。

（4）禁宰　凡是患有为害性大而且目前防治困难的疫病，或急性烈性传染病，或重要的人畜共患病，以及国外有而国内无或国内已经消灭的疫病的患病绵羊严禁屠宰。

经检查确诊为炭疽、鼻疽、羊快疫、羊肠毒血症等恶性传染病的绵羊，采取不放血法扑杀；肉尸不得食用，只能工业用或销毁；其同群全部绵羊，立即进行测温。体温正常者在指定地点急宰，并认真检验；不正常者予以隔离观察，确诊为非恶性传染病的方可屠宰；宰前检疫的结果及处理情况应做记录留档。发现新的传染病特别是烈性传染病时，检疫人员必须及时向当地和产地兽医防疫机构报告疫情，以便及时采取防治措施；病死绵羊不得屠宰，应送非食用处理间处理。

13.2　宰前管理

（1）宰前休息　宰前适当休息可消除应激反应，恢复肌肉中的糖原含量，排出体内过多的代谢产物，减少动物体内淤血现象，有利于放血，并可提高肉的品质和耐贮性，提高肉的商品价值。宰前休息时间一般为 24~48 h。

（2）宰前禁食、供水　屠宰绵羊在宰前 12~24 h 断食，这样既可避免饲料浪费，又有利于屠宰加工，同时还能提高肉的品质。断食时间必须适当，时间不宜过长，以免引起骚动。一般宰前断食 24 h。断食时，应供给足量的饮水，使绵羊进行正常的生理机能活动。但在宰前 2~4 h 应停止给水，以防止屠宰绵羊倒挂放血时胃内容物从食道流出污染胴体及摘取内脏时困难。

（3）宰前淋浴　用 20 ℃温水喷淋绵羊畜体 2~3 min，以清洗体表污物。淋浴可降低体温，抑制兴奋，促使外周毛细血管收缩，提高放血质量。冬季可不进行此项工作。

13.3 屠宰工艺

将家畜致昏，放血，去除毛（皮）、内脏和头、蹄，最后形成胴体的过程叫作屠宰加工。屠宰加工方法和程序叫屠宰工艺。羊屠体指羊宰杀放血后的躯体；羊胴体指羊屠体去皮（毛）、头、蹄、内脏的躯体；白内脏指羊的胃、肠、脾；红内脏指羊的心、肝、肺、肾。

13.3.1 岷县黑裘皮羊的屠宰工艺流程

岷县黑裘皮羊的屠宰工艺流程见图 13-1。

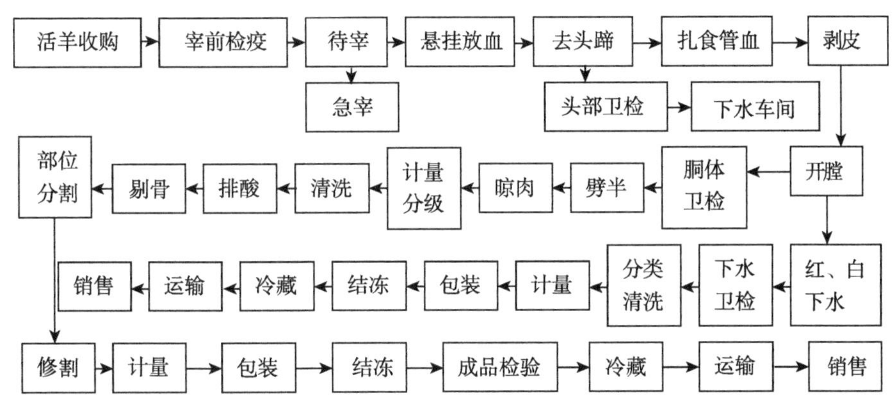

图 13-1　岷县黑裘皮羊的屠宰工艺流程

13.3.2 主要工艺操作要点

（1）淋浴　一般在屠宰车间前部设淋浴器，冲洗羊体表面污物。冬季水温接近羊的体温，夏季不低于 20 ℃。

（2）击晕、挂羊

①击晕。采用麻电致昏。致昏要适度，羊昏而不死。羊的麻电器前端形如镰刀状的为鼻电极，后端为脑电极。麻电时，手持麻电器将前端扣在羊的鼻唇部，后端按在耳眼之间的延脑区即可。手工屠宰法不进行击晕过程，而是提升吊挂后直接刺杀。羊屠宰击晕的条件：电压 90 V，电流强度 0.2 A，电击时间 3~4 s。清真类屠宰厂可不采用该工序。

②挂羊。用已编号的不锈钢吊钩吊挂待宰羊的右后蹄，由自动轨道传送到

放血点。具体操作包括：用扣脚链扣紧羊的右后小腿，匀速提升，使羊后腿部接近输送机轨道，然后挂至轨道链钩上；用高压水冲洗羊腹部、后腿部及肛门周围；挂羊要迅速，从击昏到放血之间的时间间隔不超过 1.5 min。

（3）宰杀放血　屠宰时将羊固定在宰羊的槽形凳上，或者固定在距地面 30 cm 的木板或石板上宰杀。

宰羊者左手把住羊嘴唇向后拉直，右手持尖刀，刀刃朝向颈椎沿下颌角附近刺透颈部，刀刃向颈椎剖去，以割断颈动脉，将羊后躯稍稍抬高，并轻压胸腔，使血尽量排尽。

刺杀放血：刀应准备至少两把，放血后应清洗消毒，轮换使用：宰后羊只随自动轨道边走边放血，放血时间不少于 5 min。

现代化屠宰方法：将羊只挂到吊轨上，利用大砍刀在靠近颈前部横刀切断 3 管（食管、气管和血管），俗称“大抹脖”，缺点是食管和气管内容物或黏液容易流出，污染肉体和血液。

（4）结扎肛门、去头

①结扎肛门。冲洗肛门周围，将橡皮盘套在左臂上，将塑料袋反套在左臂上。左手抓住肛门并提起，右手持刀将肛门沿四周割开并剥离，随割随提升。提高至 10 cm 左右，将塑料袋翻转套住肛门，用橡皮盘扎住塑料袋。将结扎好的肛门送回深处。

②去头。用刀在羊脖一侧割开一个手掌宽的孔，将左手伸进孔中抓住羊头，沿放血刀口处割下羊头，挂同步检验轨道。

（5）剥皮　羊头、蹄去掉后，趁热剥皮。将腹皮沿正中线剥开，沿四肢内侧将四肢皮剥开，然后用手工或机械将背部皮从尾根部向前扯开与肉尸分离。

①剥后腿皮。从跗关节下刀，刀刃沿后腿内侧中线向上挑开羊皮，沿后部内侧线向左右两侧剥离，从跗关节上方至尾根部。

②去后蹄。从跗关节下刀，割断连接关节的结缔组织、韧带及皮肉，割下后蹄，放入指定的容器中。

③剥脚腹部皮。用刀将羊脚腹部皮沿脚腹中线从脚部挑到裆部，沿腹中线向左右两侧剥开脚腹部羊皮至肷窝止。

④剥颈部及前腿皮。从腕关节下刀，沿前腿内侧中线挑开羊皮至脚中线，沿胸中线自下而上挑开羊皮，从胸颈中线向两侧进刀，剥开胸颈部皮及前腿皮至两肩止。

⑤去前蹄。从腕关节下刀，割断连接关节的结缔组织、韧带及皮肉，割下前蹄，放入指定的容器内。

⑥羊尾剥皮。腹侧面羊皮基本剥离，从尾根部向下拉扯羊皮，直到彻底分离，要防止污物、毛皮、脏手玷污胴体，将剥下的羊皮从专门通道口送至羊皮暂存间。

及时把皮张刮除血污、皮肌和脂肪，及时送往加工处，不得堆压、日晒。

机械剥皮分立式和卧式两种。使用剥皮机之前应先行手工预剥。立式剥皮操作方法：预剥完的羊体运送至剥皮机旁，操作人员一手用铁链将尾皮套住（山羊套两腿皮），另一手将铁环挂在运行的剥皮机挂钩上，随着剥皮机转动，将羊皮徐徐拽下。卧式剥皮操作方法：预剥完的羊体运送至剥皮机旁，将预剥的皮用压皮装置压住，再将套着羊体两前腿的链钩挂在运转的拉链上，拉皮链运转而将皮剥下。

（6）开膛、结扎食管　从胸软骨处下刀，沿腹中线向下贴着气管和食管边缘，切开腹腔。剥离气管和食管，将气管与食管分离至食道和胃接合部。将食管顶部结扎牢固，使内容物不流出。用刀经腹中线剖开腹腔取内脏。

①取白内脏。刀尖向外，刀刃向下，由上向下推刀割开肚皮至脚软骨处。用左手扯出直肠，右手持刀伸入腹腔，从左到右割离腹腔内结缔组织，切忌划破胃肠、膀胱和胆囊，脏器不准落地，胸腹、脏器要保持连接；用刀按下羊肚，取出胃肠送入同步检验盘，然后扒净腰油。

②取红内脏。左手抓住腹肌一边，右手持刀沿体腔壁从左到右割离横膈肌，割断连接的结缔组织，留下小里脊。取出心、肝、肺，挂到同步检验轨道。割开羊肾的外膜，取出肾并挂到同步检验轨道。

（7）劈半　劈半前，先将背部用刀从上到下分开，称作描脊或划背。然后用电锯或砍刀沿脊柱正中将胴体劈为两半。

（8）冷却（排酸）　羊胴体在屠宰后如果能够尽快地冷却，就可以得到质量好的肉，同时还可以减少损耗。冷却间温度一般为 2～4 ℃，相对湿度 75%～84%，冷却后的胴体中心温度不高于 7 ℃，羊一般冷却 24 h。

（9）胴体整理　切除头、蹄，取出内脏的全胴体，应保留带骨的尾、胸腺、膈肌、肾脏和肾脏周围的脂肪（板油）和骨盆中的脂肪，公羊应保留睾丸。用温水由上到下冲洗整个胴体内侧，冲洗羊颈血迹、内腔及胴体表面的污物，相关人员操作时不得交叉污染。保证胴体整洁卫生，符合商品要求。一手拿镊子，一手持刀，对胴体进行检查，依次去除阴鞘、输精管、阴囊皱襞、残余膈肌及零散的脂肪和肌肉，修刮残毛、血污、瘀斑及伤痕等，使胴体达到无血、无粪、无污物等。

13.4　宰后检验及处理

宰后检验的目的是发现各种妨碍人类健康或已丧失营养价值的胴体、脏器及组织，并做出正确的判定和处理。

宰后检验是肉品卫生检验最重要的环节，是宰前检验的继续和补充。因为宰前检验能够剔除症状明显的病羊和可疑病羊，处于潜伏期或症状不明显的病羊则难以发现，只有留待宰后对胴体、脏器做直接的病理学观察和必要的实验室化验，进行综合分析判断才能确定。

13.4.1　宰后检验的方法

宰后检验的方法以感官检查和剖检为主，必要时辅之以实验室化验。宰后检验采用视、触、嗅等感官检验方法，头、屠体、内脏和皮张应统一编号，对照检验。

（1）视检　即观察肉尸的皮肤、肌肉、胸腹膜等组织及各种脏器的色泽、形态、大小、组织状态等是否正常，这种观察可为进一步剖检提供线索，如结膜、皮肤和脂肪发黄，表明有黄疸可疑。应仔细检查肝脏和造血器官，甚至剖检关节的滑液囊及韧带等组织，如喉颈部肿胀，应考虑炭疽和巴氏杆菌病。

（2）剖检　借助检验器械，剖开以观察肉尸、组织、器官的隐蔽部分或深层组织的变化，这对淋巴结、肌肉、脂肪、脏器和所有病变组织的检查以及疾病的发现和诊断是非常重要的。

（3）触检　借助于检验器械触压或用于触摸，判断组织、器官的弹性和软硬度，以便发现软组织深部的结节病灶。

（4）嗅检　对于不显特征变化的各种局外气味和病理性气味，均可用嗅觉判断出来，如屠宰岷县黑裘皮羊生前患尿毒症，肉组织必带尿味；芳香类药物中毒或芳香类药物治疗后不久被屠宰的羊肉，则带有特殊的药味。

在宰后检验中，检验人员在剖检组织、脏器的病损部位时，还要采取措施防止病料污染产品、地面、设备、器具以及卫检人员的手。卫检人员应备两套检验刀具，以便遇到病料污染时，可用另一套消过毒的刀具替换，被污染的刀具在清除病变组织后，应立即置于消毒液中消毒。

13.4.2　宰后检验技术

兽医卫检人员必须熟悉动物解剖学、兽医病理学、动物传染病学和寄生虫病学等方面的知识，并熟练掌握宰后检验的技能，具有及时识别和判定屠宰岷县黑裘皮羊组织和器官病理变化的能力。

为了保证在流水作业的屠宰加工条件下，迅速、准确地对屠宰岷县黑裘皮羊的健康状态做出判定，兽医卫检人员必须按规定检查最能反映机体病理变化的器官和组织，并遵循一定的方式、方法和程序进行检验，养成良好的工作习惯，避免漏检。

为确保肉品的卫生质量和商品价值，剖检只能在一定的部位切开，切口深浅应适度，切忌乱划或拉锯式切割。肌肉应顺肌纤维方向切割，非必要不得横断，以免造成哆开性切口，招致细菌和蝇蛆的污染；检验淋巴结时，应尽可能从剖开面检查，以免皮肤切口太多损伤商品外观。

对每一屠宰岷县黑裘皮羊的胴体、内脏、头、皮张在分开检验时要编上同一号码，以便查对，避免在检出病变的脏器时找不到相应的胴体或在检出病变的胴体后找不到相应的脏器，使无害化处理难以进行。采用“同步检验”可解决这些问题。

当切开脏器和组织的病变部位时，应防止病变组织污染产品、地面、设备和检验人员的手。

每位检验人员均应配备两套检验刀和钩，以便污染后替换，被污染的器械应立即消毒。同时卫检人员应搞好个人防护，穿戴清洁的工作服、鞋帽、围裙和手套上岗，工作期间不得到处走动。

13.4.3　宰后检验的项目

宰后检验包括头部检验、内脏检验、胴体检验和复验盖章。

13.4.3.1　头部检验

发现皮肤上生有脓疱疹或口鼻部生疮的，连同胴体一起按非食用处理；正常的将附于气管两侧的甲状腺割除。

13.4.3.2　内脏检验

在屠体剖腹前后，检验人员应观察被摘除的乳房、生殖器官和膀胱有无异常。随后对相继摘出的胃肠和心、肝、肺进行全面对照观察和触检，当发现有化脓性乳腺炎、生殖器官肿瘤和其他病变时，将该胴体连同内脏等推入病肉岔道，由专人进行对照检验和处理。

（1）胃肠检验　先进行全面观察，注意浆膜面上有无淡褐色绒毛状或结节状增生物、有无创伤性胃炎、脾脏是否正常。然后，将小肠展开，检验全部肠系膜淋巴结有无肿大、出血和干酪变性等变化，食管有无异常。当发现可疑肿瘤、白血病和其他病变时，连同心、肝、肺将该胴体推入病肉岔道进行对照检验和处理。胃肠内容物清除后还要对胃肠黏膜面进行检验和处理。当发现脾脏显著肿大、色泽黑紫、质地柔软时，应控制好现场，请检验负责人会诊和处理。

（2）心脏检验　检验心包和心脏，有无创伤性心包炎、心肌炎、心外膜出血；必要时切检右心室，检验有无心内膜炎、心内膜出血、心肌脓疡和寄生性病变；当发现心脏上生有蕈状肿瘤或见红白相间、隆起于心肌表面的白血病病变时，应将该胴体推入病肉岔道处理；当发现心脏上有神经纤维瘤时，及时通知胴体检验人员，切检腋下神经丛。

（3）肝脏检验　观察肝脏的色泽、大小是否正常，并触检其弹性；对肿大的肝门淋巴结和粗大的胆管，应切开检查，检验有无肝瘀血、混浊肿胀、肝硬化、肝脓疡、坏死性肝炎、寄生性病变、肝富脉斑和锯屑肝；当发现可疑肝癌、胆管癌和其他肿瘤时，应将该胴体推入病肉岔道处理。

（4）肺脏检验　与胃肠先后做对照检验。观察其色泽、大小是否正常，并进行触检；切检每一硬变部分；检验纵隔淋巴结和支气管淋巴结，有无肿大、出血、干酪变性和钙化结节病灶；检验有无肺呛血、肺瘀血、肺气肿、小叶性肺炎和大叶性肺炎，有无异物性肺炎、肺脓疡和寄生性病变；当发现肺有肿瘤或纵隔淋巴结等异常肿大时，应通知胴体检验人员将该胴体推入病肉岔道处理。

13.4.3.3　胴体检验

岷县黑裘皮羊的胴体检验以肉眼观察为主，触检为辅。观察体表有无病变和带毛情况；胸腹腔内有无炎症和肿瘤病变；有无寄生性病灶；肾脏有无病变；触检髂下和肩前淋巴结有无异常。

13.4.3.4　胴体复验与盖章

（1）胴体复验　羊的胴体不劈半，按初检程序复查。检查有无病变漏检；肾脏是否正常；有无内外伤、修割不净和带毛情况。

（2）盖章　复验合格的，在胴体上加盖本厂（场）的肉品品质检验合格印章，准予出厂；对检出的病肉盖上相应的检验处理印章。

13.4.4　宰后检验的处理

13.4.4.1　胴体和脏器的处理

胴体和脏器经过兽医卫生检验后，根据鉴定的结果进行相应处理。其原则是既要确保人体健康，又要尽量减少经济损失。通常有以下几种处理方式。

（1）适于食用　品质良好，符合国家卫生标准的胴体和脏器，盖以兽医验讫印戳，可不受任何限制新鲜出厂。对于屠宰检验合格的岷县黑裘皮羊产品，除在胴体上加盖验讫印章或验讫标志外，运输或销售前，尚需出具动物产品检疫合格证明。

(2) 有条件地食用　凡患有一般性传染病、轻症寄生虫病和病理损伤的胴体和脏器，根据《病害动物及病害动物产品无害化处理技术规程》进行高温处理后，其传染性、毒性消失或寄生虫全部死亡者，可以有条件地食用。认为经过无害化处理后可供食用的胴体和脏器，盖以高温的印戳。

(3) 非食用　凡患有严重传染病、寄生虫病、中毒和严重病理损伤的胴体和脏器，不能在无害化处理后食用，应根据《病害动物及病害动物产品无害化处理技术规程》进行化制。不适于食用的胴体和脏器，盖以非食用的印戳。

(4) 销毁　凡患有重要人畜共患病或危害性大的畜禽传染病的岷县黑裘皮羊尸体、宰后胴体和脏器，必须在严格的监督下根据《病害动物及病害动物产品无害化处理技术规程》进行销毁。评价为应销毁的胴体和脏器，盖以销毁的印戳。

13.4.4.2　不合格肉品的处理

(1) 创伤性心包炎　根据病变程度，分别处理。

心包膜增厚，心包囊极度扩张，其中沉积有大量的淡黄色纤维蛋白或脓性渗出物、有恶臭，胸、腹、腔中均有炎症，且膈肌、肝、脾上有脓疡的，应全部做非食用或销毁处理；心包极度增厚，被绒毛样纤维蛋白所覆盖，与周围组织、膈肌、肝发生粘连的，割除病变组织后，应高温处理后出厂（场）；心包增厚被绒毛样纤维蛋白所覆盖，与膈肌和网胃连着的，将病变部分割除后，不受限制出厂（场）。

(2) 骨血素病（卟啉症）　全身骨髓均呈淡红褐色、褐色或暗褐色，但骨膜、软骨、关节软骨、韧带均不受害。有病变的骨骼或肝、肾等应作为工业用，肉可以作为复制品原料。

(3) 白血病　全身淋巴结均显著肿大、切面呈鱼肉样、质地脆弱、指压易碎，实质脏器肝、脾、肾均见肿大，脾脏的滤泡肿胀，呈西米脾样，骨髓呈灰红色。应整体销毁。

在宰后检验中，发现可疑肿瘤，有结节状的或弥漫性增生的，单凭肉眼常常难以确诊，发现后应将胴体及其产品先行隔离冷藏，取病料送病理学检验，按检验结果再做出处理。

(4) 种公羊　健康无病且有性气味的，不应鲜销，应作复制品加工原料。

有下列情况之一的病羊及其产品应全部做非食用或销毁处理：脓毒症、尿毒症、急性及慢性中毒、恶性肿瘤、全身性肿瘤；过度瘠瘦及肌肉变质、高度水肿的。

组织和器官仅有下列病变之一的，应将有病变的局部或全部作非食用或销毁处理：局部化脓；创伤部分；皮肤发炎部分；严重充血与出血部分；浮肿部分；病理性肥大或萎缩部分；变质钙化部分；寄生虫损害部分；非恶性肿瘤部分；带异色、异味及异臭部分及其他有碍食肉卫生部分。

检验结果登记：每天检验工作完毕，应将当天的屠宰只数、产地、货主、宰前和宰后检验查出的病畜和不合格肉的处理情况进行登记。

13.5 羊肉的分割

肉的切割分级方法有两种：一种是按胴体肌肉的发达程度及脂肪厚度分级；另一种是按同一胴体的不同部位、肌肉组织结构、使用价值和加工用途分割。通常将胴体分割成的大小和形状不同的肉块称作分割肉。

目前，羊胴体的切块分割法有两段切块、五段切块、六段切块和八段切块4种，其中以五段切块和八段切块最为实用。

13.5.1 两段切块

切割分界线是在第十二对和第十三对肋骨之间，在后躯段保留一对肋骨，将胴体分切成前躯和后躯两部分。

13.5.2 五段切块

将羊的胴体切成肩颈肉、肋肉、腰肉、后腿肉和胸下肉5个部分。

（1）肩颈肉　由肩胛骨前缘至第四、第五肋骨垂直切下的部分。

（2）肋肉　由第四、第五对肋骨间至最后一对肋骨间垂直切下的部分。

（3）腰肉　由最后一对肋骨间，腰椎与荐椎间垂直切下的部分。

（4）后腿肉　由腰椎与荐椎间垂直切下的后腿部分。

（5）胸下肉　沿肩端胸骨水平方向切割下的胴体下部肉，还包括腹下肉无肋骨部分和前腿腕骨以上部分。

13.5.3 八段切块

将胴体切成肩背部、腰腿（臀）部、颈部、胸部、腹部、颈部切口、前（小）腿和后（小）腿8个部分（图13-2）。

这8块可以分成3个商业等级：属于第一等的部位有肩部和臀部，属于第二等的有颈部、胸部和腹部，属于第三等的有颈部切口、前（小）腿和后

（小）腿。

将胴体从中间分切成两片，各包括前躯及后躯肉两部分。前躯肉与后躯肉的分切界线，是在第十二对与第十三对肋骨之间，即在后躯肉上保留着一对肋骨。

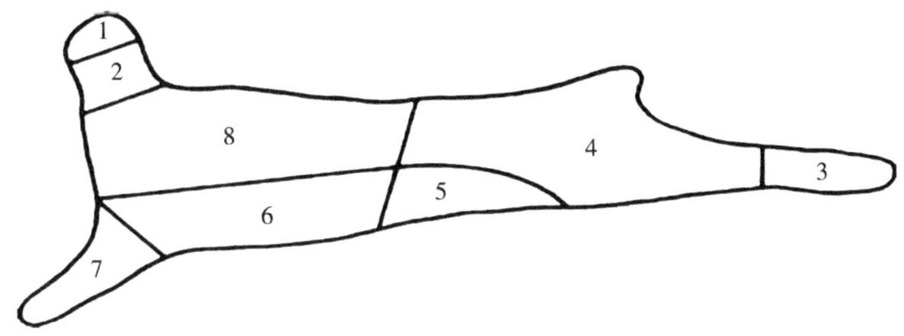

1-颈部切口肉　2-肩背肉　3-后小腿肉　4-臀部肉
5-腹部肉　6-胸部肉　7-前小腿肉　8-颈部肉

图 13-2　我国羊胴体的商业分割示意图

13.5.4　肥羔羊胴体的分割

肥羔羊胴体从中间切成两个半片，其重量各占胴体的50%左右。然后把前躯与后躯肉切开，其分界线是在第十二对、第十三对肋骨之间。切开时，要在后躯肉上保留着一对肋骨。

（1）后腿肉　是从最后腰椎横切下的后面一块肉。

（2）腰肉　从最后一个腰椎至最后一根肋骨处横切。

（3）肋肉　为从第十二对与第十三对肋间，至第四对与第五对肋间横切，去掉腹肉。

（4）肩肉　从肩端沿肩胛前缘向鬐甲后直切，留下包括前腿在内，并去掉腹肉的肩胛肉的全部。

（5）肋颈肉　自最后颈椎处切下的整个肋颈三角部分。

（6）颈肉　为最后颈椎处切下的整个颈部肉。

（7）腹肉　又称边缘肉。从前腿腹下起沿肋软骨向后直至后腿横切处直线切下，包括胸骨在内的整个下腹边缘部分。

13.6　分割羊肉的初加工

分割羊肉的加工，要求在比较好的条件下进行，以保证分割肉的质量。要求有宽敞的场地、良好的卫生条件、适宜的温湿度和高质量的原料肉。

一般坚持“能短期加工处理的肉类，决不冻结贮藏”的原则，这样可以避免冻结肉在冷藏过程中的干耗以及解冻过程中汁液流失等缺陷。分割肉的冷加工是按销售规格要求，将肉按部位或肥瘦分割成小肉块，然后冷冻，称其为分割冷冻肉。若不冷冻，只进行冷却处理，则称其为分割冷却肉。分割羊肉的初加工主要有如下内容。

（1）剔骨　目前分割肉的加工方法有两种：一种是将屠宰后的 35~38 ℃的热鲜肉立即进行分割加工，称为热剔骨。这种方法的好处是操作方便、出肉率高、易于整修。但在炎热季节，加工过程容易受微生物的污染，表面发黏，肉的色泽恶化。另一种方式是将鲜肉冷却到 0~7 ℃再进行剔骨分割，又称冷剔骨。这种方式的优点是可减少污染，产品质量好，但肥肉的剥离、剔骨、修整都比较困难，肌膜易于破裂，色泽不艳丽。国内热剔骨采用较多，但近年来趋向于冷剔骨。

（2）修整　修整就是对分割、剔骨的肉进行整理。必须注意修割伤斑、出血点、碎骨、软骨、血污、淋巴结、脓疱等，保持肉的完整、美观。同时，可根据不同要求和产品种类对羊肉进行初加工，如切片等。

（3）预冷　将修整好的羊肉放在平盘中，送入冷却间内进行冷却。冷却间内的温度为-3~-2 ℃。在 24 h 内，使肉温降至 0~4 ℃。

（4）包装　包装间的温度要求在 0~4 ℃，以保证冷却肉温度不回升。按品种、部位、规格、等级等，分别采用纸箱或塑料托盘包装。包装后可进行冻结或冷藏。冻结室的温度-25~-18 ℃，时间不超过 72 h，肉内的温度不高于-15 ℃；冷藏库温在-18 ℃以下，肉温在-12 ℃或-15 ℃以下；相对湿度控制在 95%~98%，空气为自然循环。

13.7　屠宰加工中的危害分析和关键控制点

危害分析与关键控制点（hazard analysis critical control point，HACCP）是一个以预防食品安全危害为基础的食品安全生产、质量控制的保证体系，被国际权威机构认可为控制由食品引起的疾病最有效的方法，被世界上越来越多的国家认为是确保食品安全的有效措施。

近年来，随着全世界对食品安全的日益关注，经济全球化已经成为企业申请 HACCP 体系认证的主要推动力。目前，美国、欧盟已立法强制性要求食品生产企业建立和实施 HACCP 体系，日本、加拿大、澳大利亚等国家食品卫生当局也已开始要求本国食品企业建立和实施 HACCP 体系，我国也将食品安全问题列入《中国食物与营养发展纲要（2014—2020年）》。一些食品生产营销企业也开始把HACCP作为考核供应商的重要条件，从而使HACCP成为食品企业竞争国际市场的一张“通行证”。

13.7.1　HACCP与常规质量控制模式的区别

13.7.1.1　传统监控方式的不足

抽样规则本身存在误判风险；费用高、周期长；可靠性仍是相对的；即使检测符合标准，仍不能打消消费者对食品安全的顾虑。

13.7.1.2　HACCP的特点

（1）针对性强　主要针对食品的安全卫生，是为了保证食品生产系统中任何可能出现的危害或有危害危险的地方得到控制。

（2）预防性　是一种用于保护食品免受生物、化学和物理危害的管理工具，它强调企业自身在生产全过程的控制作用，而不是最终的产品检测或者是政府部门的监管作用。

（3）经济性　设立关键控制点控制食品的安全卫生，降低了食品安全卫生的检测成本，同以往的食品安全控制体系比较，具有较高的经济效益和社会效益。

（4）实用性　已在世界各国得到了广泛的应用和发展。

（5）强制性　被世界各国的官方所接受，并被用来强制执行。同时，也得到联合国粮食及农业组织和世界卫生组织联合食品法典委员会的认同。

（6）动态性　HACCP中的关键控制点随产品、生产条件等因素的改变而改变，企业如果出现设备检测仪器人员等的变化，都可能导致HACCP的改变。虽然HACCP是一个预防体系，但绝不是一个零风险体系。

13.7.1.3　食品生产企业建立和实施HACCP的益处

畜禽肉特别是熟肉制品污染变质引起的中毒事故，一直占较高比例，这引起了人们的重视。肉类食品的安全卫生问题，已成为世界性的重大课题。因此，当今消费者不仅要求卫生、美味、营养丰富，而且对屠宰加工和流通领域提出了更高的要求，即在生产、屠宰、加工、贮运、销售各环节确保安全卫生、无污染，使消费者吃上“放心肉”。

为了保证肉类食品的安全卫生，不断提高安全性，世界发达国家普遍采用了ISO 9000系列标准和企业质量保证体系认证、食品生产良好操作规范（GMP）及危害分析和关键控制点（HACCP）等先进的质量管理和质量控制方法，消除生物、化学、物理性危害，确保肉类食品安全与质量。

肉食品生产企业建立和实施HACCP质量管理体系，其益处主要体现在：

提高肉品的安全性；增强组织的肉品风险意识；强化肉品及原料的可追溯性；增强顾客信心；肉品符合检验标准；符合法律法规要求；降低成本；对于出口外向型企业，拥有第三方的 HACCP 认证证书，可满足美国食品药品监督管理局（FDA）进口商验证程序中的确认步骤要求，避免烦琐的进口商验证。

13.7.2 HACCP 的内容

13.7.2.1 有关定义

（1）危害分析及关键控制点　HACCP 是控制食品微生物、化学和物理性危害及经济性掺假手段的专门检测系统。

（2）控制点与关键控制点　在特定的食品生产、加工体系中，任何一个失去控制而导致对产品卫生造成不可接受的环节。

（3）严重缺陷　对任何一个使用和信赖产品的消费者造成危害或不安全的缺陷。

（4）临界值　一个或多个为确保关键控制点能有效地控制各有关危害，规定必须达到的允许最低限度。

（5）偏差　未能达到关键控制点上规定的临界值。

（6）HACCP 方案　根据总原则用文字叙述须遵循的正式程序的文件。

13.7.2.2 HACCP 的 7 项原则

原则 1：进行危害分析。

原则 2：确定关键控制点。

原则 3：建立临界值。

原则 4：建立监控关键控制点控制体系。

原则 5：当监控表明个别 CCP 失控时采取纠偏措施。

原则 6：建立验证程序，证明 HACCP 体系工作的有效性。

原则 7：建立关于所有适用程序和这些原理及其应用的记录系统。

13.7.3 HACCP 应用研究的程序和步骤

13.7.3.1 程序

首先，咨询并听取公众意见。其次，成立制订 HACCP 方案的使用研讨小组；再次，在工厂内进行两阶段的验证试验；最后，进行鉴定。

13.7.3.2 步骤

HACCP 应用逻辑程序见图 13-3。

（1）危害分析　对与原料和配料加工、生产、运输、销售、配制及食用有关的危险及危害进行分析和评价。

危害分级的原则：产品是否含有易遭微生物污染的成分；工艺中是否含有能够杀灭有害微生物、并可控制的杀菌程序；是否在控制杀菌后有遭到有害微生物及其毒素污染的危险；是否存在由于在销售中或消费者对食品处理不当，可能在食用时对健康造成危害的危险；是否在包装后或在家庭烧煮时有最终加热程序。

危害分析及危险分类：主要包括6级。A级危害，适用于指定的未消毒杀菌的食品；B级危害，产品中含有对微生物敏感的成分；C级危害，工艺过程中不含有经控制能有效杀灭有害微生物的热杀菌程序；D级危害，产品在热杀菌后包装前易遭二次污染；E级危害，由于销售处理不当，或消费者对产品处理不当，致使产品在食用时有很大可能危害健康；F级危害，产品在包装后，或在家庭烧煮时，无最终热杀菌处理。

(2) 识别关键控制点CCP　在食品生产中凡需要对产生危害的微生物进行控制的地方就是CCP。CCP包括：烧煮、冷却、消毒、配方控制、人员和环境卫生等。

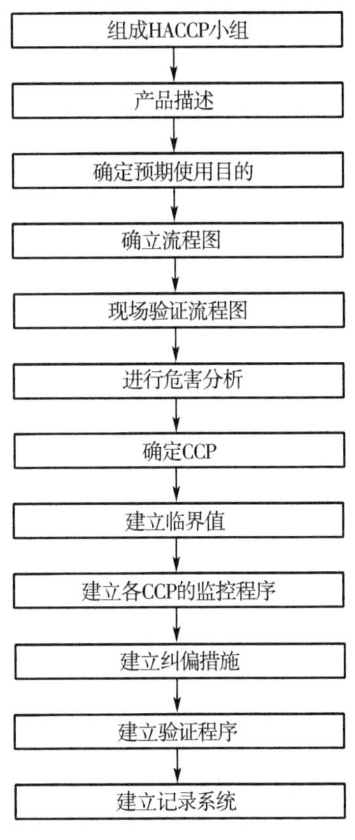

图13-3　HACCP应用逻辑程序

(3) 为CCP制定临界值　临界值是指一个或多个规定最低必须达到，以确保在CCP上有效控制微生物对健康危害的限值；作为临界限值的指标有：温度、时间、湿度、水分活度、pH、可滴定酸度、保存剂、食盐浓度、有效氯、黏度以及在某些情况下食品的组织、气味、外形等感官指标。

(4) 制定CCP的监控方法　包括监测程序和监测手段，是对CCP及其临界值的预定检查和试验，监测必须有记录。最理想的监测是可进行连续的监测(100%的效果)，如不能在全部时间内监测临界值，则有必要确定间断的监测能十分可靠地表示危害在控制之下。用于监测的理化测定项目：温度、时间、pH、CCP上的卫生状况、具体的交叉污染预防措施、具体的食品处理程序、水分、其他。

(5) 制定和采取纠偏措施　采取的措施必须能由HACCP方案出现的偏差所造成的实际或潜在的危害，并将有关食品进行保证安全的处理。如发生偏差，在按方案采取修正措施并在进行分析之前，应将产品控制住。

（6）建立验证程序　制定用以验证 HACCP 运转正常的方案，验证包括方法、程序以及进行的试验，以确定 HACCP 系统是否符合 HACCP 方案。

（7）制定有效的记录程序　食品企业必须有 HACCP 专用档案，内容包括：原料和配料，有关产品安全的记录，杀菌，包装，贮存和销售，偏差记录资料。

13.7.3.3　判断树以及 CCP 识别顺序

判断树及 CCP 识别顺序见图 13-4。

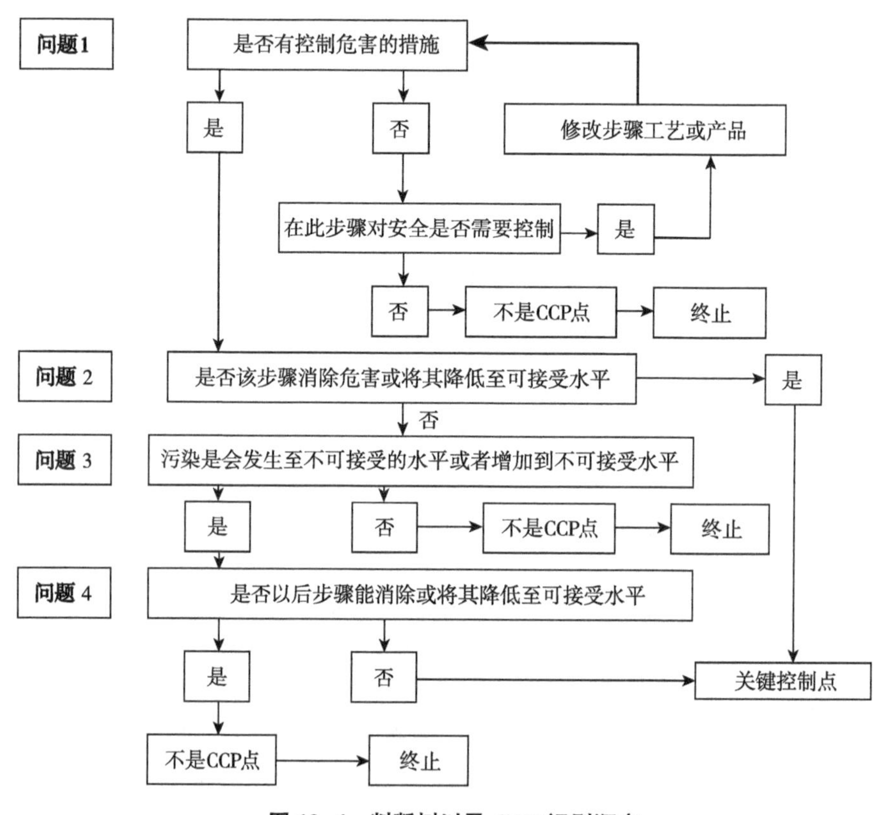

图 13-4　判断树以及 CCP 识别顺序

［本图引用自 Annex to CAC/RCP 1-1969，Rev. 4（2003）］

13.7.4　绵羊屠宰分割中 HACCP 应用实例

根据以上步骤，从绵羊的宰前管理、屠宰加工、预冷、分割和成熟等方面入手，运用 HACCP 原理，规范整个屠宰加工流程，降低原料肉的初始菌数，并通过监控检测程序验证和完善 HACCP 体系，从而建立一套完整、切实可行的绵羊屠宰加工的 HACCP 食品安全管理模式，取得良好的效果。

13. 7. 4. 1　产品描述

产品名称：冷冻分割绵羊肉

产品特性：以青藏高原特有畜种——绵羊为原料，经过屠宰、清洗、排酸、分割、速冻而制成的产品。在生产、贮藏、运输及销售等均有严格的温度要求，属低温冷冻产品。

保存方法：贮存在低于-18 ℃的冷藏库。冷藏库每 24 h，升温、降温幅度不得超过 1 ℃，相对湿度大于 90%。

保质期：12 个月。

食用方法：经解冻烹调后食用。

消费者类型：一般消费者。

13. 7. 4. 2　绵羊屠宰加工的危害分析

根据绵羊分割肉屠宰工艺流程中的每一环节进行危害分析，指出对最终产品造成危害的原因，分析结果见表 13-1。

表 13-1　冷冻分割绵羊肉危害分析工作单

加工厂名称：××××××加工厂　　加工厂地址：××××路×××号

产品名称：冷冻分割绵羊肉　　　　预期用途和消费者：一般消费，大众

销售和贮存方法：冷藏库贮存，温度-18～-15 ℃；运输温度-15 ℃。

加工工序	本工序被引入、控制或增加的潜在危害？	潜在的危害是否显著？	对潜在危害判断的依据？	能用于显著危害的预防措施是什么？	该工序是否是关键控制点？
活羊收购	生物的：细菌、病毒、寄生虫	是	活羊本身携带病	查验检疫合格、运输工具消毒证明、非疫区证明、圈舍卫生保持，分圈管理，停食静养 12～24 h，充分给水至宰前 3 h，异常拒收	否
宰前检疫 CCP_1	生物的：细菌、病毒、寄生虫	是	活羊本身携带病	羊抽检 20%～30%，测温并进行感官检查，异常隔离	是
	化学的：兽药残留	是	饲养过程中兽药残留	未使用违禁药品	
	物理的：粪便污染	是			

（续表）

加工工序	本工序被引入、控制或增加的潜在危害？	潜在的危害是否显著？	对潜在危害判断的依据？	能用于显著危害的预防措施是什么？	该工序是否是关键控制点？
待宰		否			否
悬挂放血	生物的：微生物污染	是	二次污染	刀具消毒	否
去头、蹄	生物的：微生物污染	是	二次污染	刀具消毒，轮换使用	否
扎食管	生物的：微生物污染	是	二次污染	人工扎紧食管；培训员工良好操作规程，增加洗手消毒规章	否
	物理的：胃容物	是	胃内容物回流		
剥皮	生物的：微生物污染	是		消毒刀具，修去受污染的区域，培训员工良好的操作规程	否
	物理的：毛等	是	毛等杂质污染胴体		
开膛 CCP_2	生物的：微生物污染	是		培训员工良好操作规程，清洗并修去污染部分	是
	物理的：粪便污染	是	内容物外溢		
胴体卫检 CCP_3	生物的：微生物污染	是	羊本身携带病	严格执行检疫规程，必要时借助化验手段，同时隔离	是
晾肉	生物的：微生物污染	是	二次污染	调整胴体距离，预冷间温湿度	否
	物理的：杂质污染	是	二次污染	培养员工良好操作规程，增加刀具消毒及员工洗手频率	
胴体计量分级	生物的：微生物污染	是	二次污染	培养员工良好操作规程，增加刀具消毒及员工洗手频率	否
	物理的：杂质污染	是	二次污染		
清洗	生物的：微生物污染	是	水可能被污染	控制水源；严格工艺操作，保证清洗水压	否
	物理的：杂质污染	是	二次污染		
排酸 CCP_4	生物的：微生物污染	是	冷却温度过高，易致病菌繁殖	调整工艺参数（温度、湿度及风速），控制时间，增加消毒次数	是
	化学的：颜色变化	是	色泽氧化		

（续表）

加工工序	本工序被引入、控制或增加的潜在危害？	潜在的危害是否显著？	对潜在危害判断的依据？	能用于显著危害的预防措施是什么？	该工序是否是关键控制点？
剔骨	生物的：微生物污染	是	二次污染	控制交叉污染	否
	物理的：杂质污染				
部位分割	生物的：微生物污染	是	分割人员的手、分割的操作台以及工具污染	分割间的室温在 0~8 ℃，滞留时间不超过 1 h；做好分割人员卫生，设备与工具定期消毒，保持清洁	否
	物理的：病变组织、粪、胆污和泥污、凝血块	是			
修割	生物的：微生物污染	是	分割人员手，操作台以及工具污染	控制人员及工器具卫生	否
计量包装	生物的：微生物污染	否	包装材料不合格，有有害物污染；计量器具不准，计量错误	使用符合要求包装材料，培训合格的专业人员负责计量，定期检修称量设备，核对结果并记录	否
	化学的：有害物污染	是			
结冻	生物的：微生物污染，虫害、鼠害	是	虫害、鼠害造成微生物污染以及影响胴体外观	控制虫害、鼠害	否
	物理的：肉体压扁、冰霜干枯	否			
成品检验 CCP_5	生物的：微生物污染	是	二次污染	严格按照产品检验要求进行检验，确保产品质量符合要求	是
冷藏	生物的：微生物污染，虫害、鼠害	是	虫害、鼠害，冷藏库库温达不到要求，可能致微生物繁殖	控制虫害、鼠害；及时调整冷藏库库温	否
	物理的：肉体压扁、冰霜干枯	否			
运输销售	生物的：微生物污染	是	运输工具不洁，温度达不到要求，可能使致病菌繁殖	控制运输工具卫生，控制运输工具的温度达到要求	否

13.7.4.3　绵羊屠宰加工的 HACCP 计划

在对绵羊屠宰加工工序进行认真的分析研究和检测的基础上，确定了 5 个工序为关键控制点，即宰前检疫 CCP_1、开膛 CCP_2、胴体检验 CCP_3、排酸 CCP_4 及成品检验 CCP_5，见表 13-2。

表 13-2　关键控制点分析

工序	第一问题回答	第二问题回答	第三问题回答	第四问题回答	原因
宰前检疫 CCP_1	肯定	肯定			漏检、病羊屠宰，后续环节无补救措施
开膛 CCP_2	肯定	肯定	肯定	肯定	内容物外溢，造成污染
胴体检验 CCP_3	肯定	肯定	肯定		病羊漏检，后续环节无法消除
排酸 CCP_4	肯定	肯定	肯定		排酸间温度、湿度控制不当，致胴体表面细菌繁殖加快，色泽氧化，后续环节无补救措施
成品检验 CCP_5	肯定	肯定			二次污染，后续环节无补救措施

13.7.4.4　制订 HACCP 计划

按照 HACCP 系统建立的常规步骤，在列出可能出现的安全危害及确立关键控制点后，建立对关键控制点的危害临界值、监控程序及修正措施，以便在日后工作中能对每一工序进行有效的监督管理，充分保证绵羊肉成品卫生（表 13-3）。

表 13-3　绵羊屠宰加工的 HACCP 计划

1	2	3	4	5	6	7	8	9	10
关键控制点	显著危害	临界值	监控				纠偏行动	验证	记录
			对象	方法	频率	人员			
宰前检疫 CCP_1	致病微生物、寄生虫残留；宰前管理不当，导致羊产生应激反应，产生异常肉	羊来自非疫区，健康无病；宰前休息不少于 12 h，宰前 24 h 断食，3 h 断水；产地证	第三栏中所指证明的有效文本	查阅检疫合格证；“三观一检”，三观是对羊静、动、饮食状态的观察，一检是对可疑个体检验	目测，羊抽测体温 20%~30%，并进行感官检查，异常隔离	兽医检疫人员	病羊挑出，做无害化处理；禁收规定之外的羊，临床检查，看、摸、检	检查记录，确保胴体编号与活羊编号相同	活羊宰前检记录
开膛 CCP_2	微生物污染、肠道内容物污染	内脏完整，胴体污染率为零	第三栏临界值	目测	每只	质检员	清除污染肉；增加操作人员；减慢链速度；工器具消毒	监督记录与操作；肉随机抽样	随机抽样记录

（续表）

1	2	3	4	5	6	7	8	9	10
关键控制点	显著危害	临界值	监控				纠偏行动	验证	记录
			对象	方法	频率	人员			
胴体检验 CCP_3	胴体带有疾病进入下道工序，造成交叉污染	淋巴结无明显病灶；肉类色泽正常，无明显创伤面	第三栏临界值	钩取淋巴结进行检验；必要时做病理切片，实验室检测	每只	质检员	发现漏检病羊，核实后停止宰杀	胴体编号与活羊相符，宰后验证	宰后检验记录
排酸 CCP_4	预冷不当造成胴体发生寒收缩或细菌繁殖较快，影响肉品；胴体干耗失重；劣化褐变	排酸预冷间相对湿度 80%～90%；温度范围 0～4 ℃；风速控制在≤1 m/s；预冷时间 8～24 h；胴体间隔 0.25～0.50 cm	第三栏临界值	目测	每 2 h 一次	排酸间操作工	如发现 3 种工艺参数变化异常，及时通知制冷调整；增加消毒次数，改进消毒手段	温度计校准记录和空隙控制；定期监测肌肉冷却速率	温湿度变化曲线图及记录
成品检验 CCP_5	虫鼠害；包装污染或不完整	包装完整，标识清楚	第三栏临界值	目 测	每批成品	库管	包装不完整，更换包装	检查出库记录	出库记录

13. 7. 4. 5　对关键控制点进行监测和调整控制

对关键控制点组成专班进行负责和管理，建立检测和监督机制，在具体操作和实施过程中当微生物指标不合格可采用两种途径处理：一是通过调节包括温度、pH 等物理或化学方法进行控制并恢复正常；二是紧急处理，停止生产或清洁消毒，将污染因素全面消除。

13. 7. 4. 6　HACCP 控制体系的记录和验证

每次生产时详细记载关键控制指标，以便为发现污染及时防治提供参考依据，若发现其他关键因素应列入关键控制点，予以实施和记录，以确保整个生产过程在有效控制之中，使 HACCP 体系能正确运作。

在绵羊分割肉的生产与流通过程中，建立 HACCP 体系，采用良好的屠宰卫生规范（GMP）和操作卫生程序（SSOP）是保证肉品质量的前提。建立 HACCP 体系，可弥补传统的绵羊肉食品生产质量、卫生管理方法的不足，回应消费者对绵羊肉食品质量及安全卫生问题的关注，同时它也是羊肉食品出口的“通行证”，它的应用将使产品质量管理规范化和科学化。但 HACCP 系统并不是一成不变的，它应随着企业肉产品的不断更新而处于一种动态平衡之中。只有企业在实践中不断地发现和总结问题，才能使本企业的 HACCP 体系更加完善、合理。

13.8 羊肉的贮藏与保鲜

13.8.1 羊肉的贮藏

羊肉中含有丰富的营养物质，是微生物繁殖的良好场所。如贮藏不当，外界微生物会污染肉的表面，并大量繁殖，致使肉腐败变质，甚至会产生对人体有害的毒素，引起食物中毒。另外，肉自身所含的酶类也会使肉产生一系列变化，在一定程度上可改善肉质，但若控制不当，亦会造成肉的变质，导致较为严重的经济损失。据统计，近年来我国肉类食品因贮藏不当所造成的损失总量为 10%~19%。

随着肉类贮藏保鲜技术的不断发展与完善，羊肉的贮藏方法越来越多，其贮存期也得到了很大的提高。目前实用的方法主要有低温贮藏、热处理、辐照贮藏、真空、充气包装贮藏以及干燥贮藏等。

13.8.1.1 低温贮藏

食品腐败变质的主要原因是微生物作用和酶的催化作用，而这些作用与温度紧密相关。温度的降低可以抑制微生物繁殖，降低生物化学反应的速率。根据 TTT（time temperature tolerance）原则，食品品质下降是随时间累积的，不可逆的。温度越低，品质下降的过程越缓慢，允许期也就越长，从而达到阻止或延缓食品腐烂变质速度的目的。低温贮藏是羊肉贮藏的最好方法之一。低温可以抑制羊肉中微生物的生命活动和酶的活性，从而达到贮藏保鲜的目的。由于低温能保持肉的颜色和组织状态，方法简单易行，安全可靠，因而低温贮藏肉类的方法多年来一直被广泛应用。低温贮藏一般分为冷却贮藏和冻结贮藏。

冷却贮藏是指经过冷却后的肉在 0 ℃左右的条件下进行贮藏，相对湿度应维持在 88%~90%，羊肉可贮存 10~14 d。由于冷却贮藏仅适合于短期贮藏，若要长期贮藏，应采用冻结贮藏，即将羊肉的温度降低到-18 ℃以下，使肉中的绝大部分水分形成冰结晶。羊肉冻结贮存要求冷藏室温度为-20 ℃以下，通常肉可贮藏 8~11 个月。

低温由于能保持肉的颜色和状态，方法易行，冷藏量大，安全卫生，因而低温贮藏原料羊肉和分割羊肉的方法一直被广泛应用。

13.8.1.2 辐照贮藏

羊肉辐照贮藏是利用放射性元素^{60}Co、^{137}Cs在一定剂量范围内辐照肉，杀灭病原微生物及腐败菌或抑制肉品中某些生物活性物质的生理过程，从而达到贮藏或保鲜的目的。该方法早已被WHO和FDA证实是安全、高效、节能的肉类贮藏方法。此方法不会使肉内温度升高，不会引起肉在色、香、味等方面的变化，所以能最大限度地减少食品品质和风味的损失。属于物理处理过程，无化学药物残留，不污染环境，且方法简便，适合于各种包装的肉。我国目前拥有150座^{60}Co辐照装置，分布在全国各地，有条件的地方可用聚乙烯复合膜对羊肉进行真空封装后，在一定剂量下辐射，可使羊肉贮藏期达到1年左右。由于辐射贮藏是在温度不升高的情况下进行杀菌，所以有利于保持羊肉制品的新鲜度，而且免除冻结和解冻过程，是较先进的食品贮藏方法。

我国目前研究应用的辐射源，主要是同位素^{60}Co、^{137}Cs放射出来的γ射线。当^{60}Co、^{137}Cs产生的γ射线或电子加速器产生的β射线对肉类等食品进行照射时，附着于表面的微生物DNA分子发生断裂、移位等一系列不可逆变化，酶等生物活性物质失去活性，进而新陈代谢中断，生长发育受阻，最终导致死亡，从而达到贮藏的目的。

13.8.1.3 热处理

热处理保存是通过加热来杀死羊肉中的腐败菌和有害微生物，抑制酶类活动的一种保存方法，也是熟肉制品防腐必不可少的工艺环节。蒸煮加热的目的之一，是杀灭或减少肉制品中存在的微生物，使制品具有可贮性，同时消除食物中毒隐患。但经过加热处理的肉制品中，仍有一些耐高温的芽孢，这些芽孢只是量少并处于抑制状态。在偶然的情况下，经一定时间，仍然有芽孢增殖，有导致肉制品变质的可能。因此，应对灭菌之后的保存条件予以特别的重视。

一般羊肉制品的加热温度设定为72 ℃以上。如果提高温度，可以缩短加热时间，但是细菌死亡与加热前的细菌数、添加剂和其他各种条件都有关系。如果加热至羊肉制品中心温度达70 ℃，尽管耐热性芽孢菌仍能残存，但致病菌已基本完全死亡。此时产品外观、气味和味道等感官质量保持在最佳状态。结合以适当的干燥脱水、烟熏、真空包装、冷却贮存等措施，产品已具备可贮性。在羊肉保存中有两种热处理方法，即巴氏杀菌和高温杀菌。

（1）巴氏杀菌 把羊肉在低于100 ℃的水或蒸汽中处理、使肉的中心温度达到65~75 ℃、保持10~30 min的杀菌方法称为羊肉巴氏杀菌。在此温度下，羊肉制品内几乎全部的酶类和微生物均被灭活或杀死，可以延长保存期；并赋予羊肉更重要的功能，如使蛋白质变性、凝结，且部分脱水使肉品具有弹性和良好的组织结构，这对于绞碎的肉糜制品（如西式火腿、火腿肠等）的制造是非常重要的，但经过巴氏杀菌后的细菌芽孢仍然存活。因此，杀菌处理应与日后的冷藏相结合，同时要避免羊肉制品的二次污染。

（2）高温灭菌　羊肉在100~121 ℃的温度下处理的灭菌方法称为羊肉高温灭菌。主要用于生产罐装的羊肉制品，如铁听的肉罐头、铝箔装的软罐头等。这样处理基本可以杀死羊肉中存在的所有细菌及其芽孢，即使仍有极少数存活，也已不能生长繁殖和引起肉品腐败，从而使羊肉制品在常温下可以保存半年以上而不变质。

巴氏杀菌和高温杀菌加热法的区别在于：一个是高压加热，一个是常压加热。实际上为延长保存期进行的加热，要根据初期微生物数量而定。当然，细菌种类和贮藏温度及其他各种条件不同，微生物的生长状况也不一样，即使初期微生物的污染程度相同，保存期也未必相同。但初期微生物数量对保存性的影响极大，通过加热可减少微生物的数量，提高贮存性。温度对加热灭菌起着很重要的作用。当然最终结果是由温度决定的，但并非温度越高越好，因为过高的温度会使大多数蛋白质变性，降低蛋白质的营养价值，热处理过度对羊肉制品中蛋白质的品质和其组织结构是不利的。另外，某些维生素具有热不稳定性，如硫胺素经加热后其损失量可达2/3。因此，在具体操作中应根据原料羊肉的性质、被污染的程度、贮藏的环境等来综合考虑，确定适合的热处理温度。

13.8.1.4　真空、充气、托盘包装贮藏

真空、充气、托盘包装贮藏主要应用于分割羊肉的短期贮藏。若在-3~-2 ℃的条件下存放，其贮存期可达到6~12个月。随着分割羊肉销售的增多，利用真空、充气、托盘包装来贮藏绵羊肉的方法则越来越普及。

（1）真空包装　真空包装是采用气密性的复合包装袋，在真空度为-0.8~-0.4 MPa的条件下，通过真空包装机对分割羊肉进行包装。真空包装分割羊肉，可避免氧气对羊肉的不利影响，抑制嗜氧性细菌的繁殖，在冷链系统中真空包装的分割羊肉，其货架期至少可达到3周，但肉色较暗。当包装被去除，产品暴露在空气中，其鲜亮的红色又可恢复。真空包装可用于批发的胴体、零售的分割肉和肉糜等的包装贮藏。

（2）充气包装　充气包装是控制腐败微生物、延长鲜羊肉货架期的最新技术。充气包装的基本原则是改变包装容器或包装袋内的气体组分和浓度，常用的3种气体是二氧化碳、氧气和氮气。二氧化碳主要是抑制细菌和霉菌的生长；氮气可防止脂肪的氧化酸败和包装的瘪变，也可抑制霉菌的生长；氧气可以抑制厌氧性腐败微生物的生长。二氧化碳、氮气和氧气按一定比例有机组合

的气调贮藏是非常有效的贮存手段。10%二氧化碳、5%氧气和85%氮气可使鲜羊肉的货架期达到10 d以上。

(3) 托盘包装　托盘包装是将肉切分后用泡沫聚苯乙烯托盘包装，上面用PVE或聚乙烯膜覆盖。冷却肉在冷柜中的货架期为1~3 d。托盘包装的肉处于有氧环境，主要以好氧和兼性好氧的微生物为主，如假单胞菌和大肠菌群等。托盘包装简单适用，成本较低，但由于此包装不阻隔空气，会使肉的保质期大大缩短。因此，在一般情况下，分割剔骨后的冷却肉在工厂先制成真空大包装，冷藏运输到商场后，再拆除真空包装，制成托盘小包装。这样既有利于保证冷却肉的保质期，方便运输，又有利于零售时冷却肉恢复鲜红颜色。

13.8.1.5　干燥贮藏

干燥贮存是一种古老的贮藏手段。羊肉中含水量高达70%左右，经脱水后可使水分含量减少到6%~10%。水分下降可阻碍微生物的繁殖、降低脂肪氧化速度，从而达到贮藏的目的。

干燥羊肉的方法目前主要采用低温升华干燥，即在低温且具有一定真空度的密闭容器中，肉中水分直接从冰升华为蒸汽使其脱水干燥。这种方法干燥速度快，能保持羊肉的特性，加水后可迅速恢复到原来的状态，是近年来重点发展的一种高、新肉类贮藏方法。但所需设备较复杂、投资大、费用高。

采用远红外真空干燥法是将切成适当大小的羊肉放入真空容器中，通过安装在真空容器中的远红外加热器产生的远红外线，将肉品低温真空干燥。在干燥过程中，肉内部的血液、蛋白质、脂肪等成分均未发生变化，完好地保存在肉中，复水后则能恢复鲜肉状态。

13.8.1.6　盐渍贮藏

食盐的作用主要是降低水分活性，造成生理干燥，抑制微生物活动。食盐吸水性很强，与水分接触时，很快变成食盐溶液，当与贮藏物（羊肉）接触时，其细胞被盐液所包围。这时细胞内水分通过细胞膜向外渗透，食盐向细胞内渗透，至内外盐溶液浓度平衡为止，结果使肉脱水，肉表面的微生物也因相同作用而失去活性。食盐除脱水作用外，其氯离子也可以直接阻碍蛋白酶的分解作用，从而阻碍微生物对蛋白质的分解。但是，有些好盐和耐盐性微生物，对食盐的抵抗力很强。因此，单用食盐不能达到长期贮藏的目的。同时，食盐能够抑制微生物的生长繁殖，但并不能杀菌。当浓度高于20%时才能起到防腐作用，这样高的浓度远远超过人们所能接受的范围。饱和食盐溶液的水分活度值为0.75，所以在可供食用的范围内，单凭食盐并不能使水分活度值显著下降。因此要起到防腐作用，必须与其他方法结合使用，用食盐贮藏绵羊肉时，必须防止腐败菌的污染和降温，才能取得较满意的效果。在羊肉贮藏腌制剂中，硝酸盐或亚硝酸盐也是其重要的组成成分，它不仅具有发色作用，使肉制品光泽鲜艳，而且具有很强的抑菌作用。

13.8.1.7 其他贮藏方法

其他贮藏方法主要有微波处理、高压处理及控制初始菌量等方法。

微波杀菌贮藏食品是近年来在国际上发展起来的一项新技术。具有快速、节能，并且对食品的品质影响较小等特点。微波杀菌的机理是当微波炉磁控管产生的高频率微波照射到食品时，食品中微生物的各种极性基、活性基就会发生激烈的振动、旋转，当这些极性分子以每秒 24.5 亿次的惊人速度运动时，分子间因剧烈摩擦而产生热量，从而引起蛋白质、核酸等发生不可逆性变性，从而达到杀菌的目的。

高压技术在食品工业中应用最多的，利用高压进行杀灭微生物，延长食品的保质期。由于加热灭菌使食品质量变劣、产生热臭味、营养损失等原因，近年来非加热的高压杀菌技术受到广泛重视。研究表明，100~600 MPa 的高压作用 5~10 min 可以使一般细菌和酵母、霉菌数减少，甚至将酵母和霉菌完全杀灭，600 MPa 作用 15 min 时食品中绝大多数的微生物被杀灭。高压处理在小包装分割鲜羊肉的贮藏方面具有广泛的发展前景。

控制初始菌量即严格原料获取（屠宰、分割初加工）及产品加工各个环节的卫生条件，是保证羊肉可贮性的先决条件。初始菌量小的羊产品，其保存期可比初始菌量高的产品长 1~2 倍。只有控制好羊肉的初始菌量，减少污染，才能够提高羊肉的贮藏期。

13.8.2 羊肉的保鲜

肉类食品的保鲜一直是人们研究的课题，随着时代的进步、现代生活方式和节奏的改变，传统的肉类食品保鲜技术不能满足人们的需求，深入研究肉类的防腐保鲜技术变得日益重要。采用综合保鲜技术才能发挥各种贮藏方法的优势，达到优势互补、相得益彰的目的。

肉类食品的腐败变质主要是肉中的酶以及微生物的作用使蛋白质分解以及脂肪氧化而引起的。目前，羊肉保鲜技术主要有以下几种。

13.8.2.1 涂膜保鲜技术

涂膜保鲜是将羊肉涂抹或浸泡在特制的保鲜剂中，在肉的表面形成一层保护性的薄膜，以防止外界微生物侵入、肉汁流失、肉色变暗，在一定时期内保持羊肉新鲜的一种方法。

目前使用的涂膜多为可食性的，涂膜保鲜的具体方法是先配制高黏度涂膜溶液，现多使用的配方：水 10 kg、食盐 1.8 kg、葡萄糖 0.3 kg、麦芽糊精 6 kg，用柠檬酸调节 pH，使 pH 为 3.5。配置时，若不需要这么多溶液，可按比例减少。使用时，先将新鲜羊肉切成 2 kg 左右的条或块，放入配制好的溶液中浸一下，使肉的表面形成一层薄膜。实践表明，经处理的鲜肉，在 40 ℃下可保鲜 4~6 d。所配制的高黏度溶液可保持 6 个月不变质，并能继续使用。

13.8.2.2　**可食性包装膜保鲜技术**

在可食性包装膜的研制开发上，近年来也有不少可喜的成果。美国研制的谷类薄膜，以玉米、大豆、小麦为原料，将玉米蛋白质制成纸状，用于香肠等肉食品的包装，使用后可供家禽食用，或作肥料。美国开发的胶原薄膜，采用动物蛋白胶原制成，具有强度高、耐水性和隔绝水蒸气性能好等特点，解冻烹调时即溶化可食用，用于包装羊肉食品不会改变其风味。日本研发的薄膜，以红藻类提取的天然多糖为原料制成，呈半透明状，质地坚韧且热封性好。

13.8.2.3　**改善和控制气氛保鲜技术**

气调包装即改善和控制气氛的包装，是最具有发展前景的肉品保鲜技术之一，其特点是以小包装形式将产品封闭在塑料包装材料中，其内部环境气体可以是封闭时提供的，或者是在封闭后靠内部产品呼吸作用自发调整形成的。目前，改善和控制气氛包装得到广泛使用，最常见的方法就是真空和充气包装、改善气氛包装及控制气氛包装等。

13.8.2.4　**防腐保鲜剂保鲜技术**

由于世界性的能源短缺，各国研究人员都在致力于开发节能型的保鲜技术，各种防腐剂的应用成为目前研究的又一热点。防腐保鲜剂又分为化学防腐保鲜剂和天然防腐保鲜剂，防腐保鲜技术经常与其他保鲜技术结合使用。使用较多的肉类天然保鲜剂有儿茶酚、香辛料提取物、乳酸链球菌素（Nisin）、维生素 E、红曲色素及溶菌酶等。

13.8.2.5　**新含气调理保鲜技术**

新含气调理保鲜技术是针对目前普遍使用的真空包装、高温高压杀菌等常规方法存在的不足之处，而开发出来的一种适合于加工各类新鲜方便肉品或半成品的新技术。它采用原材料的灭菌化处理、充氮包装和多阶段升温的温和式杀菌方式，能够比较完美地保存烹饪肉品的品质和营养成分，肉品原有的色泽、风味、口感和外观几乎不发生改变。这不仅解决了高温高压、真空包装食品的品质劣化问题，而且克服了冷藏、冷冻食品的货架期短、流通领域成本高等缺点。

新含气调理保鲜技术的工艺流程可分为初加工、预处理（灭菌化处理）、气体置换包装和调理杀菌4个步骤。在此加工工艺流程中，灭菌化处理与多阶段升温的温和式杀菌相互配合，在温度较低的条件下杀菌，即可达到商业上的无菌要求，又可最大限度地保留肉品的色、香、味、口感和形状。新含气调理食品多使用高阻隔性的透明包装材料，在常温避光的条件下可保存半年到一年。

13. 8. 2. 6 纳米保鲜技术

利用纳米技术，使常规保鲜膜具有气调、保湿和纳米材料缓释防霉等多种功能。以常规LDPE保鲜膜配方组分为载体，添加含银系纳米材料母粒，吹塑研制出纳米粒径为40~70 μm的纳米防霉保鲜膜。结果表明，已接种灰霉菌的PDA培养基，经4%（质量分数）银系纳米母粒浸提液浸泡的滤纸圆片处理于26~28 ℃恒温培养条件下，其最大抑菌效率较对照提高1倍，含4%（质量分数）银系纳米材料保鲜膜制品圆片的最大抑菌效率提高67. 9%。

13. 8. 2. 7 真空冷冻干燥脱水技术

真空冷冻干燥脱水技术是一项对食品、药物护色、保鲜、保质、保味的高新技术，简称为冻干技术。是在低温条件下，对含水物料冻结，再在高真空度下加热，使固态冰升华，脱去物料中的水分；食用时，将这种物品浸入水中很快就能复原，好似鲜品，最大限度地保留了原有的色、香、味及营养成分和生理活性成分。

13. 8. 2. 8 臭氧保鲜技术

用臭氧对分割肉、熟制品的原料肉和成品进行杀菌，可大大减少原料肉和成品的带菌量，分解肉类食品中的荷尔蒙，从而保证产品的品质，延长货架期。臭氧对于解决分割肉的沙门氏菌污染问题发挥着重要作用。

13. 8. 2. 9 栅栏技术（屏障理论）

目前，保鲜研究的主要理论依据是栅栏因子理论，它是德国学者Leistner博士提出的一套系统科学地控制食品保质期的理论。该理论认为：食品要达到可贮性与卫生安全性，其内部必须存在能够阻止食品所含腐败菌和病原菌生长繁殖的因子，这些因子通过临时和永久性地打破微生物的内平衡，进而抑制微生物的致腐与产毒，保持肉品品质，这些因子被称为物的内平衡，栅栏因子。在实际生产中，运用不同的栅栏因子，并合理地组合起来，从不同的侧面抑制引起食品腐败的微生物，形成对微生物的多靶攻击，从而起到保护肉品品质的作用。

随着肉类食品保鲜技术的发展，出现了许多新型栅栏因子：酸碱调节类有微胶囊酸化剂等；压力类有超高压生产设备等；射线类有微波、辐射、紫外线等；生化类有菌种、酶等；防腐类有次氯酸盐、美拉德反应产物、液氯螯合物、酒精等；其他类有磁振动场、高频无线电、荧光、超声波等。

在实际生产中，可以根据具体情况设计不同障碍，利用其产生的各种协同效应，以达到延长产品货架期的目的。

肉品的保鲜贮藏技术与科学的管理密不可分，HACCP 体系已成为目前食品界公认的确保食品安全的最佳管理方案，是我国今后肉品屠宰加工企业管理的发展方向，也是肉品保鲜技术进一步发展的基础。

羊肉及其制品的贮藏、保鲜，在方法和技术上往往是相互依赖、相互作用、密不可分的。与此同时，羊肉各种保存方法的应用也应与羊肉制品加工相结合。为了更有效地使羊肉类食品保鲜，应该采用多种方法建立一套综合保鲜体系。

13.9　羊肉质量安全检验

13.9.1　常规检测

羊肉腐败变质后，营养物质分解，感官性状改变，通过检验肌肉、脂肪的色泽与黏度、组织状态与弹性、气味、骨髓和筋腱状态，可鉴定羊肉的新鲜程度。

（1）色泽与黏度　将被检羊肉置于白色瓷盘中，在自然光线下仔细观察。新鲜羊肉外表具有干膜，肌肉和脂肪有其固有的色泽，表面不发黏，切面湿润、不发黏；腐败变质羊肉颜色变暗，呈褐红色、灰色或淡绿色，表面干膜很干或发黏，有时被覆有霉层，切面发黏，肉汁呈灰色或淡绿色。

（2）组织状态与弹性　用手指按压羊肉表面，新鲜羊肉富有弹性，结实，紧密，指压凹陷很快恢复；变质羊肉无弹性，指压凹陷不能恢复。

（3）气味　在常温（20 ℃）下检查羊肉的气味，首先判定外表的气味，然后用刀切开判定深层的气味，注意检查骨骼周围组织的气味。新鲜羊肉有其固有的气味，无异味；腐败变质羊肉有酸臭、霉味或其他异味。

13.9.2　实验室检测

如需进行羊肉产品质量安全认证，应在常规检测的基础上，采用验室检测方法获取多方面的数据。

（1）煮沸后肉的检测　称取 20 g 切碎的肉样，置于 200 mL 烧杯中，加水 100 mL，用表面皿盖上，加热至 50~60 ℃，开盖检查气味，然后再加热煮沸 20~30 min，迅速检查肉汤的气味、滋味、透明度及表面浮游脂肪的状态、数量、气味和滋味。新鲜羊肉的肉汤透明、芳香，使人增加食欲，肉汤表面有大的油滴，脂肪气味和滋味正常；变质羊肉的肉汤混浊，有絮毛，具腐臭气味，肉汤表面几乎不见油滴，具酸败脂肪的气味。

（2）理化检验　按国家有关规定，进行挥发性盐基氮的测定，重金属、农药和兽药残留检测。

（3）微生物学检验　按国家有关规定，进行细菌总数、大肠菌群及致病菌检验。

第十四章　羊肉及裘皮加工

14.1　肉制品的分类

羊肉加工业是养羊业生产的连续和延伸，是实现养羊业商品化生产的条件和重要内容。绵羊肉加工增值作为使畜牧业资源优势、产品优势转化为经济优势的媒介，对国民经济资金积累起着重要作用，对促进相关工业、商业、服务业、外贸、科技教育、城乡建设和安排农村剩余劳动力等都具有重要作用。

随着社会物质文明的发展，人们对肉制品的要求越来越高。除了用猪肉、牛肉为主要原料制成的各类肉类加工产品外，羊肉制品也倍受欢迎，尤其是天然、绿色的绵羊肉制品更受消费者青睐，具有很广阔的发展前景。可以借鉴较为成熟的猪肉、牛肉制品的生产加工技术，开发低温、高温、西式、中式和中西结合式的羊肉制品，特别是中式羊肉制品如咸羊肉、腊羊肉，酱羊肉、羊肉松、羊肉脯、羊肉干、羊肉发酵香肠、羊肉罐头、五香系列羊产品、烤全羊、羊肉串、羊肉酱和明目羊肝等。若能在保鲜、保质、包装、贮运等方面获得突破，实现工业化生产，必将焕发出新的生命力。虽然目前羊肉制品的产量很低，品种少，但羊肉制品将是今后主要的研究与发展方向。

14.1.1　传统肉制品的分类

肉制品分类的定义和特征见表 14-1。

表 14-1　肉制品分类的定义和特征

种类	含义	代表肉品
腌腊制品类	肉经腌制、酱渍、晾晒（或不晾晒）、烘烤等工艺制成的生肉类制品，食用前需经加工	
咸肉类	肉经过腌制加工而成的生肉类制品，使用前需经熟加工	咸羊肉

（续表）

种类	含义	代表肉品
腊肉类	肉经腌制后，再经晾晒或烘焙等工艺而制成的生肉类制品。食用前需经熟加工，有腊香味	腊羊肉
酱（封）肉类	肉用食盐、酱料（甜酱或酱油）腌制，酱渍后再经风干或晒干、烘干、熏干等工艺制成的生肉制品，食用前需经熟煮。色棕红色，有酱油味，是咸肉和腊肉制作方法的延伸和发展	
风干肉类	肉经腌制、洗晒（某些产品无此工序）、晾挂、干燥等工艺制成的生、干肉类制品，食用前需经熟加工	风干羊肉
酱卤制品类	肉加调料和香辛料，以水为加热介质，煮制而成的熟肉类制品	
白煮肉类	肉经（或不经）腌制后，在水（盐水）中煮制而成的熟肉类制品，一般在食用时再调味，产品保持固有的色泽和风味，是酱卤肉未经酱制或卤制的一个特例	白切羊肉
酱卤肉类	肉在水中加食盐或酱油等调味料和香辛料一起煮制而成的一类熟肉类制品。某些产品在酱制或卤制后，需再烟熏等工序。产品的色泽和风味主要取决于所用的调味料和香辛料	
糟肉类	肉在白煮后，再用“香糟”糟制的冷食熟肉制品。产品保持固有的色泽和酒曲香味。是用酒糟或陈年香糟代替酱汁或卤汁的一类产品	
熏烧烤制品类	肉经腌、煮后，再以烟气、高温空气、明火或高温固体为介质干热加工制成的熟肉类制品。有烟熏肉类、烧烤肉类。熏、烤、烧 3 种作用往往互为关联、极难分开。以烟雾为主者属熏烤；以火苗或以盐、泥等固体为加热介质煨制而成者属烧烤	
熏烤肉类	肉经煮制（或腌制）并经决定产品基本风味的烟熏工艺而制成的熟（或生）肉类制品	
烧烤肉类	肉经配料、腌制，再经热气烘烤，或明火直接烧烤，或以盐、泥等固体为加热介质煨烤而制成的熟肉类制品	烤羊肉、烤羊排
干制品类	瘦肉先经熟加工、成型干燥，再经熟加工制成的干、熟肉类制品。可直接食用，成品为小的片状、条状、粒状、絮状或团粒状	
肉松类	瘦肉经煮制、撇油、调味、收汤、炒松、干燥或进而油酥等工艺制成的肌肉纤维蓬松，呈絮状或团粒状	羊肉松、羊肉粉松
肉干类	瘦肉经预煮、切片（条、丁）调味、复煮、收汤和干燥等工艺制成的干、熟肉制品	羊肉干
肉脯类	瘦肉经切片（或绞碎）、调味、腌制、摊筛、烘干和烧制等工艺制成的干、熟薄片型肉制品，有肉脯、肉糜脯	羊肉脯

（续表）

种类	含义	代表肉品
油炸肉制品类	油炸肉制品门类是以食用油作为加热介质为其主要特征。经过加工调味或挂糊后的肉（包括生原料、半成品、熟制品）或只经干制的生原料，以食用油为加热介质，高温炸制（或浇淋）的熟肉类制品	油炸羊肉丸
香肠制品类		
中国腊肠类	以羊肉为主要的原料，经切碎或绞碎成肉丁，用食盐、（亚）硝酸盐、白糖、酒曲和酱油等辅料腌制后，充填入可食性肠衣中，经晾晒、风干或烘烤等工艺制成的肠衣类制品。食用前经过熟加工，具有酒香、糖香和腊香	
发酵肠类	以牛肉或羊肉为主要原料，经过绞碎或粗斩成颗粒，用食盐、（亚）硝酸盐、糖等辅料腌制，并经自然发酵或人工接种，充填入可食性肠衣中，再经烟熏、干燥、和长期发酵等工艺而制成的生肠类制品，可直接食用	发酵羊肉肠
熏煮肠类	以肉为主要原料，经切碎、腌制（或不腌制）、细绞或粗绞，加入辅料搅拌（或斩拌），充填入肠衣内，再经烘烤、熏煮、烟熏（或不烟熏）和冷却等工艺制成的熟肠类制品，包括绞肉香肠、一般香肠、乳化型香肠、熏香肠	
肉粉肠类	以淀粉、肉为主要原料，肉块经腌制（或不腌制）、绞切成块或糜，添加淀粉及各种辅料，充填入肠衣或肚皮中，再经烘烤、蒸熏或烟熏等工序制成的一类熟肠制品。干淀粉的添加量超过肉重的 10%	
其他肠类	除中国腊肠类、发酵肠类、熏煮肠类、肉粉肠类等以外的肠类制品，如生鲜香肠、肝肠、水晶肠等	
火腿制品类	用大块肉经腌制加工而成的肉类制品。虽然中国火腿与西式火腿在工艺上差异很大，但在名称上是一致的，有利于归纳和检索，在“类”这一层次，无疑是符合工艺一致性原则的	
中国火腿类	用带骨、皮、爪尖的整只后腿，经腌制、洗晒、风干和长期发酵、整形等工艺制成的中国传统的生腿制品，食用前应熟加工	
发酵火腿	用带骨、皮（或去皮、去骨）的肉，经腌制、处理和长期发酵而制成的生肉制品，可生食	发酵羊肉火腿
熏煮火腿类	用大块肉经整形修割（剔去骨、皮、脂肪和结缔组织，或部分去除）、腌制（可注射盐水）、嫩化、滚揉、捆扎（或充填入粗直径的肠衣、模具中）后，再经蒸煮、烟熏（或不烟熏）、冷却等工艺制成的熟肉制品。熏煮火腿类有盐水火腿、方腿、熏烟火腿和庄园火腿等	
压缩火腿	用羊的小肉块（≥20 g/块）为原料，并加入兔肉、鱼肉等芡肉，经腌制、充填入肠衣或模具中，再经蒸煮、烟熏（或不烟熏）、冷却等工艺制成的熟肉制品	

（续表）

种类	含义	代表肉品
其他制品门类		
肉糕类	以肉为主要原料，经绞碎、切碎或斩拌，以洋葱、大蒜、番茄、蘑菇等蔬菜为配料，并添加各种辅料混合在一起，装入模具后，经蒸制或烧烤等工艺制成的熟食类制品。肉糕有肝泥糕、血和泥糕等	
肉冻糕	以肉为主要原料，调味煮熟后充填入模具中（或添加各种经调味、煮熟后的蔬菜），以食用明胶作为黏结剂，经冷却后制成的半透明的凝冻状熟肉制品，冷食。肉冻类有肉皮冻、水晶肠等	

14.1.2 国家标准的肉制品分类

按照《食品安全国家标准　食品添加剂使用标准》（GB 2760—2014）可将肉制品分为预制肉制品［包括调理肉制品（生肉添加调理料）和腌腊肉制品类（如咸肉、腊肉、板鸭、中式火腿、腊肠等）］、熟肉制品两大类。其中，熟肉制品包括酱卤肉制品类，熏、烧、烤肉类，油炸肉类，西式火腿（熏烤、烟熏、蒸煮火腿）类，肉灌肠类，发酵肉制品类，熟肉干制品，肉罐头类，其他熟肉制品。

14.2 肉类加工厂卫生要求

根据《食品安全国家标准　畜禽屠宰加工卫生规范》（GB 12694—2016）的要求，阐述了肉类加工厂的设计与设施、卫生管理、加工工艺、成品贮藏和运输的卫生要求。

14.2.1 肉制品工厂设计与设施的卫生

14.2.1.1 选址

肉制品厂应建在地势较高，干燥，水源充足，交通方便，无有害气体、灰沙及其他污染源，便于排放污水的地区。肉制品加工厂（车间）经当地城市规划、卫生部门批准，可建在城镇适当地点。

14.2.1.2 厂区和道路

厂区应绿化，厂区主要道路和进入厂区的主要道路（包括车库或车棚）应铺设适于车辆通行的坚硬路面（如混凝土或沥青路面）。路面应平坦，无积水，厂区应有良好的给、排水系统。厂区内不得有臭水沟、垃圾堆或其他有碍卫生的场所。

14.2.1.3　布局

生产作业区应与生活区分开设置。运送活畜与成品出厂不得共用一个大门；厂内不得共用一个通道。为防止交叉污染，原料、辅料、生肉、熟肉和成品的存放场所（库）必须分开设置。各生产车间的设置位置以及工艺流程必须符合卫生要求。肉类联合加工厂的生产车间一般应按饲养、屠宰、分割、加工、冷藏的顺序合理设置。化制间、锅炉房与贮煤场所、污水与污物处理设施应与分割肉车间和肉制品车间间隔一定距离，并位于主风向下风处。锅炉房必须设有消烟除尘设施。生产冷库应与分割肉和肉制品车间直接相连。

14.2.1.4　厂房与设施

厂房与设施必须结构合理、坚固，便于清洗和消毒。厂房与设施应与生产能力相适应，厂房高度应能满足生产作业、设备安装与维修、采光与通风的需要。厂房与设施必须设有防止蚊、蝇、鼠及其他害虫侵入或隐匿的设施，以及防烟雾、灰尘的设施。

厂房地面：应使用防水、防滑、不吸潮、可冲洗、耐腐蚀、无毒的材料；坡度应为1%~2%；表面无裂缝、无局部积水，易于清洗和消毒；明地沟应呈弧形，排水口须设网罩。

厂房墙壁与墙柱：应使用防水、不吸潮、可冲洗、无毒、淡色的材料；墙裙应贴或涂刷不低于2 m的浅色瓷砖或涂料；顶角、墙角、地角呈弧形，便于清洗。

厂房天花板：应表面涂层光滑，不易脱落，防止污物积聚。

厂房门窗：应装配严密，使用不变形的材料制作。所有门、窗及其他开口必须安装易于清洗和拆卸的纱门、纱窗或压缩空气幕，并经常维修，保持清洁；内窗台须下斜45°或采用无窗台结构。

厂房楼梯及其他辅助设施：应便于清洗、消毒，避免引起食品污染。

生产冷库一般应设有预冷间（0~4 ℃）、冻结间（−23 ℃以下）和冷藏间（−18 ℃以下），所有冷库（包括肉制品车间的冷藏室）应安装温度自动记录仪或温度湿度计。

14.2.1.5　供水

生产供水：工厂应有足够的供水设备，水质必须符合GB 5749—2022的规定。如需配备贮水设施，应有防污染措施，并定期清洗、消毒。使用循环水时必须经过处理，达到GB 5749—2022的规定。

制冰供水：应符合GB 5749—2022的规定。制冰及贮存过程中应防止污染。

其他供水：用于制汽、制冷、消防和其他类似用途而不与食品接触的非饮用水，应使用完全独立、有鉴别颜色的管道输送，并不得与生产（饮用）水系统交叉连接或倒吸于生产（饮用）水系统中。

14.2.1.6 卫生设施

（1）废弃物临时存放设施 应在远离生产车间的适当地点设置废弃物临时存放设施。设施应采用便于清洗、消毒的材料制作；结构应严密，能防止害虫进入，并能避免废弃物污染厂区和道路。

（2）废水、废气处理系统 必须设有废水、废气处理系统，保持良好状态。废水、废气的排放应符合国家环境保护的规定。厂内不得排放有害气体和煤烟。生产车间的下水道口须设地漏、铁箅。废气排放口应设在车间外的适当地点。

（3）更衣室、淋浴室、厕所 必须设有与职工人数相适应的更衣室、淋浴室、厕所。更衣室内须有个人衣物存放柜、鞋架（箱）。车间内的厕所应与操作间的走廊相连，其门、窗不得直接开向操作间；便池必须是水冲式；粪便排泄管不得与车间内的污水排放管混用。

（4）洗手、清洗、消毒设施 生产车间进口处及车间内的适当地点，应设热水和冷水洗手设施，并备有洗手剂。分割肉和熟肉制品车间及其成品库内，必须设非手动式的洗手设施。如使用一次性纸巾，应设有废纸巾贮存箱（桶）。车间内应设有工器具、容器和固定设备的清洗、消毒设施，并应有充足的冷、热水源。这些设施应采用无毒、耐腐蚀、易清洗的材料制作，固定设备的清洗设施应配有食用级的软管。车库、车棚内应设有车辆清洗设施。活畜进口处及病畜隔离间、急宰间、化制车间的门口，必须设车轮、鞋靴消毒池。肉制品车间应设清洗和消毒室。室内应备有热水消毒或其他有效的消毒设施，供工器具、容器消毒用。

14.2.1.7 设备和工器具

接触肉品的设备、工器具和容器，应使用无毒、无气味、不吸水、耐腐蚀、经得起反复清洗与消毒的材料制作；其表面应平滑、无凹坑和裂缝。禁止使用竹木工器具和容器。固定设备的安装位置应便于彻底清洗、消毒。

盛装废弃物的容器不得与盛装肉品的容器混用。废弃物容器应选用金属或其他不渗水的材料制作。不同的容器应有明显的标志。

照明车间内应有充足的自然光线或人工照明。照明灯具的光泽不应改变被加工物的本色，亮度应能满足兽医检验人员和生产操作人员的工作需要。吊挂在肉品上方的灯具，必须装有安全防护罩，以防灯具破碎而污染肉品。车库、车棚等场所应有照明设施。

车间内应有良好的通风、排气装置，及时排除污染的空气和水蒸气。空气流动的方向必须从净化区流向污染区。通风口应装有纱网或其他保护性的耐腐蚀材料制作的网罩。纱网或网罩应便于装卸和清洗。分割肉和肉制品加工车间及其成品冷却间、成品库应有降温或调节温度的设施。

14.2.2　工厂的卫生管理

14.2.2.1　实施细节培训

工厂应根据要求制订卫生实施细则。工厂和车间都应配备经培训合格的专职卫生管理人员，按规定的权限和责任负责监督全体职工执行上述相关规定。维修、保养厂房、机械设备、设施、给排水系统，必须保持良好状态。正常情况下，每年至少进行1次全面检修，发现问题应及时检修。

14.2.2.2　清洗、消毒

生产车间内的设备、工器具、操作台应经常清洗和进行必要的消毒。设备、工器具、操作台用洗涤剂或消毒剂处理后，必须再用饮用水彻底冲洗干净，除去残留物后方可接触肉品。每班工作结束后或在必要时，必须彻底清洗加工场地的地面、墙壁、排水沟，必要时进行消毒。更衣室、淋浴室、厕所、工间休息室等公共场所，应经常清扫、清洗、消毒，保持清洁。

14.2.2.3　废弃物处理

厂房通道及周围场地不得堆放杂物。生产车间和其他工作场地的废弃物必须随时清除，并及时用不渗水的专用车辆运到指定地点加以处理。废弃物容器、专用车辆和废弃物临时存放场应及时清洗、消毒。

14.2.2.4　除虫灭害

厂内应定期或在必要时进行除虫灭害，防止害虫滋生。车间内外应定期、随时灭鼠。车间内使用杀虫剂时，应按卫生部门的规定采取妥善措施，不得污染肉与肉制品。使用杀虫剂后应将受污染的设备、工器具和容器彻底清洗，除去残留药物。

14.2.2.5　危险品的管理

工厂必须设置专用的危险品库房和贮藏柜，存放杀虫剂和一切有毒、有害物品。这些物品必须贴有醒目的有毒标记。工厂应制定各种危险品的使用规则。使用危险品须经专门管理部门核准，并在指定的专门人员的严格监督下使用，不得污染肉品。厂区禁止饲养非屠宰动物（科研和检测用的实验动物除外）。

14.2.3 个人卫生与健康

14.2.3.1 卫生教育

工厂应对新参加工作及临时参加工作的人员进行卫生安全教育，定期对全厂职工进行《中华人民共和国食品安全法》、本节规范及其他有关卫生规定的宣传教育；做到教育有计划、考核有标准、卫生培训制度化和规范化。

14.2.3.2 健康检查

生产人员及有关人员每年至少进行 1 次健康检查。必要时进行临时检查。新参加或临时参加工作的人员，必须经健康检查取得健康合格证方可上岗工作。工厂应建立职工健康档案。

14.2.3.3 健康

要求凡患有下列病症之一者，不得从事屠宰和接触肉品的工作：痢疾、伤寒、病毒性肝炎等消化传染病（包括病源携带者）；活动性肺结核；化脓性或渗出性皮肤病；其他有碍食品卫生的疾病。

14.2.3.4 受伤处理

凡受刀伤或有其他外伤的生产人员，应立即采取妥善措施包扎防护，否则不得从事屠宰或接触肉品的工作。

14.2.3.5 洗手

要求生产人员遇有下述情况之一时必须洗手、消毒，工厂应有监督措施：开始工作之前；上厕所之后；处理被污染的原材料之后；从事与生产无关的其他活动之后；分割肉和熟肉制品加工人员离开加工场所再次返回前。

14.2.3.6 个人卫生

生产人员应保持良好的个人卫生，勤洗澡，勤换衣，勤理发，不得留长指甲和涂指甲油。生产人员不得将与生产无关的个人用品和饰物带入车间；进车间必须穿戴工作服（暗扣或无纽扣，无口袋）、工作帽、工作鞋，头发不得外露；工作服和工作帽必须每天更换。接触直接入口食品的加工人员，必须戴口罩。生产人员离开车间时，必须脱掉工作服、工作帽、工作鞋。

14.2.4 肉制品加工的卫生要求

14.2.4.1 工厂

工厂应根据产品制定工艺卫生规程和消毒制度，严格控制可能造成成品污染的各个关键因素；并应严格控制各种肉制品的加工温度，避免因加工温度不当而造成的食物中毒。

14.2.4.2　原料肉腌制间

原料肉腌制间的室温应控制在 2~4 ℃，防止腌制过程中半成品或成品腐败变质。

14.2.4.3　灌肠产品

用于灌肠产品的动物肠衣应搓洗干净，清除异味。使用非动物肠衣须经食品卫生监督部门批准。

14.2.4.4　熏制品的处理

熏制各类产品必须使用低松脂的硬木（木屑）。

14.2.4.5　有条件可食肉的处理

采用高温或冷冻条件处理可食肉时，应选择合适的温度和时间，达到使寄生虫和有害微生物致死的目的，保证人食无害。

14.2.4.6　化制

化制必须在兽医卫生检验员的监督下进行；工厂应制定严格的消毒制度及防护措施；化制产品必须安全无害，不得造成重复污染。

14.2.4.7　包装

包装熟肉制品前，必须将操作间消毒；各种包装材料必须符合国家卫生标准和卫生管理办法的规定；包装材料应存放在通风、干燥、无尘、无污染源的仓库内；使用前应按有关卫生标准检验、化验；成品的外包装必须贴有符合 GB 7718—2011 规定的标签。

14.2.5　成品贮藏与运输的卫生

14.2.5.1　贮藏

（1）无外包装的熟肉制品　应限时存放在专用成品库中，超过规定时间必须回锅复煮；如需冷藏贮存，应严密包装，不得与生肉混存。

（2）各种腌、腊、熏制品　应按品种采取相应的贮存方法，一般吊挂在通风、干燥的库房中。咸肉应堆放在专用的水泥台或垫架上，如夏季贮存或需延长贮存期，可在低温下贮存。

（3）鲜肉　应吊挂在通风良好、无污染源、室温 0~4 ℃的专用库内。

14.2.5.2　运输

鲜冻肉不得敞运，没有外包装的冻肉不得长途运输。运送熟肉制品应使用专用防尘保温车，或将制品装入专用容器（加盖）用其他车辆运送。头、蹄、内脏、油脂等应使用不渗水的容器装运。胃、肠与心、肝、肺、肾不得盛装同一容器内，并不得与肉品直接接触。装、卸鲜、冻肉时，严禁脚踩、触地。所有运输车辆、容器应随时、定期清洗、消毒，不得使用未经清洗、消毒的车辆、容器。

14.2.6 卫生与质量检验管理

工厂必须设有与生产能力相适应的兽医卫生检验和质量检验机构，配备经专业培训并经主管部门考核合格的各级兽医卫生检验及质量检验人员。工厂检验机构在厂长直接领导下，统一管理全厂兽医卫生工作和兽医检验、质量检验人员；同时接受上级主管部门的监督和指导。检验机构有权直接向上级有关主管部门反映问题。

检验机构应具备检验工作所需要的检验室、化验室、仪器设备，并有健全的检验制度。按照国家或有关部门规定的检验或化验标准，对原料、辅料、半成品、成品、各个关键工序进行细菌、物理、化学检验、化验，以及病原学实验诊断。经兽医检验或细菌检验不合格的产品，一律不得出厂，外调产品必须附有兽医检验证书。

计量器具，检验、化验仪器、设备，必须定期检定、维修，确保精度。各项检验、化验记录保存 3 年，备查。

14.3 熟肉制品卫生标准

根据《食品安全国家标准　熟肉制品》（GB 2726—2016）规定，熟肉制品的卫生要求如下。

14.3.1 原料要求

原辅料应符合相应标准和有关规定。

14.3.2 感官指标

无异味、无酸败味、无异物，熟肉干制品无焦斑和霉斑。

14.3.3 理化指标

熟肉制品的理化指标须符合表 14-2 的规定。

表 14-2　理化指标

项目	指标
水分/（g/100 g）	
肉干、肉松、其他肉制品	≤20.00
肉脯、肉糜脯	≤16.00
油松肉松、肉松粉	≤4.00
复合磷酸盐（以 PO_4^{3-} 计）/（g/kg）	
熏煮火腿	≤8.00
其他肉制品	≤5.00
苯并（a）芘[b]/（μg/kg）	≤5.00
铅（Pb）/（mg/kg）	≤0.50
无机砷/（mg/kg）	≤0.05
镉（Cd）/（mg/kg）	≤0.10
总汞/（mg/kg）	≤0.05
亚硝酸盐	按 GB 2760—2014 执行

注：a. 复合磷酸盐残留量包括肉类本身所含磷及加入的磷酸盐，不包括干制品；

b. 限于烧烤和烟熏肉制品。

14.3.4　微生物指标

熟肉制品的微生物指标应符合表 14-3 的规定。

表 14-3　微生物指标

项目	指标
菌落总数/（CFU/g）	
烧烤类、肴肉、肉灌肠	≤50 000
酱卤肉	≤80 000
熏煮火腿、其他熟肉制品	≤30 000
肉松、油松肉松、肉松粉	≤30 000
肉干、肉脯、肉糜脯、其他熟肉干制品	≤10 000
大肠菌群/（MPN/g）	
肉灌肠	≤30
烧烤肉、熏煮火腿、其他熟肉制品	≤90
肴肉、酱卤肉	≤150

（续表）

项目	指标
肉松、油松肉松、肉松粉	≤40
肉干、肉脯、肉糜脯、其他熟肉干制品	≤30
致病菌（沙门氏菌、金黄色葡萄球菌、志贺氏菌）	不得检出

14.3.5　食品添加剂

食品添加剂质量应符合相应的标准和有关规定。

14.4　羊肉制品的加工

14.4.1　羊肉腌腊制品

14.4.1.1　腌制的基本原理

肉的腌制通常用食盐或以食盐为主，并添加硝酸钠、蔗糖和香辛料等辅料对原料肉进行浸渍。肉的腌制是肉品贮藏的一种传统手段，是肉品生产常用的加工方法。近年来，随着食品科学的发展，在腌制时常加入品质改良剂如磷酸盐、异维生素C、柠檬酸等以提高肉的保水性，获得较高的成品率。同时，腌制的目的已从单纯的防腐保藏发展到改善风味和色泽、提高肉制品的质量，从而使腌制成为许多肉类制品加工过程中的一个重要工艺环节。

14.4.1.2　腊羊肉的加工

腊羊肉是我国传统的肉制品之一。它是指羊肉经过加盐和香料腌制后，又通过一个寒冬腊月，使其在较低的气温下自然风干成熟，形成色泽鲜亮、有独特风味的羊肉制品。

（1）工艺流程　原料肉选择→配料→腌制→晾晒→烘烤→成品。

（2）参考配方　主要介绍以下2个配方。

配方一：羊肉100 kg，食盐4~5 kg，白砂糖1.0~1.5 kg，花椒粉400 g，白酒1 000 mL，五香粉150 g，硝酸钠20 g。

配方二：羊肉100 kg，食盐5 kg，白砂糖1 kg，白酒1 kg，花椒0.3 kg，五香料100 g。

（3）操作要点　具体如下。

①原料肉的选择和整理。选择符合食品卫生要求的新鲜羊肉，以后腿肉为佳。剔除羊肉的脂肪膜和筋腱，顺羊肉条纹切成长条状，尺寸为（20～30）cm×（3～5）cm×（2～3）cm。

②配料。按配方要求对配料进行相应处理，称重后加入。

③腌制。将上述辅料拌匀并均匀地涂抹在肉条表面，入缸内腌制。冬天腌72 h，夏天腌36 h，中间翻缸1次，以便腌透。

肉的腌制常用的机械设备有盐水配制器、盐水注射机、拌和机、腌制室（池）等。根据产品要求，有的厂家还配备蛋白活化机、按摩机、滚揉机、真空滚揉机等。真空滚揉机属于新型设备，将活化、嫩化、盐水注射后的原料，在真空条件下，对不同畜禽肉及不同部位肉块进行均匀滚动、按摩，使盐水、辅料与肉中蛋白质相互浸透，以达到肉块嫩化的效果。

④晾晒、烘烤。腌透的羊肉出缸后用清水洗去辅料，穿绳结扣挂晾，至外表风干。暴晒或在40～50 ℃烘烤房内，烘20～25 h，冷却后即为成品。成品可采用防湿包装予以定量包装，一般保质期可达一年左右。

有些腊羊肉制品，腌制后直接煮熟食用，可不经烘烤、日晒。为了颜色美观，常在煮锅内加入适量食用红色素。

（4）产品特点　成品色泽鲜明，呈金黄色或红棕色，截面完整，肉质坚实，鲜香味美，肉质酥松，咸烂可口。

14.4.1.3　咸羊肉的加工

咸羊肉是羊肉经过腌制加工而成的生肉类制品，使用前需进行熟加工。肥肉呈白色，瘦肉呈玫瑰红色，具有独特的腌制风味、较咸的特点。

14.4.1.4　风干羊肉的加工

风干肉类指肉经腌制、洗晒（或无）、晾挂、干燥等加工工艺加工制成的生肉类制品。具有干而耐咀嚼、回味绵长等特点，如风干羊肉。

14.4.2　羊肉干肉制品

14.4.2.1　干制的原理和方法

肉类食品的脱水干制是一种有效的加工和贮藏手段。新鲜肉类食品不仅含有丰富的营养物质，而且水分含量一般都在60%以上，如保管贮藏不当极易引起腐败变质。经过脱水干制，其水分含量可降低到20%以下。

各种微生物的生命活动，是以渗透的方式摄取营养物质，必须有一定的水分存在，如蛋白质性食品适于细菌繁殖生长最低限度的含水量为25%～30%，霉菌为15%。因此，肉类食品脱水之后使微生物失去获取营养物质的能力，抑制了微生物的生长，以达到贮藏的目的。

羊肉干制品包括羊肉干、羊肉松及羊肉松等。

14.4.2.2　特色羊肉干的加工

羊肉干是用羊的瘦肉经煮熟后，加入配料后复煮、烘烤而成的一种肉制品。因其形状多为 1 cm 大小的块状，故叫作肉干。按形状分为片状、条状、粒状等；按配料分为五香肉干、辣味肉干和咖喱肉干等。

（1）工艺流程　羊肉分割整理→预处理→预煮→切条（片）→复煮入味→烘烤或油炸（调味）→保鲜处理→检验→包装→成品。

（2）配方　包括以下 4 种类型。

普通型：混合香料 0.35%，鲜姜 0.50%，鲜橘皮 1.00%，白砂糖 3.00%，味精 0.15%，花椒粒 0.20%，干辣椒 0.20%，胡椒粒 0.20%，食盐 2.30%。

五香型：食盐 2.50%，酱油 5.00%，白砂糖 3.50%，白酒 1.00%，味精 0.10%，丁香 0.50%，小茴香 0.20%，生姜 2.00%，五香粉 0.40%。

麻辣型：食盐 2.00%，酱油 4.50%，白砂糖 1.50%，白酒 1.00%，味精 0.10%，丁香 0.50%，小茴香 0.20%，大葱 1.00%，生姜 2.00%，胡椒粉 0.30%。

咖喱型：食盐 3.00%，酱油 4.00%，白砂糖 12.00%，白酒 2.00%，味精 0.50%，丁香 0.50%，小茴香 0.20%，咖喱粉 2.00%。

（3）操作要点　具体如下。

①分割整理。剔除原料肉中的脂肪块、筋腱、淤血及淋巴结等，然后洗净沥干，切成 0.2 kg 左右的肉块（要求外形规则），用清水浸泡 1 h 左右除去血水、污物，沥干后备用。

②预处理。按比例将除膻剂、增色剂加入肉块中，混匀，腌 1 h 左右。

③预煮。目的是通过煮制进一步挤出血水，并使肉块变硬以便切坯。预煮时以水盖过肉面为原则，一般不加任何辅料，但有时为了去除异味，可加 1%~2%的鲜姜。初煮时水温保持在 90 ℃以上，并及时撇去汤面污物。初煮时间随肉的嫩度及肉块大小而异，以切面呈粉红色、无血水为宜。通常初煮 30 min 至 1 h。肉块捞出后，汤汁过滤待用。

煮制后捞出，冷凉切片（条），要求顺肌丝方向切成薄片（条），尽量大小一致，厚薄均匀。

④切条。肉块冷却后，可根据工艺要求在切坯机中切成片、条、丁等形状。不论什么形状，要大小均匀一致。

⑤复煮入味。复煮是将切好的肉坯放在调味汤中煮制，其目的是进一步熟化和入味。复煮汤料配制时，取肉坯重 20%~40%的过滤初煮汤，将配方中不

溶解的辅料装袋入锅煮沸后，加入其他辅料及肉坯（水约为原料肉的40%）煮沸 20 min，再加入切好的原料肉（此时以水刚好淹没原料肉为好，不足部分加原羊肉汤），先用大火煮制，等汤快干时改用文火，加入肉重 2%的高度白酒快速炒干，起锅，根据需要生产各种口味。

用大火煮制时随着剩余汤料的减少，应减小火力以防焦锅。复煮汤料配制时，盐的用量各地相差无几，但糖和各种香辛料的用量变化较大，无统一标准，以适合消费者的口味为原则。

麻辣肉干：首先油炸，将复煮炒干的羊肉片，投入 130 ℃左右的植物油锅中油炸，至手捏硬度适中，脆而不焦时起锅（约 10 min）；其次调味，将油炸好的肉片凉至 60 ℃，按比例拌入麻辣调味粉、熟植物油，拌和均匀。辣椒粉、花椒粉等须经消毒后使用。

五香肉干：将复煮入味好的羊肉丁，加入适量的五香粉、姜黄粉，拌匀后放入 70 ℃的恒温烤箱中烤干。

香酥型肉干：经油炸好的羊肉片，再入锅中文火炒，同时加入香脆的芝麻、绞碎的花生粒及糖粉，制成香酥回甜的肉干。

烧烤型肉干：将复煮入味好的羊肉片，再入文火中烘烤炒干，拌入配制好的烧烤用调味粉，再放入 70 ℃的恒温烤箱中烤干。

⑥肉干脱水。常规的脱水方法有 3 种。

烘烤法：将收汁后的肉坯铺在竹筛或铁丝网上，放置于三用炉或远红外烘箱烘烤。烘烤温度前期可控制在 80~90 ℃，后期可控制在 50 ℃左右，一般需要 5~6 h 则可使含水量下降到 20%以下。在烘烤过程中要注意定时翻动。

炒干法：收汁结束后，肉坯在原锅中文火加温，并不停搅翻，炒至肉块表面微微出现蓬松绒毛时，即可出锅，冷却后即为成品。

油炸法：先将肉切条后，用 2/3 的辅料（其中白酒、白砂糖、味精后放）与肉条拌匀，腌渍 10~20 min 后，投入 135~150 ℃的菜油锅中油炸。炸到肉块呈微黄色后，捞出并滤净油，再将酒、白糖、味精和剩余的 1/3 辅料混入拌匀即可。

⑦冷却、包装。冷却以在清洁室内摊晾、自然冷却较为常用。必要时可用机械排风，但不宜在冷库中冷却，否则易吸水返潮。肉干制品用普通塑料袋包装，常温下货架期为 3 个月，不利于产品销售。在羊肉干生产中，一方面要严格生产过程的质量管理；另一方面要对肉干进行保鲜处理，重点进行防霉、防哈处理，使其保质期达到 5 个月以上。包装时应采用复合软塑料包装袋进行真空包装。包装以复合膜为好，尽量选用阻气、阻湿性能好的材料。

（4）羊肉干的特点　烘干的肉干色泽酱褐泛黄，略带绒毛；炒干的肉干色泽淡黄，略带绒毛；油炸的肉干色泽红亮油润，外酥内韧，肉香味浓。

（5）莎脯　随着肉类加工业的发展和生活水平的提高，消费者要求干肉制品向组织较软、色淡、低甜的方向发展。在中式干肉制品的配方、加工和质量的基础上，对传统中式肉干的加工方法进行改进，利用这种改进工艺生产的肉干称为莎脯（Shafu）。这种新产品保持了传统肉干的特色，如无须冷冻保藏时细菌学稳定、质轻、方便和富有地方风味，但感官品质如色泽、质地和风味又不完全与传统肉干相同。

①工艺流程。原料肉修整→切块→腌制→熟化→切条→脱水→包装。

②配方。原料肉 100 kg，食盐 3.00 kg，蔗糖 2.00 kg，酱油 2.00 kg，黄酒 1.50 kg，味精 0.20 kg，抗坏血酸钠 0.05 kg，亚硝酸钠 0.01 kg，五香浸出液 9.00 kg，姜汁 1.00 kg。

③质量控制。选用羊肉，剔除脂肪和结缔组织，切成大约 4 cm 的块，每块约重 200 g。然后按配方要求加入辅料，在 4~8 ℃下腌制 48~56 h。腌制结束后，在 100 ℃蒸汽下加热 40~60 min 至中心温度 80~85 ℃，冷却到室温后再切成大约 3 mm 厚的肉条。然后将其置于 85~95 ℃下脱水至肉表面呈褐色，含水量低于 30%，成品的水分活度值低于 0.79（通常为 0.74~0.76）。最后用真空包装，成品无须冷藏。

14.4.2.3　即食羊肉松的加工

肉松是指瘦肉经煮制、撇油、调味、收汤、炒松干燥或加入食用植物油或谷物粉炒制而成的肌肉纤维蓬松成絮状或团粒状的干熟肉制品。随着原料、辅料、产地等的不同，肉松的名称及品种不同，但就其加工工艺而言，肉松类包括肉绒和油松两种。肉绒习惯上称为肉松，是指瘦肉经煮制、调味、炒松等工艺而制成的丝状干熟肉制品。因此，肉松实际上是蓬松状的肌肉纤维丝。油松是指瘦肉经煮制、撇油、调味、收汤、炒松后，再加入食用油脂炒制而成的肌肉纤维蓬松呈絮状或团粒状的肉制品。

肉粉松是将瘦肉经煮制、撇油、调味、收汤、炒松后，再加入食用油脂和谷物粉炒制而成的团粒状、粉状肉制品，谷物粉的量不超过成品重的 20%。油松与肉粉松的主要区别在于肉粉松添加了较多的谷物粉，其他加工工艺基本相同。肉粉松加工中，一般先将谷物粉用一定量的食用动物油或植物油炒好后再与炒好的肉松半成品混合后炒制而成。有时也将煮熟的肉经绞碎后，再与炒制好的谷物粉混合后炒制而成。

以羊肉为原料，采用两次高压蒸煮工艺，经过煮制、炒压等工序生产的即食肉制品羊肉松作为一种休闲食品会有较大的市场前景，以其味美、肉质细腻、口感松软等特点深受人们的喜爱。

（1）工艺流程　因其加工工艺不同可分为传统加工工艺和改进加工工艺。

传统加工工艺：精选羊瘦肉→腌制→煮制→撕松→炒松→搓松→冷却→检验→包装→成品。

改进加工工艺：原料肉的选择与处理→预煮→一次高压压制→加料煮制→二次高压压制→炒压→冷却→检验→包装→成品。

（2）参考配方　主要介绍如下 3 个配方。

配方一（酒香味）：羊肉 5 kg，精盐 150 g，白砂糖 150 g，葱末 100 g，姜末 50 g，茴香末 5 g，味精 10 g，丁香末 2. 5 g，高粱酒 10 g。

配方二（麻辣味）：羊肉 500 g，食盐 40 g，白砂糖 30 g，味精 115 g，胡椒粉 1 g，茴香 0. 15 g，砂仁 1 g，生姜 2 g，草果 1 g，丁香 2 g，食醋 15 g，酱油 20 g，白酒 10 g。

配方三（咖喱味）：羊肉 25 kg，食盐 700 g，白砂糖 4 kg，酱油1 500 mL，白酒 500 mL，味精 350 g，砂仁 20 g，草果 100 g，丁香 100 g，生姜 600 g，抗坏血酸钠 10 g，咖喱粉 300 g，孜然粉 20 g。

（3）改进工艺的操作要点　具体如下。

①原料肉的选择与处理。选择经检验合格的新鲜绵羊前腿或后腿肉为原料，去骨、筋腱、脂肪和淤血等。结缔组织的剔除一定要彻底，否则加热过程中胶原蛋白水解后，导致成品黏结成团块而不能呈良好的蓬松状。将修整好的原料肉切成 1. 0~1. 5 kg 的肉块。切块时尽可能避免切断肌肉纤维，以免成品中短绒过多。

②预煮。随时撇去上浮的血沫与油脂。

③一次压制。注意压力与压制时间，以防将肉质压得过于松散给后续工艺带来困难。

④加料煮制。将香辛料用纱布包好后和肉一起入夹层锅，加与肉等量的水，用蒸汽加热常压煮制。煮沸后撇去油沫。煮制结束后起锅前须将油筋和浮油撇净，这对保证产品质量至关重要。若不除去浮油，肉松不易炒干，炒松时易焦锅，成品颜色发黑。煮制的时间和加水量应根据肉质老嫩而定。肉不能煮得过烂，否则成品绒丝短碎。以筷子稍用力夹肉块时，肌肉纤维能分散为宜。煮肉时间 2~3 h。

⑤二次压制。将汤收干的肉放入高压灭菌锅内，经过高压蒸煮工艺后的肉已非常酥烂，当用筷子夹住肉时稍加压力，肌肉纤维就自行散开，

⑥炒压。采用中等火力，用锅铲一边压散肉块，一边翻炒。炒时特别要注意火候，同时不停地翻动，以免把肉松烧焦，直至最后肉松呈淡黄色为止。

⑦包装与贮藏。传统肉松生产工艺中，在肉松包装前需约 2 d 的凉松。凉松过程不仅增加了二次污染的概率，而且肉松含水量会提高 3%左右。肉松吸水性很强，不宜散装。短期贮藏可选用复合膜包装，贮藏 3 个月左右；长期贮藏多选用玻璃瓶或马口铁罐，可贮藏 6 个月左右。

羊肉松生产的理想工艺参数：在 0.12 MPa 的压力下，对原料肉压制 25 min，再对其进行煮制，然后进行二次压制，即在 0.12 MPa 的压力下对煮制后的肉再压制 25 min，最后在小火下炒制 40 min。

（4）产品特点　金黄色或淡黄色，带有光泽，絮状，纤维纯洁、疏松，无异味、异臭。

传统工艺加工的羊肉松肉色较深，肌肉纤维较粗，口感不细腻，产品蓬松度不够，水分含量较高，不宜长期贮存。采用改进工艺加工后的羊肉松色泽呈金黄色，肌肉纤维较细，口感较为细腻，产品有蓬松度，水分含量较低，产品质量轻，便于贮存和携带。同时，改进工艺由于采用了两次高压蒸煮工艺，缩短了肉煮烂的时间，提高了产品的收率，降低了生产成本。打破了传统工艺中煮烂期长达 4 h 以上的惯例，克服了由于原料肉制的不同给后续加工带来的困难，降低了劳动强度，缩短了加工时间。

14.4.2.4 羊肉脯的加工

肉脯是指瘦肉经切片（或绞碎）、调味、腌制、摊筛、烘干、烤制等工艺制成的干熟薄片型的肉制品，质地酥脆，色泽红棕色、透明，风味独特的肉制品，作为休闲食品具有广阔的市场前景。与肉干加工方法不同的是肉脯不经水煮，直接烘干而制成。同肉干一样，随着原料、辅料、产地等的不同，肉脯的名称及品种不尽相同，但就其加工工艺而言，不外乎传统工艺和新工艺两种。羊肉脯是在保持传统肉脯风味特色的前提下，以羊肉为原料，将斩拌、抹片、微波干燥技术用于肉脯加工中，开发出的羊肉新产品。

（1）工艺流程　可分为传统工艺和生产新工艺。

①传统工艺。原料肉的选择整理→修整→冷冻→切片→解冻→腌制→摊筛→烘烤→烧烤→压平→切片成型→检验→包装→成品。

②新工艺。用传统工艺加工肉脯时，存在很多问题，如切片、摊筛困难，难以利用小块肉和小畜禽及鱼肉，无法进行机械化生产。因此，肉脯生产新工艺被研发出来并在生产实践中得到广泛推广使用。具体为：原料肉的选择整理→斩拌→配料→腌制→抹片→初步脱水→微波干燥→切型→检验→包装→成品。

（2）配方　主要介绍以下 2 种配方。

配方一（五香味）：羊肉片 100 kg，无色酱油 4 kg，食盐 2 kg，白砂糖

12 kg，味精 2 kg，五香粉 0.30 kg，抗坏血酸钠 0.02 kg，山梨酸钾 0.02 kg。

配方二（改进型）：羊肉片 100 kg，食盐 3 kg，白砂糖 2 kg，硝石 0.05 kg，料酒 1.50 kg，味精 0.05 kg，花椒 0.20 kg，胡椒 0.20 kg，生姜 0.10 kg，孜然 0.01 kg，茴香 0.02 kg，鸡蛋 2.50 kg。

（3）操作要点　具体如下。

①原料选择整理。选择健康新鲜绵羊肉，剔除骨骼、筋腱、脂肪等，只留精瘦肉，分切成适当大小的肉块，洗净沥水。要求肉块外形规则、边缘整齐、无碎肉、淤血。

②斩拌。将肉块送入斩拌机，在 3 400 r/min 下，经 4 min 斩成肉糜。

在影响肉脯质地的主要因素中，肉糜斩拌的细度影响最大，肉脯厚度次之，而腌制剂的浓度和腌制时间对肉脯质地及口感的影响相对较小。肉糜斩得越细，腌制剂的渗透就越迅速、充分，盐溶性蛋白的溶出量就越多。同时肌纤维蛋白质也越容易充分延伸为纤维状，形成蛋白质的高黏度网状结构，其他成分充填于其中而使成品具有韧性和弹性。因此，在一定范围内，肉糜越细，肉脯质地及口感越好。

③配料腌制。用少量水先将硝石溶解，与其他配料混合后加入肉中，用拌馅机充分搅拌后在 15~20 ℃下腌制 30 min，使肉色变成均匀鲜红色，最后加入酒和味精，搅拌均匀即可。

④抹片。将肉糜均匀抹在耐高温的塑料烘盘中，成 2 mm 薄片。

肉脯的涂抹厚度以 1.5~2.0 mm 为宜。因随涂抹厚度增大，肉脯柔性及弹性降低，且质脆易碎。腌制时间对肉脯色泽无明显影响，而对质地和口感影响很大。这是因为即使不进行腌制，发色过程也可以在烘烤过程中完成。但若腌制时间不足或机械搅拌不充分，肌动球蛋白转变不完全，加热后不能形成网状凝聚体，导致成品口感粗糙，缺乏弹性和柔韧性。

⑤初步脱水。将抹好片的烘盘送入（70±2）℃烘房，烘烤脱水 30 min，使肉呈半干状态，有香味散出时取出，用铲刀掀片，使肉、盘分离。

⑥微波干燥。将初步脱水的肉糜片送入 900 W、2 450 MHz、高档火的微波干燥器中，继续干燥一定时间，使肉片呈半透明、酥脆状态，具有独特风味即可。

此步也可采用烘烤和烧烤工艺，需注意温度。若烘烤温度过低，不仅费时耗能，且香味不足、色浅、质地松软。若温度超过 75 ℃，在烘烤过程中肉脯很快卷曲，边缘易焦，质脆易碎，且颜色开始变褐。烘烤温度 70~75 ℃则时间以 2 h 左右为宜。烧烤时若温度超过 150 ℃，肉脯表面起泡现象加剧，边缘焦煳、干脆。当烧烤温度高于 120 ℃则能使肉脯具有特殊的烤肉风味，并能改善肉脯的质地和口感。因此，烧烤以120~150 ℃、2~5 min为宜。

⑦切形包装。通过在肉脯表面涂抹蛋白液和压平机压平，可以使肉脯表面平整，增加光泽，防止风味损失和延长货架期。在烘烤前用50%的全鸡蛋液涂抹肉脯表面效果很好。在烧烤前进行压平效果较好，因肉脯中水分含量在烧烤前比烧烤后高，易压平；同时烧烤前压平也减少污染。脱水后的肉片趁热切成一定形状，用真空或充气包装后即为成品。

(4) 产品特点　按照此法生产的产品，因在配料中加入抑膻调味料，所以产品香味浓郁，风味独特，无异味，并且质地酥脆，咀嚼性好，杀菌彻底，始终保持良好品质。

14.4.3　酱卤羊肉制品

酱卤肉制品是肉调味料和香辛料，以水为介质，加热煮制而成的熟肉类制品。包括白煮肉类（最大限度地保持了原料肉固有的色泽和风味，如白切羊肉)、酱卤肉类（具有色泽鲜艳、味美、肉嫩的特点，如五香酱羊肉)。

14.4.3.1　普通酱羊肉

(1) 工艺流程　原料肉的选择整理→配料→预煮→调酱→酱制→出锅→检验→包装→成品。

(2) 配方　绵羊肉（以羊肋肉为好）2.5 kg，白萝卜（切块）500 g，小红枣25 g，干黄酱250 g，食盐75 g，大料面20 g，桂皮5 g，丁香5 g，砂仁5 g，料酒50 g。

(3) 操作要点　具体如下。

①原料选择与整理。羊肉应该选用不肥不瘦的新鲜优质羊肉，肉质不宜过嫩，否则煮后容易松散，不能保持形状。将原料肉冷水浸泡，清除淤血，洗干净后进行剔骨，然后把肉块倒入清水中洗涤干净，同时要把肉块上面覆盖的薄膜去除干净，放入冷水盆浸约4 h，取出控水，放锅中，加水淹没羊肉，下入白萝卜，旺火烧开，断血即可捞出，洗净血污。这样做，羊肉腥膻味可进入白萝卜和水中。

②预煮。将选好的原料肉按不同的部位、嫩度放入锅内大火煮1 h，目的是去除腥膻味，可在水中加入几块胡萝卜。煮好后把肉捞出，再放在清水中洗涤干净，洗至无血水为止。

③调酱。用一定量的水和黄酱拌和，把酱渣捞出，煮沸1 h，并将浮在汤面酱沫撇净，盛入容器内备用。

④酱制。将捞出的羊肉切成大块，交叉放在锅内。锅架火上，放水没过羊肉，再下入黄酱、盐，旺火烧开，撇净浮沫，再下入大料面、桂皮、丁香、砂

仁、料酒、小红枣（起助烂作用）等调配料，改用小火焖煮 3 h 左右。在煮的过程中，汤面始终保持微沸，即水温在 90~95 ℃，要有专人看锅和翻锅，防止煳底。

将预煮好的原料肉要按不同部位分别放在锅内。通常将结缔组织较多肉质坚韧的部位放在底部，较嫩的，结缔组织较少的放在上层，然后倒入调好的汤液进行酱制。要求水与肉块平齐，待煮沸之后再加入各种调味料。锅底和四周应预先垫以竹竿，使肉块不贴锅壁，避免烧焦。煮制时，每隔 1 h 左右倒锅 1 次，再加入适量老汤和食盐。务使每块肉均匀浸入汤中，再用小火煮制约 1 h，等到浮油上升、汤汁减少时，将火力减小，最后封火煨焖。煨焖的火候掌握在汤汁沸动但不能冲开上浮油层的程度。煮好后取出淋上浮油，使肉色光亮滑润。

⑤出锅。出锅时注意保持完整，用特制的铁铲将肉逐一托出，并将锅内余汤洒在肉上，即为成品。然后晾凉，切块切片，包装检验，入库。

（4）产品特点　色泽酱黄，肉香扑鼻，瘦不塞牙，肥而不腻，滋味纯正，鲜美适口。

14.4.3.2 **五香酱羊肉**

（1）工艺流程　原料肉的选择整理→焯水→清汤→码锅→酱制→出锅→检验→包装→成品。

（2）配方　主要介绍以下 3 种配方。

配方一：羊肉 100 kg，食盐 5.0~6.0 kg，大葱 1 kg，鲜姜 500 g，花椒 200 g，大料 200 g，桂皮 300 g，小茴香 100 g，丁香 100 g，砂仁 70 g，豆蔻 40 g，白砂糖 200 g。

配方二：羊肉 100 kg，干黄酱 10 kg，丁香 0.20 kg，桂皮 0.20 kg，八角 0.80 kg，食盐 3.00 kg，砂仁 0.20 kg。

配方三：羊肉 100 kg，花椒 0.2 kg，桂皮 0.3 kg，丁香 0.1 kg，砂仁 0.07 kg，豆蔻 0.04 kg，白砂糖 0.20 kg，八角 0.20 kg，小茴香 0.10 kg，草果 0.10 kg，葱 1.00 kg，鲜姜 0.50 kg，盐粒 5.00~6.00 kg。

此配方需要指出的是盐粒的量为第一次加盐量，以后根据情况适当增补；将各种香辛调味料放入宽松的纱布袋内，扎紧袋口，不宜装得太满，以免香料遇水胀破纱布袋，影响酱汁质量；葱和鲜姜另装一个料袋，这种料一般只适宜一次性使用。

（3）糖色的加工　用一口小铁锅，置火上加热。放少许油，使其在锅内分布均匀。再加入白砂糖，用铁勺不断推炒，将糖炒化，炒至泛大泡后，又渐渐变为小泡。此时糖和油逐渐分离，糖汁开始变色，由白变黄，由黄变褐，待糖色变成浅黄色时，马上倒入适量的热水熬制一下，即为“糖色”。糖色的口感应是苦中略带一点甜，不可甜中带一点苦。

（4）操作要点　具体如下。

①原料选择与整理。选用卫生检验合格、肥度适中的羊肉，首先去掉羊杂骨、碎骨、软骨、淋巴、杂污及板油等，以肘子、五花等部位为佳，按部位切成0.5~1 kg的肉块，靠近后腿关节部位的含筋腱较多的部位，切块宜小；而肉质较嫩部位切块可稍大些，便于煮制均匀。把切好的肉块放入有流动自来水的容器内，浸泡4 h左右，以除去血腥味。捞出控净水分，分别存放，以备入锅酱制。

②焯水。是酱前预制的常用方法，目的是排除血污和腥、膻、臊等异味。所谓焯水就是将准备好的原料肉投入沸水锅内加热，煮至半熟或刚熟的操作。按配方先用一定数量的水和干黄酱拌匀，然后过滤入锅，煮沸1 h，把浮在汤面上的酱沫撇净，以除去膻味和腥气，然后盛入容器内备用。原料肉经过处理后，再入酱锅酱制。其成品表面光洁，味道醇香，质量好，易保存。操作时，把准备好的料袋、盐和水同时放入铁锅内，烧开、熬煮。水量要一次掺足，不要中途加生水，以免使原料因受热不均匀而影响产品质量。一般控制在刚好淹没原料肉为好，控制好火力，以保持液面微沸和原料肉的鲜香及滋润度。根据需要，视原料肉老嫩，适时、有区别地从汤面沸腾处捞出原料肉。要一次性地把原料肉同时放入锅内，不要边煮边捞又边下料，影响原料肉的鲜香味和色泽。再把原料肉放入开水锅内煮40 min左右，不盖锅盖，随时撇出油和浮沫。然后捞出放入容器内，用凉水洗净原料肉上的血沫和油脂。同时把原料肉分成肥瘦、软硬两种，以待码锅。

③清汤。待原料肉捞出后，再把锅内的汤过一次箩，去除锅底和汤中的肉渣，并把汤面浮油撇净。如果发现汤要沸腾，应适当加入一些凉水，不使其沸腾，直到把杂质、浮沫撇净，汤呈微青的透明状即可。

④码锅。锅内不得有杂质、油污，并放入1.5~2 kg的净水，以防干锅。锅底垫上圆铁箅，再用20 cm长、6 cm宽的竹板整齐地垫在铁箅上，然后将筋腿较多的肉块码放在底层，肉质较嫩的肉块码放在上层。注意一定要码紧、码实，防止开锅时沸腾的汤把原料肉冲散，并把经热水冲洗干净的料袋放在锅中心附近，注意码锅时不要使肉渣掉入锅底。把清好的汤放入码好原料肉的锅内，并漫过肉面。不要中途加凉水，以免使原料肉受热不均匀。锅内先用羊骨头垫底，加入调好的酱汁和食盐。

⑤酱制。酱肉制作的关键在于能否熟练地掌握好酱制过程的各个环节及其操作方法。主要掌握好酱前预制、酱中煮制、酱后出锅这3个环节。

码锅后，盖上锅盖，用旺火煮制 2~3 h。然后打开锅盖，适量放糖色，达到枣红色，以弥补煮制中的不足。等到汤逐渐变浓时，改用中火焖煮 1 h，检查肉块是否熟软，尤其是腱膜。从锅内捞出的肉汤，达到黏稠，汤面保留面原料肉的 1/3，即为半成品。

⑥出锅。达到半成品时应及时把中火改为小火，小火不能停，汤汁要起小泡，否则酱汁出油。酱制好的羊肉出锅时，要注意手法，做到轻钩轻托，保持肉块完整，将酱肉块整齐地码放在盘内，然后把锅内的竹板、铁箅、铁筒取出，使用微火，不停地搅拌汤汁，始终要保持汤汁有小泡沫，直到黏稠状。如果颜色浅，在搅拌当中可继续放一些糖色。成品达到栗色时，尽快把酱汁从铁锅中倒出，放入洁净的容器中。继续用铁勺搅拌，使酱汁的温度降到 50~60 ℃，点刷在酱肉上晾凉即为酱肉成品。

如果熬酱汁把握不好，又没老汤，可用羊骨和酱肉同时酱制，并码放在原料肉的最下层，可克服酱汁质量或酱汁不足的缺陷。

(6) 五香酱羊肉的特点　色泽红亮、酥而不烂、汁浓味醇、香气四溢，为秋冬营养滋补佳品。

14.4.3.3　新型酱羊肉加工

(1) 工艺流程　原料肉的选择整理→称重切块→腌制→滚揉→预煮→漂洗→煮焖→冷却→抽气与包装→杀菌→成品。

(2) 调味配方（按 10 kg 羊肉计）　清水 50 kg，精盐 750 g，八角 100 g，桂皮 100 g，良姜 50 g，砂仁 80 g，肉蔻 50 g，香叶 50 g，丁香 50 g，小茴香 50 g，料酒 50 g，葱 500 g，姜 500 g，干黄酱、蚝油为 3：1，亚硝酸钠 1 g，红曲 200 g。

(3) 操作要点　具体如下。

①选择原料。羊后腿肉，要求块大肉厚。

②切块。将羊肉去骨清洗干净后，切成肉块，便于入味。

③腌制。原料中加入硝水、盐、花椒、葱、姜，根据季节的不同调整硝水用量与腌制时间。研究结果表明，影响腌制效果的主次顺序为发色剂用量>腌制温度>腌制时间>搅拌时间。发色剂用量为 0.008%，腌制温度 20 ℃，腌制时间 24 h，搅拌时间 10 min，腌制效果最佳。产品色泽主要来源：在腌制过程中肌肉的肌红蛋白和血红蛋白与亚硝酸钠发生化学反应，生成鲜艳的亚硝基肌红蛋白和亚硝基血红蛋白，表现出肉制品特有的鲜艳色泽。此外添加 0.02% 维生素 C，不仅可以助色，还可以增加产品风味与营养，抗脂肪氧化及阻断亚硝胺合成并降低亚硝酸盐残留量。

④滚揉。羊肉滚揉时间不低于 1 h，可增加其嫩度。

⑤预煮。将羊肉放入沸水中短时间预煮，可减少营养成分的损失，提高出品率，同时撇去表面浮沫和浮油，也可加入料酒去除腥膻味。

⑥调味。在卤制过程中调味是关键。采用白酱油、干黄酱、蚝油3种稳定剂。干黄酱与蚝油的复配效果最佳，在考虑消费者饮食习惯的基础上，将成本降到最低，所以采用干黄酱与蚝油比例为3：1的复合稳定剂，总用量为0.06%。

⑦煮焖。将羊肉放入烧沸的卤汤中，旺火烧煮15 min，以除去腥膻味，然后加入香料袋和老汤以文火焖煮2 h即可，切勿沸腾。煮好后分层一块块捞出，保持肉块完整，用锅中原汤冲去肉上辅料。

在以文火煮制时，温度保持85 ℃左右，煮制120 min，煮出的羊肉质量最佳。

⑧出品率。羊肉出品率应该是500 g，不得低325 g。

⑨抽气包装。每袋定量为250 g，并在袋中加入少量酱汁，真空抽气，密封。

（4）产品感官质量　羊肉色泽酱红、油亮，切断面色泽一致，肉质酥软可口，不膻不腻，酱味突出，后味余长，无异味。

14.4.4　熏烤羊肉制品

熏烤羊肉制品一般指以熏烤为主要加工方法生产的羊肉制品。熏和烤为两种不同的加工方法，加工的产品可分为熏烟制品和烧烤羊肉制品两类。烧烤制品指原料肉经预处理、腌制、烤制等工序加工而成的一类熟肉制品，具有色泽诱人、香味浓郁、咸味适中、皮脆肉嫩等特点。

近年来，食品科技工作者在羊肉制品的开发中，充分利用现代化工艺技术及设备条件对传统熏烤产品进行改进，使之在保持传统特色的前提下，改善其感官特性和营养特性，延长保存期。随着人们生活条件的改善和营养水平的提高，这一传统产品的消费市场也逐渐步向营养化、方便化和系列化方向发展。

14.4.4.1　新型烤羊肉的加工

这是一种以后腿羊肉为原料，采用盐水注射、真空滚揉的西式工艺，辅以中草药成分，再经烧烤、真空包装和杀菌等工序制成的一种食用方便、营养丰富、可贮性较佳的新型烤羊肉。该产品便于携带，开袋即可食用，满足配餐、旅游等不同需要。

（1）工艺流程　肉块的选择整理→清洗→配腌制液→盐水注射→真空滚揉→蘸料→穿钩挂架→烧烤→冷却→杀菌→真空包装→杀菌→检验→成品。

（2）配方　包括腌制液和蘸料配方。

①腌制液（以 50 kg 原料绵羊肉块计）。食盐 1 250 g，草果 150 g，焦磷酸钠 60 g，砂仁 100 g，三聚磷酸钠 60 g，八角 50 g，六偏磷酸钠 30 g，花椒 100 g，亚硝酸钠 5 g，香菇 50 g，硝酸钾 7.5 g，烟熏液 100 g，味精 25 g，异抗坏血酸钠 20 g，白酒 500 g，葡萄糖 25 g，白砂糖 45 g，葱 250 g，生姜 250 g，水 10 kg。

②蘸料。鲜辣粉 200 g，孜然粉 200 g，小茴香粉 100 g，味精 100 g。

（3）操作要点　具体如下。

①原料选择与处理。选择合格的绵羊后腿肉为原料，修去表面筋膜，清水漂洗除尽血水，捞出沥干水分，切成 1.5 kg 左右的大块。

②腌制液配制。腌制液需提前 1 h 配好，配制时要严格按照配制顺序进行。顺序：磷酸盐→葡萄糖→香辛料水（煮沸 10 min 后冷凉）→精盐→亚硝酸盐、异抗坏血酸钠→烟熏液等。每种添加料都要待完全溶解后再放另一种，待所有添加料全部加入搅拌溶解后，放入 4~5 ℃的冷库内备用。

③盐水注射。将整理好的肉块，用盐水注射机注射。注射针应在肉层中适当地上下移动，使盐水能正常地注入肉块组织中。操作时尽可能注射均匀，盐水量控制在肉重量的 4%~5%。

④真空滚揉。通过滚揉，能促进腌制液的渗透，疏松肌肉组织结构，有利于肌球蛋白溶出，并且由于添加剂对原料肉离子强度的增强作用和蛋白等电点的调整作用，从而提高制品的出品率，改善制品的嫩度和口感。将滚揉机放在 0~3 ℃的冷库中进行，防止肉温超过 10 ℃，一般采用间歇式滚揉，即滚揉 10 min，停止 20 min，滚揉总时间 10 h。

⑤蘸料。将所配制的蘸料均匀地撒在每块肉上。

⑥烧烤。将蘸好料的肉块一一穿在钩架上，挂入远红外线烤炉进行烤制，温度 130~140 ℃，时间 50 min。

⑦真空包装、杀菌。冷却后的烤羊肉用蒸煮袋进行真空小包装（200 g/袋）；真空封口后低温二次杀菌，即 85~90 ℃煮制 30 min，急速冷却 30 min，再次在 85~90 ℃杀菌 30 min。

⑧检验、贮存。按标准进行保温试验、质量抽检。合格产品进行外包装，入库贮存。

（4）质量标准　具体如下。

①感官指标。色泽红润，香味浓郁，兼具腌腊、烧烤风味，新颖别致。同时由于采用先进的西式技术与工艺，产品柔嫩多汁。

②理化指标。水分 32%~34%，食盐 2.5%~3.0%，糖 5%~6%，蛋白质 28%~30%，脂肪 8%~9%，矿物质 7.5%~7.9%，硝酸盐残留（以 $NaNO_3$ 计）≤

15 mg/kg。

③微生物指标。符合软罐头肉制品标准。

④贮存及食用特性。常温下保质期 6 个月，营养丰富，开袋即食，适应配餐旅游、消闲等不同需要。

(5) 加工关键控制点　严格原料绵羊肉卫生质量，以经充分排酸的鲜绵羊肉为佳，冻绵羊肉贮存期不超过 3 个月，并采用较低温下自然解冻法解冻。腌制液中辅以有效抑腥增香料，如砂仁、草果、生姜等，注意严把辅料的质量。烧烤温度不低于 125 ℃，时间根据原料而定，至表面色泽黄红色、香味四溢、外酥里嫩即可。

14.4.4.2　生羊肉串的加工

(1) 羊肉串酶法嫩化工艺　以羊腿肉为原料，采用独特的生产工艺制作而成的冷冻半方便食品，风味独特，口感细腻。食用时无需解冻，油炸或少许油煎 2~3 min，也是明火烧烤或涮火锅的方便食品。作为方便营养食品推向市场，受到消费者的欢迎。

工艺流程：羊肉的选择整理→解冻→分割→整形切块→穿串→嫩化→浸泡入味→沥水→包装→冷冻→成品。

配方（以原料肉质量计）：食盐 10%，白砂糖 10%，香辛料 17%，孜然 6%。

操作要点如下。

①选择及修整。选择屠宰合格的无病变组织、无伤斑、无残留小片皮、无浮毛、无粪污、无胆汁污和无凝血块的羊后腿，冲洗干净，修去板筋、淋巴、筋膜及软骨。为防止肉色氧化而变暗，采用-35 ℃的温度速冻至中心温度为-35 ℃，在-18 ℃的温度下冷藏，待用。

②解冻。解冻肉的目的是便于切块和嫩化入味。解冻的方法有空气解冻、水解冻、电解冻、加热解冻以及上述方法的组合解冻。采取空气（室温）解冻至半冻状态，以 1 kg 计，解冻时间为 25 min，汁液流出 0.06 kg。这种方法较其他解冻所用时间长，但汁液流出量少，肉色及滋味变化不明显。

③切块。原料肉经解冻分割，切除筋腱、血管、淋巴筋膜及软骨，分割成 1 kg 的肉块，以便切块。

将精瘦肉切成（长×宽×高）15 mm×15 mm×10 mm 的块状。块太大既影响肉串的外观，又不利于嫩化及浸泡入味。按切块的对角线穿串，每串长约 1 cm。工艺上选择先穿串，后嫩化和浸泡入味。

④穿串。用竹扦或钢扦，每串肉肥瘦搭配，一一穿在扦子上。撞切块的对角线穿串，穿串方向与肉的肌纤维方向成 45°角，则肉块不易掉。每串长约

10 cm，利于嫩化和入味。

⑤嫩化。嫩化的最佳工艺条件为木瓜蛋白酶 0.1%、嫩化时间 30 min、嫩化用水温度 30%。在此工艺条件下嫩化的肉口感较好，嫩度适中，嫩化效果最佳，产品细腻，弹性好。

⑥浸泡。香辛料在 100 ℃水中浸提 3 次，用其溶液将羊肉浸泡入味。

将香辛料按配方称取，用 100 ℃的水浸提 3 次。加入适量水用大火煮沸后，小火浸提 30 min，将浸液倒出；用同样的方法加入适量水浸提 25 min；最后一次浸提时间为 20 min。将 3 次浸液混匀冷却到 55 ℃，加入食盐、孜然、白砂糖待用。浸泡液可重复利用。

入味是决定羊肉串色、香、风味的关键步骤。浸泡过程中用水浴锅保持温度 100 ℃，并不停翻动，有利于羊肉串更好地入味。

⑦包装及冷冻。用高压聚乙烯袋包装，包装前沥去表面水分，否则冷冻后表面会出现明显冻结现象。原料肉在半解冻后经嫩化浸泡已完全解冻，若不及时冷冻，颜色会变暗，失去新鲜感，冷冻温度-18 ℃，时间 3 h。

（2）羊肉串真空滚揉工艺　具体如下。

工艺流程：羊腿肉丁（冻品）→解冻→切丁（加入香辛料，冰水）→腌制→穿串→速冻→包装→冷冻→成品。

配方：羊腿肉丁 70 kg，冰水 20 kg，羊油丁 5 kg，食盐 1.3 kg，白砂糖 0.6 kg，复合磷酸盐 0.25 kg，味精 0.3 kg，呈味核苷酸二钠 0.03 kg，白胡椒粉 0.16 kg，孜然粉 1 kg，孜然精油 0.2 kg，羊肉香精适量，花椒精油 0.2 kg，辣椒粉 0.5 kg。

操作要点如下。

①原辅料选择。羊后腿肉经兽医卫检合格，要求新鲜，解冻水在 6%以下。

②解冻。将经兽医检验合格的羊腿肉，拆去外包装纸箱及内包装塑料袋，放在解冻室不锈钢案板上自然解冻至肉中心温度-2 ℃即可。

③切丁。将羊肉切成 3 g 大小的肉丁。

④真空滚揉。将羊腿肉丁、香辛料和冰水放在滚肉机里，盖好盖子，抽真空，真空度-0.9 MPa，正转 20 min，反转 20 min，共 40 min。

⑤腌制。在 0~4 ℃的冷藏间静止放置 12 h，以利于肌肉对盐水的充分吸收入味。

⑥插扦。将羊肉丁用竹扦依次穿起来，要求规格在 30 g，把羊肥油丁穿在倒数第一个肉丁上，保持形状整齐完美。

⑦速冻。将羊肉串平铺在不锈钢盘上，注意不要积压和重叠，放进速冻机

中速冻。速冻机温度-35 ℃，时间 30 min。要求速冻后的中心温度在-8 ℃以下。

⑧包装入库。

羊肉串真空滚揉工艺注意事项如下。

一是羊肉的肉质较紧，要鲜嫩多汁，须加入一定的保水剂来保水，这样在烤制的过程中就不会因为肉汁流失太多而导致肉老化，不宜咀嚼。

二是腌渍的时间一般以 12 h 为最低时间，经过充分的腌渍入味，会除去羊肉的膻腥味，而充分体现羊肉的鲜美和孜然、辣椒的风味。

三是羊肉应在其中加羊尾油丁，使口感香嫩。

四是羊肉串的咸甜要掌握好，可以根据当地的口味调整，尽量不要过咸，以适中为好。

五是加入羊肉香精以突出羊肉的香味为特点，掩盖羊肉的膻腥味等不良风味，在使用时要掌握添加量，以 2‰为好，也可根据当地的风味来调整。

14.4.4.3　烤羊肉串的加工

烤羊肉串是羊肉制品中最为著名的地方小吃，以其风味独特、味道适宜、嚼劲好而受到广大消费者的青睐。但长期以来，它的制作往往是将肉块穿在铁扦上，用炭火熏烤。这种制作方式，不仅生产规模受到限制而且熏烟中可能有苯并芘和二苯并蒽致癌物的存在，过多食用后有导致人体生癌的可能性。目前食品工作者在保留原产品风味特点的基础上，借鉴其他肉制品的生产特点，将原来炭火熏烤改为加热炒制，简化了生产工序，结合真空软包装，改善了产品的卫生质量。

工艺流程：羊肉的选择处理→炒制→称量→装填→真空热熔封口→加热杀菌→干燥→成品。

配方：羊肉 100 kg，食盐 2.5 kg，植物油 10 kg，辣椒粉 1.9 kg，孜然粉 1.2 kg。

操作要点如下。

①原料处理。选取健康无病、宰前宰后经兽医检验合格的新鲜去势绵羊肉，肉肥度不低于三级。将选好的肉料，洗涤后切去皮、骨、淋巴等不宜加工部分，将肉块切成 1 cm^3 的肉丁，然后用水清洗干净。

②调味。将炒锅或夹层锅中放入植物油烧热至 180~200 ℃，将肉料按配方放入锅中不断翻炒，直至肉色变褐后，依次加入食盐、辣椒粉和孜然粉，并不断翻炒。炒好后，将肉料放入容器中备用，整个炒制时间约 3 min。

③真空热熔封口。将炒好的肉块，称重后，装入蒸煮袋中。采用聚酯/铝箔/聚丙烯（PET/Al/PP）复合蒸煮袋，规格 170 mm×130 mm，净重 180 g，

厚度 15 mm。然后用真空包装机，进行抽真空和热熔密封。真空度-1.0~-0.08 MPa，热封温度 220 ℃，时间 3~5 s。

④加热杀菌。采用杀菌公式为 10′-30′-反压冷却/121 ℃，反压（0.14~0.15 MPa）的效果较好。

⑤保温检验。将杀菌后软罐头置于 37 ℃下，放置 7 d，然后冷却至室温下，观察软罐头袋有无膨胀，开袋检查内容物有无腐败特征。

⑥干燥。软罐头杀菌冷却后，表面带有水珠需用手工擦干或烘干。

产品特点：采用此法所制得的产品，为褐色小块状物，食之咸辣适口，有一定嚼劲，不僵硬，无软烂感，具有羊肉串特有的风味，在常温下可贮藏 6 个月以上。

羊肉串加工应注意如下问题。

①原料选择。羊肉串的原料一定要选择新鲜优质的羊肉作为加工的原料，并要经过当地卫生防疫部门检验合格的原料，对于过保质期的羊肉或者腐烂的、变质的羊肉坚决不能使用，原料质量好，才能保证最终的产品品质优良。

②解冻。在解冻时，最好要采用自然解冻，室温保持 10 ℃以下；或者在冷藏条件下解冻，这样保持更多的肉汁，肉的品质破坏降低到最小，如果采用大量的流水解冻，虽然也能达到解冻的目的，但是流失的水溶蛋白过多，使产品的营养和保水性降低。

③腌渍。要保持肉的新鲜和嫩度，达到肉串速冻后肉色和形状的完整，最好采用真空滚揉的技术，因为传统的静止腌渍虽然也能达到一定的效果，但是在提高产品的嫩度和加速腌渍的过程上面，还是没有滚揉的效果好。大块的腌渍肉没有切丁后再配料腌渍效果好，其原因在于小块肉增大了与腌料的接触面，腌渍液更容易渗透到肌肉纤维里，加快腌渍的时间。

④速冻。一定要严格按照速冻的生产条件操作，产品的包装最好采用真空包装。

⑤香辛料。在香辛料的选择上一定要选择干净卫生的香辛料，辣椒粉和孜然粉等香辛料，要求干爽无杂质，像一些草根、树叶、铁丝、螺丝等杂物不得在辅料中检查出来，要及时地挑拣出来，以免给消费者造成危害。

⑥保水剂。选择保水效果好的复合磷酸盐，因为羊肉肉质较粗，要想口感鲜嫩，必须加入一定的保水剂来提高肉的嫩度。

⑦发色剂。发色剂的添加也很重要，肉串如果不经过发色，在烤熟之后，颜色发暗，没有成熟的诱人红色，所以添加一定的发色剂硝酸盐很有必要。

14.4.5 羊肉香肠制品

羊肉香肠是羊肉常见的初加工产品，也是家庭制作和保存羊肉最常用和有效的方法之一。它是指按我国传统香肠生产程序，经过干燥发酵等工艺生产的具有非冷耐贮特性的生干肠制品，属于高档肉制品，可通过加入不同调料、调整用料比或改变某些工艺流程来制作出不同风味和品种的香肠制品。

14.4.5.1 嫩化羊肉火腿肠

嫩化羊肉火腿肠是指以新鲜羊肉、羊脂、嫩化液调味料、大豆蛋白、淀粉等为原料，通过嫩化、低温低热腌制增香、煮制等一系列过程而制成的产品。嫩化羊肉火腿肠是近期研制开发的一种新型羊肉加工制品，它改变了目前在火腿肠制品中以猪肉、鸡肉、牛肉居多而羊肉制品较少的现状，为广大喜食羊肉的消费者提供了一种优质肉制品。其具体加工要求及方法如下。

工艺流程：羊肉的选择整理→嫩化→绞肉→腌制→斩拌→灌制→煮制→成品。

腌制剂配方（以 50 kg 羊肉为标准）：精盐 2.5%，亚硝酸盐 0.01%，硝仁 0.2%，葡萄糖 0.05%，草果 0.30%，八角 0.10%，花椒 0.20%，焦磷酸钠 0.12%，味精 0.05%，白砂糖 2.00%，香菇 0.10%，异抗坏血酸钠 0.05%，生姜 1.00%，黄酒 3.00%，青葱 1.00%，辣椒粉 0.50%，五香粉 0.60%，酱油 4.00%，蒜粉 0.80%，大豆蛋白 3.00%，淀粉 6.00%，羊脂 5.00%，冰水 20.00%。

操作要点如下。

①原料肉整理。选择经卫生检验合格的新鲜羊肉，剔除脂肪、筋、软骨等，切成 1~2 kg 的块。

②嫩化。自制嫩化液 2 kg，嫩化液配方由 3%氯化钙、0.01%菠萝蛋白酶、0.4%复合磷酸盐组成。嫩化方法：温度保持在 7 ℃左右，嫩化时间 15 min，至羊肉不散不硬即可。

③绞肉。将嫩化后羊肉切成 3 cm^3左右的方块，用绞肉机粗孔筛板绞碎成肉糜状。

④腌制。加入腌制剂，混合均匀，在 2~6 ℃的温度环境下腌制 24 h。

⑤斩拌。将腌制好的羊肉糜放入斩拌机中，中档斩拌 6 min，斩拌时温度应低于 10 ℃，斩拌肉馅至随手拍打而颤动时即可。斩拌时加料顺序：羊肉糜→大豆蛋白→冰水→羊脂→调味料→淀粉。

⑥灌制打卡。采用手动灌肠机和手动打卡机进行。

⑦煮制。应采用不锈钢夹层蒸煮锅进行熟制，控制水温 80~85 ℃，时间

25 min 左右，待其中心温度达 75 ℃时，维持到规定时间即可。

⑧冷却。在煮制即将结束时快速升高水温到 100 ℃，煮 2~3 min 后捞出，快速冷却到 0~8 ℃。

成品质量：要求色泽红润，香味浓郁，肉质细嫩，弹性好，兼具有腌制、煮制的特殊风味，无异味。

制作羊肉香肠应注意如下问题。

一是保持加工器具的清洁卫生，严格按低温要求制作，一般情况温度应保持在 4~10 ℃。

二是注意将肉绞磨（或刀切）成均匀的肉粒，同其他配料充分拌和均匀。

三是为了长期保存香肠，必须进行腌制。常用腌制香肠的调味品及防腐剂的作用和用量如下。

食盐：盐能使肉中水分析出，改变其渗透压，抑制细菌生长，有利于香肠干燥、黏合，从而使其变得紧实。通常情况下用盐量为鲜肉重的 1. 50%~2. 00%。

食糖：调味、能使香肠口感柔嫩，当加热蒸煮时可使香肠产生漂亮的棕色。其用量因口味不同差异较大，一般情况下为产品湿重的 0. 25%~2. 00%。

混合香料：可使香肠产生不同风格的香味和口感。常用的香料有胡椒、花椒、桂皮和草果等，其用量为产品湿重的 0. 25%~0. 5%。

亚硝酸盐/硝酸盐：主要作用是防止香肠产生肉毒素或腐败变质，保持色泽稳定。美国食品与药品管理局规定，45 kg 鲜肉中的亚硝酸盐用量不得超过 7 g。我国一些肉品加工企业的常用量为 100 kg 鲜肉中加 10~30 g。

其他辅料：在制作商业性香肠中，可加入部分非肉成分，通常称为品质改良剂或填充物。常用的品质改良剂有谷物类、大豆粉、淀粉和脱脂乳等。其主要目的是降低生产成本，提高产量，补充香味或使香味更浓，易于切片，溶解脂肪和水，起稳定乳化作用。一般用量为总重的 10%左右。

烟熏剂：熏制香肠的目的是增加风味，便于长期保存，增色及防止氧化。通过烟熏可制作不同品种的香肠，多采用硬质木材或木屑作烟熏燃料。

14. 4. 5. 2　几丁聚糖营养羊肉肠的加工工艺

在肉制品中添加几丁聚糖，利用其与酸性多糖类物质结合所生成的絮状产物，以达到降低热能的目的，制成减肥食品，是目前肉制品加工领域重点研究内容。

几丁聚糖是一种主要存在于甲壳类动物中的动物性膳食纤维，它有一定降低血脂和血糖的作用，可吸附达自身重量数倍的脂肪，可以大大降低肉肠中的脂肪吸收量，解除消费者购买肉肠时的后顾之忧。同时，几丁聚糖的增稠、乳化和吸脂肪特性可减少肉肠加热中的脂肪流失，使肉肠的品质得到改善。

几丁聚糖营养羊肉肠正是基于此原理而研制的一种新型羊肉制品。在制作过程中又强化了维生素 A、维生素 D，从而使产品具有低脂肪、低热能、营养全面的特点。

工艺流程：见图 14-1。

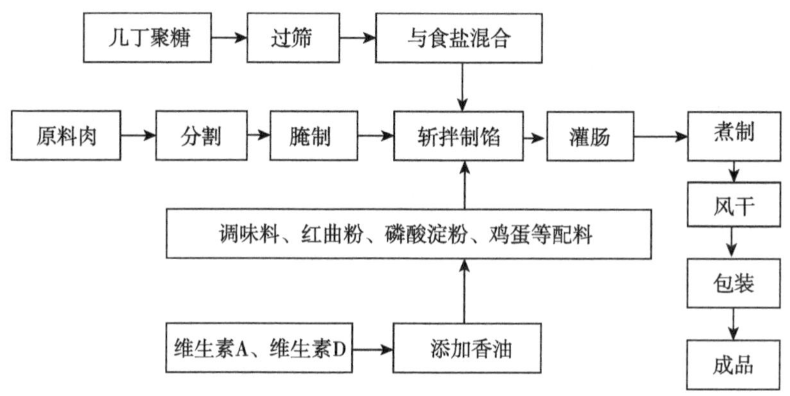

图 14-1　几丁聚糖营养羊肉肠加工工艺流程

操作要点如下。

①原辅料选择。原料主要为羊肉、鸡蛋、脱脂奶粉、磷酸淀粉、卡拉胶；调味料主要有茴香粉、胡椒粉、姜粉、五香粉、孜然粉、黄酒、生抽、香油等；添加剂为红曲粉、硝酸钠、维生素 C、维生素 A、维生素 D。

②原料肉处理和腌制。将新鲜的原料肉整理后切成 1 cm×10 cm 长条，加盐和硝酸钠腌制过夜。

③维生素 A、维生素 D 预混液的制备。将维生素 A、维生素 D 溶于香油中，搅拌均匀。

④斩拌。用绞肉机先将肉条绞碎，置于斩拌机内斩拌。将所有调味料、红曲粉、磷酸淀粉、卡拉胶、奶粉、几丁聚糖粉末等加入肉馅内搅拌，并加入适量的冰水。

⑤灌肠。用灌肠机充填成 2.5 cm×15 cm 的肉肠，针刺放气后将肉肠放入微波炉中，中火加热 30 min，然后在 95 ℃水中加热 15 min。从水中取出后，风干 2 h。

⑥保存。制成后立刻取样切片检查，进行感官评价；余下部分贮存在 6 ℃下，观察其保质期的差别。

产品的营养特点：本产品以脂肪含量较低、蛋白质含量较高的羊肉代替猪肉作为主要原料，制作中不需加肥肉丁，而且加入卡拉胶、磷酸淀粉和几丁聚糖等增稠剂结合水分，使产品脂肪含量仅为11.20%，大大低于普通灌肠制品（20%~30%），而蛋白质含量为14%，达到灌肠制品一般水平。这个特点对改善肉制品的营养价值十分有益。

产品质量标准：一是色泽，表面干燥，棕红色，切面浅棕红色，滋润有光泽，色泽均匀一致；二是组织状态，质地均匀，组织紧密而有弹性，切片平整光滑，口感柔软而不油腻，无沙粒感；三是滋味和气味，具有羊肉和孜然特有的芳香味，鲜美可口，无异味、膻味。

14.4.6　发酵羊肉制品

发酵肉制品是指肉在自然或人工条件下经特定有益微生物发酵所生产的一类肉制品。发酵羊肉制品是指在自然或人工控制条件下，利用微生物发酵作用产生具有特殊风味、色泽和质地及较长保存期的肉制品。发酵用的微生物主要是乳酸菌，发酵肉制品因其较低的pH和较低的水分活度值使其得以贮藏。在发酵、干燥过程中产生的酸、醇、非蛋白态含氮化合物、脂肪酸使发酵肉制品具有独特的风味。

用乳酸菌作发酵剂制作发酵香肠，不仅能缩短发酵时间，改善产品的色泽和风味，延长制品的保存期，而且能抑制有害菌的生长，防止产生毒素，同时不受季节限制。因此，自1955年在美国最早采用乳酸片球菌作发酵剂生产夏季香肠以来，乳酸菌在发酵肉制品生产中被广泛用作发酵剂。

发酵羊肉香肠是选用正常屠宰的健康羊肉，绞碎后同糖、盐、发酵剂和香辛料等混合后灌入肠衣，经微生物对碳水化合物、蛋白质、脂肪等底物的分解、降解等作用而制成的具有发酵香味的肉制品。

发酵香肠发酵剂的乳酸菌应满足如下条件。

（1）微球菌和葡萄球菌　分解脂肪和蛋白质；还原硝酸钠为亚硝酸钠，改善产品的风味，产生过氧化氢酶。

（2）灰色链球菌　改善发酵香肠的风味。

（3）产气单胞菌　有利于风味的形成。

（4）乳杆菌　乳杆菌有利于降低pH但褪色严重，微球菌能改善产品颜色但pH降低速度慢，两者结合使用可得到较好的效果。

14.4.6.1　发酵羊肉香肠

工艺流程：羊肉的选择→低温腌制→绞肉或斩拌→配料→制馅→充填→干燥→发酵→成品。

配方：羊肉100 kg，调味葡萄糖2 kg，食盐2.5 kg，蔗糖2 kg，胡椒粉370 g，姜粉140 g，肉豆蔻粉40 g，大蒜粉100 g，味精300 g。

操作要点如下。

①原料肉的选择。应选择卫生检验合格、肥瘦适中的羊肉作原料，剔除骨、筋腱、肌膜、淋巴组织等。

②低温腌制。将选好的肉切成一定大小的肉块，加入原料肉重2%~3%的食盐，0.02%~0.04%亚硝酸钠，拌匀后在低于10 ℃的温度下，腌制4~8 h。

③绞肉或斩拌。腌制好的肉用绞肉机绞碎或用斩拌机斩拌。斩拌时应加入原料肉重30%左右的冰水，在低于10 ℃的条件下斩拌10~12 min，待肉馅随手拍打而颤动时即可。

④配料与制馅。原料肉经绞碎或斩拌后，按配方加入调味料，充分拌匀或在斩拌机中斩拌3~5 min，使其混合均匀。但拌和时间不宜太长，以保证低温制作要求。

⑤充填。将拌匀的肉馅移入灌肠机内进行充填。充填时要求松紧均匀，最好采用真空连续灌肠机充填。若条件限制没有真空连续灌肠机，可采用其他方法充填，但应及时针刺放气。灌好的湿肠应按要求打结，用清水除去表面的油污。

⑥干燥。把湿肠挂在晒肠架上晾晒，使水分蒸发，干燥至肠表面有油脂形成。也可用烘房、烘炉进行烘烤干燥。

条件控制：半干香肠37~66 ℃；干香肠12~15 ℃，时间取决于香肠的直径，不需加热。

干燥程序：商业上可分阶段进行。

烟熏：许多香肠在干燥的同时进行烟熏，熏烟成分可以抑制霉菌的生长，提高香肠的适口性。

成熟：干燥的过程也是成熟的过程。

⑦发酵。对于羊肉香肠，为使蛋白质继续分解产生香味，可将干燥后的香肠进一步晾挂后，置于密闭的容器内让其自然发酵两周左右，逐渐产生更加浓郁的肉香味。

发酵工艺条件：温度越高，发酵时间越短，pH下降越快。

传统发酵：低温（15.6~23.9 ℃），较长时间（48~72 h）发酵，风味及其他特性较好。

现代发酵：21~37.7 ℃，12~24 h。

相对湿度：香肠外壳的形成和预防霉菌和酵母菌的过度生长，一般为80%~90%。高温短时发酵98%；低温发酵低于香肠内部湿度。

结束酸度：pH低于5.0。

⑧包装。便于运输和贮藏，保持产品的颜色和避免脂肪氧化，常用真空

包装。

14.4.6.2　羊肉发酵香肠（熏烤型）

工艺流程：羊肉的处理→复合盐腌制→绞碎→斩拌→拌料→接种→培养发酵→烘烤→冷却→真空包装→成品。

配方：主要介绍以下 2 种。

①基本配方。瘦肉和肥肉分别占羊肉的 85%和 15%，味精 0.2%，蔗糖 1.2%，葡萄糖 0.5%，白胡椒 0.25%，陈皮 0.1%，卡拉胶 0.3%，β-环状糊精 0.3%，鲜姜 0.5%，丁香 0.2%，桂皮 0.2%，蔗糖酯 0.3%，红曲适量，大豆蛋白 1.0%，白酒 1.0%，冰水 25%。

②混合盐（腌制盐）配方。氯化钠 2.0%，亚硝酸钠 0.015%，维生素 C 0.04%，硝酸钠 0.05%，磷酸盐 0.35%（三聚磷酸盐：焦磷酸钠：磷酸氢二钠=2：2：1）。

操作要点如下。

①原料处理。选用符合食品标准的羊后腿肉，经修割剔骨，去除筋腱，将瘦肉切成 2~3 cm 的肉块，将肥肉微冻后切成 1~2 mm 小肉丁，放入冷藏室微冻 24 h。

②原料肉的腌制。将切好的瘦肉用配好的复合盐充分混合，置于 0~4 ℃环境下腌制 24 h，使其充分发色。

③绞肉、斩拌。把腌好的瘦肉通过 5 mm 孔板的绞肉机绞成粗颗粒，再倒入斩拌机内，加入冰水、调味料、香辛料等辅料进行斩拌，斩拌好后与微冻好的肥肉丁充分混合，待各种原料均一分散后即可停止斩拌。

顺序：精肉、脂肪混匀后添加食盐、腌制剂、发酵剂和其他辅料。

时间：取决于产品类型，一般肉馅中脂肪颗粒为 2 mm 左右。

④接种、拌料。将活化后的发酵剂接种于斩拌好的肉料中。接种后，进行拌料，混合均匀。

发酵剂的使用：复活 18~24 h，接种量一般为 10^6~10^7 CFU/g，最佳配方为接种量 10^6 CFU/g，植物乳杆菌、啤酒片球菌和木糖葡萄球菌之比为 2：2：1，发酵温度为 30 ℃，葡萄糖添加量为 1%。

植物乳杆菌因其具有较强的耐盐、耐亚硝酸盐能力而广泛应用于发酵香肠的生产中。它能有效保证香肠的食用安全性，并改善产品的风味和质地；片球菌是发酵肉制品中广为使用的另一种微生物，为革兰氏阳性菌，它分解可发酵的碳水化合物产生乳酸，不产生气体，不能分解蛋白质，不能还原硝酸盐，啤酒片球菌是使用较早的菌种。木糖葡萄球菌除了具有硝酸盐和亚硝酸盐的还原能力外，还有分解蛋白质和脂肪的能力，通过分解肌肉蛋白质和脂肪，产生游离氨基酸和脂肪酸，从而促进发酵肉制品风味的生成。

采用植物乳杆菌、啤酒片球菌和木糖葡萄球菌按一定比例混合生产发酵香肠，完全符合发酵肉制品对发酵剂的要求，并可使 3 种菌的优势得到互补，使发酵速度加快，提高了营养价值，增加了风味。采用这 3 种菌生产发酵香肠是切实可行的，生产的羊肉发酵香肠酸味柔和，口味适中，产品质地较好。

⑤灌肠。接种后的肉料，充填于肠衣中。充填均匀，松紧适度，肠馅温度为 0~1 ℃，最好用真空灌肠；肠衣允许水分通透，天然肠衣有助于酵母菌的生长，优于人造肠衣。

⑥发酵。经灌肠后的湿香肠，吊挂在恒温恒湿培养箱中培养，直到 pH 下降到 5. 1 以下即可终止，发酵时间 12~15 h。

⑦烘烤。将发酵结束后的肠体移入烘烤室内进行。温度控制在 68 ℃，加热 1. 5 h 即可。

若想使羊肉香肠具有熏肠香味，可采用熏制的方法进行处理。具体方法：将香肠吊挂在烟熏房内，用硬质木材或木屑作烟熏燃料，保持室温在 65~70 ℃，烟熏时间 10~24 h，以使香肠中心温度达到 50~65 ℃。为提高风味，应选择核桃木为烟熏燃料。

⑧真空包装。烘烤后的肠体待冷却后，用自动真空包装机进行压膜包装，即为成品。

产品特点：具有稳定的微生物特性和典型的发酵香味；在常温下贮存、运输，不经过熟制可直接食用；在乳酸菌发酵碳水化合物形成的乳酸作用下，香肠的 pH 为 4. 5~5. 5，使肉中的盐溶性蛋白质变性，形成具有切片性的凝胶结构；较低的 pH、食盐和较低的水分活度值，保证了产品的稳定性和安全性。

14. 4. 7　油炸羊肉制品

14. 4. 7. 1　油炸的基本知识

油炸是利用油脂在较高温度下对食品进行高温热加工的过程。油炸具有能最大限度地保持食品的营养成分、赋予食品特有的油香味和金黄色、使食品高温灭菌可短时期贮存等作用。

油炸肉制品是指经过加工调味或挂糊后的肉（包括生原料、半成品、熟制品）或只经过干制的生原料，以食用油为加热介质，经过高温炸制或浇淋而制成的熟肉类制品，如油炸羊肉丸等。

油炸肉制品的特点：一是香味扩散快，更浓郁；二是迅速在表面形成干燥层，制品外焦里嫩，营养成分保持好；三是经过焦糖化作用，产生金黄的色泽；四是加热温度高，保存期较长（取决于油炸工艺及物料）。

油炸基本原理：表层水分迅速蒸发，形成硬壳和一定的孔隙；内部温度慢慢升高到 100 ℃；表面发生焦糖化反应及蛋白质变性，产生颜色及油炸香味；硬壳对内部水蒸气的阻挡作用使之形成一定的蒸气压，使食品快速熟化。

14.4.7.2　马铃薯保健羊肉丸

羊肉是一种营养丰富、具有一定食疗功效的低胆固醇食品，把马铃薯添加到羊肉馅中，制成的马铃薯保健羊肉丸，不但具有丰富的营养价值，而且具有一定的保健功效。

工艺流程：选择羊肉→绞肉→腌制→马铃薯预处理→加辅料斩拌→成型→油炸→冷却→包装→成品。

配方（以 1 kg 绵羊肉为标准）：羊瘦肉 800 g、羊脂 200 g，亚硝酸钠 0.02%，砂仁 0.10%，蒜 15.0%，葱 15.0%，生姜 15.00%，草果 0.10%，冰水 5.00%，八角 0.10%，花椒 0.10%，黄酒 3.00%，淀粉 5.00%，味精 0.10%，食盐 1.00%，酱油 2.00%，马铃薯 30.00%，木糖醇 2.00%。

操作要点如下。

①选料。选择经卫生检疫合格的新鲜或冷冻绵羊肉，剔除脂肪、筋、软骨、杂物等，清洗干净。

②绞肉、腌制。将整理好的绵羊肉切成 3 cm^3 的方块，用绞肉机绞成糜状，加入腌制剂，混合均匀，在室温下腌制 15 min。

③马铃薯预处理。取色泽好、无长芽的马铃薯为原料，清洗削皮后，切成 1 cm 左右的小片，放入蒸锅内蒸至软熟，自然冷却后备用。

④斩拌。斩拌可以将各种原辅料混合均匀，增加肉馅的持水性，提高嫩度，使制品富有弹性。将腌制好的羊肉糜与预处理后的马铃薯混合，在斩拌混合的同时依次加入羊脂、淀粉、冰水（0~5 ℃）。

斩拌好的肉馅在感官上为肥瘦肉和辅料分布均匀，色泽呈均匀的淡红色，肉馅干湿得当，整体稀稠一致，随手拍打而颤动为最佳。

⑤成型。将斩拌好的肉馅团成直径为 2~3 cm 的圆形即可。

⑥油炸。将成型后的丸子在 160~180 ℃ 的热油中煎炸 2 ~3 min，待丸子色泽一致且呈金黄色、香味突出即可。

⑦冷却。将炸熟的丸子冷却至室温即可。

⑧包装。用洁净的真空包装袋进行真空包装随后自然冷却，检验入库即为成品。

产品质量标准如下。

①感官指标。色泽呈金黄色、富有光泽；口感香味浓郁、滑爽可口、咸甜适中、富有弹性；滋味富有羊肉的浓香和马铃薯特有的清香。

②理化指标。蛋白质 23%~25%，食盐≤1%，水分≤15%，脂肪≤30%，硝酸盐残留量≤15 mg/kg（以亚硝酸钠计）。

③微生物指标。符合食品安全国家标准相关要求。

制作羊肉丸注意事项如下。

①亚硝酸盐的添加量。在肉制品中，亚硝酸钠最大使用量为 0.15 g/kg，最大残留量不得超过 0.03 g/kg。

②抑膻香料对羊肉丸风味的影响。在调味料中加入有效地抑膻香料，如草果、生姜、砂仁等，有效地抑制了羊肉丸中的膻味，赋予了羊肉丸特有的风味。

③木糖醇对羊肉丸风味的影响。木糖醇为白色结晶状粉末，熔点 90~94 ℃，化学性质稳定，易溶于水，是集甜味剂、营养剂、治疗剂于一体的一种多元醇。木糖醇的甜度与发热量与普通蔗糖相近，在被人体吸收时不需胰岛素的促进，便能进入细胞组织机体进行正常的新陈代谢，而且能够促进胰脏分泌胰岛素，是糖尿病的良药。木糖醇能够明显地降低转氨酶，促进肝糖原的增加，适用治疗各型肝炎，是良好的护肝药物，还具有抑制龋齿细菌的作用，在口腔中不产酸，防止牙齿的酸蚀。除此之外，木糖醇还具有调节肠胃功能，可作为非肠道营养的能量来源。但过量食用会引起腹泻和肠胃不适。

14.4.7.3 南瓜保健羊肉丸

把南瓜添加到肉馅中制成的南瓜营养保健羊肉丸，不仅降低了成本，而且还改善了风味，强化了营养，起到了动、植物营养互补的作用，并对糖尿病人群起到辅助治疗的作用。

工艺流程：选择羊肉→绞肉→腌制→南瓜预处理→加辅料斩拌→成型→油炸→冷却→包装→成品。

配方（以 10 kg 绵羊肉为标准）：羊瘦肉 7 kg，羊脂 3 kg，亚硝酸钠 0.01%，砂仁 0.20%，焦磷酸钠 0.12%，草果 0.30%，淀粉 6.00%，葡萄糖 0.05%，生姜 1.00%，冰水 20.00%，辣椒粉 0.50%，八角 0.10%，酱油 4.00%，白砂糖 2.00%，蒜 0.80%，黄酒 3.00%，卡拉胶 0.20%，花椒 0.20%，味精 0.05%，五香粉 0.60%，葱 1.00%，精盐 2.50%，南瓜片 10.00%。

操作要点如下。

①选料。选择经卫生检验合格的新鲜羊肉，剔除脂肪、筋、软骨、杂物等，保持新鲜干净。

②绞肉。将整理后的羊肉切成 3 cm^3 左右的方块，用绞肉机绞碎成肉糜状，把配方加入腌制剂、抑膻剂，混合均匀，在 2~6 ℃的环境下腌制 24 h。

③南瓜预处理。取肉厚、色黄、成熟的南瓜为原料，清洗削皮后切开，挖

出瓜瓤，切成 4 mm 左右厚的小片。将小片用 0.10% 的焦磷酸盐溶液浸泡 3 min，进行护色处理。然后捞出，放入蒸锅内蒸至南瓜软熟，自然冷却后备用。

④斩拌。斩拌可以将各种原辅料混合均匀，同时起乳化作用，增加肉馅的持水性，提高嫩度、出品率和制品的弹性。将腌制好的羊肉糜放入斩拌机中，中档斩拌 6 min，温度小于 10 ℃。

斩拌时配料放入顺序：羊肉糜→南瓜片→冰水→羊脂→调味料→淀粉。

斩拌好的肉馅在感官上应体现为肥瘦肉和辅料分布均匀，色泽呈均匀的淡红色，肉馅干湿得当，整体稠稀一致，待其肉馅随手拍打而颤动为最佳。

⑤成型。将斩拌好的肉馅放入肉丸成型机中，调节孔径 4~5 mm，使制出的丸子成圆形即可。

⑥定型。成型后的丸子直接投入 70 ℃左右的热水中定型 20 min 左右，成型后肉丸圆润光滑。

⑦油炸。定型后的肉丸在 180~200 ℃的热油中煎炸 2~3 min，待丸子表面色泽一致且呈均匀的金黄色，弹性良好，香味突出时即可。油炸条件对制品品质的影响见表 14-4。

表 14-4　油炸条件对制品品质的影响

温度/℃	时间/min	制品品质
200~220	1~2	色泽均匀呈黄色，鲜嫩爽口，有弹性，含水较多
180~200	1~2	色泽均匀呈黄色，鲜嫩爽口，有弹性，干湿适中
160~180	3~4	色泽均匀呈黄色，鲜嫩爽口，有弹性，含油较多，较干枯

⑧冷却。将炸熟的丸子冷却至室温即可。

⑨包装。用洁净的真空包装袋进行真空包装。

⑩成品。成品羊肉丸子可鲜售，也可冷藏销售。-18 ℃以下贮存半年以上。

产品质量标准如下。

①感官指标。色泽均匀呈金黄色，香味浓郁，鲜嫩滑爽，咸甜适中，具有南瓜清香的风味，富有光泽和弹性，无异味。

②理化指标。蛋白质 23%~25%，食盐 2.5%，水分≤20%，脂肪≤30%，硝酸盐的残留≤15 mg/ kg。

③微生物指标。符合食品安全国家标准相关要求。

制作南瓜保健羊肉丸的注意事项如下。

①南瓜添加量对羊肉丸品质的影响。羊肉丸中南瓜的添加量以10%为最佳，其丸子富有弹性，香味浓郁，持水性好；大于10%，弹性较弱，肉丸的香味不浓，黏着性、持水性不好；小于10%，略有弹性，带有香味，持水性较弱，营养强化不够，成本较高。

②脂肪的添加对羊肉丸品质的影响。羊肉丸添加3 kg的脂肪，不但可以改善制品的风味，而且脂肪组织具有一定的滋润作用，可以与蛋白质、水发生乳化作用，有利于肉丸质地、口感的改善，使肉丸的口感更滑爽香嫩。

③增稠剂、磷酸盐对羊肉丸品质的影响。添加淀粉、卡拉胶作为增稠剂，不但可以提高出品率，对产品的营养及保水性也有一定作用，还可保护加工过程中形成稳定的弹性胶体。当制作肉丸的原料不很理想时，添加磷酸盐可以提高肌肉蛋白质的持水性，使肉丸具有鲜嫩的口感。

④抑膻香料对羊肉丸风味的影响。在调味料中辅以有效抑膻香料，如砂仁、草果、生姜等，有效控制了羊肉丸中的膻味，使羊肉丸具有特殊的风味和滋味。

14.4.8 羊肉类罐头

羊肉类罐头是将羊肉装入镀锡薄钢板罐、玻璃瓶等容器中，经排气、密封、杀菌而制成的食品；而软罐头是高压杀菌复合塑料薄膜袋装罐头。目前生产的羊肉类罐头主要有咖喱羊肉罐头、黄焖羊肉软罐头、软罐头“扒羊蹄”等。

14.4.8.1 手抓羊肉软罐头

羊肉生产及消费量的增长，一方面反映人们经济收入的增长，营养意识的提高，另一方面也说明肉食消费转向多元化。尤其是以“手抓肉”烹饪方式食用，在藏族、蒙古族及穆斯林中既是一种招待亲朋好友的上等佳肴，也是一种可随时食用的风味小吃，一直以来特别受人们喜爱。结合传统制作工艺，通过现代实验设备制作出地方特色食品——方便袋装手抓肉，可满足广大消费者对手抓肉的需求和喜爱。

工艺流程：见图14-2。

腌制液配方：精盐1%，生姜2.5%（制成姜汁），白糖0.60%，多聚磷酸钠0.10%，异维生素C 0.08%。

操作要点如下。

①原料。将选好的鲜羊肉剁成块状，一般为13 cm长、7 cm宽的长条，入冷水浸泡，洗净血水。

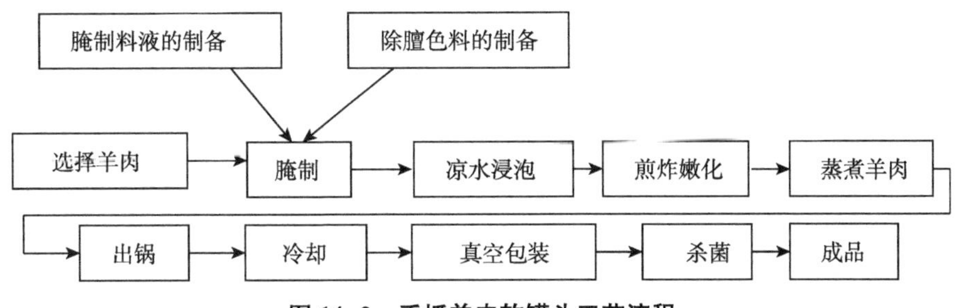

图 14-2　手抓羊肉软罐头工艺流程

②腌制料液的制备。将一定量纯净水入腌制缸，溶解精盐、生姜（制成姜汁）、白糖、多聚磷酸钠、异维生素 C 等，全部溶解并冷却至 0~4 ℃待用。

③除膻色料的制备。纯净的冰糖、植物油称量入不锈钢锅中，加温溶解、连续不断搅拌，使冰糖在一定温度时段产生褐变反应，待达到感官所需的色泽后，此时加入 8 倍 75 ℃以上的水，同时加入脱膻料备用。

④腌制。按腌制料液的制备方法，配成适量的腌制溶液于盛有鲜羊肉块的容器中，并加以冷却至 0~4 ℃，拌和均匀，腌制 40 min。

⑤煎炸嫩化。锅中倒入色拉油，以每次所下入的羊肉块能被松散地翻动为准，控制油温在 180~200 ℃，油温达到后放入肉块炸制，用焯子拨动羊肉块让其不停翻滚，2 min 后肉块呈粉红色捞出，放到不锈钢网篮或是竹筐中控油。煎炸的时候可以一批一批地进行，这样不但可以控制煎炸的时间和成色，而且使羊肉块煎炸得均匀。

⑥蒸煮。煎炸好的肉块（以 5 kg 为标准）进入下面的配料蒸煮工序。将香料装（花椒 30~60 g、小茴香 60~100 g）入纱布袋中扎好口，放入盛有除膻味的料汤夹层锅中。此时打开夹层锅进气阀门，并在汤中加入葱 1.5 kg、鲜生姜 500 g、香菜 600 g（取汁）及适量恰玛古、盐和味精。将控干油的肉块放入料汤中，料汤要淹没过羊肉块，以 0.12~0.18 MPa 压力蒸煮 1~2 h，两岁的羊要 1~2 h，两岁以上的羊要 2 h 以上，待沸腾 30 min 之后将大葱捞出，以防大葱由于长时间煮制而产生一种不愉快的气味。蒸煮时要搅拌，翻动肉块，然后改用文火焖制。

⑦冷却。将煮制好的羊肉块捞出放在消毒后的不锈钢晾肉架上，或者放在筐中存入 2~5 ℃冷却间，降温至室温。

⑧包装。将凉透的羊肉块分别装入真空袋内真空包装。

⑨杀菌。把产品放入杀菌水池中，采用水浴巴氏杀菌，以 85~90 ℃/30 min，杀菌 2 次，中间迅速冷却，以达到充分杀菌的目的。

产品特点：手抓羊肉软罐头肉赤膘白，不膻不腻，肉质滑软可口，滋味鲜美，营养丰富，便于携带和贮存。

注意事项：根据各地不同消费者饮食习惯需要，还可以装入特制汤料包。

汤料的制作：两种，一种是羊骨头熬制一定时间加入羊油，浓缩，定量包装；另一种是包括干香菜末、洋葱粉、胡椒粉、少量花椒粉、精盐，定量包装，装箱入库待销。

14.4.8.2 **咖喱羊肉罐头**

咖喱羊肉罐头是传统羊肉制品，风味独特，深受消费者喜爱。

工艺流程：冷冻或鲜藏羊胴体→解冻→预处理→预煮→浇汁、装罐→排气密封→杀菌→冷却→保温检查→成品。

汁液配方（以 40~50 kg 羊肉计）：花生油 8 kg，白砂糖 1.6 kg，精盐 2.5 kg，面粉 8 kg，咖喱粉 1.4 kg，红辣椒粉 16 g，黄酒 36 g，清水 36 kg，味精 320 g，生姜 500 g，羊肉香精 100 g。

操作要点如下。

①原料选择。包括经兽医卫检合格的绵羊肉、食盐、味精、白砂糖、羊肉香精、香辛料、小麦粉、复合磷酸盐等。

②原料肉解冻。室内环境自然解冻，夏季室温 16~20 ℃，相对湿度 85%~90%，6~12 h；冬季 10~15 ℃，相对湿度 85%~90%，18~20 h。

③预处理。包括剔骨、整理、切块等。将已解冻的羊肉胴体清洗后分割，分别剔骨，剔骨后的羊肉要求整齐，无碎骨、无碎肉，切成 2~3 cm 的肉块。

④预煮。水、肉的比例一般在 1.5∶1，以浸没肉块为度，先在水中加入用纱布包好的洋葱干和生姜，煮沸 3 min。然后倒入 40~50 kg 的羊肉块，再煮沸 15 min，捞出即放入冷水中降温，以备装罐。

⑤配置汁液。将开水浸涨的洋葱干和已剁成小块的去皮生姜混合，经孔径为 3 mm 的绞板后倒入夹层锅中，倒入 180 ℃花生油，不断翻炒，加入精盐、砂糖、红辣椒粉，在锅中不断搅拌，整个配汁时间 20 min，即可停气出锅，汁液要求橙红色黏稠状。

⑥浇汁、装罐。先在经沸水消毒的空罐中注入少量汁液，然后装入 180 g 羊肉，再注入汁液，羊肉和汁液共重 312 g。注意肥瘦搭配均匀。

⑦排气、密封。排气时，罐内的中心温度不小于 70 ℃，时间 10~15 min，而后立即封罐，使真空度达 0.05 MPa。

⑧杀菌及冷却。升温 15 min，121 ℃杀菌 60 min，降温压 15 min。

⑨保温检查。经检查合格后即为正品。

14.4.8.3 黄焖羊肉软罐头

工艺流程：选择羊肉→解冻→剔骨→切条→腌制→油炸→装袋→密封→杀菌→冷却→保温检查→成品。

配方（以 100 kg 羊肉计）：八角、良姜各 0.8 kg，茴香、桂皮、肉蔻、花椒各 0.5 kg，食盐 1.3 kg，大蒜 0.8 kg，葱 1 kg，姜 0.5 kg，味精 0.4 kg。

由于八角、良姜、花椒、桂皮等香料有抑菌和抗氧化作用，因此腌制过程中，对羊肉增香、增味的同时，还可有效防止微生物的污染，减少杀菌前的带菌数。

操作要点如下。

①原料。要求为新鲜或冷冻绵羊肉，解冻，剔除骨头，切成长 5 cm、宽 3 cm、厚 2 cm 的长方条。

②腌制。先将香辛料包在纱布中，放入锅内，加水煮成香料液，再加调味料配成腌制液，放入绵羊肉，腌制 4~6 h。

③油炸。用鸡蛋清、淀粉勾芡，把腌制好的绵羊肉包裹，放入油中炸至金黄色捞出，沥油。

采用油炸工序，能明显反映出制品独特的色、香、味，减少水分和细菌数，对制品风味形成有显效，也有利于杀菌。油炸工序中油温和炸制时间对产品质量有很大影响，油温过高，炸制时间太长，则制品表面发焦，口感发苦；温度过低，则风味不够，肉质干硬无酥脆感。油炸参数：180 ℃油温，炸制 2 min 左右。

④装袋密封。油炸后的绵羊肉加入葱丝，按每袋 200 g 计量分装，装袋时防止物料和油粘在袋口影响封口质量。装袋后真空包装机封口，封口条件：真空度 0.08 MPa，封热电压 36 kV。

包装材料：聚酯（12 μm）/铝箔（9 μm）/特殊聚丙烯（70 μm）复合薄膜高温蒸煮袋，规格 130 mm×170 mm。

⑤杀菌、冷却。包装好的袋尽快放入高压杀菌锅采用蒸汽和空气的混合气体杀菌，冷水反压冷却。

⑥保温检查。经检查合格后即为正品。

产品质量标准如下。

①感官指标。黄褐色，有光泽；具有羊肉浓郁香味，口感适宜，酥软爽食；肉块柔嫩适度，形态分明。

②理化指标。固形物>90%，净重 200 g/袋，公差±3%，Cu≤10 mg/kg，Pb≤0.5 mg/kg。

14.4.8.4 羊肉串软罐头

羊肉串是羊肉制品中最为著名的地方小吃，以其风味独特，味道适宜，嚼劲好，而受到广大消费者的青睐。但长期以来，它的制作往往是将肉块串在铁杆上，用炭火熏烤。这种制作方式，不仅生产规模受到限制，而且熏烟中可能有苯并芘和二苯并蒽致癌物的存在，食用过多有导致人体生癌的可能性。将原来炭火熏烤改为加热炒制，简化了生产工序，结合真空软包装，改善了产品的卫生质量。

工艺流程：原料验收→预处理→炒制→称量→装填→真空热熔封口→加热杀菌→成品。

配方：绵羊肉 100 kg，食盐 2.50 kg，植物油 8 kg，辣椒粉 1.90 kg，孜然粉 1.20 kg。

操作要点如下。

①原料处理。选取健康无病，宰前宰后经兽医检验合格的新鲜绵羊肉，肉肥度不低于三级。将选好的肉料，洗涤后切去皮、骨、淋巴等不宜加工部分，将肉块切成 1 cm^3 的肉丁，然后用水清洗干净。

辅料：食用植物油，食盐辣椒面，要求辣味适中，颜色深红色，杂质少；孜然粉，暗褐色粉末，要求杂质少。

②调味。将炒锅或夹层锅中放入植物油烧热至 180～200 ℃，将肉料按配方放入锅中不断翻炒，直至肉色变褐后，依次加入食盐、辣椒粉和孜然粉，并不断翻炒。炒好后，将肉料放入容器中备用，整个炒制时间约 3 min。

③真空热熔封口。将炒好的肉块，称重后，装入蒸煮袋中，规格 170 mm×130 mm，净重 180 g，厚度 15 mm。然后用真空充气机，进行抽真空和热熔密封。真空度 0.05 MPa，热封温度 220 ℃延续 3 s。

④加热杀菌。杀菌条件为 10′-30′反压冷却/121 ℃（反压力 0.14～0.15 MPa）时效果较好。

软罐头在 100 ℃以上加热杀菌时，由于封入袋内的空气及内容物受热膨胀，产生内压力，马口铁罐及玻璃瓶可承受这种压力，但蒸煮袋容易破裂。为了防止破裂，除了注意在冷却过程中加入反压外，还需要在蒸汽杀菌过程中采用空气加压杀菌。在 121 ℃杀菌时，如果杀菌锅中的压力低于 0.14 MPa 时，破袋率急剧上升；当杀菌锅中的压力高于 0.14 MPa 时，破袋率减少到零。因此，在杀菌后期，应加 0.03～0.04 MPa 的反压力，进行空气加压蒸汽杀菌，冷却时必须补充足够的压缩空气以抵消因蒸汽瞬时冷凝而造成的压降，保持杀菌锅表压在 0.14～0.15 MPa 安全范围内。

⑤保温检验。将杀菌后软罐头置于 37 ℃下，放置 3 个月，然后冷却至室

温下，观察软罐头袋有无膨胀，开袋检查内容物有无腐败特征。

⑥干燥。软罐头杀菌冷却后，表面带有水珠等，用手工擦干或烘干。

产品质量标准如下。

①感官指标。褐色小块状物，有光泽；食之咸辣适口，有一定嚼劲，不僵硬，无软烂感，具有羊肉串特有的风味。

②贮藏期。常温下可贮藏 6 个月以上。

14.4.8.5　软罐头“扒羊蹄”

“扒羊蹄”是西北地区独具特色的风味食品。采用精选传统配料，复合薄膜包装，高温高压杀菌，冷水反压冷却的先进工艺研制成软罐头“扒羊蹄”。产品保留了特有的地方风味和营养，而且耐贮藏，便携带，可增加软罐头的花色品种，更好地满足市场需求。

工艺流程：羊蹄→去毛除污→预煮→配料→装袋→密封→杀菌→冷却→干燥→保温检查→成品。

配方：300 个羊蹄，花椒 50 g，八角 100 g，草豆蔻 60 g，肉蔻 100 g，桂皮 60 g，良姜 60 g，干姜 60 g。

操作要点如下。

①原料。采用来自非疫区健康活羊经屠宰检疫合格的新鲜羊蹄，大小适宜，去净毛、污物。

②预煮。洗净后的羊蹄放入水中煮沸 15 min。

③配料。花椒、八角、草豆蔻、肉蔻、桂皮、良姜、干姜等包成料包，与羊蹄一起放入水中文火加热，在 100 ℃水温保持 1 h 后取出汁液，反复 2 次，并将 2 次汁液混合待用；琼脂 100 g 加水溶解，加入盐、醋、黄酒与料液混为一体，冷却后置于-4 ℃间冷却成凝冻状。

配料中采用水煮提取香辛料的办法，使其有效成分充分溶出，能够增加产品风味并有一定的防腐抑菌作用；加入适量琼脂，可以吸收水分，降低杀菌时袋内水蒸气压。

④装袋。袋中装入凝冻好的汤料葱段、蒜片再加入羊蹄，排列整齐，每袋装 3 只，净重 350 g；装袋时采用双层漏斗，避免料液黏附在袋口上。

包装材料：聚酯（12 μm）/铝箔（9 μm）/特殊聚丙烯（70 μm）复合薄膜高温蒸煮袋，具有良好的隔氧避光性；0.086 MPa 真空包装，降低氧气含量，有效地保持产品品质。包装时应避免袋口污染，保证封口强度。

⑤密封：装袋后进入包装机中，以 0.086 MPa 真空度，220 ℃ 温度封口。封口时袋口保持平整，两层长度一致，封口机压模要平行，以防出现皱纹而报废。

⑥杀菌与冷却。采用蒸汽和空气的混合气体杀菌，冷水反压冷却。

杀菌公式：10′-40′-15′/121 ℃ ×0.15 MPa，冷却终了温度为 40~45 ℃。

“扒羊蹄”的 pH 为 6.2，水分活度值>0.85，为低酸性食品。低酸性食品杀菌的理论依据是以杀灭肉毒杆菌为最低要求，并以更耐热的嗜热脂肪芽孢杆菌作为对象菌，以保证杀菌的可靠性。

从对象菌耐热性和软罐头传热特性出发，根据最大限度地杀死腐败菌和致病菌而尽可能地保持食品色、香、味的原则，确定杀菌工艺式为：10′-45′-10′/121 ℃。杀菌和冷却时，由于袋内水分和空气受热膨胀，则产生胀袋破裂现象。为了防止破袋，杀菌升温至 95 ℃时，加入 0.15 MPa 的空气压以抑制袋内压力。杀菌结束时，维持空气压通入冷却水将软罐头冷却至 45 ℃，以防因杀菌锅内压力急剧下降而导致破袋。冷却后除尽袋表面的水分。

⑦干燥。杀菌后的蒸煮袋外表有水珠，水珠将成为微生物污染源，影响外观质量，可采用手工擦干或热风烘干。

⑧产品检验。包括如下 3 个方面。

保温试验：杀菌冷却后的软罐头，取样置于 37 ℃ 下保温 14 d，然后冷却到 20 ℃ 左右，观察有无胀袋现象。

微生物检验：保温后的产品做微生物检验；对同批产品进行贮藏试验，定期抽查进行微生物检验，产品保质期可达 6 个月以上。

感官品质：产品为黄褐色，口感适宜，鲜香无腥味，柔软耐嚼，羊蹄呈完整形状。

软罐头“扒羊蹄”是一种营养丰富、风味独特、便于携带的方便肉食品，成本低，食用方便，保质期可达 6 个月以上。

14.4.9 羊肉的其他产品

14.4.9.1 软包装白切羊肉

白切羊肉制品是以羊肉为主要原料，通过脱膻、嫩化、增香处理，采用铝箔复合材料真空包装的一种新型方便羊肉制品。该产品色泽清淡、香气浓郁、美味可口、保存期长、食用方便，具有较高的营养滋补作用，便于运输和销售。

工艺流程包括加工白切羊肉和调料包生产 2 个方面。

①加工白切羊肉。原料验收→清洗→分割整理→脱膻→预煮→切片→计量装袋→真空包装→高压杀菌→冷却→保温检查→成品。

②调料包生产。羊脂肪→浸洗→沥干→切分→烫漂→熬制→冷却→羊油→配料→调料包。

配方：包括以下 3 个类型。

①复合脱膻剂。精盐 82.5%，白砂糖 1.50%，异抗坏血酸钠 2.50%，β-环状糊精 12.50%，品质改良剂 1.00%。

②香辛料（以预煮 100 kg 肉量计）。肉蔻、白芷、良姜、花椒、小茴香各 100 g；陈皮、草果、砂仁、丁香、毕茇、大料、山萘各 50 g，鲜姜 200 g。

③调料包。羊油 25 g，食盐 5 g，姜粉 2.5 g，白糖 1 g，胡椒粉 2.5g，花椒粉 1 g，味精 5 g。

操作要点如下。

①原料验收及预处理。原料应来自健康羊，宰前宰后经兽医卫生检验合格。鲜肉经分割整理、切除筋腱、血管、淋巴等，切分成 0.5 kg、厚为 5~7 cm 的肉块，注意刀口整齐。

②脱膻。脱膻是很重要的环节，可采用具有保水性、抗氧化性、发色性、嫩化性、防菌性以及有效脱除羊肉膻味等多种功能的脱膻剂。按 100 kg 原料肉添加复合脱膻剂 2 kg，干腌法腌制，腌制温度 4~8 ℃，时间 48 h，腌制过程中翻转 4~5 次。

③预煮。将香辛料用布袋包裹，投入夹层锅内清水煮制 1 h，待香味郁出后，将脱膻处理过的肉块，放入沸水的香辛料液中预煮 5~8 min，肉与料液比例为 1：1，随时撇去浮膜，至肉块中心完全硬化为度。

④切片与计量装袋。将预煮好的肉块切成大小均匀的薄片，要求片形整齐完好。采用复合铝箔袋包装，每袋装 200 g，肥瘦搭配适当。

⑤真空封口。采用真空包装机进行封口，真空度为-0.10~-0.08 MPa，温度为 160~180 ℃。

⑥杀菌冷却。杀菌公式为 10′-20′-反压冷却/121 ℃，反压冷却 0.2 MPa。杀菌冷却后，表面带有水珠等，易造成微生物生长繁殖影响成品质量，因此，必须进行烘干或人工擦干。

⑦保温试验。将杀菌擦干后的软包装袋，随机取样，置于恒温箱内（37±2)℃保温 7 昼夜。

⑧调味包。将羊脂肪用水浸洗，洗去玷污的血斑、污物等，沥干，切分成 3 cm×5 cm 的长条，再用 90~95 ℃的热水浸烫 3~5 min，使脂肪中毛细血管的血液随浸烫的水带出，但浸烫时间不宜过久，以免非脂肪组织溶解成胶质，影响成品的透明度。浸烫后沥干，入锅熬制，冷却，最后得到洁白的羊油。加上调味料，置于复合铝箔袋中，真空包装，即为调料包。

⑨包装。保温后的产品经检验合格后，外包装袋内装入真空包装好的 200 g 重的白切羊肉袋 1 包及调料包后封口，即为成品。

产品特点：产品肉质嫩酥，不腥不膻，味香鲜美，清爽适口。

采用上述方法制作的产品可以直接冷食，如果配以调味料包，即可迅速加工出各种风味的羊肉冷盘、火锅等，是一种大众化普及型的方便羊肉制品。

14.4.9.2 羊肉酱

工艺流程：选择羊肉→剔骨→精选→切条→绞碎→烹调→熟化→灌装→杀菌→冷却→保温检查→成品。

配方：绵羊肉 6 kg，番茄酱 1 kg，花椒粉 2 g，胡椒粉 3 g，辣椒粉 6 g，孜然粉 7.5 g，生姜粉 2.5 g，茴香粉 3 g，八角粉 4.5 g，植物油 30 g，食盐 16 g，酱油 20 g，食糖 20 g，味精 7.5 g，豆瓣酱 25 g，水 153 g。

操作要点如下。

①精选羊肉。选用无病、新鲜、肉质细嫩、膻味小的绵羊肉。剔净羊骨，切除淋巴组织和皮筋，刮净肉皮表面污物。

②切分、绞碎（斩肉）。将精选的羊肉切成细条，用绞肉机或斩拌机绞成粒径 3~5 mm 的碎肉。

③烹调、熟化。锅内倒入少量植物油，加热至油起烟时（200 ℃），将羊肉倒入锅内翻炒。炒至羊肉大部分水分蒸发掉时，将各种调味料按配比顺序投入锅内。翻炒至锅内羊肉水分完全蒸发时，加入所配的蔬菜（番茄酱、胡萝卜或洋葱），加入适量水，先用旺火将肉酱烧开 5 min，然后用文火熬煮到羊肉完全软熟。起锅前加入炒花生、炒芝麻和味精。

④灌装。绵羊肉酱出锅后趁热灌装，以尽可能减轻微生物污染。不宜灌得太满，距离瓶口应留 0.5 cm 顶隙，以防二次杀菌时热胀顶开瓶盖。灌装完毕，旋紧瓶盖，倒瓶放置 1~2 min。袋装绵羊肉酱的包装材料选用安全无毒耐高温真空度高的蒸煮袋，灌装酱不宜太满，以便于封口。灌装之后用真空封口机将袋口封严。

包装材料：260 mL 圆柱四旋盖玻璃瓶、120 mL 六棱柱四旋盖玻璃瓶；170 mm×180 mm、210 mm×158 mm、320 mm×178 mm 蒸煮袋。

⑤杀菌。采用湿热杀菌法（沸水灭菌）对绵羊肉酱进行后杀菌。当瓶装或袋装羊肉酱灌装后，趁热杀菌。先将杀菌锅中的水升温到 50~60 ℃，把刚灌装后的产品放入杀菌锅内，加热至锅内水沸（100 ℃）时计算杀菌时间：120 mL 瓶装酱杀菌 25 min，260 mL 瓶装酱杀菌 40 min，170 mm×180 mm、210 mm×158 mm、320 mm×178 mm 蒸煮袋杀菌时间分别为 20 min、30 min、40 min。

⑥冷却。羊肉酱经杀菌后，从杀菌锅中取出。瓶装酱在室温下自然冷却到 37 ℃。袋装酱可用凉水快速冷却至室温。

⑦检验。经冷却后的羊肉酱在常温（20~30 ℃）下保存 3 d，剔除胀盖、

胀袋或有异味的不合格品。

⑧贴标、装箱、入库。经检验合格的产品，将瓶、袋擦干净后，贴上产品标签，装箱入库。库温稳定在 20~25 ℃。

14.4.9.3　香辣羊肉丝

为了能满足旅游、休闲、配餐等不同消费者的需要，以绵羊小腿肉为原料，采用盐水注射、真空滚揉等工艺，辅之中草药成分，经卤煮、烧烤、真空包装和杀菌等工序生产的一种兼具腌腊、酱卤、烧烤风味的新型方便熟肉制品——香辣羊肉丝。

工艺流程：羊小腿肉→清洗→修割整理→沥水→腌制液配制→盐水注射→滚揉腌制→卤煮→烧烤→冷却→成型→真空包装→杀菌→检验→成品。

配方：包括以下 3 个方面。

①腌制液配比（以 100 kg 原料绵羊肉计）。食盐 2.5 kg，六偏磷酸钠 100 g，焦磷酸钠 100 g，三聚磷酸钠 100 g，亚硝酸钠 12 g，白糖 200 g，葡萄糖 50 g，味精 50 g，乙基麦芽酚 12 g，水 20 kg。

②煮制料配方（以 100 kg 原料羊肉计）。大茴香 0.8 kg，花椒 0.5 kg，桂皮 0.8 kg，肉蔻 0.5 kg，良姜 0.5 kg，小茴香 0.5 kg。

③成型增香料配方。包括 2 个口味。

香辣味：花生油 100 份，花椒粉 8 份，干尖辣椒 8 份，小茴香粉 3 份，胡椒粉 1 份。

孜然味：花生油 100 份，小茴香粉 3 份，孜然粉 5 份，花椒粉 5 份，辣椒粉 2 份。

操作要点如下。

①原料。选取检验合格的绵羊小腿肉为原料，去表面筋膜同时漂洗，捞出沥尽血水。

②腌制液配制。要求：在肉块盐水注射前 1 h 配好，待所有添加料全部加入搅拌溶解后，放入 5 ℃左右的冷藏库内冷却备用。

③盐水注射。将沥尽血水的肉块，用盐水注射机注射。操作时尽可能注射均匀。盐水注射重量为原料肉重量的 5%~10%。

④滚揉腌制。在真空状态下，3 ℃左右对盐水注射后加入腌制剂的肉进行间歇式揉滚，揉滚总时间<12 h，肉温要控制在 10 ℃以下。

⑤卤煮。将腌制好的肉放入用煮制料配成的老汤锅中，90 ℃下煮制 50 min（切面断红为止）。

⑥烧烤。煮制好的肉块入远红外线烤炉进行烤制，温度 50 ℃，4 h 后，提高温度至 60 ℃，3 h，最后在 125~130 ℃烤制 30 min。

⑦真空包装。将烤制好的肉乘热撕成1.3 cm的长条。冷却后拌入增香料后用蒸煮袋（PET/Al/CPP）进行真空小包装（200 g/袋），真空热封温度160~200 ℃，真空度-0.09 MPa。

⑧反压杀菌。杀菌式10′-25′-15′/120 ℃，反压冷却，达38 ℃时出高压杀菌釜。

⑨检验、贮存。杀菌冷却后进行产品保温［（37±2)℃］检查，保温时间7 d，合格产品外袋封口即成成品。

产品特点：按此方法生产的产品外观美观，香味浓郁，营养丰富，食用方便，保质期长。

14.4.9.4 羊肉方便面汤料

汤料是方便面的重要组成部分，方便面的风味很大程度上依赖汤料配制出的滋味，方便面的名称大多以汤料的风味命名，如牛肉面、鸡肉面突出的是牛肉风味、鸡肉风味。因此，研制开发和生产“羊肉酱风味”汤料，具有良好的市场前景。

工艺流程包括浓缩羊骨汤、羊油、酱状汤料3个方面。

①制作浓缩羊骨汤。羊骨→清洗→斩断→清洗→大火蒸煮→撇去浮沫→加配料→文火蒸煮浓缩→分离→羊骨汤。

②炼制羊油。羊油脂→清洗→绞碎→入蒸煮锅→大火烧热→翻炒→加配料→文火炼制→过滤→羊油。

③制作酱状汤料。配料→蒸煮→浓缩（加入添加剂、香油等）→肉酱→冷却→包装→检验→酱状汤料成品。

配方：羊肉100 kg，色拉油20 kg，棕榈油20 kg，羊油10 kg，香油2 kg，鲜葱3.2 kg，鲜姜1.6 kg，辣椒面1.0 kg，胡椒面0.5 kg，白砂糖2.5 kg，食盐2.5 kg，八角0.16 kg，羊骨汤60 kg，酱油25 kg，味精0.5 kg，山梨酸钾0.05 kg，异抗坏血酸钠0.05 kg，卡拉胶0.24 kg。成品酱合计150~160 kg。

操作要点如下。

①原料预处理。羊肉、羊骨、羊脂、鲜葱、鲜姜分选清洗干净，羊肉、羊脂用刀切成条放入绞肉机中绞成馅；羊棒骨斩断，羊腔骨斩成约8 cm×8 cm小块；鲜葱、鲜姜送入斩拌机中斩成葱末和姜末。羊肉绞馅时控制肉粒直径为5mm左右，可以保证成品酱中羊肉既有颗粒感，又有明显羊肉特征。确实能让消费者感到汤料实在，食用口感好。

②浓缩羊骨汤的制备。羊骨、水加入蒸煮锅中，先大火煮开撇去浮沫、血块，加入花椒、葱段、姜片等香辛料，改文火蒸煮浓缩，3~4 h后羊骨出锅，过滤后得浓缩羊骨汤。

③炼制羊油。羊油脂绞碎加入蒸煮锅，大火烧热出油后改文火，不断翻炒，加入配料炼制。羊脂末和配料不得黏结在锅壁上，当油渣为浅黄色或金黄色时，羊油出锅用0.425 mm筛过滤。羊脂在炼油时则以除去水分，破坏脂肪组织的球形细胞膜为限，应在羊脂的烟点以下，以150 ℃左右为宜。

④酱状汤料的制作。取肉重10%的植物油，置于锅中，烧热后，放入绞碎的羊肉馅、葱末、煸炒，控制好火候，炒至羊肉馅失掉水分变干；加葱末、姜末、料酒、糖翻炒；加入羊骨汤、八角、酱油、食盐、大火煮沸10 min，然后用文火煮制1 h，肉烂成肉酱，将八角拣出弃去。另取肉重30%的植物油，烧热，加葱末、姜末炒香，加入肉酱中。再取肉重10%的羊油，烧热，加辣椒末，炒香，加入肉酱中。煮制结束前10 min，依次加入添加剂、胡椒面、味精、香油，翻搅均匀，将酱体迅速冷却至室温后进行包装。

作为方便面调料，制作羊肉酱汤料时必须保证营养价值，而烹调过程则是配料确定情况下维护其营养成分的关键。一定要掌握好火候，尤以控制加热温度，加热时间最为重要。肉类蛋白质的氨基酸中胱氨酸、半胱氨酸、蛋氨酸、色氨酸在120 ℃下长时间加热会受损失，但一般加热条件下不会影响蛋白质的营养价值。维生素B_1耐热性稍差，在烹调过程中会损失15%~25%。核黄素、烟酸、维生素B_6也会由于加热受到一定损失，加热时间一般掌握在100 ℃左右，加热时间控制在3~4 h为佳，过长会降低肉香味。

⑤包装、检验。采用酱状连续自动包装机进行定量包装，每袋重约10 g。包装后的产品须进行抽检，要求微生物指标符合国家有关标准。

羊肉方便面调味料是利用羊油、羊骨汤、碎肉和其他配料等研制出的用于方便面的酱料包，若配以粉料包和蔬菜包，将得到风味纯正、香味浓郁的羊肉方便面调味料。

14.4.9.5 羊肉糕

羊肉糕是通过斩拌、烘烤、包装等制作工艺生产出的风味独特、外形新颖、适合中老年及儿童食用的、有别于其他肉制品的新型肉制品。

工艺流程：新鲜羊肉→去骨、去淋巴→淋洗→分割→绞碎→斩拌（调味）→装模→烘烤→脱模→冷却→真空包装→成品。

调味配方：羊肉100 g，食盐3 g，味精0.7 g，亚硝酸钠0.015 g，复合磷酸盐0.2 g，白砂糖1.5 g，异抗坏血酸钠0.05 g，五香粉0.3 g，大蒜4.5 g，生姜2.5 g，膨松剂0.2 g，淀粉5 g，面粉25 g，冰水100 g。

操作要点如下。

①斩拌。选用新鲜羊肉，修去淤血、筋腱、剔去碎骨、淋巴等影响质构的部分，然后在水槽中淋洗干净。斩拌是肉糜的乳化工序，是生产中至关重要的

过程。此工序的各种工艺参数要求相当严格，斩拌工序要求肉糜温度在 6 ℃，所以投料温度不应过高，斩刀要锋利，斩拌时间不应过长，采用添加冰水的方法，且分批加入严格控制斩拌时间，不超过 5 min。

②调味。先将酱油，料酒倒入斩拌机内再加入绞碎的肉糜，斩拌 2~3 min，均匀地加入精盐、砂糖、味精、五香粉、胡椒粉等调料，继续斩拌 5~6 min，最后加入面粉、淀粉，搅拌均匀即可。

③烘烤。烘烤温度有 3 种选择：90 ℃、50 min；130 ℃、30 min；250 ℃、15 min。

产品特点：按以上配方及烘烤温度制得的成品，外形良好，剖面色泽粉红色、均匀一致，产品弹性良好，咸淡适中，有烘烤香味，无异味。

14.4.9.6 速食羊肉片

目前我国大众食用涮羊肉，是将切好的生羊肉片放入用炭加热或用电加热的火锅汤中涮熟，拌上调料来吃，但是只限于饭馆和家庭制作，不便携带和长期贮存，更不能满足旅游者和野外作业者等需要。采用以下方法生产的速食羊肉片则具有易于包装和存放和便于旅游携带的特点，用开水冲泡后即可食用，适于快餐食用，方便，省时，风味独特。

工艺流程：选择羊肉→熬制汤料→煮制羊肉→羊肉调味→封口→杀菌→冷却→包装→成品。

配方：精选羊肉 20~100 份，蟹块 5~20 份，虾仁 5~20 份，蒜块 5~15 份，脱水菜 5~25 份，辣椒 5~10 份，葱丝 5~10 份，姜丝 5~10 份，山梨酸 3~8 份，虾油 2~5 份，辣椒油 2~5 份，香油 2~6 份，植物油 3~7 份，味精 2~4 份，食盐 5~10 份。

操作要点如下。

①熬制汤料。将蟹块、虾仁、葱丝、姜块、蒜块、味精、食盐、辣椒放入开水锅内煮 15~20 min。

②煮制羊肉。将精选好的羊肉切成宽约 5 cm、长 7~10 cm 的薄片，放入以上加入 8 种调味品烧好的开水锅内，待羊肉煮得变色后迅速捞出。

③羊肉调味。将捞出的羊肉片放入容器内与虾油、辣椒油、香油、植物油、脱水菜、山梨酸、味精、食盐进行搅拌均匀即可。

④封口包装。将搅拌好的肉片，装袋真空封口，经高压杀菌包装后，再装入食品盒内。

14.5　裘皮加工

14.5.1　岷县黑裘皮羊裘皮特性

14.5.1.1　裘皮类型

岷县黑裘皮羊以生产黑色二毛皮闻名。

岷县黑裘皮羊二毛皮是指羔羊45~90日龄、毛长达7 cm以上宰剥的皮。黑色二毛裘皮为该品种的代表性产品，二毛期羔羊全身被毛毛股明显而呈花穗，从毛穗尖端向基部有2~5个弯曲，毛股长达7 cm以上。当地皮加工匠人认为阴历10—12月宰的皮子品质最好。裘皮分为上品皮子和下品皮子。在岷县黑裘皮羊的毛皮类型中，二毛皮是生产裘皮的最佳类型，该型毛股清晰，花弯多而明显。

14.5.1.2　花弯及花型

毛股上的花弯数量和花型结构及分布面积，是决定羔皮品质的重要因素。毛股上的花弯数以裘皮型最多，每个毛股上为4个左右，岷县黑裘皮羊2~4个居多，以3~4个为最佳。岷县黑裘皮羊的花型以环形和半环形花为主，岷县当地传统加工艺人把花型分为鸡头花、圆形花、核桃花、水波浪、头顶一朵花等，各有特色，其中鸡头花、核桃花最受欢迎。在整个羔皮上花弯分布的面积越大，裘皮的价值越高。

14.5.1.3　裘皮面积

岷县黑裘皮羊的二毛裘皮的面积按照岷县当地传统加工匠人的要求，0.3~0.4 m^2的裘皮品质最好，一般不大于0.5m^2为佳。

据测定，其二毛皮皮板薄而致密，皮板厚约0.71 mm，鲜皮重（0.75±0.02）kg，皮板面积平均每张为4 250~5 330 cm^2。裘皮呈长方形；经熟制后的羊皮，其面积稍变小，皮重和皮厚均降低。具有花案清晰、毛股根部柔软、轻暖美观不黏结等特点，是制作轻裘的上等原料。二剪皮保暖、耐脏，毛股紧实、明显，皮板面积较大。

14.5.1.4　羊皮干燥

岷县黑裘皮羊裘皮用羊的屠宰采取传统的屠宰方法，目前市场裘皮羊最好选用60~75日龄、毛长达7 cm以上宰剥的皮。新剥的羊皮干燥有两种方法，一是采用自然风干的晾晒方法；二是放盐法，一般可存放几个月，以备加工。

14.5.2 传统裘皮熟制步骤

14.5.2.1 清洁杂物

将待加工的一批晾干的羊皮，逐张清理皮毛上的杂草、土块和杂物。

14.5.2.2 清洗皮张（洗皮子）

清洗皮张本地叫洗皮子。用本地洮河水清洗，选择天气晴朗的日子，每次将150~200张贮存的干羊皮及1~5个木质大圆缸拉到河边，木缸一般直径1~1.2 m、深80~100 cm。此前一天要先将皮子用清水泡软，泡一夜即可软。

将羊皮放进装洗涤剂、洗洁精的木缸里，毛朝上，每缸每次可以浸泡清洗30~40张羊皮。清水刚刚淹过皮子即可。每个缸里先放洗衣粉1 kg、洗涤剂1 000 mL、羊皮除脂剂300~500 g。

两个人穿胶雨鞋同时进到一个缸里，转着踩踏1 h，直到毛根无脂发亮即可。将皮子捞出，用清水清洗干净，拉回厂里。

14.5.2.3 去渣（铲水皮）

将皮子用硝水浸泡一夜，第二天早上去渣，以前用人工铲，现在用刮渣机。人工铲，是用钝刀刮掉皮板上的肉屑、脂肪、凝血杂质等，要注意不要刮破皮板。

硝水的用量每张皮子150 g，基本是每次加工150~200张皮子，用20~30 kg硝水。硝水从甘肃张家川县或宁夏固原进货，价格2元/kg。硝水起到固定毛、不掉毛的作用，以前用盐浸泡，但泡出来的皮子皮板比较硬。铲完后用清水淘洗干净，摆洗一遍，把铲掉的屑、渣洗干净。

14.5.2.4 熟皮过程

这种传统熟皮家庭作坊熟皮子需要3~5人，每天可以熟制大概2锅80张皮子。整个熟皮过程需要6~7 d，天气凉了需要8~9 d。熟皮需要准备一口1.2~1.5m直径的大铁锅，每天熟皮过程中，锅中水加温温度不同，每次需5 h左右。

第一天，用大铁锅装满水，温度保持常温状态，15~20 ℃，水中加适量玉米面和硝，硝用量按每张皮子150 g，大概7~10 kg/锅，玉米面5~10 kg/锅，玉米面起发酵作用。在熟制过程中，水、硝、玉米面不足了随时添加。

每次放4~5张皮子到锅里，毛朝下、板面朝上摞层，淹没在水中，用手搅10 min，不让皮板停留在锅底，让水浸透，浸泡到毛根，双手抓住羊皮肷部捞出羊皮，转个方向，再放进去。每个方向转2把，羊皮4个边，共捞起转8次，依次从最底下一张捞取，逐步捞、放每张皮。

每张皮子捞够8次后就要捞出，用手将皮子从板皮中间（毛朝下）提起、捏紧，捏干成半卷状，将半卷状皮子依次平放入另外一个空缸中，每层大概放10张，放满一层后撒一层玉米面，完全盖住，不压实，上面再放第二层，每缸可放7~8层。最后把锅里的剩水倒进缸里，倒满。

接着用塑料布盖住缸口，密封，再用7~8张干皮子毛朝下盖压在塑料布上面，放置一夜。

第二天，再熟1遍。工序一样，要求锅里的水温保持在20~25 ℃，不再另外添加面和硝。操作顺序：揭开缸盖，依次捞出羊皮，捏干，皮子放在另外一个空缸里，羊皮上的水捏入原缸中，最后全部倒入锅中继续使用，锅里的水基本不添加，淹过皮子即可。

每次放4~5张皮子进锅，摞层，10 min时间，然后依次从最底层往上，逐张捞取，从每张皮子的4个边各捞、放1遍。再捞出，捏干，半卷，平放入空缸中，放7~8层，中间不再撒面，最后把锅中的剩余的水全部倒入缸中，用塑料布盖住，待下一步。

第三天，再按照前日步骤，再熟1遍，锅里水温要求达到30~40 ℃，不添加玉米面、硝，还是4个边各捞、放1遍。

第四天，再按照前日步骤，再熟1遍，锅里水温要求达到40~45 ℃，不添加玉米面、硝，还是4个边各捞、放1遍。

第五天，再按照前日步骤，再熟1遍，锅里水温要求达到45 ℃，不添加玉米面、硝，还是4个边各捞、放1遍。

第六天，再按照前日步骤，再熟1遍，锅里水温要求达到45 ℃，不添加玉米面、硝，还是4个边各捞、放1遍。检查是否熟好，如果熟好，就进入下一步工序，如果没有熟好，第二天再熟1遍。

检查方法：用手将皮子从板皮中间（毛朝下）提起、双手紧捏、再放开，如果皮张自然散开，则没有熟好，再熟1 d；如果皮子不散开，有指纹印就说明熟好了。

熟好的皮子继续放在缸里密封存放，待次日晾晒。

14.5.2.5　出缸晾晒

天晴时出缸晾晒。将皮子捏干、甩展，一般都铺在草滩，毛朝下晒干（板子色白了就干了）。2~3 d即可晒干，如果中间遇见阴雨天，必须放回缸里浸泡、密封。

然后翻过来晒毛，中间翻晒几次。再晒潮湿的板子面，直到皮张全干。然后木架子上摞起来，放置15~20 d，起到回潮作用，等皮子柔软后进行下一步工序。

14.5.2.6 铲皮子

15~20 d 后，用喷雾器向板皮面喷水，喷湿，然后板面和板面对上，摞上，用皮子盖住，放置一晚上。第二天用铲面皮机清理板面上的玉米面渣、毛渣等，清理干净。传统的用法是铲皮铲清理，铲完，晾干，太阳下搭在绳子上 1~2 h 即可干。

14.5.2.7 摞起放置

铲好后晾干的皮子需要放置 2~3 d。

14.5.2.8 掸皮子

手工方法：将皮子挂在墙上、树上，一头绳子固定，一头用手抓住，另外一只手用木棍敲打 20 min，把面粉清理干净。机器方法：用掸皮机清理。目的是毛束松软、恢复自然形态。

14.5.2.9 再摞起放置

掸完后的皮子再摞起放置 1~2 d。

14.5.2.10 吊皮子

用毛刷子把水涂匀刷在毛上，使毛潮湿到毛根。用木鱼子把多余的水刮干净，板子不能湿。

然后把皮子提起来 2~3 遍甩干水，这时皮子上毛的花纹恢复成了自然状态的样子。

14.5.2.11 晾晒

平放在太阳下、阳坡处晒干，皮子就熟好了。

14.5.2.12 拉活（分类）

当地匠人把对熟好的皮子进行分类叫作拉活，按照皮子的毛色、大小、花色、花型和毛质进行分类，使加工的产品花型等特征更加一致、美观，以便进行下一步加工。一般根据用途分为身子皮、袖子皮、马甲皮、褥子皮、女袄（女式衣）、潘袄（藏袍）等，按照花型，毛束大小、长短配置一件大衣或短半身衣服，西北民族地区主要是皮马甲和皮（长、短）大衣。

14.5.2.13 裁皮子

根据衣服不同，裁成不同形状，最后制成衣服。

14.6 羊皮加工

羊皮的价值很高。一张好皮的价值占活羊总价值的 45%~50%，做好羊皮的加工，是增加收入、提高经济效益的重要一环。

14.6.1　绵羊的宰杀方法

比较好的屠宰方法是在羊只的颈部将皮肤纵向切开 15 cm 左右，然后用力将刀子伸入切口内挑断气管，再把血管切断放血。注意不要让血液污染了毛皮，放完血后，要马上进行剥皮。

14.6.2　剥皮

最好趁羊身上体温未降低时进行剥皮。目前一般采取拳剥和挂剥两种方法。

14.6.2.1　拳剥法

把羊只放在一个槽形木板上，用刀尖在腹中线先挑开皮层，继续向前沿着胸部中线挑至下颚的唇边，然后回手沿中线向后挑至肛门外，再以两前肢和两后肢内侧切开两横线，直达蹄间，垂直于胸腹部的纵线。接着用刀沿着胸腹部挑开的皮层向里剥开 8 cm 左右，一手拉开胸腹部挑开的皮边，一手用拳头捶肉，一边拉，一边捶，很快就剥下来。

14.6.2.2　挂剥法

用铁钩将羊只的上颚钩住，挂在木架上进行剥皮，从剥开的头皮开始，顺序拉剥到尾部，最后抽掉尾骨。

在以上两种剥皮过程中，要随时用刀将残留在皮上的肉屑、油脂刮掉。剥下的皮毛，必须形状完整，不能缺少任何一个部分，特别是羔羊，要求保持全头、全耳、全腿，并去掉耳骨、腿骨、尾骨。公羔的阴囊皮要尽可能留在羔皮上。剥下的鲜皮，可暂时放在干净的木板上或草席及箩筐里，以免鲜皮沾上血污、泥土、羊粪等。如果皮上沾上血污，可以用抹布擦去，千万不要用清水洗，因为用水洗的皮会失去油亮光泽，成为“水浸皮”，会降低皮的价值。

14.6.3　加工整理

14.6.3.1　刮皮

剥下的鲜皮应及时加工整理。剥下的鲜皮用钝刀刮掉皮板上的肉屑、脂肪、凝血、杂质等，注意不要损伤皮形和皮板；然后再去掉中唇、耳肉、爪瓣、尾骨及有碍皮形整齐的皮角、边皮等。

14.6.3.2　舒展

按照皮张的自然形状和伸缩性，把皮张各个部位平坦地舒展开，使皮形均匀方正，呈自然形状。皮张腹部和左右两肷处因皮薄，不要过于抻拉，母羊皮腹部更松，要适当向里推一推；公羊皮的颈部皮厚，可以抻一抻。

14.6.4 干制贮藏

把剥下的毛皮（也叫生皮）用盐进行腌制和晾晒，其目的是防止毛皮（生皮）腐败变质。

14.6.4.1 盐腌法

（1）干盐腌法 就是把纯净干燥的细盐均匀地撒在鲜皮内面上，细盐的用量可为鲜皮重量的40%。食盐撒在皮板上需要腌制7 d左右。为了更好地防腐，保证生皮的质量，食盐中加入萘效果更好（萘占盐重的2%）。

（2）盐水腌法 先用水缸或其他容器把食盐配成25%的食盐溶液，将鲜皮放入缸中，食盐逐渐渗入皮中，缸中的食盐溶液浓度降低，因此，每隔6 h加食盐1次，加的数量使其浓度再恢复到25%为止。盐液的温度不宜过高或过低，最高不要超过20 ℃，最低不要低于10 ℃，盐液最适宜的温度可掌握在15 ℃。整个过程可加盐4次，浸泡24 h后即可将鲜皮捞出，搭在绳子或棍子上，让其滴液48 h，再用鲜皮重量的25%食盐撒在皮板上堆置。此法使鲜皮渗盐迅速而均匀，不容易造成掉毛现象，使皮更耐贮藏。

14.6.4.2 干燥法

干燥法就是晾晒。鲜皮经过加工整理后，要及时晾晒。晾晒时要把皮的毛面向下，板面向上，展开在木板上（或席子、草地、平坦的沙土地上）。鲜皮干燥最适宜的温度为25 ℃。在炎热的夏天晾晒生皮，切记不要在烈日下暴晒，以防变成“油浸板”；也不要放在灼热的石头上或水泥板上晾晒，避免“石灼伤”。冬天晾晒皮张，要注意防止冰冻，如果皮面结了冰，板面发白就成了“冻糠板”。也不要放在火旁烘烤，以防变成“焦板”或“烟熏板”，进而降低皮张的质量。因此，冬天晾晒皮应选在天气晴朗的日子。如果当日晒不干，可将皮收起来散放，第二天再接着晒羊皮。经一系列的加工晾晒干燥后，最好及时出售。

14.6.5 保管防蛀

羊皮怕热、怕潮、怕虫，如果贮藏，库内要保持干燥、通风、阴凉。加工好的板皮应放在干燥、通风、阴凉的地方。数量少时，可平摊散放；数量较大时，应按等级捆放，堆放要用石头或木板垫平。羊皮堆放久了，易虫蛀，应隔一段时间晾晒一次，也可在板皮上撒少许食盐，以防虫蛀。

第十五章　岷县黑裘皮羊经营管理

15.1　经营管理概述

15.1.1　经营管理的含义及其意义

（1）经营管理的含义　所谓经营就是企业根据市场需要及企业内外部环境条件，合理地选择生产，使生产适应于社会的需要，以求用最小的人、财、物消耗取得最多的物质产出和最大的经济效益。所谓管理是指为实现经营目标所进行的计划、组织、指挥、协调等工作。经营和管理之间有着密切的联系，有了经营才需要管理，经营目标需要借助于管理才能实现，离开了管理，经营活动就会混乱，甚至中断。经营的使命在于宏观决策，管理的使命在于如何实现经营目标，是为实现经营目标服务的，两者不能分开。

（2）经营管理的意义　经营管理是岷县黑裘皮羊生产的重要组成部分。无论大场还是小场都应研究经营管理。实践证明，没有经营管理的科学化，生产手段和科学技术的现代化都是难以实现的，特别是在现代市场经济条件下，科学的经营管理就更显重要。

第一，通过抓经营管理，可以帮助羊场实现决策的科学化。通过对羊场的调研和信息的综合分析预测，可以正确地把握经营方向、规模、羊群结构、生产数量，使产品既能符合市场需要，又能获得最高的价格，取得最大的利润。否则，把握不好市场，遇上市场价格低谷，即使生产水平再高，生产手段再先进，也要亏本。

第二，通过抓经营管理，可以有效地组织生产，实现最优化，不断提高产品产量和质量。

第三，通过抓经营管理，可以最大限度地调动全体员工的劳动积极性，提高劳动生产率。任何优良品种、先进的设备和生产技术都要靠人来饲养、操作和实施。人是第一因素。在经营管理上明确责任制，制定合理的产品标准和劳动定额，建立合理的奖惩制度和竞争机制并进行严格考核，可以充分调动羊场员工的积极性，使羊场员工的聪明才智得以充分发挥。

第四，通过抓经营管理，可以不断提高羊场的科技水平。通过严格的记录和总结分析，可以摸索经验，掌握规律，提高生产科技水平。

第五，通过抓经营管理，最终实现增收节支，降低生产成本，提高养羊的生产经济效益。

15.1.2 经营管理的具体内容

（1）市场信息的收集、分析、预测 在市场经济迅速发展的今天，任何一项产业，不论产前、产中、产后的决策，都必须首先进行市场调研，收集掌握市场信息，并进行分析预测，只有这样才能做出正确的经营决策。

（2）产前决策 包括经营方向的决策、生产规模的决策、饲养方式的决策等。

（3）计划的制订 包括产品销售计划、产品生产计划、羊群周转计划、饲料供应计划、财务收支计划等。

（4）组织与劳动人事管理 包括建立与生产相适应的劳动组织，合理安排劳动用工、劳动定额，建立科学的劳动管理制度等。

（5）财务管理 包括资金的收支管理、经济核算等。通过科学的财务管理可以合理安排资金使用，加快资金周转，提高资金使用效率，以及检查生产计划和财务收支计划的执行情况并在此基础上总结经验，改善经营管理，提高羊场经济效益。

（6）技术管理 通过技术管理，可以尽快提高羊场的生产技术水平和产品的科技含量，使先进技术能够在生产中充分发挥作用，保持羊场技术领先。

（7）产品营销 产品营销是经营管理的关键环节。将产品销售出去并获得较高的收益，而且能够使市场不断扩大，这就需要进行巧妙的产品营销，包括产品宣传与促销及优质服务等。

（8）经济技术效果分析 为了检查和总结所采取的各项经济管理及技术措施的效果，必须通过大量的统计资料，定期或不定期地进行经济技术效果分析，以便及时发现问题，总结经验，改进经营管理，不断提高羊场经济效益。

15.1.3 经营管理制度

（1）饲养管理技术操作规程 商品羊、种羊的饲养管理都要制订严格的操作规程，并使制度上墙，以便饲养管理工作人员有章可循。

（2）防疫免疫程序 免疫程序是预防烈性传染病为害羊群、保证羊群健康的有效措施，每个羊场都要按照有关规定，请有丰富经验的兽医制定严格的免疫程序，并切实按免疫程序做好预防工作，防患于未然。

(3) 羊场卫生消毒制度　为防止外界病菌的传入，除按程序做好免疫工作外，羊场还要建立卫生消毒制度，以使进入羊场的工作人员及车辆、用具做到严格消毒，并严格控制外来人员进入羊场。

(4) 劳动管理制度　劳动管理制度是羊场做好劳动管理不可缺少的手段。主要包括考勤制度、劳动纪律、生产责任制、奖惩制度、劳保制度、技术培训制度等。

(5) 财务制度　财务制度是保证羊场资金正常运行、节俭开支、避免浪费的重要措施。必须精打细算，严格执行。

(6) 产品购销验收保管制度　进出原料及产品要层层严格保管手续，按程序运行，以防止产品流失、进料短缺现象的发生。

(7) 生产统计和报表制度　羊场的产供销、生产成本及收支等情况都要进行认真的统计和记录，并按不同需要实行严格报表制度，如羊群变动、饲料消耗、产品销售等都要及时进行统计。

15.2　产前决策

干任何一件事，事先都要有一个决策问题。养羊生产也不例外。产前决策是经营中的第一步，也是关键的一个环节。产前决策成功与否，事关羊场成败。产前决策正确，养羊就成功了一半。那么如何才能科学地做好产前决策呢？

15.2.1　市场调查

要做好产前决策，必须首先开展市场调查。即运用适当的方法，有目的、有计划、系统地搜集、整理和分析市场情况，取得经济信息。调查的内容包括市场需求量、消费群体、产品结构、销售渠道、竞争形式等。调查的方法常用的有访问法、观察法和实践法 3 种。搞好市场调查是进行市场预测、决策和制定计划的基础，也是搞好生产经营和产品销售的前提条件。

15.2.2　市场预测

市场预测又称销售预测。它是在市场调查的基础上，在未来一定时期和一定范围内，对产品的市场供求变化趋势做出估计和判断。市场预测的主要内容包括：市场需求预测、销售量预测、产品寿命周期预测、市场占有率预测等。

预测期分为短期和长期两种。预测方法：一是判断性预测法；二是数学分析预测法。

15.2.3 产前决策

（1）经营方向的决策　从事养羊生产，要确定生产经营哪种产品的羊，也就是说，本场的终端产品是什么。实际上，在进行市场调查和预测时，生产者就已初步有了大方向及目标，即是养肉用型羊还是毛用型羊，是养种羊还是商品羊等。而产前经营方向决策，就是要依据市场调查预测的资料，对所选生产方向进行可行性论证，并做出具体决策，也就是说对市场调查的生产经营项目进行最后选定，而且操作性更强。例如，市场调查时初步选择养肉羊，在产前方向决策时，根据市场调查预测结论，首先确定是养种羊还是养商品羊；养种羊要确定养哪个代次的，绵羊还山羊，养什么品种。如果养商品羊，不仅要确定养绵羊还是山羊，养什么品种，还要确定是进行大羊肉生产还是羔羊肉生产等。

（2）生产规模的决策　生产规模决策应依据资金、技术、管理水平、劳动力、设备及市场等各要素的客观实际，既要考虑规模效益，又要兼顾自身管理水平。适宜生产规模的确定，主要决定于投入产出效果和固定资产利用效果。生产规模多大为适宜，只是相对而言，并非固定不变，它会随着科技进步、饲养方式、劳动力技术水平、经营管理水平的提高，资金和市场状况以及社会服务体系的完善程度而发生相应的变化。

（3）饲养方式的决策　饲养方式一般分为舍饲和放牧。前者可以人工为羊创造适宜的环境，最大限度地发挥羊的生产性能，管理也方便，适于集约化饲养，但其投资大，要求设施设备条件高。后者投资小，但受自然环境影响大，羊的生产性能难以完全发挥，饲养周期长，且表现极大的不稳定性。各地应依据当地气候条件、管理水平、资金等具体情况综合考察，因地制宜。

15.3 经营计划的编制

市场经济条件下羊场的经营计划有别于计划经济时期的经营计划。它是以羊场取得最大利润为最终目标，在市场调研和预测的基础上，根据市场需求，对预期的经营目标和经营活动的事先安排。生产经营计划包括产品销售计划、成本利润计划、产品生产计划、饲料需求计划、资金使用计划等。

15.3.1 产品销售计划

市场经济条件下产品销售计划是一切计划之首，其他计划都必须依据销售计划来制订。所有羊场都必须坚持“以销定产，产销结合”。制订销售计划既要根据市场和可能出现的各种风险因素，科学合理地进行，也要大胆地开拓市场，千方百计扩销促产。扩大销售的途径很多，关键在于要树立市场观念，坚持“人无我有，人有我新，人新我优，人优我转（产）”的原则。销售计划包括销售量、销售渠道、销售收入、销售时间及销售方针策略等。

养羊场销售计划种类有种羊销售计划、商品羊销售计划、羔羊销售计划、羊粪销售计划等。销售计划中的产品销售量原则上不应大于羊场生产能力。

15.3.2　成本利润计划

市场销售计划有了，但产品卖出去能否赚钱，赚多少钱，也就是利润多少，这也是经营一个羊场非常重要的问题。如果产品销售出去赔钱，销售再多也没有意义。因此，需要根据市场羔羊（种羊）、饲料、劳动力、饲养技术水平、劳动生产力水平等各种成本构成因素，对单位成本及总体生产成本等支出进行测算，做出计划，并根据市场预测价格计算出相应的计划收入，进而用收入减支出即得计划生产利润。新建场，成本利润计划需要经过一段时间或一个生产周期的试运行后，根据本场生产实际进行调整。此计划制定后，通过羊场的各项责任制和经济管理制度得以落实，从而实现成本控制，并不断降低生产成本，提高羊场经济效益。要避免经营活动的盲目性，做到经济计划管理。

15.4　羊群组织

（1）羊群分组及组成和周转　羊群一般分为种公羊、成年母羊、育成羊、羔羊和羯羊，其中成年母羊又可分为空怀母羊、妊娠母羊和哺乳母羊。羊群组成由种公羊群、繁殖母羊群、育成母羊群、后备母羊群、羔羊群、试情公羊群和羯羊群组成。羊群周转主要是合理安排繁殖母羊参加当年配种，受胎率95%，分娩率98%，产羔率115%，羔羊成活率90%，育成率98%，公母羔羊比例1∶1。确定羔羊断奶日龄和适时出栏。

（2）羊群结构　羊群结构是指各个组别的羊只在羊群中所占的比例，由饲草料供应、圈舍条件和技术水平决定。对细毛羊和半细毛羊而言，羊群结构一般为：种公羊2%～4%、成年母羊50%～70%、育成羊20%～30%、羔羊和羯羊20%～30%。

（3）羊群规模　因地制宜，以经济、适用、高效、安全为宗旨。应提倡适度规模，根据资金拥有量、当地资源和技术力量综合因素确定养殖规模。细毛羊和半细毛羊的培育程度较高，羊群规模不宜太大。一般而言，种公羊和育成公羊的群体宜小；母羊群体宜大。根据放牧草场地形和技术水平，合理确定羊群。在起伏的平坦草原区，羊群可大些，丘陵区则小些；在山区与农区，地形崎岖，草场狭小，羊群宜小；集约化程度高、放牧技术水平高时，羊群可大些。羊群一经组成，应保持相对稳定。

15.5　劳动组织和劳动定额

15.5.1　劳动组织

为了充分合理地利用劳动力，不断提高劳动生产率，就必须建立健全劳动组织。根据羊经营范围和规模的不同，各羊场建立劳动组织的形式和结构也有所不同。大中型羊场一般包括场长、副场长、总畜牧兽医师、科长、班组长等组织领导机构及生产技术科、销售科、财务科、后勤保障科等职能机构，并根据生产工艺流程将生产劳动组织细化为种公羊组、配种组、母羊组、羔羊组、育成（育肥）组、饲料组、清粪组等。对各部门各班组人员的配备要依各人的劳动态度、技术专长、体力和文化程度等具体条件，合理进行搭配，科学组织，并尽量保持人员和从事工作的相对稳定。

15.5.2　劳动定额

劳动定额是科学组织劳动的重要依据，是羊场计算劳动消耗和核算产品成本的尺度，也是制定劳动力利用计划和定员定编的依据。制定劳动定额必须遵循以下原则。

一是劳动定额应先进合理，符合实际，切实可行。劳动定额的制定，必须依据以往的经验和目前的生产技术及设施设备等具体条件，以本场中等水平的劳动力所能达到的数量和质量为标准，不可过高，也不能太低。应使具有一般水平的劳动者经过努力能够达到，先进水平的劳动者经过努力能够超产。只有这样的劳动定额才是科学合理的，才能起到鼓励与促进劳动者的作用。

二是劳动定额的指标应达到数量和质量标准的统一。例如，确定一个饲养员养羊数量的同时，还要确定羊的成活率、生长速度、饲料报酬、药品费用等指标。

三是各劳动定额间应平衡。不论是养种公羊还是种母羊或者清粪，各种劳动定额应公平化。

四是劳动定额应简单明了，便于应用。羊场劳动定额及技术指标示例见表15-1。

表 15-1　羊场劳动定额及技术指标（参考）

项目名称	规模羊场参考指标	放牧参考指标
条件劳动定额	规模舍饲，配合饲料及粗饲料饲喂，人工送料、清粪、人工授精为主，全年均衡产羔	以放牧饲养为主，冬春季少量补饲
种公羊/（只/人）	25	30~50
育成羊/（只/人）	100	300
空怀及妊娠后期母羊/（只/人）	100	200
哺乳母羊及妊娠后期母羊/（只/人）	50	150
育肥羔羊/（只/人）	150~200	400
技术指标		
繁殖母羊年产胎次	1.5~2	1
断奶羔羊成活率/%	90	85
育肥期/d	90~150	70~90
育肥期死亡率/%	1~2	3~5
料肉比	4：1（颗粒饲料）	

15.5.3　建立完善的劳动管理体系

一个管理有序的规模羊场，必须建立完善的劳动管理机构，即以场长负责为主的生产、技术、供销、财务、后勤等劳动管理体系。规模羊场要从实际出发，尽可能地精简机构和人员，实施定员定岗责任制。

饲养员的基础定额为每人饲养 100 只羊，具体工作量包括饲草饲料加工、饲养管理、粪便清理和环境卫生消毒等工作。畜牧兽医技术人员原则上每人负责 500 只羊饲养管理的指导和诊疗工作。各场部各部门负责人不设副职。行政后勤保障人员应实行一人多岗制。经营初期不设销售部，销售人员一般采用兼职，随着销售量的增加再考虑设部定员。

15.6　生产计划

15.6.1　羔羊的生产计划

羔羊的生产计划主要是指配种分娩计划和羊群周转计划。我国岷县黑裘皮羊主要分布于岷县牧区及半农半牧区和农区，气候条件和牧草生长状况差异较大，应根据实际情况安排羔羊分娩，产冬羔（即 11—12 月分娩）或产春羔

(即 3—4 月分娩)。在编制羊群配种分娩计划和羊群周转计划时，应掌握以下资料：计划年初羊群各组羊的实有只数；去年配种，今年产羔的母羊数；确定的母羊受胎率、产羔率和繁殖成活率等。羊群周转计划的编制见表 15-2；配种分娩计划的编制见表 15-3。

表 15-2　羊群周转计划（参考）

<table>
<tr><th colspan="2" rowspan="2">项目</th><th rowspan="2">上年末存栏数</th><th colspan="12">计划年度月份</th><th rowspan="2">计划年末存栏数</th></tr>
<tr><th>1</th><th>2</th><th>3</th><th>4</th><th>5</th><th>6</th><th>7</th><th>8</th><th>9</th><th>10</th><th>11</th><th>12</th></tr>
<tr><td colspan="2">哺乳羔羊</td><td></td><td></td><td></td><td></td><td></td><td></td><td></td><td></td><td></td><td></td><td></td><td></td><td></td><td></td></tr>
<tr><td colspan="2">育成羊</td><td></td><td></td><td></td><td></td><td></td><td></td><td></td><td></td><td></td><td></td><td></td><td></td><td></td><td></td></tr>
<tr><td rowspan="4">后备母羊</td><td>月初头数</td><td></td><td></td><td></td><td></td><td></td><td></td><td></td><td></td><td></td><td></td><td></td><td></td><td></td><td></td></tr>
<tr><td>转入</td><td></td><td></td><td></td><td></td><td></td><td></td><td></td><td></td><td></td><td></td><td></td><td></td><td></td><td></td></tr>
<tr><td>转出</td><td></td><td></td><td></td><td></td><td></td><td></td><td></td><td></td><td></td><td></td><td></td><td></td><td></td><td></td></tr>
<tr><td>淘汰</td><td></td><td></td><td></td><td></td><td></td><td></td><td></td><td></td><td></td><td></td><td></td><td></td><td></td><td></td></tr>
<tr><td rowspan="4">后备公羊</td><td>月初头数</td><td></td><td></td><td></td><td></td><td></td><td></td><td></td><td></td><td></td><td></td><td></td><td></td><td></td><td></td></tr>
<tr><td>转入</td><td></td><td></td><td></td><td></td><td></td><td></td><td></td><td></td><td></td><td></td><td></td><td></td><td></td><td></td></tr>
<tr><td>转出</td><td></td><td></td><td></td><td></td><td></td><td></td><td></td><td></td><td></td><td></td><td></td><td></td><td></td><td></td></tr>
<tr><td>淘汰</td><td></td><td></td><td></td><td></td><td></td><td></td><td></td><td></td><td></td><td></td><td></td><td></td><td></td><td></td></tr>
<tr><td rowspan="3">基础母羊</td><td>月初头数</td><td></td><td></td><td></td><td></td><td></td><td></td><td></td><td></td><td></td><td></td><td></td><td></td><td></td><td></td></tr>
<tr><td>转入</td><td></td><td></td><td></td><td></td><td></td><td></td><td></td><td></td><td></td><td></td><td></td><td></td><td></td><td></td></tr>
<tr><td>淘汰</td><td></td><td></td><td></td><td></td><td></td><td></td><td></td><td></td><td></td><td></td><td></td><td></td><td></td><td></td></tr>
<tr><td rowspan="3">基础公羊</td><td>月初头数</td><td></td><td></td><td></td><td></td><td></td><td></td><td></td><td></td><td></td><td></td><td></td><td></td><td></td><td></td></tr>
<tr><td>转入</td><td></td><td></td><td></td><td></td><td></td><td></td><td></td><td></td><td></td><td></td><td></td><td></td><td></td><td></td></tr>
<tr><td>淘汰</td><td></td><td></td><td></td><td></td><td></td><td></td><td></td><td></td><td></td><td></td><td></td><td></td><td></td><td></td></tr>
<tr><td rowspan="3">育肥羊</td><td>4 月龄以下</td><td></td><td></td><td></td><td></td><td></td><td></td><td></td><td></td><td></td><td></td><td></td><td></td><td></td><td></td></tr>
<tr><td>5~6 月龄</td><td></td><td></td><td></td><td></td><td></td><td></td><td></td><td></td><td></td><td></td><td></td><td></td><td></td><td></td></tr>
<tr><td>7 月龄以上</td><td></td><td></td><td></td><td></td><td></td><td></td><td></td><td></td><td></td><td></td><td></td><td></td><td></td><td></td></tr>
<tr><td colspan="2">月末存栏</td><td></td><td></td><td></td><td></td><td></td><td></td><td></td><td></td><td></td><td></td><td></td><td></td><td></td><td></td></tr>
<tr><td colspan="2">出售种羊</td><td></td><td></td><td></td><td></td><td></td><td></td><td></td><td></td><td></td><td></td><td></td><td></td><td></td><td></td></tr>
<tr><td colspan="2">出售肥羔</td><td></td><td></td><td></td><td></td><td></td><td></td><td></td><td></td><td></td><td></td><td></td><td></td><td></td><td></td></tr>
<tr><td colspan="2">出售育肥羊</td><td></td><td></td><td></td><td></td><td></td><td></td><td></td><td></td><td></td><td></td><td></td><td></td><td></td><td></td></tr>
</table>

表 15-3　配种分娩计划（参考）

配种					分娩							育成羊
年份	月份	配种母羊数			计划年度月份	分娩胎次			产活羔数			
含上年度和计划年度		基础模样	鉴定母羊	合计		基础模样	鉴定母羊	合计	基础模样	鉴定母羊	合计	
上年度	9											
	10											
	11											
	12											
计划年度	1				1							
	2				2							
	3				3							
	4				4							
	5				5							
	6				6							
	7				7							
	8				8							
	9				9							
	10				10							
	11				11							
	12				12							
	全年				全年							

15.6.2　羊毛生产计划

羊毛生产计划是在一个年度内羊毛生产的预先安排。常以近 3 年的实际产量为重要依据。

15.6.3　饲草料生产和供应计划

饲草料生产和供应计划包括制定饲草料定额、各类型羊的日粮标准、青饲料的生产和供应组织、饲料的留用和管理、饲料的采购与贮存以及配合加工等。原则是就地取材，尽量挖掘潜力、降低成本、注重多样性、科学配比、四季均衡，采购渠道要相对稳定。饲草等粗饲料保证贮存一年的库存量，精饲料应保证一个月的库存量。有条件的可定期对所进的饲草、饲料进行营养成分检测，保证质量。

15.6.4 羊群发展计划

制定羊群发展计划，应根据本年度和本场（户）历年的繁殖淘汰情况和实际生产水平，结合对市场的估测，科学地估算羊群的发展计划。其基本公式是：

$$M_n = M_{n-1}(1-Q) + M_{n-2}P \tag{15-1}$$

式中：M 为繁殖母羊数（以每年配种时的母羊存栏数为准）；Q 为繁殖母羊每年的死亡淘汰率（通常为死亡率、病废淘汰率和老年淘汰率三者之和）；P 为繁殖母羊的增添率（通常为繁殖存活率、母羊比例、育成母羊育成率和母羊留种率四者之积；M_n为 n 年后的繁殖母羊数；M_{n-1}和 M_{n-2}分别为前 1 年和前 2 年的繁殖母羊数。

15.6.5 生产技术准备计划

养羊生产技术主要包括饲草料生产和购置、良种的选择和培育、日常管理（如捕捉羊及导羊前进、分群、被毛的杂草去除、年龄识别、羊只编号、去势、药浴、修蹄、饲喂、饮水等）、繁殖、不同类型羊的饲养管理、剪毛及羊毛分级、疫病防治等。应按羊群生产的生产进程和季节要求配套和组织生产技术。

15.6.6 生产作业计划

羊群生产的周年作业计划见表 15-4。

表 15-4 羊群全年生产作业计划（参考）

季节	月份	管理工作
春季	3 月中旬	羊群整群鉴定、羔羊断奶（冬季产羔）、驱虫、防疫；产羔（春季产羔）；编号、母羊补饲、羔羊补料；断尾；剪毛；药浴
	4	
	5	
夏季	6	放牧抓膘
	7	
	8	

（续表）

<table>
<tr><th>季节</th><th>月份</th><th>管理工作</th></tr>
<tr><td rowspan="4">秋季</td><td>7月中旬</td><td rowspan="4">配种（冬季产羔）；放牧抓膘；断奶（春季产羔）；羔羊出栏；冬季饲草料准备；妊娠母羊管理</td></tr>
<tr><td>8</td></tr>
<tr><td>9</td></tr>
<tr><td>10月中旬</td></tr>
<tr><td rowspan="6">冬季</td><td>10月中旬</td><td rowspan="6">配种（春季产羔）；妊娠母羊后期补饲；产羔前准备；产羔、编号、母羊补饲、羔羊补料；断尾</td></tr>
<tr><td>11</td></tr>
<tr><td>12</td></tr>
<tr><td>1</td></tr>
<tr><td>2</td></tr>
<tr><td>3月中旬</td></tr>
</table>

15.7　生产控制

15.7.1　生产进度控制

羊群的生产控制是按照市场对羊产品的需求和羊只的生产规律合理安排和调控羊群的生产进度和生产方向。如果羊毛市场行情看好，可增加羯羊的饲养数量来提高羊毛产量；如果羊肉市场价格上升，可增加繁殖母羊的饲养量，实施2年3产或3年5产体系，加快羊群周转，提高肥羔出栏率。

15.7.2　生产质量控制

（1）*建立严格的选种选育制度*　要建立质量较好的基础母羊和种公羊群，每年要引进或调换种公羊，并根据需要选留后备母羊，防止出现近交。对繁育的种羊进行严格的选育，达到种羊标准按种羊出售，达不到标准者进行育肥，按肉羊处理或留作羯羊生产羊毛，保证种羊为质量较好的纯种羊。

（2）*加强疫病防治*　提高羊群的饲养管理水平、加强疾病防治、保证羊群的健康体态是养羊业生存的基础。第一，引进种羊时要充分考察当地疫病的流行情况，要从无疫区购买种羊。第二，要根据当地羊的疫病流行特点，制订合理的免疫程序。按免疫程序搞好免疫接种，提高其免疫能力。第三，要定期做好驱虫工作，使用高效、低毒、无残留的驱虫药驱除其体内外寄生虫。第四，及时做好消毒工作，定期使用不同种类的消毒剂交叉对羊舍和器具消毒、放牧地进行消毒。同时尽量减少外来人员入内参观，场内人员要减少外出，外来或外出人员要进入生产区，必须先进行彻底的消毒，严防疾病传入。

(3) 加强饲草料和放牧地的安全管理　在饲草料的生产和收购过程，要严把质量关，生产和购置安全优质饲料，并应用全年均衡营养调控饲养技术。严禁有毒、有害物质污染放牧地。

15.8 管理体制

(1) 国营羊场　财产国有，监督管理费用较高。

(2) 私营企业　财产包括自有、贷款、政府投资等，经营灵活，劳动效率较高。

(3) 家庭式小羊场　家庭式小羊场饲养规模一般较小，财产自有，利润独享，生产灵活，劳动不计成本，无监督管理费用。

15.9 劳动形式

(1) 生产责任制　实行生产责任制可以充分调动职工生产积极性，加快生产发展，改善经营管理，提高劳动效率，创造良好的经济效益。

根据不同工种配备不同人员及任务，使每一个员工都有明确的职责范围、具体的任务和满负荷工作量。严格考核，奖惩分明。其中场长、技术人员、饲养人员、后勤人员要做到分工明确、责任到人、相互配合、加强合作。

(2) 承包责任制　在规模羊场中，这种形式可以减少经营的风险，调动员工的积极性。羊场分片承包，职工会将自己置身于主人位置，可以更好地管理和经营，以承包经营合同的形式，确定企业与承包者的权、利、责任之间的关系，承包者自主经营、自负盈亏。

(3) 股份合作制　股份合作制形式是改革开放的一个产物，可将其应用到羊场经营管理当中。全体劳动者自愿入股，实行按资分红相结合，其利益共享、风险共担，独立核算、自负盈亏。每一个股东既是企业的投资者、所有者，又是劳动者、经营者，拥有参与决策和管理的权利。这种经营方式一方面解决了资金不足的问题，另一方面还明确了产权关系，可以充分地调动全体职工的积极性。

15.10　劳动报酬

规模羊场劳动计酬形式可分为4种，即基本工资制、浮动工资制、联产计酬、奖金和津贴。

（1）基本工资制　基本工资是养殖企业对其员工劳动报酬的基本形式。一般是按劳动时间来计量的，即按照一定时间内的一定质量的劳动来支付工资，即所谓的计时工资。

（2）浮动工资制　根据企业的经营情况和企业效益，以基本工资为水平线，发给职工上下波动的工资。把基本工资分成两部分，大部分作为固定工资，把基本工资的少部分连同奖金、利润留成的一部分作为浮动工资。当企业效益好时把固定工资和浮动工资全部发给职工，当企业效益差时，只发给职工固定工资。

（3）联产计酬　它是以产量为前提的一种计酬方式，它把劳动的最终成果——产量作为衡量劳动报酬的一种尺度，把劳动者的劳动成果和经济利益联系起来，把发展生产和增加劳动者的收入联系起来，一定程度上可调动生产者的积极性。

（4）奖金和津贴　奖金和津贴都是劳动报酬的辅助形式，是对劳动者超过平均水平劳动或者对企业做出贡献的人员支付的一种劳动报酬。

15.11　合同管理

通过劳动合同、购销合同、劳务承包合同、技术合同、产销合同（订购合同、议购合同、产销合同等）等，沟通供产销渠道，为岷县黑裘皮羊良性生产提供保障。

15.12　管理制度

建立、健全岷县黑裘皮羊生产的各种管理制度和强化内部管理是羊场发展壮大的保障。建立人员、财务、出（入）库、防疫等管理制度。将员工的责、权、利与生产指标挂钩。应该注意的是，制定宜粗不宜细，但必须具有可操作性，树立以制度管人的意识，在执行上对事不对人，重在执行力度持久。首先，应层层下达指标，充分调动全体员工的工作积极性和主动性。建立奖优罚劣、人人争先、进取创新的激励机制。其次，建立一系列完善的管理制度。在制度面前，人人平等，以制度管人，以制度管事。最后，领导者要以身作则，既严于律己，也严于律人，可起到良好的示范带头作用。总之，通过强化内部管理，使全场员工形成遵章守纪、团结互助、齐心付出、刻苦工作的局面。

劳动纪律是广大职工为社会、为自己进行创造性劳动所自觉遵守的一种必要制度。一般规定：坚守岗位，尽职尽责，努力完成本职工作。严格执行生产技术操作规程，进行上岗前的培训工作，做好接替班工作。强调劳动的精神状态，杜绝出现打瞌睡、萎靡不振、心不在焉的现象。服从正确领导，遵守作息时间和请假制度，工作时间不允许闲串，不允许打闹，不允许擅离职守。若有建议或意见，应及时向领导汇报。

为了强调劳动纪律，应制定生产技术操作规程，并进行上岗前的培训工作。技术操作规程通常包括以下一些内容：对饲养任务提出生产指标，使饲养人员有明确的目标；指出不同饲养阶段羊群的特点及饲养管理要点；按不同的操作内容分别排列，提出切合实际的要求；要尽可能采用先进的技术，反映本场成功的经验。注意，在制订技术操作规程时条文要简明具体，拟订的初稿要邀集有关人员共同逐条认真讨论，并结合实际做必要的修改。只有直接生产人员认为切实可行时，各项技术操作才有可能得到贯彻，制订的技术操作规程才有真正的价值。

15.13 人员管理

人员的管理是岷县黑裘皮羊产业成败的关键所在，意义重大。人员的构成包括管理人员和饲养人员。

15.13.1 管理人员的要求

一是具有良好的道德品质。除具有高度的政治敏锐性和洞察力外，还要有爱岗敬业、廉洁自律、积极奉献、认真负责的理念；有艰苦奋斗、脚踏实地、雷厉风行、团结拼搏、吃苦在先、坚韧不拔的工作作风；有居安思危、市场竞争、持续发展、不断创新的意识；有诚实守信、谦虚谨慎、相信自己、宽容他人的心态。

二是具备多种才能，表现在如下 9 个方面。

专业特长：在畜牧学、兽医学、营养学、环境控制学、环境保护学等方面有扎实的理论知识和丰富的实践经验。

管理能力：运用企业管理理论结合本场的实际，正确使用手中的权力。在用人方面，建立岗位责任制、激励机制和奖励办法，使人员既有分工又有合作，调动员工和积极性；在物料管理上，建立物料进、出库管理制度和使用登记制度，做到账物相符，账账相符；在财务管理上，建立严格的等级审批制度。

政策水平：能潜力钻研法律，运用法律武器保护自己，维护本场的合法权益。此外，应积极研究国家的政策，走在岐策的前面，捕捉国家政策带来的信息，抢抓机遇，谋求发展。

领导艺术：作为领导，要带头学习，更新知识，把握时代的潮流，能很好地研究政治，学懂、弄通领导艺术，具备统揽全局的能力，做到科学决策、顾全大局、统筹兼顾、博采众议。这样，才不会出现顾此失彼、手足无措的局面。

经济头脑：畜禽养殖企业的领导必须善于洞察市场的变化，研究市场发展的规律，准确地把握目标和发展方向，确定生产的最佳时机，占领市场制高点，使自己在市场上立于不败之地，取得很好的经济效益。

营销策略：通过市场调研做好市场定位，围绕产品特色加大宣传力度，组建营销队伍，建立营销网络，制定营销政策，搞好售后服务和信息反馈，将产品及时以较好的价格推向市场，减少因产品积压导致的成本增加和资金周转困难。

社交能力：在现代社会里，人与人之间的关系越来越紧密，任何一个人都不可能离开社会而生存。为此，第一要广交朋友，积累、发掘社会关系；第二要经营交情，结识朋友后长期进行感情培养用心经营，将朋友当作知己对待；第三要在自己为他人付出后，得到别人更大的帮助，发挥社交能力在工作中的作用。

创新能力：在市场面前，人人平等，谁不注重市场，谁不注重创新，谁就可能随时被市场淘汰，创新是企业发展的根本，是生存发展的灵魂，这是市场经济下的竞争规律。要敢于否定自己，否定过去，逐步解决观念、管理、组织、技术、市场和知识方面的创新，不断推出新思路、新办法，这样企业才能发展。

会用人：会用人，为自己选定副手、中层领导和技术人员，将现有人员因人而异安排在相应的岗位。

总之，选择养殖企业主要领导就是要大胆起用德才兼备的人才，就是要大胆起用牢固树立全心全意为人民服务的思想、全面掌握全心全意为人民服务本领的人才。

15.13.2 饲养人员的要求

15.13.2.1 饲养人员的作用

饲养人员是直接与羊接触的一线人员，完成羊草料、饮水的供应，健康状况的观察，是管理者掌握羊生长状况唯一的信息来源，是管理者与羊沟通的桥梁与纽带，是养殖过程中问题的发现者和处理问题的执行者，作用巨大，雇用一个称职的饲养人员，可及早发现问题，将问题消灭在萌芽状态，大大降低经济损失。同时饲养人员又与畜禽直接接触，生活、工作条件差，出入生产区受到严格的控制。

标准：爱岗敬业、忠诚厚道、乐于奉献、遵守制度、吃苦耐劳、勤于观察、善于思考、反应敏捷、动作快捷、卫生清洁。

15.13.2.2 饲养人员的条件

一是来源清楚。持有效证件、来自经济收入低的贫困地区，离家较远。二是至少初中文化程度，能掌握养殖技能并可做相应记录。三是年龄为25~50岁，有相当的体力从事劳动。四是家庭负担小，可长期在外，家庭不受影响。

15.13.2.3 饲养人员的培训

上岗前培训与上岗后跟班现场培训相结合。

15.13.2.4 饲养人员的待遇

参照当地务工人员工资标准确定，最好实行固定工资+浮动工资的工资制度。

15.13.2.5 饲养人员管理的注意事项

一是在人格上尊重，人人平等。二是在生活上关心，改善生活条件。三是倾听呼声与建议，经常深入基层与之打成一片。四是不得随意换人，稳定人心。

15.13.2.6 劳动管理

（1）合理分工，各尽所能　实行分工，有利于提高劳动者的技术熟练程度，做到因才施用，人尽其才，有利于提高劳动效率和劳动经济效果。

（2）全面落实生产责任制，使责、权、利三者统一　根据各场实际情况和工作内容，因地制宜，采取多种不同形式，以有利于调动饲养人员积极性和责任感、提高羊场经济效益为原则制定责任制。

（3）确定合理的劳动报酬　要根据工作难易程度、技术要求高低程度、劳动强度等给予合理的工资，体现多劳多得的分配原则。采取责任工资和超定额奖励工资相结合，或岗位工资和效益工资相结合的办法，调动饲养人员的劳动生产积极性和创造性。

(4) 及时兑现劳动报酬　对饲养人员应得的劳动报酬，要按签订的责任书内容和科学的计酬标准严格考核，及时兑现，奖惩分明，以调动饲养人员的劳动积极性。

(5) 保持和谐的工作环境　羊场要以人为本，对饲养人员在生活上关心，政治上帮助，工作上支持，遇事多与职工商量，充分发挥饲养人员的智慧和才能，以不断增强羊场的凝聚力，使大家心系羊场、以场为家，形成上下齐心协力的生产局面。

15.14　放牧地管理

放牧地管理包括草地改良和利用。

(1) 草地改良　草地改良按措施施用的对象基本上可以分为两大类：草地的土壤改良和植被的恢复与改善。

①土壤改良措施。土壤改良通过某些土地耕作措施影响或改变着植被的立地条件，表现为土壤的含水量、温度、孔隙度、坚实度和容重等物理性质以及土壤的养分元素含量和离子浓度等化学性质的变化，并在一定程度直接影响着植被。

②施肥。草地施肥是改善土壤营养状况、提高牧草产量和改变草群组成的一项重要措施。

③植被恢复和改善。植被的恢复与改善主要对草地植被有影响。通过播种优良牧草以恢复逆向演替的原生植被或改变植物群落的组成和结构；清除有毒有害或不理想植物，增加可利用牧草产量和质量，或减少对家畜的危害。

④补播改良。补播是在不破坏或少破坏原有植被的情况下，在草地上播种一些适应性强、饲用价值高的牧草，以增加草群种类成分、增加地面覆盖、提高牧草的产量与质量。这是草地治标改良的一项重要措施，也是植被恢复与改良的一项有效措施。

⑤清除有毒有害或不良牧草。在我国辽阔富饶的草原上，不仅生长着家畜非常喜食的优良牧草，也混生着许多牲畜不喜食，甚至是有毒有害植物。它们的存在对家畜生产造成严重损害，如青海高寒草原上的醉马草和藜芦等，对家畜的消化系统、神经系统和呼吸系统造成代谢紊乱和失调，严重时死亡。

(2) 草地利用　草地利用主要有放牧利用和牧草刈割利用两种形式。

放牧饲养方式是除极端天气如暴风雪和高降雨外，羊群一年四季都在天然草场上放牧，是我国北方牧区、青藏高原牧区、云贵高原牧区和半农半牧区的主要生产方式。这些地区天然草地资源广阔，牧草资源充足，生态环境条件适宜放牧生产。岷县黑裘皮羊的放牧一般选择地势平坦、高燥，灌丛较少，以禾本科为主的低矮型草场。

放牧饲养投资小，成本低，饲养效果取决于草畜平衡，关键在于控制羊群的数量，提高单产，合理保护和利用天然草场。应注意的是，在春季牧草返青前后和冬季冻土之前的一段时间，要适当降低放牧强度，组织好放牧管理，兼顾羊群和草原双重生产性能。

牧草刈割利用就是直接刈割牧草进行饲喂牲畜或贮存越冬。牧草刈割时期一般根据饲喂对象和需要来确定，但也必须考虑牧草本身的生长情况。刈割太早，产量低；刈割晚，草质粗老，营养下降，不利再生。一般豆科牧草多在初花期、禾本科牧草在初穗期刈割，这样能有较高的产量，同时营养也较丰富。不能刈割留茬太低和过频刈割，留茬太低将影响牧草的生长，一般留茬 10 cm 左右；过频刈割可导致牧草地的衰退，应根据目的不同，利用刈割次数来控制其品质与产量。如果要草质嫩，叶量多，就增加刈割次数；如果用作青贮饲料，需要更高的产量，则减少刈割次数，甚至只在青贮时一次性刈割。

15.15 基础设施管理

对羊舍、围栏及饮水设施要定期检查，羊舍、围栏等设施松动或损坏时要及时进行维修，防止畜群放牧时穿越围栏。饮水设施有破损要及时检修，饮水槽等设施妥善保管以备来年使用。

15.16 销售管理

15.16.1 销售预测

销售预测是在市场调查的基础上，对羊产品的趋势做出正确的估计。羊产品市场是销售预测的基础，羊市场调查的对象是已经存在的市场情况，而销售预测的对象是尚未形成的市场情况。羊产品销售预测分为长期预测、中期预测和短期预测。长期预测一般指 5～10 年的预测；中期预测一般指 2～3 年的预测；短期预测一般为每年内各季度、月份的预测，主要用于指导短期生产活动。进行预测时可采用定性预测和定量预测两种方法。定性预测是指对对象未来发展的性质方向进行判断性、经验性的预测；定量预测是通过定量分析对预测对象及其影响因素之间的密切程度进行预测。两种方法各有所长，应从当前实际情况出发，结合使用。

15.16.2　销售决策

影响企业销售规模的因素有两个：一是市场需求，二是羊场的销售能力。市场需求是外因，是羊场外部环境对企业产品销售提供的机会；销售能力是内因，是羊场内部自身可控制的因素。对具有较高市场开发潜力但目前在市场上占有率低的产品，应加强产品的销售推广宣传工作，尽力扩大市场占有率；对具有较高的市场开发潜力且在市场有较高占有率的产品应有足够的投资维持市场占有率。但由于其成长期潜力有限，过多投资则无益；对那些市场开发潜力小、市场占有率低的产品，应考虑调整企业产品组合。

15.16.3　销售计划

羊产品的销售计划是羊场经营计划的重要组成部分，科学地制订羊产品销售计划，是做好销售工作的必要条件，也是科学地制订羊场生产经营计划的前提。主要内容包括销售量、销售额、销售费用、销售利润等。制订销售计划的中心问题是要完成企业的销售管理任务，能够在最短的时间内销售产品，争取到理想的价格，及时收回货款，取得较好的经济效益。

15.16.4　销售形式

销售形式指羊产品从生产领域进入消费领域，由生产单位传送到消费者手中所经过的途径和采取的购销形式。依据不同服务领域和收购部门经营范围的不同而各有不同，主要包括国家预购、国家订购、外贸流通、羊场自行销售、联合销售、合同销售6种形式。合理的销售形式可以加速产品的传送过程，节约流通费用，减少流通过程的消耗，更好地提高产品的价值。

15.16.5　疏通产品销售渠道

15.16.5.1　产品销售的重要性

(1) 畜产品的特点　一是畜产品无绝对的标准化；二是需要长的生产时间；三是不便于运输和贮藏；四是供需不易控制。

(2) 产品销售的重要性　产品销售是羊场经营管理工作中的一个十分重要的阶段。如果羊场生产的产品没有销售，既未达到生产的目的，也无利可获，失去经营的意义。为了获得最大的经营利润，不能单纯依靠提高其生产量，还要将其产出的物品在最有利的时期用最经济的方法销售至最有利的市场。所以，在现代畜牧业上，营销的地位不亚于畜牧科学。

15. 16. 5. 2　畜产品营销的程序

集货→分级与标准化→加工→包装→运输→贮藏→买卖→资金融通→分担风险→市场行情预报。

15. 16. 5. 3　畜产品营销方式

(1) 依销售的过程分类　可分为直接销售和间接销售。直接销售是指羊场将自己的产品直接卖给消费者，而不经过任何中间商之手的交易。间接销售是指羊场将其产品出售给中间商，再由中间商卖给消费者的交易。

(2) 依销售时的人数分类　可分为个人销售和合作销售。个人销售是指生产者个人将其产品直接出售给消费者。合作销售是指许多生产者联合，组成合作社团，再行销售。

(3) 依销售时货物有无分类　可分为期货销售和现货销售。期货销售是指为一种产品预买预卖的交易。现货销售是指一手交钱、一手交货的交易行为。

15. 16. 5. 4　销售市场分类

(1) 产地市场　在本地方销售的市场。

(2) 批发市场　又称中心市场或转运市场。批量交易，交易额大。

(3) 零售市场　即分销给消费者的市场。

15. 16. 5. 5　开发销售渠道

除正常销售渠道外，还可开发下列销售渠道。

(1) 委托销售　即通过销售代理公司，代理出口或转销。

(2) 连锁销售　即建立连锁店，统一产品规格，统一产品价格，减少环节，直接销售给消费者，能够降低销售成本，扩大销售量。

(3) 联合销售　通过强强联合，扩大销售规模。

(4) 代购销售　通过地域特点，建立基地，确立羊场的龙头地位，代收购农牧民产品，扩大产地市场规模，吸引商贩，建立产品流通渠道。

15. 16. 6　销售管理要点

搞好销售管理工作是毛用羊业生存的根本保证，销售管理工作要从以下几点抓起。

一是做好宣传工作，提高种羊场的知名度。第一，在知名度高、发行量大、影响面广的报纸杂志做广告宣传，让广大养殖户了解种羊及产品，认识到该种羊品种和产品的优良性能，便于种羊的推广。第二，积极参加有关养羊方面的会议和产品交易会，与广大养羊同行和加工企业共同探讨养羊存在的问题，交流经验，取长补短，及时了解种羊级产品的市场行情，提高羊场的知名度和影响力。

二是坚持诚信的原则。坚持诚信的原则是建立种羊场的必备条件。对客户要认真细致地介绍自己的产品，详细地回答广大养殖户提出的养羊生产中出现的问题。对所售种羊保证种纯质优，提供三代系谱、引种证明、检疫证明和防疫记录，并做好销售记录。对所销售的产品要保证质量。以诚信的原则对待客户，提高信誉度，增强客户的信赖度。

三是做好售后服务。售出种羊后及时对客户进行回访，并为养殖户培训技术人员，传授采精、人工授精技术和羊的饲养管理和防疫灭病知识，对养殖户在生产中出现的实际问题给予认真的回答和解决，有条件的话，还可与肉联厂、羊毛、羊绒经销商和加工户保持联系，解决养殖户的后顾之忧，总之要努力达到让广大客户满意，多发展回头客。

15.17　财务管理和成本管理

15.17.1　财务管理

财务管理是有关筹集、分配、使用资金（或经费）以及处理财务关系方面的管理工作的总称。制订财务计划是搞好财务管理的前提和基础。制订财务计划时应贯彻增产节约、勤俭办场的方针，遵循既充分挖掘各方面的潜力又注意留有余地的原则，并与生产计划相衔接。在实际操作中，除会计和物资保管外，羊场中的每个部门都尽可能地参与到涉及的财务管理工作中，充分调动全体职工的积极性，做好财务管理的工作。

(1) 筹资管理　羊场筹资是指羊场通过各种渠道，采用不同方式向资金供应者筹措和集中生产经营资金的一种财务活动，它是羊场资金运动的起点。目前，羊场的筹资渠道包括国家财政资金和集体积累资金、专业银行信贷资金、非银行金融机构（如信托投资公司、租赁公司、保险公司、城乡信用合作社等）资金、羊场内部积累资金、其他企业资金、社会闲置资金等。取得筹资的方式有财政拨款、补偿贸易、发行股票和债券等。无论如何筹资，应力求以羊场总资金成本最低为好。

(2) 投资管理　在羊场投资决算前运用多种科学方法对拟建项目进行综合技术经济论证，即可行性论证。筹集到的资金一旦投入生产，便形成了各类资产，如固定资产、流动资产、无形资产等，加强固定资产及流动资产的管理是提高投资效益的重要途径。

15.17.2 成本核算

成本核算必须要有详细的收入与支出记录。

(1) 支出部分 购买羊只及饲草料费用、劳动力投入、工资与奖金、购置养羊工具设备等，以及水电燃料费用、医疗防疫费、圈舍修建与维修、草地改良和建设、产品运输销售、税金与管理费等。

(2) 收入部分 包括毛、肉、皮等的销售收入，出售种羊、育肥羊的销售收入，产品加工增值的收入，羊粪尿及加工副产品的收入等。

在以上记录的基础上，可根据下列公式计算成本：养羊生产总成本=劳动力支出+饲草料消耗支出+固定资产折旧费+医疗防疫费+上缴税金等。

15.17.3 经济效益分析

一般用投入产出比较进行养羊生产的经济效益分析，分析指标有总产值、净产值、盈利额、利润额等。

(1) 总产值 指各项养羊生产的总收入，包括销售产品（毛、肉、皮等）的收入，自产自用产品的收入，出售种羊、育肥羊的销售收入，淘汰死亡收入，羊群存栏折价收入等。

(2) 净产值 指通过养羊生产创造的价值，计算的原则是用总产值减去养羊人工费用、饲草料消耗费用、医疗防疫费用等。

(3) 盈利额 指养羊生产创造的剩余价值，是从总产值中扣除生产成本后的剩余部分。计算公式为：盈利额=总产值-养羊生产总成本。

(4) 利润额 养羊生产创造的剩余价值（盈利）并不是养羊生产者所得的全部利润，还必须尽一定义务，向国家缴纳一定的税金和向地方缴纳有关生产管理和公益事业建设费，余下的才是养羊生产者为自己创造的经济价值。利润额=盈利额-税金-其他费用。

15.17.4 成本控制

(1) 建立完善的劳动管理体系 一个管理有序的羊场，必须建立完善的劳动管理机构，即以场长负责为主的生产、技术、供销、财务、后勤等劳动管理体系。羊场要从实际出发，尽可能地精简机构和人员，实施定员定岗责任制。

(2) 有效监控生产经营成本 生产成本预算由财务部全面负责，应根据羊场生产经营计划和实际情况编制生产成本预算，对全年的经营收入、支出等编制基本概算，制订资金需求和来源的计划，并对全年的生产经营成本进行控制管理。生产计划由生产部负责，主要内容为饲养规模、羊群结构、繁殖及羊群周转计划等。

(3) 努力降低生产经营成本　生产经营成本主要是饲料费、人工费、水电费、医药费、行政办公费和营销费等直接费用，因这类费用的可变性大，是控制成本的主要内容。一般情况下，饲料、饲草费用占羊场生产总成本的70%以上，在生产成本中起决定性作用。

15.18　经营诊断

经营诊断即养羊生产的经济活动分析，是根据经济核算所反映的生产经营管理状况。对养羊生产的劳动生产率、羊群及其他生产资料的利用情况，饲草料等物资供应程度，生产成本等情况，经常进行全面系统的分析，检查生产计划完成情况以及影响完成的各种有利因素和不利因素，对养羊生产的经济活动做出正确的评价，并在此基础上制定下一阶段保证完成和超额完成生产任务的措施。经济活动分析的常用方法是根据核算资料，以生产计划为起点，对经济活动的各个部分进行分析研究。首先检查本年度计划完成情况，比较本年度与上年度同期的生产结果，检查生产的增长及其措施，比较本年度和历年的生产结果等；然后查明造成本年度生产变化的原因，制定今后的生产经验管理措施。经济活动分析的主要项目是畜群结构、饲草料消耗（包括定额、饲料利用率和饲料口粮）、劳动力利用情况（包括配置情况、利用率和劳动生产率）、资金利用情况、产品率状况（主要指繁殖率、产羔率、成活率、日增率、饲料报酬等技术指标）、产品成本分析和盈亏状况等。

参考文献

白雅琴，秦红林，2017. 岷县黑裘皮羊种群减少和退化的原因及对策［J］. 甘肃畜牧兽医，47（11）：102-103，110.

白雅琴，秦红林，张广，等，2017. 岷县黑裘皮羊 9 月龄羔羊屠宰测定试验［J］. 畜牧兽医杂志，36（5）：114-115.

白雅琴，孙国虎，张广，等，2018. 不同月龄岷县黑裘皮羊的生理生化指标测定［J］. 畜牧兽医杂志，37（5）：92-95.

包文斌，束婧婷，许盛海，等，2007. 样本量和性比对微卫星分析中群体遗传多样性指标的影响［J］. 中国畜牧杂志，43（1）：6-9.

曹红鹤，王雅春，陈幼春，等，1999. 五种微卫星 DNA 标记在肉牛群体中的研究［J］. 中国农业科学，32（1）：69-73.

常洪，1995. 家畜遗传学纲要［M］. 北京：中国农业出版社.

陈彩英，李昕，2015. 贵德黑裘皮羊现状及产业化发展思路［J］. 中国畜禽种业，11（1）：8-9.

陈俊，2011. 岷县黑裘皮羊冬季常见病的防治［J］. 中国畜禽种业，7（2）：117.

陈扣扣，杨博辉，郎侠，等，2009. 8 个微卫星位点在甘肃高山细毛羊肉毛兼用品系中的遗传多样性研究［J］. 中国畜牧兽医，36（2）：77-81.

储明星，成荣，陈国宏，等，2005. 小尾寒羊和湖羊高繁殖力候选基因 BMP15 的研究［J］. 安徽农业大学学报（3）：278-282.

戴旭明，2007. 浙江湖羊的保种与开发利用［C］//中国畜牧业协会羊业分会，全国畜牧总站．第四届中国羊业发展大会论文集.

樊月圆，余淑青，曹振辉，等，2013. 云南红骨圭山山羊微卫星 DNA 位点遗传多样性分析［J］. 云南农业大学学报（自然科学），28（3）：329-335.

甘肃省畜禽品种志编委会，1989. 甘肃省畜禽品种志［M］. 兰州：甘肃省人民出版社.
高莉，董常生，赫晓燕，等，2008. 羊驼酪氨酸酶基因家族在不同毛色个体中的基因表达水平［J］. 畜牧兽医学报（7）：895-899.
耿荣庆，白丁平，袁超，等，2012. 从羊皮肤组织中提取总 RNA 方法的改进［J］. 中国畜牧兽医，39（5）：244-247.
何伟明，2013. 基于重测序数据的群体 SNP 位点检测及基因型判断［D］. 广州：华南理工大学.
霍建青，2012. 转变生产经营方式，大力发展海北草地生态畜牧业［J］. 青海畜牧兽医杂志，42（2）：56-57.
蒋云飞，孙昊，张劲松，等，2018. TLR3/NF-κB 信号通路在百草枯致急性肺损伤的研究［J］. 中华急诊医学杂志，27（6）：631-637.
康晓龙，2013. 基于转录组学滩羊卷曲被毛形成的分子机制研究［D］. 北京：中国农业大学.
郎侠，2009. 甘肃省绵羊遗传资源研究［M］. 北京：中国农业科学技术出版社.
郎侠，2014. 藏羊养殖与加工［M］. 1 版 . 北京：中国农业科学技术出版社.
郎侠，2014. 甘肃省绵羊生态养殖技术［M］. 兰州：甘肃科学技术出版社.
郎侠，2014. 欧拉羊产业化技术［M］. 兰州：甘肃科学技术出版社.
郎侠，2017. 绵羊生产［M］. 北京：中国农业科学技术出版社.
郎侠，吕潇潇，2010. 岷县黑裘皮羊群体遗传结构的微卫星 DNA 多态性分析［J］. 黑龙江畜牧兽医（17）：49-52.
郎侠，吕潇潇，2011. 兰州大尾羊微卫星 DNA 多态性研究［J］. 中国畜牧杂志，47（1）：14-17.
郎侠，王彩莲，2011. 甘南藏羊不同群体遗传多样性的微卫星分析［C］// 中国畜牧兽医学会养羊学分会 . 2012 年全国养羊生产与学术研讨会议论文集：221-224.
雷雪芹，陈宏，刘波，等，2003. 蒙古羊、兰州大尾羊和哈萨克羊随即扩增多态 DNA 分析［D］. 杨凌：西北农林科技大学.
李鹰，2003. 利用微卫星分析家兔遗传多样性［D］. 雅安：四川农业大学.
刘伯河，王成强，张广，2018. 岷县黑裘皮羊生产方式调查［J］. 甘肃畜牧兽医，48（4）：38-39.
刘静，徐玲，刘云鹏，等，2010. NF-κB 通路在 TNF-α 诱导胃癌细胞凋亡中的作用［J］. 中国医科大学学报，39（6）：425-427.
刘全德，杨博辉，郭健，等，2008. 柴达木绒山羊八个微卫星位点遗传多样性分析［J］. 中国草食动物（3）：3-6.
刘振羽，2019. 基于Spark的基因组学数据比对算法的并行化研究与比对平台构建［D］. 呼和浩特：内蒙古农业大学.
吕慎金，2003. 我国七个绵羊群体微卫星DNA的遗传多样性研究［D］. 杨凌：西北农林科技大学.
雒林通，2009. 甘肃高山细毛羊优质毛品系微卫星标记与经济性状相关性研究［D］. 兰州：甘肃农业大学.
马森，2019. 绒山羊毛乳头细胞全转录组学分析及与毛母质细胞分子互作机制的研究［D］. 杨凌：西北农林科技大学.
马雪峰，2006. 中国三个地方家兔品种和三个配套系的微卫星DNA遗传多态性研究［D］. 北京：中国农业科学院.
彭张瑞，2008. 岷县黑裘皮羊的品种资源及保护［J］. 农业科技与信息（19）：56-57.
祁冬冬，王晓波，2015. 南阳地区发展养羊业存在的问题及措施［J］. 湖北畜牧兽医，36（7）：40-41.
邱小宇，黄勇富，赵永聚，等，2016. 中国6个地方绵羊品种的微卫星分析［J］. 中国畜牧兽医，43（4）：1024-1031.
石田培，王欣悦，侯浩宾，等，2020. 基于全转录组测序的绵羊胚胎不同发育阶段骨骼肌circRNA的分析与鉴定［J］. 中国农业科学，53（3）：187-202.
孙武，2019. 整合RNA-seq和全基因组测序数据解析控制湖羊睾丸发育的基因和调控网络［D］. 兰州：兰州大学.
唐万明，格格日乐，2010. 我国肉羊生产的现状及发展趋势［J］. 畜牧与饲料科学，31（2）：89-91.
陶然，2018. 面向高通量测序序列的比对算法研究［D］. 南京：南京航空航天大学.
王彩莲，2015. 欧拉羊选育与高原肉羊业［M］. 北京：中国农业科学技术出版社.
王成强，白雅琴，秦红林，等，2017. 岷县黑裘皮羊繁殖性能观察［J］. 甘肃畜牧兽医，47（11）：100-101.
王成强，张广，2016. 岷县黑裘皮羊品种资源现状及发展对策［J］. 畜牧兽医杂志，35（6）：76-77.

吴成顺，逯来章，2005. 青海黑裘皮羊的保种与利用［J］. 中国草食动物（4）：62-64.

吴霞明，2019. 岷县黑裘皮羊产肉性能及肉品质研究［J］. 畜牧兽医杂志，38（2）：20-22，25.

吴常信，1991a. 畜禽保种“优化”方案分析（上）［J］. 黄牛杂志（2）：1-3.

吴常信，1991b. 畜禽保种“优化”方案分析（下）［J］. 黄牛杂志（3）：1-5.

谢敖云，李军清，王万邦，等，1996. 夏秋草地放牧牦牛、藏羊的补饲效果［J］. 青海畜牧兽医杂志（1）：17-18.

杨广礼，付冬丽，郎侠，等，2018. 中国地方绵羊群体 *TYRP1* 基因遗传变异研究［J］. 中国畜牧兽医，45（10）：2772-2786.

杨娟，2011. 非编码 RNA 片段化方法的建立及验证［D］. 杭州：浙江理工大学.

杨睿，2015. 基于并行计算的基因序列快速比对方法研究［D］. 杭州：浙江大学.

虞洪，刘军，杨爱平，等，2016. *DDC* 与 *DRD1* 基因单核苷酸多态性与中国汉族儿童孤独症的关联研究［J］. 中华全科医学，14（1）：50-52.

张才骏，1992. 绵羊血液生化遗传多态性的研究进展［J］. 青海畜牧兽医学院学报（2）：38-41.

张才骏，李军祥，高福卿，等，1994. 青海藏羊血清淀粉酶多态性的研究［J］. 青海畜牧兽医杂志（5）：7-9.

张春兰，2014. 小尾寒羊和杜泊羊臂二头肌转录组及肌球蛋白轻链基因家族结构特征分析［D］. 泰安：山东农业大学.

张小虎，吕平，2009. 甘肃岷县黑紫羔羊遗传资源与保护［J］. 中国畜禽种业，5（2）：38.

张沅，2001. 年家畜育种规划［M］. 北京：中国农业大学出版社.

张松荫，1942. 甘肃西南之畜牧［J］. 地理学报（0）：67-89.

赵索南，保善科，郎侠，2012. 8 个微卫星座位在海北金银滩藏羊群体中的多态性分析［J］. 中国草食动物科学，32（2）：15-18.

赵有璋，2014. 羊生产学［M］. 3 版. 北京：中国农业出版社.

周明亮，陈明华，庞倩，等，2018. 布拖黑绵羊微卫星标记遗传多样性研究［J］. 草学（2）：74-80.

朱怀云，2018. 畜牧养殖业电商发展现状与前景浅析［J］. 畜牧兽医科技信息（2）：11.

ALDINGER K A，MOSCA S J，TÉTREAULT M，et al.，2014. Mutations in *LAMA1* cause cerebellar dysplasia and cysts with and without retinal dystrophy［J］. The American Journal of Human Genetics，95（2）：227-234.

BAI J Y，JIA X P，YANG Y B，et al.，2014. Polymorphism analysis of Henan fat-tailed sheep using microsatellitemarkers.［J］. Journal of Animal & Plant Sciences，24（3）：965-968.

BARKER J S F，TAN S G，SELVARAJ O S，et al.，1997. Genetic variation within and relationships among populations of Asian water buffalo［J］. Animal Genetics，28：1-13.

BASSI M T，SCHIAFFINO M V，RENIERI A，et al.，1995. Cloning of the gene for ocular albinism type 1 from the distal short arm of the X chromosome［J］. Nature Genetics，10（1）：13-19.

BEIRL A J，LINBO T H，COBB M J，et al.，2014. Oca2 regulation of chromatophore differentiation and number is cell type specific in zebrafish［J］. Pigment Cell and Melanoma Research，27（2）：178-189.

BENNETT D C，LAMOREUX M L，2010. The color loci of mice：a genetic century［J］. Pigment Cell Research，16（4）：333-344.

BERSON J F，HARPER D C，TENZA D，et al.，2001. *Pmel17* initiates premelanosome morphogenesis within multivesicular bodies［J］. Molecular Biology of the Cell，12（11）：3451-3464.

BOTSTEIN D，WHITE R L，SKOLNICK M，et al.，1980. Construction of a genetic linkage map in man using restriction fragment length polymorphisms［J］. American Journal of Human Genetics，32：314-331.

BUCKINGHAM M，RELAIX F，2007. The role of Pax genes in the development of tissues and organs：*Pax3* and *Pax7* regulate muscle progenitor cell functions［J］. Annual Review of Cell and Developmental Biology，23（1）：645-673.

BUCKINGHAM M，RELAIX F，2015. *PAX3* and *PAX7* as upstream regulators of myogenesis［J］. Seminars in Cell and Developmental Biology，44：115-125.

CARGILL M，ALTSHULER D，IRELAND J，et al.，1999. Characterization of single-nucleotide polymorphisms in coding regions of human genes［J］.

Nature Genetics, 23 (3): 231-238.

CARPENTER A R, BECKNELL M B, CHING C B, et al., 2016. Uroplakin 1b is critical in urinary tract development and urothelial differentiation and homeostasis [J]. Kidney International, 89 (3): 612-624.

CHEN T, ZHAO B, YU L, et al., 2016. Expression and localization of *GPR143* in sheep skin [J]. Hereditas, 38 (7): 658-665.

CINGOLANI P, PLATTS A, WANG L L, et al., 2012. A program for annotating and predicting the effects of single nucleotide polymorphisms, SnpEff [J]. Fly, 6 (2): 80-92.

COEFFICIENT P C, 1996. Pearson's correlation coefficient [J]. New Zealand Medical Journal, 109 (1015): 38.

CRAWFORD A M, LITTLEJOHN R P, 1999. The use of DNA markers in deciding conservation priorities in sheep and other livestock [J]. Animal Genetic Resources Information, 23 (23): 21-26.

D'ALBA L, SHAWKEY M D, 2019. Melanosomes: biogenesis, properties, and evolution of an ancient organelle [J]. Physiological Reviews, 99 (1): 1-19.

DATTA S, NETTLETON D, 2009. Statistical Analysis of Next Generation Sequencing Data [M]. Kentucky: Springer International Publishing.

DENG W D, XI D M, GOU X, et al., 2008. Pigmentation in Black-boned sheep (*Ovis aries*): association with polymorphism of the *MC1R* gene [J]. Molecular Biology Reports, 35 (3): 379-385.

DJEBALI S, DAVIS C A, MERKEL A, et al., 2012. Landscape of transcription in human cells [J]. Nature, 2012, 489 (7414): 101-108.

DU J, MILLER A J, WIDLUND H R, et al., 2003. *MLANA/MART1* and *SILV/PMEL17/GP100* are transcriptionally regulated by MITF in melanocytes and melanoma [J]. American Journal of Pathology, 163 (1): 333-343.

EDWARDS M, BIGHAM A, TAN J, et al., 2010. Association of the*OCA*2 Polymorphism His615Arg with melanin content in east Asian populations: further evidence of convergent evolution of skin pigmentation [J]. PLoS Genetics, 6 (3): e1000867.

EWING B, HILLIER L D, WENDL M C, et al., 1998. Base-calling of automated sequencer traces using Phred. I. Accuracy assessment [J]. Genome

Research, 8 (3): 175-185.

FERNANDEZ L P, MILNE R L, PITA G, et al., 2010. *SLC45A2*: a novel malignant melanoma-associated gene [J]. Human Mutation, 29 (9): 1161-1167.

FINN R D, ALEX B, JODY C, et al., 2014. Pfam: the protein families database [J]. Nucleic Acids Research, 42 (1): 222-230.

FLOREA L, SONG L, SALZBERG S L, 2013. Thousands of exon skipping events differentiate among splicing patterns in sixteen human tissues [J]. F1000 Research, 2: 188.

FONTANESI L, DALL'OLIO S, BERETTI F, et al., 2011. Coat colours in the Massese sheep breed are associated with mutations in the agouti signalling protein (*ASIP*) and melanocortin 1 receptor (*MC1R*) genes [J]. Animal, 5 (1): 8-17.

GARCIA-BORRON J C, SOLANO F. 2010. Molecular anatomy of tyrosinase and its related proteins: beyond the histidine-bound metal catalytic center [J]. Pigment Cell Research, 15 (3): 162-173.

Geng S M, Shen W, Qin G Q, et al., 2002. DNA fingerprint polymorphism of 3 goat populations from China Chaidamu Basin [J]. Asian-Australa sian Journal of Animal Science, 8 (1): 127-132.

GONZALEZ E G, ZARDOYA R, 2013. Microsatellite DNA capture from enriched libraries [J]. Microsatellites, 1006: 67-87.

GRAF J, VOISEY J, HUGHES I, et al., 2010. Promoter polymorphisms in the *MATP* (*SLC45A2*) gene are associated with normal human skin color variation [J]. Human Mutation, 28 (7): 710-717.

GRATTEN J, BERALDI D, LOWDER B V, et al., 2007. Compelling evidence that a single nucleotide substitution in *TYRP1* is responsible for coat-colour polymorphism in a free-living population of Soay sheep [J]. Proceedings of the Royal Society B: Biological Sciences, 274 (1610): 619-626.

GRAVELEY B R, 2001. Alternative splicing: increasing diversity in the proteomic world [J]. Trends in Genetics, 17 (2): 100-107.

HARIHARAN A, HAKEEM A R, RADHAKRISHNAN S, et al., 2021. The role and therapeutic potential of NF-kappa-B pathway in severe COVID-19 patients [J]. Inflammopharmacology, 29: 91-100.

HEDRICK P W, 1984. Population Biology [M]. Boston: Jones and Bartlett Publisher.

HELLBORG L, ELLEGREN H, 2004. Low levels of nucleotide diversity in mammalian Y chromosomes [J]. Molecular Biology and Evolution, 21 (1): 158-163.

HIPFEL R, GARBE C, SCHITTEK B, 1998. RNA isolation from human skin tissues for colorimetric differential display [J]. Journal of Biochemical and Biophysical Methods, 37 (3): 131-135.

IGOSHIN A, YUDIN N, AITNAZAROV R, et al., 2021. Whole-genome re-sequencing points to candidate DNA loci affecting body temperature under cold stress in Siberian cattle populations [J]. Life, 11 (9): 959.

IRIMIA M, BLENCOWE B J, 2012. Alternative splicing: decoding an expansive regulatory layer [J]. Current Opinion in Cell Biology, 24 (3): 323-332.

ISAACS A, LINDENMANN J, 1957. Virus interference. I. the interferon [J]. Proceedings of the Royal Society B Biological Sciences, 147 (927): 258-267.

ISAACS A, LINDENMANN J, VALENTINE R C, 1957. Virus interference. Ⅱ. some properties of interferon [J]. Proceedings of the Royal Society B Biological Sciences, 147 (927): 268-273.

JABLONSKA E, GROMADZINSKA J, PEPLONSKA B, et al., 2015. Lipid peroxidation and glutathione peroxidase activity relationship in breast cancer depends on functional polymorphism of *GPX1* [J]. BMC Cancer, 15 (1): 657.

JACKSON I J, 2010. Evolution and expression of tyrosinase-related proteins [J]. Pigment Cell and Melanoma Research, 7 (4): 241-242.

JIMÉNEZ-CERVANTES C, SOLANO F, KOBAYASHI T, et al., 1994. A new enzymatic function in the melanogenic pathway. The 5, 6-dihydroxyindole-2-carboxylic acid oxidase activity of tyrosinase-related protein-1 (TRP1) [J]. Journal of Biological Chemistry, 269 (27): 17993-18000.

JUNG M, DRITSCHILO A, 2001. NF-kB signaling pathway as a target for human tumor radiosensitization [J]. Seminars in Radiation Oncology, 11 (4): 346-351.

KALSOTRA A, COOPER T A, 2011. Functional consequences of developmentally regulated alternative splicing [J]. Nature Reviews Genetics, 12 (10): 715–729.

KAMEYAMA K, SAKAI C, KUGE S, et al., 2010. The expression of tyrosinase, tyrosinase–related proteins 1 and 2 (TRP1 and TRP2), the silver protein, and a melanogenic inhibitor in human melanoma cells of differing melanogenic activities [J]. Pigment Cell Research, 8 (2): 97–104.

KAMEYAMA K, TAKEMURA T, HAMADA Y, et al., 1993. Pigment production in murine melanoma cells is regulated by tyrosinase, tyrosinase–related protein 1 (TRP1), DOPAchrome tautomerase (TRP2), and a melanogenic inhibitor [J]. Journal of Investigative Dermatology, 100 (2): 126–131.

KIJAS J W, TOWNLEY D, DALRYMPLE B P, et al., 2009. A genome wide survey of SNP variation reveals the genetic structure of sheep breeds [J]. PLoS One, 4 (3): e4668.

KLUNGLAND H, VAGE D I, 2010. Pigmentary switches in domestic animal species [J]. Annals of the New York Academy of Sciences, 994 (1): 331–338.

KONG L, YONG Z, YE Z Q, et al., 2007. CPC: assess the protein–coding potential of transcripts using sequence features and support vector machine [J]. Nucleic Acids Research, 35 (2): 345–349.

KWON B S, 1993. Pigmentation genes: the tyrosinase gene family and the pmel 17 gene family [J]. Journal of Investigative Dermatology, 100 (2): 134–140.

LA Y, HE X, ZHANG L, et al., 2020. Comprehensive analysis of differentially expressed profiles of mRNA, lncRNA, and circRNA in the uterus of seasonal reproduction sheep [J]. Genes, 11 (3): 301.

LAMASON R L, 2005. *SLC24A5*, a putative cation exchanger, affects pigmentation in zebrafish and humans [J]. Science, 310 (5755): 1782–1786.

LAURITSEN M, BØRGLUM A, BETANCUR C, et al., 2002. Investigation of two variants in the DOPA decarboxylase gene in patients with autism [J]. American Journal of Medical Genetics, 114 (4): 466–470.

LEE M A, KEANE O M, GLASS B C, et al., 2006. Establishment of a pipeline to analyse non–synonymous SNPs in *Bos taurus* [J]. BMC Genomics, 7: 298–308.

LI C Y, LI X, LIU Z, et al., 2018. Identification and characterization of long non-coding RNA in prenatal and postnatal skeletal muscle of sheep [J]. Genomics, 111 (2): 133-141.

LI J, WEI M, ZENG P, et al., 2015. LncTar: a tool for predicting the RNA targets of long noncoding RNAs [J]. Briefings in Bioinformatics, 16 (5): 806-812.

LIANG Y, SONG Y, ZHANG F, et al., 2016. Effect of a single nucleotide polymorphism in the LAMA1 promoter region on transcriptional activity: implication for pathological myopia [J]. Current Eye Research, 41 (10): 1379-1386.

LIVAK K J, SCHMITTGEN T D, 2001. Analysis of relative gene expression data using real-time quantitative PCR and the $2^{-\Delta\Delta CT}$ method [J]. Methods, 25 (4): 402-408.

LORENZ D J, GILL R S, MITRA R, et al., 2014. Statistical Analysis of Next Generation Sequencing Data [M]. Kentucky: Springer International Publishing.

LOVE M I, HUBER W, ANDERS S, 2014. Moderated estimation of fold change and dispersion for RNA-seq data with DESeq2 [J]. Genome Biology, 15 (12): 550.

MA J Z, JOKE B, PAYNE T J, et al., 2005. Haplotype analysis indicates an association between the DOPA decarboxylase (*DDC*) gene and nicotine dependence [J]. Human Molecular Genetics (12): 1691-1698.

MANGA P, SATO K, LIYAN Y E, et al., 2010. Mutational analysis of the modulation of tyrosinase by tyrosinase-related proteins 1 and 2 *in vitro* [J]. Pigment Cell Research, 13 (5): 364-374.

MCKENNA A, HANNA M, BANKS E, et al., 2010. The genome analysis toolkit: a MapReduce framework for analyzing next-generation DNA sequencing data [J]. Genome Research, 20 (9): 1297-1303.

MCLAREN R J, ROGERS G R, DAVIES K P, et al., 1997. Linkage mapping of wool keratin and keratin-associated protein genes in sheep [J]. Mammalian Genome Official Journal of the International Mammalian Genome Society, 8 (12): 938.

MEDIC S, ZIMAN M, 2009. PAX 3 across the spectrum: from melanoblast to melanoma [J]. Critical Reviews in Biochemistry and Molecular Biology, 44 (2-

3): 85-97.

MENGEL-FROM J, BØRSTING C, SANCHEZ J J, et al., 2010. Human eye colour and *HERC2*, *OCA2* and *MATP* [J]. Forensic Science International Genetics, 4 (5): 323-328.

MILLER J M, MOORE S S, STOTHARD P, et al., 2015. Harnessing cross-species alignment to discover SNPs and generate a draft genome sequence of a bighorn sheep (*Ovis canadensis*) [J]. BMC Genomics, 16 (1): 397.

NAKAMURA R, HUNTER D D, BRUNKEN W J, et al., 2007. *DKK3* regulates melanogenesis in melanocytes of alpaca [J]. Invest Ophthalmology and Visual Science, 48 (6): 621.

NICKERSON D A, TAYLOR S L, WEISS K M, et al., 1998. DNA sequence diversity in a 9.7-kb region of the human lipoprotein lipase gene [J]. Nature Genetics, 19 (3): 233-240.

NIE Y, LI S, ZHENG X T, et al., 2018. Transcriptome reveals long non-coding RNAs and mRNAs involved in primary wool follicle induction in carpet sheep fetal skin [J]. Frontiers in Physiology, 9: 446.

NILSEN T W, GRAVELEY B R, 2010. Expansion of the eukaryotic proteome by alternative splicing [J]. Nature, 463 (7280): 457-463.

PAN Q, SHAI O, LEE L J, et al., 2008. Deep surveying of alternative splicing complexity in the human transcriptome by high-throughput sequencing [J]. Nature Genetics, 40 (12): 1413-1415.

PERKINS N D, 2007. Integrating cell-signalling pathways with NF-kB and IKK function [J]. Nature Reviews Molecular Cell Biology, 8 (1): 49-62.

PERTEA M, KIM D, PERTEA G M, et al., 2016. Transcript-level expression analysis of RNA-seq experiments with HISAT, StringTie and Ballgown [J]. Nature Protocols, 11 (9): 1650-1667.

POHL M, BORTFELDT R H, GRÜTZMANN K, et al., 2013. Alternative splicing of mutually exclusive exons: a review [J]. Biosystems, 114 (1): 31-38.

PURVIS W I, FRANKLIN I R, 2005. Major genes and QTL influencing wool production and quality: a review [J]. Genetics Selection Evolution, 37 (Suppl 1): S97-S107.

QIU L, CHANG G, LI Z, et al., 2018. Comprehensive transcriptome analysis reveals competing endogenous RNA networks during avian leukosis virus, subgroup J-induced tumorigenesis in chickens [J]. Frontiers in Physiology, 9: 996.

ROBASKY K, LEWIS N, CHURCH G, 2014. The role of replicates for error mitigation in next-generation sequencing [J]. Nature Reviews Genetics, 15: 56-62.

ROCHUS C M, SUNESSON K W, JONAS E, et al., 2019. Mutations in *ASIP* and *MC1R*: dominant black and recessive black alleles segregate in native Swedish sheep populations [J]. Animal Genetics, 50 (6): 12837.

SAKAI C, OLLMANN M, KOBAYASHI T, et al., 1995. Agouti protein suppresses expression and activity of tyrosinase and tyrosinase-related proteins in murine melanocytes [J]. Melanoma Research, 5 (5): 16.

SALINAS-SANTANDER M, TREVINO V, EDUARDO D, et al., 2018. *CAPN3*, *DCT*, *MLANA* and *TYRP1* are overexpressed in skin of vitiligo vulgaris Mexican patients [J]. Experimental and Therapeutic Medicine, 15 (3): 2804-2811.

SHAHEEN R, ANSARI S, MARDAWI E A, et al., 2013. Mutations in *TMEM231* cause Meckel-Gruber syndrome [J]. Journal of Medical Genetics, 50 (3): 160-162.

SROUR M, HAMDAN F F, SCHWARTZENTRUBER J A, et al., 2012. Mutations in *TMEM231* cause Joubert syndrome in French Canadians [J]. Journal of Medical Genetics, 49 (10): 636-641.

STURM R A, O' SULLIVAN B J, BOX N F, et al., 1995. Chromosomal structure of the human *TYRP1* and *TYRP2* loci and comparison of the tyrosinase-related protein gene family [J]. Genomics, 29 (1): 24-34.

SUN L, LUO H, BU D, et al., 2013. Utilizing sequence intrinsic composition to classify protein-coding and long non-coding transcripts [J]. Nucleic Acids Research, 41 (17): 166.

THEOS A C, TRUSCHEL S T, RAPOSO G, et al., 2010. The *Silver* locus product *Pmel17/gp100/Silv/ME20*: controversial in name and in function [J]. Pigment Cell Research, 18 (5): 322-336.

TRAPNELL C, WILLIAMS B A, PERTEA G, et al., 2010. Transcript assembly and quantification by RNA-Seq reveals unannotated transcripts and isoform switching during cell differentiation [J]. Nature Biotechnology, 28 (5): 511-515.

TSUKAMOTO K, JACKSON I J, URABE K, et al., 1992. A second tyrosinase-related protein, TRP-2, is a melanogenic enzyme termed DOPAchrome tautomerase [J]. The EMBO Journal, 11 (2): 519-526.

VAGE D I, FLEET M R, PONZ R, et al., 2013. Mapping and characterization of the dominant black colour locus in sheep [J]. Pigment Cell Research, 16 (6): 693-697.

VENTER J C, ADAMS M D, MYERS E W, 2001. The sequence of the human genome [J]. Science, 291 (5507): 1304.

VOISEY J, BOX N F, DAAL A V, 2010. A polymorphism study of the human agouti gene and its association with *MC1R* [J]. Pigment Cell Research, 14 (4): 264-267.

WANG E T, SANDBERG R, LUO S, et al., 2008. Alternative isoform regulation in human tissue transcriptomes [J]. Nature, 456 (7221): 470-476.

WANG L, PARK H J, DASARI S, et al., 2013. CPAT: coding-potential assessment tool using an alignment-free logistic regression model [J]. Nucleic Acids Research, 41 (6): e74.

WANG X, FANG C, HE H, et al., 2021. Identification of key genes in sheep fat tail evolution based on RNA-seq [J]. Gene, 781: 145492.

WRIGHT M W, 2014. A short guide to long non-coding RNA gene nomenclature [J]. Human Genomics, 8 (1): 7.

XUE C Y, XING X, LI L I, 2005. The influence of tyrosinase activity in skin autografts by agouti signal protein [J]. Chinese Journal of Practical Aesthetic and Plastic Surgery, 5 (3): 307-309.

YAN Y, JIANG W, TAN Y, et al., 2017. hucMSC exosome-derived *GPX1* is required for the recovery of hepatic oxidant injury [J]. Molecular Therapy, 25 (2): 465.

YANG S L, MAO H M, SHU W, et al., 2006. Melanin traits of Yunnan black bone sheep and *TYR* gene polymorphism [J]. Hereditas, 28 (3): 291-298.

YI Y, CAROLIEN P, KRANZLER H R, et al., 2006. Intronic variants in the dopa decarboxylase (*DDC*) gene are associated with smoking behavior in European-Americans and African-Americans [J]. Human Molecular Genetics, 15 (14): 2192-2199.

YU S, LIAO J, TANG M, et al., 2017. A functional single nucleotide polymorphism in the tyrosinase gene promoter affects skin color and transcription activity in the black - boned chicken [J]. Poultry Science, 11 (1): 4061-4067.

YUE Y, GUO T, YUAN C, et al., 2016. Integrated analysis of the roles of long noncoding RNA and coding RNA cxpression in sheep (*Ovis aries*) skin during initiation of secondary hair follicle [J]. PLoS One, 11 (6): e156890.

ZHANG Z, TANG J, DI R, et al., 2019. Comparative transcriptomics reveal key sheep (*Ovis aries*) hypothalamus lncRNAs that affect reproduction [J]. Animals, 9 (4): 152.

ZHAO R, LI J, LIU N, et al., 2020. Transcriptomic analysis reveals the Involvement of lncRNA - miRNA - mRNA networks in hair follicle induction in aohan fine wool sheep skin [J]. Frontiers in Genetics, 11: 590.

ZHU Z, XU J, LI L, et al., 2020. Comprehensive analysis reveals *CTHRC1*, *SERPINE1*, *VCAN* and *UPK1B* as the novel prognostic markers in gastric cancer [J]. Translational Cancer Research, 9 (7): 4093-4110.